기술사 핵심개념과 문제해설

용접기술사 총정리

Professional Engineer Welding

기술사 윤경근 편저

일진사

머리말

'50-30 클럽'이라는 말이 있습니다. 우리나라도 드디어 2017년을 기점으로 1인당 국민소득이 3만 달러를 넘기며 회원국이 되었습니다. 인구 5천만 이상, 국민소득이 3만불 이상인 국가를 지칭하는데, 우리나라가 7번째로 가입한 것입니다. 단기간에 선진국 대열에 합류할 수 있었던 것은 한민족 고유의 민족성도 있겠지만, 우수한 인재와 제조업 기반 산업이 든든히 지탱했기 때문이라고 생각합니다.

제조업의 뿌리산업 중에서도 용접만큼 전 분야에 큰 영향을 끼친 산업도 드물 것입니다. 그런데 모두가 알면서도 대부분이 잘 모르는 분야가 용접인 것 같습니다. 접합하고자 하는 재료의 특성, 용융 과정의 물리화학적 반응, 전기적인 현상 및 기계장치적인 분야 등을 종합적으로 이해해야 하기 때문에 가깝고도 멀게만 느껴지지 않았나 싶습니다.

근면과 성실, 열정과 도전, 희생하며 달려온 산업 역군들이 있었기에 50-30 클럽 가입이 가능했지만 미래가 만만치 않습니다. 중국, 인도, 터키 등 후발 주자들이 과거 우리의 모습처럼 달려오며 압박하고 있습니다. 기술로 무장하여 차별화되지 않으면 선진국 문턱에서 주저앉을 수밖에 없음을 깨닫고, 진정한 선진국이 되기 위해 지혜롭게 준비해야 할 때입니다.

플랜트 분야에서 근무하면서 용접 관련 문제들로 많이 고민하였습니다. "궁하면 통한다."라는 말이 있듯이 용접에 대하여 공부하기 시작했고, 기술사에 합격했습니다. 이 길을 걷는 분들을 위해 2002년에 책을 출간했으며, 많은 분들로부터 칭찬과 격려와 도전을 받았습니다. 10여 년 후에는 보다 많은 경험과 지식을 녹여 담아야겠다고 마음먹었는데, 이제나마 약속을 지키게 되어 다행입니다.

본 교재는 용접 기술사를 준비하는 수험서일 뿐 아니라, 플랜트와 조선 등 용접 관련 산업 현장에서 수고하는 기술인들을 위하여 쉽고 체계적으로 서술한 용접 가이드입니다.

구성은 「용접법(공정) / 용접 재료 / 용접 강도(설계) / 용접 시공 관리」의 4개 Part로 나누어 정리하였으며, 각 Part는 6~12개 Chapter로 구성하여 각 장(Chapter)의 서두에 최근 문제를 수록함으로써 핵심 개념이 무엇인지 살펴보도록 편집하였습니다.

현업에 도움이 되길 바라며, 더불어 기술사라는 명예도 얻길 소망합니다. 마음을 담아 정리하였지만 미흡한 부분은 양해 바라며, 고견 주시면 보완하여 나가도록 하겠습니다.

지금도 산업 현장에서 땀 흘리며 수고하시는 여러분께 감사드리며 이 책을 드립니다. 외롭고 힘들어도 용접 기술의 발전을 위해 함께 걸어가는 선후배 동지들과 언제나 함께하신 하나님께 감사드립니다. 또한, 어려운 환경에도 본서의 출판을 위해 수고해 주신 **일진사** 직원 여러분께 진심으로 감사드리며, 이 책을 접하는 모든 분에게 아름다운 결실이 있으시길 소망합니다. 감사합니다.

저자 윤경근

차 례

part 02 용접 재료

part 03 용접 강도

part **04**

용접 시공 관리

Professional Engineer Welding
용접기술사

용접법

1 PART

용접 개요

1. 용접사 자격인증시험 시 용접 자세 중 (1) 6GR, (2) 5F에 대하여 설명하시오.

2. 용접 구조물의 시공 확보를 위한 용접성(weldability) 평가 방법을 열거하고 설명하시오.

3. 용접절차인증(PQT)과 용접사 자격인증의 주된 차이점을 설명하시오.

4. 용접부의 잔류응력을 완화 및 제거를 위하여 피닝(peening)법을 사용한다. 피닝법의 종류 3가지를 쓰고 설명하시오.

5. 자동 및 반자동용접 시 발생하는 번 백(burn back) 현상에 대하여 설명하시오.

6. 금속간화합물을 설명하시오.

1. 용접 개요

1–1 용접의 정의 및 특성

(1) 개 요

국가의 주요 산업 분야인 조선, 플랜트 산업, 중공업, 자동차, 전기 전자 분야 등에서 주요 비중을 차지하고 있는 용접 접합 공정은 다른 가공 및 조립 공정과 비교하여 재료 절감, 이음 효율의 우수성, 이음 형상의 다양성, 생산성 향상 등의 이점을 갖는다. 그러나 품질과 관련된 기술적 제약, 열에 의한 재료의 변질과 변형 및 잔류응력의 발생, 적용 가능한 재료의 제한을 받고 있다. 이러한 용접은 '재료의 접합을 보다 경제적이고 신뢰성 있게 하는 공정'으로 재료를 가공하는 과정뿐 아니라 조립 단계에도 중요한 영향을 주는 핵심 생산공정 중 하나로 산업 기술이 발달하면서 그 적용 범위가 확대되고 있으며, 중요성 또한 날로 더해가고 있다.

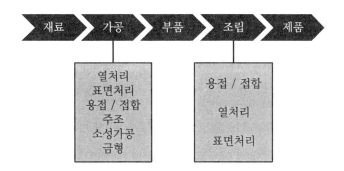

(2) 용접의 정의

① **광의의 정의** : 용접은 접합하고자 하는 2개 이상의 물체나 재료의 접합 부분을 용융 또는 반용융 상태로 만들어 여기에 용가재(용접봉)를 넣어 접합하거나(융접, fusion welding), 접합 부분을 적당한 온도로 가열 또는 냉간 상태에서 압력을 주어 접합시키는 방법(압접, pressure welding), 또는 모재를 전혀 녹이지 않고 모재보다 용융점이 낮은 금속을 녹여 접합부의 사이에 표면장력에 의한 흡인력으로 접합시키는 방법(납땜, brazing & soldering)을 통틀어 말한다.

② **협의의(금속학적) 정의** : 용접은 '두 금속의 표면을 원자 간 결합거리($1\text{Å} = 10^{-8}$ cm) 이내로 좁혀주는 금속학적 공정'으로 정의하기도 한다. 최근에는 전기·전자 산업뿐 아니라 자동차, 항공 우주산업 등에 이르기까지 확산용접, 폭발용접 등으로 금속

간 접합뿐만 아니라 용융 용접으로는 거의 불가능한 이종 금속은 물론 금속과 비금속의 접합까지 적용이 확대되면서 광의의 정의를 사용하는 것이 보다 적절하겠다. 하지만 금속학적 용접의 정의를 바로 이해하는 것이 용접의 기본이므로, 여기서는 용융 용접과 압접을 비교하여 용접의 이해를 돕고자 한다.

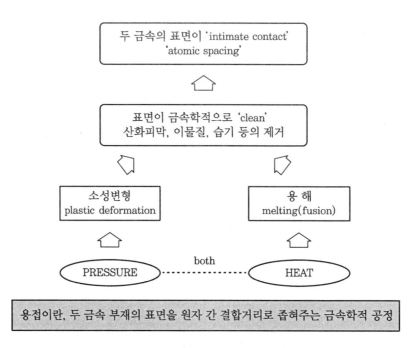

용융 용접과 압접의 비교

구 분	용융 용접	압 접
용접을 이루는 수단	용융시키는 열원(heat source)	소성변형(threshold deformation)
주요 특성	열원의 조건 • T ≫ Tm(금속 용융 온도) • 국부적 가열 가능 • 입열량 제어 가능	• 큰 힘을 내는 대형 장비가 필요 • 형상 조건의 구애 • 짧은 용접 시간(대량생산)

1-2 용접의 분류

용접·접합 기술은 산업 기술의 발전과 함께 사용되는 재료의 고성능화, 고기능화, 다양화 추세에 따라 비철금속, 무기 재료, 고분자 재료 등으로 확대되었다. 재료의 기능이 다양하게 발전하는 과정에서 기존의 용접·접합 공정뿐 아니라 고상-고상 접합, 고상-액상 반응 접합, 기상-고상 접합 및 증착 기술이 여러 분야에서 적용되고 있다.

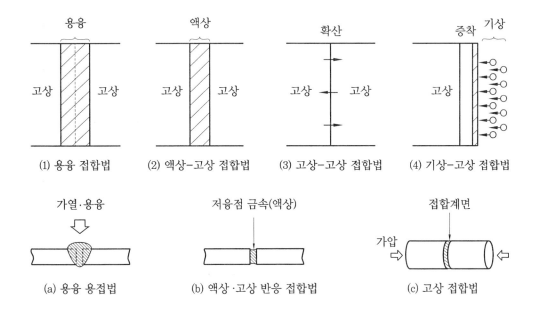

접합 기구	접합 원리	대표적 공정
용융 접합	모재의 계면에 고밀도 열을 가하여 모재가 용융되어 접합이 이루어진다.	아크용접, 전자빔용접, 레이저용접, 저항용접 등
액상-고상 반응 접합	모재를 용융시키지 않고 저융점 중간상을 이용하여 접합한다.	브레이징, 솔더링, 액상 확산 접합 등
고상-고상 접합	재료의 용융점 이하의 온도에서 고체상의 재료 계면 사이에 상호 확산 또는 압력에 의해 소성변형이 발생하면서 접합이 이루어진다.	확산 접합, 마찰용접, 폭발용접 등
기상-고상 접합	기체상의 증기, 이온, 플라스마 등이 모재 표면에 충돌·응결하여 모재에 피막을 형성하는 방법으로서, 넓은 의미에서 접합법으로 분류된다.	

용접·접합 분류는 에너지원, 열원의 형태, 압력 부가 여부, 용융풀의 보충 방법 등에 따라 다음과 같이 다양하게 분류된다.

에너지원	용접 공정	열 원	압 력	보호 방법	비 고
전기 에너지	ESW	저항열	–	플럭스	일렉트로 슬래그 용접 (electro slag welding)
	PW RW	저항열	중간 압력	–	프로젝션 용접(projection welding) 저항용접(resistance welding)
	LBW	레이저 빔	–	가스	레이저빔 용접(laser beam welding)
	EBW	전자빔	–	진공	전자빔 용접(electron beam welding)
	DFW*	열	약한 압력	가스 또는 진공	확산용접(diffusion welding)
	GMAW GTAW PAW EGW	아크	–	가스	가스 메탈 아크용접 (gas metal arc welding) 가스 텅스텐 아크용접 (gas tungsten arc welding) 플라스마 아크용접(plasma arc welding) 일렉트로 가스용접(electro gas welding)
	SAW SMAW FCAW	아크	–	플럭스 또는 가스	서브머지드 아크용접 (submerged arc welding) 피복 아크용접 (shielded metal arc welding) 플럭스 코어드 아크용접 (flux cored arc welding)
	FW SW	아크	소성 변형	–	플래시 용접(flash welding) 스터드 용접(stud welding)
화학적 에너지	EXW*	–	심한 변형	–	폭발용접(explosive welding)
	TW	화학 반응	–	플럭스	테르밋 용접(thermit welding)
기계적 에너지	CW*	–	소성 변형	–	냉간 단접(cold welding)
	FRW* FSW*	마찰	소성 변형	–	마찰용접(friction welding) 마찰 교반 용접(friction stir welding)
	USW*	저항열	약한 압력	–	초음파 용접(ultrasonic welding)

(*) 고상용접 공정

ARC WELDING (AW)

arc stud welding	SW
atomic hydrogen welding	AHW
bare metal arc welding	BMAW
carbon arc welding	CAW
gas carbon arc welding	CAW-G
shielded carbon arc welding	CAW-S
twin carbon arc welding	CAW-T
electrogas welding	EGW
flux cored arc welding	FCAW
gas-shielded flux cored arc welding	FCAW-G
self-shielded flux cored arc welding	FCAW-S
gas metal arc welding	GMAW
pulsed gas metal arc welding	GMAW-P
short circuit gas metal arc welding	GMAW-S
gas tungsten arc welding	GTAW
pulsed gas tungsten arc welding	GTAW-P
magnetically impelled arc welding	MIAW
plasma arc welding	PAW
shielded metal arc welding	SMAW
submerged arc welding	SAW
series submerged arc welding	SAW-S

RESISTANCE WELDING (RW)

flash welding	FW
pressure-controlled resistance welding	RW-PC
projection welding	PW
resistance seam welding	RSEW
high-frequency seam welding	RSEW-HF
induction seam welding	RSEW-I
mash seam welding	RSEW-MS
resistance spot welding	RSW
upset welding	UW
high-frequency	UW-HF
induction	UW-I

SOLDERING (S)

dip soldering	DS
furnace soldering	FS
induction soldering	IS
infrared soldering	IRS
iron soldering	INS
resistance soldering	RS
torch soldering	TS
ultrasonic soldering	USS
wave soldering	WS

WELDING AND JOINING PROCESSES

SOLID STATE WELDING (SSW)

coextrusion welding	CEW
cold welding	CW
diffusion welding	DFW
hot isostatic pressure welding	HIPW
explosion welding	EXW
forge welding	FOW
friction welding	FRW
direct drive friction welding	FRW-DD
friction stir welding	FSW
inertia friction welding	FRW-I
hot pressure welding	HPW
roll welding	ROW
ultrasonic welding	USW

OXYFUEL GAS WELDING (OFW)

air acetylene welding	AAW
oxyacetylene welding	OAW
oxyhydrogen welding	OHW
pressure gas welding	PGW

OTHER WELDING AND JOINING

adhesive bonding	AB
braze welding	BW
arc braze welding	ABW
carbon arc braze welding	CABW
electron beam braze welding	EBBW
exothermic braze welding	EXBW
flow brazing	FLB
flow welding	FLOW
laser beam braze welding	LBBW
electron beam welding	EBW
high vacuum	EBW-HV
medium vacuum	EBW-MV
nonvacuum	EBW-NW
electroslag welding	ESW
consumable guide electroslag welding	ESW-CG
induction welding	IW
laser beam welding	LBW
percussion welding	PEW
thermite welding	TW

BRAZING (B)

block brazing	BB
diffusion brazing	DFB
dip brazing	DB
exothermic brazing	EXB
furnace brazing	FB
induction brazing	IB
infrared brazing	IRB
resistance brazing	RB
torch brazing	TB
twin carbon arc brazing	TCAB

master chart of welding and joining processes

1-3 용융 금속의 보호(shielding)

(1) 개 요

용융풀(molten pool)을 공기로부터 차단하는 방식

① 직접 가스를 공급하는 방식(gas shielding)

② 용접봉의 피복제가 아크열에 의해 가스를 형성하는 방식(electrode coating)

③ 플럭스 내부에 아크를 운용하는 방식(flux shielding)

용융풀 보호 방식

종 류	주된 용접법	내 용
electrode coating	SMAW	피복제의 연소 가스로 용융지 보호
gas shielding	GTAW	불활성가스(Ar, He)로 용융지 보호
	PAW	불활성가스로 용융지 보호
	GMAW	불활성 또는 혼합 가스로 용융지 보호
	FCAW-G	CO_2 또는 혼합 가스로 용융지 보호
	FCAW-S	플럭스 연소 가스로만 용융지 보호
flux shielding	SAW	용융형 또는 소결형 용제로 용융지 보호

(2) 피복제(electrode coating)

① **개요** : 피복제가 아크열에 의해 연소될 때 발생하는 가스로 용용 금속의 산화 및 질화를 방지하는 방법으로 가스 용기를 운반하기 어려운 장소, 즉 현장 용접에 널리 사용되는 방법이다.

② **피복제의 역할**

㈎ 보호 가스(shielding gas) 발생 : 용용 금속의 산화 및 질화를 방지한다. 유기물, $CaCO_3$, 습기 등이 가스를 발생한다.

㈏ 슬래그(slag) 형성 : 외부 공기를 차단하므로 다음과 같은 이점이 있다.

㉮ 용접부의 냉각 속도를 느리게 한다.

㉯ 용접 비드(bead)의 표면을 형성한다.

㉰ 용적(droplet)의 크기를 조절(용착효율 증대)하고, 대기로부터 악영향을 차단한다.

㈐ 아크 내의 전기 전도도를 향상시켜

㉮ 점화 개선 : 아크 발생을 쉽게 한다.

㉯ 아크를 안정시킨다.

㉑ 피복제 내의 원소 조절이 가능하여

   ⑦ 합금원소의 첨가가 가능하여 용접부의 재질을 개선한다.

   ⑭ 용착금속의 탈산 및 정련 작용을 한다.

   ※ GTAW나 GMAW에서는 불가능하나 SMAW에서는 가능하다.

㉮ 기타

   ⑦ 전기절연 작용을 한다.

   ⑭ 수직 및 위보기 자세의 용접을 용이하게 한다.

   ⑭ 슬래그 제거를 쉽게 한다.

(3) flux shielding

① **개요** : 적절한 분말 속에서 아크를 일으키는 방법으로서 가장 완벽한 공기 차단이 이루어질 수 있으나, 용융지의 이행 상태를 육안으로 관찰할 수 없기 때문에 자동화 방법을 채택하고 있다. 주로 제조 공장에서 용착량이 매우 많은 두꺼운 소재를 용접할 때 사용하고 있다.

② **플럭스의 역할** : SAW의 플럭스 역할은 가스 생성을 제외하고는 SMAW의 피복제와 거의 유사한 역할을 한다.

   ㉮ arc region에서의 전기전도도 향상 : 점화 향상, 아크의 안정화를 가져온다.

   ㉯ 슬래그 형성 : 용융 금속 방울(drop-let) 및 용융풀의 보호, 비드 형성, 냉각 속도의 조절 및 진행 방향의 공간을 형성한다.

   ㉰ 금속학적 효과 : 환원 및 합금 효과가 있다.

(4) gas shielding

① **개요** : 가스를 용착금속 표면에 직접 불어내는 방식은 전극과 용가재를 각각 별도로 사용하는 GTAW 및 PAW와 전극이 직접 용가재가 되는 GMAW 및 FCAW로 나뉜다. 이때 GTAW 및 PAW에서는 불활성가스를 사용하며, GMAW 및 FCAW에서는 간혹 불활성가스만 사용하기도 하지만 대체로 CO_2 또는 CO_2와 불활성가스의 혼합가스와 같은 active 가스를 사용한다.

② **차폐 가스(shield gas)의 역할** : 차폐 가스는 용융 금속을 대기로부터 차단하여 산화 및 질화를 방지하는 역할 이외에도 다음과 같은 역할을 한다.

   ㉮ 아크 특성 및 용적 이행 mode

   ㉯ 용입 깊이 및 비드 형상

   ㉰ 용접 속도 및 undercut 결함의 발생 정도

   ㉱ 클리닝 작용(cleaning action)

㈐ 용착금속의 기계적 성질 및 용접 비용 등

이와 같이 용접 금속은 차폐 가스의 종류에 따라 크게 영향을 받으므로, 경제적이면서 요구되는 특성을 만족시키는 가스의 선택이 중요하다.

gas shield	활성 가스	MAG	CO_2 가스용접	MAG(metal active gas)는 CO_2, O_2, 및 이들을 포함한 혼합 가스를 사용
			혼합 가스용접	
	불활성 가스	MIG	GMAW	inert gas(Ar, He, Ar+He)를 사용
		TIG	GTAW	
self shield			FCAW-S	FCW(flux cored wire)를 사용

1-4 용접 기호 및 용접 자세

(1) 용접 기호

용접 구조물을 제작(설치)할 때 적용되는 용접의 종류, 홈의 형상, 치수, 위치, 표면 상태, 시험 방법, 용접 시공 시 주의 사항 등을 도면에 기재하여 제작(설치)을 신속하게 하기 위한 목적으로 사용되는 것이 용접 기호이다(AWS A2.4, KS B0052, KS B0056 참조).

① 용접 기호의 표준 표기법

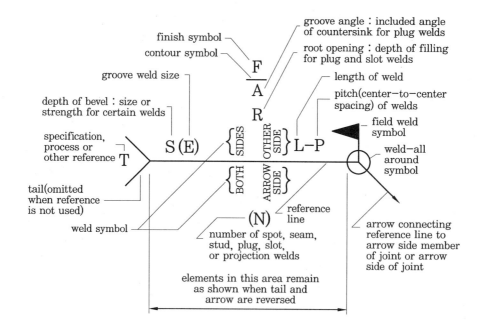

② **용접 기호(welding symbol)와 용접부 기호(weld symbol)** : AWS에서는 용접 기호와 용접부 기호를 명확히 구분하고 있는데, 용접부 기호는 특정한 용접 형태로 얻어지는 용접 금속을 의미(즉, 용접부 형태를 도표화한 것)하며, 용접 기호는 용접부 기호를 포함한 여러 구성 요소로 조합된 것을 말한다. 용접 기호의 구성 요소는 reference line, arrow, tail, basic weld symbol, dimension & other data, supplementary symbols, finish symbol 등으로 구성된다. 이 중에서 reference line과 arrow는 필수 요소이다.

(2) 용접 자세

용접 작업을 할 때 모재(母材)를 놓는 위치와 작업자의 자세에 따라 4가지 기본적인 자세가 있다(KS B0903 참조).

① **기본 자세**

　㉮ **아래보기 자세(flat position)** : 모재를 수평으로 놓고 용접봉을 아래로 향하여 용접하는 자세이며, 용접선을 수평면에서 15°까지 경사시킬 수 있다.

　㉯ **수평 자세(horizontal position)** : 모재의 용접면이 수평면에 대하여 80~150°, 210~280°의 회전을 할 수 있으며, 15° 이하의 경사를 가지고 용접선이 수평이 되게 하는 용접 자세이다.

　㉰ **수직 자세(vertical position)** : 수직면에서는 15° 이하의 경사를 갖는 면에 용접을 하며, 용접선은 수직 또는 수직면에 대하여 15° 이하의 경사를 가지고 수직면 앞쪽에서 용접하는 자세이다.

　㉱ **위보기 자세(overhead position)** : 용접봉을 모재 아래쪽에 대고 모재 아래쪽에서 용접하는 자세이다.

② **AWS D1.1 code의 용접 자세**

　㉮ positions of test plates for groove welds

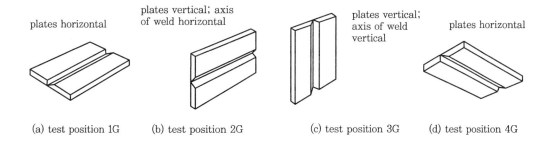

(a) test position 1G　　(b) test position 2G　　(c) test position 3G　　(d) test position 4G

(나) positions of test plates for fillet welds

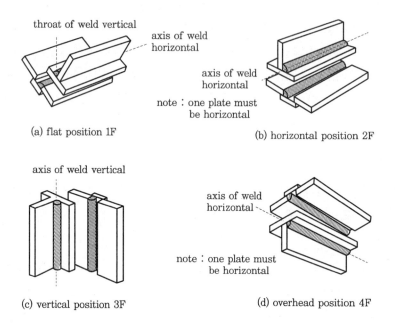

throat of weld vertical

axis of weld horizontal

axis of weld horizontal

note : one plate must be horizontal

(a) flat position 1F

(b) horizontal position 2F

axis of weld vertical

axis of weld horizontal

note : one plate must be horizontal

(c) vertical position 3F

(d) overhead position 4F

(다) positions of test pipes for groove welds

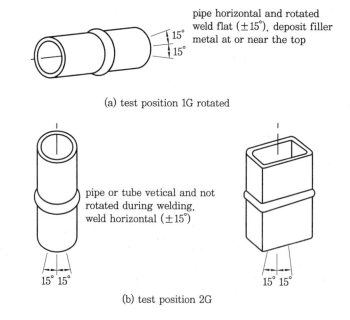

pipe horizontal and rotated weld flat (±15°). deposit filler metal at or near the top

15°
15°

(a) test position 1G rotated

pipe or tube vetical and not rotated during welding. weld horizontal (±15°)

15° 15°

15° 15°

(b) test position 2G

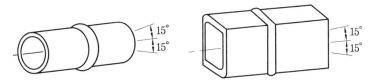

pipe or tube horizontal fixed (±15°) and not rotated
during welding. weld flat. vertical. overhead

(c) test position 5G

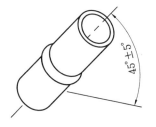

pipe inclination fixed (45°±5°) and
not rotated during welding

(d) test position 6G

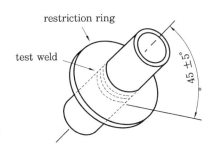

(e) test position 6GR (T-, Y-or K-connections)

1-5 용접성(weldability)과 용접 기능(performance)

(1) 개 요

　미국용접학회(AWS)에서는 용접성을 "특정 구조물이 알맞게 설계되고, 계획된 제작 조건에 따라 만족하게 수행할 수 있는 접합 조건하에서 나타나는 용접 금속부의 기능"이라 정의하고 있다. 즉, 어떤 구조물 또는 압력 용기의 용접부가 원래의 설계 목적대로 사용되는 데 이상이 없으려면 그 용접 설계가 용접성을 가져야 하며, 용접 기능 인력이 그 설계대로 수행할 수 있어야 한다. 용접 기능 인력의 기량이 아무리 뛰어나다고 하여도 용접부의 설계가 용접성을 갖추지 못하였거나, 실제 용접 시 설계대로 시행되지 않았다면 용접 직후 또는 사용하면서 결함이 발생하게 되어 그 구조물 또는 기기가 건전성을 잃게 된다.

　① **용접성** : 특정 구조물이 알맞게 설계되고, 계획된 제작 조건에 따라 만족하게 수행할 수 있는 용접 조건하에서 나타나는 용접 금속부의 성능이다.

　② **용접 기능** : 용접사가 용접 설계의 내용에 따라 불연속 결함 없이 용착할 수 있는 능력이며, 용접 방법, 용접 자세, 재료 종류, 재료 두께 등이 대표적인 요소이다.

(2) 용접성과 용접 기능의 비교

여기서 설명하고자 하는 용접성과 용접 기능을 잘 이해하면 앞으로 다루게 될 WPS(welding procedure specification)와 PQT(procedure qualification test)를 이해하는 데 많은 도움이 되리라 본다.

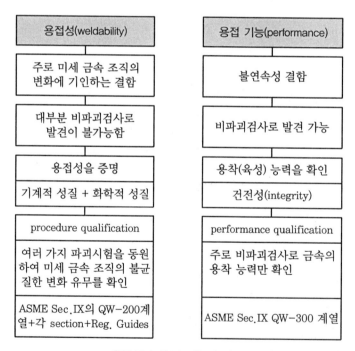

용접성(weldability)	용접 기능(performance)
주로 미세 금속 조직의 변화에 기인하는 결함	불연속성 결함
대부분 비파괴검사로 발견이 불가능함	비파괴검사로 발견 가능
용접성을 증명	용착(육성) 능력을 확인
기계적 성질 + 화학적 성질	건전성(integrity)
procedure qualification	performance qualification
여러 가지 파괴시험을 동원하여 미세 금속 조직의 불균질한 변화 유무를 확인	주로 비파괴검사로 금속의 용착 능력만 확인
ASME Sec.Ⅸ의 QW-200계열+각 section+Reg. Guides	ASME Sec.Ⅸ QW-300 계열

용접성과 용접 기능의 비교

(3) 용접성

① 개요 : 용접 기술자(welding engineer)는 ① 기계 및 구조물의 장치 및 설계, ② 사용하는 재료의 특성, ③ 용접의 방법, 절차, 장비, ④ 용접 이음의 성질과 건전성을

유지하기 위한 검사 등 공학적 기본 개념을 가지고 실무에 임하면서 다음과 같은 질문에 답을 할 수 있어야 한다. 목적하는 사용 조건에 알맞은 설계인가? 목적하는 사용 조건에 알맞은 재료인가? 용접 방법, 장비 및 절차는 적절한가?

이러한 문제에 대하여 논의할 때 사용되는 것이 용접성이며, 이는 개인적인 관점에 따라 매우 다양하게 표현될 수 있으나, AWS에서는 용접성을 "특정 구조물이 알맞게 설계되고, 계획된 제작 조건에 따라 만족하게 수행할 수 있는 용접 조건하에서 나타나는 용접 금속부의 성능"이라고 정의하고 있다. 약간 이해하기 어려운 특성이지만 그 구성 요소를 ① 재료의 적합성, ② 용접 공정의 가능성, ③ 구조의 안전성으로 나누어 살펴보면 이해하는 데 도움이 되리라 본다.

② **구성 요소**

㉮ 재료의 적합성 : 용접될 모재와 용가재의 화학 성분, 기계적 성질, 물리적 성질 등이 용접성을 확보할 수 있게 선정되었는지를 말한다.

⑦ chemical composition

㉠ hardening tendency (C) : 강에서 미세 조직의 취화 정도

㉡ aging tendency (N) : 강의 시효경화

㉢ brittle fracture : martensite, widmannstaetten

㉣ hot cracking : Fe-FeS 또는 Fe-NiS의 eutectic

㉤ microstructure (Nb, Ti) : grain-refining

㉥ 가스에 대한 용해도, 확산 속도 : 수소 취화

④ metallurgical properties (manufacturing condition)

㉠ segregation, inclusion : 기계적 성질

㉡ anisotropy of physical & mechanical properties : 기계적 성질

㉢ arrangement of structure : 기계적 성질

㉣ surface condition : 노치, 용융

㉱ physical properties

㉠ melting point/melting interval : 서로 다른 조성을 갖는 미세 조직

㉡ thermal expansion coefficient : 용접 열응력

㉢ heat conductivity, specific heat capacity : 용접 열응력

㉯ 용접 공정의 가능성

⑦ preparation

㉠ surface condition(rust, oil, oxides removal)

㉡ edge preparation : mixture ratio

㉢ layering/welding sequence의 결정 : mixture ratio, tempering

    ㉯ welding method

        ㉠ heat input(소재, 구조물 크기, 형태)

        ㉡ 용접법의 선택

        ㉢ preheating(thermal cutting도 동일)

    ㉰ post-weld heat treatment

        ㉠ post heating : 응력 제거가 주목적, normalizing, solution

        ㉡ 기기의 크기가 크지 않고 변형의 문제가 없는 경우에는 가끔 상변태가 일어나는 열처리를 PWHT로 채택하기도 함(스테인리스 케이싱)

  ㈐ 구조의 안전성

    ㉮ 급격한 단면적 변화 방지 : notch(노치)

    ㉯ 구조적 노치 방지 : 반복하중/피로하중

    ㉰ 잔류응력을 적게, 응력집중 방지

    ㉱ 두꺼운 판재 주의

③ 용접성 시험

  ㈎ 일반 사항 : 용접 기량의 시험은 단순히 용착 능력만을 확인하기 때문에 완전한 용착 여부를 판단할 수 있는 비파괴검사(NDE)로도 가능하지만, 용접성 시험은 앞서 언급한 재료의 적합성, 공정의 가능성, 구조의 안전성 등을 모두 평가하여야 하기 때문에 여러 가지 시험이 필요하다. 이러한 시험은 시편에 대한 시험과 실제 용접물의 시험이 있으며, 이 두 가지 방법은 상호 보완적이다. 그런데 구조의 안전성은 용접 구조 설계에서 보통 다루게 되고, 용접의 행위 자체로 볼 때는 재료의 적합성과 공정의 가능성만을 다루게 된다.

  ㈏ 용접성 시험의 종류

    ㉮ brittle fracture : notch impact bending, drop weight test, notch bending, notch tension

    ㉯ hardenability : chemical analysis(P-no), hardness test, jominy test, TTT-diagram

    ㉰ aging : notch Impact bending

    ㉱ fracture toughness : impact test, K_{IC}(J_{IC}에서 환산), J-R Curve(PSA에 채택) → 소위 LBB 개념

    ㉲ SCC/pitting : IGC susceptibility Test

    ㉳ dissimilar boundary : PT

1-6 ≪ 용접 용어 해설

(1) 결함과 용접 결함

① **결함(defect)** : 물질의 불완전한 상태이며 그 결과로 부품, 제품 등이 적용 합격 기준 또는 규격의 요건에 맞지 않는 불연속을 의미하며, 이 용어는 불합격을 나타낸다.

② **용접 결함(weld defect)** : 용접부에 발생한 외관상 및 성능상 불만족으로 보이는 각종 결함을 말하며, 치수적 결함(변형, 용접 치수), 구조적 결함(언더컷, 오버랩 등의 표면 결함 및 기공, 슬래그 등의 내부 결함) 및 특성적 결함(잔류응력, 경화 등)이 있다.

> **참고**
>
> 불연속 지시는 균일한 형상에서 불균일한 형상이 생성된 특성인 반면, 용접 결함은 설계된 용접 구조물의 안전성 및 사용 목적을 손상시킬 수 있는 특정한 형태의 불연속 지시를 지칭한다.

(2) 수동, 반자동, 자동용접 → 용접사(welder), 자동용접사(welding operator)

① **자동(automatic)용접** : 용가재(filler metal)의 공급(feed) 및 이동 방법을 모두 기계 조작에 의해 자동으로 시행하는 경우

② **반자동(semi-automatic)용접** : 용가재의 공급 방법을 자동으로, 이동 방법은 수동으로 시행하는 경우

③ **수동(manual)용접** : 용가재의 공급 및 이동 방법을 모두 수동으로 시행하는 경우

④ **기계(machine)용접** : 용가재의 공급 및 이동 방법을 기계 조작에 의해 하되, 자동용접사가 지속적으로 관찰 조절하는 경우

(3) 시험재와 시험편

① **시험재(test coupon)**

㈎ 용접절차서 또는 용접작업자 인정시험용 용접시험재이다.

㈏ 용접 완료 후 시험편을 재취할 때까지의 것을 말한다.

㈐ 시험재로는 판, 관, 튜브 등 여러 형태의 모재에 대한 맞대기, 필릿, 덧살붙임, 용착금속 등의 것이 있다.

② **시험편(test specimen)**

㈎ 재료의 여러 성질을 조사하기 위해 채취한 특정 시험용 시험재의 시료이다.

㈏ 시험재에서 잘라내어 기계 가공에 의하여 규정된 모양 및 치수로 다듬질한 것이다.

㈐ 시험편으로는 굽힘, 인장, 충격, 마크로, 화학분석용 등이 있고, RT, 소구경관의 인장시험 등에서와 같이 시험편이 완전한 시험재이어도 된다.

(4) 역극성 및 정극성

① 역극성(electrode positive)

㈎ 직류 아크용접 시의 접속법으로 피용접물을 전원의 음극에, 용접봉과 전극을 양극에 접속한 배치이다.

㈏ DCRP(direct current reverse polarity)

㈐ DCEP(direct current electrode positive)

② 정극성(electrode negative)

㈎ 직류 아크용접 시의 접속법으로 피용접물을 전원의 양극에, 용접봉과 전극을 음극에 접속한 배치이다.

㈏ DCSP(direct current straight polarity)

㈐ DCEN(direct current electrode negative)

(5) 피닝(peening)

① 피닝 : 용접부를 구면상 선단의 특수 해머로 연속 타격하여 소성변형을 주는 작업이다.

② 피닝의 효과

㈎ 용착부의 잔류응력 완화

㉮ 고온보다 실온으로 냉각한 다음에 하는 것이 더 효과적이다.

㉯ 용착금속뿐 아니라 그 좌우의 모재 부분을 피닝해도 어느 정도 효과가 있다.

㈏ 용접변형의 경감이나 용착금속의 균열 방지 : 용접부의 표면층 또는 루트 용접부, 그리고 용접선 부근의 모재에는 피닝을 적용하면 안 된다(후판의 층간에 실시).

③ 기타

㈎ 연성 저하 또는 변형 시효를 일으켜 취약해질 수 있다(피닝이 무조건 좋은 것은 아님).

㈏ ASME Sec. IX에는 비필수 변수나 발주처 Spec. 등의 금지 여부를 확인하는 것이 필요하다.

(6) 라이닝, 버터링, 살붙임, 표면덧살붙임, 클래딩

① 라이닝(lining) : 목적에 적당한 이종 재료의 얇은 층을 본체 표면에 부착하는 것

② 버터링(buttering) : 맞대기용접을 할 때 모재에 미치는 열영향을 방지하기 위하여 홈 표면에 다른 종류의 용접 금속으로 덧살 용접하는 것

③ 살붙임(overlay) : surfacing의 비표준 용어이다. 표면경화 또는 내식 덧살 붙임 등에 사용한다.

④ 표면덧살붙임(surfacing) : 이음부를 만드는 것에 대비되는 것으로 필요한 특성 또는 치수를 얻기 위하여 모재의 표면 및 끝부분에 목적에 따라 필요한 조성의 합금을 덧붙이는 것

⑤ 클래딩(cladding) : 다른 금속을 중합하여 완전히 결합시킨 층상의 복합 합금을 공급 하는 것

(7) 번 백(burn back)

자동 및 반자동 아크용접에서 와이어(wire)가 콘택트팁에 타서 붙은 현상이다. 용접 전류로서는 수하 특성보다 정전압 또는 상승 특성이 있으면 이와 같은 현상을 일으키지 않는다.

① 개요(특성)

㈎ 와이어가 콘택트팁에 타 붙는 현상이다.

㈏ 자동 및 반자동용접에서 발생, SMAW/FCAW, SAW에서 발생하고 무부하 전 류가 높을 때, 와이어 송급 속도가 늦을 때 발생한다.

② 방지책

㈎ 와이어 송급 속도는 빠르게, 용접 전류는 낮게 조절한다.

㈏ 콘택트팁을 손질하고 교환 작업을 실시한다.

(8) 금속간화합물(intermetallic compound)

금속의 기본 특성의 변화 없이 다른 금속을 혼합시키는 것을 '합금'이라고 부르는 반면, '금속간화합물'은 금속과 금속이 결합하여 새로운 화합물을 형성하는 것을 일컫는다. 보다 넓은 의미에서 구성 원소가 금속이 아니더라도 금속간화합물의 범주에 포함시키기도 한다. 합금은 금속의 기본적인 특성을 유지하는 반면, 금속간화합물은 원자 간 결합 구조가 바뀌어 금속과는 다른 특성을 갖게 된다.

① 장점 : 고강도 및 고융점, 경량성, 우수한 고온내산화성 등

② 단점 : 가공성이 나쁘다.

③ 응용 분야 : 항공기 및 자동차의 엔진 재료와 같은 경량 내열재료, 고온 구조용 재료 등

용접 아크의 이해

1. 아크용접기의 전기적 특성 중 상승 특성과 아크 드라이브(arc drive) 특성에 대하여 설명하시오.

2. 서브머지드 아크용접(submerged arc welding) 시 용융 금속의 이행에서 볼 수 있는 핀치효과(pinch effect)에 대하여 설명하시오.

3. 정격 2차 전류 300 A, 정격 사용률 40 %의 교류 아크용접기 사용 시, 전류 200 A와 사용률 60 %로 용접 작업을 할 경우, 용접기의 안전성에 대하여 설명하시오.

4. 전기용접기 사용 시 반드시 지켜야 할 준수 사항을 열거하고 설명하시오.

5. 용접 비드의 형상에 영향을 미치는 전류와 전압 및 용접 속도에 대하여 설명하시오.

6. 무부하 전압 80 V, 아크 전압 30 V, 아크 전류 300 A, 내부 손실 4 kW인 용접기가 있을 때 역률(power factor)과 효율(efficiency)을 구하시오.

7. 인버터 방식 용접기의 원리와 장·단점에 대하여 설명하시오.

8. 아크 쏠림(arc blow)를 설명하고 발생 원인과 방지 대책을 설명하시오.

9. GTAW와 GMAW가 각각 극성에 따라 용접 깊이가 어떻게 다른지 그림으로 그리고, 그 이유를 설명하시오.

10. 용접기에서 역률에 대하여 설명하시오.

11. 인버터 용접기의 작동 원리와 특징에 대하여 설명하시오.

12. GMAW에서 아크 발생 시 핀치효과(pinch effect)와 아크 쏠림(arc blow)의 발생 원리와 아크 쏠림 방지 방법에 대하여 설명하시오.

13. 정전압을 사용하는 GMAW 용접기에서 아크 길이를 일정하게 유지할 수 있는 제어 방법의 명칭과 원리에 대해 설명하시오.

14. 인버터 용접기와 기존의 직류 또는 교류 용접기와의 차이점을 설명하시오.

15. 아크 불림(arc blow)의 생성 원리를 설명하고 아크 불림 현상을 방지하기 위한 방법을 설명하시오.

16. 교류 및 직류 아크용접기의 무부하 전압에 대하여 설명하시오.

17. 교류 용접기의 역률과 효율에 대하여 다음 사항을 설명하시오.

    가. 역률과 효율의 정의

    나. 무부하 전압 80 V, 아크 전압 30 V, 아크 전류 300 A, 내부 손실 4 kW 일 때 역률과 효율은 각각 몇 %인가?

    다. 교류용접기의 역률을 개선하기 위한 콘덴서 설치 시의 장점을 설명하시오.

18. 최대 정격전류 500 A, 정격 사용률 40 %의 용접기를 자동용접 장치에 설치하여 300 A의 용접 조건으로 연속 자동용접(예 : 10분 이상 연속)을 수행하고자 할 때, 이 용접기를 사용할 수 있는지 여부를 계산하여 설명하시오.

19. GMAW에서 정전압 모드 (constant voltage mode)가 정전류 모드 (constant mode)에 비하여 아크 소멸로부터 아크 안정성이 유리한데 그 이유를 self regulation(자기 제어) 효과를 이용하여 설명하시오.

20. CO_2 GMAW에서 자기 제어(self regulation) 효과에 대하여 설명하시오.

21. GMAW에서 자기 제어(self regulation) 특성을 설명하고, 수하모드와 정전압 모드 중에서 자기 제어 효과가 큰 모드가 무엇이며 그 이유를 설명하시오.

22. flux cored wire를 사용하고 CO_2 가스를 사용하는 FCAW(flux cored arc welding)에서 전류값을 300 A로 일정하게 두고 용접하던 중 어떤 원인에 의해 아크 길이가 짧아졌다. 그 이유를 열거하시오.

2. 용접 아크의 이해

2-1 ⟨ 전기 아크의 이해

(1) 전기 아크(electric arc)

두 금속 표면의 간격을 적절히 한 다음, 양 표면 사이에 다량의 전류를 흘려주면 두 금속의 표면 사이에 고온의 플라스마(ion, electron, atom, molecule 등의 혼합 가스)가 흐르게 되는데, 이 플라스마 기둥을 아크라고 한다.

- 철 이온 플라스마의 경우 : 약 6000℃
- 전극 폭을 조절하여 아크 폭을 조절할 수 있어 국부적 가열도 가능하다.
- 흘려주는 전류량을 조절함으로써 입열량도 조절이 가능하다. 따라서, 플랜트 용접에 널리 이용된다.
- 전기 아크는 안전한 사용을 위해 보통 저전압(20~40 V) 대전류(30~1000 A)를 사용한다.

> **참고**
>
> 1. 아크용접 : 용접봉과 모재 사이의 전기 방전에 의해 발생하는 아크를 이용하여 재료를 접합한다.
> 2. 아크는 전기적으로 중성, 이온화된 기체와 전자로 구성된 고전류 영역의 플라스마이다.
> 3. 플라스마(plasma) : 기체의 온도가 증가하면 기체를 구성하고 있는 원자(or 분자)의 운동량이 증가하여 상호 충돌에 의해 원자의 최외곽 전자가 이탈하면서 이온화되며, 이와 같이 이온화된 가스를 플라스마라고 한다.

① **음극점**(cathode spot)
  (개) 전자가 방출되는 곳으로 전체 아크열의 1/3이 여기에서 발생한다.
  (내) 음극점 최고 온도는 3,600℃이다.

② **음극 강하 지역**(cathode drop zone, cathode fall space)
  (개) 음극점으로부터 약 10^{-3} cm 떨어진 곳까지의 구간이다.
  (내) 아크 내에서 전압강하가 가장 크게 일어나는 곳(5~20V)이다.
  (대) 이 전압강하로 음극점의 전자방출이 용이하게 일어난다.

③ **아크기둥**(arc column, plasma column fall space)
  (개) 전자, 원자, 분자 및 이온이 혼재하고 있는 플라스마 상태 구역이다.
  (내) 온도가 4,500~20,000℃로 매우 고온 분위기의 구역이다.
  (대) 전자 수와 양이온 수가 거의 같아 전기적으로 중성이다.
  (래) 전압강하는 비교적 작으나 가스 분위기에 따라 다르다(He은 42, Ar은 6 V/cm).

④ **양극 강하 지역**(anode drop zone, anode fall space)

⑺ 음극 강하 지역과 유사하게 양극점으로부터 5×10^{-3} cm 떨어진 지점부터 전압 강하가 비교적 크게 일어난다.

⒁ 크기는 0~30 V 정도이다.

⑤ **양극점**(anode spot)

⑺ 가속된 전자가 충돌하여 흡수되는 곳이다.

⒁ 전자의 운동에너지가 열에너지로 변환됨으로써 아크열의 약 2/3가 이곳에서 발생한다.

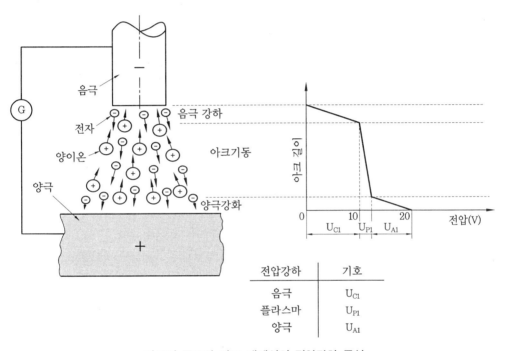

아크의 구조와 아크 내에서의 전압강하 특성

전압강하	기호
음극	U_{C1}
플라스마	U_{P1}
양극	U_{A1}

(2) 전극에 의한 전자방출 유형

① **열전자 방출**(thermionic emission)

⑺ 금속을 고온으로 가열 시 전자가 전위 장벽을 넘어 금속 밖으로 방출되는 현상이다.

⒁ 텅스텐과 같이 고융점의 전위 장벽(일함수)이 높은 금속만 열전자 방출이 가능하다.

② **전기장 방출**(field emission, cold emission)

⑺ 전위차가 큰 전기장에 의해 자유전자가 방출되는 현상이다.

⒁ 일반 금속은 열전자 방출이 불가능하고 전기장에 의해 자유전자가 방출된다.

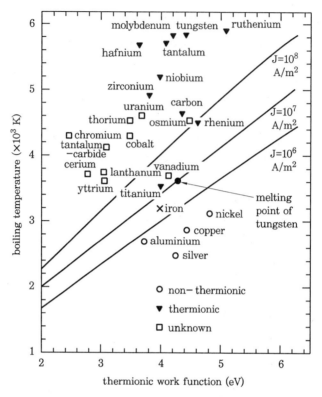

각 금속의 열전자를 방출하기 위한 온도 조건

(3) 방출 자유전자 유형에 따른 용접 특성

① 소모성 전극 : SMAW, GMAW, FCAW

(개) 용가재가 직접 전극이 되는 소모성 전극을 사용하는 용접 방법이다.

(내) 자기장에 의한 전자 방출 시 낮은 에너지가 발생한다.

(대) 전극이 양극(+)인 경우, 이온에 의한 에너지가 모재에 전달되므로 전극을 양극
이 되도록 직류 역극성(DCEP)을 채택해 용접 효율을 높인다.

② 비소모성 전극 : GTAW, PAW

(개) 텅스텐 전극을 사용하는 용접법으로 열전자(thermionic)가 방출되며, 열전자에
의해 에너지가 모재에 전달된다.

(내) 전극이 열전자를 방출하는 음극(-)인 직류 정극성(DCEN)을 주로 채택한다.

 참고

> 교류는 용접봉과 모재의 입열량이 같으며, 용접 효율 및 용입 특성이 직류 정극성과 역극성의 중간 정
> 도 특성을 가진다.

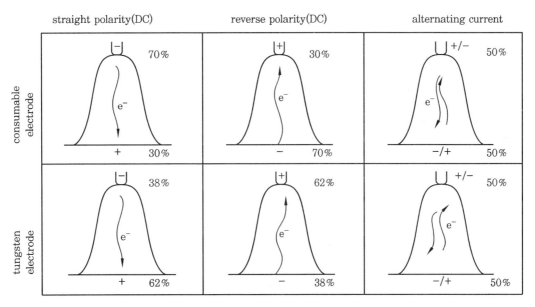

straight polarity(DC) reverse polarity(DC) alternating current

텅스텐 전극과 소모성 전극의 사용 시 입열량 비교

(4) 아크 특성곡선(arc characteristic line)

① 아크는 전기저항과 특성이 유사하여 전압과 전류의 상관관계는 다음 그림과 같다.

② 저전류 영역인 아일톤 영역(ayrton area)에서는 옴의 법칙과 상반된 특성을 보인다.

③ 우선 아크기둥을 위해서는 높은 전압이 요구된다(무부하 전압).

④ 이로 인해 전자 방출이 용이해지면서 보다 낮은 전압에서도 아크가 유지된다.

⑤ 전자 이동이 어느 수준 이상이 되면 입자 간에 충돌이 심해지면서 방해를 받게 되므로 이를 극복하기 위해서는 더 높은 전압이 필요하다. 따라서 아크의 전류-전압 관계는 기울어진 L자 형상으로 다음 그림과 같다(아크 특성곡선).

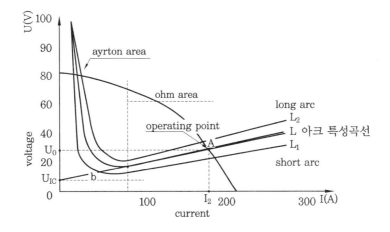

2-2 극성 및 핀치효과

(1) 극성(polarity)

극성은 용접 전원에서 나오는 양(+)과 음(−)의 단자가 전극과 모재 중 어디에 연결되느냐에 따라 정해지는 특성이다.

① 정극성(DCEN, DCSP)

　(가) DCEN : direct current electrode negative

　(나) DCSP : direct current straight polarity

② 역극성(DCEP, DCRP)

　(가) DCEP : direct current electrode positive

　(나) DCRP : direct current reverse polarity

③ 교류(AC, alternating current)

GTAW의 극성 비교

current type	DCEN	DCEP	AC (BALANCED)
electrode polarity	negative	positive	
electron and ion flow penetration characteristics			
oxide cleaning action	NO	YES	YES−once every half cycle
heat balance in the arc (approx.)	70 % at work end 30 % at electrode end	30 % at work end 70 % at electrode end	50 % at work end 50 % at electrode end
penetration	deep ; narrow	shallow ; wide	medium
electrode capacity	excellent e.g., 1/8 in. (3.2 mm) 400 A	poor e.g., 1/4 in. (6.4 mm) 120A	good e.g., 1/8 in. (3.2 mm) 225 A

참고

극성에 따라 아크 특성, 용접 금속 이행 상태, 용가재 및 모재의 특성이 다르다.
① 소모성 전극 사용(SMAW, GMAW 등) 시 주로 역극성을 이용한다.
② 비소모성 전극 사용(GTAW, PAW) 시 주로 정극성을 이용한다.

(2) 핀치효과

① **정의** : 원주의 도체에 전류가 흐르면 전류 소자 사이에 흡인력이 작용하여 직경이 가늘게 수축되는 현상이다. 이러한 핀치효과에 의해 와이어 선단의 용융 금속이 잘록하게 되어 와이어 선단으로부터 떨어져 나간다.

② **특징**

　(개) 핀치효과의 강도는 전류의 제곱에 비례 : 전류가 크면 심하게 일어난다.

　(내) 솔리드 와이어의 경우 많이 나타난다.

　(대) 여기서 말하는 핀치효과는 전자기적 핀치효과를 의미하며, 실드 가스나 수랭 노즐의 냉각 작용에 의해 아크가 길어지는 열적 핀치효과도 있다.

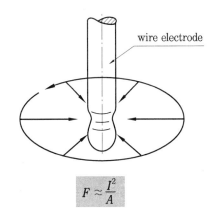

$$F \approx \frac{I^2}{A}$$

전류밀도가 높아지면 fine drop이 이루어짐

**activity of the pinch-effect
(schematic)**

참고　● **열적 핀치효과**

고온인 아크가 그 주위 실드 가스 또는 수랭 노즐 등에 의해 냉각되면서 가늘어지는 현상이다. CO_2 가스와 He 가스는 열적 핀치효과가 크고, Ar 가스는 열적 핀치효과가 작다. 따라서 같은 전류로 용접할 때 Ar 가스를 사용하는 용접보다 CO_2 용접에서 아크 전압을 크게 해야만 같은 아크 길이가 형성된다.

2-3 ◀ 자기불림(arc blow)

(1) 정 의

　도체에 전류가 흐르면 그 주위로 자기장이 생성되는데, 모재와 용접봉 사이를 흐르는 전류에 따라 자계가 생성되어 용접봉과 비대칭을 이루면 아크가 자력선이 집중되지 않는 쪽으로 쏠리는 현상으로 '아크 쏠림'이라고도 말한다.

(2) 특 징

① 아크의 불안정, 기공, 슬래그 혼입, 용착금속의 재질 변화 등의 원인으로 발생한다.
② 용접의 시작 및 끝부분에서 내부로 강하게 끌린다.
③ 전류 루프에서는 자기장이 약한 밖으로 쏠린다.

(3) 발생 원인(유형)과 조치

① **통전 경로에 의한 아크 쏠림** : 통전 경로에 의한 아크 쏠림에서 자력선의 분포는 다음 그림과 같이 용접봉에서 모재를 통해 접지로 이어지는 통전 경로에 변화가 있을 경우 통전 방향(좌측)이 그 반대 방향(우측)보다 조밀하므로 아크는 통전 반대 방향으로 쏠리게 된다. 따라서 용접 방향을 아크가 쏠리는 방향(그림 기준 좌에서 우, 통전 경로 반대 방향)으로 하거나 접지 위치를 가까이 변경하여 아크 쏠림을 경감할 수 있다.

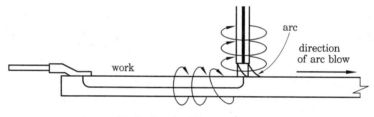

통전 경로에 의한 아크 쏠림

② **전극 위치에 의한 아크 쏠림** : 전극 위치에 의한 아크 쏠림은 다음 그림과 같이 아크 주위의 자성체(magnetic material)가 비대칭 형상일 경우, 즉 자속은 공기보다 자성체를 더 잘 통과하므로 공기와 거리가 보다 가까운, 이를테면 아크 중심으로부터 짧은 쪽 방향이 긴 쪽 방향보다 자속밀도가 높으므로 결론적으로 아크는 모재의 중심쪽으로 쏠리게 된다. 이때 형성되는 원형 자장의 회전 방향은 전류(ampere)의 오른나사의 법칙에 따라 극성이 역극성(DCEP, DCRP)일 경우 시계 방향, 즉 엄지가 지면을 향한 오른 주먹의 손가락 방향이 된다. 물론, 교류의 경우는 주파수에 따라 극성이 변하므로 회전 방향 역시 변하게 된다. 이 경우에도 용접 방향을 아크가 쏠리는 방향, 즉 모재의 양 끝단에서 중심으로 변경하면 아크 쏠림을 경감할 수 있다.

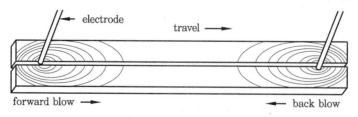

전극 위치에 따른 아크 쏠림

③ **모재 자체의 자화에 의한 아크 쏠림** : 모재 자체의 자화에 의한 아크 쏠림은 가공면 개
선 작업 등 심한 기계 가공이나 마찰, 자분탐상검사 등에 의해 모재가 자화되기 때문
이며, 재질에 따라 쉽게 자화되거나 그 정도가 심해지기도 한다. 특히 저합금강의 경
우는 쉽게 자화되므로 용접 전 자분탐상검사(MT)나, 전자석 인양 설비(magnetic
lifting device)의 사용과 같은 자기 물질과의 접촉을 금하고, 포크리프트(forklift)
사용 시 마찰이 발생하지 않도록 하며, 사상 등 기계 가공을 최소화하는 등 취급에
각별한 주의가 필요하다. 필요 시 탈자(demagnetizing)를 하기도 하나 비용과 시설
등의 문제가 수반된다.

(4) 자기불림(arc blow) 방지책

① 직류 용접을 피하고 교류 용접을 사용한다.
② 큰 판 용접부 또는 이미 용접이 끝난 용착부를 향하여 용접한다.
③ 장대한 용접에서는 후퇴법으로 용착한다.
④ 접지점을 용접부에서 가능한 멀리한다.
⑤ 짧은 아크를 사용한다.
⑥ 용접봉 끝을 자기불림이 발생하는 반대쪽으로 기울인다.
⑦ 받침쇠, 간판 용접부, 시작 및 종점에 end tap을 이용한다.
⑧ 접지를 양쪽 끝에 연결한다.
⑨ 자화되기 쉬운 합금강재는 사전에 자화되지 않도록 철저히 관리하고, 필요 시 탈자
한 후 용접을 실시한다.

2-4 ◀ 용접 전류, 전압, 속도 관계

(1) 용접 전류

① 전류가 높으면 용접봉이 빨리 녹고 용융풀도 커지고 불규칙해져 언더컷, 기공 및 스
패터가 많이 발생한다.
② 너무 낮으면 모재를 충분히 용융시켜주지 못하고 용융풀도 작아져 아크의 유지가
힘들고(용접봉이 모재에 접착), 용입이 얕으며, 오버랩 및 슬래그의 혼입 원인이
된다.
③ 따라서 용접물의 재질, 모양, 크기, 용접 자세와 속도, 용접봉의 종류와 굵기 등에
따라 적정 전류를 선택해야 한다.

> **참고 ◉ 용접 전류값 결정 인자**
>
> 1. 후판이나 필릿 용접에서는 열이 급속히 확산하므로 높은 전류가 필요하고, 박판의 경우 약간 낮은 전류를 사용하는 것이 좋다.
> 2. 융점이 낮은 금속은 전류를 낮게, 열전도율이 높으면 전류를 높게 사용한다.
> 3. 아래보기 및 위보기는 전류를 높게, 수직이나 수평자세는 전류를 낮게 한다.
> 4. 용접봉이 굵으면 전류를 높게, 가늘면 낮게 한다.
> 5. 용접 속도가 빠른 경우 전류를 높게 유지한다.

(2) 용접 전압(아크 길이)

① 아크 길이가 너무 길면 용입이 적고, 표면이 거칠며 아크가 불안정해지고 스패터 발생이 많아진다.

② 아크 길이가 짧으면 용접봉이 자주 단락되고, 슬래그 혼입이 쉬워진다.

(3) 용접 속도

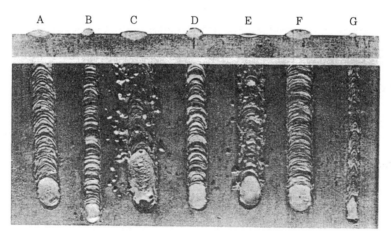

The effect of welding amperage, arc length, and travel speed; (A) proper amperage, arc length, and travel speed; (B) amperage too low; (C) amperage too high; (D) arc length too short; (E) arc lenth too long; (F) travel speed too low; (G) travel speed too fast

용접 전류, 전압, 속도에 따른 용접 비드 형상

① 모재에 대한 용접선 방향의 아크 속도를 용접 속도(welding speed), 운봉 속도 (travel speed) 또는 아크 속도(arc speed)라고 한다.

② 모재의 재질, 이음 현상, 용접봉의 종류 및 전류값, 위빙의 유무 등에 따라 용접 속도가 달라진다.

③ 아크 전류 및 전압이 일정할 때

 ㈎ 용접 속도가 빠르면 입열이 작아지고, 용입이 얕아진다.

 ㈏ 용접 속도가 늦으면 입열이 커지고, 용입이 깊어진다.

④ 일반적으로 용접 변형을 적게 하기 위하여 가능한 높은 전류를 사용하여 용접 속도를 빠르게 하는 것이 좋다.

※ 극성, 용적 이행, shield gas 등이 아크에 영향을 미친다.

(4) 용접 비드의 형성 현상

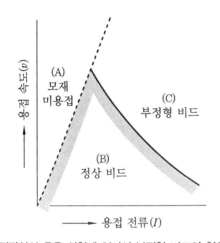

평판상의 용융 실험에 있어서 부정형 비드의 형성

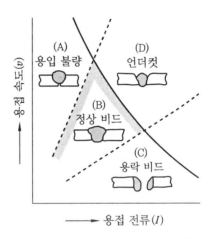

박판의 맞대기 용접에서 비드 상황

2-5 직류 및 교류 용접기

(1) 직류 용접기의 종류 및 특징

종 류	특 징
발전기형 (모터형, 엔진형)	• 완전한 직류를 얻는다(모터형, 엔진형). • 옥외나 교류 전원이 없는 장소에서 사용한다(엔진형). • 회전하므로 고장 나기 쉽고 소음을 낸다(엔진형). • 구동부, 발전기부로 구성되어 고가이다(모터형, 엔진형). • 보수와 점검이 어렵다(모터형, 엔진형).
정류기형	• 소음이 나지 않는다. • 취급이 간단하고 염가이다. • 교류를 정류하므로 완전한 직류를 얻지 못한다. • 정류기 파손에 주의한다. • 보수 점검이 간단하다.

(2) 교류 용접기의 종류 및 특징

용접기의 종류	특 징
가동 철심형 (moving core arc welder)	• 가동 철심으로 누설자속을 가감하여 전류를 조정한다. • 현재 가장 많이 사용한다. • 미세한 전류 조정이 가능하다. • 광범위한 전류 조절이 어렵다. • 일종의 변압기 원리를 이용한 것이다.
가동 코일형 (moving coil arc welder)	• 1차, 2차 코일 중의 하나를 이동하여 누설자속을 변화하여 전류를 조정한다(1차와 2차 코일이 접근하면 전류가 커짐). • 아크 안정도가 높고 소음이 없다. • 가격이 비싸며, 현재 거의 사용하지 않는다.
탭 전환형 (tap bend arc welder)	• 코일의 감긴 수에 따라 전류를 조정한다. • 작은 전류 조정 시 무부하 전압이 높아 전격의 위험이 있다. • 탭 전환부의 소손(타서 손실됨)이 심하다. • 주로 소형에 많다. • 넓은 범위의 전류 조정이 어렵다.
가포화 리액터형 (saturable reactor arc welder)	• 가변저항의 변화로 용접 전류를 조정한다. • 전기적 전류 조정으로 소음이 없고 기계 수명이 길다. • 원격 조정이 간단하며 초기 전류를 높게 할 수 있다. [핫 스타트(hot start) 장치 용이]

(3) 직류 및 교류 용접기의 비교

비교 항목	직류 용접기	교류 용접기
아크 안정	우수	약간 불안(1초간 50~60회 극성 교차)
극성 이용	가능	불가능(1초간 50~60회 극성 교차)
비피복 용접봉 사용	가능	불가능(1초간 50~60회 극성 교차)
무부하 전압	약간 낮다.(60V가 상한값)	높다.(70~90V가 상한값)
전격 위험	적다.	많다.(무부하 전압이 높기 때문)
구조	복잡하다.	간단하다.
유지	약간 어렵다.	쉽다.
고장	회전기에는 많다.	적다.
역률	매우 양호	불량
가격	비싸다.(교류의 몇 배)	싸다.
소음	회전기는 많고 정류기는 적다.	적다.(구동부가 없기 때문)
자기 쏠림 방지	불가능	가능(자기 쏠림이 거의 없음)

(4) 용접기 구비 조건

① 역률과 효율이 좋아야 한다.

② 아크 발생이 용이하고, 일정한 전류가 흘러야 한다.

③ 전류 조정이 용이하고, 일정한 전류가 흘러야 한다.

④ 단락(접촉)되었을 때 흐르는 전류가 적어야 한다.

⑤ 사용 중에 온도 상승이 작아야 한다.

⑥ 가격이 저렴하고, 사용 유지비가 적어야 한다.

⑦ 구조 및 취급이 간단해야 한다.

⑧ 무부하 전압이 높거나 용접기의 미절연 부분이 없어야 한다.

⑨ 위험성이 적어야 한다. 필요 이상으로 무부하 전압이 높거나 용접기의 미절연 부분이 없어야 한다(무부하 전압은 교류 용접에서 70~80 V, 직류 용접에서 40~60 V 이다).

(5) 용접기 취급상 주의 사항

① 정격 사용률 이상으로 사용하면 소손될 우려가 있으므로 주의한다.

② 2차 측 단자의 한쪽과 용접기 케이스는 반드시 접지해야 한다.

③ 가동 부분, 냉각 fan을 점검하고 주유한다(회전부, 축 베어링 점검).

④ 탭 전환은 반드시 아크를 중지시킨 후에 행한다.

⑤ 전격 방지기를 반드시 부착하고, 작동 여부를 주기적으로 점검한다.

⑥ 다음 장소에서는 용접기의 설치를 금하며, 부득이한 경우 조치 후 설치한다.

  ㈎ 비(雨)에 노출되었거나, 수증기 및 습기가 많은 곳

  ㈏ 주위 온도가 -10℃ 이하인 곳

  ㈐ 유해한 내식성 가스나 폭발성 가스가 존재하는 곳

  ㈑ 진동 또는 충격을 받는 장소

  ㈒ 먼지가 많은 장소 등에서는 용접기 설치를 금한다.

2-6 ◀ 용접기 외부 특성곡선

(1) 수하 및 정전압 특성곡선

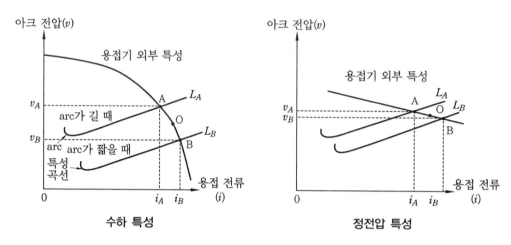

(2) 수하 특성

수하 특성은 수동용접에서 사용되는 입열량 제어 방식이다. 수동용접은 사람의 손으로 용접 작업을 수행하기 때문에 아크의 길이를 일정하게 유지하기가 어렵다. 물론 용접사 개인의 기량에 크게 좌우될 수 있지만, 개인의 기량은 우수하다는 가정하에서 약간의 아크 길이의 변화에 입열량의 변화가 없도록 하기 위한 제어 방법이 수하 특성이다. 위의 [수하 특성]은 수하 특성 용접기의 외부 특성상에 아크 길이 특성곡선을 도시한 것으로서 표준 "0"점에서 용접 토치 끝이 용접 표면에서 약간 멀어진 경우가 "A"점이며, 그 반대 경우가 "B"점이다. 이때 용접 입열량은 i_v가 되므로 원래(표준) 입열량 $i_O V_O$, 점 A와 B의 입열량 $i_A V_A$ 및 $i_B V_B$가 거의 동일한 면적을 이루게 된다. 따라서 아크 길이가 약간 변화되어도 전체 입열량은 일정하게 유지될 수 있다.

(3) 정전압 특성

정전압 특성은 자동용접(자동으로 용접 wire를 feeding 하는 GMAW, FCAW에서 매우 중요함)에서 사용되는 입열량 제어 방식으로 부하전압이 변하여도 단자전압은 거의 변하지 않는 특성이다. 자동용접은 토치의 움직임을 기계로 하기 때문에 토치 끝을 일정하게 유지하는 것이 매우 쉽지만, 반대로 용접부 표면의 굴곡을 따라 변화되는 아크 길이에 대응하기 힘들다. 이러한 용접부 표면의 굴곡을 따라 변화되는 아크 길이를 용이하게 원래의 입열량과 아크 길이로 저절로 돌아오게 할 수 있는 제어 방식이 바로 정전압 특성이다.

[정전압 특성]은 정전압 용접기의 외부 특성상 금속 표면에 따라 달라지는 아크 길이

특성곡선을 합성한 것이다. 이 특성곡선에서 점 "0"이 적정 용접점이라면 길어지는 "A" 경우와 그 반대의 "B" 경우로 나누어 생각해보자.

"A" 경우에는 아크 길이가 길어져 특성곡선상의 점 "0"에서 점 "A"로 옮겨 가게 되고 입열량은 $i_O V_O \rightarrow i_A V_A$로 작아짐에 따라 용가재의 녹는 속도가 순간적으로 느려진다. 그러나 용가재의 공급 속도(feeding rate)는 일정하므로 순식간에 용가재의 길이가 길어져 원래의 적정 용접점으로 되돌아가게 된다. 반대 "B" 경우, 입열량이 $i_O V_O \rightarrow i_B V_B$로 커짐에 따라 용가재의 녹는 속도가 훨씬 빨라지게 되고, 여전히 용가재 공급 속도(feeding rate)는 일정하므로 용가재(전극) 끝이 표면으로부터 멀어지게 되어 원래의 용접점 "0"으로 돌아가게 된다.

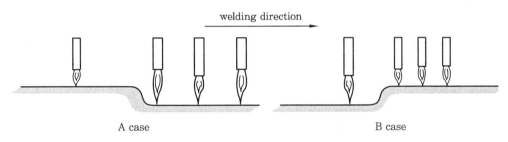

정전압 특성에서 arc 길이 자동제어

2-7 인버터(inverter)식 용접기

(1) 개 요

인버터는 직류를 교류로 교환하는 장치를 지칭하며, 인버터 용접기도 이러한 기능을 가진 용접기이다. 인버터식 용접 전원 장치는 상용 60 Hz 전원으로부터 직접 정류, 평활시킨 후 전력 소자에 의해 고주파 교류로 변환시키고, 다시 용접에 알맞은 전압으로 변압한 후 정류하여 출력하도록 되어있다.

제어 방식은 펄스(pulse)폭을 제어하는 펄스폭 변조(PWM : pulse width modulation) 방식과, 펄스폭을 일정하게 하고 주파수를 제어하는 주파수 변조(FM : frequency modulation) 방식이 있으나 대부분은 PWM 방식이다.

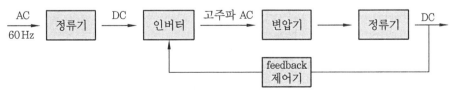

인버터식 전원 공급 장치도

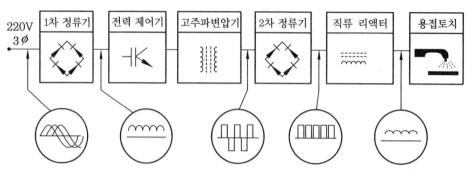

인버터식 용접 전원의 원리와 각부 파형

(2) 특 징

① 소형, 경량화가 가능하다.

② 저입력, 저유지비 실현이 가능하다.

③ 용접 품질이 안정된다.

④ 스패터(spatter) 발생이 억제된다.

⑤ 단시간 용접이 가능하여 생산성을 향상시킬 수 있다.

⑥ 부하 균형(load balancing)이 좋다.

⑦ 용접 전류의 고속 제어 및 정밀 제어를 할 수 있다(용적 이행 제어가 용이하다).

⑧ 반면에 고가이다(단상 교류식의 약 4~5배).

시스템의 응답 속도와 출력 전류를 더욱 능동적으로 제어할 수 있으므로 인버터 용접기의 사용이 증가하고 있는 추세이다.

2-8 ◀ 용접 부속 장치

(1) 전격 방지기

무부하 전압이 비교적 높은 교류(AC) 용접기는 전격(감전 사고)을 받기 쉬우므로 용접사를 보호하기 위해 전격 방지기를 사용한다. 전격 방지기의 기능은 작업을 하지 않을 때, 보조 전압기에 의해 용접기의 2차 무부하 전압을 20~30 V 이하로 유지하고, 용접봉을 모재에 접촉한 순간에만 relay가 작동하여 용접 작업이 가능하도록 되어있다. 용접이 종료되어 아크를 중단하면, 자동적으로 relay가 차단되며 2차 무부하 전압은 다시 25 V 이하로 된다. 이와 같이 휴식 시간 동안에는 2차 무부하 전압을 25 V 이하로 유지할 수 있기 때문에 작업자를 전격의 위험으로부터 보호할 수 있다.

(2) 핫 스타트[hot start equipment(= arc booster)]

① 개요 : 아크 발생 초기에는 용접봉이나 모재가 차가우므로 입열이 부족하여 아크가 불안정해서 용접봉이 처음 모재에 접촉하는 순간의 1/4~1/5초 정도 순간적인 대전류를 흘려서 가열을 세게 함으로써 아크 초기의 안정을 위한 장치로, 일명 arc booster라고 한다.

② 핫 스타트 장치의 이점

㉮ 아크의 발생을 쉽게 한다.

㉯ 기포 발생을 방지한다.

㉰ 비드 모양을 개선하고, 아크 초기의 용입을 좋게 한다.

㉱ 무부하 전압을 70 V 이하로 저하시킬 수 있어 전격의 위험이 적다.

(3) 고주파 발생 장치

① 개요 : 교류 아크용접기의 아크 안정을 위하여 상용 주파의 아크 전류 외에 고전압 (2000~3000 V)의 고주파 전류(300~1000 kc : 약전류)를 중첩시키는 방식이며, 라디오나 TV 등에 방해를 주는 결점도 있다.

② 고주파 발생 장치 병용의 이점

㉮ 아크 손실이 적어 용접이 쉽다.

㉯ 아크 발생 초기에 용접봉을 모재에 접촉시키지 않아도 아크 발생이 쉽다.

㉰ 무부하 전압을 낮게 할 수 있다. → 전격의 위험이 적고, 전원 입력을 적게 할 수 있으므로 역률이 개선된다.

예제 1. 전격 방지 장치 동작의 특성값 중 하나는 연동 시간을 1.0±0.3초로 하는 것인데, 연동 시간을 설계한 이유는?

해설 arc를 끊고 전격 방지 장치의 주 접점을 바로 open 하면, 박판의 tag 작업 등과 같이 용접 중 작업 시 arc 를 발생시키기 위해 정격 방지 장치를 close 하여야 하므로 작업이 불편하다. 이 경우 arc를 끊고서 얼마간 주 접점을 close 한 채로 두면 이 사이에 다음의 tag 작업을 할 수 있어 전격 방지 장치를 재시동할 필요가 없게 된다. 즉, 주 접점의 개폐 빈도를 적게 하여 접점의 수명을 길게 할 수 있다. 그러나 arc를 끊은 후 상당히 오랜 시간 close 되어있으며, 이 사이 높은 용접기의 2차 무부하 전압이 발생되어 전격의 위험이 크게 된다. 따라서 tag 작업의 실정을 고려하여 1.0±0.3초의 연동 시간을 설계한 것이다.

예제 2. 일반 AC 용접기에 부착된 전격 방지 장치의 원리와 작동 순서를 설명하시오.

해설 1. 원리 : arc를 발생시키지 않을 때 holder와 모재 사이의 전압을 용접기의 무부하 전압보다 낮게(보통 25 V 이하) 유지하여 용접 작업자를 전격(電擊)의 위험에서 보호하기 위한 장치이다. 그 원리는 용접봉과 모재의 접촉에 수반하여 주어진 신호에 따라 용접 회로에 설치된 전자 접촉기가 작동하고 용접봉을 모재에서 떼면 아크가 발생한다.

2. 작동 순서 : 다시 arc를 발생시키기 위해 용접봉을 모재에 접촉시키면 그 신호에 의해서 다소의 시간 후에(KS에서는 0.06초 이상) 용접 회로에 설치되어있는 전격 방지 장치의 주 접점이 닫혀 용접기의 무부하 전압이 발생하여 아크가 발생된다.

아크 발생 중에는 전격 방지 장치에 내장된 주 접점을 떨어지게 하여 유지된다. 아크가 소멸되면 holder와 모재 사이에 용접기의 높은 무부하 전압이 나타나는데 연동 시간 1.0±0.3초 후에 전격 방지기의 주 접점이 열려 원래의 25 V 이하 전압으로 복귀된다. 접촉기를 작동시키는 방식에는 전압 검출 방식과 전류 검출 방식이 있다.

2-9 역률과 효율

(1) 용접기 효율

용접기를 지나가는 전류와 전압의 손실을 의미한다.

$$효율(\%) = \frac{출력(kW)}{입력(kW)} \times 100 = \frac{아크로의\ 출력}{아크로의\ 출력 + 2차\ 측\ 내부\ 손실} \times 100$$

(2) 역률(%)

$$= \frac{소비\ 전력(kW)}{전원\ 입력(kVA)} \times 100 = \frac{아크로의\ 출력 + 2차\ 측\ 내부\ 손실}{2차\ 무부하\ 전압 \times 아크\ 전류} \times 100$$

$$= \frac{1}{효율} \times \frac{부하\ 전압}{무부하\ 전압} \times 100$$

> **참고 역률 개선법**
>
> 1. 2차 무부하 전압이 낮고, 전원 입력을 낮추는 방법
> 2. 전력용 콘덴서를 용접기의 1차 측에 병렬로 접속하는 방법

예제 무부하 전압 80 V, 아크 전압 30 V, 아크 전류 300 A, 내부 손실 4 kW의 경우 역률과 효율을 구하시오.

해설 전원 입력 = 80 V × 300 A = 24 kW

아크 입력 = 30 V × 300 A = 9 kW

$$역률(\%) = \frac{아크로의\ 출력 + 2차\ 측\ 내부\ 손실}{2차\ 무부하\ 전압 \times 아크\ 전류} \times 100$$

$$= \frac{9 + 4\,kW}{24\,kW} \times 100 = 54\,\%$$

$$효율(\%) = \frac{아크입력(아크\ 전압 \times 전류)}{아크입력 + 2차\ 측\ 내부\ 손실} \times 100$$

$$= \frac{9\,kW}{9 + 4\,kW} \times 100 = 69\,\%$$

2-10 용접기 사용률(duty cycle)

(1) 정격 사용률(일반 사용률)

10분의 시간 동안에 해당 용접기가 주어진 전류에서 과열되거나 회로가 소실되지 않으면서 운전할 수 있는 시간을 의미한다.

통전 시간 전체 시간에 대한 비율(%)로 나타낸다.

$$사용률 = \frac{용접\ 시간(\text{on-time})}{전체\ 시간(\text{cycle time})} \times 100\ \%$$

> **참고** **60 % 정격 사용률**
>
> 주어진 정격출력 전류에서 6분간 부하, 4분간 휴지를 반복적으로 4시간까지 부하시험을 했을 때 회로
> 소자가 H절연에 정한 온도인 170℃를 넘지 않는 것을 의미한다.

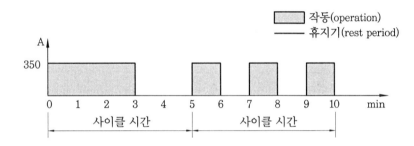

(2) 허용 사용률

정격출력 전류 이하에서 용접기를 사용할 때 용접기 사용률이 증가한다. 용접기 부품의 온도 상승은 저항열에 의해 발생하므로 용접 전류의 제곱에 비례한다. 따라서 용접기 사용률은 용접 전류의 제곱에 반비례한다.

$$허용\ 사용률 = 정격\ 사용률 \times \left(\frac{정격\ 2차\ 전류}{실제\ 용접\ 전류}\right)^2$$

예제 사용률 60 %에서 최대 정격전류 250 A인 용접기를 (허용)사용률 100 %로 사용하고자 할 때 가능한 최대 전류는?

해설 정격 사용률 60 %, 허용 사용률 100 %, 정격 2차 전류 250 A일 때, 용접 전류는

$$(실제)용접\ 전류 = 정격\ 2차\ 전류 \times \sqrt{\frac{정격\ 사용률}{허용\ 사용률}}$$

$$= 250 \times \sqrt{\frac{60}{100}} = 194\ \text{A}$$

Chapter

03

피복 아크용접(SMAW)

1. 피복 아크용접(shielded metal arc welding)에서 연강용 용접봉을 선택할 때 고려 사항을 설명하시오.

2. 피복 아크용접(SMAW) 시 사용되는 직류 및 교류 용접기의 장·단점을 5가지 비교 설명하시오.

3. 고장력강용 저수소계 피복 아크용접봉의 건조 조건을 설명하고, 부적절한 건조 시 용접부에 발생할 수 있는 결함의 종류를 설명하시오.

4. 연강용 피복 아크용접봉의 종류 5가지와 각각의 용접 특성을 설명하시오.

5. 강의 용접부에서 확산성 수소란 무엇이고, 용접부에 미치는 영향과 확산성 수소량 측정 방법 3가지를 설명하시오.

6. 피복 용접봉의 피복제 역할에 대하여 설명하시오.

7. 저수소계 용접봉의 대기 중 최대 노출 허용 시간과 재건조 가능한 횟수를 쓰시오.

8. 피복 아크용접에서 아크 길이를 유지하는 경우 어떠한 용접 결함이 발생하기 쉬운지 설명하시오.

9. 피복 아크용접법으로 20 mm 두께의 연강판을 용접하는 경우, 용착금속에 침입할 수 있는 주요 수소원을 열거하고, 특히 일미나이트계 용접봉을 예열 없이 사용하는 경우 예상되는 확산성 수소의 영향을 설명하시오.

10. 피복 아크용접법으로 30 mm 두께의 고장력강을 용접하기 위해 저수소계 용접봉을 사용하는 경우, 피복제 중의 성분이 용착금속에 미치는 영향을 설명하시오.

11. 피복 아크용접봉 및 플럭스 건조에 대한 다음 사항을 설명하시오.

　　가. 용접봉의 건조 목적을 설명하고, 건조 과정이 생략된 경우 용접부에 미치는 영향을 설명하시오.

　　나. 피복 아크용접봉의 저수소계 및 비저수소계 용접봉과 서브머지드 아크 용접법에 사용되는 용융형 플럭스 및 소결형 플럭스에 대한 건조 온도와 건조 시간을 설명하시오.

3. 피복 아크용접(SMAW)

3-1 피복 아크용접의 원리 및 특성

(1) 용접 원리

피복 아크용접(SMAW : shielded metal arc welding)은 가장 일반적인 용접 방법으로 피복제를 입힌 용접봉에 전류를 가해서 발생하는 아크열로 용접을 시행하는 방법이다. 아크는 청백색의 강렬한 빛과 열을 발생하는 것으로 온도가 가장 높은 부분(아크 중심)은 약 6000℃에 달하며, 보통 3500~5000℃ 정도이다. 이 열에 의해 용접봉과 모재의 일부가 녹게 되는데 이때 녹는 모재의 깊이를 용입(penetration), 모재가 녹는 부분을 용융지(molten pool)라 부른다. 여기에 용접봉이 녹아 이루어진 용적(globule)이 용융지에 융착되고, 모재의 일부로써 융합되어 용융 금속(deposited metal)을 만든다. 피복 아크용접은 용접 장비의 구성이 간단하고 조작이 쉬운 장점이 있으며, 피복제의 연소 과정에서 발생하는 가스를 이용해서 용접부를 보호하게 된다.

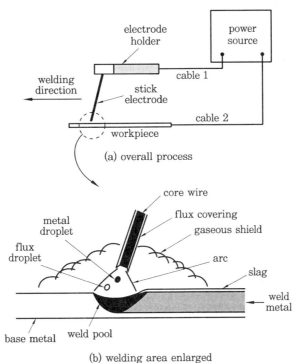

(a) overall process

(b) welding area enlarged

shielded metal arc welding

① **AWS & ASME :** SMAW(shielded metal arc welding)

② **ISO 용어 :** MMA(metal manual arc welding)

③ manual welding의 한 방법이며 가장 범용적으로 사용된다.

④ 플럭스로 코팅된 용접봉과 모재 사이에 아크를 발생시켜 용접한다.

⑤ 용가재에 피복재를 입혀야 하므로 길이나 모양에 제한받는다.

⑥ 피복재를 통하여 합금 또는 환원 원소의 첨가가 가능하다(용접사의 기량이 뛰어날 경우 좋은 품질을 얻을 수 있음).

⑦ 용접 후 슬래그가 남는다.

(2) 장·단점

① 장점

㉮ 좁은 장소에서도 용접이 가능하다.

㉯ 용접봉의 교환으로 간단하게 계속 용접이 가능하다.

㉰ 보호 가스가 필요하지 않으므로 옥외 용접이 용이하다.

㉱ 거의 모든 금속재료에 적용 가능하다.

② 단점

㉮ 연기 및 가스가 발생한다.

㉯ 용착 비율이 반자동, 자동보다 낮다(자동화가 어려움).

㉰ 용접공의 숙련을 요한다.

㉱ 용접 효율 면에서 스패터 제거, 용접봉 낭비, 시동, 정지 및 슬래그 제거 등 시간적 낭비가 크다.

(3) 용접 장비

① **용접기 :** 제1편 제2장 5항 「직류 및 교류 용접기」 참조

② 용접 케이블 및 용접봉 홀더

피복 아크용접용 홀더의 종류(KS C 9607)

종류	정격			사용 가능 용접봉 직경(mm)
	사용률(%)	용접 전류(A)	용접 전압(V)	
100호	70	100	25	1.2~3.2
200호	70	200	30	2.0~3.0
300호	70	300	30	3.2~6.4
400호	70	400	30	4.0~8.0
500호	70	500	30	5.0~9.0

3-2 피복 아크용접봉의 일반 사항

(1) 용접봉의 구성

① 심선(core wire)

㉮ 심선의 화학조성 및 크기를 KS D 3550에 규정(아래 표 참조)

㉯ 심선의 화학조성은 다음 표의 범위로 제한

㉰ 불순물 함량을 최소화 : 실제 P & S는 0.015 %, Cu는 0.05 % 이하

㉱ 사용 용도에 따라 요구되는 합금원소를 피복제에 첨가

㉲ 심선의 직경은 1.4~8 mm, 길이 230~900 mm 범위

연강용 피복 아크용접봉 심선의 화학 성분 및 치수 규정

종 류	기 호	화학 성분 (%)					
		C	Si	Mn	P	S	Cu
1종 2종	SWW11 SWW21	0.09 이하 0.10~0.15	0.03 이하 0.03 이하	0.35~0.65 0.35~0.65	0.020 이하 0.020 이하	0.023 이하 0.023 이하	0.2 이하 0.2 이하
직경 (mm)	1.4, 1.6, 2.0, 2.6, 3.2, 4.0, 4.5, 5.0, 5.5, 6.0, 6.4, 7.0, 8.0						
길이 (mm)	230, 250, 300, 350, 400, 450, 550, 700, 900						

(2) 피복제(electrode coating)의 역할

① **보호 가스(shielding gas) 발생** : 용융 금속의 산화 및 질화를 방지한다. 유기물, $CaCO_3$, 습기 등이 가스를 발생시킨다.

② **슬래그(slag) 형성** → 외부 공기를 차단하므로

㉮ 용접부의 냉각 속도를 느리게 한다.

㉯ 용접 비드의 표면을 형성한다.

㉰ 용적(droplet) 크기를 조절(용착효율 증대)하고 대기로부터 악영향을 차단한다.

③ **아크 내의 전기전도도 향상**

㉮ 점화 개선 : 아크 발생을 쉽게 한다.

㉯ 아크를 안정시킨다.

④ **피복제 내의 원소 조절 가능**

㉮ 합금원소의 첨가가 가능하여 용접부의 재질을 개선한다.

(나) 용착금속의 탈산 및 정련 작용을 한다. → GTAW나 GMAW에서는 불가능하나 SMAW에서는 가능하다.

⑤ 기타

(가) 전기절연 작용을 한다.

(나) 수직 및 위보기 자세의 용접을 용이하게 한다.

(다) 슬래그 제거를 쉽게 한다.

(3) 피복제의 주요 기능(역할) 및 성분

분류	기능	성분 예
아크 안정제	아크열에 의하여 이온화하여 아크 전압을 낮게 하고 안정시키는 기능	TiO_2, Na_2SiO_3, $CaCO_3$, K_2SiO_3 등
가스 발생제	가스를 발생시켜 중성 또는 환성성 분위기를 만들어 용융 금속의 산화나 질화를 방지하는 역할. 왼쪽 성분들이 아크열에 의해 분해되어 CO, CO_2, 수증기 발생	녹말, 톱밥(셀룰로오스), 석회석, $BaCO_3$ 등
슬래그 생성제	용융점이 낮은 가벼운 슬래그를 만들어 용융 금속 표면을 덮어 산화나 질화를 방지하고 용융 금속의 냉각 속도를 늦춰 기표나 불순물의 섞임 방지	산화철, 일미나이트($TiO_2 \cdot FeO$), TiO_2, MnO_2, $CaCO_3$, SiO_2, 장석($K_2O \cdot Al_2O_3 \cdot 6SiO$), 형석($CaF_2$)
탈산제	용융 금속 중의 산화물을 탈산 정련(脫酸精鍊)하는 작용	Fe-Si, Fe-Mn, Fe-Ti합금, 금속 망간, 알루미늄 등
합금 첨가제	용접 금속의 성질을 개량하기 위하여 피복제에 첨가하는 금속	Mn, Si, Ni, Mo, Cr, Cu, V
고착제	심선에 피복제를 고착시키는 역할	물유리(Na_2SiO_3), 규산칼륨(K_2SiO_3) 등

3-3 피복 아크용접봉의 종류 및 특성

(1) 용접봉의 종류 및 규격

① KS D 7004 및 7006(연강, 고장력강)에 규정

② KS의 E43XX는 AWS의 E60XX(연강용은 E, 고장력강은 D로 표기)

(2) 연강용 피복 아크용접봉의 계통별 특성

① 일미나이트계(E 4301)

(가) 일미나이트($TiO_2 + FeO$)를 30 % 이상 함유한 용접봉이다.

(내) 작업성, 용접성이 우수하고, 가격이 저렴하다(조선, 철도 차량, 일반 구조물은 물론 압력 용기의 제작 등에 널리 사용된다).

(다) 내균열성, 내피트성 및 기계적 성질이 양호하다.

(라) 국내에서 가장 많이 생산되는 종류이다.

② 저수소계(E 4316)

(가) 장점

㉮ 석회석($CaCO_3$)이나 형석(CaF_2)이 주성분이며, 수소원이 되는 유기물이 없다.

㉯ $CaCO_3$가 분해되어 아크에 탄산가스 분위기를 형성(용착금속의 수소 용해량을 적게 한다)한다.

㉰ 탈산 작용으로 용착금속에 산소 용해량을 적게 한다(따라서, 인성 및 강도가 좋고 균열 감수성이 극히 적다).

㉱ 중요 강도 부재, 고압 용기, 후판 중구조물, 구속이 큰 연강 구조물과 고장력 강 용접에 사용된다.

(나) 단점

㉮ 아크가 불안정하고 작업성이 나쁘다.

㉯ 비드 파형이 거칠어 운봉에 숙련을 요한다.

㉰ 비드 시작점과 끝부분에서 기공이 발생하기 쉽다.

　[방안]

　• tab plate를 붙여 연장 용접

　• back-step법 사용

㉱ 흡습하기 쉬워 사용 전 건조가 필요하다(250~350℃에서 1시간 이상 건조). 건조 효과는 보통 6시간 정도이나 대기 중에 수분이 많은 우기에는 2시간 이내로 단축된다. 그러나 80℃로 유지된 항온기에 건조된 용접봉을 보관하면 재건조시킬 필요 없이 사용 가능하다.

③ 라임티탄계(E 4303)

(가) 산화티탄(TiO_2)을 30 % 이상 함유하고 그 밖에 석회석이 주성분이다.

(나) 슬래그는 유동성이 좋고, 다공성이어서 슬래그 제거가 용이하다.

(다) 비드 외관이 곱고, 작업성이 양호하다.

(라) 용입이 작아 박판 용접에 이용한다.

④ 고산화티탄계(E 4313)

(가) 산화티탄(TiO_2)을 약 35 % 정도 함유한다.

(나) 아크는 안정되고, 스패터가 적으며, 슬래그 제거도 용이하다.

㈐ 비드의 겉모양이 고우며, 재아크 발생도 용이하다.

㈑ 용입이 작아 박판 용접에 이용된다.

㈒ 연신율이 낮고, 고온에서 균열 감수성이 커서 주요 부분에 사용하지 않는다.

⑤ **철분 산화티탄계(E 4324)**

㈎ 고산화티탄계에 약 50 %의 철분을 가한 것이다. 즉, 고산화티탄계의 우수한 작업성과 철분계의 고능률성을 겸비시킨 것이다.

㈏ 아크는 안정되고, 스패터가 적으며, 슬래그 제거도 용이하다.

㈐ 기계적 성질은 E 4313과 비슷하다.

㈑ 아래보기 및 수평 필릿 용접에 국한된다.

⑥ **고셀룰로오스계(E 4311)**

㈎ 셀룰로오스(유기물)를 30 % 이상 함유→ 셀룰로오스 연소 가스(CO, H_2)에 의해 용융 금속에 대기 중의 산소나 질소가 침입하는 것을 방지한다.

㈏ 가스 발생량이 대단히 많아 피복량은 얇고, 슬래그 생성량은 적다.

㈐ 스프레이형 아크를 발생하여 용입이 깊고, 용융 속도가 빠르다. 그러나 수소 발생량이 많아 내균열성이 나쁘고, 표면이 거칠며 spatter가 많이 발생한다.

㈑ 셀룰로오스는 흡습하기 쉬우므로 잘 건조하여 사용하여야 한다. 건조 불충분 시 기공이 다량으로 발생(사용 전 70~100℃로 30~60분 건조)한다.

(3) 용접봉의 선택

용접봉은 용접 결과를 좌우하는 큰 인자가 되므로 사용 목적에 알맞게 선택하여야 한다. 다음은 각 작업 시에 알맞은 피복제 계통을 나타낸 것이다.

① 내압 용기, 철구조물 등 비교적 큰 강도가 걸리는 후판 용접부에는 강도, 인성, 내균열성이 우수한 저수소계(E 4316)를 1~2층에 사용하고, 그 위층에는 작업성이 좋고, 일반 구조물에 적합한 일미나이트계를 사용한다.

② 박판 구조물은 큰 강도가 요하지 않으므로 비드 외관이 좋고, 작업성이 우수하며, 용입이 적은 라임티탄계(E 4303) 또는 고산화티탄계(E 4313)를 사용한다.

③ 수직자세나 위보기 용접과 좁은 홈 용접에는 슬래그 생성량이 아주 적은 고셀룰로오스계(E 4311)를 사용한다.

④ 아래보기 및 수평 필릿 용접에는 작업성 및 능률이 좋은 철분산화티탄계(E 4324)를 사용한다.

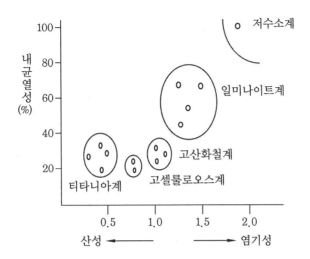

저수소계 피복 아크용접봉에 의한 용접 금속의 확산성 수소량의 예 (ml/100 g)

강 풍	통상의 저수소계 피복 아크용접봉의 경우	특히 습하거나 용접봉의 관리가 나쁜 경우	극저수소계 피복 아크용접봉의 경우
490 MPa급 강	4.0	6.0	2.0
588 MPa급 강	2.3	4.0	1.0
784 MPa급 강	1.6	2.5	1.0

3-4 피복 아크용접봉의 관리

(1) AWS D 1.1(KEPIC SWS)에서 용접 재료 관리

피복 아크용접봉은 AWS A5.1(specification for carbon steel electrodes for SMAW) 또는 AWS A5.5(specification for low-alloy steel electrodes for SMAW)의 최신판 요건을 만족해야 한다.

① 저수소계 용접봉의 보관 조건

  (개) 저수소계 피복 아크용접봉은 밀폐 용기에 보관된 상태로 구매하고, 밀폐 용기를 개봉한 직후에는 120℃ 이상의 오븐 내에 보관

  (내) 사용 전 요건에 따라 재건조 : 용접봉은 1회에 한해서 재건조, 젖은 용접봉 사용 금지

② 용접봉의 재건조

㉮ AWS A5.1(탄소강) : 260~430℃로 2시간 이상 재건조

㉯ AWS A5.5(저합금강) : 370~430℃로 1시간 이상 재건조

㉰ 모든 용접봉은 최종 건조 온도까지 오븐의 온도를 올리기 전에 최소 30분 동안 최종 건조 온도를 초과하지 않는 온도의 오븐에 보관

㉱ 최종 건조 시간은 오븐의 온도가 최종 건조 온도에 도달한 이후 계산

③ 대기 노출 허용 시간

㉮ 밀폐 용기를 개봉하거나, 건조 또는 보관용 가열로에서 꺼낸 용접봉은 용접봉 종류에 따라 아래 표에서 규정된 시간 이상 노출되어서는 안 된다.

㉯ 요건에 맞게 대기에 노출된 용접봉은 120℃ 이상의 온도가 유지되는 가열로 내에서 4시간 이상 재건조시킨 후에 재사용 가능하다.

저수소계 피복 아크용접봉의 대기 노출 허용 시간

용접봉 등급		조건 1	조건 2
AWS A5.1	E70XX	최대 4시간	4시간에서 최대 10시간
	E70XXR	최대 9시간	
	E70XXHZR	최대 9시간	
	E7018M	최대 9시간	
AWS A5.5	E70XX-X	최대 4시간	4시간에서 최대 10시간
	E80XX-X	최대 2시간	2시간에서 최대 10시간
	E90XX-X	최대 1시간	1시간에서 최대 5시간
	E100XX-X	최대 $\frac{1}{2}$시간	$\frac{1}{2}$시간에서 최대 4시간
	E110XX-X	최대 $\frac{1}{2}$시간	$\frac{1}{2}$시간에서 최대 4시간

㈜ 1. 조건 1 : 지정된 시간 이상 대기에 노출된 용접봉은 사용 전에 재건조되어야 한다.
  2. 조건 2 : 지정된 시간 이내에서 시험을 통해 결정된 시간 이상 대기에 노출된 용접봉은 사용 전에 재건조되어야 한다.
  3. 표 전체 : 용접봉은 사용 전까지 휴대용 용기에 보관하여야 한다. 가열 장치가 있는 용기의 사용은 의무 요건이 아니다.
  4. 첨자 R은 습한 환경에서 9시간 동안 노출한 후 피복의 수분 함량을 측정하여 AWS A5.1/A5.1M의 허용 요건을 만족한 저수소계 용접봉을 의미한다.

(2) 저수소계 용접봉

① **저수소계 용접봉의 특징** : 석회석을 주성분으로 하는 피복 아크용접봉으로, 아크의 고온에서 석회석($CaCO_3$) 성분이 분해되어 많은 CO_2 가스가 발생하여 용융지 및 용적을 대기로부터 보호한다. 유기물이 거의 포함되지 않으므로 용접 금속의 수소량이 극히 적어(타 용접봉의 1/10 정도) 저수소계 용접봉이라 부른다.

   (개) 용착금속의 수소량이 매우 낮고 용용 슬래그의 염기도를 높게 설계 → 수소가 많으면(흡습 시) 기공 및 균열의 발생 가능성이 높고 파괴 인성에 나쁜 영향을 주는데, 고장력강은 수소 함량이 적은 저수소계 용접봉을 주로 사용하며, 높은 염기도로 청정 금속을 얻을 수 있다.

   (내) 내균열성이 우수하고 강력한 탈산 작용이 있다.

   (대) 용접성이 우수하여 고장력강 및 후판 구조물의 균열 방지에 유용하다.

   (래) 작업성은 타 용접봉에 비해 좋지 않아 용접봉 사용에 숙련을 요한다.

   (매) 아크 발생 시 비드 선단의 기공 발생에 유의해야 한다.

   (배) 용접봉 사용 전 300~350℃에서 1~2시간 건조해야 한다.

② **용접봉 사용 시 유의 사항**

   (개) 용접봉의 건조 및 관리에 만전을 기한다.

      ㉮ 용접봉을 풀자마자 drying oven에 넣어 건조 : 초기 흡습을 최소화하는 것이 매우 중요하며, 일반적으로 300~350℃ 정도로 2~3시간 건조한다.

      ㉯ 건조 후에는 즉시 storage oven에 100℃ 정도로 보관 : 퇴근 시에도 전원이 꺼지지 않도록 주의한다.

      ㉰ 현장 불출 시에는 미리 데워놓은 휴대용 drying oven에 넣어서 재빨리 현장으로 이동하여 이동 전원을 연결한다(70℃ 정도).

      ㉱ 작업 시간의 제한(보통 6시간 이내가 바람직) : 작업에 필요한 용접봉 소요량의 예측 및 분출 관리가 중요하다.

      ㉲ 잔여 용접봉의 재사용은 단 1회로 제한(AWS D1.1)하며, 재사용 절차도 상기와 같다.

   (내) 용접 시작부에서는 CO_2 가스 발생이 많아져 기공이 발생하기 쉬우므로

      ㉮ 아크 시작점을 크레이터보다 조금 앞쪽에서 발생시켜 크레이터 쪽으로 되돌린다.

      ㉯ 2중 피복을 한다.

      ㉰ 용접기를 특수하게 아크 발생 시만 단시간 대전류를 사용하는 hot start법을 이용한다.

㈐ 기공 발생을 방지하기 위해 아크 길이를 가능하면 짧게 유지한다.

㈑ weaving 폭을 용접봉 지름의 3배 이내로 한다. 위빙 폭이 너무 넓으면 기계적 성질이 나빠지고, 기공 발생의 원인이 된다.

㈒ 용접 개시 전 개선면을 깨끗이 청소하여 용착금속으로의 수소 유입을 방지한다. 수소의 유입은 수소 기인 균열(hydrogen induced microcracking)을 발생하기 쉬우며, 이물질은 슬래그 혼입이나 기공의 원인이 되기도 한다.

㈓ 모재의 화학조성, 균열 감수성, 모재 두께, 구속 정도, 경화능에 따라 적절한 예열을 실시한다.

3-5 각종 용접 재료의 표기법

(1) 용접 재료 선택(점검 사항)

① 대상 재질의 선택과 물성치(기계적, 화학적 성질) 파악

② 용접 process별 선택(SMAW, GTAW, FCAW 등)

③ 용접봉 선택

㈎ spec 또는 관련 code(ASME Sec. II Part C)

㈏ 용접봉 회사 카탈로그

(2) 용접봉의 분류(ASME 기준)

ASME Sec. II Part C – specifications for welding rods, electrodes, and filler metals

① SFA 5.1 연강 및 고장력강용 피복 아크용접봉(E6010, E7016, E8016)

② SFA 5.4 내식성 크롬 및 크롬-니켈강용 피복 아크용접봉[E308(L), E309(L), E316(L)]

③ SFA 5.5 저합금강 피복 아크용접봉(E7016A1, E8016B1, E8016B2, E9016B3)

④ SFA 5.9 내식성 크롬 및 크롬-니켈강용 용가재, 와이어[ER308(L), ER309(L), ER316(L)]

⑤ SFA 5.18 연강 gas-metal 아크용접 와이어(ER70S-2, ER70S-6)

⑥ SFA 5.20 연강용 flux cored 와이어(E71T-1)

용접법	재 질	관련 코드		용접봉 예	비 고
		ASME 코드	KEPIC 코드		
SMAW	탄소강	SFA 5.1 SFA 5.5	MDW 5.1 MDW 5.5	E7016 E8018-X	
	스테인리스강	SFA 5.4	MDW 5.4	E308L-16	
GTAW GMAW	탄소강	SFA 5.18	MDW 5.18	ER70S-6	
	스테인리스강	SFA 5.9	MDW 5.9	ER308L	
FCAW	탄소강	SFA 5.20	MDW 5.20	E71T-9	
	스테인리스강	SFA 5.22	MDW 5.22	E308LTx-x	

(3) 용접 재료 신청 시 고려 사항

① 용접 금속의 성분과 기계적 성질이 모재에 가깝도록 용가재를 선정한다.

② 사용 조건이 내식성과 내산화성이 요구되는 용접부에서는 모재와 용접 금속의 부식과 산화에 대한 특성이 가능한 일치하거나 전해차가 최소화되도록 용가재를 선정한다.

③ 탄소강 계통에서 최대 경도치가 제한될 때는 저탄소 용가재 사용을 고려, 다른 조건들이 만족되면 냉각에 의해 가장 낮은 경화 경향을 갖는 용가재를 선정한다(C, Mn, Si 등 함량이 낮은 원소).

④ 이종 금속의 용가재 선정은 희석률(dilution)을 고려하고, schaeffler diagram을 이용하여 선정한다.

(4) 용접봉 표기 방법

① SMAW 용접봉(SFA5.1, SFA5.5)

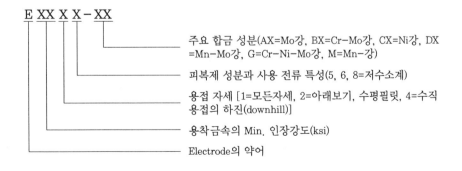

E XX X X - XX

주요 합금 성분(AX=Mo강, BX=Cr-Mo강, CX=Ni강, DX =Mn-Mo강, G=Cr-Ni-Mo강, M=Mn-강)

피복제 성분과 사용 전류 특성(5, 6, 8=저수소계)

용접 자세 [1=모든자세, 2=아래보기, 수평필릿, 4=수직 용접의 하진(downhill)]

용착금속의 Min. 인장강도(ksi)

Electrode의 약어

〈예시〉 E7016 - A1

- 인장강도 : 70 ksi
- 용접 자세 : 전자세(6G)
- 피복제 성분 : 저수소계("5", "6", "8")
- 사용 전류 : 교류 · 직류 정극성
- 침투도 : 중간
- Carbon Mo강

※ 저수소계 용접봉은 피복 수분 함량을 0.2 % 이하로 관리하여야 한다.

② SMAW 용접봉(SFA5.4)

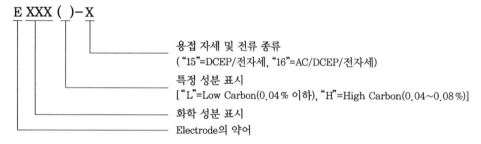

E XXX ( )-X

용접 자세 및 전류 종류
("15"=DCEP/전자세, "16"=AC/DCEP/전자세)

특정 성분 표시
["L"=Low Carbon(0.04 % 이하), "H"=High Carbon(0.04~0.08 %)]

화학 성분 표시

Electrode의 약어

〈예시〉 E316L - 16

- 화학 성분 : Cr-Ni 합금강
- 특정 성분 : Low Carbon, 0.04 % 이하
- 1(전자세), 6(AC or DCEP)

※ 무피복 와이어(ER308L, ER316L 등)에서 "L"은 탄소 함량 0.03 % 이하
이다.

③ GTAW/GMAW 용접봉(SFA5.18)

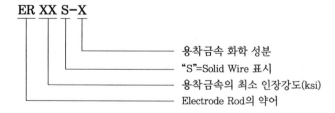

ER XX S-X

용착금속 화학 성분

"S"=Solid Wire 표시

용착금속의 최소 인장강도(ksi)

Electrode Rod의 약어

〈예시〉 ER70S-6

인장강도 : 70 ksi

④ FCAW 용접봉(SFA5.20)

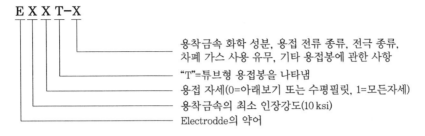

E X X T-X

용착금속 화학 성분, 용접 전류 종류, 전극 종류,
차폐 가스 사용 유무, 기타 용접봉에 관한 사항
"T"=튜브형 용접봉을 나타냄
용접 자세(0=아래보기 또는 수평필릿, 1=모든자세)
용착금속의 최소 인장강도(10 ksi)
Electrodde의 약어

〈예시〉 E71T-1

- 인장강도 : 70 ksi
- 용접 자세 : 아래보기자세
- Tubular Rod
- 차폐 가스 필요, DCRP/DCEP 가능

(5) 용접 재료 관리 방법

① 사용 전까지 흡습, 오염 등으로부터 보호한다.

② 용접 재료의 오용을 방지하기 위한 용접 자재 관리소의 출입을 통제한다.

③ 피복 용접봉 및 플럭스는 적용 규격 또는 용접 재료 제작자의 지침에 따라 건조·보관한다.

④ 용접 재료의 종류별 식별 및 구분으로 혼용을 방지한다.

⑤ Heat/Lot no.별 관리가 필요한 경우 이를 관리하기 위한 방안을 마련한다.

⑥ 스테인리스 및 비철 용접봉은 탄소강 및 저합금강 용접봉과 구분하여 건조한다.

⑦ 용접 자재는 합격된 용접 작업자에게만 내준다.

※ WPP/QCI 용접자재관리절차서 참조

GTAW & PAW

1. TIG(tungsten inert gas) 용접에서 작업 중 아크 길이를 3 mm로 하다가 5 mm 로 증가시키게 되면 출력되는 전류와 전압은 어떻게 되는지 설명하고, 용입 의 변동 특성에 대하여 설명하시오.

2. TIG(tungsten inert gas) 용접의 생산성을 높이려면 전류를 높이고, 용접 속 도를 높게 해야 되는데 전류가 300 A 이상, 용접 속도가 30 cm/min 이상이 되면 험핑 비드(humping bead)가 생기는 경우가 있다. 그 이유를 설명하고 방지 대책을 설명하시오.

3. 가스텅스텐 아크용접(gas tungsten arc welding)에서 보호 가스로 아르곤 (Ar)과 헬륨(He)을 사용할 경우 이들 보호 가스의 특성에 대하여 설명하시오.

4. 가스텅스텐 아크용접(gas tungsten arc welding)에서 전류밀도가 플라스마 아크용접(plasma arc welding)에 비하여 낮은 이유를 설명하시오.

5. 플라스마 아크용접(plasma arc welding) 기법에서 키홀(keyhole) 용접과 멜 트인(melt-in) 용접에 대하여 설명하시오.

6. 가스텅스텐 아크용접(gas tungsten arc welding)에서 직류정극성(DCSP)으 로 용접하는 경우, 텅스텐 전극 끝의 각도가 용입과 비드 폭에 영향을 미친 다. 이때 전극 각도 30°, 60°, 120° 사용 시 용입과 비드 폭의 관계를 설명 하시오.

7. 가스텅스텐 아크용접(GTAW)에서 극성의 종류에 따른 특성(전극, 전자흐름, 용입, 청정 작용 및 발생열)을 설명하고, 교류 용접 시 고주파 전류를 사용 하는 이유를 설명하시오.

8. GTAW에서 순수 텅스텐 용접봉보다 토륨 텅스텐 용접봉을 선호하는 이유를 설명하시오.

9. GTAW에서 초기에 아크를 발생시키는 방법 3가지를 쓰고 설명하시오.

10. GTAW와 GMAW 각각의 경우 극성에 따른 비드 형상을 나타내고 이유를 설명하시오.

11. 알루미늄의 GTAW 용접 시 AC 전원을 사용하는 이유를 설명하시오.

12. 알루미늄 합금용접 시 청정 효과(cleaning effect)에 대하여 설명하시오.

13. 플라스마 아크용접 시 플라스마 가스를 Ar(95 %) + H_2(5 %)를 사용하는데, 그 이유에 대하여 설명하시오.

14. TIG 용접부 아크 시작 시 전극봉이 모재에 접촉하지 않아도 아크가 발생되는 제어회로에 대한 원리를 설명하고, 용접이 끝나는 부분에서 크레이터 보호 장치의 작동 방법에 대해 설명하시오.

15. A1 용접에서 cleaning effect(청정 효과)의 원리를 설명하고 현장 적용에 대하여 설명하시오.

16. GTAW 용접과 Plasma 용접을 비교 설명하시오.

17. GTAW 용접에서 정극성(straight polarity : 용접봉이 음극이고 모재가 양극임)과 역극성(reverse polarity : 용접봉이 양극이고 모재가 음극임)을 사용하였을 때 아크와 용접 비드에 미치는 영향을 설명하고, 그 이유를 논리적으로 설명하시오.

18. TIG(GTAW) 또는 플라스마(PAW) 자동용접에 사용되는 AVC(arc voltage control) 또는 AVR(arc voltage regulator) 장치에 대하여 설명하시오.

19. 플라스마 키홀 용접(keyhole welding)에서

    가. 용융지 생성 원리를 설명하시오.
    나. 키홀 용접에 적당한 재질과 두께에 대하여 설명하시오.

4. GTAW & PAW

4-1 가스텅스텐 아크용접(GTAW)의 원리 및 특징

(1) 개 요

텅스텐 전극봉을 사용하여 아크를 발생시켜 용접하는 방법으로, 모재의 두께에 따라 용가재를 첨가하거나 첨가하지 않을 수 있다. 비용극식 또는 비소모식 불활성가스 아크 용접법이라고도 한다.

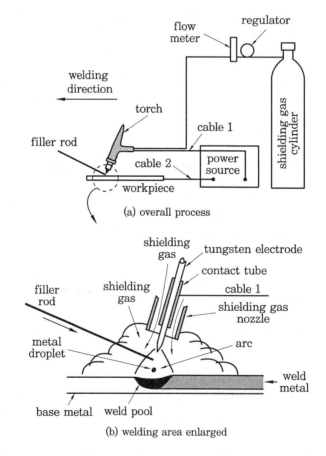

(a) overall process

(b) welding area enlarged

Gas-tungsten arc welding

① ISO : TIG(tungsten inert gas welding)
② 불활성가스인 Ar 또는 He을 보호 가스로 사용하여 텅스텐 전극봉과 모재 사이에 아크를 발생시켜 용접한다. 안정된 아크를 얻을 수 있고 용접사가 용융 금속을 세밀

히 살필 수 있어 박판이나 배관의 Root & Hot Pass 용접에 주로 적용된다.

③ DCEP 또는 교류를 이용하여 양극에서 나오는 이온 입자의 모멘텀으로 알루미늄 산화피막을 제거(청정 작용)할 수 있어 알루미늄 용접에 많이 이용된다.

(2) 용접 장비

① **용접기** : GTA 용접에서는 정전류 용접기를 사용하기 때문에 용접기는 아크 길이가 변화하여도 일정한 전류를 제공하며, 대표적인 용접기의 개략적인 회로는 다음과 같다.

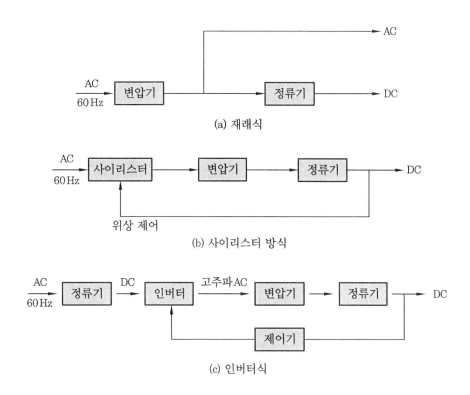

(a) 재래식

(b) 사이리스터 방식

(c) 인버터식

② **토치와 용가재 송급 장치** : 일반적으로 저전류 영역에서는 보호 가스를 이용한 공랭이 가능하지만, 200 A 이상의 고전류를 사용하는 경우에는 냉각수를 이용한 수랭 방법을 사용한다.

(3) 특 징

① **장점**

㉮ 불활성가스를 보호 가스로 사용하기 때문에 용융 금속과 대기 사이에 화학반응이 없다(아크 안정).

㉯ 청정 효과에 의해, 산화막이 견고한 금속이나 산화물이 생성되기 쉬운 금속이라

도 용재를 사용하지 않고 용접이 가능하다.

㈐ 입열량의 조정이 용이하기 때문에 박판 용접에 좋고 전자세 용접이 가능하다.

㈑ 플럭스가 불필요하며 비철 금속의 용접이 가능하다(청정 작용).

㈒ 용접부의 변형이 적고 비드가 깨끗하다.

㈓ 플럭스 및 슬래그 없이 높은 질의 용접을 얻을 수 있다.

② 단점

㈎ 용접 속도가 느리며 용접 비용 측면에서 고가이다.

㈏ 숙련된 용접공이 필요하다.

㈐ 실수로 텅스텐 전극봉이 용접부에 녹아 들어가거나 오염될 경우 용접부가 취성을 가지게 된다(텅스텐 혼입).

㈑ 바람이 부는 야외 작업의 경우 제한 조건이 따른다.

4-2 GTAW 보호 가스

GTAW에서 보호 가스로 아르곤(Ar), 아르곤과 헬륨의 복합 가스(Ar+He)가 현장에서 주로 사용되고 있다. 아르곤에 수소를 첨가하여 용접부의 산화를 방지하는 경우도 있으므로 작업 내용에 따라 각각의 가스 특성을 고려하여 사용하는 게 중요하다.

(1) 아르곤(Ar, Argon)

아르곤 가스는 헬륨 가스보다 무거워 비교적 넓은 범위의 용융 금속을 보호할 수 있으나 가벼운 헬륨 가스는 노즐에서 가스가 나오는 즉시 위로 올라가 보호 능력이 떨어져, 같은 보호 능력이라면 2배 정도의 헬륨이 필요하다. 그러나 위보기 용접에서는 뛰어난 보호 능력이 있다. 용접 시 사용되는 유량은 3~30 l/min 정도이며, 토치의 노즐에서 나오는 아르곤의 가스 속도는 2~3 m/s 정도이므로 옥외 작업장의 풍속이 0.5 m/s 이상이면 아르곤 가스의 보호 능력이 떨어져 방풍막을 설치하여 용접을 해야 한다.

① 부드럽고 조용한 아크의 이행이 가능하다.

② 상대적으로 용입이 작다(박판의 용접에 이점).

③ 마그네슘과 알루미늄 등의 용접 시에 직류역극성을 사용하면 표면 청정 효과(cleaning effect)를 기대할 수 있다.

④ 손쉽게 사용할 수 있고, 가격이 싸다.

⑤ 적은 양의 보호 가스만으로도 적절한 용접부 보호 효과를 볼 수 있다.

⑥ 상대적으로 외부 대기(바람)의 영향이 적다.

⑦ 아크를 일으키기가 쉽다.

⑧ 특히 상대적인 용입이 작아서 박판의 용접 시에 모재의 과도한 용융을 방지할 수 있다.

(2) 헬륨(He, Helium)

헬륨은 가장 가벼운 비활성기체로 분자량은 4이며 천연가스로부터 분리한다. 용접에 사용되는 헬륨은 순도 99.99 % 이상의 것이 사용된다. 정해진 용접 조건에서 헬륨은 아르곤보다 많은 열을 용접부에 전달한다. 이러한 특성으로 인해 높은 열전도율을 가진 금속이나, 고속도의 자동화 용접에 적합하며, 아르곤에 비해 후판의 용접에 많이 적용된다. 또한 헬륨은 아르곤보다 가볍고 열전도율이 크기 때문에 동일한 용접 조건을 유지하기 위해서는 아르곤의 2~3배 정도의 유량(유속)이 필요하다.

(3) 아르곤과 헬륨의 복합 가스

아르곤은 공기보다 약 1.4배 무거우며, 헬륨보다는 10배 무거운 기체이다. 아르곤은 용접부 주위를 둘러싸게 되고 이보다 가벼운 헬륨은 nozzle 주위로 올라오게 된다. 실험치에 따르면 적절한 용접 조건을 유지하기 위한 보호 가스로 사용되는 헬륨의 양은 아르곤의 2~3배 정도라고 한다. 이 혼합 기체의 가장 큰 특징은 다음 그림과 같은 전류와 전압의 특성으로 구분될 수 있다. 헬륨을 사용하면 아르곤 가스보다 높은 전류에서 높은 전압으로 용접을 시행할 수 있기 때문에 더 많은 열을 얻을 수 있고, 이러한 특성으로 인해 후판의 용접이나 열전도도가 큰 재료의 용접에 안정적으로 적용할 수 있다. 아르곤을 사용하면 보다 낮은 전류에서 높은 전압으로 용접할 수 있다. 이러한 두 가스의 특징으로 인해 다양한 전류와 전압의 범위에서 용접을 실시할 수 있는 것이다.

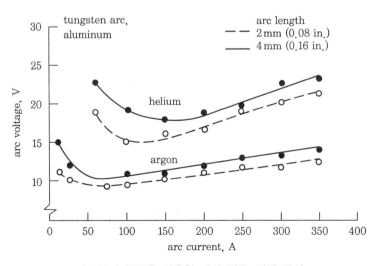

아르곤과 헬륨을 사용할 때의 전류-전압 특성

동일한 용접 조건을 얻기 위해서는 헬륨을 사용할 경우보다 아르곤 가스를 사용하는 경우에 더 높은 전류를 유지해야 한다. 동일한 전류에서 헬륨은 보다 안정적이고 빠른 용접을 시행할 수 있다. 다른 하나의 특징으로는 아크의 안전성이다. 두 가지 기체 모두가 안정적으로 아크를 유지시킨다. 교류를 사용하여 알루미늄이나 마그네슘 등의 용접을 시행할 경우, 아르곤은 뛰어난 아크 안전성과 청정 작용을 나타낸다.

아르곤 가스와 헬륨 가스의 비교

항 목	아르곤 가스	헬륨 가스
아크 안정성	좋다.	나쁘다.
입열	낮다(원추형).	높다(깊은 용입).
아크 발생	쉽다.	어렵다.
가스 소모량	적게 소모(shield 효과가 좋음)	많이 소모
fume 발생 정도	적다.	많다.
청정 작용	있다(DCEP, AC).	없다.
판 두께 적용	박판에 좋다.	후판에 좋다.
이종 금속 용접	우수	보통
무게(공기에 비해)	약 1.4배로 무겁다.	약 0.14배로 가볍다.
자세 적용	아래보기 자세 용이	위보기 자세 용이
현장 사용	주로 사용	거의 사용하지 않음

(4) 아르곤과 수소의 복합 가스

아르곤과 수소의 혼합 가스는 스테인리스강, 니켈과 구리합금 그리고 니켈합금들에만 적용된다. 이때 수소는 기공(porosity)이나 수소취성(hydrogen induced cracking) 등을 일으키지 않으며, 수소량이 증가하는 만큼 아크 전압이 증가하여 용접 속도를 증가시킨다. 수소는 최대 35 % 정도까지 사용되며, 가장 일반적인 경우는 15 %이다. 수동으로 용접을 할 경우에 5 % 정도의 수소를 추가하면 깨끗한 용접 금속을 얻을 수 있다.

4-3 GTAW의 용접 특성

(1) 전류 극성

직류 용접의 극성은 정극성과 역극성이 있다. 정극성은 모재가 (+)이고 전극이 (−)이며, 역극성은 그 반대의 극성을 가진다. 정극성에서는 고속도의 전자가 진극에서 모

재 쪽으로 흐르므로 모재는 전자의 강한 충격을 받아 비드의 폭이 좁고 용입이 깊어진
다. 이와 반대로 역극성에서는 전자가 전극에 충돌하여 전극 끝이 과열되어 용융되기
쉽다. 따라서, 역극성에서는 정극성보다 더 큰 지름의 전극이 필요하게 된다. 또한, 역
극성에서는 전자가 튀어나오는 모재의 범위가 넓어 열의 집중이 정극성에 비해 불량하
므로 비드 폭이 넓고 용입은 얇게 된다.

① **직류정극성(DCEN, DCSP)**

  ㈎ 전자가 모재에 매우 빠른 속도로 부딪히기 때문에 모재에 상당한 열이 발생한다.

  ㈏ 모재가 빨리 녹고, 양전하를 띤 가스 이온이 텅스텐 전극으로 느리게 이동하므
   로 모재 표면의 산화막을 제거하는 청정 작용은 없다.

  ㈐ 정극성에서는 같은 사이즈의 전극봉으로도 높은 전류 사용이 가능하다(용입이
   깊고, 용접 속도가 빠르며, 비드 폭이 작다).

  ㈑ 응력 집중이 작고 고온 균열의 발생 염려가 없어 후판 용접에 유리하다.

② **직류역극성(DCEP, DCRP)**

  ㈎ 전극봉이 모재보다 열을 빨리 받기 때문에 전극봉 끝이 녹아내릴 염려가 있다
   (같은 전류에서 정극성보다 전극봉이 4배 정도 큰 것을 사용해야 한다).

  ㈏ 역극성은 비교적 낮은 전류를 사용한다(높은 전류 사용 시 전극봉이 커지면서
   아크가 불안정해져 좋지 않다).

  ㈐ 모재가 받는 열량이 비교적 적으므로 박판 용접에 적합하다.

  ㈑ 청정 작용이 있다.

③ **고주파 교류(ACHF)** : 교류 전원은 DCEN과 DCEP의 결합과 같으나, 모재가 (–)가 된
   경우에는 표면의 산화막, 수분 등이 전류 흐름을 방해하기 때문에 아크가 불안정해
   지는 데 반해, 전극이 (–)로 된 경우는 전자방출이 다량으로 이루어져 전류가 증가
   한다. 따라서 2차 전류는 부분적으로 정류되어 전류가 불평형하게 되는 정류작용이
   발생한다. 이와 같이 정류작용에 의한 불평형 전류가 흐르면 용접기의 변압기가 과
   열되어 소손되므로, 이를 방지하기 위해 2차 회로에 콘덴서(고주파 발생기, 전압
   3000 V, 주파수 300~100 Kc 정도)를 삽입하여 사용한다.

  ㈎ 전극을 모재에 접촉하지 않아도 아크가 발생되므로 전극 수명이 길어진다.

  ㈏ 아크가 대단히 안정된다.

  ㈐ 일정 지름의 전극으로 광범위한 전류 사용이 가능하다.

  ㈑ 무부하 전압을 낮게 하여 역률이 개선되고 전격 위험이 방지된다.

  ㈒ 전자세 용접이 가능하다.

  ㈓ 긴 아크를 유지할 수 있어 표면덧살 용접이나 표면경화 작업이 용이하다.

사용 극성	DCEN(DCSP)	DCEP(DCRP)	ACHF
전자와 가스 이온의 흐름			
청정 작용	없다.	있다.	있다(DCEP의 반).
발생열	70 % 모재 30 % 용접봉	30 % 모재 70 % 용접봉	50 % 모재 50 % 용접봉
용입	깊고 좁다.	얇고 넓다.	중간
전극 크기	작다.	크다.	중간
표면처리(산화막)	필요	불필요	불필요
아크 안정성	양호	양호	고주파 병용, 양호
용도	철강, Cu 후판용	Al, STS 등박판	Al, Mg 등 경금속
전극의 발열	적다.	많다.	중간
전극의 종류	EWTh-1 -2	EWTh-3 EWP EWZr	EWP EWZr

④ **재료에 적합한 전원** : 재료에 따른 사용 전류와 같이 극성에 따른 재료의 전원으로는 고주파 교류 전원은 알루미늄이나 마그네슘 용접에 적합하고, 직류정극성은 스테인리스강이나 황동, 연강이나 고탄소강, 주철 등에 적합하며, 직류역극성은 거의 사용하지 않는다. 용입 현상은 전류나 극성에 따라 다르기 때문에 사용 재료에 적합한 극성을 선택하여 사용해야 좋은 용접 결과를 얻을 수 있다.

(2) 청정 작용(cleaning action)

GTAW에서 Ar 가스를 사용한 직류역극성(DCEP)에서 아크가 그 주변의 모재 표면 산화막을 제거하는 현상을 청정 작용이라 한다. 알루미늄 표면의 산화물(Al_2O_3)은 모재의 용융점 660℃보다 훨씬 높은 2050℃의 용융점을 갖기에 기타 아크용접으로 곤란하나, GTAW 역극성 용접으로 Ar 가스 이온이 모재 표면에 충돌하여 산화물을 제거하므로 가능하게 된다. 역극성은 전극이 과열되어 용착금속에 혼입되기 쉽고, 아크가 불안정하므로 Al 및 Mg 및 그 합금의 청정 작용이 필요한 경우 주로 교류 용접을 사용한다.

Surface cleaning action in GTAW
with DC electrode positive.

metal	minimum recrystallization temperature(℃)	melting temperature (℃)
aluminum	150	660
magnesium	200	659
copper	200	1083
iron	450	1530
nickel	600	1452
molybdenum	900	2617
tantalum	1000	3000

예제 알루미늄합금의 GTAW에서 AC 전원이 많이 사용되는데 그 이유는?

해설 Al 합금용접 시 표면의 산화막을 제거해야 되는데, 이러한 산화피막을 제거하기 위해서는 음극점에서의 청정 작용(cleaning action)이 채택된다. 즉, 직류역극성이나 교류 용접에서 음극점의 청정 작용이 이용되는 것이다. 역극성에서는 용입이 얕고, 전자가 전극에 충돌하여 전극이 과열되므로 동일 입열량에 대해서 역극성에서는 더 큰 지름의 용접봉이 필요하게 된다. 즉, 입열에 제한을 갖게 되는데 이에 대한 개선 방안으로 입열이 크고 청정 작용이 있는 교류 전원이 주로 사용되는 것이다.

(3) 교류 용접과 정류작용

교류 용접은 직류정극성과 역극성 각각의 특성을 이용할 수 있어 전극의 지름이 비교적 작은 것을 사용할 수 있으며, 모재 표면의 청정 작용도 있다. 그러나 교류 용접에서는 tungsten 전극에 의한 정류작용이 있어 이를 개선해야 한다. 교류 용접의 반파에서는 정극이고, 나머지 반파는 역극이 된다. 그러나 실제 용접 시 모재의 표면에는 산화물, 수분, 스케일(scale) 등이 있기 때문에 모재가 (−)가 된 경우에는 전자방출이 어렵고, 전류가 흐르기도 어렵다. 이에 반해서 전극이 (−)로 된 경우는 전자방출이 다량으로 이루어지고 전류도 흐르기 쉽게 되어 전류가 증가한다. 따라서, 2차 전류는 부분적으로 정류되어 전류가 불평형하게 된다. 이 현상을 정류작용이라고 한다. 다음 그림에서 전류의 불평형 부분을 직류 성분(DC component)이라고 한다. 이 크기는 교류 성분의 1/3에 달하기도 하나 때로는 부분적으로, 또는 완전히 반파가 없어져 아크가 불안정하게 된다.

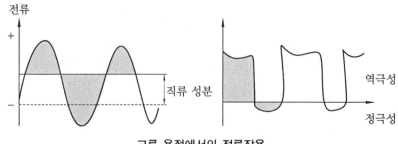

교류 용접에서의 정류작용

이와 같이 정류작용에 의하여 불평형 전류가 흐르면(1차 전류가 증가되어) 용접기의 변압기가 과열되어 소손되므로 이를 방지하기 위해서 2차 회로에 콘덴서(condenser)를 삽입하여 사용하는데, 이를 평형형 교류 용접기라 한다. 또한, 아크를 안정시켜 불평형 부분을 작게 하기 위한 방안으로 고주파 전류를 사용하면 효과적이다. 일반적으로 고주파 전류는 전압 3000 V, 주파 300~1000 Kc 정도로서 모재 표면의 산화물을 파괴하고 용접 전류를 잘 흐르게 한다. 고주파 사용 시 장점은 다음과 같다.

① 전극을 모재에 접촉시키지 않아도 아크가 발생됨으로써 전극의 수명이 길어진다.

② 아크가 대단히 안정되어 아크가 길어져도 잘 끊어지지 않는다.

③ 일정 지름의 전극으로 광범위한 전류 사용이 가능하다.

④ 무부하 전압을 낮게 할 수 있어 역률을 개선하며, 전격 위험을 방지할 수 있다.

⑤ 작업자가 감전되어도 표피효과에 의해 전기가 인체 표면을 흐르므로 덜 위험하다.

반면, 고주파 간섭에 의해 다른 주변 자동화 장비를 사용하는 경우 영향을 줄 수 있으므로 주의가 요망된다.

4-4 텅스텐 전극봉

텅스텐은 백색 또는 회백색의 금속으로 전구나 진공관의 필라멘트, 용접용 전극, 전기 접점 등에 사용된다. GTAW에서 사용되고 있는 전극봉은 비소모성 전극으로 전극은 아크 발생과 아크 유지를 목적으로 하고 있다. 용접에 사용되는 전극봉의 조건은 고용융점의 금속이거나 전자방출이 잘 되는 금속, 전기저항률이 적거나 열전도성이 좋은 금속으로, 텅스텐 금속이 그러하다. 텅스텐의 용융점은 3387℃, 비중은 19.3이며, 상온에서는 물과 반응하지 않고 고온에서 증발 현상이 없어 고온 강도를 유지한다. 전자방출 능력이 높으며, 열팽창계수가 금속 중에서 가장 낮아 전극봉으로 적합하다.

전극봉의 종류는 순 텅스텐, 1~2 %의 토륨을 첨가한 토륨 텅스텐, 1~2 %의 산화 란탄을 첨가한 산화 란탄 텅스텐, 1~2 %의 산화세륨을 첨가한 산화세륨 텅스텐 등 7가지로 분류된다. KSD 7029의 GTAW용 텅스텐 전극봉과 화학 성분을 나타낸 것으로 전극봉은 원칙적으로 연삭 다듬질이 양호하고 품질이 균일하며 단면은 원형이어야 한다.

(1) 전극봉 특성

전극에는 순 텅스텐봉과 토륨을 1~2 % 첨가한 토륨 텅스텐봉이 주료 사용된다.

번호	AWS 분류	텅스텐의 종류(평균 합금)	색 깔	전류	특 성
1	EWP	순 텅스텐	녹색	교류	• 덜 중요한 부위에 사용 • 비교적 낮은 전류
2	EWZr	지르코니아 텅스텐	갈색	교류	• 교류에 효과적이다. • 순 텅스텐보다 수명이 길다.
3	EWTh-1	1 % 토리에이트 텅스텐	황색	직류 정극성	• DCEP 직류전원에 효과 • 아크 발생 용이, 아크 안정
4	EWTh-2	2 % 토리에이트 텅스텐	적색	직류 정극성	• 높은 전류 사용 • 정류작용 • 불평형 전류
5	EWTh-3	5 % 토리에이트 텅스텐	청색	직류 역극성 AC	• arc 안정 및 발생 용이 • 전기전도가 커 세경으로 대전류 사용 가능 • 모든 금속의 용접 • 전극봉 수명이 최대 • 전극봉 오염의 우려가 적다. • 1~2 % 토리에이트 띠를 순 텅스텐 전극봉 가장자리 전 길이에 삽입한 것 • 순 텅스텐과 토리에이트 장점을 결합

순 텅스텐
푸른색 밴드
2% 토리에이트 텅스텐

① 토륨 텅스텐봉

⑺ 장점

㉮ 전자방출 능력이 우수하여 전극 온도가 낮아도 전류 용량을 크게 할 수 있다.

㉯ 낮은 전류와 전압에서도 아크를 발생하기 쉽다.

㉰ spatter도 없다.

㉱ 전극의 동작 온도가 낮으므로 접촉에 의한 소손 가능성이 적다는 이점이 있다. 따라서, 불활성가스 아크 스폿 용접의 전극과 직류정극성의 경우에 바람직하다. 그러나 직류역극성(DCEP)과 교류 용접에서는 그 효과가 덜할 뿐만 아니라, 경합금의 교류 용접에서는 불평형 전류가 증대해서 바람직하지 않고, 가격도 비싸다는 등의 이유로 순 텅스텐 전극이 많이 사용되어왔다.

② 순 텅스텐봉 : 반면에 순 텅스텐 봉은 동작 온도가 높아 용접 중 모재에 접촉하면 용융 금속에 텅스텐이 혼입되어 용접부에 대한 RT 필름상에 텅스텐 혼입이라는 결함이 나타나게 된다. 텅스텐 전극은 사용 중에 가공해야 하는데, 토륨을 함유한 전극

봉과는 달리 순 텅스텐 및 지르코늄이 들어간 텅스텐 전극의 끝부분은 날카롭게 가공하지 않는다는 점에 유의하여야 한다.

(2) 전극 현상에 따른 아크 변화

전극의 단면에서 수직 방향으로 열전자가 방출되기 때문에 전극의 가공은 매우 중요하다. 전극이 날카롭게 예각으로 가공될수록 벨 모양의 아크가 형성되며, 아래 방향으로 향하는 전자기력이 커진다. 이에 반해 둔각으로 가공될수록 용탕을 아래 방향으로 밀어주는 힘이 작아지게 된다.

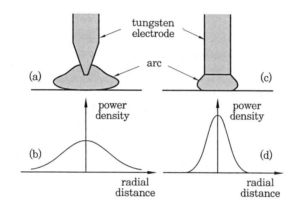

Effect of electrode tip angle on shape and power density distribution of gas-tungsten arc.

electrode tip angle(truncation, mm)

| 30° (0.125) | 60° (0.125) | 90° (0.500) | 180° (0) |

Effect of electrode tip geometry on shape of gas-tungsten arc welds in stainless steel(pure Ar, 150A, 2.0s, spot-on-plate).

(3) 전극봉의 가공

전극봉을 가공하기 위해서는 먼저 사용 재료에 따라서 전극봉을 선택해야 하며, 선택 후에는 극성에 따라서 전극봉의 가공 방법이 달라질 수 있다. 직류정극성 용접에서는 아크열의 집중성이 좋아 용입이 깊어지므로 보통 용접 전류가 200 A 이하에서는 전극 선단의 각도가 30~50° 되게 하고, 가공면의 길이는 텅스텐 전극봉 지름의 2배 반 정도로 가공을 하여 사용하는 것이 좋으며, 전자 방사 능력이 높은 경우에 사용한다. 용접 전류가 200 A 초과 시에는 고전류로 인하여 전극 선단의 끝부분이 용융되어 손실되거나 용융풀에 들어가 용접 결함의 원인이 될 수 있으므로 최선단 부분을 그라인더로 약간 가공을 하는 것이 좋다. 이것은 약 1 mm 정도 가공을 한다.

교류에서는 직류정극성에서보다 전극의 입열이 크므로, 둥글게 해야 하며, 직류역극 성에서도 전극 쪽에 열이 집중되어 전극봉의 선단을 뾰족하게 가공을 하면 텅스텐 전극 봉이 용융풀에 들어가 용접 결함이 발생할 수 있어 전극봉을 둥글게 가공한다.

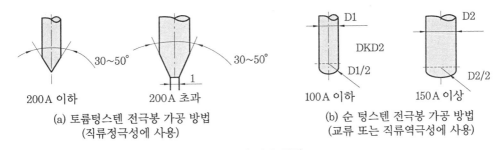

(a) 토륨텅스텐 전극봉 가공 방법
(직류정극성에 사용)

(b) 순 텅스텐 전극봉 가공 방법
(교류 또는 직류역극성에 사용)

전극봉의 가공 방법

예제 **1. GTAW 용접기에서는 고주파 발생기가 일반적으로 설비되어있다. 그 이유와 취급상의 주의 사항을 기술하시오.**

해설 GTAW에서는 전극으로 텅스텐을 사용하는데, 이 전극은 모재와 비접촉되어 아크가 발생되 어야 한다. 만일 텅스텐 전극이 모재와 접촉되어 아크가 발생하면, 전극이 가열되고, 접촉 부분이 소모되어 전극 선단이 손상되므로 아크 발생 형태가 불안정하게 된다. 또한, 텅스 텐 전극이 용접부에 접촉되면 RT 필름상에 흰 점으로 나타나는 텅스텐 혼입(tungsten inclusion)이 나타나기 때문에 일반적으로 텅스텐 전극이 모재에 접촉하지 않고 안정적으 로 아크가 발생되도록 하기 위하여 3000 V, 300~1000 Kc의 고주파를 발생시키는 장치가 GTAW 용접기에 설치된다.

고주파 발생기의 취급상의 주의 사항
1. 고주파 전압을 불필요하게 높이지 않는다.
2. 고주파 전류의 감쇄를 막기 위해 케이블이 너무 길지 않도록 한다.
3. control box를 잘 접지하여 감전을 방지한다.

예제 **2. GTAW(TIG)에서 arc 발생 방법 3가지를 기술하시오.**

해설 1. 개요 : GTAW에서 arc 발생 방법은 SMAW보다 어려운 점이 있는데, 그 요인은 다음과 같다.

① cup size(nozzle)가 부적당할 때
② 텅스텐 전극봉 끝이 타거나 더러울 때
③ 고주파 전류가 불규칙할 때
④ shielding gas 공급량이 불충분할 때
⑤ 모재 표면이 더러울 때
⑥ 용접 전류 또는 전압이 낮을 때

이와 같은 상태를 세밀히 조사하여 원인을 수정해야 하며, GTAW에서 일반적으로 arc
를 발생하는 방법은 고주파에 의한 arc 발생법, 모재와의 접촉에 의한 arc 발생법, 고
전압에 의한 arc 발생법 3가지가 있다.

2. 고주파에 의한 아크 발생법 : GTAW 교류 전원으로 아크가 발생할 때는 용접봉을 모재에
접촉시키지 않아도 가능한데, 이것은 용접 전원에 고주파 장치를 설치하여 고주파에 의해
전극봉과 모재 사이의 간격이 있어도 용접 전류가 흐르기 때문이다. 이렇게 arc 가 발생하
면 대부분의 경우 arc 길이는 전극봉의 지름만큼 유지하되, 보호 가스로 Ar 을 사용할 때는
He 을 사용할 때보다 arc 길이의 변화는 용접부 영향에 민감하지 않다. 직류 전원에서도 고
주파 장치를 이용하는 경우가 있는데, 고주파 발생 장치는 단지 arc 발생 때만 사용되고,
arc 발생 뒤에는 작동하지 않으나 교류 전원의 고주파 장치는 용접 중에도 계속 작동된다.

3. 모재와 접촉에 의한 arc 발생법 : 고주파 장치가 없는 직류 전원으로 arc 를 발생시킬 때
는 전극봉을 모재에 접촉시켜야 하는데, 이때 모재에 직접 접촉시키지 않고 별도의 알루
미늄이나 동판에 전극봉을 접촉시켜 arc 발생 후 용접할 모재로 옮겨 가면 된다. 하지만
이때에 탄소 블록을 사용하면 안 된다. 이렇게 arc 가 발생되면 곧 전극봉을 모재 위 2~3
mm 정도에 위치시켜 용융지에 전극봉의 오염이 일어나지 않도록 한다.

4. 고전압 (high voltage) 에 의한 arc 발생 : 이 방법은 전극봉이 모재 가까이 접근할 때 순
간적으로 고전압을 사용하여 arc 를 발생시키는 방법으로, arc 가 발생되면 고전압은 꺼
지고 정상적인 용접 전압으로 돌아오게 된다.

4-5 Hot Wire GTAW

(1) 개 요

GTAW는 용접 입열에 비하여 열효율이 낮아 고능률의 용접법은 아니지만 용접 시 안
정된 아크 분위기로 고품질의 용접 결과를 요구하는 이음부에 적용된다. GTAW에서 와
이어를 이용한 용접에서는 아크에서 얻어진 열이 공급되는 와이어와 용접 부위를 동시
에 용융시켜야 하기 때문에 용접 입열에 필요한 열의 일부가 손실되어 용접 효율이 떨어
지게 된다. GTAW Hot 와이어 용접은 이러한 결점을 보완하기 위해서 용접 와이어를
미리 예열하여 공급하므로, 아크열이 용융 금속인 모재에 집중되기 때문에 빠르게 용접
을 하게 되어 와이어를 예열하지 않고 공급하였을 때보다 3~4배 정도 더 빠르게 용접이
가능하다. 예열되어 공급되는 와이어는 별도의 전원으로 와이어를 예열하여 용착 속도
를 높이는 방법이다. 가열하지 않고 와이어를 빠른 속도로 공급하게 되면 콜드 래핑
(cold lapping) 현상인 용융 부족 현상이 발생할 수 있다.

(2) 특 성

특성으로는 용접부가 아름답고 연성이 있으며 강하다. 용접부의 산화가 없고 와이어를
예열하여 공급을 하기 때문에 기공의 발생이 없으며, 용가재의 합금원소들이 타지 않으
므로 용착효율이 100 %에 가깝다. 육성 용접이나 접합, 용입이 같은 맞대기 용접의 스테

인리스강, 인코넬(inconel) 용접에 응용된다. 알루미늄이나 구리는 용가재의 전기적 저항이 낮기 때문에 사용되지 않는다. Hot 와이어 전류 파형으로 펄스 통전에서 펄스를 사용하면 와이어 송급 속도를 가감하면서 송급할 수 있다. 이 방법에 의해 Cold Wire 방식 대비 3배 정도의 용착 속도를 얻을 수 있다.

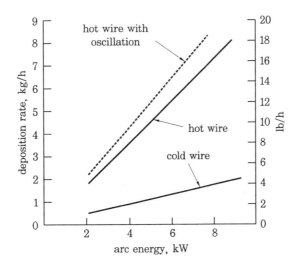

(3) 장치 구성

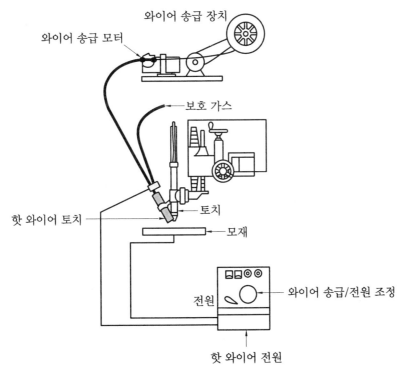

(4) 용 도

여러 종류의 강, Ti 및 합금 등(Al 또는 구리는 용가재의 전기적 저항이 낮기 때문에 사용하지 않음) 미사일, 로켓 모터 케이싱, 압력 용기, 우주 장비, 내부식성 파이프 등에 사용된다.

4-6 플라스마 아크용접(PAW)의 원리 및 특징

(1) 원 리

기체가 전리 현상을 일으켜 이온과 전자가 혼재되어 도전성을 나타내는 상태를 plasma라고 하고, 플라스마상으로 torch의 nozzle에서 고속으로 분출시키는 것을 플라스마 제트(plasma jet)라 한다. PAW(plasma arc welding)는 플라스마 제트를 이용한 용접법으로 GTAW의 특수한 형태라 할 수 있다. 플라스마 아크용접은 수축 노즐에 의해 아크의 집중성을 향상시킨 측면을 제외하고는 GTAW의 공정과 유사하다.

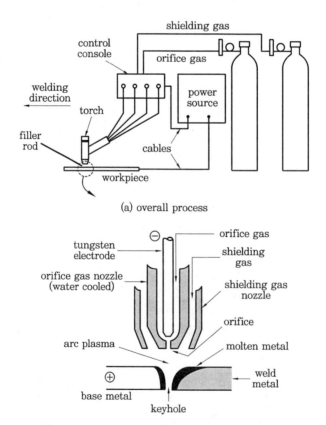

(a) overall process

(b) welding area enlarged and shown with keyholing

Plasma arc welding

① 플라스마 제트(이온과 전자가 혼재된 플라스마를 고속 분출)를 이용한 용접법이다.

② GTAW의 특수한 형태, 유사하나 3중 토치 구조(텅스텐 전극, 플라스마 filler metal, 불활성가스의 통로)이다.

③ PAW가 수축 노즐에 의한 아크 집중성을 향상시킨 부분 외 GTAW와 유사하다.

④ 많은 용착금속을 빠른 시간에 넓게 형성한다[내부식성 향상을 위한 표면 코팅 등 용사(plasma spray)에 이용].

(2) PAW의 장단점

① 장점

㈎ 높은 에너지밀도를 얻을 수 있어 용접 속도가 빠르다.

㈏ 아크열 집중도가 좋아 모재로의 열 유입 제어가 용이하다.

㈐ 아크의 안정성이 좋고, 방향성과 집중성이 좋다.

㈑ 주어진 용입에 비해 용접 비드의 폭이 좁아 용접 변형이 작다.

㈒ 낮은 전류를 사용하면 용접 변형을 줄여준다(50 % 이상 효과).

㈓ 키홀 용접 기술에 의한 용입 조정이 가능하고, 균일한 용입을 얻는다.

㈔ 토치와 용접재와의 거리에 따른 용접 변수가 작아 다양한 용접 자세가 가능하다.

㈕ mismatch 또는 부적절한 joint set-up에 덜 민감하다.

㈖ 용접 fixture의 필요성이 적다.

㈗ 전극이 filler와 접촉하지 않아 텅스텐 혼입 결함이 감소한다.

② 단점

㈎ 장비가 고가이며 아크의 집중도가 높아 용접부의 misalignment가 발생할 가능이 있다.

㈏ GTAW보다 다루기 어렵고, 토치가 커서 복잡한 부위 용접에 불리하다.

㈐ 용접부의 품질 향상을 위해 constriction nozzle의 세심한 관리가 필요하다.

㈑ 키홀 용접 시 under-cut의 발생이 쉽다.

4-7 ⟨ PAW의 분류 및 용접 방법

(1) 이행형과 비이행형

① 이행형 아크(transferred arc) : 이행형 아크에서는 텅스텐 전극과 수랭 구속 노즐 사이에 작동 가스를 보내고 고주파 발생 장치에 의해 텅스텐 전극과 컨스트릭팅 노즐

(constricting nozzle)에 이온화된 전류 통로가 만들어져 파일럿 아크(pilot arc)가 지속적으로 흐르고, 이 아크열에 의해 플라스마가 발생한다. 텅스텐 전극과 모재 사이에 발생된 아크는 핀치효과를 일으켜 고온의 플라스마 아크가 발생하여 용접을 하게 된다. 저전류에서 파일럿 아크는 주 아크가 일어나도 계속적으로 지속되지만, 고전류에서는 정지하는 방식도 있다. 이 방식은 모재가 전도성 물질이어야 하며, 열효율이 좋아 일반 용접은 물론 덧살용접에도 적용하고 있다.

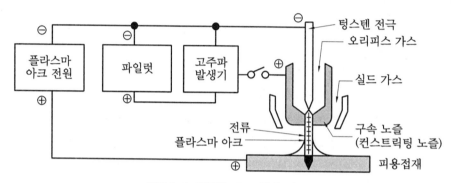

플라스마 이행형 아크 발생 방식

② **비이행형 아크**(non transferred arc) : 이 방식은 플라스마 제트 방식이라고도 하며, 모재를 한쪽 전극으로 하지 않고 아크 전극이 토치 내에 있으므로 아크는 텅스텐 전극과 컨스트릭팅 노즐 사이에서 발생되어 오리피스를 통하여 나오는 가열된 고온의 플라스마 가스 열을 이용한다. 따라서 아크 전류가 모재에 흐르지 않아 저온 용접이 요구되는 특수한 경우의 용접 또는 부전도체 물질의 용접이나 절단, 용사에도 사용된다. 이와 같은 플라스마 제트 방식은 에너지밀도가 급격히 감소하여 열효율이 낮아 비능률적이다.

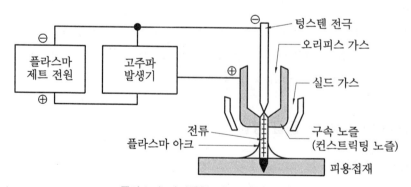

플라스마 비이행형 아크 발생 방식

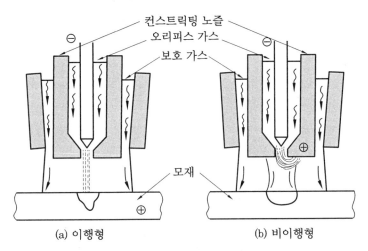

(a) 이행형　　　　　　　　(b) 비이행형

이행형과 비이행형 plasma arc mode

(2) 용접 가스

① 플라스마 가스

(가) 아르곤(Ar)

㉮ 플라스마 가스로 가장 많이 사용된다. 불활성가스로서 이온화전압이 낮기 때문에 아크 발생이 용이하고, 아크 안정도가 우수하며, 텅스텐 전극의 보호에 좋다.

㉯ 열전도도가 낮기 때문에 조건에 따라서는 불균일한 용접 비드가 생성된다.

(나) Ar(95 %) + H₂(5 %)

㉮ H₂는 Ar에 비하여 열전도율이 크므로 열적 핀치효과를 촉진하고, 가스의 유출 속도를 증진시킨다.

㉯ H₂와 같은 2원자 분자는 아크열에 의해 원자 상태로 분리되는데, 수소 원자가 모재 표면에서 냉각되어 본래의 분자로 재결합 시 열을 방출하므로 모재 입열을 증진시킨다. Ar만 사용할 때보다 비드가 매끄럽고 under-cut의 발생이 적어지나, H₂는 폭발성 가스이므로 가스 누설에 주의를 요한다.

② 보호 가스

(가) 아르곤(Ar)

㉮ 모든 금속에 사용할 수 있고, 아크 안정성과 낮은 전류(20 A 이하)에서 청정 작용이 있다.

㉯ 용융지의 유동성이 나빠 약간의 under-cut이 발생한다.

(나) Ar(95 %) + H₂(5 %)

㉮ 용접 입열을 증가시켜주며, H₂의 첨가로 용융물의 표면장력을 감소시켜 용접 속도의 증진을 가져온다.

　㉯ 용융 금속의 표면장력 감소로 인하여 용융지의 가스 제거가 쉽고, 기공 발생이 감소한다.

　㈐ 헬륨(He)

　　㉮ He은 Ar에 비해 약 25 % 정도 용접 입열의 증가를 가져온다. 이는 He의 이온화전위가 높기 때문이다.

　　㉯ 주로 열전도가 큰 Al합금, Cu합금 및 후판의 Ti 용접에 좋다.

　㈑ He+Ar : Ar에 He을 첨가하면 주어진 전류에서 입열이 증가하는데, 적어도 40 % 이상 첨가되어야 실질적인 아크열의 증가를 가져온다.

(3) 멜트인과 키홀 용접

① **멜트인(melt-in) 용융 용접 :** 플라스마 아크용접에서 가장 많이 사용하는 방법으로 사용전류 범위가 약 1~200 A 전극이 팅에서 들어간 거리가 작고 플라스마 가스 유량이 적어서, 아크가 연하고 덜 집중된 상태에서 이루어지는 용접이다. 최소 전극의 팁에서 들어간 거리는 전극 끝이 팁 끝과 같을 때인데 이렇게 전극을 조정하면 플라스마 유량이 감소되는 반면에 전극 끝의 전류값은 커진다. 이 방법은 GTAW와 아주 유사하며 다음과 같은 장점이 있다.

　㈎ 장점

　　㉮ 아크 발생이 쉽다.

　　㉯ 전극이 보호된다.

　　㉰ 모재에서 토치까지 거리에 별 영향이 없다.

　　㉱ 낮은 전류에서도 아크 안정성이 향상된다.

　　㉲ 용접 입열과 변형이 감소된다.

　　㉳ 아크의 직진도가 좋다.

　　㉴ 용입 조절과 비드 형상이 향상된다.

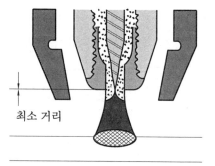

최소 거리

전극과 팁의 거리

② **키홀(keyhole) 용융 용접 :** 이 방법은 강하고 집중된 아크에 의해 이루어지는데 키홀 용접의 용입은 오리피스 가스와 보호 가스 열전도 운동량에 의해 얻어진다. 오리피스 가스 유량과 전극의 들어간 거리를 증가시키면 용융지 선단에 모재의 전 두께를 통해서 키홀이라는 구멍이 형성된다. 여기서 플라스마 제트 팁에 의해 용융 금속을 뒤로 밀어낸다. 토치를 일정 속도로 움직이면 표면장력에 의해 지지된 용융 금속은 키홀 뒤쪽으로 흘러서 용접 비드를 만든다. 키홀 용접은 거의 대부분 자동용접으로 이루어지며 한 번 용접으로 100 % 용입을 얻을 수 있다. 2.4~6.4 mm 모재 두께의 직각 맞대기용접에 이용된다. 수동 키홀 용접은 적당치 못한데, 그 이유는 도치 위치, 일정한 속도 유지 또는 용가재 첨가 등이 어렵기 때문이다.

⑦ 장점

 ㉮ 전류 범위가 감소한다.

 ㉯ 싱글패스 용접이다.

 ㉰ 최소의 용접 준비로 가능하다.

 ㉱ 비드 폭이 좁다.

 ㉲ 100 % 용입을 눈으로 확인할 수 있다.

 ㉳ 비드 형상이 우수하다.

 ㉴ 용가재 소요가 적다.

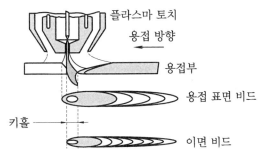

플라스마 아크용접의 키홀 용융 용접

⑭ 단점

 ㉮ 아래보기 수평과 수직 상향에만 사용이 가능하다.

 ㉯ 용접 변수들의 변화에 민감하다.

 ㉰ 자동용접에 제한이 있다.

㈐ 용접 이음부 형상 : 전형적인 직각맞대기 이음(I형 맞대기 이음)

③ Melt in과 key Hole 비교

구 분	melt-in	key hole
용접 기법	일반 GTAW와 같이 저전류에 의한 용가재 첨가 용접으로 전형적인 용접 방법이다.	고전류에 의한 모재에 키홀을 형성하며 거의 용가재 첨가 없이 1 pass로 시공하는 무개선 자동용접 기법이다.
전극과 팁 거리	전극이 팁에서 들어간 거리가 작다.	전극이 팁에서 들어간 거리가 최대이다.
아크의 집중도	작다.	크다.
장점	• 아크 발생이 쉽다. • 저전류에서 아크 안정성이 향상된다. • 용접 입열과 변형이 감소한다. • 용입 조절과 비드 형상이 향상된다.	• 높은 전류밀도로 용입이 최대가 되고 비드가 좁다. • 열영향부가 좁다. • 모재 개선이 필요 없다. • 모재 변형이 감소한다. • 용가재 사용량이 적다. • 1 pass로 용접이 완료된다.
단점	저입열, 저속도 용접이다.	• 용접 자세에 제한(아래 보기)이 있다. • 용접 변수들의 변화에 민감하다. • 자동용접에 제한이 있다. • 모재 두께에 제한이 있다.

4-8 PAW와 GTAW 비교

(1) PAW 작동 원리

플라스마 아크용접은 파일럿 아크 스타팅(pilot arc starting) 장치와 컨스트릭팅 노즐(constricting nozzle)을 제외하고는 GTAW와 같다.

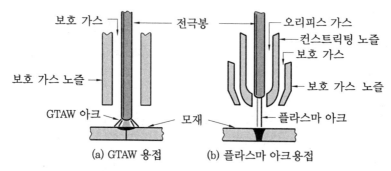

GTAW 용접과 플라스마 아크용접

GTAW의 전극봉은 토치의 노즐 밖으로 나와있기 때문에 아크가 집중되지 않고 거의 원추형으로 되어 모재에 열을 가하는 부위가 넓고 용입이 얕아진다. 모재에서 노즐까지의 거리가 조금만 변해도 모재의 열을 받는 부위가 넓어져 면적당 용접 입열의 변화가 상당히 크다. 반대로 플라스마 용접에서는 용접봉이 컨스트릭팅(일명 구속 노즐이라고도 함) 노즐 안으로 들어가 있기 때문에 아크는 원추형이 아닌 원통형이 되어 컨스트릭팅 노즐에 의해 모재의 비교적 좁은 부위에 집중된다. 이와 같이 아크의 형태가 원통형이 되기 때문에 노즐에서 모재까지의 거리가 변하더라도 모재의 아크열을 받는 부위의 면적은 거의 변하지 않는다. 그러므로 플라스마 아크용접은 GTAW보다 토치에서 모재까지의 거리 변화에 영향을 많이 받지 않는다. 또한 플라스마 용접에서 용접봉은 컨스트릭팅 노즐 안쪽에 있기 때문에 용접봉이 모재와 접촉할 염려가 없어 결과적으로 용융지에 텅스텐이 오염될 염려가 없다.

오피리스 가스는 토치의 컨스트릭팅 노즐 속으로 흘러가면서, 아크열에 의해 가열 팽창되어 속도가 빨라진다. 가열 팽창된 오리피스 가스의 분자 속도가 너무 빠르면 용융지가 절단될 염려가 있기 때문에 일반적으로 유량을 1.5~15 *l*/min로 제한한다. 또한 오리피스 가스만으로는 공기로부터 용융지를 완전히 보호하지 못하기 때문에 별도의 가스를 바깥쪽 가스 노즐을 통하여 보통 10~30 *l*/min의 유량으로 공급해야 한다.

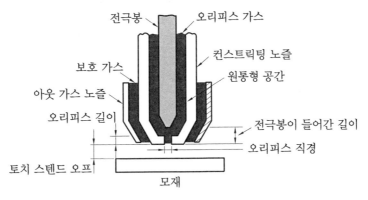

플라스마 토치 단면

(2) PAW와 GTAW 비교

플라스마 아크용접과 GTAW 용접은 유사점이 많은데, 다만 플라스마 아크용접은 고밀도 에너지인 플라스마를 이용한다는 점에서 차이가 있다. 플라스마 아크용접에서의 아크 온도 는 고온인 5,500~8,900℃ 영역의 온도가 집중되어 모재로 이행되므로 용입이 깊고 용접 속도가 빠르며 변형이 적은 용접 결과를 얻을 수 있다. 반면에 GTAW의 아크 온도는 아크의 모재로 전달되는 2,200~5,500℃ 영역의 온도가 산만하게 분포되어 전달되므로 플라스마 아크용접에 비하여 온도가 낮고 열 집중도가 떨어져 플라스마 아크용접보다 변형이 크다.

05

GMAW & FCAW

1. solid wire를 사용하는 CO_2 용접에서 직경 1.2 mm 와이어를 쓸 때 전류가 150 A, 250 A 및 350 A 일 때 발생하는 용적의 이행 형태를 설명하시오.

2. GMAW(gas metal arc welding)에서 일정한 전류값과 전압값을 설정한 상태에서 CTWD(contact tip to work distance)를 15 mm로 하다가 30 mm로 크게 하였다. 이때 출력되는 전류와 전압은 어떻게 되는지 설명하고 수반되는 문제점을 쓰시오.

3. 후판에 대하여 GMAW(gas metal arc welding : Ar 80 % + CO_2 20 %)로 용접할 때 생산성을 높이기 위해서 전류를 아주 높게 하면 용적의 회전 이행이 발생하게 된다. 그 형성 기구에 대해 설명하고, 그로 인해 생기는 문제점의 방지 대책에 대하여 설명하시오.

4. 용접 작업 요건 중 와이어 돌출 길이, 와이어 직경, 와이어 송급 속도가 용접 품질에 미치는 영향을 각각 설명하시오.

5. CO_2 용접에서 솔리드 와이어(solid wire)와 플럭스코어 와이어(flux cored wire)를 사용하여 용접할 때 용착량, 개선 정도에 대한 민감도, 결함 발생, 작업성, 비드 형상, 용접 자세, 작업성, 용접성에 대하여 비교 설명하시오.

6. 플럭스코어 와이어로 용접 시 CO_2 가스를 100 % 사용할 때와 혼합 가스(Ar 80 % + CO_2 20 %)를 사용할 경우의 비드 형상, 용착량, 작업성, 결함 발생, 용적 이행 모드 등에 대하여 설명하시오.

7. GMAW 용접에서 용융 금속(용적) 이행 형태를 용접 재료, 보호 가스, 전류 등으로 비교 설명하시오.

8. 내로우 갭 용접(narrow gap welding, NGW)이란 무엇이고 장·단점을 설명하시오.

9. GMAW에서 CO_2를 보호 가스로 사용할 경우 Mn 혹은 Si을 첨가한 와이어를 사용하는데, 이 첨가물의 역할을 설명하시오.

10. GMAW에서 He, Ar, CO_2를 보호 가스로 사용하였을 경우 금속 이행(metal transfer)과 아크 형상, 그리고 용융 비드 형상이 보호 가스에 따라 어떻게 변하는지 설명하시오.

11. 반자동 CO_2 아크용접 시 용접용 토치는 그립(grip)과 케이블(cable)로 구분되는데 용접용 토치 취급 시 주의 사항에 대해 설명하시오.

12. GMA 용접에서 콘택트 팁(또는 콘택트 튜브)으로 사용되는 재료와 용접 시 콘택트 팁의 기능을 설명하시오.

13. FCAW에서 전극 돌출 길이(스틱아웃)는 무엇이며 그 영향에 대하여 설명하시오.

14. GMA 용접에서 금속(용적) 이행에 대하여 설명하시오.

15. GMAW에서 Ar 가스에 약간(2~20 %)의 CO_2 또는 O_2를 첨가하여 보호 가스로 사용할 경우 어떤 현상이 일어나며 그 이유를 설명하시오.

16. GMAW에서 Ar, He, CO_2를 보호 가스로 사용할 경우 각각이 금속 이행(metal transfer)과 용접 비드 형상에 어떤 영향을 미치는지를 설명하고 그 이유를 설명하시오.

17. GMA 용접에서 아크 점화 실패에 미치는 요인 5가지를 설명하시오.

18. 와이어(wire) 선단의 용적(droplet)에 작용하는 힘 4가지를 열거하고, 전류 변화에 따라 용적에 작용하는 각 힘들의 변화를 설명하시오.

19. 용접 토치의 각도에 따라 전진법, 수직법, 후진법으로 나눌 수 있다. 각각의 방법에서 용입, 아크 안전성, 스패터 발생량, 비드 폭, 적용 모재 두께 등을 비교 설명하시오.

20. 티타늄, 마그네슘, 알루미늄 재료에 대한 MIG 용접 시 보호 가스로 사용되는 가스 종류와 해당 가스 적용 시 나타나는 특징에 대하여 설명하시오.

21. 이중 펄스(double pulse) 또는 웨이브 펄스(wave pulse) 형식의 MIG 용접의 특성에 대하여 설명하시오.

22. 탄산가스 아크용접에서

가. 단락 이행 시 용적 이행의 특징을 설명하시오.

나. 단락 이행에서 용입 부족(lack of penetration)을 방지하기 위한 시공 기술을 설명하시오.

||| 5. GMAW & FCAW

5-1 용적 이행 형태

(1) 개 요

아크에 의해 용접봉 또는 전극 와이어 선단에 형성되는 용적이 용접부의 용융 금속 속으로 이행하는 상태는 용접법 그 자체에 중요한 의미를 갖는다. 이러한 용적 이행의 상태에 따라 작업의 난이(難易), 용입(penetration), spatter의 다소(多少)가 영향을 받는다. 따라서, 최근 아크용접법의 발전에는 이 용적 이행의 제어가 적극적으로 행해지고 있다. 같은 용접법이라도 이 용적 이행의 상태를 변화시킴으로써 적용될 수 있는 판의 두께 범위, 또는 용접 자세를 확대시킬 수 있다.

(2) 용적에 작용하는 힘 및 인자

① **용적에 작용하는 힘** : 용적에 작용하는 힘은 크게 4가지로 설명할 수 있다.

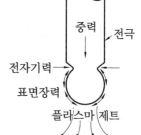

    ㈎ 중력

    ㈏ 전자기력

    ㈐ 표면장력

    ㈑ 플라스마 제트(plasma jet)

② **용적에 작용하는 인자** : 용가재가 용융되어 용융지로 이행하는 현상은 보호 가스의 조성, 용접 전류, 전압, 용접 재료 및 용접 전원의 제어 특성에 따라 달라진다.

(3) 용융풀에 작용하는 힘

① **부력**(buoyancy force)

    ㈎ 용융된 용탕은 열량에 따라 중심부의 뜨거운 유동층이 위로 올라오고, 바깥쪽에서 모재와 직접 접촉하면서 급랭된 쪽은 아래로 가라앉는다.

    ㈏ 부력은 전자기력에 비해 상대적으로 작은 힘을 가지며, 용접부를 넓고 얕게 만든다.

② **전자기력**(Lorenz force)

    ㈎ 전압은 용탕을 내리누르는 압력으로 작용하여 하방 및 측방으로 퍼진다.

    ㈏ 용탕의 중앙부는 아래쪽으로 향하고, 바깥쪽은 부력과 반대로 위로 올라가려는

힘으로 작용한다.

㈐ 용접 전압이 높을수록 용탕을 누르는 힘이 커진다.

㈑ 부력에 비해 전자기력은 매우 큰 힘으로 작용하여 용접 금속의 형상을 지배한다.

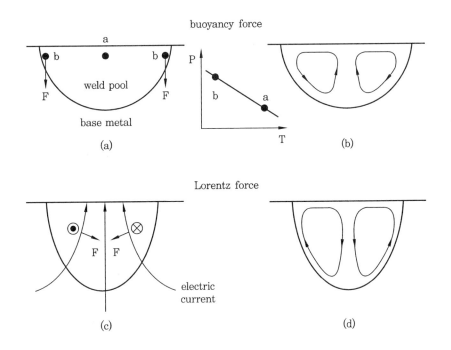

③ **표면장력(surface force)**

㈎ 금속은 표면장력에 의해 동그란 모형을 갖추려 한다. 젖음(wetting)의 반대 개념이다.

㈏ 표면장력이 작을수록 깊은 용입을 만들지 못한다.

㈐ 온도가 높을수록 표면장력은 작다.

㈑ 표면장력이 커지면서 응고 수축 에너지도 커지기 때문에 표면에서 균열이 발생한다.

※ 용탕 속에 계면활성 원소인 S, O_2 등이 소량 존재하는 경우 표면장력이 역전되어 대류 방향이 바뀌면서 깊은 용입을 유도한다.

④ **아크 전단력(arc shear force)**

㈎ 플라스마 아크는 용탕에 전단응력을 가하게 되어 용탕을 중앙에서 바깥으로 쓸려 가도록 한다.

㈏ 아크가 전진하는 방향에 따라 마치 빗자루로 쓸어내리는 듯한 효과가 있다.

㈐ 전단력이 커지면 keyhole mode의 용접이 진행되고 과도한 용입이 발생한다.

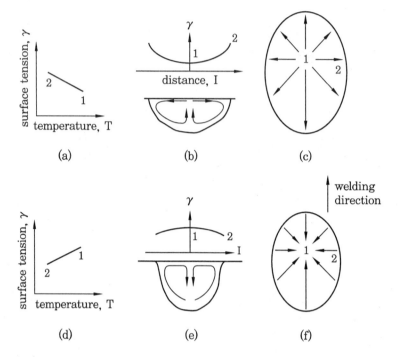

Heiple's model for Marangoni convection in a weld pool: (a, b, c) low-sulfur steel; (d, e, f) high-sulfur steel.

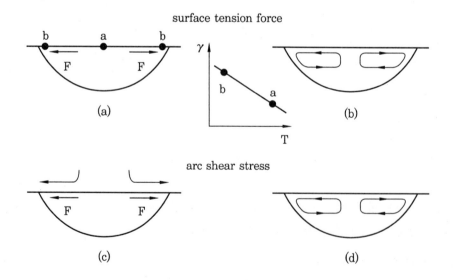

(4) 용적 이행 형태의 분류

국제용접학회(IIW)의 금속 이행 현상 분류

이행 현상 명칭	용접 기법(예)
1. 자유비행(free flight) 이행 　① 입상용적(globular) 이행 　　· 드롭(drop) 이행 　　· 반발(repelled) 이행 　② 스프레이(spray) 이행 　　· 프로젝티드(projected) 이행 　　· 스트리밍(streaming) 이행 　　· 회전(rotating) 이행 　③ 폭발(explosive) 이행	 저전류 GMAW CO_2 GMAW 중저전류 GMAW 중전류 GMAW 고전류 GMAW SMAW
2. 브리징(bridging) 이행 　① 단락(short circuiting) 이행 　② 연속 브리징(bridging without interruption)	 GMAW(단락 조건), SMAW 용가재를 첨가하는 용접
3. 슬래그 보호(slag-protected) 이행 　① 플럭스 유도(flux-wall guided) 이행 　② 기타	 SAW SMAW, FCAW, ESW

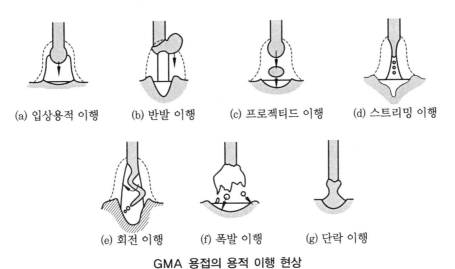

(a) 입상용적 이행　　(b) 반발 이행　　(c) 프로젝티드 이행　　(d) 스트리밍 이행

(e) 회전 이행　　(f) 폭발 이행　　(g) 단락 이행

GMA 용접의 용적 이행 현상

(5) 입상용적 이행(globular transfer)

입상용적 이행은 이행되는 용적의 지름이 용접 와이어의 지름보다 크다는 것과 용적이 용융지와 직접 접촉하지 않는다는 것이 특징으로 중력에 의해 입적이 낙하되는 형태이다. 이와 같이 순간 단락이 발생하면 전류 상승을 동반하여 용적은 급격히 가열되고 폭발성으

로 분산되기 때문에 심한 spatter가 발생한다. 따라서, 이행이 안정적으로 되기 위해서는 용적이 완전히 이탈될 수 있을 정도의 아크 길이를 유지하는 것이 중요하다. 또한, 용적 현상의 반발력 유무에 따라서 드롭 이행과 반발 이행으로 구분하기도 한다. 대표적으로 CO_2 보호 가스를 사용하는 고전류 영역과 Ar 보호 가스를 사용하는 저전류 영역에서 쉽게 볼 수 있다.

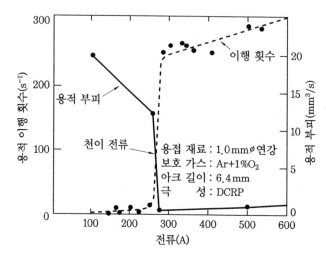

용적의 크기 및 이행 횟수에 미치는 용접 전류의 영향

(6) 스프레이 이행(spray transfer)

특정 전류에서 용적의 크기가 급격히 변화하는데 이러한 전류를 천이 전류라고 한다. 용접 전류가 천이 전류보다 낮은 경우에는 입상용적 이행이 나타나고, 그 이상일 때는 와이어 지름보다 작은 용적들이 초당 수백 회 정도의 높은 빈도수로 이행하는 스프레이 이행이 나타난다. 입상용적 이행이 스프레이 이행으로 바뀌는 천이 전류는 보호 가스의 조성, 용접 재료의 화학조성 및 와이어 지름에 따라 다르다. 대표적으로 GMAW의 고전류 영역이나 Ar 가스 75~80 % 이상일 때 볼 수 있다.

① **스프레이 이행** : 스프레이 이행의 형태는 전류가 증가함에 따라 프로젝티드 이행, 스트리밍 이행 및 회전 이행 등으로 구분된다.

② **스프레이 이행의 이점**

㈎ 용접 비드가 미려하다.

㈏ 용입이 깊어진다.

㈐ 전자세 용접이 가능하다.

㈑ pulse arc를 이용하는 경우에는 저전류에서도 스프레이 이행을 얻을 수 있어 박판 용접에도 용이해진다.

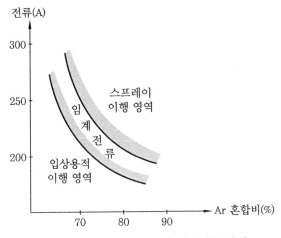

보호 가스 조성과 스프레이 임계전류 관계

(7) 단락 이행(short circuiting transfer)

① 개요 : 단락 이행은 보호 가스의 조성과 관계없이 저전류, 저전압 조건에서 나타나는 이행 형태이다. 용접봉의 선단이 모재 용융지의 금속에 접촉하여 단락하면 단락부의 금속 일부가 증발을 일으켜 용접봉과 용융지의 금속이 분리되며, 이때 용접봉에서 떨어진 용융 금속은 표면장력에 의해 용융지로 바로 수용된다. 단락 이행 과정에서 큰 역할을 하는 힘은 중력, 전자기력 및 표면장력이며, 보호 가스의 조성은 단락 기간과 횟수에 큰 영향을 준다.

② 이점

㈎ 아크가 안정되고, 작업성이 좋다.

㈏ spatter의 발생이 적어 비드 외관이 좋다.

㈐ 평균 용접 전류를 작게 할 수 있으므로 전자세 용접이 용이하다.

㈑ 용입이 비교적 얕으므로 박판 용접 적용에 좋다.

㈒ 박판에서 root gap이 다소 큰 경우에도 다소 유리하다.

③ 전류-전압 폐곡선 특징

㈎ 용접봉이 용융지에 접근 : 아크 길이가 감소하여 전압 감소, 전류는 약간 증가한다.

㈏ 용접봉이 용융지와 접촉→단락 형성 : 아크 저항이 없기 때문에 전류가 급격히 증가하고, 용접봉의 저항에 의해 전압이 약간 증가한다.

㈐ 아크 재점화 : 아크 저항에 의하여 전압이 상승한다. 용접기의 특성에 따라 기울기가 좌우된다.

㈑ 아크 발생(형성) : 용접봉이 높은 전류에 의해서 burn-back 하게 되어 정상적인 아크 길이가 형성된다.

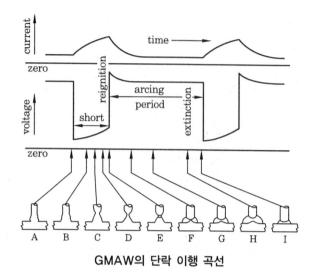

GMAW의 단락 이행 곡선

(8) 맥동아크 용적 이행

① 개요 : GMAW에서 연속적인 스프레이 이행을 행하면 높은 입열로 박판 용접 시에는 용락(burn through)으로 인하여 용접이 불가능한데, pulse 전류에 의해 주기적으로 스프레이 이행형 용접이 되게 함으로써 낮은 평균 전류값에서 스프레이 이행이 이루어지므로 박판 용접(3.2 mm 이하)도 가능하게 된다. 즉, 판 두께에 따라 pulse 주기를 조절하면 된다.

※ pulse 주기를 증가시키면 평균 전류값이 증가하므로 후판 용접도 가능하다.

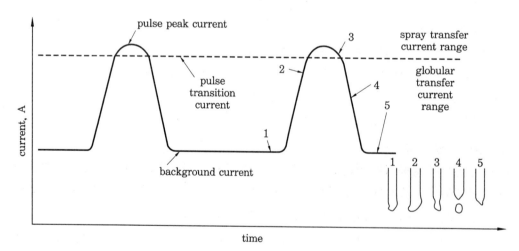

pulsed spray arc welding current characteristics

② 장점

　㈎ 저전류에서 스프레이 이행이 이루어짐으로써 박판(0.5 mm 정도) 용접이 가능하다.

　㈏ 전자세 용접이 가능하다(base 전류 구간에서 용융부가 응고하기 때문에 흐르는 현상을 방지할 수 있기 때문이다).

　㈐ 초층의 용접 품질이 우수하다(용접 입열과 열확산의 균형이 좋기 때문이다).

　㈑ 용접 비드와 모재와의 융화가 양호하므로 기공 발생을 감소시킬 수 있다(pulse 와 pulse 사이에 용융 pool이 안정되어 가스 방출이 용이하기 때문이다).

　㈒ peak 전류 구간에서 pinch력이 증가하므로 외관의 영향이 작다.

　㈓ 입열량을 감소시킬 수 있으므로 변형 및 잔류응력을 감소시킬 수 있다.

　㈔ 응고 과정에서 결정성장을 억제하므로 금속 조직이 미세화되어 기계적 성질이 향상된다.

　㈕ 두께 차이가 있는 용접 및 이종 합금의 용접이 용이하다.

　㈖ 용접 조건이나 이음의 정밀도에 여유가 크다.

(9) 각 이행 모드별 특성 비교

이행 모드	특 성	비드 외관	용 입	적 용
단락 이행	SMAW, GMAW의 저전류 영역	spatter가 적고, 미려한 외관	얕은 용입	박판 및 root bridge 용접, 수직 용접 가능
입상용적 이행	CO_2를 사용하는 GMAW, Ar 가스 저전류 영역	spatter 과다, 거친 외관	깊은 용입	일반적인 CO_2 용접
스프레이 이행	Ar(70 %↑) + CO_2 고전류 GMAW, 펄스 아크 시 (저전류에서도)	spatter가 적고, 미려한 외관	GMAW는 깊음, SMAW & FCAW는 얕은 용입	외관이 중요한 용접

5-2 ▷ 보호 가스(shield gas)

(1) 개 요

보호 가스의 일차적인 목적은 용융 금속을 대기로부터 차단하여 산화 및 질화를 방지하는 것이며, 이외에 다음과 같은 영향을 준다.

① 아크 특성 및 용적 이행 mode

② 용입 깊이 및 비드 형상

③ 용접 속도 및 under-cut 결함 발생 정도

④ 청정 작용(cleaning action)

⑤ 용착금속의 기계적 성질 및 용접 비용 등

각 가스의 특성을 이용한 혼합 가스를 사용하기도 하는데, 불활성가스에 활성가스를 혼합하여 사용하는 이유는 안정된 아크를 얻기 위함이다.

(2) 각 가스의 특성

① **Ar 가스** : Ar은 열전도성이 낮아 플라스마가 집중되어 용접부 중심 쪽으로 약간 깊은 종(鍾) 모양의 비드를 만들고, 청정 작용이 있다. 또한, 안정된 스프레이 이행을 한다.

② **He 가스** : 열전도성이 좋기 때문에 에너지가 아크 내에 분산하여 타원형의 비드를 만든다. Ar 가스보다 약 2~3배의 유량이 요구된다.

③ **Ar+He 혼합 가스** : Ar과 He의 장점을 이용하여 용입이 깊고, 안정된 스프레이 이행을 얻을 수 있다. 모재가 두꺼울수록 He를 증가시키면 된다.

④ **Ar+O₂(또는 CO₂)의 혼합 가스** : Ar은 안정된 스프레이 이행을 하여 spatter 발생이 적지만, 비드 가장자리에 언더컷 결함을 야기시킨다. 이를 방지하기 위해 Ar에 O_2(1~5 %) 또는 CO_2(3~25 %)를 첨가하면 생성된 산화물이 플럭스 역할을 하여 언더컷을 방지한다. Ar+O_2 혼합 가스는 stainless강의 용접에 주로 사용되며, Ar+CO_2 혼합 가스는 연강 및 저합금강에서 spatter 발생량을 줄이기 위해서 사용된다.

⑤ **CO₂ 가스** : CO_2 가격이 저렴하고, 용입이 깊다는 장점이 있지만, 가스 특성상 단락(short circuiting) 이행과 globular 이행 mode만 나타나기 때문에 아크가 불안정하고, spatter 발생량이 많으며, 박판 용접에 어려움이 있다는 단점이 있다. 이에 Ar 가스를 혼합하면 다음과 같은 특징이 있다.

㈎ 박판 용접 조건의 범위가 넓어지고, 아크가 부드러워진다.

㈏ Ar 혼합비를 높이면(약 80 % 이상) 스프레이 이행의 아크를 얻게 된다.

㈐ spatter 발생량이 낮고, 용착효율이 높아진다.

㈑ 비드 외관이 좋아진다.

㈒ 용입이 깊어진다.

⑥ **3원계 이상의 혼합 가스** : Ar 가스를 기본으로 하고 He, CO_2, O_2(혼합 가스의 이온화를 쉽게 하고, 아크력을 감소시킴) 등을 혼합 사용하면 각각의 가스가 가지는 장점을 극대화시켜 용접 작업성을 향상시킨다. 4원계 혼합 가스는 450 A 이상의 고용착 조건에서는 안정된 rotating 이행을 하는 것으로 알려져 있다.

(3) 보호 가스별 물성치 및 용접 비드 형상

properties of shielding gases used for welding

gas	chemical symbol	molecular weight (g/mol)	specific gravity with respect to air at 1 atm and 0℃	density (g/L)	Ionization potential (eV)
argon	Ar	39.95	1.38	1.784	15.7
carbon dioxide	CO_2	44.01	1.53	1.978	14.4
helium	He	4.00	0.1368	0.178	24.5
hydrogen	H_2	2.016	0.0695	0.090	13.5
nitrogen	N_2	28.01	0.967	1.25	14.5
oxygen	O_2	32.00	1.105	1.43	13.2

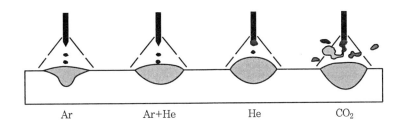

Ar	Ar+He	He	CO_2

(4) 보호 가스의 선택 기준

재 료	보호 가스	장 점
탄소강	Ar+O_2(2~5 %) Ar–CO_2	• 아크 안정성을 증대시킨다. • 순 Ar일 때보다 용접 속도가 빠르고, 언더컷을 최소화한다.
	CO_2	가격이 저렴하다.
스테인리스강	Ar–O_2(1 %)	• 아크 안정성을 증가시킨다. • 용융 금속의 유동성이 좋고 용융지 조성이 쉽다. • 결합이 잘 되고 비드 형상이 좋다.
	Ar–O_2(2 %)	• 후판에서 언더컷이 최소화된다. • 박판 스테인리스강 용접에서 1 % O_2 혼합 가스보다 용접 속도 및 아크 안전성이 양호하다.
알루미늄	Ar	25 mm 이하 : 용융 금속 이동 형태와 아크 안정성이 좋고 스패터가 적다.
	Ar(35 %)–He(65 %)	25~75 mm : 순 Ar보다 용접 입열이 크다.
	Ar(25 %)–He(75 %)	75 mm 이상 : 용접 입열이 최대로 되고 기공이 감소된다.

5-3 GMAW의 원리 및 특성

(1) GMAW의 원리

GMAW(gas metal arc welding)의 원리는 토치를 통하여 전극 와이어를 자동으로 송급하여 전극인 와이어와 모재 사이에 아크를 발생시켜 그 아크열에 의해서 용접이 이루어지고 와이어, 용융지, 아크와 모재의 인접한 지역은 가스 노즐을 통해서 흘러나오는 보호 가스에 의해 공기를 차단하고 용착금속을 보호한다.

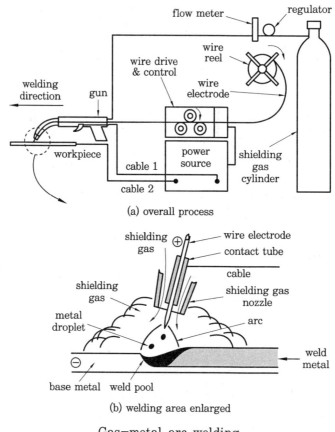

(a) overall process

(b) welding area enlarged

Gas-metal arc welding

① 불활성가스, 혼합 가스, CO_2 가스 등을 보호 가스로 사용
② 용접봉에 플럭스가 첨가되지 않았음
③ solid wire 그 자체로 용접(전극 자체가 filler metal)
④ **교류나 DCEP를 사용** : cleaning 효과와 높은 생산성
⑤ SMAW에 비해 월등히 높은 생산성과 높은 에너지 효율 때문에 현재 활발하게 사용 및 발전되고 있는 용접법

(2) GMAW의 장단점

① 장점

㈎ 용접 조작이 비교적 간단하고, 용착효율(약 95 %)이 좋다(SMAW : 약 60 %).

㈏ 용접봉을 갈아 끼울 필요가 없으므로 용접 속도가 빠르다.

㈐ 슬래그가 없으므로 슬래그 제거 시간이 절약된다.

㈑ 전류밀도가 크기 때문에 용입이 깊고, 전자세 용접이 가능하다.

㈒ 청정 작용이 있다.

② 단점

㈎ 용접 장비가 무거워 이동이 곤란하고, 복잡하며 가격이 비싸다.

㈏ 토치가 용접부에 접근하기 곤란한 경우는 용접이 어렵다.

㈐ 바람이 부는 옥외에서는 보호 가스가 역할을 충분히 하지 못하므로 방풍 대책이 요구된다.

㈑ 보호 가스가 다소 비싸다.

(3) GMAW의 특성

① **극성 특성** : 아르곤 가스를 이용한 GMAW의 용입은 직류에서 GTAW와 정반대의 현상을 보여준다. 정극성에서는 금속의 정이온과 아르곤 가스의 정이온이 전극에 충돌하여 전극의 선단을 과열하므로 대립의 용적을 만들어 중력에 의하여 간헐적으로 낙하된다. 즉, 단락형 금속 이행이 일어나므로 비드 폭은 넓고 용입은 얕게 된다. 그러나 역극성에서는 스프레이형 금속 이행을 하여 전극의 금속 정이온과 아르곤의 정이온이 모재에 충돌하여 비드 폭은 좁고 깊은 용입이 생기게 된다. 따라서, GMAW는 직류역극성(DCEP)을 이용한다.

② **GMAW 아크 특성** : 보호 가스를 아르곤으로 사용한 GMAW의 아크는 대단히 안정되고 [아크의 상태] 그 중심인 원추부의 중앙에는 용융 방울이 고속으로 분출되며, 외부는 이온화된 아르곤 가스에 의하여 발광을 한다. 또한 미광부는 아르곤 가스가 흐르면서 용접부를 보호하고 있다. GMAW의 용입은 극성에 따라 [아르곤 가스의 극성 현상]과 같은 용입을 얻게 되는데 GTAW와 반대의 현상이 일어난다. 역극성은 스프레이 금속 이행 형태를 이루고 양전하를 가진 용융 금속의 입자가 음전하를 가진 모재에 격렬히 충돌하여 좁고 깊은 용입을 얻게 된다. 장점은 안정된 아크를 얻고, 적은 스패터와 좁고 깊은 용입으로 양호한 용접 비드를 얻을 수 있다는 것이다.

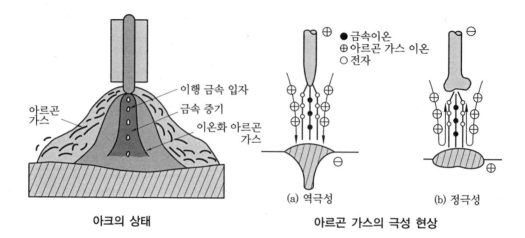

아크의 상태

● 금속이온
⊕ 아르곤 가스 이온
○ 전자

(a) 역극성 (b) 정극성

아르곤 가스의 극성 현상

③ **용적 이행과 임계전류** : GMAW에서 용접 전류가 작은 경우 SMAW와 같이 비교적 큰 용적이 되어 중력에 의해 모재로 이행하는 입상용적 이행(globular transfer)이 되어 비드 표면은 요철이 심하게 되지만, 어느 크기의 전류 임계값 이상에서는 용적이 미세하게 되어 고속으로 이행하는 스프레이 이행이 된다. 임계전류 이상에서는 용융 방울이 급격히 가늘게 되어 고속으로 투사되므로 비드가 아름답고 아크가 강한 지향성(指向性 : stiffness)을 갖게 되므로 전자세의 용접이 가능하다. 또한, SMAW에 비해 전류밀도가 6~8배 크고, GTAW에 비해서도 약 2배 정도이며, 주로 3~4 mm 두께 이상의 용접에 사용된다.

④ **아크 자기 제어** : SMAW의 용접봉 용융 속도는 아크 전류만으로 결정되나, GMAW에서는 전류와 전압의 영향을 받는다. 다음 그림과 같이 동일 전류에서는 전압이 증가될수록 용융 속도가 저하된다. 실제 용접에서 아크가 길어지면 아크 전압이 크게 되어 용융 속도가 감소되기 때문에 심선이 일정 속도로 공급될 때 아크의 길이가 다시 짧아지고 원래의 길이로 복원된다. 반대로 아크가 짧아지면 아크 전압이 작게 되고 심선의 용융 속도가 크게 되기 때문에 아크 길이가 길어져서 원래의 길이로 복원된다. 이와 같은 것을 GMAW의 아크 자기 제어라고 한다.

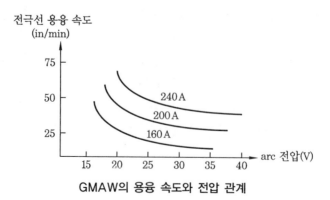

GMAW의 용융 속도와 전압 관계

(4) GMAW 용접 장치

① **용접 장치의 구성 :** GMAW는 반자동(semi-automatic)식과 전자동(automatic)식이 있으며, 반자동식은 토치의 조작을 작업자가 직접 하고 와이어만 자동으로 송급하는 방식이며, 전자동식은 모든 용접 과정을 기계적인 조작에 의해서 용접을 하는 방식이다.

② **와이어 송급 방식**

　㈎ **푸시 방식 :** 푸시 방식은 와이어 릴의 바로 앞에 와이어 송급 장치를 부착하여 송급 라이너를 통해 와이어를 용접 토치에 송급하는 방식으로, 용접 토치의 송급 저항으로 인하여 연한 재질의 가는 와이어는 구부러질 우려가 있다. 송급 라이너의 길이가 3 m 이상일 경우 강은 0.6 mm 이상의 지름을 가진 와이어를 사용해야 하며 알루미늄은 1.2 mm 이상의 와이어를 사용한다.

　㈏ **풀 방식 :** 송급 장치를 용접 토치에 직접 연결시켜 토치와 송급 장치가 하나로 된 구조로 되어있어 송급 시 마찰저항을 작게 하여 와이어 송급을 원활하게 한 방식으로, 주로 작은 지름의 연한 와이어 사용 시 이 방식이 적용된다.

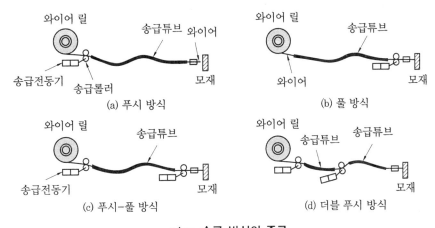

wire 송급 방식의 종류

　㈐ **푸시-풀 방식 :** 와이어 릴과 토치 측의 양측에 송급 장치를 부착하는 방식으로 송급 튜브가 수십미터 길이에도 사용된다. 이 방식은 양호한 송급이 되는 반면에 토치에 송급 장치가 부착되어있어 토치의 조작이 불편하다.

　㈑ **더블 푸시 방식 :** 이 방식은 용접 토치에 송급 장치를 부착하지 않고 긴 송급 튜브를 사용할 수 있다. 즉 푸시식 송급 장치와 용접 토치와의 중간에 보조의 푸시 전동기를 장입시켜 2대의 푸시 전동기에 의해 송급하는 방식이다. 용접 토치는 푸시 방식의 것을 사용할 수 있어 조작이 간편하다.

5-4 CO₂ 아크용접

(1) 원리

탄산가스 아크용접은 MIG 및 TIG 등의 불활성가스 아크용접에서 사용되는 값비싼 아르곤이나 헬륨 대신에 값싼 탄산가스를 이용하는 용극식 용접 방법이다. 용접 방법은 용접 와이어와 모재 사이에서 아크를 발생시키고 토치 팁에서 순수한 탄산가스나 또는 탄산가스에 산소나 아르곤 가스를 혼합한 가스를 내보내서 아크와 용융 금속을 대기로부터 보호한다. 이 용접에 사용되는 탄산가스는 아크열에 의해 다음과 같이 열해리된다.

$$CO_2 \leftrightarrow CO + O \text{ ··· ①}$$

이때 강한 산화성으로 철은 다음과 같이 산화철이 된다.

$$Fe + O \leftrightarrow FeO \text{ ··· ②}$$

이 산화철이 용융 금속에 함유된 탄소와 다음과 같이 화합한다.

$$FeO + C \leftrightarrow Fe + CO \text{ ································· ③}$$

③의 반응은 응고점 부근에서 많이 발생되기 때문에 CO 가스가 충분히 배출되지 못하여 용착금속에 산화된 기포가 많이 생기게 된다. 따라서, 이러한 산화성 기포를 예방하기 위해서 용접 와이어에 탈산제인 Si 및 Mn을 첨가시킨다.

$$2FeO + Si \leftrightarrow SiO_2 + 2Fe \text{ ···················· ④}$$

$$FeO + Mn \leftrightarrow MnO + Fe \text{ ···················· ⑤}$$

④, ⑤식과 같이 용융 금속 중의 FeO를 감소시켜 기공의 발생을 방지하므로 대단히 치밀하고 양호한 용접부를 얻을 수 있다. 또한 ④, ⑤식에서 생성된 SiO₂ 및 MnO는 용접 금속과의 비중 차이에 의하여 슬래그가 되어 용접 비드 표면에 분리되어 뜨게 되므로 용융 금속의 급랭을 막는 효과를 갖는다.

(2) 특징

① 장점

㈎ 전자세 용접이 가능하고, flux cored wire 사용 시 조작이 간단하다.

㈏ 보호 가스의 가격이 저렴하고, 용착효율이 높아 경제적이다.

㈐ 용접봉 교체가 불필요하여 연속 용접이 가능하므로 작업 능률이 높다.

② 단점

㈎ spatter 발생이 과다하다. 특히 단락 이행(short circuiting transfer)과 입상 용적(globular) 이행이 혼재하는 천이 이행 영역에서 그 정도가 크다.

㈏ 탄산가스를 사용하므로 작업장 환기에 유의해야 한다.

㈐ 풍속 2 m/s 이상이 되는 곳에서 용접할 때는 방풍 대책이 필요하다.

(3) 용접 조건

① **전류 범위에 따른 이행 형태** : 저전류 상태에서는 단락 이행(short circuiting transfer)을 하고, 고전류 범위에서는 입상용적 이행(globular transfer)을 한다.

② **용입** : 전류가 높아지면 용입이 깊어지고, 전압이 높아지면 용입이 얕아지며 비드 폭이 증가한다. 용접 속도를 높이면 용입이 얕고 비드 폭이 작아지는 경향이 있다.

③ **wire 돌출 길이** : 와이어 돌출 길이를 너무 길게 유지하면 아크가 불안정하고, spatter 발생이 많아지며, 용입이 얕아질 뿐만 아니라, blow hole이 발생하기 쉽다. 반면에 wire 돌출 길이가 너무 낮게 유지되면 nozzle이 방해되어 groove 및 용융 상태가 보기 어렵고, nozzle 내에 spatter가 부착되어 shield 효과가 저하되며, tip 및 nozzle의 소모가 증가된다.

④ **차폐 가스** : 풍속이 2 m/s 이상에서는 blow hole, pit 등의 결함 발생이 쉬워지므로 방풍 대책이 요구되며, 또한 차폐를 효과적으로 하기 위해 tip과 모재 거리를 가능하면 근접시키고 가스 유량을 증가시키는 것이 좋다. 그러나 유량을 너무 높이면 와류 현상이 생겨 외부 공기가 유입되는 결과로 기공 발생을 조장할 수 있으므로 적당히 높여준다.

⑤ **flux cored wire 관리** : 와이어를 표준 재건조 온도 이상으로 건조하면 플럭스 성분의 변화와 와이어 표면에 철 산화물이 생겨 와이어의 송급성을 악화시키므로 주의를 요한다.

⑥ **용접 cable** : cable 길이가 길 경우 전압강하가 크게 되고, 실질적인 아크 전압은 낮게 되므로 동일 설정 조건하에서는 양호한 용접이 될 수 없다. 또한, cable이 여러 겹으로 감긴다든지, 특히 이것을 철판 위에 방치하면 아크가 불안정해지므로 가능하면 평평하게 두고 철판 위에 놓지 않는다.

(4) 용적 이행

solid wire의 경우에는 극성이나 전류에 관계없이 항상 입상용적 이행(globular transfer)이며, 와이어의 지름보다도 약간 큰 용적이 불규칙적인 자세로 이행한다. 이 때 spatter의 발생이 많으므로 아크를 짧게 하여 용접하는 것이 바람직하다. flux cored wire를 사용하는 경우 아크가 금속 단면에서 발생하고, 내부의 플럭스는 복사열 또는 열전도에 의해 용융되므로 일반적으로 내부 플럭스가 늦게 녹는다. 이것을 방지하려면 금속의 단면 형상이 적당해야 한다. FCW 사용 시 용적은 미세한 입자의 분무형 이행(spray transfer)을 한다.

5-5 ◀ FCAW의 원리 및 특성

(1) 개 요

FCAW(flux cored arc welding)는 기존의 GMAW의 장점을 살리면서 보다 효율적으로 용접을 할 수 있도록 개선된 용접 방법이다. 대부분 GMAW의 한 종류로 구분하지만 미국용접학회(AWS)에서는 별개의 process로 규정하고 있다. FCAW는 tube 형태의 용접 와이어에 플럭스를 채워 넣어 만든 FCW(flux cored wire)를 사용하며, 용접 시 FCW의 플럭스에서 발생하는 CO_2가 주성분인 보호 가스를 이용하여 용접부를 보호하고 안정된 용접을 실시하는 방법이다.

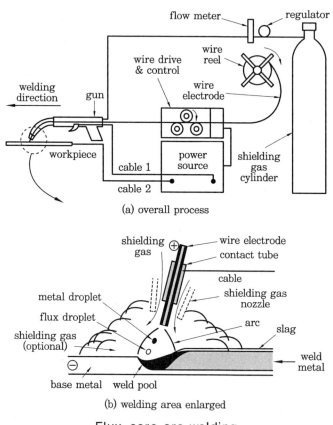

(a) overall process

(b) welding area enlarged

Flux-core are welding

① GMAW에서 solid wire 대신에 flux cored wire를 사용한다.
② 얇은 와이어 형태로 용접봉 중간에 플럭스가 들어가있으며 SMAW와 마찬가지로 용접 후 슬래그가 남아있다.
③ FCAW는 GMAW의 단점을 SMAW의 장점으로 보완한 용접법이다.

④ **양쪽의 이점을 모두 가짐**: GMAW의 생산성, SMAW의 높은 품질(현재 가장 활발하게 연구가 진행되고 있음)

⑤ 플럭스에서 직접 나오는 보호 가스가 이중적으로 공기 접촉을 차단하므로 GMAW 보다는 바람에 의한 영향을 덜 받는다.

(2) FCAW의 종류

FCAW는 gas shielding 방법에 따라 다음의 두 가지로 구분한다.

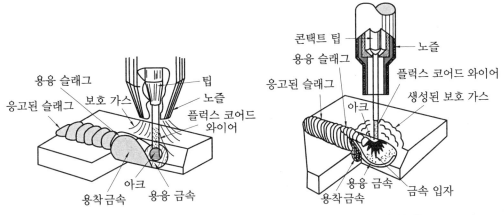

가스 보호 FCAW의 원리(FCAW-G) 　　　자체 보호 FCAW의 원리(FCAW-S)

① **가스 보호 FCAW(gas shielded type)**: 플럭스의 연소 가스와 외부에서 추가로 CO_2 또는 혼합 가스를 공급하여 용접부를 보호하는 방식이다. 주로 이 방식이 사용된다.

② **자체 보호 FCAW(self shielded type)**: 플럭스의 연소에 의해 발생되는 가스로만 용접부를 보호하는 방식이다. 용접부 보호에 있어서 FCAW-G보다는 약간의 성능이 저하되지만 보호 가스의 조달이 어려운 곳이나, 형상이 복잡한 부분에 적용되며 용접재료의 발달에 따라 그 사용이 확대되고 있다.

가스 보호 FCAW	자체 보호 FCAW
• 용착 속도가 높다. • 용입이 깊다. • 용접성이 양호하다. • 전자세 용접이 가능하다. • 전압 변화에 민감하지 않다. • spatter가 적다. • 2중 보호로 용착금속을 대기오염으로부터 보호할 수 있다. • 모든 연강 및 저합금강에 사용이 가능하다.	• 와이어 돌출 길이가 길어 전기저항이 증가하여 용접봉 예열에 의한 용착 속도가 증가한다. • 용입이 얕다. • 사용이 간편하다. • 옥외 작업이 가능하다. • 용융지 관찰이 가능하다. • 덜 중요한 용접에 사용한다. • 용착금속 성분 조성에 유의(탈산제)한다.

(3) 플럭스 코어드 와이어의 장단점 비교

여기서는 FCW의 주 용접법인 CO_2 아크용접, MIG 용접을 중심으로 솔리드 와이어 (solid wire)와 대비하여 장점을 설명해본다.

① **용착 속도가 빠르다** : 하향, 횡향, 수평 필릿용접에서는 솔리드 와이어에 비해 10 % 이상 용착 속도가 빠르며, 특히 입향상진, 상향용접에서는 플럭스(슬래그)의 작용에 의해 고전류에서 용접이 가능하기 때문에 2배 이상의 차이가 있다. FCW의 용착 속도는 용접 전류, 와이어 돌출 길이, 플럭스 충전율 등에 의해 변화하나 솔리드 와이어에 비해 **빠른** 이유는 FCW의 경우 전류 경로가 외피 금속을 따라 지배적으로 흐르므로 전류밀도가 상승하기 때문이다.

② **전자세 용접이 가능하다** : 솔리드 와이어에 의한 CO_2 용접은 입향상진, 상향용접의 경우 높은 용접 기량이 요구되고, 용융물이 흘러내려 적용이 어려우며, 또 입향하진 용접은 박판용의 경우를 제외하고는 적용이 불가능하나 FCW는 입향상진, 상향용접은 물론이고, 입향하진 용접도 쉽게 할 수 있다.

③ **아크 타임률이 향상된다** : 1.2¢ 와이어로서 용접 전류를 230~250 A로 설정해두면 작업 도중에 용접 조건을 변경할 필요가 없이 전자세 용접이 가능하게 되어 아크 타임률이 향상된다. 특히, 용접 구조물이 큰 조선 등에서는 이 점이 매우 큰 의의를 가진다.

④ **용접 비드 외관 및 형상이 양호하다** : FCW는 솔리드 와이어에 비하여 비드 표면이 고르고 언더컷, 오버랩, 사행(蛇行) 비드 현상이 생기지 않으므로 그라인더 수정 공수가 들지 않는다.

⑤ **슬래그 박리가 쉽다** : FCW는 얇은 슬래그가 용접 비드 표면을 골고루 덮기 때문에 아름다운 비드 표면을 얻음과 동시에 해머로 가볍게 두들기면 슬래그가 일어난다. 그러나 솔리드 와이어의 경우 드문드문 슬래그나 산화피막이 입혀져 박리성이 나쁘다.

⑥ **스패터 발생량이 적다** : FCW는 솔리드 와이어에 비해 스패터 크기가 작고 발생량도 적어서 스패터 제거 공수가 적게 든다. 따라서, 장시간 연속 아크를 발생시켜도 노즐이 막히지 않는다.

⑦ **용접 초보자라도 용접을 쉽게 할 수 있다** : FCW는 용접 아크가 부드러워 피로감이 적고, 용접 작업성이 양호하여 용접하기 쉽기 때문에 용접사가 쉽게 친숙해진다. FCW는 솔리드 와이어나 피복 아크용접봉에 비해 용접 재료 단가는 높으나

　㈎ 고능률성(고용착 특성)에 의한 용접 시간 단축

　㈏ 양호한 용접 작업성

　㈐ 저스패터 발생으로 그라인딩 공수의 절감과 품질 향상에 의한 수정률의 감소로 아크 타임률 향상

　㈑ 높은 용착효율에 의한 용접 재료 사용량의 경감 등으로 어떠한 용접 자세로 시

공을 하여도 용접 비용의 절감을 꾀할 수 있다.

FCW와 솔리드 와이어의 장단점 비교

항 목	플럭스 코어드 와이어(flux cored wire)	솔리드 와이어(solid wire)
장점	• 와이어 경에 대한 전류밀도가 높아 용착 속도가 매우 빠르다(솔리드 와이어 및 피복봉에 비해). • 스패터의 양이 적고 세립자이다. • 아크가 부드럽다(용접 아크가 매우 안정하여 아크음이 조용하다). • 전자세(하향, 입상향, 하진, 횡향, 상향, 수평필릿)의 용접이 용이하다. • 비드의 외관이 고우며 대기의 불순물에 의해 발생될 수 있는 불량률(pit, blow hole)이 감소된다. • 슬래그가 쉽게 떨어진다. • 전력비를 줄일 수 있다(동일 전류에서 FCW의 용착 속도가 빠르므로). • 공수 면에서 유리하다(스패터나 슬래그의 제거가 용이하므로). • 특수한 원소나 합금을 플럭스 내에 자유롭게 첨가할 수 있다. • 적정 용접 전류의 범위가 넓다.	• 가격이 저렴하다. • 피복아크 용접봉에 비해 용착 속도가 빠르다. • 용입이 깊다. • 송급성이 매우 좋다. • 수소 함유량이 적어 기계적 성질이 좋은 용접부를 얻을 수 있다. • 소구경 와이어로서 박판 용접이 가능하다. • 용착효율이 높다(95 %). • 흄(fume) 발생량이 적다.
단점	• 용착효율이 낮다(88 %, 솔리드 와이어에 비해). • 흄 발생량이 많다(단, 수동용접봉에 비해 단위 용착금속당 흄 발생량은 적다). • 가격이 피복봉 및 솔리드 와이어에 비해 비싸다.	• 스패터가 많다. • 비드 표면 형상이 거칠다. • 언더컷, 오버랩, 융합 불량이 생기기 쉽다. • 아크가 불안정하다. • 슬래그가 잘 떨어지지 않는다. • 전자세 용접이 불가능하다. • 적정 용접 전류의 범위가 좁다.

(4) FCAW의 시공 요령

flux cored wire의 각각의 특성을 충분히 발휘하기 위해서는 용접 시공 요령을 숙지할 필요가 있다.

① **보호 가스의 유량 및 노즐 깊이** : 차폐 가스의 유량은 주위의 풍속과 nozzle의 높이에 관계된다. 따라서, 보통 풍속 2 m/s 이상에는 결합(특히, blow hole)이 발생하기 쉬우므로 이 이상의 풍속에서 결함을 방지하기 위해서는 방풍막이나 벽을 세우면서, 또한 차폐를 보다 효과적으로 하기 위해 tip과 모재 거리를 가능한 범위 내에서 가깝게 하거나 가스 유량을 증가시키는 것이 좋은 방법이다.

노즐 높이에 대한 가스의 적정 유량

wire dia.(mm∅)	노즐 높이(mm)	가스 유량(ℓ/min)	전류(A)
1.2, 1.4	10~15	15~20	100
	15	20	200
	20~25	20	300
1.6	20	20	300
	20	20	350
	20~25	20~25	400

② wire 돌출 길이 : 와이어의 돌출 길이는 아크의 안정성, 비드 형상, 용입, 작업 능률 등에 크게 영향을 미친다.

와이어 돌출 길이

항 목	영 향
아크 안전성	길게 하면 아크가 불안정하고 스패터가 많아진다.
용입	길게 하면 얕아진다.
기공	길게 하면 자연히 노즐 높이도 높아져서 차폐 효과가 나빠지므로 기공이 발생하기 쉽다.
용융 속도	동일 용접 전류에서 wire 돌출 길이가 길수록 용융 속도가 크게 된다.
기타	돌출 길이를 짧게 하면 노즐이 용접 전진 방향을 방해하므로 이음 홈 및 용융 상태가 보기 어렵게 되고, 또 노즐 내 스패터가 다량 부착되어 차폐 효과가 나빠지고 tip 및 노즐의 소모도 많아진다.

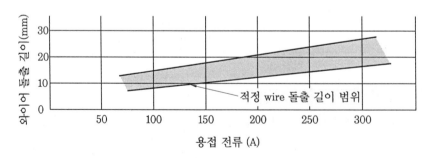

용접 전류에 대한 적정 와이어 돌출 길이 범위

③ 용접 전압, 전류, 속도 : CO_2 용접에 있어서 가장·중요한 인자들로서 용접 품질에 가장 큰 영향을 미친다.

용접 조건의 변화에 따른 비드 형상 및 용입의 영향

변경 조건	비드 형상 및 용입	비 고
용접 전압의 변화 (전류, 속도 일정)	전압, 저→고	비드 폭과 관련
용접 전류의 변화 (전압, 속도 일정)	전류, 대→소	용입 깊이와 관련
용접 속도의 변화 (전류, 전압 일정)	속도, 고→저	용입 및 비드 폭과 관련

㈜ 1. 전압 과대 : porosity, spatter, under-cut 발생
　　2. 전압 과소 : convex bead(볼록 비드), over-lap 발생
　　3. 적정 전압 범위
　　　·저전류역(200 A 이하),　$V = [(0.04 \times A) + 15.5)] \pm 1.5$
　　　·고전류역(200 A 이상),　$V = [(0.05 \times A) + 15.5)] \pm 2.0$

④ **용접 운봉 진행 방향** : 전진법과 후진법이 있는데 서로 상반된 특징을 가지고 있어 용접 조건에 따라 다르게 사용한다.

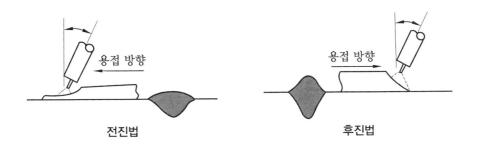

전진법	후진법
• 용접선을 볼 수가 있어 정확하게 용접을 실행할 수 있다. • 여성고가 낮고 비드의 형상이 편평하다. • 안정된 용접 비드의 형상을 얻을 수 있다. • 스패터가 비교적 크고 전방으로 스패터가 튄다. • 용착금속이 선행되어 용입이 얕다.	• 노즐 때문에 용접선을 볼 수가 없어 정확한 용접 실행이 어렵다. • 여성고가 높고 비드의 폭이 좁다. • 안정된 용접 비드 형상을 얻기가 곤란하다. • 스패터의 발생이 적다. • 용착금속이 선행되지 않으므로 용입이 깊다. • 비드 형상을 볼 수가 있어 여성량 제어가 가능하다.

5-6 ◁ Narrow Gap Welding

(1) 개 요

화학 공장과 화력발전 설비 및 원자력발전에 사용되는 대형 후판의 butt 용접에는 전통적으로 잠호용접(SAW)이나 electro-slag 용접이 주로 사용되었다. 그러나 이들 process는 넓은 개선 가공으로 인해 재료의 손실이 많고, 용접량이 증가함으로 인해 용접 변형 및 결함 발생의 가능성이 증대되고, 많은 양의 용접이 이루어지기 위해서는 용접 시간과 에너지의 소비가 커지며, 넓은 용접부가 생기므로 열영향부(HAZ)가 넓어지는 단점이 지적되었다. 이러한 문제점을 해결하기 위해서 보다 능률적이고 안정적인 용접 금속을 얻을 수 있는 용접 방법이 필요하게 되었다. 이에 가장 적합한 새로운 방법으로 electron beam welding을 들 수 있으나, 대형 용접물을 진공상태로 유지해야 하는 현실적인 어려움으로 현장 적용이 극히 제한적이었다. 결국 기존의 용접 방법을 변형하여 보다 효율적인 용접 조건을 찾는 방향으로 시도가 이루어져 결국 그 대안으로 narrow gap 용접법이 나오게 되었다.

(2) 적용 process

주로 적용되는 process는 GMAW, SAW, FCAW이며, 주로 GMAW가 사용된다. SMAW는 상대적으로 용접 효율이 떨어지기 때문에 적용하는 경우가 드물고, FCAW는 final pass 등에 GMAW를 적용할 경우 예상되는 spatter의 위험성을 줄이기 위해 사용되기도 한다. 그러나 FCAW는 용접 금속이 열처리 후에 급격하게 기계적 특성이 저하되는 단점으로 인하여 사용이 제한되고 있다.

(3) 용접 준비

narrow gap welding에서 개선 각도는 통상 5~6°를 유지하고 있으며, root gap은 적용되는 용접법에 따라 12~28 mm 정도를 유지한다. 적용되는 용접부 두께는 약 150~300 mm 정도이고, root gap은 GMAW일 경우 13 mm, SMAW일 경우에는 24 mm 정도이다.

(4) wire feeding 방법

용접봉은 자체 weaving이 어려우므로 oscillator를 사용하기보다는 2개 또는 그 이상의 와이어를 꼬아서 사용하거나, 와이어에 다음 그림과 같이 변형을 주어 weaving 효과를 가지게 한다. 좁고 깊은 용접부의 wire feeding 시에는 용접 개선부에서 미리 아크가 발생하지 않고, 원하는 곳에서 아크가 발생하도록 콘택트팁(contact tip)을 사용하기도 한다.

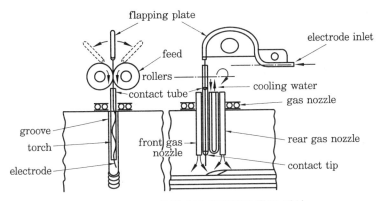

narrow gap 용접에서 용접봉의 운동 방식

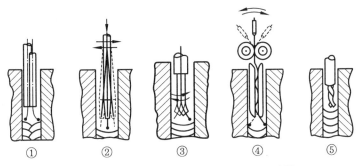

narrow gap 용접의 wire feeding 방식

① tandom법과 twin-wire법 : 아크의 강제 이동 없이 2개의 와이어를 변형시키거나 콘택트팁을 이용하여 측면을 용융시키는 방법이다. Tandom법은 2개의 와이어를 각각의 벽 쪽으로 변형을 가해 측면을 용융시키는 방법으로 중간 부분은 2개의 와이어가 겹치게 된다. Twin 와이어법은 변형 없이 2개의 콘택트팁을 각각의 벽 쪽으로 기울여 측면을 용융시키게 된다. 두 방법 모두 0.8~1.2 mm 두께의 와이어를 사용한다.

② oscillating법 : 콘택트팁의 기계적인 움직임을 통해 아크를 오실레이션(oscillation) 시키는 방법으로 홈(groove) 간격이 좁아 충분한 콘택트팁 움직임을 얻기가 어려워 잘 사용하지 않는다.

③ weaving법 : 콘택트팁을 약 15° 정도 굽혀 용접이 진행되는 동안 콘택트팁을 좌우로 움직이면서 측면을 용융시키는 방법이다.

④ waved법 : 와이어 공급 시 와이어에 물결 모양으로 변형을 주어 용접 시 오실레이션 (oscillation)이 되게 하는 것으로 콘택트팁을 접합부 중앙에 유지시켜도 오실레이팅이 되기 때문에 아주 좁은 홈에도 적용이 가능하다.

⑤ twisted법 : 콘택트팁의 강제 이동 없이 2개의 와이어를 꼬아서 콘택트팁에 공급하는 것으로 용접 시 연속적으로 아크 방향이 바뀐다. 특별한 위빙(weaving) 장치가 없어도 되는 이점이 있다.

(5) 특징(타 용접법과 장단점 비교)

① groove 단면적의 대폭적인 축소가 가능하게 되어 과대한 용접 입열이 필요 없는 능률적인 용접이 가능하게 된다(NGW는 SAW나 ESW보다 입열량이 적다).

② 경제적인 관점에서 우수하며 타 용접법보다 변형이 적다.

③ 차폐 가스로 Ar+20 % CO_2 가스를 사용할 때 용접부의 인장강도가 우수하며, 고품질의 용접 금속을 얻을 수 있다.

④ SAW나 ESW는 아래보기 자세와 수평필릿의 제한적인 자세만 가능하나, NGW는 전자세 용접이 가능하다.

⑤ fume, spatter의 발생이 거의 없다.

⑥ NGW로 인한 주요 용접 결함은 개선면과의 용융 부족(lack of fusion)과 슬래그 혼입이다. 그러나 용착금속량이 적기 때문에 수소 함량이 적어 저온 균열의 발생은 적다.

⑦ NGW의 단점은 용접기가 고가이며, 각 조건에 따른 아크 안정성과 유지의 문제이다.

대입열 용접법

1. 서브머지드 아크용접(SAW)의 용접 금속(weld metal)에 대한 저온충격시험을 하면 충격치가 매우 심하게 변동할 수 있다. 그 이유를 공정의 관점에서 설명하고 방지 대책을 설명하시오.

2. 탄소강의 서브머지드 아크용접(submerged arc welding)에서 용접 금속(weld metal)의 침상형 페라이트(acicular ferrite) 생성에 영향을 미치는 인자를 금속학적으로 설명하시오.

3. 서브머지드 용접에서 사용되는 용융형 플럭스와 소결형 플럭스의 제조 방법, 입도, 합금제 첨가, 사용 강재, 극성, 슬래그, 박리성, 용입성, 고속 용접성, 인성, 경제성 등에 대하여 설명하시오.

4. 탄소강 내벽에 내식성, 내마모성, 내열성을 목적으로 일렉트로슬래그 오버레이용접(electro-slag overlay welding)을 실시하려고 한다. 용접법의 원리, 용접 재료 선정, 용접 특성, 산업 현장에서의 적용 분야에 대하여 설명하시오.

5. 서브머지드 용접법에서 FAB편면(one side welding) 용접에 대하여 설명하고, 주요 용접 자세와 FAB 백킹재 취부 상태를 그림으로 도시하고 각각의 명칭을 설명하시오.

6. 서브머지드 아크용접(submerged arc welding) 방법에서 사용하고 있는 용제(flux) 2가지를 열거하고 설명하시오.

7. 일렉트로 슬래그 용접법의 원리와 장·단점을 설명하시오.

8. 조선 분야에서 사용하는 가장 일반적인 대입열 용접 방법 2가지를 용접 자세별로 구분하여 설명하시오.

9. 서브머지드 아크용접에서 용제(flux)의 역할을 설명하시오.

10. electroslag welding의 원리를 설명하고 장·단점을 설명하시오.

11. 서브머지드 아크용접에 사용되는 플럭스의 염기도 지수(basicity Index)에 대하여 설명하시오.

6. 대입열 용접법

6-1 서브머지드 아크용접(SAW)의 원리 및 특성

(1) 원리

용제와 와이어가 분리되어 공급되고 아크가 용제 속에서 발생되므로 불가시 아크용접, 잠호용접, 개발 회사의 상품명을 따서 유니언 멜트(union melt) 용접, 링컨회사에서 이름 붙인 링컨용접(Lincoln welding) 또는 발명자의 이름을 따서 케네디(Kennedy) 용접이라고도 한다. 이 용접법은 조선소 및 압력 용기 후판 구조물 제작에 많이 사용되고 있으며, 또한 여러 종류의 용제 개발로 스테인리스강이나 일부 특수 금속에도 용접이 가능하게 되었다.

서브머지드 아크용접은 전극 와이어보다 앞에 미세한 입상의 용제를 살포하면서 전극 와이어를 연속적으로 송급하여 용제 속에서 전극의 선단과 모재 사이에 아크가 발생되면서 용접이 진행되는 자동용접법이다. 용제는 녹지 않은 상태에서는 전류가 흐르지 않으나 열을 받아 녹게 되면 전류가 흐른다. 따라서 처음에는 아크 발생이 잘 되지 않으므로 모재와 와이어 사이에 스틸 울(steel wool)을 끼워서 전류를 통하게 하여 아크 발생을 쉽게 하거나 고주파를 사용하여 아크를 쉽게 발생시킨다. 그러므로 용제의 보호 작용에 의하여 고전류(200~4,000A)를 와이어에 흐를 수 있게 하며 열에너지의 방산을 방지할 수 있으므로 용입도 매우 깊고 능률도 대단히 높다. 또한 아크열에 의하여 해리되어 이온화된 용융 슬래그 및 가스는 아크의 지속을 용이하게 한다.

① 가스가 아닌 적절한 분말(flux) 속에서 아크를 일으키는 방법이다.
  ㈎ 가장 완벽한 공기 차단이 이루어짐으로써 최상의 품질을 얻는다.
  ㈏ 플럭스에 덮혀 용융 금속의 이행 상태를 관찰할 수 없다.
  ㈐ 용접 토치의 움직임, 용가재 이송 등을 자동으로 할 수밖에 없다.
  ㈑ 주로 장비가 잘 갖추어진 제조 공장에서 사용된다.

② 용착량이 매우 두꺼운 소재를 용접할 때 주로 사용된다.
③ 플럭스는 가스를 생성하지 않는 점을 제외하면 SMAW의 피복재와 유사하다.

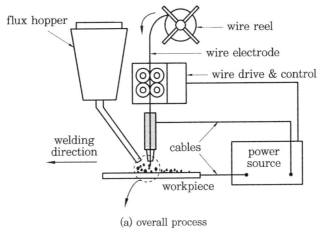

(a) overall process

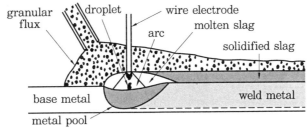

(b) welding area enlarged

Submerged arc welding

(2) 특 징

① 장점

(가) 일정 조건하에서 용접이 시행되므로 기계적 성질이 우수하고, 신뢰도가 높다.

(나) 대전류의 사용에 의한 용접 속도가 빠르고, 용입이 깊다(SMAW에 비해 12 t에서는 약 3배, 25 t에서는 약 6배, 50 t에서는 12배 정도로 효율이 좋다).

(다) 열효율이 높고, 비드 외관이 아름답다.

(라) weaving 할 필요가 없어 용접부 홈을 작게 할 수 있으므로, 용접 재료의 소비가 적고, 용접부의 변형도 적다.

(마) 유해 광선이나 fume의 발생이 적어 작업 환경이 깨끗하고, 바람의 영향을 거의 받지 않는다.

(바) 대전류 다전극 용접의 채용이 가능하다.

② 단점

(가) 설비비가 많이 든다.

(나) 용접선이 짧거나 복잡한 경우 수동용접에 비하여 능률이 떨어지며, 적용 자세에 제한을 받는다(분말형 플럭스를 사용함으로써 아래보기와 수평자세에 한정된다).

㈐ 용접 홈의 가공 정밀도가 좋아야 한다.

㈑ 아크가 보이지 않아 용접의 적부(適否)를 확인하면서 용접할 수 없다.

㈒ 용접 입열량이 높아 HAZ의 결정립이 조대화되어 인성 저하가 생길 우려가 있다.

㈓ 결함이 한번 발생하면 대량으로 발생한다.

㈔ 적용 재료에 제약을 받는다(탄소강, 저합금강, 스테인리스강 등에 사용).

(3) 서브머지드 아크용접(SAW)의 적용

서브머지드 아크용접은 효율성이 우수하고 용접 품질이 우수하여 비교적 긴 용접선의 연속 용접이 가능한 두꺼운 물체에 효과적이므로, 주로 조선소 및 후판의 압력 용기 제작에 주로 적용되어왔다. 이 밖에도 클래드강의 오버레이 용접에 의한 제조와 용접에도 이용되며, 지상 저장 탱크의 수평 필릿용접에도 많이 사용된다.

(4) 용접 전류

① **직류 용접** : 직류 용접은 교류 용접에 비해 비드 형상, 용입이 우수하다. 또한, 아크 발생도 용이하다.

㈎ 직류 용접이 요구되는 경우

㉮ 신속한 아크 발생이 필요할 때(단속 용접을 효율 있게 할 때)

㉯ 아크 길이의 엄밀한 제어가 필요할 때(박판 고속 용접 시)

㉰ 복잡한 곡선 용접 시

직류역극성에서 용입이 최대가 되며, 직류정극성에서 용입은 최소가 된다. 직류 용접의 결점은 자기불림이 일어나기 쉽다는 것이다.

② **교류 용접** : 교류 용접은 자기불림 현상을 크게 감소시킬 수 있기 때문에 고속도 용접에 적합하다.

㈎ 교류 용접이 효과적인 경우

㉮ 큰 용착부를 얻고 싶을 때

㉯ 두꺼운 플러그 용접과 같이 길이가 짧은 용접 중

㉰ 다전극 방식에서 교류의 특징이 나타난다. 즉, 동일 극성 2개의 직류 아크는 서로 흡인하고 다른 극성일 때는 반발한다. 그러나 교류와 직류를 조합하면 이 현상이 크게 억제된다. 더욱이 양쪽 모두 교류이면 서로 간의 영향은 더욱 감소된다. 따라서 AC-AC의 조합은 고속의 제관 용접에 이용한다.

③ **다전극 용접** : 다전극 용접 방식은 용착 속도를 증가시켜 고속 용접을 하는 데 그 목적이 있다. 이 방식에서는 용접 금속의 응고가 늦기 때문에 기공의 발생이 감소하는 장점이 있다. 다전극 연결 방식은 탠덤식, 횡병렬식, 횡직렬식의 3가지가 있다.

(가) 탠덤식 : 두 개의 전극 와이어를 독립된 전원(교류 또는 직류)에 접속하여 용접선에 따라 전극의 간격을 10~30 mm 정도로 하여 2개의 전극 와이어를 동시에 녹게 함으로써 한꺼번에 많은 양의 용착금속을 얻을 수 있는 용접법이다. 전원의 조합은 교류와 직류, 교류와 교류가 좋으며 직류와 직류는 자기불림 현상이 생기므로 사용하지 않는다. 이 방법은 비드 폭이 좁고 용입이 깊으며 단전극에 비해 2배 이상 속도가 빠르다. 전극을 3개 사용 시는 2.5배 이상의 능률을 올릴 수 있으나 전원이 다른 2개의 장비를 각각 제어해야 되기 때문에 조정이 번거로운 결점도 있다.

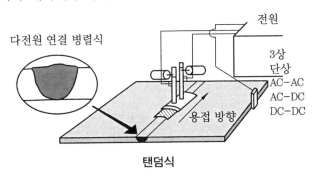

탠덤식

(나) 횡병렬식 : 한 종류의 전원(직류와 직류, 교류와 교류)에 접속하여 용접하는 방법으로 비드 폭이 넓고 용입이 깊은 용접부가 얻어진다. 두 개의 와이어에 하나의 용접기로부터 같은 콘택트팁을 통하여 전류가 공급되므로 용착 속도를 증대시킬 수 있다. 또한 이 방법은 비교적 홈이 크거나 아래보기 자세로 큰 필릿 용접을 할 경우에 사용되고 용접 속도는 단전극 사용 시보다 약 5 % 증가된다.

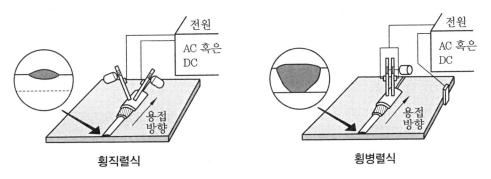

횡직렬식   **횡병렬식**

(다) 횡직렬식 : 두 개의 와이어에 전류를 직렬로 연결하여 한쪽 전극 와이어에서 다른쪽 전극 와이어로 전류가 흐르면 두 전극에서 아크가 발생되고 그 복사열에 의해 용접이 이루어지므로 비교적 용입이 얕아 스테인리스강 등의 덧붙이 용접에 흔히 사용된다. 두 와이어는 서로 45° 경사를 이루고 각기 다른 송급 장치에 의해 개별 제어된다. 또한 전원에 의한 분류는 직류 용접과 교류 용접으로 나눌 수 있다. 직류 용접은 교류 용접에 비해 비드가 아름답고 직류역극성(DCRP) 사용 시 용입이 최대

가 되고 직류정극성(DCSP)은 용착 속도가 최대가 되고 용입은 최소가 된다. 그리고 아크 발생은 안정되나, 자기불림 현상이 생기는 단점이 있다.

(5) 용접 변수

① **용접 전류** : 용접 전류가 증가할수록 용착 속도 및 용입 깊이가 증가하지만, 지나치게 과도한 전류는 아크의 파묻힘 현상이 일어나고, under-cut이 발생하기 쉬우며, 좁고 높은 비드가 얻어진다.

② **용접 전압** : 용접 전압은 아크 길이를 결정하며 용접 비드의 단면 형상과 외관에 영향을 미친다.

 (개) 전압이 높은 경우

   ㉮ 전압이 높을수록 편평하고 폭넓은 용접 비드가 생성된다.

   ㉯ 플럭스 소비가 증대한다.

   ㉰ 강재의 녹이나 부식 생성물로부터 발생되는 기공을 줄인다.

   ㉱ 부적절한 joint 형상으로 인해 root gap이 넓은 경우에 적합하다.

   ㉲ 과도한 전압 상승은 용접부의 균열을 일으키기 쉬울 정도로 과도하게 폭이 넓은 용접 비드를 만들어 균열 발생이 쉽고, fillet 용접부의 선단에 언더컷이 발생한다.

 (내) 전압을 낮게 한 경우

   ㉮ 아크쏠림에 대한 저항성이 있는 강한 아크를 만든다.

   ㉯ 용입이 깊어진다.

   ㉰ 과도한 전압강하는 높고 좁은 용접 비드를 만들어 용접 금속 선단의 슬래그 제거가 어렵다.

③ **용접 속도** : 용접 전류와 함께 용입을 결정하는 중요 인자이다.

 (개) 용접 속도가 빨라진 경우

   ㉮ 단위 용접 길이당 입열량이 줄어든다.

   ㉯ 용착되는 용접 와이어 양이 줄어들어 작은 용접 비드가 생성된다.

   ㉰ 아크 용입력이 강하게 전달되지 못해 얕은 용입이 이루어진다.

   ㉱ 용접 속도가 지나치게 빠르면 언더컷, 아크쏠림, 기공, 불균일한 비드가 형성된다.

 (내) 용접 속도가 낮은 경우

   ㉮ 용탕 내 가스 성분이 빠져나갈 수 있는 시간을 제공하여 기공 발생을 줄인다.

   ㉯ 지나치게 느리면 볼록한 용접 비드를 만들어 균열이 쉽게 발생하고, 작업 중 아크가 눈에 보일 수 있어 용접사의 피로를 증가시키고 거친 슬래그 혼입이 발생한다.

④ **와이어 직경**

 (개) 와이어 직경이 클수록 용입이 얕아지고 폭넓은 용접 비드가 얻어진다.

(나) 직경이 작을수록 전류밀도가 높아 용융과 용착 속도가 증가하며 용입이 깊어진다.

⑤ **용입 형상** : 용입 깊이가 비드 폭보다 클 경우 고온 균열이 발생할 가능성이 크다.

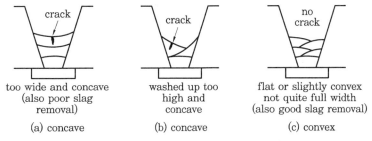

Effect of weld bead shape on solidification in multipass weld

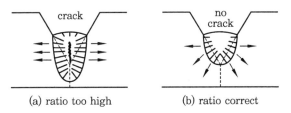

Effect of weld depth-width ratio on centerline cracking

⑥ **경사 각도**

(가) 상향 경사는 용입이 깊고 비드가 좁고 덧붙여진다.

(나) 하향 경사는 용입이 얕고 편평하다.

(다) 최대 경사도는 용접 전류에 따라 다르나, 800 A 이내의 전류에서는 최대 6° 경사까지 작업이 가능하다.

⑦ **플럭스 살포 높이**

(가) 너무 두껍게 살포하면, 비드 표면이 거칠고 발생 가스의 방출이 어려워 pork mark가 발생한다.

(나) 너무 얇으면, 플럭스 사이로 아크가 새어나오고 스패터(spatter) 및 기공이 발생하며 용접 비드 표면이 거칠어진다.

6-2 서브머지드 아크용접의 용접 재료

(1) 심선(wire)

SAW에서는 SMAW와 같은 수동용접과 달리 와이어와 플럭스를 조합하여 사용하고 있다. 이때 와이어는 solid wire 형태이며, 와이어 단독으로 결정되지 않고 플럭스의 종류에 따라 달라진다. 와이어와 플럭스 조합은 용착금속의 제반 성질, 용접 비드 외관, 작업성에 큰 영향을 미치므로 모재의 표면 상태, 개선 형상, 용접 조건 등을 고려하여 결정된다. 일반적으로 저망간 와이어에는 소결형 플럭스가, 고망간 와이어에는 용융형 플럭스가 사용된다.

① 연강용, 고장력강용, 저합금강용, 스테인리스강용 등

② 직경 1.2~7.9 mm(대직경)의 원형 단면 와이어

③ 높은 전류밀도에서도 안정된 용접이 가능한 각형 단면 와이어 채용 가능

④ FCW를 사용하기도 하나, 주로 solid wire를 사용하며 보통 Cu 피막처리

> **참고 ○ Cu 피막처리의 목적(장점)**
>
> 1. 녹 발생을 방지한다.
> 2. 접촉 tip과 전기전도도를 향상시킨다.
> 3. 송급 롤러의 미끄럼을 좋게 한다.

(2) 플럭스(flux)

종래 SAW의 용제로는 용융형(fused flux) 및 집합형(aggtomerated flux) 용제가 있다. 이것들은 일반 탄소 강재의 잠호 용제에는 적당하였으나 저합금강 및 스테인리스강의 용접에는 부적절하였다. 상기의 잠호용접용 용제가 저합금강 등에 부적합한 것은 다음과 같은 제조 과정에 문제점이 있었기 때문이다. 즉, 이러한 용제의 제조 온도는 탈산제인 페로망간, 페로실리콘을 변질시킬 만큼 높은 온도였다. 용융형은 각종 광물을 1300℃ 이상으로 가열하여 냉각시킨 후, 유리 상태로 융합된 것을 미세하게 분쇄하여 제품화한 것이다.

또한, 집합형은 요업용 결합제로 굳혀서 800~1000℃로 가열하여 제품화했기 때문에 용제의 탈산 원소는 대부분 상실된 상태였다. 그러나 이러한 단점을 보완하여 제조되는 본드(소결형) 용제는 원료를 혼합하여 고착제로 굳힌 다음 400~500℃의 낮은 온도로 제조한 것이다. 본드 용제는 4종의 Cr, Ni, Mo, V 용제에 중성 용제를 적절히 혼합하여 사용한다.

① 플럭스가 갖추어야 할 기본 특성

㈎ 알맞은 입도를 가져야 한다.

㈏ 아크의 차폐성이 좋아야 한다.

㈐ 아크의 발생과 지속성을 유지해야 한다.

㈑ 용융 금속의 탈산, 탈황 등의 정련 작용이 있어야 한다.

㈒ 용접 금속의 합금 성분을 첨가할 수 있어야 한다.

㈓ 적당한 용융 온도와 점성이 있어야 한다.

㈔ 용접 후 응고된 슬래그 제거가 용이해야 한다.

② **플럭스의 종류별 특징**

(가) 본드(소결형) 용제의 특징

㉮ 오스테나이트 계열 스테인리스강 용접 시 손실되는 Cr 성분은 용제에서 보충하여 용착금속의 화학조성이 심선의 화학조성과 거의 일치하게 된다.

㉯ 저합금강 잠호용접 시, 심선은 연강으로도 가능하다.

㉰ 용제에 Si, Mn이 첨가되어 강력한 탈산이 가능하며, Nb 등을 첨가하여 슬래그의 박리성이 크게 개선되었다.

㉱ 용제의 입도가 일정해서 용접 전류가 일정하다.

㉲ 합금 성분의 첨가가 가능하여 용착금속의 화학 성분이나 기계적 성질의 조절이 가능하다.

㉳ 600 A 이상의 중·고전류에서 작업성이 양호하다.

㉴ 플럭스의 소비량이 적다.

㉵ 강의 젖음(wettability)이 좋게 되어 좁은 홈 용접 시 슬래그 혼입 등이 없게 되었다.

㉶ 본드 용제를 착색하여 용도에 따른 구별이 가능하다(녹색은 저합금강용, 회색은 스테인리스강용 등).

㉷ 용융된 슬래그에서 가스의 방출이 있을 수 있다.

㉸ 본드 플럭스는 저온도에서 가열하여 고착한 것이므로 흡습되기 쉽다. 따라서, 용접 전에 반드시 150~250℃로 2~3시간 건조시킨 후 사용하여야 한다.

(나) 용융형 용제의 특징

㉮ 화학적으로 매우 균일하다.

㉯ 흡습성이 없어 보관과 취급이 용이하다.

㉰ 손쉽게 재활용이 가능하다.

㉱ 100 A 이하의 저·중전류 용접에 적합하다.

㉲ 용융 시 분해되거나 산화되는 원소를 첨가할 수 없다.

㉳ 흡습이 심한 경우, 사용하기 전 150℃에서 1시간 정도 건조가 필요하다.

원료 ⇒ 배합 ⇒ 혼합 ⇒ 입도 조성 ⇒ 건조 ⇒ 정립(整粒) ⇒ 포장

(a) 소결형 용제

원료 ⇒ 배합 ⇒ 용해 ⇒ 급랭 ⇒ 분쇄 ⇒ 정립(整粒) ⇒ 포장

(b) 용융형 용제

소결형 및 용융형 용제의 제조 공정

㈐ 용융형 플럭스와 소결형 플럭스의 특성 비교

항 목	응용형	소결형
색상, 외관	유리상의 고온반응물로서 색상 차이 없음	색상 차이로 식별 가능
입도	사용 전류에 따라 플럭스의 입도 선택을 다르게 해야 함(고전류 : 세립, 저전류 : 대립)	사용 전류에 관계없이 한 종류의 입도로 사용 가능함(작업 관리가 용이함)
염기도	산성 및 중성	산성, 중성, 염기성 및 고염기성
합금 첨가	불가	가능
흡습성	흡습성이 거의 없음 (재건조 거의 불필요)	흡습성이 강함 (재건조, 방습 포장재 필요)
사용 강재	고장력강이나 저합금강 등에서 기계적 성질(특히, 충격치)이 요구되는 강재에서는 사용이 곤란함	비교적 넓은 범위의 강종에 사용이 가능함
와이어(조합)	강종에 따라 적합한 와이어를 선택해서 사용하여야 함	저Mn계 연강 와이어로 연강, 고장력강 및 저합금강의 용접이 가능함
분진 발생	거의 없음	있음
극성에 대한 감수성	비교적 민감	비교적 둔감함
슬래그 박리성	비교적 좋지 않음	비교적 둔감함
가스 발생	적음	많음
비드 외관	미려함	약간 미려함
대입열, 용접성 (고전류, 저속도 용접)	비드 표면의 요철이 심하여 슬래그 박리가 어려움(고전류 사용이 어려움)	비드가 균일하여 슬래그의 박리가 잘됨 (고전류 사용이 용이함)
용입	약간 깊음	약간 얕음
다층 용접성	용착금속의 층간 성분 변동이 작음(적합함)	용착금속의 층간 성분 변동이 비교적 큼(적합하지 않음)
고속 용접성(필릿)	비드가 균일하여 가공이나 슬래그 혼입이 적음(적합함)	비드에 광택이 없고, 기공이나 슬래그 혼입이 생기기 쉬움(적합지 않음)
용접 조건에 따른 화학조성 변화	용접 조건 변화에 따른 조성의 변화가 적음	용접 조건 변화에 따른 조성의 변화가 비교적 큼
인성	와이어의 성분 영향이 큼	비교적 높은 인성
장기 보관성	안정함	변질의 우려가 있음

6-3 서브머지드 아크용접의 backing

루트 면의 치수가 용융 금속을 지지할 만큼 크지 못할 경우 또는 철판이 두꺼워도 한쪽 편에서 단층 용접으로 뒷면까지 완전한 용입을 할 때 용락을 방지하기 위해 받침을 사용한다.

(1) 동종 금속 백킹법

용접부의 용입이 백킹 판까지 용입이 되어 용접의 일부가 된다. 백킹 판은 모재와 동일하여야 하며, 모재의 일부가 되는 것이 바람직하다. 판 두께 3.5 mm 이상의 모재에 사용되는 백킹 판에는 홈을 만드는데 홈 깊이는 0.5~1.5 mm, 폭은 6~20 mm로 한다. 단 3.5 mm 이하의 판에서는 홈을 만들지 않는다.

(2) 백킹 용접법

용접부의 용락을 방지하기 위하여 서브머지드 아크용접 전에 이면을 수동이나 반자동으로 용접을 하는데 용접물의 회전이 어렵고 다른 방법으로 곤란할 때 사용한다.

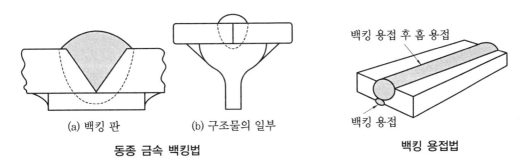

(a) 백킹 판   (b) 구조물의 일부

동종 금속 백킹법

백킹 용접 후 홈 용접

백킹 용접

백킹 용접법

(3) 구리 백킹법

구리는 열전도가 좋아 녹지 않으므로 구리 백킹 판을 사용하고 원하는 형태의 홈을 구리 백킹 판에 만들어 사용할 수 있으며 대량생산에서는 구리 백킹 판에 냉각수를 공급하여 수랭으로 사용하기도 한다. 구리판은 열전도성이 좋으므로 모재의 일부가 용락되어도 동판 자체는 녹지 않고 즉시 응고된다. 고전류 용접이 가능하고 균일한 이면 비드를 얻을 수 있는 특징이 있다.

(4) 용제 백킹법(RF법 : resin flux)

서브머지드 아크용접에서의 용제 백킹 방법은 플럭스 입자는 유연성이 있는 열경화성 수지를 배합한 백킹 전용으로 만들어진 판 위에 위치시킨다. 그 아래에는 팽창이 가능한 고무로 된 호스에 압력을 주어 팽창하게 하여 용접부에 플럭스가 밀착되게 한다.

(5) 구리 용제 병용 백킹법(FCB법 : flux copper backing)

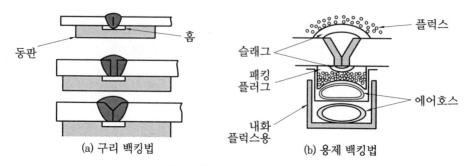

(a) 구리 백킹법 (b) 용제 백킹법

구리 백킹법과 용제 백킹법

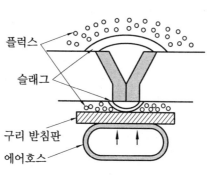

구리 용제 병용 백킹법

(6) 현장 조립용 간이 백킹법

임시 백킹 장치를 필요로 하는 조선소의 도크(dock), 교량의 가설 현장 등에서 사용할 수 있는 편면 용접용 백킹 재료가 개발되어 실용화되고 있는데, 대략 플렉시블한 것과 고형용제 백킹재가 그것이다. FAB(flux asbestos backing) 백킹재를 모재 뒷면에 마그네트나 지그를 사용하여 간단히 부착할 수 있다.

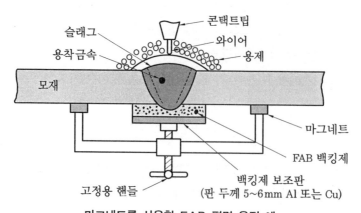

마그네트를 사용한 FAB 편면 용접 예

6-4 일렉트로 슬래그 용접(ESW)의 원리 및 특징

(1) 원 리

본 용접법은 multi-pass로 후판을 용접할 경우에 생길 수 있는 변형이나 과다한 입열의 문제를 해결하기 위해 single-pass의 용접 방법에 관한 연구가 1950년 구소련의 paton 전기 연구소에서 시작되면서부터 본격적으로 개발되었다. ESW는 일반 아크용접법과는 다르게 용융 슬래그의 저항 발열을 이용하여 용가재 및 모재를 녹인다. 용접 초기를 제외하고는 아크 발생이 없는 무아크용접법(electro gas welding과 가장 큰 차이점)이다. 용융 슬래그는 도전성이 있으므로 일단 용융되면 자체의 저항 발열에 의해 모재와 용가재를 용융시킨다. 용접부의 외부는 냉각판을 설치하여 용융 금속의 흘러내림을 방지하며, 용접부는 I형 groove로 가공한다. 즉, 연속 주조 방식에 의해 단층 상진 용접을 행하는 것이다.

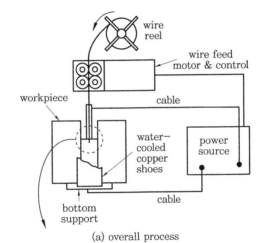

(a) overall process

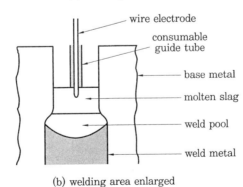

(b) welding area enlarged

Electroslag welding

① 와이어 및 슬래그 중을 흐르는 전류의 저항 발열을 이용하여 고온의 슬래그 풀 (slag pool)을 형성하고 슬래그 풀에서 열 수송에 의해 모재를 용융 용접한다.

② 용접 초기를 제외하고는 아크 발생이 없는 무아크용접법이다.

③ 모재의 용융 현상은 슬래그의 전기전도도, 유동성 등에 크게 의존한다.

④ 용착금속 내에 슬래그 개재물 결함이 발생하기 쉽다.

⑤ 선박 동체와 같이 매우 두꺼운 판의 용접에 효율적이다.

(2) 장·단점

① 장점

㈎ 하나의 용접 와이어가 약 40 lb의 용착 속도를 내는 고능률 용접 방법이다.

㈏ 열경화성이 큰 재료도 예열이 필요 없다.

㈐ 두꺼운 후판을 1 pass로 용접하기 때문에 층간 cleaning 작업이 필요 없다.

㈑ 용접 재료는 값싸고 손쉽게 구할 수 있다.

㈒ 각변형은 거의 없고, 우수한 품질을 얻을 수 있다.

㈓ 한 번의 용접 조건 설정으로 후판 재료도 단층으로 용접할 수 있다.

㈓ 스패터가 없으므로 100 %에 가까운 용착 효율을 보인다.

㈔ 용접 시간이 짧고, I형 groove를 채용하기 때문에 가공이 용이하다.

㈕ 공정이 안정적이다. 용융 슬래그에 저장된 열적 에너지 때문에 용접 중 전류나 다른 변수의 변화에 대하여 민감하지 않다.

② 단점

㈎ 탄소강, 저합금강 및 일부 스테인리스강에만 적용이 가능하다.

㈏ 용접 자세가 거의 수직 자세로 한정된다.

㈐ 용접이 시작되면 끝까지 완료해야 한다.

㈑ 두께 19 mm 이하에는 적용이 거의 불가능하다.

㈒ 용접부 입자의 조대화로 저온 취성에 주의를 요한다.

㈓ 복잡한 형상에는 적용이 어렵다.

※ 냉각 판의 누수 등에 의한 습기는 용접부의 기공을 발생시키므로 주의해야 한다.

(3) 용접 변수의 선정 및 영향

① 형상인자(form factor) : 형상인자는 용접부의 폭과 최대 깊이의 비율로 결정되며, 형상인자가 클수록(용접부 폭이 넓고 깊이가 얕음) 응고 과정에서 저용점 개재물이나 편석 및 불순물들이 슬래그 상태로 부상되기 쉬우므로 바람직하다. 균열 발생 민감도는 결정립이 둔각(형성인자가 큼)으로 만날 때보다는 예각(형상인자가 작음)으로 만날 때가 높으며, 용접부 중앙에서 고온 균열이 발생하기 쉽다.

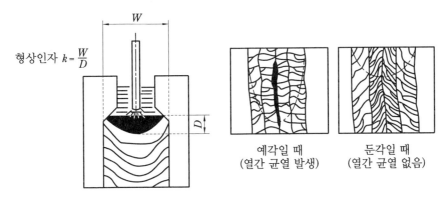

형상인자와 그 영향

② **용접 전류** : 정전압 조건에서 용접 전류와 전극 공급 속도는 비례한다. 용접 전류가 증가함에 따라서 용융부의 깊이가 증가되어 형상인자가 작아지므로 균열 발생 감수성이 증가한다.

③ **용접 전압** : 모재의 용융 깊이와 공정의 안정도에 영향을 미치는 매우 중요한 변수이다. 전압이 증가하면 용융부의 폭이 증가하여 형상인자가 커지며, 균열 감수성이 떨어진다. 전압이 너무 낮으면 단락이나 아크가 발생하며, 너무 높으면 스패터와 용융 슬래그 상부에서의 아크와 같은 불안정한 공정을 이루므로 32~55 V가 적절하다.

④ **전극 돌출** : 정전압, 정전극에서 전극의 돌출 길이가 길어질수록 저항이 증가한다.

⑤ **전극 진동** : 모재의 두께가 50 mm 이상일 경우에는 전극을 진동시킨다. 전극 진동은 모서리부의 용융을 위해서 필요한데, 속도는 약 8~40 mm/s, 이동 시간은 약 3~5초이며, 모서리부에서 정체 시간은 2~7초가 적당하다.

⑥ **용융 슬래그 깊이** : 용융 슬래그의 깊이가 너무 낮으면 스패터가 튀거나 표면부에서 아크가 발생하며, 너무 깊으면 냉각판이나 모재로 열의 발산이 심하여 용접부 폭의 감소에 따른 형상인자가 감소하고, 슬래그 혼입이 발생하기 쉽다.

⑦ **루트 간격(root gap)** : 소모성 guide tube 형태의 경우 용융 슬래그의 크기나 순환을 위해서 최소 루트 간격이 필요하다. 루트 간격이 커지면 용접부의 폭을 증가시켜 형상인자가 커지며, 과다한 전극의 소모와 선단부의 용융 불량을 가져올 수 있다.

(4) 용접 장치의 구비 조건

① 와이어의 송급 속도는 일정(250~400 m/h)해야 한다.

② 용접 홈 내에서 와이어는 진자 운동이 가능해야 한다.

③ 용접기 전체가 수직 방향으로 이동 가능해야 한다.

④ 수랭동판이 일정 속도로 상진(上進)해야 한다.

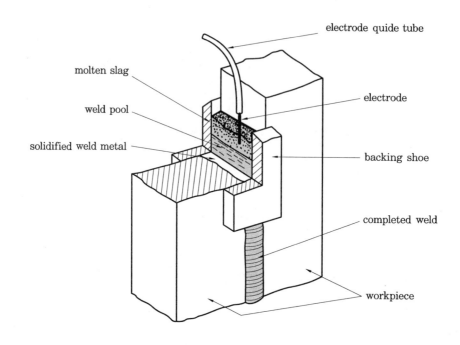

(5) 적 용

거의 모든 후판(50 mm 이상)의 용접에 사용된다. 탄소강, 고장력강, 스테인리스강, 보일러의 후판 용접이나 대형 프레스, 조선, 차량, 고압 탱크의 제작 등에 널리 이용된다.

6-5 일렉트로 가스용접(EGW)의 원리 및 특징

(1) 원 리

후판의 수직 용접을 one-pass로 실시할 수 있는 유일한 용접 방법은 electro slag 용접이 있었는데, 이후에 보다 얇은 철판의 수직 용접을 one-pass로 할 수 있는 방법에 대한 필요가 증가하면서 일렉트로 가스용접이 발전되기 시작하였다. 본 process는 GMAW를 근간으로 하면서 FCAW에 사용되는 와이어를 주로 사용하고 있다. EGW는 수직 상진 단층 용접의 일종으로 보호 가스로서 CO_2(일반적으로 사용되며, 유량은 15 l/min 정도이다) 또는 $Ar-O_2$ 가스를 사용하여 용융부를 보호하여 보호 가스 분위기 속에서 아크를 발생시켜 그 아크열로 모재를 용융시켜 용접하는 방법이다. I, X, V형 맞대기 이음에 수랭 미끄럼 판(Cu 판)을 서서히 위쪽으로 이동시킴으로써 연속적인 용접이 되며, 용접 groove 의 간격은 판 두께와 관계없이 12~16 mm 정도가 좋다.

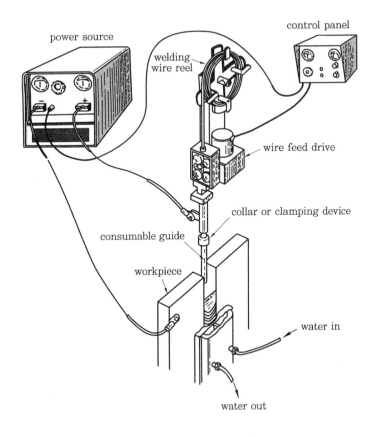

(2) 일렉트로 가스용접(EGW)의 용접 장치 및 특징

① 일렉트로 가스용접의 용접 장치와 유사하나 가볍고 편리하다.

② 정전압 특성의 직류 용접 전원을 사용한다.

③ 아크 전압 피드백 제어의 와이어 송급 장치를 채용한다.

④ 단전극을 주로 사용한다(40 mm 이상의 경우 2전극으로 1 pass 용접이 가능).

⑤ solid wire 사용도 가능하다(flux cored wire를 주로 사용).

(3) 장·단점

① 장점

⑺ 후판의 수직 용접을 기존의 SAW나 FCAW보다도 저렴한 비용으로 고품질의 용접 금속을 얻으면서 용접할 수 있는 것이 가장 큰 장점이다.

⑻ ESW에 비해 groove가 좁기 때문에 용접 입열이 적고, 용접 속도가 빠르며, 작업성이 양호하다.

⑼ 고전류 사용으로 고능률(고효율) 용접이다.

㈜ 자동용접으로 작업자의 기량 의존도가 낮다.

② 단점

㈎ 높은 입열에 의해 용접 조직의 조대화 및 거대한 주상정(columnar) 조직이 생성되기 쉽고, 이로 인해 저온 충격성이 저하된다.

㈏ 용접상의 문제점으로는 충분한 보호 가스를 확보하기 위한 방풍 대책이 요구된다는 점이 있다.

(4) 적용

이전에는 ϕ3.2 mm FCW를 주로 적용했지만, 최근 ϕ1.6 mm에 의한 고능률, 고품질의 비교적 좁은 개선의 입향 용접을 실현하여 조선 산업뿐 아니라 석유 저장 탱크, LNG선 등 넓은 용도로 활용되고 있다. 보통 모재 두께가 12~75 mm 정도 되는 탄소강 수직 용접부에 적용하며, ESW와는 달리 용접부 개선(groove) 가공이 된 상태에서 적용한다.

(5) ESW와 EGW의 비교

구 분	일렉트로 슬래그 용접	일렉트로 가스용접
이용 열원	와이어와 용융 슬래그 사이의 통전된 전류의 저항열	와이어와 모재 간의 아크 발생열
플럭스	사용	불필요
보호 가스	불필요	필요
바람의 영향	적음	많음
냉각장치	수랭 동판	수랭 동판
방풍 대책	문제되지 않음	필요
스패터 발생	없음	많음
강판 적용	초후판	후판
groove 간격	EGW에 비해 넓은 편임	ESW에 비해 좁음
슬래그 유무	있음	없음

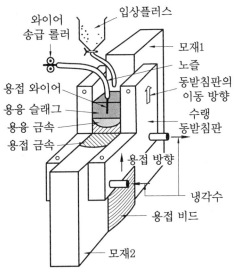

일렉트로 슬래그 용접법

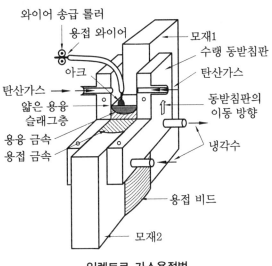

일렉트로 가스용접법

전기저항 용접

1. 저항 점용접(resistance spot welding)의 품질 평가를 실시할 때, 아래 사항에 대하여 설명하시오.

   가. 용접 품질에 영향을 미치는 인자
   나. 점용접 부위의 명칭과 결함 종류
   다. 비파괴시험 및 기계적 시험 방법

2. 용융아연 도금판의 저항 점용접 시 발생하는 무효분류 현상의 원인 및 대책에 대하여 설명하시오.

3. 저항 점용접(resistance spot welding)에서 전극 가압력, 전류 및 시간별로 나타내는 용접 사이클(welding cycle)를 도시하고 설명하시오.

4. 용융아연 도금강판의 점(spot)용접 시 주요 인자 3가지와 전극의 연속타점 수명(electrode life time)에 대하여 설명하시오

5. 고주파 유도용접과 고주파 저항용접을 비교 설명하고, 고주파의 특징인 근접효과(proximity effect)와 표피효과(skin effect)에 대하여 설명하시오.

6. 스폿(spot) 용접의 3대 주요 인자를 쓰고, 일반 연강에 비하여 고장력강 박판 용접 시 이 인자 값의 설정 방법에 대하여 설명하시오.

7. 겹침 저항용접부의 시험 시 현장에서 설비 등의 이유로 정식 시험을 실시하기 어려운 경우에 쉽게 실시할 수 있는 파괴시험 방법의 종류를 제시하고 그 방법을 설명하시오.

8. 동일한 두께의 두 금속판재를 저항 점용접을 하고자 한다. 허용 너깃을 얻을 수 있는 최적의 용접 조건을 확립하기 위한 로브 곡선(lobe curve, 용접 전류-통전 시간 관계곡선)을 도시하고 설명하시오.

9. 스폿(spot) 용접에서 용접성을 결정하는 3가지 인자를 쓰고 설명하시오.

10. 고주파용접은 2가지 중요한 효과에 의해서 이루어진다. 이 두 가지의 효과를 쓰고 설명하시오.

11. flash butt 용접에 대하여 설명하시오.

12. 박판 강재에 대한 저항용접 시 너깃(nugget)의 기공(void) 결함에 의한 강도 저하 방지 대책에 대하여 설명하시오.

7. 전기저항 용접

7-1 전기저항 용접

(1) 개 요

두 용접재를 접촉시키고 통전하면 접촉저항 및 비저항(比抵抗)에 의하여 발열되어 가열되었을 때 압력을 가하여 용접한다. 이때 저항열은 Joule의 법칙에 따라서 다음과 같다.

$$Q = 0.24EIt\,[\mathrm{cal/s}]$$
$$= 0.24I^2Rt$$

여기서, E : 전압(V)

t : 시간(s)

I : 전류(A)

R : 저항(Ω)

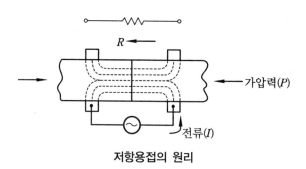

저항용접의 원리

전극 간의 전저항(全抵抗)은 ① 용접물 간의 접촉저항(R_c), ② 용접물의 비저항(R_m), ③ 용접물과 전극 간의 접촉저항(R_e)의 세 가지로 이루어져 있다. ①은 고온에서 강하하여 곧 소실되고, ② 용접물의 저항은 온도 상승과 더불어 증가한다. ③은 온도가 상승하면 급격히 감소한다. 일반적으로 열전도가 적은 것이 전기저항 용접에 좋다. 전극봉으로 동을 사용하는 것은 처음 접촉저항에 의하여 R_m은 크나 온도 상승과 더불어 감소하며, 열전도가 좋아 쉽게 방열되기 때문이다. 용접에 필요한 전류는 2000~수십만 A, 전압은 1 V 이하의 적은 값으로 낮은 전압 대전류를 필요로 한다. 시간은 5~40 Hz 정도의 짧은 시간이 좋다.

(2) 저항용접의 종류

저항용접	겹치기용접	점용접(spot welding)
		심 용접(seam welding)
		프로젝션 용접(projection welding)
	맞대기용접	플래시 버트 용접(flash butt welding)
		업셋 용접(upset welding)
		버트 심 용접(butt seam welding)

(3) 특 징

① 장점

㈎ 용접공의 기능에 의한 우열이 적다.

㈏ 용접 시간이 짧고, 대량생산이 가능하다.

㈐ 용접부가 깨끗하다.

㈑ 가압 효과로 조직이 치밀해진다.

㈒ 산화작용 및 용접 변형이 적다.

② 단점

㈎ 설비가 복잡하고 값이 비싸며, 적당한 비파괴검사법이 없다.

㈏ 급랭 경화를 받게 되므로 후열처리가 필요하다.

㈐ 다른 금속 간에 접합이 곤란하다.

㈑ 용접부의 위치, 형상 등의 영향이 크다.

③ 용접상의 주의

㈎ 접합부에 녹, 기름, 도료 등이 없도록 깨끗이 닦아낸다.

㈏ 전극부에 접촉저항이 적고, 냉각수가 충분하도록 점검한다.

㈐ 모재의 모양, 두께에 알맞은 조건을 택하여 용접한다.

(4) 저항용접 용어

① **너깃** : 용접을 하여 강판이 녹은 부분을 말한다. 좋은 너깃은 바둑알과 같은 모양을 하고 있다.

② **날림** : 용접 시 전류가 높다든지 가압력이 부족하면 발생하는 불티. 판과 판 사이에서 나오는 것을 중간날림, 판의 표면에서 나오는 것을 표면날림이라 한다.

③ **기공**(blow hole) : 너깃 속에 있는 작은 홀. 날림이 과도하게 발생하여 공기가 유입되면서 발생한다.

④ **압흔(indentation, 오목자국)** : 용접하고 난 뒤 모재에 전극이 들어간 오목한 자국이다.

⑤ **코로나 본드** : 용접을 하고 난 뒤 너깃 주위에 용융이 되지 않은 상태에서 압접된 부분을 말한다.

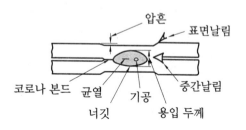

7-2 ＜저항용접 공정변수

저항용접의 주요 공정변수는 용접 전류, 통전 시간(용접 시간), 가압력을 들 수 있으며 이외에도 전류 파형, 전극의 재질과 형상, 모재의 재질과 표면 상태 등이 용접 품질에 영향을 준다. 이 중 용접 전류, 통전 시간, 가압력을 저항용접 3대 요소라고 한다.

(1) 전류 세기

① 전류가 너무 낮으면 너깃 형성이 작고 용접 강도도 작아진다.

② 전류가 너무 높으면 용접 강도가 증가하지만 적정값을 넘는 과도한 전류값에서는 다음과 같은 나쁜 영향을 준다.

㈎ 모재를 과열시키고 압흔을 남긴다.

㈏ 심한 경우는 용접부 추출(expulsion)을 시킨다.

㈐ 너깃 내부에 기공 또는 균열이 발생한다.

㈑ 판의 벌어짐 현상(sheet split), corona bond 및 spark가 발생한다.

(2) 통전 시간 및 유지 시간

① 통전 시간은 발열에 있어서 중요한 인자가 된다.

㈎ 일반적으로 통전 시간을 너무 길게 하면, 열 손실이 많아지고 아울러 불필요한 부분을 가열하게 되며, 모재가 부풀어 올라 재질 변화를 가져오게 된다.

㈏ 통전 시간이 너무 짧으면 가열부가 작아지며, 국부에 한하여 용융되므로 충분한 용접이 곤란하다.

㈐ 통전 시간은 적정 전류밀도에서 용융 온도에 달하는 최소한의 시간이 되도록 하는 것이 중요하다.

② 유지 시간은 너깃이 결함 없이 응고하도록 하는 역할을 한다. 따라서, 유지 시간은 건전한 용접이 이루어지는 조건의 하한 영역을 적용하는 것이 바람직하다.

(3) 가압력

① **개요** : 가압력은 전류밀도를 결정하는 중요한 인자이다. 가압력은 저항용접에 있어서 자율 작용의 가장 큰 지배 인자로서 용접 전류를 크게 하면 그에 따라 가압력도 크게 하여야 한다. 그런데 초기부터 낮은 가압력을 가하거나 통전 도중에 가압력이 낮아지는 경우는 가열되어 팽창하는 용융 금속이 외부로 튀어나가는 것을 억제하면서 너깃의 성장을 촉진하는 작용을 하지 못한다. 이와 같이 가압력이 낮거나 통전 중에 갑자기 가압력이 낮아지는 때에는 용융 금속의 날림이 생기기 쉽고 이로 인하여 과대한 오목 자국 및 기공과 같은 결함이 생긴다.

② **특징** : 가압력은 용접부에 단압 효과를 주며, 다공질이나 내부 균열을 방지하는 작용을 한다.

⑺ 가압력이 낮으면 용착금속이 불안정하여 용접부에 기포 또는 균열 등이 발생하고 단압 효과 부족으로 용접 강도가 낮아진다. 또한, 판 사이에 비산, 분출하는 현상이 생기게 된다.

⑼ 반면 가압력이 너무 높으면, 접촉저항이 감소하여 발열 부족을 초래하여 강도 부족과 압흔이 생긴다. 가압력은 동일 용접 전류에서 전류밀도에 큰 영향을 주므로 항상 용접 전류와 함께 고려해야 할 사항이다.

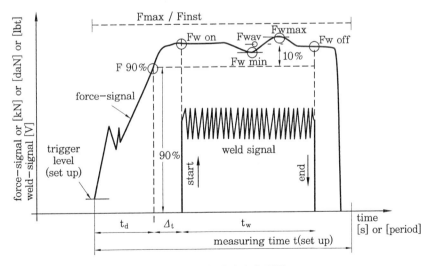

점용접 시의 가압력의 변화

③ **가압력의 역할**

㉮ 용접 초기에 피용접재-전극 및 피용접재-피용접재 사이의 접촉면을 밀착시킨다.

㉯ 초기 접촉저항을 감소시킨다.

㉰ 내부 용융 금속의 비산을 방지한다.

㉱ 안정된 너깃을 형성한다.

㉲ 용접부에 단압 효과를 주어 기공이나 크랙 발생을 억제한다.

④ **가압 방법**

㉮ 일정한 가압력을 유지하는 방법[그림(a) 참조]

㉯ 높은 가압력으로 예압을 하고, 용접 중 일정한 가압력을 병행하는 방법[그림(b) 참조]

㉰ 용접 중 일정한 가압력을 가한 직후에 용접 과정의 마지막 단계에서 큰 힘으로 단조 가압하는 방법으로, Al합금의 용접에서 균열 및 기공 발생 방지에 유효하다[그림(c) 참조].

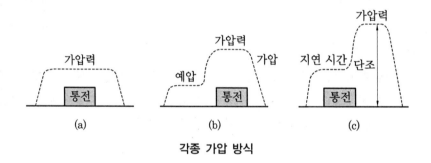

각종 가압 방식

(4) 통전 방식

① single pulse **통전** : 가장 일반적인 통전 방식이다.

② pulsation **제어**

㉮ 용접 시간을 자유롭게 선정할 수 있으며, 전류 기울기 제어 효과가 있다.

㉯ pulsation 전류를 사용함으로써 균열 발생 억제와 응고 과정에서 편석 저감을 위한 전류 파형이다.

㉰ 발열 효율이 좋고, 극박판 재료나 열전도가 높은 재료(도금 강재, Al합금 등)의 용접에 유리하다.

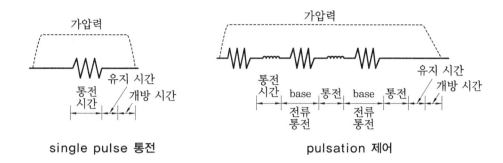

single pulse 통전   pulsation 제어

③ slope 제어 : 전류값을 조금씩 변화시켜서 통전하는 방식으로 통전 개시 후 전류를 조금씩 증가시키는 것(예열)을 slope 제어라 하고, 통전 종료 전에 전류를 조금씩 감소시키는 것을 annealing 제어라 한다. slope 제어는 피용접재의 표면 상태가 불량한 경우에 전류를 흘리면 비산이 발생하기 때문에 이를 방지할 목적으로 사용되며, annealing 제어는 급랭에 따른 크랙 등의 결함 발생을 방지하기 위해 사용한다.

④ damper 통전 : 용접 전류를 흘려서 접합 후 용접부를 냉각하고, 다시 통전하여 용접부를 annealing 하는 것이다. 이와 같은 방식은 경화성 강을 용접하는 경우에 이용되고, annealing 처리에 의해 경도를 낮추어 연성을 회복하기 위해 사용된다.

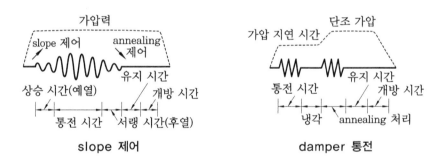

slope 제어   damper 통전

예제 동일한 두께의 두 금속판재를 저항 점용접을 하고자 한다. 허용 너깃을 얻을 수 있는 최적의 용접 조건을 확립하기 위한 로브 곡선(lobe curve, 용접 전류–통전 시간 관계곡선)을 도시하고 설명하시오.

해설   1. 개요 : 점용접의 주요 공정변수는 용접 전류, 통전 시간, 가압력이며 이러한 용접 공정변수들은 용접 품질과 전극 수명에 큰 영향을 준다. 주요 용접 공정변수와 전극 수명을 실험을 통하여 결정하는 방법이 용접성 로브와 진동 용접성 그래프인데 여기서는 로브 곡선에 대하여 알아보자.

  2. 용접성 로브 곡선(weldability lobe curve) : 저항 점용접의 양호한 용접 조건 범위를 알 수 있는 곡선으로 일반적으로 가압력을 고정하고, 용접 전류와 통전 시간을 변수로 하여 도출한다. 그러나 자동차 회사에서는 생산성이 매우 중요하기 때문에 통전 시간을 고정하고 가압력과 용접 전류를 변화시킨 로브 곡선을 만들기도 한다. 하한치는 최소 너깃 크기

로 결정, 상한치는 날림의 발생으로 결정하며 최적의 용접 위치는 적정 용접 범위의 70~80 % 정도의 위치로 선정한다. 최근에는 너깃 측정의 어려움으로, 이를 대신할 물성치로 인장전단 강도값을 이용하며, 날림의 발생도 정량적인 평가를 위해 오목자국 깊이 등을 사용하기도 한다.

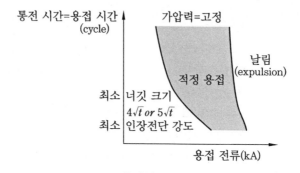

용접성 로브

3. **로브 곡선의 조건별 변화** : 로브 곡선은 가로축이 용접 전류, 세로축이 용접 시간으로 표현되며 작은 너깃보다 큰 너깃을 얻기 위해서는 더 큰 전류와 긴 용접 시간이 필요하다. 즉, 용접 전류와 통전 시간이 작은 경우에는 너깃 직경이 기준값보다 작고, 용접 전류와 통전 시간이 과도한 경우에는 스패터가 발생하여 용접 품질을 보장할 수 없다. 판재의 두께가 t인 경우, 일반적으로 적정 너깃 직경은 $4\sqrt{t}$ 또는 $5\sqrt{t}$ 이다.
① 접촉저항의 변화에 따른 로브 곡선의 이동
   ⑦ 접촉저항이 클수록 전류의 흐름을 방해하기 때문에 더 많은 열이 발생한다.
   ⑭ 접촉저항이 큰 경우가 작은 경우보다 더 적은 전류와 짧은 시간을 사용하기 때문에 로브 곡선이 왼쪽으로 이동한다.

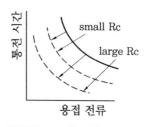

용접성 로브의 이동

② bulk 저항의 변화에 따른 로브 곡선의 이동
   ⑦ bulk 저항이 클수록 같은 전류일 때 더 많은 발열을 생성한다.
   ⑭ bulk 저항이 더 큰 소재의 스폿 용접일 경우 로브 곡선이 왼쪽으로 이동한다.

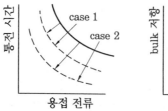 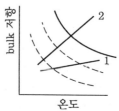

③ 열용량의 변화에 따른 로브 곡선의 이동
㉮ 열용량이 커질수록 금속을 용융하기 위해 더 많은 열량이 필요하다.
㉯ 로브 곡선의 경우 더 많은 열량을 필요로 하기 때문에 더 큰 전류와 긴 시간으로 인해 오른쪽으로 이동한다.

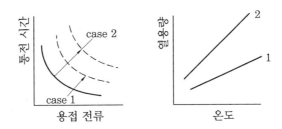

④ 강종에 따른 로브 곡선 형태
㉮ 적정 용접 전류 범위와 시간이 다르다.
㉯ 일반적으로 냉연강일 경우가 도금강보다 적정 용접 범위, 즉 로브 곡선의 범위가 넓다.
㉰ 아연도금강의 경우 강판 표면의 아연이 연금속으로 전기전도도가 좋기 때문에 겹침면의 발열이 도금하지 않은 것에 비하여 작고, 도금량이 증가함에 따라 이러한 경향은 더해진다.
㉱ 따라서 아연도금강의 적정 전류 범위가 비도금강에 비해 높은 전류 영역에서 형성되며, 그 범위도 좁은 편이다.

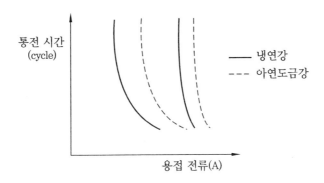

7-3 점용접(spot welding)

(1) 원 리

점용접은 겹치기 저항용접의 대표적인 것으로 그림과 같이 2개 혹은 그 이상의 금속재를 두 전극 사이에 넣고 전류를 통하면 접촉부의 접촉저항으로 먼저 발열이 일어나 용접부의 온도가 급격히 상승하여 금속재는 녹기 시작한다. 이때 압력을 가하면 접촉부는 변형되어 접촉저항이 감소된다. 그러나 이미 상승된 온도로 금속재 자체의 고유저항은 더욱 증가하고 온도가 상승되어 반용융 상태에 달한다. 이와 동시에 상하의 전극으로 압력을 가하여 밀착시킨 다음 전극을 용접부에서 떼면 전류의 흐름이 정지되어 용접이 완료된다.

접촉저항이란 두 철판의 접촉부를 확대하여보면 많은 돌기들끼리 접촉해있는데, 이 부분의 저항을 말한다. 이 접촉저항은 접촉부의 전류밀도를 높게 하여 초기 발열을 용이하게 하며 주로 가압력에 의해 결정된다.

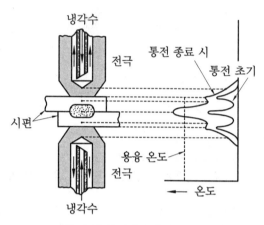

저항 스폿 용접에서의 온도 분포

(2) 특 징

① 장점

㉮ 짧은 시간에 용접을 이룰 수 있고 가열 영역이 용접부 근처에만 한정되므로 용접부의 열변형이 적다.

㉯ 자동용접이기 때문에 작업자의 숙련도가 거의 필요 없다.

㉰ 한쪽의 봉 모양 전극을 평탄한 전극으로 바꾸어 사용하면 용접 후 전극에 의한 압흔이 없으므로 표면 품질을 높일 수 있다.

㉱ 용가재나 플럭스가 불필요하므로 용접부의 품질 재현성이 우수하다.

㉲ 용접 과정에서 아크용접에서와 같이 강력하고 유해한 자외선이 발생하지 않는다.

② 단점

㉮ 용접 시 대전류를 필요로 하기 때문에 용접기 및 수전 설비의 규모와 투자비가 크다.

㉯ 용접 전류, 통전 시간, 가압력, 전극 형상, 용접재의 재질과 두께 등에 따라 용접 조건을 선정할 필요가 있다.

㉰ 점용접부는 너깃 주위의 노치 효과 때문에 비교적 낮은 기계적 성질을 나타낸다.

㉱ 용접부의 크기와 접합 상태를 외관으로는 판정이 불가능하며, 적당한 비파괴검사법이 없다.

(3) 너깃(nugget)

① **개요** : 너깃 형성 과정은 동저항을 통해 설명할 수 있다. 동저항(dynamic resistance) 이란 용접 사이클이 진행됨에 따라서 용접부의 저항 변화를 시간에 따라 고찰한 것으로 용접의 진행 과정을 보여줌으로써 실제 용접부의 품질의 지표가 된다. 너깃의 크기는 용접 강도와 직접적인 관계를 나타내므로 요구하는 강도를 얻기 위해서는 적정한 크기의 너깃을 만들어야 한다.

② **너깃의 생성 과정**

㉮ Ⅰ단계 : 초기 전류의 통전과 동시에 금속 표면의 오염 물질이 붕괴되면서 급격한 저항 감소를 보인다. 이 구간은 수 ms 이내에 발생되므로 예열이 없는 일반적인 용접 조건의 경우 관찰하기가 어렵다.

㉯ Ⅱ, Ⅲ 단계 : 접촉면의 요철부가 사라지면서 전류가 흐르는 접촉 면적이 증가하여 저항이 감소함과 동시에 접촉부의 온도 상승으로 비저항이 증가한다. 따라서 두 저항 변화가 평형을 이루어 a미니멈이라는 극점을 이룬 후 비저항의 증가로 동저항이 증가한다.

㉰ Ⅳ 단계 : 접촉부의 용융이 시작되고, 온도 증가에 의한 비저항의 증가가 용융부의 확장에 따른 통전 영역 증가 및 소성변형에 따른 통전 거리 단축으로 인한 저항 감소와 평형을 이루어 b피크라는 극점을 이룬다.

㉱ Ⅴ 단계 : 피크를 지나면 용융 너깃의 성장과 소성변형에 의한 두께 감소가 두드러져 동저항이 현저히 감소한다. 이후 가압력을 받고 있는 너깃 주위 고상 금속이 더 이상 용융 금속을 지탱하지 못하게 되면 중간날림(expulsion)이 발생하고 이로 인하여 순간적인 동저항의 불연속적 감소를 유발한다.

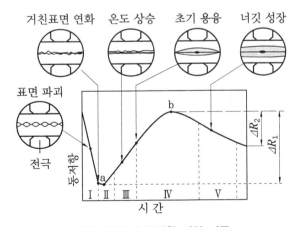

점용접에서의 동저항 변화 거동

참고 ● nugget 형성 과정

표면 파괴→ 거친표면 연화→온도 상승→초기 용융→너깃 성장

(4) 전 극

전기저항 용접의 3대 요소는 아니지만 그에 못지않게 중요한 인자가 전극이다. 올바른 전극 선정은 저항용접부 품질에 매우 중요한 영향을 미친다.

① 전극의 역할

㈎ 전류의 흐름을 유지해주며, 전류밀도가 발생할 수 있도록 한다.

㈏ 용접 재료에 압력을 가한다.

㈐ 용접부의 열을 부분적으로 제거한다.

㈑ 용접재의 위치를 고정한다.

② 전극 소재의 요구 성질(특성)

㈎ 열전도율이 높을 것

㈏ 전기전도도가 높을 것

㈐ 내마모성이 높을 것

㈑ 고유저항이 낮고 가격이 저렴할 것

㈒ 가능하면 피용접재와 합금되기 어려울 것

③ 전극의 재질(재질에 따른 종류)

㈎ 순동 : 전기 및 열전도가 우수하지만 약 250℃ 정도에서 연화하기 때문에 특별한 경우에만 사용한다.

㈏ α－고용체 합금 : Cu-Cd이 해당되고, 내열성이 적으며, 공해 물질이기 때문에 현재는 거의 사용되지 않는다. 인장강도가 증가하고 전기전도도가 우수하다.

㈐ 석출경화성 합금 : Cu-Cr, Cu-Be, Cu-Zr 등이 대표적이다. 석출경화 열처리로 생산하며, 전극 재료의 약 80 %가 이 종류이다.

㈑ 소결합금 : Cu 합금계의 A-group 및 W와 Cu의 소결합금인 B-group으로 대별된다. A-group의 전극 재료는 세분화하여 class 1~5로 구분된다.

④ 전극의 종류(형상에 따른 종류) : 전극은 용접 작업량에 따라 공랭식과 수랭식이 있으며, 수랭식은 연속 작업 시에 전극과 용접기의 수명을 연장시킬 수 있어 많이 이용된다.

㈎ R형(radius type) 팁 : 전극의 끝이 라운딩 된 것으로 용접부의 품질, 용접 횟수 및 수명이 우수하여 많이 사용되고 있다.

㈏ P형(pointed type) 팁 : R형보다는 용접부 품질 및 수명이 떨어지나 용접부의 간격이 좁은 장소에서 유용하다.

㈐ F형(flat type) 팁 : 표면이 평평하여 전극 측에는 누른 흔적이 거의 없다. 즉, 표면을 평면으로 마무리하고자 할 때 이용한다.(프로젝션 용접)

㈑ E형(eccentric type) 팁 : 용접점이 앵글재와 같이 용접 위치가 나쁠 때 보통의 팁으로 용접이 어려울 때 사용한다.

㈒ C형(truncated cone type) 팁 : 원추형의 끝이 잘라진 형으로 일반적으로 가장 많이 사용되며 성능도 우수하다.

전극 선단부의 형상에 따른 분류

형 식	외 형	비 고
P형		일체형
R형		
C형		
E형		
F형		
Cap형		분리형

⑤ **전극의 손상** : 전기저항 용접용 전극의 손상은 크게 다음과 같은 원인에 의하여 생기게 된다.

㈎ 고온 마모와 변형 : 전극 고유저항에 의한 발열, 전극과 피용접재 표면 사이의 발열, 너깃으로부터의 열전도 등에 의하여 전극 선단의 온도가 상승하여 마모나 변형이 쉽게 일어난다. 전극 선단의 고온 문제는 냉각 방식, 전극 선단의 형상, 피용접재의 재질과 표면 상태, 용접 조건(전류, 통전 시간, 가압력) 및 단위시간당의 용접 횟수 등에 크게 좌우된다.

㈏ 전기적 손실 : 용접부의 표면 상태가 나빠서 국부적으로 통전하여 국부 가열되거나, 가압력이 부족하여 국부 통전 및 국부 과열하여 전극이 부분적으로 손상되거나 표면날림이 생기면서 손상된다.

㈐ 화학적 손실 : 산화물이나 표면처리 물질이 전극 선단에 부착하거나, 가압력과 고온으로 인하여 재료의 일부가 전극으로 확산하게 된다. 이에 따라 전극 표면이 오염되어 전기전도도와 열전도도가 저하하면서 전극 선단의 온도가 과도하게 상승하여 손상을 입을 수 있다.

⑥ **전극 관리** : 점용접은 전극으로 부품을 가압하여 여기에 대전류를 흘려서 용접부를 가열하여 용접하는 것으로 전류는 전극의 선단면을 흐르므로 이 선단 형상의 적정, 부적정에 따라 용접 품질이 결정된다고 말할 수 있을 정도로 중요한 항목이다. 이를 위해 전극 선단경, 맞물림 각도, 전극 어긋남, 선단 각도, 사용 한계 치수, 냉각 등을 관리하여야 한다. 현재 차체 공장은 200~300타점마다 전극 연마(dressing)를 수행하고, 각 shift당 1회 정도 전극을 교환하고 있다. 그러나 ATD(auto tip dresser)의 연마 품질이 불량할 경우 전극 선단경을 확보하지 못하여 용접 불량이 발생하게 되므로 드레싱 날에 대한 관리도 주기적으로 이루어져야 한다. 한편, 전극의 정렬과 위치가 용접 품질에 많은 영향을 미치는데 ISO 18278-2 규정에는 그림과 같은 특수 캡을 끼고 먼지 사이에 종이를 끼워 가압하여 프린트된 전극 선단경을 측정하여 전극 정렬을 판단한다. 이때 축 방향 배열의 허용량은 ±0.5 mm이며 각도는 5°를 넘어서는 안 된다. 특히 건의 가압력이 과다하여 전극의 정렬이 틀어지는 경우도 주의해야 한다.

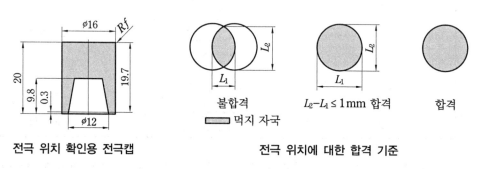

전극 위치 확인용 전극캡　　　　전극 위치에 대한 합격 기준

예제 **1. 아연도금 강판의 spot 용접 시 전극부의 관리법에 대하여 기술하시오.**

해설　1. 아연도금 강판의 spot 용접 시 문제점

　　① 아연도금 강재의 표면은 도금 피막이 존재하므로 용접 초기에 아연이 용융되어 피용접재와 전극과의 접촉 면적을 넓히면서 전류밀도를 저하시켜 발열량 감소로 nugget 형성을 어렵게 한다.

　　② 전극의 온도 상승으로 tip 의 마모 및 변형을 촉진시켜 용접 강도에 해를 주기 때문에 약간의 변형에도 용접이 되지 않는 경우가 있다.

　　③ 전극 선단 지름의 증가로 전류밀도가 저하하는 현상이 발생한다.

　　④ 타점 증가 시의 용접 저항 감소 및 전류, 전압 변동이 발생된다.

　2. 대응 방안 : 상기와 같은 문제점이 있어 용접 시 주의를 요하며, 이에 전극부의 관리법으로는 다음과 같은 조치가 유효하다.

　　① 전극 tip 선단의 오염 방지

　　② 전극 tip 선단의 중간 검사 및 수시 검사 실시(특히, 연속 타점 증가 시)

　　③ 전극 tip 선단의 돌기 형성 제어 관리, 전극 표면에 합금층이 발생하는 현상이 있으므로 전극 냉각이 양호하더라도 약 2만 점 단위로 주기적인 dressing 실시가 요구된다.

④ 통전 중 전극 선단의 온도를 내리기 위해서는 작업에 지장이 없는 한도 내에서 바깥 지름이 큰 것을 사용하는 것이 전극 수명 측면에서 유리하다.

⑤ 전극의 파형 제어로도 전극 수명을 다소 연장시킬 수 있다(pulsation 통전 방식).

⑥ 도금강재 용접 시 합금화 현상에 의한 전극 표면의 오염과 도전성 저하를 억제할 목적으로 개발된 Cu-Be계 및 알루미나 분산 강화 동(銅)전극이 실용화되어있다.

⑦ 단시간 고전류의 pulse로 전극 냉각을 행하면서 용접을 해야 한다.

⑧ condenser 용접기를 사용하면 합금화에 의한 오염이 적으므로 작업 능률 면에서 좋다.

예제 2. spot 용접 초기 통전 중 flash & spatter가 많이 발생하는데 그 원인과 방지 대책에 대하여 설명하시오.

해설 1. 개요 : spatter는 전극과 소재의 계면에서 발생하는 표면 스패터(surface spatter)와 판과 판의 계면에서 발생하는 내부 스패터(expulsion)로 구분하기도 한다. spatter가 발생하면 용접부의 표면 품질 저하는 물론 nugget 내부에서도 응고균열이나 기공 결함을 유발할 가능성이 높아진다.

2. 주요 원인 : spot 용접 시 초기 통전에 있어서 flash나 spatter 발생 원인은 다음과 같다.
① 용접 전류의 과대
② 통전 시간의 초과
③ 너무 낮은 가압력 및 가압 시간 부족
④ 전극 선단의 오염 및 형상 불량, 또는 피용접재 표면의 오염
⑤ 전극 끝이 피용접물에 완전히 닿기 전에 용접 전류가 흐르는 경우
⑥ pulse 제어의 불량

3. 방지 대책
① 용접 전류 및 통전 시간 과대를 피하고 적당한 가압력을 선정한다.
② 형상 불량의 전극 선단을 고운 사포 등으로 dressing 조치한다.
③ 모재와 전극의 용착 한계 상한선 이상의 조건으로 용접을 할 경우에는 용접부의 강도는 충분히 확보되지만 입열량이 증가하여 spatter가 심하게 발생하고, 압흔(壓痕)이 깊어지며, 전극 소모도 심해지므로 용착 한계 상한선을 넘지 않도록 용접 조건을 선정한다.
④ 또한, spatter 발생 한계전류가 모재 강도보다는 모재의 전기저항에 더 많은 영향을 받기 때문에 다음과 같은 식이 제안된다.

$$R_{SP} = Si + 0.25(Mn + Cr)$$

여기서, R_{SP}는 spatter 발생 한계저항이다.
⑤ inverter식 용접기를 사용함으로써 flash 및 spatter 발생을 방지할 수 있다.
⑥ 용접 전류 전후에 작은 전류를 흘려 예열 또는 후열을 주는 slope control 제어법이 유효하다.

7-4 프로젝션 용접(projection welding)

(1) 원리

프로젝션 용접은 용접을 실시하기 전에 피용접재(皮熔接材)의 한쪽 또는 양쪽에 돌기(projection)를 가공하고, 그 돌기를 통하여 전류를 집중시킨다는 점에서 spot 용접 혹은 seam 용접과 구별된다. 피용접재 상하에서 평탄한 모양의 전극(F형)으로 전류와 가

압력(加壓力)을 주면서 행하는 저항용접법이다. projection의 높이는 대체로 판 두께의 1/3 정도이며, 용접 전류는 1 mm 두께의 연강판에 대하여 800 A, 가압력 250 kg, 용접 시간은 1/3초이다.

> **참고** ── ◉ projection welding process
>
> ① 예압(豫壓) 과정 → ② 통전(通電) 시작 → ③ 통전 및 압착(通電 및 壓着) → ④ 용접 완료(熔接完了)의 과정으로 이루어진다.

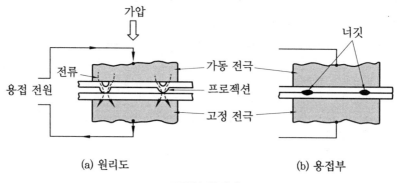

(a) 원리도 (b) 용접부

프로젝션 용접법

(2) 프로젝션의 구비 조건

① 예압에 형상을 유지하도록 강성이 있어야 한다.

② 프로젝션의 크기가 상대 용접재와 열평형을 유지되도록 하여야 한다.

③ 용융 금속의 비산이 최소화되는 형상이어야 한다.

④ 프로젝션의 성형이 용이하고 금형의 마모가 적어야 한다.

⑤ 프로젝션의 성형 시, 판의 비틀림이 발생하지 않아야 한다. 돌기를 내는 쪽은 두꺼운 판, 열전도와 용융점이 높은 쪽에 하도록 한다.

(3) 프로젝션 용접의 특징

① 장점

㈎ 전극의 압력이 균일하게 가해지고 전류의 공급에 문제가 없다면 여러 개의 용접부(너깃)를 한꺼번에 만들 수 있다.

㈏ 용접 전류가 돌기에 집중되기 때문에 적은 겹치기(overlap)만으로 용접물을 더 가까이 근접시켜서 용접할 수 있다(열 집중성이 좋다).

㈐ 돌기가 후판 쪽에 형성되고 돌기의 개수와 위치가 변동 가능하므로 6배 이상의 두께 차이가 나도 용접이 가능하다.

    ㉣ 점용접에 비해 용접부 크기가 작고 균일한 너깃을 형성할 수 있으므로 더 조밀
      하고 정밀한 용접부를 얻을 수 있다.

    ㉤ 모든 용접과 열 발생 및 변형이 돌기에만 집중이 되므로 돌기가 없는 쪽의 외관
      이 좋다.

    ㉥ 점용접보다 크고 평평한 전극을 사용하므로 전극의 소모가 적고 경제적이다.

    ㉦ 기름, 녹 등에 의한 전극의 오염이 용접부 품질에 별 영향을 미치지 못한다.

  ② **단점**

    ㉮ 미리 돌기를 만들어야 하는 어려움이 있다.

    ㉯ 다층 용접을 할 경우에 각 층별로 돌기의 위치를 정확하게 제어해야 하는 어려
      움이 있다.

    ㉰ 돌기를 만들기 어려운 후판일 경우에는 프로젝션 용접을 적용하기 어렵다.

    ㉱ 다층 용접은 반드시 동시에 실시해야 하고 이를 위한 장비의 용량에 제한이 따
      른다.

(4) 프로젝션 형상과 용접성

  ① **펀치와 다이 형식** : AWS형, H & R형, IIW형 등이 있다.

  ② 프로젝션 용접에서 돌기 형상 및 변형 과정은 용접성에 밀접한 영향을 준다.

(5) 용접 공정변수

  ① **용접 전류** : 일정한 조건에서 용접 전류의 증가는 너깃의 크기 증가와 함께 용접부
    의 강도를 상승시키나 과도한 전류는 스패터 발생을 조장하여 용접 품질을 저하
    시킨다.

  ② **통전 시간** : 생산성을 고려하여 통전 시간을 줄이고 전류를 높이면 스패터 발생 가능
    성이 증가한다.

  ③ **가압력** : 가압력이 너무 높으면 양호한 용접부를 얻기 어렵고 경우에 따라서 냉접(冷
    接)이 된다.

  ④ **프로젝션의 정밀도** : 돌기의 정밀도에 따라 용접부의 품질이 상당한 차이를 보이므로
    매우 중요하다. 프로젝션의 pitch 간격이 작은 경우는 각 돌기에 흐르는 전류를 끌
    어당겨 합쳐지는 결과가 되어 너깃의 이동 현상이 발생하여 강도가 저하하기 때문
    에 다점 동시용접의 경우에는 간격에 주의를 요한다.

  ⑤ **전극** : 소결합금의 Cu합금계인 A-group의 class 4, 5를 주로 사용한다.

7-5 〈심 용접(seam welding)

(1) 개 요

심 용접은 원판상의 roller 전극을 이용하여 용접 전류를 공급하면서 가압, 회전시켜 spot 용접을 연속적으로 행하는 것이다. 이때 공급되는 전류의 일부는 용접부에 흘러 손실되고, 일부는 roller 전극 사이에 흐르므로 대전류를 요한다. 통전법에는 단속 통전법, 연속 통전법 및 맥동 통전법이 있으나, 모재가 가열되므로 단속적인 통전을 행하는 경우가 많다. 강의 경우에는 통전 시간대 휴지 시간의 비를 1:1, 경합금의 경우에는 1:3 정도로 한다.

① 겹쳐진 판을 회전판 전극으로 가압한 상태로 이동

② 보통은 단속(斷續) 통전에 의해 용접점을 순차로 형성시켜가는 방법

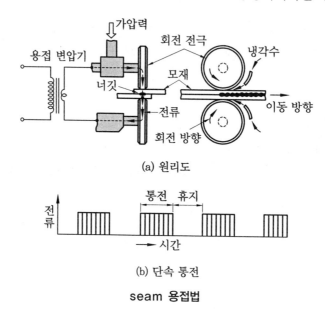

(a) 원리도

(b) 단속 통전

seam 용접법

(2) 특 징

① 너깃 형성 기구는 스폿 용접과 동일하다.

② 인접점의 간격이 좁다.

③ 수밀, 기밀을 요하는 이음부에 대해서는 인접한 너깃이 어느 정도 겹치도록 진행되어야 하기 때문에 분류 통전에 의해 용접점을 순차로 형성시켜가는 방법이다.

④ 전극의 접촉 면적이 스폿 용접에 비하여 상대적으로 넓다.

⑤ 판 두께에 대하여 스폿 용접의 1.5~2배의 전류, 가압력은 1.5배 정도의 가입력이 요구된다.

⑥ 용접 이음이 기계적으로 행하므로 강하고, 자동화가 쉽다.

⑦ 용접 속도가 빠르고 능률이 좋다.

(3) seam 용접의 종류

① **겹치기 심 용접** : 가장 기본적인 형태로 두 장의 피용접재를 원판형 전극으로 접합하는 방식이다.

② **매시 심 용접** : 겹침량을 일반적으로 모재 두께의 1~1.5배로 조절하고, 용접 과정에서 미끄럼 방지를 위하여 별도의 고정 장치가 필요하다.

③ **맞대기 심 용접** : 단순 맞대기, 박막 첨가 및 wire 첨가 맞대기 방법이 있다.

④ **와이어 심 용접** : Zn 또는 Sn 도금 강재의 seam 용접에 많이 사용되고 있다. wire seam 용접법은 도금 강재에서 문제가 되는 원판 전극의 표면에 Zn 또는 Sn을 부착하여 합금층을 만들기 때문에 용접성을 저하시키게 되는데, 이러한 문제점을 해결하기 위하여 고안된 용접법이다. 용접에 한번 사용된 전극 wire는 폐기시킴으로써 항상 새로운 전극을 사용하는 것과 같은 효과를 얻을 수 있다. can의 제조 과정에서는 빼놓을 수 없는 매우 중요한 용접법이라 할 수 있다.

(4) 용 도

seam 용접은 기밀, 수밀, 유밀성을 필요로 하는 드럼통, 파이프, 자전거 리브, 페인트통 등의 봉합 용접에 널리 쓰인다.

(5) seam 용접용 전극

① 전극의 재질은 고온에서 강도와 경도, 전기전도도 및 열전도도가 높아야 한다.

② 용접면은 오염된 산화물 부착이나 변형을 최소화할 수 있도록 관리해야 용접 품질을 확보할 수 있다.

예제 자동차 산업에서 사용되는 용접법을 간략히 소개하고, tailored blank 용접의 mash seam과 laser TB의 장단점을 비교 설명하시오.

해설 1. 적용 방법
  ① 저항점용접
    ㉮ 자동차 차체 조립 과정에서 중요한 용접 방법
    ㉯ 차체 1대를 만드는 데 3,500~4,000점의 용접이 이루어지며 전 용접의 98 %까지 차지한다.
  ② 레이저 용접 : 환경보전 및 안전성 확보를 위해 기존 점용접을 대신하여 10~30 % 정도 대체되고 있다.
  ③ 레이저-아크 하이브리드 용접
    ㉮ 레이저 용접은 접합면 간격을 엄격히 제어할 필요가 있으며 아연도금강 용접 시

아연 증기에 의한 스패터와 기공이 발생한다.

ⓔ 이 공정은 레이저빔과 아크 열원을 동시에 사용하여 서로의 단점을 보완하는 새로운 용접 공정이다.

④ 테일러드 블랭크 용접

㉮ 판 두께, 강도 또는 표면처리가 서로 다른 복수의 강판을 용접하여 부품으로서의 요구 특성을 만족하도록 배치 및 용접을 한 다음 성형 소재로 사용하는 것을 말한다.

㉯ 용접 방법은 크게 레이저 용접과 매시 심 용접으로 나눈다.

⑤ 하이드로포밍

㉮ 박판 성형 기술로 차체 설계 및 생산기술 측면에서 활발히 적용된다.

㉯ 기존 프레스 성형 방식과는 달리 원형 강관의 안쪽에서 압력을 가함으로써 강관을 팽창 성형하여 원하는 모양의 차체 골격을 제작하는 방식이다.

2. TB(tailored blank) 용접

① 개요 : 자동차 공업의 중요한 생산기술의 하나로 TB 기술을 적용함으로써 차체 경량화와 구조적 강성을 동시에 향상시킬 수 있다. 이는 서로 다른 두께와 조성을 가진 각각의 편평한 블랭크를 접합하여 만든 복합된 특성을 가진 하나의 강판을 의미한다. TB의 방법에는 mash seam 용접, laser 용접, 고주파 유도 용접이 사용되며, mash seam 용접법과 laser 용접법을 비교하면 다음 표와 같다.

② mash seam 용접법과 laser 용접법 비교

구 분	mash seam TB	laser TB
장점	• 저가의 장비 • 작은 부품에 유리하다. • 요구되는 절단면의 직선도가 낮다. • 요구되는 절단면의 수직도가 낮다. • 요구되는 판재 편평도가 낮다.	• 용접 속도가 빠르다. • 곡선 용접이 가능하다. • 용접부가 좁다. • 두께 증가가 없어 외판에 사용 가능하다. • 대면적이 넓은 부품에 유리하다.
단점	• 곡선 용접이 어렵다. • 용접부의 두께 증가에 의하여 성형성 문제가 발생한다. • planishing 시 용접부 경도가 증가하여 성형성 저하→경우에 따라 PWHT가 필요하다. • 용접부가 넓다.	• laser beam focusing 요구 • 접합부의 청결한 단면 필요 (edge straightness) • 도금 강판 용접 시 Zn에 의한 렌즈 손상 • 판재의 정밀한 flatness 요구 • under-cut(고온, 용접 속도 큰 경우) • critical joint parallelism • critical edge straightness

③ 용도 : 자동차 새시의 대량생산에 적합하다.

7-6 upset & flash 용접

(1) 업셋 용접[upset(butt) welding]

① 원리 : 피용접물을 서로 맞대어 가압하고 통전하면 용접부는 먼저 접촉저항에 의해서 발열되며, 다음에 고유저항열에 의하여 더욱 온도가 높아져 단조 온도(재결정 온도)에 도달할 때 모재를 축 방향으로 가압하여 용접하는 방법이다. 변압기는 보

통 1차 권선 수를 변화시켜 2차 전류를 조정한다(小 加壓/通電 → 저항열에 의한 단조 온도 도달 → 大 加壓).

② **용접 작업 시 주의 사항**

(가) 단면이 큰 것을 용접할 때는 접합면이 산화되어 용접 금속 중에 산화물이 혼입되어 기공이 발생하기 쉬우므로 접합면의 청결 및 평활도가 유지되어야 한다.

(나) 접촉저항을 크게 하기 위해서는 초기에는 작은 가압을 하고, 단접 온도에 도달하면 큰 힘으로 가압한다.

(다) 용접 시 돌출부가 짧으면 전극 클램프 부근이 녹아 홈이 생기게 되며, 반대로 돌출부가 길면 누를 때 굽힘이 생길 우려가 있다.

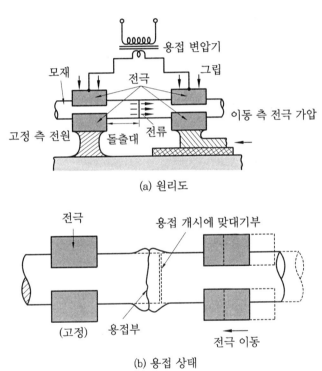

(a) 원리도

(b) 용접 상태

업셋 용접법

③ **적용**

(가) 접합 단면적이 커지면 단면의 균일한 가열이 곤란하게 되고 또한 부분적으로 산화물을 형성하거나 기포 생성이 쉽기 때문에 보통은 직경 10 mm 정도 이하의 환봉 내지 작은 각재 등에 적용된다.

(나) 적용 재질로는 탄소강, 저합금강, 동, 황동, 알루미늄합금, 니켈합금 등이 있다.

(2) 플래시 용접(flash welding)

① 원리 : 피용접물의 용접부 끝 면을 가볍게 접촉시켜 전류를 통하면 국부적으로 발열하여 잠시 동안 용융되어 불꽃이 비산된다. 이를 반복하여 접촉면의 청정도와 용접 온도가 알맞은 상태가 되었을 때 모재를 가압하여 용접하는 방법이다.

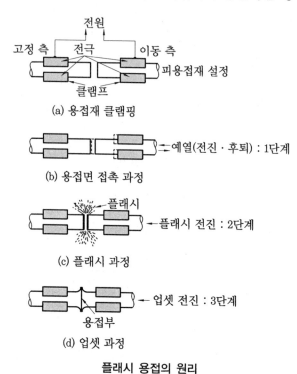

(a) 용접재 클램핑

(b) 용접면 접촉 과정

(c) 플래시 과정

(d) 업셋 과정

플래시 용접의 원리

플래시 용접법

② 용접 작업

(가) 용접 과정은 예열, flash 과정, upset 과정으로 이루어진다.

> ① 예열→② flash 과정(접촉 전류→용융 불꽃) 반복→③ upset(적정 온도 도달 시 가압)

(나) 사용 전압은 작업성을 높이기 위해서는 높은 전압이 좋지만, 접합부의 기계적 성질을 양호하게 하기 위해서는 낮은 전압이 좋기 때문에 실제로는 2차 전압을 3~25 V 정도로 택하는 것이 좋다.

(다) 본 작업법은 입열 집중성이 좋기 때문에 제철 공업의 strip 접속 전선관용 코일, 철도의 레일, 샤프트, 새시, 프레임 등의 접합에 쓰인다.

③ 적용 : 연강, 저합금강, 스테인리스강, Al합금, 동 및 동합금 등 재료의 레일, 체인, 강판 등의 큰 단면재의 압접에 사용된다.

예제 flash 용접과 upset 용접은 그 원리가 비슷한 부분이 많다. 항목별로 각각의 특성을 비교하여 설명하시오.

해설

항 목	플래시 용접법	업셋 용접법
이음의 신뢰성	크다.	작다.
열 영향부	좁다.	넓다.
가열 범위	좁다.	넓다.
열원	저항열+아크열	저항열
산화물 개입	적다.	많다.
이종 금속 간	가능	종류 제한
전력 소비	적다.	많다.
부재 크기	크다.	적다.
용접 전 가공	주의하지 않아도 된다.	필요(주의)
용접 속도	크다.	작다.
업셋량	작다.	크다.
용도	레일, 체인, 강판 등의 큰 단면재의 압접	10 mm 이하의 환봉

7-7 고주파 용접(high frequency welding)

(1) 개 요

고주파(전기저항) 용접은 높은 주파수(450 kHz 정도)의 전류를 피용접재에 통전하여 그때 발생하는 저항열에 의해 가열된 용접부에 압축력을 가하는 접합 방법으로, 고주파 유도용접과 고주파 저항용접이 있다.

① **고주파 유도용접**(high frequency induction welding) : 유도코일을 이용하여 피용접재에 고주파전류를 유도시켜 가열하는 방법

② **고주파 저항용접**(high frequency resistance welding) : 접촉자를 피용접재에 접촉시켜 고주파전류를 직접 인가시키는 방법

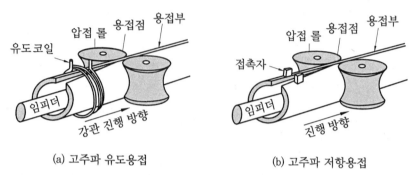

(a) 고주파 유도용접   (b) 고주파 저항용접

강관의 고주파 전기저항 용접법

(2) 특 징

① 장점

㈎ 매우 좁은 HAZ를 형성하며, 용접부의 성능 개선을 위해 열처리가 거의 필요 없다.

㈏ 에너지 효율이 좋아서 낮은 전력 소모로 빠른 용접(10~200 m/min)을 실시할 수 있다.

㈐ 용접 시간이 짧아 대량생산이 가능하고, 자동화 생산이 용이하다.

㈑ 강종의 제한이 거의 없고, 용접 두께의 폭이 넓다.

㈒ 일반 용융 용접에서 관찰되는 주조 조직이 잔류하지 않고, 열간가공된 모재 조직과 유사한 미세 조직이 얻어진다.

㈓ 단접에 의하여 용접을 수행하기 때문에 용접 결함의 발생 빈도가 상대적으로 적다.

② 단점

㈎ 열 집중이 심하고 자동으로 선형의 용접을 실시하므로 용접 joint의 정확한 fit-up 이 중요하다.

㈏ 고주파전류를 사용하므로 주변 기기에 영향을 줄 수 있다.

㈐ 작업자는 고주파에 대한 안전 관리에 주의해야 한다.

㈃ HFIW의 경우 반드시 유도코일에 장착할 수 있는 tube, pipe 등의 형상으로 제한한다.

(3) 고주파 용접의 기본 원리

① **표피효과**(skin effect) : 일반적으로 강에 전류가 흐르면 전도되는 부분에 균일하게 열이 발생하지만, 고주파 용접은 전류가 용접재의 표면에 집중되므로 열의 집중이 발생하고, 이에 따른 전류의 침투 깊이도 표면에 국한되게 된다. 이러한 현상을 skin effect라 한다.

② **근접효과**(proximity effect) : 고주파 용접 전류는 용접부에 따라 표면의 가장 가까운 회귀 회로를 구성하면서 흐르게 된다. 즉, 인접한 두 금속의 표면을 따라 고주파가 흐르게 되고, 이 부분에 열이 발생하여 용접을 가능하게 하는 것이다. 이러한 현상을 proximity effect라 부른다. skin effect와 proximity effect는 주파수가 커질수록 강하게 나타난다. 고주파 용접에서 에너지 집중이 좋고, 좁은 열 영향부를 만들 수 있는 것은 이 두 가지 효과 때문이다.

(4) 적 용

고주파 용접법이 적용되는 대표적인 제품으로는 용접 강관(pipe)과 H-beam 등이 있는데, 국내에서 생산되는 강관의 약 70 % 이상이 이 방법으로 제조된다.

고상용접법

1. 고속철도 레일(rail)에 적용하고 있는 용접법 4가지를 공장 용접과 현장 용접으로 구분하여 각각의 용접 원리와 장·단점에 대하여 설명하시오.

2. 마찰 교반 용접(friction stir welding)의 원리와 특징을 설명하시오.

3. 확산 용접 방법(diffusion welding)의 특징, 종류, 확산 용접 조건, 확산 용접 단계 및 장·단점에 대하여 설명하시오.

4. 확산 접합을 이용하여 금속(metal)과 세라믹(ceramic)을 접합하고자 한다. 그 원리와 장·단점을 설명하시오.

5. 마찰 교반 접합(FSW) 기술의 철강재 적용 시 접합 툴(tool)의 재료는 크게 3가지로 나눌 수 있다. 그중 2가지를 설명하시오.

6. 열간등압성형(HIP : hot isostatic pressing)의 원리, 시공 방법, 효과 및 응용 분야에 대하여 기술하시오.

8. 고상용접법

8-1 고상용접(soild phase welding)

(1) 개 요

2개의 물체 계면을 원자단위로 밀착시켜 원자 간 상호 인력이 작용하도록 함으로써 두 물체 표면의 원자단위로 접합시키는 것으로, 순수 원자들만으로 구성된 이상적인 평활 표면이라면 두 물체를 접근시키면 쉽게 접합이 이루어지겠지만, 오염층(산화피막, 수분 등 흡착층)과 변형층이 존재하기 때문에 공업 재료를 고상 접합하기 위해서는 접합 표면의 오염층이나 요철 등의 접합 방해 인자를 제거해야 하며, 이것이 고상 접합에서 가열 및 가압이 필요한 이유이다.

※ 고상 접합에는 접합 표면의 오염층 제거와 표면 밀착화 두 과정이 필요하다.

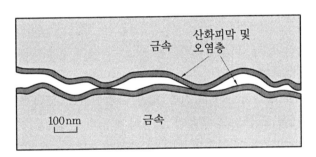

기계 가공 다듬질된 금속 표면의 접촉부의 모식도

(2) 고상 접합 메커니즘

고상 접합은 '변형'과 '확산'의 메커니즘으로 분류할 수 있고, 이를 통하여 접합 과정을 달성한다. 고상 상태에서 용착하는 기본 메커니즘은 다음 그림과 같고, 변형 메커니즘은 전위의 슬라이딩을 필요로 하며, 소성변형과 점소성변형으로 분류할 수 있다. 소성변형은 상당 응력이 항복 응력 이상일 경우 영구 변형을 할 수 있으며, 항복 응력 미만에서는 시간이 지나면 영구 변형을 할 수 있다.

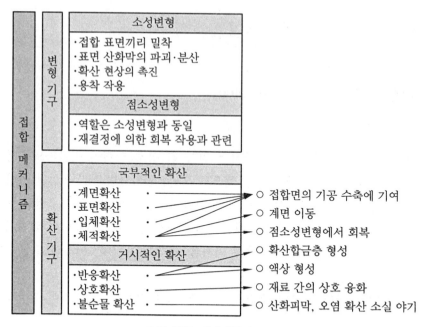

고상 접합 메커니즘의 분류

(3) 고상 접합의 종류

① **확산 접합**(DFW : diffusion welding) : 진공 또는 불활성가스 등의 보호 분위기 중에 피접합 부재를 맞대어 접합부의 용융과 변형이 발생하지 않을 정도의 가열과 가압을 하면서 접합면의 밀착과 오염층의 제거에 충분한 시간을 유지하여 접합

② 마찰용접(FRW : friction welding)

③ 마찰 교반 용접(FSW : friction stir welding)

④ 초음파용접(USW : ultrasonic welding)

⑤ 폭발용접(EXW : explosive welding)

⑥ 가스압접(HPW : gas pressure welding), 냉간압접(CW : old pressure welding)

8-2 확산용접(diffusion welding)

(1) 개 요

확산용접은 용접 과정에서 금속 용융이 없이 용접을 시행하는 고상용접으로 고상 확산용접과 액상 확산용접이 있다. 이 용접 방법의 기본은 고온에서 두 금속을 맞대어 놓고 높은 압력을 가했을 때, 계면의 용융이나 macro적인 변형, 두 금속의 외형적인 움직임 없이 계면의 접합이 일어나는 접합 방법이라는 점이다. 확산용접을 시행하는 과정에

서 접합되는 두 계면 사이에 filler metal을 삽입하기도 하고 그렇지 않기도 하는데 이에 따라 다음 두 가지로 구분된다.

① **고상 확산용접** : filler metal층 삽입 없이 시간과 압력, 온도를 조절하여 접합하는 방법으로 모재의 종류와 표면상태에 따라 조절된다.

② **액상 확산용접** : 동종 또는 이종 금속 사이에 filler metal층을 삽입하여 접합하는 방법으로 filler metal은 두 금속의 확산 속도를 빠르게 하고, 계면의 micro-deformation을 도와서 보다 완전한 접합이 이루어지도록 돕는 역할을 수행하며, 적절한 열처리에 의해 모재에 확산한다.

(2) 확산용접의 조건

① 접촉되는 면이 기계적으로 친화도가 있어야 한다.

② 접촉되는 면의 불순물의 분해가 metallic bonding을 방해하지 않을 정도이어야 한다.

(3) 확산용접 단계

cleaning 처리한 부품은 진공 또는 불활성가스의 분위기에 보관하며, filler metal 없이 확산용접이 일어나는 과정은 다음과 같다.

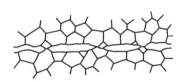

(a) initial asperity contact

(b) first stage deformation and interfacial boundary formation

(c) second stage gram boundary migration and pore elimination

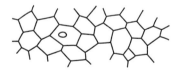

(d) third stage volume diffusion pore elimination

확산용접 과정의 개요

① 초기 접합면의 물리적 접촉에 의해 ② 주어진 온도와 압력을 받으면서 항복과 creep 변형에 의해 계면의 변형을 일으킨다. ③ 두 금속은 약간의 void를 가지면서 grain boundary 간에 접촉이 일어난다. ④ 결정립 또는 재결정을 통하여 두 금속이 완

전히 접합(void 소멸 과정)된다.

※ 정리하면 ① 접합 초기 상태→② 고온 크립 변형 과정→③ 입계 이동 및 보이드 소멸 과정→④ 체적(volume)에 의한 보이드 소실 과정의 4단계 접합 과정으로 이루어진다.

(4) 특 징

① 장점

㉮ 모재와 기계적, 조직학적으로 거의 유사한 접합 조직이다.

㉯ 접합 후 별도의 가공이나 처리 없이도 변형이 거의 없이 접합 가능하다.

㉰ 용융 용접으로 접합이 어려운 이종재의 접합을 실시한다.

㉱ 치수 정밀도가 높다.

㉲ 접근이 어려운 joint도 쉽게 용접 가능하다.

㉳ 여러 개의 접합을 동시에 수행한다.

㉴ 재결정 온도 이하에서 용접이 가능하며, 용융 용접에서 발생하기 쉬운 균열, 기공, 취화부 등의 용접 결함이 없다.

㉵ 이종 금속은 물론이고, 금속과 세라믹의 용접도 가능하다.

② 단점

㉮ 기존의 용융 용접보다 열 cycle이 길다.

㉯ 기자재가 비싸고, 경제적으로 접합할 크기의 제한이 있다.

㉰ 여러 개의 joint를 동시에 접합 가능하지만 생산성이 높지 않다.

㉱ joint의 특성을 확인할 적당한 비파괴검사 방법이 없다.

㉲ filler metal과 procedure의 미비로 모든 강종에 적용하지 못한다.

㉳ 접합면의 가공(표면 거칠기)에 많은 주의를 요한다.

㉴ 진공이나 적절한 보호 분위기가 필요하다.

(5) 용접부의 특성을 지배하는 요인

① 표면처리

㉮ 기계 가공, 그라인딩, 와이어 브러시 손질 또는 폴리싱(polishing)이 필요하다.

㉯ 일반적으로 8 μm 정도의 요철이 존재하는 것이 유효하다.

㉰ 화학연마 및 배선을 필요로 하는 경우와 진공 가열 열처리하는 경우도 있다.

② 접합 온도

㉮ 확산 계수, 소성, 표면 산화물의 모상(母相)으로의 고용 및 변태, 재결정, 석출물 등에 영향을 끼치는 가장 중요한 요인이다.

(내) 적정 온도는 모재 융점의 약 60~80 %이다.

(대) 접합 온도가 증가할수록 원자의 확산 속도가 지속적으로 증가하여 접합 시간을 단축시킨다.

③ 접합 압력(압력을 부과하는 목적)

(개) 접합면의 미세한 표면 돌기 부분을 소성변형시켜 평활한 면으로 만든다.

(내) 산화피막을 파괴시켜 순수 금속 표면끼리 접합하도록 한다.

 ㉮ 최적의 접합 압력은 온도 및 시간과 밀접한 관계를 가진다.

 ㉯ 같은 재료라도 표면 조도, 산화피막의 두께에 따라 다르다.

④ 접합 시간

(개) 온도와 압력에 따라 결정된다.

(내) 보통 수 초에서 수 시간 정도이다.

(대) 온도, 압력 외에도 접합할 면의 표면 상태, 삽입 금속의 사용 등의 영향을 받는다.

⑤ 접합 분위기 : 대기 중에서 확산 접합하는 경우, 가열 유지하는 동안 산화가 발생하기 때문에 불활성가스 및 진공 분위기에서 주로 이루어진다.

(6) 용접 장치

① 진공 또는 불활성가스 분위기 중에 행해진다.

② 진공 방식은 정화(淨化) 표면의 제조, 유지에 대하여 우수하다.

③ 유도코일로 가열하는 장치 또는 저항가열에 의한 장치가 있다.

④ 가압에는 유압 또는 공기압이 채용된다.

(7) 적 용

강도가 높은 초내열 주조 합금, 결정 제어 합금 등에 많이 적용되고 있고, 21세기의 초내열합금 접합 기술의 주종을 이룬다.

예제 **열간등압성형(HIP : hot isostatic pressing)의 원리, 시공 방법, 효과 및 응용 분야에 대하여 기술하시오.**

해설 1. HIP의 원리 : 열간등압성형(HIP)은 복잡한 형상에 많이 이용되는 주조나 우수한 기계적 성질을 가질 수 있는 단조를 대신할 수 있는 최신 생산 기법으로 최근 2.05 m 직경(Giga HIP) 이상의 큰 제품을 생산할 수 있는 설비들이 개발되고, 사용 가능한 가스 오토마이즈(gas atomized) 분말이 많아지면서 고합금강과 슈퍼 알로이 위주로 많이 사용되고 있다.

2. 시공 방법 : HIP 공정은 특별히 제작된 압력 용기에서 100~2,000℃(최대 2,500℃)의 온도와 100~300 MPa의 압력을 가하는데, 주로 불활성가스인 Ar을 이용해서 등방적

인 압력을 피처리체에 가하기 때문에 hot isostatic pressing이라 부른다. 드물지만 질소를 이용하기도 한다. 통상 슈퍼 알로이는 1,100~1,260℃, 100~200 MPa에서 수 시간 유지를 하고, 공구강은 탄화물(cemented carbide)의 내부 기공 제거를 위해 1,500℃까지 가열한다.

3. 효과 : HIP는 일반적으로 소결품이나 주조품의 내부 기공을 제거하고 밀도를 증대시켜 기계적 성질을 좋게 하거나, 치수 정밀도를 높일 목적으로 사용한다. 공구강의 경우 탄화물을 아주 미세하게 분산시킬 수 있기 때문에 내마모성 증대 목적으로도 사용된다. HIP로 제작된 제품들은 기계적 성질이 단조나 기계 가공품과 유사해 주조보다 우수하고, near net shape 공정이라 복잡한 제품도 용접 없이 하나의 제품으로 만들 수 있어 단조나 기계 가공 대비 재료 손실이 적고, 공정도 간단해진다. 그래서 HIP는 형상이 복잡할수록 경제성이 높아진다.

4. 응용 분야 : 주조품이나 소결품이 아닌 금속 분말을 바로 사용할 경우에는 사전에 제작된 캡슐(capsule)에 분말을 넣고, 그 캡슐을 HIP 설비에 넣어 확산 접합시켜 원하는 모양의 제품을 만들게 된다. HIP 종료 후에는 기계 가공이나 산세로 외부 캡슐(capsule or container)을 제거한다.

8-3 마찰용접(friction welding)

(1) 원 리

마찰용접은 재료를 맞대어 가압한 상태에서 상대(회전)운동시켜 접촉부에 발생하는 마찰열을 이용하여 압력을 가하면서 접합하는 방식이다. 이 용접법은 동종 재료 및 이종 재료(금속, 금속 복합 재료, 세라믹, 플라스틱 등)의 접합에 적용될 수 있다. 이 방법은 접합부 표면만을 국부적으로 가열하기 때문에 아크를 이용한 용접법에 비해 에너지 효율이 좋아 10~20 %의 적은 에너지로도 접합이 가능하다.

(2) 용접 방법

가장 많이 사용되는 용접기는 일본에서 주로 사용되는 brake 방식과 미국에서 주로 사용하는 flywheel 방식이 있으며, 용접 원리는 다음의 기본적인 과정을 따른다.

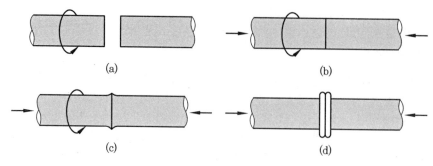

마찰용접의 기본 과정

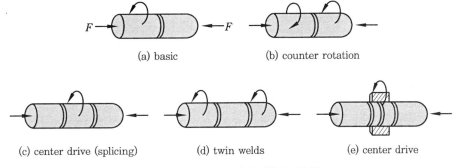

(a) basic　　　　　　(b) counter rotation

(c) center drive (splicing)　　　(d) twin welds　　　(e) center drive

마찰용접 시 소재의 상대운동 방식

① 한쪽 모재를 고정시키고, 다른 쪽 모재를 회전시킨다.

② 적당한 회전수에 도달하면 축 방향으로 힘을 가한다.

③ 계면의 마찰에 의해 국부적으로 온도가 상승하고, upsetting이 시작되면서 접합이 이루어진다.

④ 최종적으로 회전이 정지하고 upsetting이 종료되면서 접합이 완료된다. 이 접합부는 좁은 열 영향부(HAZ)를 가지며, flash 주변에 소성변형의 흔적이 남게 되고, 용융역이 없는 것이 특징이다.

(3) 마찰용접 장치

① **제동식(brake type)** : direct drive friction welding, conventional friction welding, brake type welding 등으로 불린다. 이는 모재의 일단을 고정하고 다른 쪽을 구동축에 결합된 축에 부착한다. 일정한 회전수로 회전을 계속하고 축 방향으로 가압하면서 마찰시킨다. 마찰부가 적당한 온도로 가열되었을 때 brake에 의해 회전축을 급정지시켜 접합을 완료한다. 회전축을 정지시킨 후 압력을 일정하게 유지하는 일정 가압 방식과 더 높은 upset 압력을 가하는 가변 가압 방식이 있다.

㉮ 전동기로 강제 회전 구동

㉯ 주축 척에 물린 재료에 고정 측 재료를 눌러 마찰 발열

㉰ 접합 온도에 도달

㉱ 클러치를 분리

㉲ 브레이크 급정지

㉳ 업셋(upset) 압력을 증가하여 용접 완료

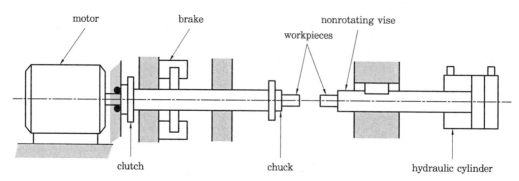

연속 구동 마찰용접 장치(브레이크식)

② **플라이휠식**(flywheel type, inertia drive type) : flywheel에 회전 에너지가 축적되어 자유 회전하고 있는 축에 부착된 모재의 단면을 정지된 모재면 쪽으로 가압하면 flywheel의 관성에 의한 회전 에너지는 마찰면에서 열을 발생시킨다. 발생된 열은 두 모재를 국부적으로 용융시키며 소모되고, 급속히 회전운동이 감소되어 정지되며 압접이 완료된다.

㈎ 접합에 필요한 에너지를 플라이휠 수와 초기 회전수에 의해 설정

㈏ 고정 측 재료를 가압하여 마찰 발열

㈐ 플라이휠의 관성 에너지가 소비되면 자연히 정지

㈑ 용접 완료

$$E = \frac{1}{2} I \omega^2$$

여기서, I : 관성모멘트, ω : 각속도, n : 회전수

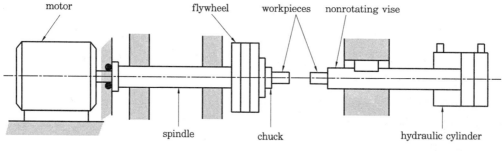

플라이휠식 용접 장치

③ **2축 회전식** : 고정축도 회전하고 이 축에 관성판을 붙여서 최종적으로 두 축이 회전하도록 한 것이 이 방식의 특징이다.

④ **위상 제어식** : 종래의 용접기에서는 일정한 위치에서 회전을 정지시킬 수 없기 때문에 용접 후 소재 사이의 상대적 위치가 정해져야 되는 제품의 용접이 불가능하였다.

이러한 문제를 해결하기 위해 computer를 이용한 위상 제어가 가능한 마찰용접기도 개발되었다.

(4) 장 점

① **높은 에너지 효율** : 접합하고자 하는 부분만 가열하며, 전기저항 용접의 1/5~1/10 정도의 에너지만 소모된다.

② **용접 변수의 제어가 용이** : 설정 인자가 적어 기계화, 자동화가 용이하다.

③ 자동화가 가능하여 높은 작업 능률을 가진다.

④ 용접 조건의 인자 제어가 용이하여 높은 용접 정밀도(치수 정밀도 0.1 mm까지 가능)를 유지할 수 있다.

⑤ **이종 재료의 용접이 가능** : 동종뿐만 아니라 다양한 이종 재료의 용접이 가능하고, 용융을 동반하지 않으므로 용융 과정에서 발생되는 취약한 화합물의 생성이 방지된다.

⑥ 용접 중에 arc, flame, flash, fume 등이 발생하지 않기 때문에 작업 환경이 양호하다.

⑦ 계면 마찰에 의해 표면 오염층이 제거되기 때문에 upset 용접에서와 같이 표면 청정도가 주요하지 않다.

(5) 단 점

① **모재 형상의 제한** : 길이가 긴 모재나 회전이 어려운 재료는 적용이 어렵다.

② **용접부의 인성이 낮음** : 마찰용접부의 인장 및 피로강도는 일반적으로 모재와 동등하거나 그 이상이지만 충격 인성은 낮은 경우가 많다. 용접열에 의한 비틀림, 압축변형에 의한 flash가 생기기 때문에, 그 배출 방향(축에 수직 방향)으로 모재의 섬유 조직이 유동되어 인성이 낮다(304SS의 경우 모재의 1/3~1/4 수준).

③ **정위상 용접의 곤란** : 양쪽 모재 사이의 상대적 위치(위상)를 일정하게 하는 것이 곤란하나, 최근에 computer에 의한 제어의 발달로 개선되고 있다.

④ 공작기계와 유사한 정도의 정밀 설계 및 제작을 필요로 하기 때문에 플래시나 업셋 용접기에 비해 설비가 고가이며, 재료가 다소 짧아진다.

(6) 적 용

우주 항공 사업과 자동차의 shaft, 엔진 밸브, 유압용 피스톤 rod 및 기어와 기어축 접합에 주로 적용된다.

(7) 용접 변수

① **회전속도** : 회전속도가 너무 낮으면 torque가 커지기 때문에 재료의 고정, 불균일 upsetting 및 소재의 파손 등과 같은 문제가 생긴다(통상 300~650 rpm). 회전속도가 너무 빠르면 과열되기 쉽고 덧살이 과대해지며 변형도 커진다.

② **가압력(P_1)과 upset 압력(P_2)** : 대부분 $P_1 < P_2$를 취하지만 $P_1 = P_2$는 HAZ를 작게 할 경우나 지름이 다른 재료의 접합 등에 적용된다. 압력이 높으면 국부적으로 고온으로 가열되어 급속히 재료의 축 방향 길이가 짧아지게 된다.

  ㈎ 가압력 $P_1 = 2{\sim}8\,\text{kg/mm}^2$

  ㈏ 업셋 압력 $P_2 = (2{\sim}4)P_1$

  ㈐ 열 영향부를 작게 하거나 직경이 다른 재료의 가압력은 $P_1 = P_2$

③ **가열 시간** : 가열 시간이 너무 길면 생산성이 저하되고 재료의 손실이 많아지며, 너무 짧으면 불균일하게 가열됨과 동시에 산화물이 잔류하며 계면상 접합되지 않는 부분이 생긴다.

※ 회전속도, 가압력, upset량의 상관관계

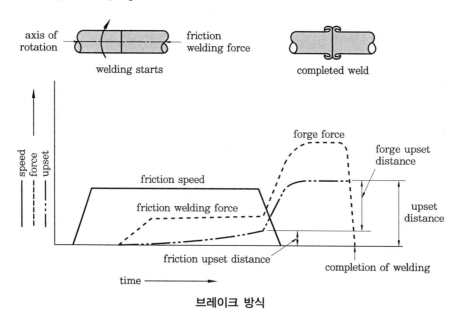

브레이크 방식

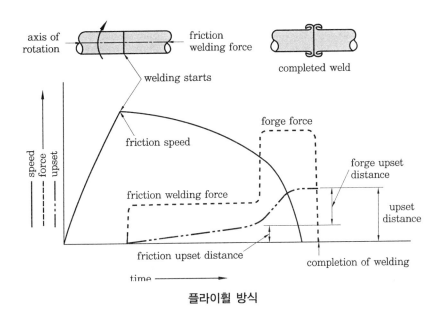

플라이휠 방식

8-4 마찰 교반 용접(FSW, friction stir welding)

(1) 원 리

마찰 교반 용접은 영국의 용접기술연구소(TWI : the welding institute)에서 1991년에 특허를 출원한 용접법으로 기존의 마찰용접의 적용 범위를 크게 확대시켜 주목받고 있는 용접법이다. FSW는 접합할 모재를 고정시킨 후 비소모식 툴을 이음부에 삽입시킨 후 회전하여 마찰열을 발생시켜 접합한다. FSW는 모재 용융점의 약 80 % 이하의 온도에서 접합이 이루어지는 고상 접합법으로 용융으로 인한 변형, 결함 등의 문제점이 없다. FSW 용 툴은 모재와의 마찰에도 소모되지 않을 만큼 매우 경한 재질이어야 하며 현재는 경량 합금인 Al 및 Mg 합금의 접합에 주로 활용되고 있다.

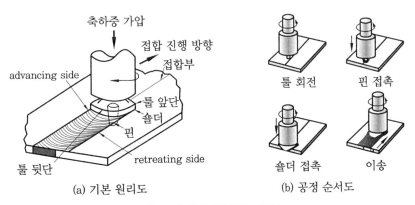

(a) 기본 원리도   (b) 공정 순서도

마찰 교반 용접 공정의 개략도

(2) FSW의 특징 및 적용

FSW는 높은 품질 및 경제성을 가진 고상 접합법으로서 다음과 같은 특징을 가지고 있다.

① 고상 접합이므로 용융 접합에서 생길 수 있는 균열(응고균열)을 방지할 수 있고, 변형이 거의 없어 기계적 성질이 우수하다.

② 용접 재료가 필요 없는 접합법으로서 시편과의 마찰에 의해서 접합이 이루어진다.

③ 환경친화적 공법으로서 접합 중 흄 발생이 없고, 적외선, 자외선 등의 유해 광선이 발생하지 않는다.

FSW의 장단점 및 적용

장 점	단 점
• 용접 전 가공 불필요 • 변형이 매우 적음 • 용가재 및 보호 가스 불필요 • 흄이나 스패터가 없고 친환경적임 • 결함 발생이 적고 용접부가 미려함 • 에너지 효율이 높음 • 용접이 어려운 25 mm 이상의 고강도 알루미늄합금에도 적용 가능	• 고강도 재료에는 적용이 어려움 • 구속용 클램프가 필요 • 용접부 끝부분에 크레이터가 생김 • 용접덧살 형성 불가 • 3차원 용접부 설계 등이 어려움 • 필릿부 적용이 어려움

적용 재료 및 분야	• Al합금, Mg 합금에 널리 적용 • 자동차 산업의 테일러드 블랭크, 선박의 상부 구조, 알루미늄 선박 제조, 철도 차량, 우주 항공 산업 등

(3) 교반기(stir)

두 금속 사이에서 회전하면서 마찰열을 발생하여 용접이 이루어질 수 있도록 해주는 교반기는 내마모성이 우수해야 하며, 고온에서 견딜 수 있도록 충분한 강도를 가져야 한다. 또한 원하는 모양으로 만들 수 있도록 성형성과, 과열되어 문제가 생기지 않도록 열전달 계수도 좋은 재질이어야 한다.

① 툴(tool) 재질의 특성

㈎ 작업 시 발생되는 압축응력 및 전단응력을 변화되는 온도에서 충분히 견딜 수 있는 강도를 가지고 있어야 함

㈏ 고온에서 치수 변화가 없어야 함

㈐ 저속 및 고속 회전 영역에서 충분한 내마모성을 가지고 있어야 하고, 화학적 마모에 대해서 저항성이 있어야 함

㈑ 용접 대상재와 반응성이 없어야 함

㈎ 복합 금속으로 구성된 경우, 열팽창계수가 고려되어야 함

㈏ 재질 확보가 쉬워야 하며 가공성이 있어야 함

㈐ 파괴 인성이 충분히 높아야 함

② FSW tool 재료 및 특성

㈎ 일반공구강(tool steels)

  ㉮ 알루미늄합금에 가장 자주 이용

  ㉯ ANSI H13(Cr-Mo hot worked air-hardening steel)

  ㉰ 고온 강도 및 열피로, 내마모성이 우수

  ㉱ 무산소 동에도 적용 가능

  ㉲ SKD61 : Max 600℃까지 적용

㈏ Ni & Co 합금(스텔라이트)

  ㉮ 크립 강도가 높고, 내식성이 우수함

  ㉯ Stellite 12(toll 형태로 가공이 어렵다), Inconel 718, MP 159(상대적으로 가공이 용이)의 사용 재질들이 적용

  ㉰ 일반적으로 600~800℃나 1,110~1,470℃에서 용접되는 구리나 구리합금에 적용

㈐ 내화금속(refractory metals)

  ㉮ W, Mo, Nb, Ta을 분말 소결로 제작

  ㉯ 1,000~1,500℃의 고온에서도 강도 유지

㈑ PcBn(복합재료)

  ㉮ polycrystalline cubic boron nitride라고 하며 툴 재질로 최초 개발

  ㉯ 제작 비용이 높고 파괴 인성이 낮은 것이 단점

(4) FSW와 아크용접의 비교

구 분	마찰 교반 용접	아크용접
접합 온도	용융점 미만	용융점 이상
용접 변형	열변형이 작다.	열변형이 크다.
기계적 성질	양호	저하
소비 전력	작다.	크다.
환경	무공해	유해가스, 광선 발생
기능 정도	숙련자	비숙련자
용접 품질	용접 결함이 거의 없다.	용접 결함 발생

8-5 초음파용접(ultrasonic welding)

(1) 원 리

고상용접의 일종으로 용접부에 국부적으로 고주파 진동에너지와 압력을 가하여 마찰열로 용접하는 방법이다. 강한 마찰에 의해 금속 자유면의 산화물 층이 제거되고, 마찰에 의해 금속 표면이 강하게 가열되어 이에 따른 연화에 의해 접합된다는 특징이 있다. 그러나 가열은 표면부에만 국한되기 때문에 모재를 용융시키지 않고 건전한 야금학적 접합부를 얻을 수 있다. 초음파 진동은 압전(piezo-electric) 소재의 진동자에서 발진하며, 진동자 끝에 부착된 소노트로드는 미세한 초음파 진동을 수십 μm 크기로 증폭시키는 역할을 한다.

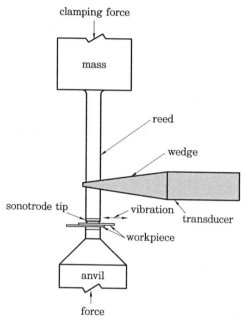

초음파용접 장치의 기본 구성도

(2) 접합 과정

용접의 기구는 금속판 표면을 미시적으로 평활하지 않고 서로 겹치면 돌출부가 있는 부분이 접촉하지만, 정지 가압과 진동에 의해 슬립을 이동시켜서 접촉부의 흡착물이나 산화피막이 파괴되어 제거된다. 초음파용접의 접합 과정은 크게 다음 3가지 단계로 구분할 수 있다.

① 1단계 : 초음파 진동에 의해 두 면이 마찰되어 산화물이나 흡착물이 파괴되어 기계적으로 cleaning 됨과 동시에 평활하게 되어 융착핵이 발생한다.

② 2단계 : tip과 용접물 사이에서 상대운동이 일어나 급격한 소성 유동에 의해 접합 면적이 확대된다.

③ 3단계 : 청정한 면이 서로 접촉함과 동시에 탄성이나 소성변형 또는 마찰력에 의해 온도(재결정 온도 이상)가 높아지므로 접합면 사이에 원자 간의 인력이 작용하여 용접된다.

(3) 장 점

① 표면의 처리가 쉽고, as-rolled 재료의 용접이 용이하다.

② 냉간압접에 비해 정지 가압력이 작기 때문에 용접물의 변형이 작다.

③ 경도 차가 크지 않는 한 이종 금속의 용접이 가능하다.

④ 이종 재료의 사이에서도 이음 효율 저하를 초래하는 취화층의 형성이 없다.

⑤ 박판과 foil의 용접이 용이하고, 표면의 요철부가 작다.

⑥ 전기 아크용접에 비해 5~10 %의 전기 출력이면 충분하다.

(4) 단 점

① 대형 구조물에 적용하기 어렵다.

② 형상과 크기에 제한을 받는다.

(5) 적 용

반도체, 미세 회로, 전기 접점의 형성 등에 용접 시 적용되고 있다.

(6) 용접에 영향을 주는 인자

① **TIP의 마찰계수** : TIP의 선단은 구면으로 하고 그 반지름은 상부 시료 판 두께의 50~100배가 적당하다. 판의 두께가 두꺼워지면 TIP의 표면을 줄(file)로 그어주어 마찰계수를 크게 하면 접합 강도를 높일 수 있다.

② **주파수** : 가는 선이나 박판 용접에서 주파수를 크게 하면 진동 진폭이 작아지므로 변형을 적게 하여 접합 강도를 높일 수 있다(10~80 kHz 주파수 영역 사용).

③ **용접재의 표면 거칠기와 오염도** : 일반적으로 평활하고 청정한 면일수록 용접 변형이 적고 접합 강도가 커진다.

④ **앤빌(anvil)** : 초음파 접합에서는 시료 사이의 상대운동이 필요하기 때문에 하부 시료(anvil 측)는 충분히 고정시켜 움직이지 않도록 한다. 하부 시료를 고정하기 위하여 anvil의 질량을 크게 하며, 표면에 줄질을 하여 anvil 위에 고정되도록 한다.

⑤ **용접재의 겹침량** : 초음파용접에 있어서 주요한 영향을 미치는 인자이다.

8-6 폭발용접(explosive welding)

(1) 원 리

폭발용접은 폭약의 폭발로 발생하는 순간적인 높은 충격 에너지를 이용하여 하나의 용접 접합재를 고속으로 가열시켜 다른 금속에 충돌시킴으로써 두 모재를 접합시키는 고상용접의 일종이다. 접합 형식은 선상, 면상, 점상의 형식이 있고, 접합 시공 요령은 경사법과 평행법이 있다.

> **참고** ● **폭발용접의 과정**
>
> 폭발 → 고속의 금속 jet 형성 → 접합 표면의 피막 제거로 청결한 표면 → 순간적인 높은 충격 에너지에 의해 두 모재의 접합 완성

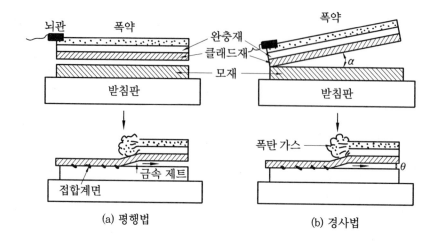

| (a) 평행법 | (b) 경사법 |

(2) 용접 방법

① 접합하고자 하는 금속재 사이에 적당한 간격을 설치한다.

② 클래드재(얇은 판 측)의 뒷면에 설치한 완충재 위에 화약을 설치한다.

③ 용접 시는 그 일단부에 붙여놓은 뇌관부로부터 폭발을 진행시킨다.

④ 폭발력을 동반하여 5~30° 정도의 각도로 상대 측 재료에 충돌하여 진행한다.

⑤ 충돌점에서는 금속 분류(jet)를 발생함과 동시에

⑥ 점성유체 역학적인 거동으로 압접된다.

⑦ 산화막 및 흡착 가스는 금속 jet에 의해 제거되어 청정한 접합면이 형성된다.

⑧ θ가 작으면 특유의 파형, θ가 크면 평탄한 계면 상태가 된다.

(3) 특 징

① 장점

㈎ 접합에 필요한 특수 장치가 필요 없다.

㈏ 접합 속도가 고속으로 이루어진다.

㈐ 접합에 의한 열영향을 거의 받지 않는다.

㈑ 접합면 오염층의 영향이 거의 없다.

㈒ 이종 금속의 접합이 가능하다.

㈓ 다중 접합이 가능하다.

㈔ 형상과 두께의 제한을 받지 않으며, 다품종 소량 생산이 가능하다.

② 단점

㈎ 폭발음으로 소음 공해 때문에 장소의 제약을 받는다.

㈏ 폭약 취급 유자격자나 경험자에 의해 규정된 안전 절차를 준수하여 취급해야 한다.

㈐ 주철과 같이 취약한 금속과 Mg을 함유한 Al합금 등은 높은 충격 에너지로 균열 발생 우려가 있다.

㈑ 매우 두꺼운 재료로 한정된다.

(4) 적 용

거대한 평판의 clad 제조, 관의 clad 제조 및 tube와 tubeplate의 접합, pipe와 pipe의 접합 등에 적용된다.

(5) 용접 변수(인자)

폭발용접에서 가장 중요한 것은 계면에서의 금속 간 역학 관계의 규명이다. 이 요인들은 화약의 양에서 비롯되는 폭속(explosion velocity)이나 폭압 외에도 각 금속의 경도나 연신율, 심지어 용접되는 환경의 온도 등도 용접 결과에 영향을 미친다. 여러 가지 인자들이 거론될 수 있으나 가장 중요한 것은 jet의 발생이며, 이를 위한 인자들은 다음과 같다.

① **용접 속도**∶용접 속도는 음속 이하이어야 한다(통상 음속의 1/2~3/4 정도).

② **동적 경사각**∶경사각(용접재와 모재와의 각도) α는 표면의 상태와 재료의 물성에 따라 다르지만 상부 혹은 하부 경계 사이의 값을 가져야 하며, 일반적으로 α의 값은 5~25° 정도이다.

③ 폭발용접 시에 폭발점이 이동하는 속도는 가장 최소로 하면서 만족스러운 용접을 할 수 있는 경우가 최적의 상태이며, 이것은 유체와 유사한 거동을 일으키는 데 필요한 어떤 한계 접촉 압력과 관련이 있다.

④ 용접이 가능한 최소의 폭발점 이동속도 외에 운동에너지의 최솟값이 존재한다. 이것은 표면의 청정화에 기여하는 jet의 최소 두께와 간접적으로 관련되어있다.

⑤ 상대재와 모재(base plate)는 평탄한 상태로 배치된 경우 그 사이의 간격이 상대재 두께의 반 이상일 경우 상대적으로 폭발속도가 빠른 폭약(trimonite 등)을 사용한다. 통상 사용되는 폭약의 폭발속도는 2~3 km/s(TNT의 경우) 정도이다.

⑥ **화약량의 선정**∶현장의 경험값에 따르면 폭발용접이 잘 진행되기 위한 정도의 원만한 jet 발생을 일으키기 위해서는 항복강도의 10~12배 정도의 압력(충돌점 부근에서의 압력)이 필요하다.

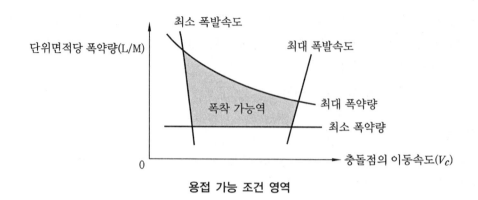

용접 가능 조건 영역

(6) 용접부의 품질

폭발용접부의 품질은 계면의 상태에 따라 다르고, 물성은 주로 강도, 인성, 연성 등으로 평가된다. 폭발용접부의 물성은 용접부와 모재의 인장, 충격, 굽힘, 피로 특성 등을 비교함으로써 알 수 있다.

① clad plate는 ASTM A263, 264, 265의 규정된 값을 만족해야 한다.
② 폭발용접의 비파괴검사에는 주로 초음파검사(UT)가 채용되고, 방사선검사(RT)는 두 재료의 밀도 차가 아주 다른 경우에 사용된다.
③ 폭발용접부의 인장강도는 특수한 RAM 인장시험에 의해서 구해진다.

8-7 냉간 및 열간 압접법

(1) 냉간 압접법(cold pressure welding)

① 원리
　㉮ 기계적 에너지를 이용하는 용접법으로 상온에서 접합 개소에 강한 압력을 가하여 소성변형을 일으켜 압접하는 방법이다.
　㉯ 접합 재료의 원자 직경 정도($10^{-4}\ \mu m$ 정도)로 두 개의 접합면을 밀착시킨다.
　㉰ 단면이 청정하며 유효한 표면력이 존재하면 가압은 거의 필요 없이 접합될 수 있다(이론적).
　㉱ 초정밀 가공은 물론이지만 접합 단면의 산화를 완전히 방지하는 것은 불가능에 가깝다.
　㉲ 이를 해소하는 방안으로 소성변형을 생각할 수 있다.
　㉳ 소성변형을 주면 산화막 등의 오염층이 파괴되어 깨끗한 신생 금속면 간의 밀착이 실현되어 금속 접합이 달성된다.

② 특징

(가) 강은 변형능이 비교적 적어 재료 간에 접합시키려면 밀착성 확보를 위해 큰 가압력이 필요하다.

(나) 이종 금속재의 압접은 한쪽이 연성이 크면 쉽게 접합이 가능하다.

(다) 알루미늄과 규소, 알루미나 또는 결정화 석영과의 접합이 가능하다.

(2) 열간(가스) 압접법(hot pressure welding)

① 원리

(가) 클로즈(close)법

㉮ 정형 가공된 접합 단면 간을 밀착 가압

㉯ 다공식의 링버너로 온도가 균일하게 가열

㉰ 가압

㉱ 화염으로 화염의 성질 조성이 쉬우며 안정된 고온을 얻을 수 있는 산소-아세틸렌가스 사용

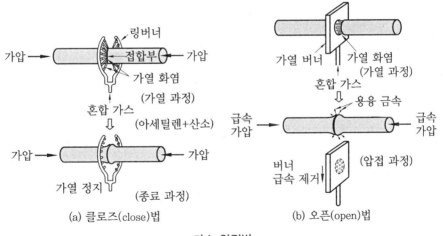

(a) 클로즈(close)법   (b) 오픈(open)법

가스 압접법

(나) 오픈(open)법

㉮ 접합 단면을 분리한 상태에서 가열하여 양단면이 균일하게 얇은 층만 용융되었을 때

㉯ 버너를 빼내고 급속히 가압하여 용융 금속을 밀어붙여 접합하는 방식

② 접합 기구

(가) 클로즈법

㉮ 가열에 의한 표면 에너지 증대 또는 소성변형능의 증가에 의해

　　　④ 금속 접촉 면적이 증가하여

　　　⑤ 원자의 확산, 재결정 현상이 첨가되어 견고한 접합 상태에 도달

　　　⑭ 산화물의 대부분은 모재 중에 확산 내지는 미세한 형태로 응집

　(나) 오픈법

　　　㉮ 접합 단면에 형성시킨 용융층 간을 눌러 붙여 확실한 일체화를 도모하는 것

　　　㉯ 슬래그(산화물)의 배제가 곤란

　　　㉰ 개재물이 잔존할 가능성이 높음

　　　㉱ 클로즈법에 비하여 가열 온도가 높기 때문에 접합부에 과열 조직이 생기기 쉬움

③ 영향 인자

　(가) 용접재 단면의 전가공(前加工)

　(나) 단면 간의 밀착 정도

　(다) 면의 다듬질

　(라) 녹 및 유지와 같은 제거 등은 용접 품질에 커다란 영향을 미친다.

④ 오픈법과 클로즈법의 특징 비교

구 분	open법	close법
이음 효율(강도)	높다.	낮다.
용접부 산화	심하다.	적다.
용접 시간	급속 가압	가압
접합 온도	높다.(용융)	낮다.(용융하지 않음)
외관	돌기부가 크다.	돌기부가 작다.
열효율	높다.	낮다.

⑤ 특징

　(가) 이음부에 탈탄층이 전혀 없다(close법).

　(나) 전력이 불필요하다.

　(다) 장치가 간단하고 설비비 및 보수비가 싸다.

　(라) 작업이 거의 기계적이므로 작업자의 숙련의 영향이 없다.

　(마) 압접 소요 시간이 짧다.

　(바) 이음부에 첨가 금속 또는 용제가 불필요하다.

예제 **냉간 및 열간 압접을 비교 설명하시오.**

해설 1. 냉간 압접

　냉간 압접은 상온에서 접합 개소에 강한 압력을 가하여 소성변형을 일으켜 압접하는 방법

2. 열간 압접

　① 가열원으로서 가스 화염을 이용하는 고온 압접법

　② 접합부의 온도를 균일하게 가열하여 연화시킨 뒤 상대적으로 적은 압력을 가하여 소성변형을 일으켜 압접하는 방법

3. 비교

구 분	냉간 압접	열간 압접
온도	상온	고온
가열원	없음	가스 화염 등
가압력	크다.	상대적으로 적다.

고에너지밀도 용접

1. 알루미늄합금(AA6061-T6)을 사용하여 전자빔 용접(electron beam welding) 시 발생되는 용접 결함의 종류와 용접 시공에서 고려되어야 할 사항을 설명하시오.

2. laser-MIG 하이브리드 용접에서 (1) laser-MIG 하이브리드 용접의 장점을 laser 용접, MIG 용접과 비교하고, (2) 위의 3가지 용접법의 용입 형상을 구분하여 설명하시오.

3. 용접용 레이저로서 상용화된 기체레이저와 고체레이저의 종류를 열거하고, 이러한 두 종류의 특징을 비교 설명하시오.

4. 레이저를 이용하는 플라스틱 용접(plastic welding)의 원리와 특징을 설명하시오.

5. 전자빔 용접 시 발생 가능한 용접 결함 5가지를 쓰고, 방지 방안에 대하여 설명하시오.

6. CO_2 레이저와 Nd : YAG 레이저의 차이점을 설명하고 용접 시 어떤 특성을 갖는지 설명하시오.

7. 전자빔 용접이 필요한 금속의 예를 들고 그 용접 방법에 대하여 설명하시오.

8. Nd : YAG 레이저 용접기와 CO_2 레이저 용접기를 발진기로 사용할 경우 어떤 차이점이 있으며, 응용 분야를 구체적으로 설명하시오.

9. 길이 2,000 mm, 폭 1,500 mm, 높이 70 mm의 육면체형 구조물을 두께 10~16 mm 알루미늄 판재를 이용해서 제작코자 한다. 아크용접법의 적용이 불가할 때 적용할 수 있는 용접법 2가지를 설명하시오.

9. 고에너지밀도 용접

9-1 ◀ 고에너지밀도 용접

(1) 개 요

전자빔 및 레이저빔은 레이저나 반사경 등을 이용하여 빔을 용이하게 접속시킬 수가 있어 열원은 다른 열원에 비하여 매우 고에너지밀도가 얻어지는 특징이 있다. 전자빔용접 및 레이저빔 용접법에서는 이 특징을 적극 활용하고 있다. 다음 표는 용융 용접에 이용되는 각종 열원의 에너지밀도를 나타낸다. 재료의 가공 형태는 에너지밀도에 의존한다. 에너지밀도가 낮으면 가열부의 용융이 용이하지 않아 용융 용접의 열원으로서는 부적당하다. 에너지밀도가 높으면 가열부는 용이하게 융점 이상으로 도달시킬 수 있어 용융 용접의 열원으로서 이용된다.

각종 열원의 에너지밀도

열원의 종류		에너지밀도(kW/cm^2)
가스 炎	산소-아세틸렌	~1
	산소-수소염	~3
광빔(beam)	태양광선	$(1.6\sim3.6)\times10^{-4}$
	태양집광빔(1~1,000 kW)	1~2
	아크집광빔(Xe램프~10 kW)	1~5
아크	아크(알곤아크, 200 A)	≈15
	플라스마 아크	50~100
전자빔	펄스(pulse)	10,000 이상
	연속	1,000 이상
레이저빔	펄스	10,000 이상
	연속	100 이상

(2) 고에너지밀도 용접의 의미

고속 입자의 운동에너지를 이용한 것으로, 에너지의 집중성이 타 용접 열원에 비해 매우 높고 제어도 용이해 저입열, 고정도, 고속 용접이 가능한 고능률 용접법이다. 특히, 초내열합금의 용접 시에는 Al, Ti, Nb, Ta 등의 활성 원소를 포함하고 있기 때문에 대기 중의 용접에서는 공기의 혼입 등에 의하여 결함이 발생하기 쉬우나, 고진공의 전자빔 용접

(EBW-HV)에서는 이를 극복할 수 있다. 전자빔 용접 및 레이저 용접이 고에너지밀도 용접이다.

(3) 고에너지밀도 용접의 특징

① 고속 입자(전자 또는 광자)의 운동에너지를 이용한다.
② 에너지 집중성이 다른 열원에 비해 매우 높다.
③ 용입이 깊고, 용융 폭이 좁기 때문에 작은 입열로 용접이 가능하다.
④ 용접에서 열 영향을 받는 열 영향부(HAZ)의 폭이 좁다.
⑤ 작은 입열이므로 용접 변형이 작고 정밀한 용접이 가능하다.
⑥ 전자빔 용접에서는 후판이 한 층으로 용접이 가능하다.

(4) 고에너지밀도 용접의 종류 및 비교

구 분	열 원	분위기	에너지 효율	모재	설비비	유해 광선	용접 가능 두께
EBW	전자	진공	높음	도체	고가	X선 발생	초후판
LBW	광자	관계없음	낮음	관계없음	저가	없음	정밀한 용접, 절단

> **예제** 전자빔 용접 및 레이저빔 용접이 일반적인 아크용접과는 달리 키홀(keyhole) 용접이 가능한 이유를 설명하시오.

해설 대기압하에서 쉽게 발생될 수 있는 아크는 에너지밀도의 관점에서도 매우 우수한 용융 용접의 열원이다. 또한 에너지밀도가 높게 되면 모재의 용융부가 과열되는 결과, 증발이 심하게 된다(전자빔·레이저빔 용접이 아크용접보다 에너지밀도가 10^3 이상 크기 때문에 키홀 용접이 쉬움). 전자빔이나 레이저빔에 의한 용접 공정에서 증발 현상이 중요한 역할을 한다. 즉, 가열부에 있어 증발이 활발하면 증발의 반도압(反跳壓, recoil pressure)에서 액면이 압하되고 빔 조사부에는 키홀(keyhole) 또는 빔홀(beam hole)이 깊고 좁게 형성된다. 이 키홀은 모재 내부에 빔의 침입이 용이하므로 고에너지빔 용접 특유의 깊은 용입이 가능하다.

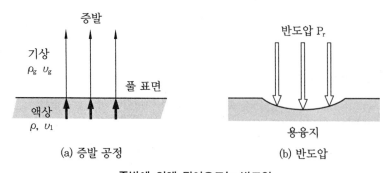

(a) 증발 공정 (b) 반도압

증발에 의해 튀어오르는 반도압

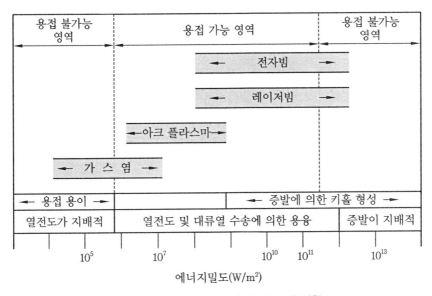

열 가공 상태에 미치는 에너지밀도의 영향

9-2 빛의 성질과 레이저 발생 원리

(1) 개 요

① **빛** : 빛은 에너지를 가지고 있는 형태이며, 광파(light waves)는 빈 공간을 통해 직선으로 이동을 한다. 광선은 빛의 줄기를 말하며 광선이 모인 것을 광속(beam)이라 한다. 빛의 반사의 법칙은 거울에 광선을 비추면 빛이 공기 중으로 되돌아온다. 처음의 매질로 다시 돌아오는 현상을 빛의 반사라고 하며, 광선이 거울에 반사될 때 입사광선과 반사광선은 반사면에 세운 법선과 같은 평면 내에 있고, 입사각과 반사각은 같다는 것을 말한다. 빛이란 좁은 의미에서 가시광선, 즉 일반적으로 사람이 볼 수 있는 약 400~700 nm의 파장을 가진 전자기파를 뜻한다.

② **레이저(laser)** : 레이저는 빛의 유도방출(stimulated emission)을 이용한 광의 증폭기로서 Light Amplification Stimulated Emission of Radiation의 머리글자로 불린다. 레이저는 그의 매질 종류에서 고체레이저, 기체레이저, 반도체레이저 등으로 분류된다. 또한 레이저는 태양이나 형광 등의 발생하는 빛과는 달라, 거의 완전하게 단색으로 위상을 모은 집속(coherent)된 빛을 발생한다. 따라서 레이저빔은 지향성과 집광성이 높은 특징이 있다.

(2) 레이저 발생 원리

원자는 외부로부터 에너지를 받으면 에너지 레벨이 낮은 안정한 기저상태로부터 에너지 레벨이 높은 여기상태로 변한다. 이 여기상태의 수명은 매우 짧아 다시 기저상태로 돌아가며 두 에너지 레벨의 차이에 해당되는 에너지를 빛으로 방출한다. 이것을 자연방출이라고 한다. 여기상태에 있는 원자가 외부에서 가해진 에너지에 의해 기저상태로 떨어지게 되면 외부에서 입사된 에너지와 파장과 위상이 같은 빛이 방출되는데, 이를 유도방출이라고 한다. 이때 외부에서 입사된 빛도 함께 방출되므로 2개의 빛으로 증폭된 결과가 된다. 이러한 과정이 반복되면 점점 빛의 세기가 증폭되어 레이저로 방출된다. 유도방출되는 빛은 입사광과 동일 진동수, 동일 위상을 가지므로 유도방출을 강하게 하면 빛의 집속된 증폭이 가능하여 레이저의 발진에 이용된다.

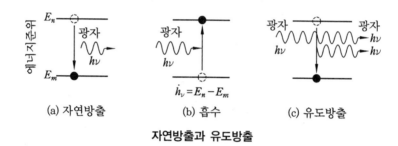

자연방출과 유도방출

(3) 레이저 특성

레이저의 경우에는 같은 상태에서 굴절에 의해서 진로는 굽어지지만 색상의 변화는 일어나지 않는다. 레이저 빛은 태양 빛과 달리 하나의 빛으로 되어있는 단일 빛이다. 레이저 빛은 단색성, 지향성, 간섭성, 에너지 집중도 및 휘도성이 뛰어나다. 이렇게 4가지의 특성을 동시에 겸비한 것이 레이저이다.

9-3 레이저용접(laser welding)

(1) 원 리

레이저용접은 유도 방사를 이용한 빛을 이용하여 매우 작은 점으로 접속된 laser 광에서 변환되는 고밀도의 에너지를 써서 keyhole 용융 현상을 수반하는 용접 방법이다.

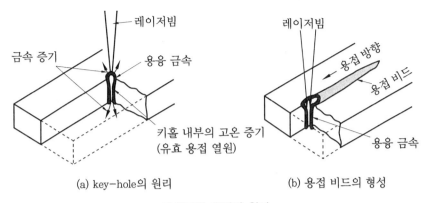

(a) key-hole의 원리   (b) 용접 비드의 형성

레이저빔 용접의 원리

(2) 레이저 발생 장치

레이저 발생 장치는 다음 그림에서 볼 수 있는 바와 같이 레이저 매질(laser medium), 여기매체(pumping source) 및 광학 공진기(optic resonator)의 3부분으로 구성되어있다.

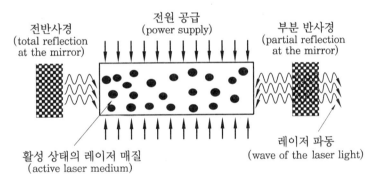

레이저 발생 장치

① **레이저 매질** : 유도방출로 빛을 증폭하기 위한 조건으로 높은 에너지준위에 있는 원자의 수가 낮은 준위에 있는 원자의 수보다 많은 현상인 밀도 반전이 가능한 물질로 특별한 원자나 분자가 채워진 물질로 빛의 유도 과정에서 증폭되어 센 빛이 나도록 하는 광증폭기이다.

② **펌핑 매체(여기매체)** : 밀도 반전을 형성하기 위하여 외부에서 매질에 에너지를 공급하기 위한 장치인 펌프로, 높은 에너지준위를 가진 원자나 분자들의 밀도를 높인다.

③ **공진기** : 공진기는 원통형 증폭 매질에 마주 보게 설치된 한 쌍의 거울로 서로 마주 보고 있으며, 하나는 100 % 반사를 하고 다른 하나는 입사광 일부를 통과시키고 일부를 반사하는 거울로 부분 반사경이라 하며, 두 거울을 공진기라 한다.

(3) 레이저의 종류

레이저는 고체레이저, 반도체레이저 및 가스레이저의 3종류로 구분되며 레이저의 종류에 따라 레이저의 강도와 파장은 서로 다르다.

① **고체레이저** : 고체레이저는 루비 레이저, Nd : Glass 레이저, Nd : YAG 레이저가 있으며, 각 레이저의 매질 및 특성은 다음 표와 같다.

고체레이저의 종류

종류	매질	레이저 활성화 매질	파장 길이
Ruby 레이저	rubin	크롬 이온(Cr^{3+})	0.694 μm
Nd : Glass 레이저	glass	네오디뮴 이온(Nd^{3+})	1.06 μm
Nd : YAG 레이저	YAG	네오디뮴 이온(Nd^{3+})	1.064 μm

고체레이저의 구성은 다음 그림과 같이 막대형의 레이저 활성화 매질이 공진기의 두 반사경 사이에 위치하며 매질은 양측에 위치한 광학 펌프에 의해 활성화된다. 광학 펌프인 플래시 램프는 펄스 레이저, 아크 램프는 연속 레이저를 발생시킨다. 레이저 출력은 통상 10 W~5 kW 범위나 펄스 레이저의 경우는 20 kW까지 얻을 수 있어 다양한 금속의 용접에 사용된다.

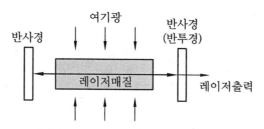

고체레이저에서의 광여기(optical pumping)

YAG 레이저는 YAG[$Y_3Al_5O_{12}$(Yttrium Aluminum Garnet)]의 결정 Nd^{3+}를 0.1 ~1.0 % 첨가한 매질을 광여기(光勵起)시켜 얻어지는 고체레이저이다. 위의 그림과 같이 원통상에 가공한 레이저 매질에 주위에서 불꽃램프를 이용하여 강한 빛을 순간적으로 조사하면 펄스적인 레이저 발진이 가능하게 된다. YAG에는 연속 발광하는 광원으로 여기하면 연속 출력도 가능하지만 출력은 CO_2 레이저 경우와 비교하면 작다.

CO_2 레이저와 YAG 레이저의 비교

구 분	종류(여기 방식)	레이저 매질	파 장	평균 출력	용 도
CO_2	기체레이저 (방전여기 방식)	CO_2+N_2+He	10.6 μm	~수 10 kW	용접 · 절단
YAG	고체레이저 (광여기 방식)	$Y_3Al_5O_{12}+Nd^{3+}$	1.06 μm	~수 kW	미세 가공

② **반도체레이저** : 반도체레이저는 다이오드(diode)레이저라고도 하며 GaAs, GaAlAs 가 매질로 사용된다. 레이저 파장은 $0.78{\sim}0.94\,\mu m$이며 에너지밀도는 $5{\times}10^5$ W/cm^2 정도로 고체나 기체레이저보다 낮다. 반도체레이저는 플라스틱이나 금속 재료의 솔더링, 경화 및 용접에 사용된다.

③ **가스레이저** : 가스레이저는 엑시머(KrF, XeCl), ArF, HeNe, CO_2 등이 매질로 사용되며 용접이나 절단에 사용되는 매질은 CO_2이다. CO_2 레이저의 공진기 내에는 $CO_2 : N_2 : He = 1 : 2 : 10$의 혼합 가스가 채워져 있다. 전극 사이에서 방전이 일어나면 질소가 활성화되며 질소의 진동에너지가 CO_2로 전달되어 레이저가 방출된다. 냉각기의 냉각작용은 He의 높은 열전도성을 통해 혼합 가스를 냉각시켜 안정적인 공정이 지속될 수 있게 한다. CO_2 레이저는 파장이 $10.6\,\mu m$이고 효율은 $10{\sim}15\,\%$, 출력은 통상 $5{\sim}20\,kW$이나 $40\,kW$까지도 얻어진다. CO_2 레이저는 절단, 용접 및 표면처리 작업에 널리 적용된다.

(4) 특 징

① 장점

㈎ 좁고 깊은 용입을 얻을 수 있다. $45\,kW$급 레이저 장치를 이용 시 한 번에 $30\,mm$ 두께의 강재를 $1\,pass$로 용접할 수 있어 용접 개선면을 가공하지 않아도 되고, 용접봉이 없어도 된다.

㈏ 소입열(少入熱) 용접이 가능하여 변형 발생이 적고, 좁은 HAZ로 결정립 성장이 저지되어 연성이 우수하다.

㈐ 용접을 자동화하기 쉽고, 고속으로 대량생산이 가능하다. 접근이 어려운 부분의 용접이 가능하다.

㈑ 자장의 영향을 받지 않고, X－선의 발생이 없다.

㈒ 가열 및 냉각 시간이 짧기 때문에 stainless강 등의 입계탄화물 석출이 방지되어 내식성이 좋다.

㈓ 비접촉 용접을 수행하기 때문에 장비의 마모가 없다.

㈔ 이종 금속의 용접이 용이하다.

② 단점

㈎ 용접 이음부와 레이저빔을 정확하게 정렬, 조준하여야 한다.

㈏ 장치가 고가이다.

㈐ 안전을 위해 용접 중 작업자를 레이저 광으로부터 격리시켜야 한다(관찰이 어렵다).

  (라) 에너지 변환 효율이 낮다(10 % 이하).

  (마) 용접 공정이 급격함에 따라 기공이 발생되며, 용접 금속이 취성을 갖는다.

  (바) 열전달이 높은 금속, 알루미늄 및 동 합금 제품은 레이저 용접이 어렵다.

(5) 레이저 용접 시 안전

 ① 노즐 밑에 손대지 말아야 한다.

 ② 용접 중단 후 노즐의 상태 확인 시, 직접 눈으로 들여다보지 말아야 한다.

 ③ 용접할 때 반드시 보안경을 착용해야 한다.

 ④ 물탱크에 물이 없거나 물 순환이 비정상일 때는 레이저 운전을 금지한다.

 ⑤ 비정상적인 일 발생 시 긴급히 스위치를 내린 후 확인한다.

 ⑥ 가공물은 수평을 유지해야 한다.

(6) 적 용

 엔진의 하이드로 태핏 제조, 자동차의 트랜스미션 축의 용접, 테이블러 블랭크 용접, 아연도금 강판의 용접, 레이저 클래딩 등에 이용된다.

9-4 레이저 하이브리드 용접(laser hibrid welding)

(1) 개 요

 종래의 레이저 용접 기술은 용접에 필요한 열원으로서 레이저를 단독으로 사용하였지만 레이저 하이브리드 용접법은 아크 에너지 등 제3의 열원과 레이저를 동시에 사용하는 용접 기술이다. 레이저 하이브리드 용접법의 개발은 각각의 열원이 가지고 있는 장점은 활용하고 단점을 보완하는 상승효과를 겨냥한 것이다. 레이저 하이브리드 용접은 대부분 레이저–GMAW, 레이저–GTAW 및 레이저–PAW 등과 같이 주로 레이저와 아크 열원을 병용하기 때문에 레이저 하이브리드 용접은 레이저–아크 하이브리드 용접으로 대표되는 경우가 많다.

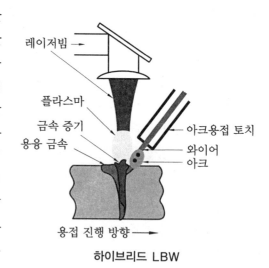

하이브리드 LBW

(2) 원리

레이저-아크 하이브리드 용접은 기본적으로 레이저용접을 수행하는 장치에 아크용접용 토치를 부가 장착한 구성을 가지고 있다. 한편 레이저-아크 하이브리드 용접 장치에서는 하나의 용접 토치에 레이저와 아크 열원을 함께 접속할 수 있는 일체화 기술이 상용화되어 현장 적용의 편리성을 높이고 있다.

(3) 특징

① 아크용접에 비하여 빠른 용접 속도를 얻을 수 있다.
② 낮은 용접 입열량을 적용하기 때문에 용접부 특성이 개선된다.
③ 비교적 낮은 출력의 레이저를 사용하여 투자비 절감이 가능하다.
④ 이음부 관리가 용이하다.
⑤ 자동화가 쉽다.
⑥ 용접열에 의한 판재의 변형을 최소화할 수 있어 제작 공정이 단축되고, 생산성이 향상된다.

이와 같은 특징 때문에 레이저 하이브리드 용접 기술은 레이저와 아크용접법이 갖는 각각의 장점은 적극적으로 활용하고, 단점은 상호 보완하여 용접 공정 효율을 극대화시킬 수 있는 기술로 평가받고 있다.

레이저용접법과 아크용접법의 비교

구 분	레이저용접	아크용접
용접 속도	빠름	늦음
자동화 가능성	용이함	다소 용이함
입열량	낮음	높음
용입비	큼	작음
열영향부	좁음	넓음
용접 변형	작음	큼
이음부 관리	어려움	쉬움
설비 투자비	높음	낮음

> **참고** ● 하이브리드 용접 채택의 이유
> 이음부 가공 및 정렬의 정밀도가 낮거나 갭이 큰 경우에도 LBW를 적용할 수 있도록 하기 위함이다.

(4) 적 용

레이저-아크 하이브리드 용접은 조선 산업 현장을 비롯하여 라인파이프, 자동차, 석유 저장 탱크 등 다방면에 이용 가능한 기술로 평가되고 있다. 특히 조선 공업과 같이 후판 강재를 많이 사용하는 분야에서는 좀 더 효율적으로 깊은 용입의 용접부를 얻을 수 있는 레이저-GMAW 하이브리드 용접 기술이 적용되고 있다. 또 이 용접법을 적용하면 용접열에 의한 판재의 변형도 최소화할 수 있으므로 제작 공수의 절감과 생산성 향상을 도모할 수 있는 것으로 알려져 있다.

9-5 전자빔 용접(EBW, electron beam welding)

(1) 원 리

전자빔 용접은 높은 에너지를 가진 electron들을 용접하고자 하는 모재에 충돌시켜 그때 발생하는 열로 용접을 진행하는 방법이다. 전자빔의 열원은 진공 중에서 필라멘트를 가열하여 방출된 전자를 고전압으로 가속하고 전자렌즈로 집속시킴으로써 얻어진다. 집속된 전자빔은 고밀도 에너지로서, 용접재에 적용하면 전자의 운동에너지가 열에너지로 변환되기 때문에 용접재를 가열, 용융시켜 용접에 이용할 수 있게 된다. 전자빔 용접법은 아크용접보다 10,000배 이상의 에너지밀도를 가지며 용접 공정을 고속, 고정밀 제어할 수 있다는 특징이 있다. 초창기에는 용접기를 진공상태로 유지하기 위하여 용량이 커졌으나, 이후 electron beam generator만을 진공으로 하는 방법이 개발되어 활용도가 더욱 증대되고 있다.

(2) 전자빔 용접의 분류

① **전자빔 발생** : 전자를 방출시키는 방법으로는 충분히 높은 온도까지 가열된 필라멘트로부터 열전자를 얻는 방법과 광전효과에 의한 방법, 혹은 강전계를 부여하여 전계 방출시키는 방법 등이 있다. 이들 중에서 고융점 소재(W, Ta, Mo)로 만들어진 필라멘트를 고온으로 가열하여 열전자를 방출시키는 방법(가속전압)이 전자빔 용접법에서 가장 널리 사용되고 있다. 전자빔 용접 장치는 가속전압의 범위에 따라 고전압형(100~300 kV)과 저전압형(10~100 kV)으로 분류되며, 용접실의 진공도에 따라 고진공형, 저진공형, 대기압형으로 분류된다.

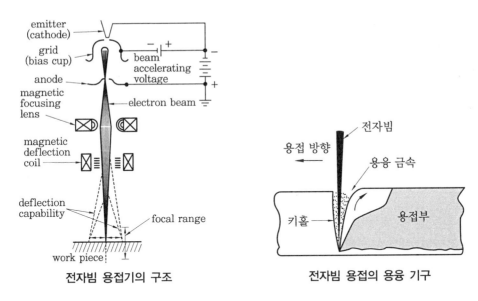

전자빔 용접기의 구조 전자빔 용접의 용융 기구

② **진공도에 의한 분류** : 용접실의 진공도에 따라 고진공형, 저진공형, 대기압형 전자빔 용접으로 구분되며, 고진공 상태를 유지시키는 것이 일반적으로 사용된다.

  ⑦ 고진공형(EBW-HV) : 진공도 10^{-6}~10^{-3} torr 정도의 진공 분위기에서 용접이 이루어지며, 이는 진공 분위기를 만들기 위한 시간과 용접물의 크기의 제한을 받으나,

    ㉮ 좁은 용접부로 최대 깊이의 용접을 실시할 수 있고,

    ㉯ 수축 등에 의한 용접 변형을 최소화할 수 있으며,

    ㉰ 깨끗한 용접 환경으로 인한 오염을 최소화할 수 있고,

    ㉱ 높은 진공도로 용접 시 산란을 최소화할 수 있다는 장점이 있다.

  ㉯ 저진공형(EBW-MV) : 진공도 10^{-3}~25 torr 정도의 진공 분위기 속에서 용접이 이루어지며, EBW-HV에 비해 넓고 얕은 용접부를 얻게 된다.

  ㉰ 대기압형(EBW-NV) : 진공 중 용접보다 넓고 얕은 용접부가 형성되며, 용접 비용이 저렴하다. 적당한 보호 가스 분위기만 유지하면 Cu, Cl, Ti 및 그 합금의 용접 등 다양한 종류의 용접을 쉽게 실시할 수 있다.

(3) 전자빔 용접의 특징

① 장점

  ㉮ 전기에너지를 직접 beam 형태의 에너지로 바꾸므로 에너지 효율이 높다.

  ㉯ 용접 속도가 빠르고 박판에서 후판까지 광범위한 용접이 가능하다.

  ㉰ 피용접물에 대한 입열이 작기 때문에 고정밀도 용접이 가능하다(수축 변형이 작다).

  ㉱ 진공 중 용접 시 산화 및 질화의 위험이 거의 없다.

  ㉲ 접근이 어려운 부분도 용접이 가능하다.

    ⓑ 높은 열 집중과 용융 속도로 용접 생산성이 좋다.

    ⓒ 다양한 모재 형상과 두께의 용접이 가능하다.

    ⓓ 높은 열전도도를 갖는 Cu, Al, Ti 등의 재료와 이종 재료의 용접이 타 용접법 보다는 용이하다.

    ⓔ 고융점 재료의 용접이 가능하다.

    ⓕ 용접부의 품질 편차가 적어 대량생산에 적합하다.

    ⓖ 정밀 부품의 용접이 가능하고, 용접 공정의 자동화에 적합하다.

② **단점**

    ① 초기 시설 투자비가 많이 든다.

    ② 정밀한 이음부 가공 및 fit-up이 필요하다.

    ③ 빠른 응고 속도로 구속력이 강하거나 ferrite 성분이 적은 stainless강에서 균열을 초래하기 쉽다.

    ④ 진공을 유지하는 데 시간이 걸리며, 용접 부재의 크기에 제한된다.

    ⑤ beam은 자장에 의해 휘므로 사용되는 공구 및 주변에 자성이 없어야 한다.

    ⑥ 대기압형 사용 시 X-선의 방호가 요구된다.

    ⑦ 진공 용접에서 증발되기 쉬운 재료의 적용이 곤란하다.

    ⑧ 용접부 깊이 대 폭의 비가 큰 용접부를 부분 용입으로 용접하면 root부에 void 나 porosity가 생길 수 있다.

    ⑨ EBW 중에 발생하는 오존과 기타 비산화성 가스의 제거를 위한 환기장치가 필요하다.

(4) 전자빔에 의한 용융 현상

① 용접 과정

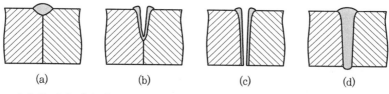

    (a)   (b)   (c)   (d)

(a) 고전압에 의해 가속된 전자가 모재 표면에 충돌함과 동시에 전자의 운동에너지가 열에너지로 변환됨

(b) 모재 표면에 가해진 고밀도의 열에너지는 금속을 용융시키며 전자빔이 직접 조사되는 부분은 기화되어 좁고 깊은 공동을 형성함

(c) 증기 공동에 의해 전자빔이 모재 깊이 조사되어 공동이 모재를 관통하여 키홀을 형성함

(d) 전자빔이 앞으로 이동하면 금속 증기압에 의해 공동 주면으로 밀려나있던 용융 금속이 공동을 채워 좁고 깊은 용접부가 형성됨

② **용융 특성에 미치는 분위기 압력 영향** : 분위기 압력이 1 torr 이상이면, 전자빔이 기체 입자 또는 빔 조사에 따라 발생하는 모재 증발 입자에 의해 산란되므로 용입 깊이는 급속히 저하된다. 이러한 전자빔에 의한 용융 특성은 용접실의 분위기 압력의 영향을 받으므로 실제의 용접 장치는 용접실의 분위기 압력에 의해 고진공형 (10^{-3} torr 이하), 저진공형(10^{-3}~25 torr 정도) 등으로 분류된다.

③ **용접 비드의 형성 현상** : 전자빔 용접은 키홀의 형성과 그에 따른 깊은 용입을 특징으로 한다. 실제 용접 시공에 있어 비교적 두꺼운 판에도 1층 패스 용접은 기본으로 된다. 전자빔에 의한 모재의 용융 현상은 빔 에너지와 그의 밀도, 특히 에너지밀도에 의해 강한 영향을 받는다. 다음 그림은 초점 위치의 비드 치수에 미치는 영향을 나타낸다. 용접 중의 키홀 형태는 X선 투과 장치나 고속 카메라를 이용하여 관찰할 수 있다.

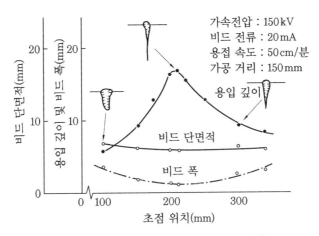

전자빔 용접에서의 초점 위치와 비드 치수

(5) 용접 결함과 방지 방법

① **기공** : 진공상태에서 작업하는 전자빔 용접에서는 용입이 깊고 용융 금속량이 적기 때문에 금속 응고가 일어나 아크용접보다 기공이 잔류하기 쉽다. 기공은 용접 재료 및 표면에 부착된 O_2, N_2 및 화학반응에 의해 형성된 CO, 높은 증기압을 가진 합금 원소의 증기가 주원인이며, 기공 방지에는 beam oscillation이 유효하지만 rimmed 강의 용접 시에는 탈산제를 함유한 용가재의 사용이 바람직하다(rimmed강은 가스 처리가 불충분하여 내부에 기포 및 유황이 편석으로 존재하기 쉬우므로 전자빔 용접에서 이러한 자세로는 증발 현상과 빠른 냉각 속도로 인하여 기공 발생 및 합금 성분의 감소나 lamellar tear의 발생 가능성이 높아진다).

② **아킹(arcing)** : 아킹에 의한 전자빔 발생 중단의 원인은 용융부로부터 발생하는 금속 증기나 가스가 전자층에 유입되기 때문으로 arcing 시 surge energy를 흡수하는 방법과 surge energy를 작게 설계하는 방법이 유효하다.

③ **스파이크** : 스파이크는 빔 선단부의 특성에 의해 평균 용입선보다 갑자기 용입이 증가하여 용접 금속이 스파이크 모양으로 나타나는 결함을 말한다. 전자빔 용접의 부분 용입 용접부에서 자주 발견되는 스파이크 결함이 심한 경우에 용입이 불균일하게 되므로 조심하여야 하며, 에너지밀도가 클 때에 현저하게 된다. 스파이크들은 대부분 기공을 포함하고 있으므로 루트부 기공으로 나타나게 된다. 이러한 스파이크와 루트 기공은 다음 그림과 같이 전자빔 1, 2를 이용하여 적정 조건(c)을 얻음으로써 방지할 수 있다.

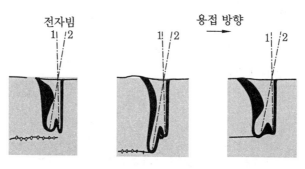

(a) 출력이 너무 낮음   (b) 출력이 너무 높음   (c) 적정 출력

스파이크 및 루트 기공 방지법

④ **험핑 비드** : 고속 용접 시 비드 표면에 혹 모양의 울퉁불퉁한 비드가 형성되는 것을 말하며 험핑 비드와 언더컷은 동시에 형성되는 경우가 많다. 이것을 방지하기 위해서는 빔 직경을 작게 하고 저속으로 용접하는 것이 바람직하다.

⑤ **cold shut** : 융합 불량이 형성되는 것을 말하며, 이 결함은 순차적으로 용융된 용융 금속이 키홀로 유입되어 용융 측벽에 완전히 융합되지 못하기 때문에 발생한다. 대책으로는 에너지밀도를 낮추어 용접부의 폭을 넓히거나, beam을 oscillation시켜 냉각 속도를 낮추는 방법이 효과적이다.

⑥ **균열** : 전자빔 용접 시 P, S이 많은 탄소강을 사용하면 수평 균열과 같은 고온 균열이 발생하기 쉽고 Ni합금, Al합금 및 스테인리스강 등에도 고온 균열이 발생하게 된다. 그러나 고탄소강, 저합금강 등에서는 급열, 급랭에 의한 저온 균열도 발생하기 쉽다.

⑦ **missed joints** : 작은 지름의 electron beam을 사용하여 긴 용접부를 가진 두꺼운 후판을 용접할 때는 beam의 각도를 항상 용접되는 면에 일치시켜야 한다. 아무리

잘 조정된 beam이라고 해도 용접 중에 자장에 의해 굴절되어 beam의 초점이 목표 위치를 벗어나기 쉽다. 굴절 현상은 예견하기 어렵고, 이종 금속의 용접 시에 특히 비자성체와 자성체 사이의 용접 시에 자주 발생할 수 있다. 이러한 문제를 예방하기 위해 미리 용접부를 따라 witness line을 평행하게 그려놓고 확인하는 것이 좋다.

⑹ 용 도

원자력, 항공기, 해저 장비, 자동차 등의 부분품에 대한 용접으로부터 전자 제품에 이르기까지 광범위하게 확산되고 있다.

기타 용접 및 용접 자동화

1. TIME(transferred ionized molten energy)을 이용한 용접 원리, 금속 이행, 혼합 가스의 특성에 대하여 설명하시오.

2. 아크 스터드용접 시 알루미늄(Al) 볼(ball)을 첨가하여 용접하는 경우가 있는데 그 이유를 설명하시오.

3. 공정 저온 용접법의 원리, 용접 방법, 사용 용접봉, 용접 특성에 대하여 설명하시오.

4. 건타입 아크 스터드용접의 작동 원리와 장점 및 적용 방법에 대하여 설명하고, 뒷면에서의 품질 확인이 불가능한 구조인 경우 품질보증 방안에 대하여 설명하시오.

5. 용접 방법 분류에서 화학적 에너지를 이용하는 테르밋용접(thermit welding)의 원리 및 그 특징을 설명하시오.

6. 수중용접(underwater welding)의 종류 2가지를 열거하고 설명하시오.

7. 수중 가스실드 아크용접법과 수중 플라스마 아크용접법에 대하여 설명하시오.

8. 용접 자동화 시스템에 적용되는 비전 센서(vision sensor)의 원리 및 특징을 설명하시오.

9. 용접선 추적용 아크 센서의 원리에 대하여 설명하시오.

10. 기타 용접 및 용접 자동화

10-1 ▷ 테르밋 용접(thermit welding)

(1) 원 리

금속의 테르밋 반응을 이용한 것으로, 테르밋반응이란 금속산화물이 알루미늄에 의해 산소를 빼앗기는 반응을 총칭하는 것으로 이 반응 온도는 약 2000~2800℃에 달한다. 이 반응열을 이용하여 얻어진 용융 금속을 접합부에 주입하여 피용접물 간격을 메워 응고 접합하는 것이다. 테르밋재는 흑색 산화철과 알루미늄 분말을 3 : 1로 혼합하고 점화재를 넣어 가열한다. thermit은 용접으로 구분되기는 하지만 거의 casting에 가까운 특성을 가지고 있어서 riser와 gate가 반드시 필요하며, 그 용도는 다음과 같다.

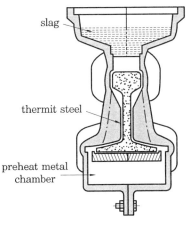

테르밋용접의 원리

① 응고 수축에 의한 용접 금속의 부족분을 보충해준다.
② 주조에서 발생될 수 있는 결함의 발생을 줄여준다.
③ 용탕의 흐름을 원활하게 한다.
④ 용탕이 용접 joint 내로 들어갈 때 와류의 생성을 방지한다.

(2) thermit 발열반응식

> 산화 금속＋aluminum(분말)→aluminum oxide＋금속＋발열

이 반응은 금속과 산소와의 친화력보다 aluminum과 산소의 친화력이 더 커질 때까지 계속된다. 용기 안에서 이 반응을 진행시키면 금속과 통상 2000℃ 이상의 열이 발생되며 산화알루미늄은 가벼워서 위로 부상하게 된다. 산화철과 알루미늄의 분말 혼합 비율은 3~4 : 1 정도이며, 발열반응은 다음과 같다.

$$3FeO+2Al=3Fe+Al_2O_3+880kJ$$
$$Fe_2O_3+2Al=2Fe+Al_2O_3+850kJ$$
$$3Fe_3O_4+8Al=9Fe+4Al_2O_3+3350kJ$$
$$3CuO+2Al=3Cu+Al_2O_3+1210kJ$$
$$3Cu_2O+2Al=6Cu+Al_2O_3+1060kJ$$

(3) 분 류

용융 테르밋용접(용해된 금속 및 슬래그를 유입시켜 용접)과 가압 테르밋용접(센 압력을 가하여 용접하는 일종의 압접)이 있으며, 이 중 용융 테르밋용접이 많이 사용된다.

① **용융 테르밋용접** : 가장 널리 사용되고 있는 방법으로 미리 준비된 용접 이음에 적당한 간격을 두고 그 주위에 주형을 짜서 예열구로부터 나오는 불꽃에 의해 모재를 적당한 온도까지 가열(강의 경우 800~900℃)한다. 그 후 도가니 안에서 테르밋반응을 일으켜 용해된 용융 금속 및 슬래그를 도가니 밑에 있는 구멍으로 유입시켜 용접홈 간격을 용착시킨다.

② **가압 테르밋용접** : 테르밋반응의 반응 생성물에 의해 모재의 양 끝면(용접부)을 가열함과 동시에 용접부에 압력을 가하여 용접하는 일종의 압접 방법이다. 따라서, 이 용접법에서는 용융 금속이 전혀 사용되지 않는다.

(4) 특 징

① 장점

㈎ 용접 시간이 빠르고, 합금원소의 조정이 쉽다.

㈏ 별도의 용접기나 커다란 장비가 필요 없어 설비비가 저렴하다.

㈐ 용접 개시를 위한 점화 방법이 간단하다. 단지 igniter에 성냥불만으로도 점화가 가능하여 전력이 불필요하다.

㈑ 용접 작업이 단순하며, 작업 장소의 이동이 용이하다.

㈒ 용접 후의 변형이 적다.

㈓ 용접 이음부의 홈은 가스절단한 상태에서 특별한 가공 없이도 사용이 가능하다.

② 단점

㈎ 적절한 용접부의 gap과 alignment가 필요하다.

㈏ butt joint 용접을 실시할 때는 완전한 용착을 위해 예열을 반드시 실시해야 한다.

㈐ 초기 점화를 위한 ignition rod나 powder가 필요하다.

㈑ 주물의 형태로 용접이 이루어지므로 riser와 gate의 설치가 필요하다.

㈒ 적용되는 용도별로 별도의 mold를 설계하고 시공해야 하는 어려움이 있다.

(5) 적 용

차축, 레일, 차량 및 선박 등의 비교적 접합 단면적이 큰 구조물에 응용되고 있다.

10-2 스터드용접(stud welding)

(1) 개 요

스터드용접이란 bolt, 환봉 등과 같은 stud 형상의 물체를 용접 대상물에 arc를 발생 시켜서 용접하는 방법을 말한다. arc를 발생시켜서 용접을 시행하는 점에 있어서는 일 반적으로 SMAW와 유사점이 있으나, 연속적인 용접 비드를 형성하지 않는 차이점이 있 다. 스터드용접은 사용되는 전원의 종류에 따라 직류 전원을 이용하는 arc stud용접 방 식과 condenser를 이용한 condenser 방전 방식으로 구분된다. 스터드용접이 보통 아 크용접과 다른 점은 스터드의 끝에 안정제, 탈산제 등의 용제를 충전하거나 방사하고, 아크가 발생하는 외주에는 내열성의 도기로 만든 페룰을 사용하는 점이다.

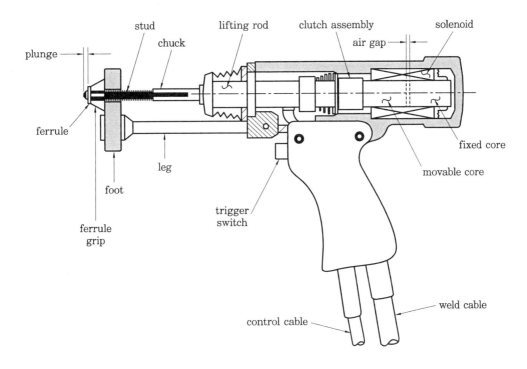

(2) 용접 장치

제어장치, 용접 토치(스터드 건)로 이루어져 있다. 아크 스터드용접은 주로 수하 특성 을 갖는 직류 용접기가 사용되며, 정전압 용접기는 용접 전류를 제어하기 곤란하기 때 문에 사용하지 않는다. 아크 스터드용 용접 토치는 토치 끝에 스터드를 끼울 수 있는 스 터드 척(chuck)과 내부에 스터드를 누르는 스프링 또는 공압 장치 및 통전용 스위치 등 으로 구성되며, 아크 발생 시 스터드를 잡아당기기 위하여 솔레노이드 코일을 이용한 전자석이 설치되어있다.

(3) 용접 재료

① **스터드** : 스터드는 보통 5~16 mm 정도의 것이 많이 쓰이며 용도에 따라 여러 가지 모양이 있다. 용접부의 형상은 대부분 원형이나 장방형으로 되어있다. 스터드의 끝부분은 탈산제를 충진 또는 부착시켜 용접부의 기계적 성질을 개선하고 있으며 용접부의 단면적이 증가함에 따라 그 필요성도 증가된다.

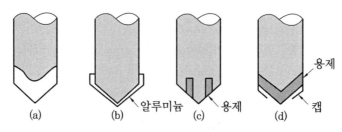

스터드 끝부분의 여러 가지 모양

② **페룰(ferrule)의 역할** : 페룰의 재질은 내열성의 세라믹(ceramic)으로 아크를 보호하기 위한 것이며, 용접 완료 후에 손쉽게 깨서 제거할 수 있다. 모재와 접촉하는 부분은 홈이 파져 있어 페룰 내부에서 발생하는 열과 가스를 방출할 수 있도록 되어있다. 그 역할은 다음과 같다.

㈎ 용접이 진행되는 동안 아크열을 집중시켜준다.

㈏ 주위의 공기를 차단시켜 용융 금속의 산화를 방지한다.

㈐ 용융금속의 유출을 막아준다.

㈑ 용착부의 오염을 방지한다.

㈒ 아크 광선으로부터 용접사의 눈을 보호한다.

(4) 아크 스터드(arc stud)용접 단계

아크 스터드용접의 진행 과정은 다음과 같다.

① 용접 대상물이 제 위치에 고정되면 전류가 공급되기 시작하고,

② 이때 gun에 장치된 solenoid coil이 energy를 받게 되면서 sude를 용접 모재로부터 멀어지게 한다.

③ 이때 용접 대상물 사이에 arc가 발생하게 되고,

④ 두 용접 대상물은 아크열에 의해 용융되고, 아크 발생이 종료되면 전원이 차단되면서

⑤ solenoid coil의 energy가 소멸되어 stud를 모재 쪽으로 밀어 가압력하에서 모재와 접촉하면서 용융부가 응고하여 용접이 완료된다.

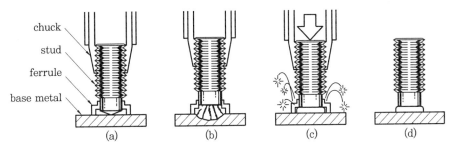

chuck
stud
ferrule
base metal

(a)   (b)   (c)   (d)

(a) gun is properly positioned, (b) trigger is depressed and stud is lifted, creating an arc, (c) arcing period is completed and stud is plunged into molten pool of metal on base metal, (d) gun is withdrawn from the welded stud and ferrule is removed.

아크 스터드용접의 진행 과정

(5) 아크 스터드용접의 특징

① arc의 유지 시간이 매우 짧고 입열량이 매우 작아 변형을 최소화할 수 있고, 용접 금속과 열 영향부(HAZ)가 최소화된다.

② 용접부를 사전에 기계 가공하거나 joint 형상을 만드는 별도의 작업이 불필요 하다.

③ 짧은 시간 동안 국부적으로만 가열하므로 탄소강의 경우에 주변의 모재에 의해 용접부가 급랭되어 경화되기 쉽다. 그러나 Al합금 등의 석출 및 시효 경화성 합금의 경우 과도한 시효나 연화의 부작용을 방지할 수 있다.

④ 용접하고자 하는 stud를 물어줄 수 있는 gun(chuck)의 크기만큼의 간격이 필요 하므로 매우 조밀한 용접을 시행하기 어렵다.

(6) 퍼커션(percussion) 용접(condenser 방전 방식)

① 원리 : 퍼커션 용접은 순간적으로 전기에너지를 발산하여 이때 발생되는 아크열과 외부에서 가하는 압력을 이용하여 국소적으로 용융 용접을 시행하는 방법이다. 스터드용접과 전기저항 용접법의 중간 형태를 취하며, 주로 반도체나 전자 산업에서 사용되는 방법이며, 와이어나 접점, 전기 단자 등과 같은 것을 평면에 용접하는 데 적용한다. 다른 이름으로 충전기 방식(capacitor discharge) 스터드용접이라고도 불리지만 적용되는 용도와 사용되는 전원의 종류에서 차이점이 있다. 퍼커션 (percussion) 용접은 스터드용접과는 달리 대전류를 사용하여 주로 유사한 단면의 두 금속을 용접하는 데 적용된다.

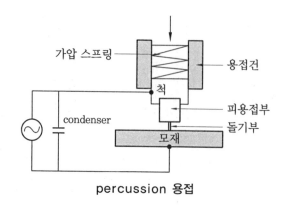

percussion 용접

② 용접 작업

 ㉮ 콘덴서의 축적 에너지로 비교적 약한 가압력으로 눌러 급속히 방전

 ㉯ 돌기부로 전류 통로 제한

 ㉰ 대전류 아크 발생

 ㉱ 돌기부를 용융, 비산시켜

 ㉲ 충격력을 가한다.

 ㉳ 용융부를 융합, 압착하여 용접

 ㉴ 가압에는 스프링에 의한 강제 가압 외 자중(自重)에 의한 자연낙하의 충격력을 이용하는 방식 채용(충격 용접)

③ capacitor discharge(CD) 스터드용접 종류 : CD 스터드용접에는 접촉 방법과 갭 방법 및 드론 아크 3가지 방법이 있다. 이들은 스터드 끝에 가공된 작은 돌출부(ignition tip)와 모재 사이에서 아크를 발생시키고 압력을 가해 접합하는 점에서 유사하지만, 아크를 발생시키는 방법에 차이가 있다.

 ㉮ 접촉(contact) 방법 : 돌출부와 모재를 접촉시킨 상태에서 아크를 발생시킨다.

 ㉯ 갭(gap) 방법 : 스터드를 모재에 이동시키면서 스터드 돌출부가 모재와 접촉하는 순간에 아크가 발생한다. 갭 방법을 사용하면 스터드가 가속되어 속도가 빠르기 때문에 아킹 시간이 접촉 방법보다 단축된다. 열전도도가 높은 알루미늄 용접에 적합하다.

 ㉰ 드론 아크(drawn arc) 방법 : 아크 스터드용접과 유사하게 스터드를 모재에 접촉시키고 솔레노이드 코일을 이용한 전자석으로, 스터드를 용접할 재료로부터 분리시키는 순간 아크를 발생시킨다.

④ CD 스터드용접의 특징(아크 스터드용접 대비)

 ㉮ 아킹 시간이 수 ms로 매우 짧기 때문에 아크를 보호할 필요가 없어 페룰을 사용하지 않아도 되는 장점이 있다.

㈏ 캐퍼시터 용량의 제한으로 일반적으로 스터드의 직경이 아크 스터드에 비해 작다.

㈐ 대부분 모든 재질의 용접이 가능하나, 용접 후 냉각 속도가 매우 빠르기 때문에 제한된다(CD 스터드용접의 냉각 속도가 용접 공정 중 가장 빠름).

㈑ 용접용 토치(건)는 아크 스터드와 유사하지만, 전자석으로 스터드를 끌어올리는 장치가 없으며, 페룰을 사용하지 않기 때문에 구조가 간단하다.

㈒ 아크 스터드 직경은 5~16 mm 정도인 데 비해 CD 스터드용접의 스터드 직경은 1.6~12 mm 정도로 약간 작다.

㈓ 아크 스터드에서 끝부분에 플럭스나 탈산제를 충전 또는 부착하여 아크를 보호하나, CD 스터드의 경우 돌출부를 직경 0.5 mm 정도로 가공하여 아킹이 잘 되도록 하기 때문에 플럭스를 부착하지 않는다.

㈔ 아크 스터드용접은 열 입력이 크기 때문에 상당한 크기의 용융부를 형성하지만, CD 스터드용접은 열 입력이 작아 용융부가 작고 냉각 속도가 매우 빠르다. 따라서 CD 스터드용접부의 기계적 성질은 아크 스터드용접부보다 낮고 용접부에 기공이 형성되기 쉽다.

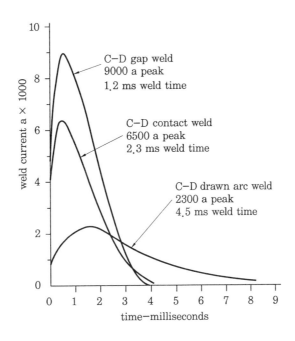

(7) 스터드용접부 평가

① **용접부 결함** : 스터드용접부는 비파괴검사를 적용하기 힘들기 때문에 육안 검사에 의존한다. 용접부 형상에 따라 적부를 판정한다.

② **기계적 시험** : 스터드용접부의 품질을 검사하기 위해 굽힘시험과 인장시험을 통하여 적정한 용접부 강도를 유지하는가를 평가한다.

(8) 스터드용접 규정

AWS D1.1 code의 제7장을 보면 일반 규정, 기계적 특성, 시공 기술, 용접 방법, 인증 규정 등에 대하여 상세히 기술되어있다. 스터드용접의 결함은 특별한 비파괴검사 방법을 적용하기 힘들어 육안 검사에 의존하는데 통상 bend test를 실시하여 stud bolt를 30° 가량 굽혔을 때 stud bolt가 떨어지지 않으면 용접부가 건실한 것으로 판정한다.

10-3 〈 수중 아크용접(underwater arc welding)

(1) 원리 및 방식

담수 또는 해수 중에서 하는 arc 용접을 수중용접(underwater arc welding)이라 한다. 수중 아크용접은 건식과 습식으로 구별된다.

① **건식 수중 아크용접법** : 고체 용기로 주위를 둘러싸고, 물을 배제한 공간에서 아크를 발생시켜 용접하는 방법으로 다량의 매연을 발생하는 용접법은 부적당하고, 피용접물의 크기에도 제한이 있으며, 설치에 많은 경비가 필요하다. 그러나 이음 성능 관점에서는 습식 수중 아크용접보다 양호하다.

② **습식 수중 아크용접법** : 물에 접한 상태로 아크를 발생시켜 용접하는 방법으로, 이 경우 용접 후에 공동을 만들어 물의 침입을 방지하는 대책이 강구된다. 이 방법은 수증기와 용융 금속의 반응, 용접부의 냉각 속도 증대 등에 의해 균열이나 기공이 발생되기 쉽다. 반면에 용기를 사용하지 않으므로 피용접물의 크기에 제한이 없으며, 설치비가 저렴한 이점이 있다.

건식 수중 아크용접 상황(예)

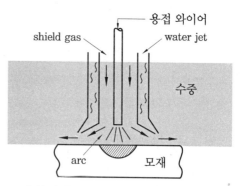

습식 수중 아크용접의 원리(물 분출식)

(2) 적용 용접법

① **수중 가스실드 아크용접** : 고속의 분류수를 적당한 각도로 분출시켜 기체 공동을 형성하고 MIG 또는 CO_2 용접하는 방법

② **수중 플라스마 아크용접** : plasma jet에 의해 수중에 공동을 형성시키고 플라스마 아크용접하는 방법으로 수심이 깊은(100~300 m) 곳에서도 상당히 안정한 플라스마를 형성시켜 반이행형 아크용접이 가능

③ **수중 SMAW**

㉮ 수심 50~100 m 정도까지

㉯ 가장 간편한 방법이지만

㉰ 잦은 아크 중단으로

㉱ 용접 효율이 떨어진다.

(3) 문제점

수중 아크용접법은 수심에 의한 압력을 고려해야 하며, 수심과 관련해서 수중 아크용접의 무인화(無人化) 및 그 주변 기술 등이 해결할 문제로 남아있다.

(4) 적 용

bridge, 해저 pipe-line 및 해양 구조물 등의 현장 용접이나 보수 용접에 적용된다.

10-4 MIAB 용접

MIAB(magnetically impelled arc butt) 용접은 맞대놓은 두 파이프 단면 사이에 발생시킨 아크를 전자기력으로 회전시킴으로써 단면부를 용융시키고 파이프를 축 방향으로 압력을 가하여 접합하는 방법이다.

(1) 원 리

MIAB 용접은 파이프 용접에 사용되며, 파이프 코일을 이용한 전자석과 가압 장치로 구성된다. MIAB 공정은 자기장에 의해 회전하는 아크에 의한 파이프 단면의 용융 단계와 파이프에 압력을 가하여 용접부를 형성하는 가압 단계로 구성된다. 파이프 사이의 간극을 1~3 mm 정도로 고정하면, 전자석의 자력선은 용접부의 간극에서 만나 반경 방향으로 향한다. 간극에 아크를 발생시키면, 다음 그림과 같이 아크는 전자기력($F = J \times B$)에 의해 파이프의 단면을 따라 원주 방향으로 회전한다. 회전하는 아크에 의해 파이프의 단면이 용융되면 아크를 소멸시키고 한쪽 파이프에 압력을 가해 용접부를 형

성한다. 용융부는 압력에 의해 외부로 밀려 나면서 플래시(flash)를 형성하고 고상용접부가 형성된다. 산화된 용융부는 플래시로 제거되므로 분위기 가스를 사용하지 않으며, 주로 강 파이프에 적용하고 비철금속이나 스테인리스강에 적용하기 위한 연구가 수행되고 있다.

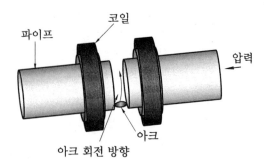

MIAB 용접의 원리

(2) MIAB 용접의 특징

① 용접 토치나 모재의 동작이 없어 자동화가 용이하며, 모재인 파이프가 전극 역할을 하므로 높은 용접 전류를 사용할 수 있다.

② 파이프 사이에 아크가 존재하므로 전력손실을 줄일 수 있으며, 용접 시간은 파이프의 직경과 두께에 따라 결정되지만 일반적으로 용접 시간이 짧기 때문에 생산성이 증가한다.

③ 스패터가 적게 발생하기 때문에 상대적으로 깨끗한 용접부를 얻을 수 있으며 재료 소모량도 적다.

④ 플래시 용접과 비교하여 전력 요구량이 적고 정렬 오차(mismatch)가 있는 파이프 간의 맞대기 용접도 가능하다.

(3) 주요 용접 변수

MIAB 용접 품질에 영향을 미치는 주요 변수는 다음과 같다. 이 중 자속밀도는 아크의 회전속도 및 거동에 영향을 미치는 주요 인자이므로 효율적인 자속밀도 분포 형성을 위한 자속 발생 장치가 중요하다.

주요 용접 변수

용접 변수	적용 범위
아크 길이(틈새)	1.5~3 mm
아크 전류	50~1500 A
코일 여자전류	1~25 A
아크 유지 시간	0.4~15 s
가압력	15~150 N/mm^2
가압 시간	0.5 s
보호 가스 유량	0~15 l/min

(4) 적용

두께 0.7~5 mm, 직경 5~300 mm의 pipe 형태의 구조물의 맞대기 용접에 효과적이다. 소화기 부품, 보일러 부품, 자동차 부품, 밸브류 등 강자성체에 주로 사용되며, 비자성체의 경우 pipe 속에 강자성 코어를 설치하여 사용 가능하다.

10-5 ◀ 용접 자동화

(1) 개 요

인력 부족으로 기인된 인건비의 상승은 용접 자동화를 요구하게 되었으며, 기계의 발달로 다양한 용접 수단과 방법들이 개발되었다. 이러한 용접의 활용 방안은 수동용접, 반자동용접, 기계용접, 완전 자동용접으로 구분되며, 자동화의 목적은 다음과 같다.

① 단순 반복 작업 및 위험 작업에 따른 작업자 보호
② 무인 생산화에 따른 원가절감 및 균일한 품질의 유지
③ 숙련 작업자(인력) 부족에 대처
④ 다품종 소량 생산에 대응
⑤ 재고 감소
⑥ 정보 관리의 집중화

(2) 용어 해설

① **자동(아크)용접** : 용접 와이어의 송급과 용접 헤드의 이송 등이 자동적으로 이루어져 용접 작업자의 계속적인 조작이 없어도 연속적으로 용접을 진행할 수 있는 용접 장치를 이용한 아크용접을 말한다. 피복 아크용접(SMAW)과 같이 작업자의 많은 경험을 필요로 하지 않으므로 품질의 안정에 기여할 수 있으며, 일반적으로 아크를 발생하는 용접 와이어의 끝단 부근에서 전류를 공급하기 때문에 높은 전류밀도를 사용할 수 있어 능률을 높일 수 있다.

② **반자동(아크)용접** : 용접 와이어의 송급은 자동적으로 이루어지는 장치를 이용하고, 용접 토치의 조작은 손으로 하는 아크용접법을 말한다. 반자동 아크용접은 기계화된 수동용접으로 분류하기도 한다.

③ **기계화용접** : 부품, 와이어, 플럭스를 공급하고 회전, 반전, 배출 등의 조작을 기계화, 동력화하여 용접하는 것을 말한다.

④ **수동용접** : 용접 작업 시 용가재의 공급과 토치의 이송을 수동으로 하는 용접을 말한다. 반자동 및 자동용접에 대응하는 말이며, 일반적으로 피복 아크용접을 칭한다. 수

동용접은 장소의 제약이 적고, 간편하기 때문에 널리 사용되고 있으며, 전 자세의 용접이 가능하다.

용접 자동화 단계

적용 방법 아크용접 요소·기능	수동용접 (폐쇄 회로)	반자동용접 (폐쇄 회로)	기계용접 (폐쇄 회로)	자동화용접 (폐쇄 회로)	적응제어용접 (폐쇄 회로)	로봇용접 (개방 또는 폐쇄 회로)
아크 발생과 유지	인간	기계	기계	기계	기계 (센서 포함)	기계 (로봇)
용접 와이어 이송	인간	기계	기계	기계	기계	기계
아크열 제어	인간	인간	기계	기계	기계 (센서 포함)	기계(센서를 갖춘 로봇)
토치의 이동	인간	인간	기계	기계	기계 (센서 포함)	기계 (로봇)
용접선 추적	인간	인간	인간	경로 수정 후 기계	기계 (센서 포함)	기계(센서를 갖춘 로봇)
토치의 방위 조작	인간	인간	인간	기계	기계 (센서 포함)	기계 (로봇)
용접 변형 오차 제어	인간	인간	인간	제어 불가능	기계 (센서 포함)	기계(센서를 갖춘 로봇)

(3) 로봇 자동화 시스템

① 개요 : 아크용접의 로봇화에는 GMAW(CO_2, MIG, MAG 포함)와 GTAW가 이용되고 있으며, 시스템은 robot, controller, 아크 발생 기구, 용접물 고정 장치(positioner), 적응 제어를 위한 sensor, robot 이동 장치(갠트리, 칼럼, 트랙) 등으로 구성된다.

② 자동화 구성 요소

㉮ 로봇(robot) : 아크용접에서 로봇은 프로그램된 위치에 용접 토치를 이동시켜 용접을 실행하는 역할을 한다. 이러한 로봇은 일련의 관절이나 링크로 구성되며 각각은 기어, 체인, 나사로 연결되어있고, 구성체는 공기압이나 유압의 선형 액추에이터 및 회전형 모터로 구동된다.

로봇 구동 시스템의 종류 및 장단점

종 류	장 점	단 점
유압식	• 큰 가반 중량 • 적당한 속도 • 정확한 제어	• 고가, 장치의 큰 부피 • 소음 • 저속
공압식	• 저가 • 고속	• 정밀도 한계 • 소음 • 에어필터가 필요 • 습기 건조 시스템 필요
전기모터	• 고속, 정밀 • 비교적 저가 • 사용이 간편	• 감속장치가 필요 • 동력의 한계

㈔ 컨트롤러(controller) : 컨트롤러는 아크용접의 자동화에서 두뇌에 해당하며, 프로그램된 정보를 저장하고 빠른 계산을 하도록 고속의 마이크로프로세서를 구비하고 있다. 프로그램되어 있거나 각종 센서에 의해 측정된 위치, 속도, 기타 여러 변수를 계산하여 로봇 구동장치인 모터나 액추에이터를 구동한다.

㈐ 용접 장치 : 아크를 발생하여 용접을 행하도록 전력을 전달하는 용접기는 아크 전압 안정화가 매우 중요하다. 센서에 의해 전류의 양을 검출한 것이 컨트롤러에 들어가서 와이어 송급기에 전원을 공급한다. 와이어 송급기는 가능하면 용접 토치까지의 길이가 짧아야 용접 전류에 대한 반응이 빠르게 된다.

㈑ 포지셔너(positioner) : 용접물을 고정하여 용접 토치에 능숙성과 작업 영역 확대를 부여하여주는 포지셔너는 다음과 같은 이유에서 고려되고 있다.

㉮ 최적의 용접 자세를 유지할 수 있다.

㉯ 로봇 손목에 의해 제어되는 이송 각도의 일종인 토치 팁의 리드각(lead angle)과 래그각(lag angle)의 변화를 줄일 수 있다.

㉰ 용접 토치가 접근하기 어려운 위치를 용접이 가능하도록 접근성을 부여한다.

㉱ 바닥에 고정되어있는 로봇의 작업 영역 한계를 확장시켜준다.

㈒ 센서(sensor) : 센서는 각종 외부 정보를 인식하여 컨트롤러에 전달하는 역할을 한다. 용접에서는 용접 시 고열에 의한 변형이 발생하므로 용접선 추적이 상당히 큰 문제로 대두되고 있으며, 이를 위해서는 센서에 의한 폐쇄 회로 제어 방식이 필수적이다. 또, 자동화를 도입할 때 용접물과 자동화 장비의 오차에 의해 발생되는 가공 여유도 고려해야 한다.

㈓ 트랙, 갠트리, 칼럼 및 부속 장치 : 용접물이 로봇의 작업 공간보다 클 경우 이러한 용접물을 위한 기구로서 트랙, 갠트리, 칼럼 등이 있다. 이들은 로봇의 작업 공간 확

장과 유연성 부여, 생산성 향상 등 여러 가지 이점을 준다. 또한, 단일 로봇으로 복수 작업대의 용접물을 연속으로 작업하도록 하여 로봇의 아크 타임을 증가시킨다.

(4) 자동차 제어 방법

① **개요** : 제어란 목적에 적합하도록 소요의 조작을 대상이 되는 기계 및 장치에 가하는 것이며, 조작을 가하는 기계 및 장치를 제어 대상(control system), 제어 대상에 속하는 양 중에서 제어하는 것을 목적으로 하는 양을 제어량(control variable), 제어량에 대하여 인간의 요구에 의해 정해지는 값을 목표값(command, set point), 이 목표값을 얻기 위하여 제어 대상에 주는 양을 조작량(control input)이라고 한다. 또한, 제어가 제어장치에 의해 자동적으로 이루어지는 것을 자동제어(automatic control), 그 시스템을 자동제어 시스템이라고 한다. 제어 시스템이란 제어 대상과 제어장치의 결합 시스템을 말한다. 제어의 기본적인 방식에는 시퀀스 제어 (sequence control)와 피드백 제어(feedback control)가 있다.

② **시퀀스 제어(sequence control)** : 미리 정해진 순서에 따라서 각 단계의 정해진 동작을 순차적으로 진행하여가는 제어를 sequence control이라고 한다. 이 제어는 동작의 개시 시기를 무엇인가의 방법으로 명령한다. 명령하는 방법은 회전하는 cam이나 timer를 이용하여 시간의 경과에 따라서 순차 명령을 내리는 방식과 limit 스위치, 광전, 유량, 압력 스위치 및 전류, 전압 릴레이 등을 이용하여 각 동작 단계의 동작을 개시시키기 위한 조건이 만족되어있는가 여부를 판정하기 위하여 논리회로가 이용된다. 맞춤을 요하는 제어 시스템에서는 릴레이 논리회로 방식이, 복잡한 제어 시스템 또는 전환을 요구하는 제어 시스템에서는 핀 보드 방식이나 PLC (programable logic controller) 방식이 이용된다. 시퀀스 제어는 제어 대상의 특성을 완전히 알 수 있고, 동시에 이 특성이 변화하지 않고 목표값과 같은 제어량을 얻기 위하여 필요한 조작량을 알고 있을 때 이용한다.

③ **피드백 제어(feedback control)** : 제어량을 검출, feedback 하여 목표값과 비교하여 그 차이인 제어 편차를 없애도록 조작량을 제어 대상에 가하는 제어를 feedback control이라고 한다. feedback control에는 목표값이 시간적으로 편동하지 않고 일정값을 가지는 정치 제어(fixed command control), 목표값이 임의로 변화하는 경우에 대응하도록 제어하는 추종 제어(follow-up control), 목표값을 미리 정해 놓고 작동하는 프로그램 제어(program control)가 있다. 특히, 추종제어를 위하여 구성된 제어 시스템을 servo system 또는 servo mechanism이라고 한나.

④ **피드 포워드 제어(feed forward control)** : 하나의 큰 제어 시스템에서 그 내부에 여러 개의 작은 제어 시스템이 존재할 때, 최종 단계의 출력을 feedback 하여 개개의 제어

시스템을 제어하는 것이 아니라, 개개의 제어계를 feedback 하는 것으로 시스템을 목표값에 맞추는 제어 방식이다. 자동용접 장치에서는 전체의 흐름에 대하여 시퀀스 제어가, 개개의 요소에 대하여 피드백 제어 또는 시퀀스 제어가 이루어진다.

10-6 용접선 추적용 센서

(1) 개 요

센서(sensor)는 각종 외부 정보를 인식하여 컨트롤러에 전달하는 역할을 하며, 크게 접촉식과 비접촉식의 2가지가 있다. 용접 시 고열에 의한 변형 때문에 용접선 추적이 상당히 큰 문제로 대두되고 있는데, 이를 극복하기 위하여 아크용접선 추적용 센서를 사용하고 있다.

(2) 아크용접선 추적용 센서의 정의

자동 아크용접에서 용접 결과에 영향을 주는 내외적 상황을 검출, 신호화하고, 이 신호를 근거로 용접 작업의 monitoring, 조작 및 제어하는 데 사용하는 센서를 말한다.

(3) 용접선 추적용 센서의 분류

① 접촉식

(개) 기계식 : 용접홈 또는 기준판을 기계적으로 추적하는 방식으로, 단순하고 기초적인 형태로 낮은 신뢰성을 갖는다.

(내) 전기 접점식 : 센서 내부에 전기 접점(micro S/W)을 내장한 형태이며, 용접홈의 좌우 변화 유무만 출력하기 때문에 종합적인 변화량의 검출이 불가하다.

(대) potentiometer식 : 센서 내부에 potentiometer를 내장하여 probe와 용접홈과의 상대적인 변화를 전기신호로 출력하기 때문에 상하좌우 방향의 추적이 가능하다.

(래) wire 접촉식 : 용접 wire 자체를 센서로 사용하여 모재 표면에 접촉, 좌표를 구한 후 연산 처리하여 용접선을 추적하는 방식이다.

② 비접촉식

(개) 전자기식 센서 : 센서 내부에 검출 coil을 내장하여 검출 coil에 고주파전류를 통전, 용접부 자속 변화를 신호로 출력하여 용접선을 추적하는 방식이다. 장치가 간단하고 저렴하지만 감지 높이가 광학식(시각 센서)에 비해 상대적으로 낮아 설치에 제한이 있고, 상대적으로 정밀도가 떨어진다는 단점이 있으나, 틈새가 없는

박판 맞대기 이음부를 감지할 수 있고, 아크광이나 연기에 거의 영향을 받지 않는다는 장점이 있다.

㈏ 아크 센서(아크 특성 이용식) : 용접 시 발생하는 아크의 기본적 특성을 이용하여 용접홈 내부에서 torch의 이동에 따른 전류 및 전압의 변화를 신호로 출력하여 용접선을 추적하는 방식이다. 토치에 부착되는 별도의 감지 장치가 필요 없고, 주요 기능이 아크 특성을 이용하는 소프트웨어로 이루어져 제작비가 비교적 저렴하다는 장점이 있으나, 전류 신호를 얻기 위해 토치는 반드시 용접선 주위를 좌우로 움직이는 weaving이 필요하여 박판의 맞대기 용접에는 사용이 곤란하고, 아크 노이즈를 처리하기 위한 알고리즘이 복잡하며, 용접 조건에 영향을 많이 받는다는 단점이 있다. 현재 가장 많이 사용되는 방식이다.

㈐ 광학식 센서(시각 센서) : 용접 토치의 진행 방향에 laser sensor를 부착하여 laser beam을 피용접물에 조사하여 용접물의 위치, 간격 및 mismatch 등의 용접 조건을 검색하여 용접선을 추적하는 방식이다. 광학 시스템을 이용한 용접선 전방의 이음 검출은 용접 위치의 전방을 인식한다. 이 이음부는 체적 변화에 잘 적응할 수 있어서 V-홈, 겹치기 이음, 필릿 이음, J홈 맞대기 이음과 모서리 이음의 용접선 위치 검출과 추적에 적당하다. 그러나 용접 토치의 주위에 장치가 있기 때문에 한계가 있다. 또한 삼각형 방법을 이용한 광학 센서는 용접물의 위치와 겹치기 이음, 맞대기 이음 및 필릿 이음의 위치를 감지하며 거리를 측정한다. 매우 정밀하고 빠른 인식 능력을 가지고 있으며 빛과 표면 상태에 둔감하지만, 접촉에 의한 피해의 우려가 있고 특별한 장치가 없이는 인식이 불가능하다.

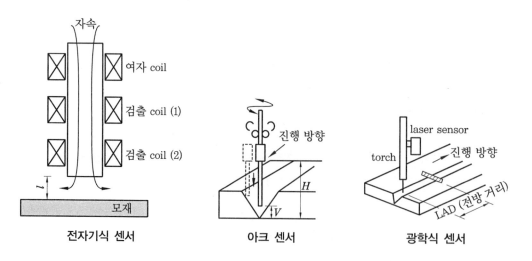

전자기식 센서   아크 센서   광학식 센서

센서의 선정

고려 사항	아크 센서	비전 센서
추적할 용접선 형태	직선은 가능하나 코너는 곤란	코너부도 가능
치공구에 고정된 용접부 위치공차	터치 센서의 병용 시에만 위치 보정 가능	위치 보정 가능
용접부 재질	재질에 관계하나 적용 어려움 없음	용접부의 재질에 무관
용접 중의 열변형	변형 보상 가능	가능하나 아크 센서보다 보상 능력이 떨어짐
아크열, 스패터 등의 노이즈	노이즈에 강함	노이즈에 취약
시스템 가격	저가	고가

(4) 향후 전망

현재 주류를 이루고 있는 아크 센서에서 광학식 센서로 전환이 전망되며, 단순한 용접선 추적 기능에 용접 조건 등의 제어 기능이 부가된 용접용 센서의 개발이 요구되고 있다.

브레이징 & 솔더링

1. 경납땜(brazing)의 원리와 경납재별 특성 및 용도에 대해서 설명하시오.

2. 경납땜(brazing)에 관한 다음 내용에 대하여 설명하시오

   가. 경납재 중 self-flux 기능을 갖고 있는 납재의 원리, 용도 및 특성
   나. 납재[또는 용가재(filler metal)]의 습윤성(또는 젖음성)
   다. 진공 브레이징의 원리 및 장·단점

3. 저항 브레이징(resistance brazing)의 기본 원리와 종류를 열거하여 설명하시오.

4. 브레이징(brazing)과 솔더링(soldering)의 차이점을 포함하여 각각을 설명하시오.

5. 경납땜(brazing) 용접 시 용가재로 사용되는 은납(BAg)과 인동납(BCuP)재의 특징 및 용도를 비교 설명하시오.

6. 브레이징 용접에 대한 다음 사항을 설명하시오.

   가. 젖음(wetting) 현상의 정의와 양호한 젖음이 일어나기 위한 조건에 대하여 설명하시오.
   나. 젖음각과 브레이징 용접성과의 상관관계를 설명하시오.

11. 브레이징 & 솔더링

11-1 brazing & soldering 원리

(1) 개 요

납땜(brazing & soldering) 기술은 이미 B.C 3000년경 고대 바빌로니아에서 귀금속의 장식품을 만드는 데 이용되었고, 근대에 와서는 1950년대 후반 N.BRENDNS 등이 탄소강의 Ag 브레이징을 개발한 이후부터 활발히 전개되었다. 납땜(brazing & soldering)은 두 금속을 용융시키지 않고, 이들 금속 사이에 융점이 낮은 별개의 금속인 땜납을 용융 첨가하여 접합하는 방법이다. filler metal의 용입은 가까이 인접한 두 모재의 사이에서 발생되는 모세관 현상을 통해 이루어진다. 용융 용접과 brazing의 차이는 다음 그림과 같다.

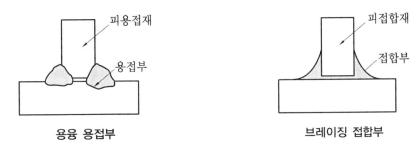

용융 용접부   브레이징 접합부

용융 용접과 비교하여 brazing과 soldering은 다음과 같이 구분될 수 있다.
① 접합되는 두 모재의 용융이 없다.
② 용접에 사용되는 fillet metal의 용융점 온도 450℃를 기준으로 구분된다(450℃ 이상은 brazing, 미만은 soldering).
③ 용융된 filler metal의 용접 joint로의 이동이 모세관 현상에 의해 발생한다.

(2) 브레이징의 특징

① 장점

    ㈎ 모재를 거의 용융시키지 않고 저온 접합이 진행되므로 HAZ가 적어 열변형 및 모재의 재질 변화를 최소화시킬 수 있다.

    ㈏ 복잡한 구조물이나 이종 금속의 접합이 가능하다.

    ㈐ 여러 개의 접합을 동시에 할 수 있어 경제적이다.

    ㈑ 정밀한 접합이 가능하며, 자동화가 용이하다.

　　㈐ 접합부의 최종 가공이 거의 필요 없다.

　② 단점

　　㈎ joint 가공과 접합면의 청결이 선행되어야 한다.

　　㈏ 하중을 받는 구조물의 접합에 사용이 거의 불가능하다.

　　㈐ 다른 용접 방법과 마찬가지로 작업자의 숙련도가 중요하다.

(3) brazing, soldering, welding의 주요 특성 비교

구 분	경납땜(brazing)	연납땜(soldering)	용접(welding)
작업 온도	450℃ 이상 모재 용융점 이하	450℃ 이하 모재 용융점 이하	450℃ 이상 모재 용융점 이상
작업 후 모재 형태	상하지 않음	상하지 않음	상한 경우 있음
작업 후 변형 정도	거의 없음	거의 없음	있음
작업 후 잔류응력	없음	없음	있음
주요 가열원	가스, 유도가열, 로, 적외선 등	인두, 초음파, 오븐, GAS 등	아크, 저항, 전자빔, 플라스마, 레이저 등
강도	좋음	나쁨	좋음
외관	좋음	좋음	나쁨
자동화 가능성	좋음	좋음	좋음
다품종 접합	양호	양호	나쁨
기밀성	양호	양호	양호

(4) 브레이징의 원리와 접합 과정

　브레이징의 가장 기본적인 과정은 용융 삽입 금속이 모재면에 젖는 것이다. 젖음에 의하여 접촉된 고상의 모재와 용융 삽입 금속의 계면에서는 모재의 성분 원소가 삽입 금속 쪽으로 용출되거나 삽입 금속의 원소가 모재 안으로 확산된다. 그 결과에 의하여 계면에서 모재 표면의 일부가 용융되거나 합금층을 형성함으로써 접합이 이루어진다. 일반적으로 brazing 공정의 접합 과정은 다음과 같다.

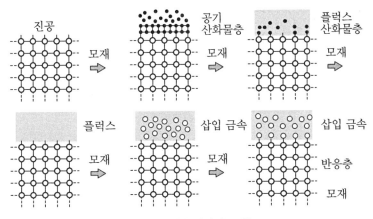

브레이징 접합 과정의 모식도

(5) 모세관현상과 젖음성

brazing의 원리는 용제의 흐름을 원활히 하는 모세관현상과 용제와의 친화력을 유지하는 젖음성으로 설명할 수 있다.

① **젖음성(wetting) :** 용가재가 녹았을 때 젖음성의 정도가 모재와 친화력이 있느냐 없느냐, 또는 플럭스나 분위기(atmosphere)가 제 역할을 하느냐 하지 않느냐의 척도가 된다. 이 젖음성을 설명하고자 다음 그림과 같이 고상의 납작한 평면에 액상의 방울(droplet)을 떨어뜨렸을 때의 현상으로 설명할 수 있다. 물론 이때 중력은 무시하고, 또한 고상, 액상, 기체상의 화학반응도 무시한다. 여기에서 고상의 표면장력을 γSL, 액상(용가재)의 표면장력을 γSv, 고액상 계면의 표면장력을 γLV로 표시하면 접촉각 θ는 다음 식으로 나타낼 수 있다.

$$\cos\theta = \frac{(\gamma Sv - \gamma SL)}{\gamma LV}$$

젖음성이 일어나느냐 않느냐의 경계는 90°(θ각)로 생각할 수 있다. 즉, θ각이 90° 이하이면 젖음성이 있는 것이고, 90° 이상이면 젖음성이 일어나지 않는다. 일반적으로 대부분의 brazing 시 θ각은 10~40°이다. 이것은 대부분 모재의 접합간격(joint gap)에 의해서 결정된다.

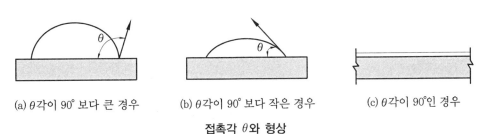

(a) θ각이 90° 보다 큰 경우 　　(b) θ각이 90° 보다 작은 경우 　　(c) θ각이 90°인 경우

접촉각 θ와 형상

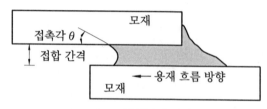

brazing 접합부의 단면도

다음 그림은 플럭스를 사용한 경우와 사용하지 않은 경우의 젖음성에 대한 비교이다. 이는 플럭스의 역할이 얼마나 중요한지를 잘 알 수 있다[다음 (6) 용제(flux)의 내용을 참조 바란다.]

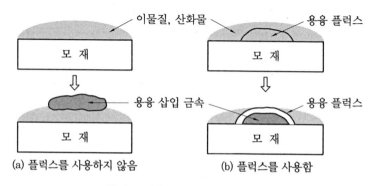

(a) 플럭스를 사용하지 않음   (b) 플럭스를 사용함

플럭스 사용 여부에 따른 젖음성

② **모세관현상**(capillary action) : 모세관현상은 brazing 공정에서 대단히 중요한 물리적 현상이다. 용제 유동도는 모세관현상에 의한 힘, 점도, 용융 금속의 밀도, 접합면의 중력에 대한 위치 등에 의해서 좌우된다. 일반적으로 용제의 흐름을 억제시키는 점 도는 용융 상태에서 온도와 밀접한 관계가 있다. 다음 그림은 철, 니켈, 동의 점도 와 온도의 상관관계를 나타낸 것이다.

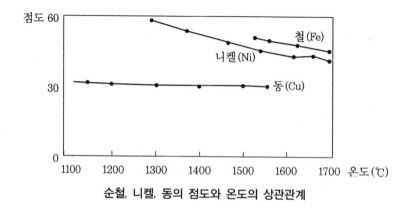

순철, 니켈, 동의 점도와 온도의 상관관계

여기에서 보면 온도가 올라갈수록 점도가 낮아짐을 알 수 있다. 즉, 온도 상승에 따라서 용제의 유동도가 증가한다. 모세관현상은 접합 간격(joint gap)과 대단히 밀접한 관계가 있으며, 아울러 용제의 종류, 점도, 밀도, 접합면의 중력에 대한 위치, 가열 방법 등과도 대단히 밀접한 관계를 가지고 있다.

(6) 용제(플럭스 : flux)

① 개요 : 모재와 삽입 금속이 서로 순금속면간의 접합이 이루어져야 한다. 금속은 산화막으로 덮여있고 기타 이물질이 부착(산화물층)되어있어 이를 제거해야 한다. 이 물질의 제거 방법(플럭스 공급 방법)에는 다음 4가지가 있다.

   ㈎ 가열된 용접봉을 플럭스 용탕 속에 담가서 접합(용접) joint에 플럭스가 공급되도록 한다.

   ㈏ 접합 전에 접합 joint에 미리 플럭스를 뿌려놓는다.

   ㈐ 플럭스를 미리 용접봉에 발라놓는다.

   ㈑ oxyfuel gas 화염 속에 플럭스를 투입하여 접합부에 공급한다.

② 플럭스의 역할

   ㈎ 삽입 금속의 젖음성을 좋게 한다.

   ㈏ 산화물을 표면에 떠오르게 한다.

   ㈐ 모재 표면의 산화 방지 작용을 한다.

   ㈑ 가열 중에 생긴 산화물을 용해시키는 작용을 한다.

③ 플럭스의 구비 조건

   ㈎ 산화물 제거성이 강해야 한다(산화피막 제거).

   ㈏ 유동성과 젖음성(wetting)이 좋아야 한다.

   ㈐ 반응속도가 빨라야 한다.

   ㈑ 슬래그 제거가 용이하고, 부식성이 없어야 한다.

   ㈒ 인체에 해가 없어야 한다.

   ㈓ 내열성을 갖는 것이 좋다.

   ㈔ 수분을 함유하지 않아야 좋다.

   ㈕ 합금원소나 유효 성분의 첨가가 가능해야 하고, 가격이 저렴해야 한다.

④ 플럭스의 종류와 특징

   ㈎ 붕사 : 가장 일반적인 경납재로 산화를 방지하고 융점은 760℃ 전후이며, 산화물을 잘 용해시킨다. 식염, 붕산, 탄산소다, 가성칼리 등을 혼합해서 사용하기도 한다.

   ㈏ 붕산 : 산화물 제거 작용이 우수하며, 고온에서의 유동성, slag의 박리성이 양

호하다. 단독적으로는 거의 사용하지 않고, 붕사와 혼합하여 사용한다.

    ㈐ 빙정석(3NaF-AlF₃) : 알루미늄, 나트륨의 불소 화합물로서 불순물의 용해력이 강해서 구리 납땜 용제로 우수하다.

    ㈑ 산화 제2구리(Cu_2O) : 탈산제로서의 작용이 있어 보통 붕사와 혼합시켜 주철의 경납땜용으로 사용된다.

    ㈒ 염회리튬(LiCl) : Ag-Mg flux로 중요하다.

    ㈓ 소금(NaCl) : 용융이 우수하고 부식성이 강하며, 단독으로 사용되지 못하고 혼합제로 소량 사용된다.

    ㈔ 기타 : NaF, KF, KCl, LiF, $ZnCl_2$ 등을 배합하여 사용한다.

(7) 모재 세척

① 개요 : brazing에서 세척은 매우 중요한 공정으로, 크게 brazing 전과 brazing 후의 세척으로 나뉜다. 특히, brazing 용제의 젖음성, 유동성, 확산 등을 방해하는 인자들은 brazing 전에 양 모재로부터 완전히 제거해야 한다. 이러한 요소들이 남아있으면 brazing 용제의 흐름을 방해하며, 또한 기포를 형성하여 강도를 저하시킨다.

② 세척 종류 : 보통 불순물로는 기름, 그리스, 윤활제, 먼지, 금속산화물, 전 작업 시의 화합물 등이 있는데, 이러한 복잡한 불순물을 제거하는 방법으로는 크게 화학적 세척법과 기계적 세척법이 있다.

    ㈎ 화학적 세척법 : 화학적인 세척 방법에는 알칼리 세척법, 솔벤트 세척법, 기화 기름 세척법, 산 세척법 등이 있다.

    ㈏ 기계적 세척법 : 기계적인 세척 방법은 사포 제거법, 샌드블라스트 제거법, 그라인드 제거법 등 다양하며, 또한 초음파 제거법, 고속 물 분사법도 이 범주에 속한다.

    ※ 상기의 세척법은 한 가지로만 쓰이기보다는 조합하여 사용하는 경우가 많다.

11-2 brazing 공정

(1) 화염 브레이징(torch brazing)

가장 일반적으로 사용되는 방법으로 필요로 하는 온도에 따라 acetylene, propane, 도시가스 등의 gas를 산소와 함께 혼합하여 사용한다. 공기와 혼합 시, 화염 온도가 낮아 작고 얇은 모재의 용접에 적합하다. 산소와 가스를 혼합 시 높은 화염 온도를 얻어 중성이나 약간의 환원성 화염을 얻게 되어 brazing에 적합하다. 접합부를 토치로 가열하고 플럭스 및 삽입 금속을 첨가하면서 접합하는 방법이다. 작업 시에 용융된 삽입 금속의 흐름을 눈으로 확인할 수 있기 때문에, 즉시 수정이 가능한 것이 특징이다. 설비비 및 운전비가 낮고, 보수도 쉬우며, 국부 가열이 가능하고, 형상이 복잡한 부품의 접합 및 이종 금속의 접합에도 사용 가능한 특징이 있다. 이러한 특징 때문에 화염 브레이징 은 자동차 차체와 부품, 냉난방기, 각종 열교환기, 가스 기구, 철제 기구 및 자동제어 기 기 등에 이용된다.

(2) 침지 브레이징(dip brazing)

이 방법은 용융된 삽입 금속과 플럭스 속에서 접합하고자 하는 부품을 침지하여 브레 이징 하는 것으로 다음과 같은 두 가지 방법이 있다.

① **용융 삽입 금속욕 브레이징** : 용융 삽입 금속욕(浴) 브레이징은 흑연 또는 세라믹 도가 니에 삽입 금속을 용해하고, 그 속에 플럭스를 도포한 부품을 침지하는 방법이며 금 속욕의 표면에 산화를 방지할 목적으로 붕사 등을 뿌리기도 한다. 이 방법은 값이 싸고 효율적이지만, 선재를 포함한 작은 부품 및 박판의 접합에 한하여 적용된다.

② **염욕 브레이징** : 플럭스 성분인 염을 특수한 금속이나 세라믹 재료 도가니에 용해한 염욕 속에 접합하고자 하는 부품을 침지하는 방법이다. 삽입 금속은 미리 삽입하거 나 모재에 클래드한 상태로 조립하여야 한다. 염욕의 조성은 모재, 가열 온도, 부식 정도 및 부착성에 따라서 선택한다. 이 방법의 특징은 앞의 용융 삽입 금속법과 비 슷하지만, 사용할 수 있는 삽입 금속의 종류가 많고 복잡한 형상의 제품에 대해서도 적용 가능하다는 점이다.

(3) 고주파 브레이징(induction brazing)

brazing에 필요한 열은 유도전류에 의해 발생시키는 방법이다. brazing 대상물에 유 도 coil을 감고, 여기에 전류를 흘려 유도되는 전류에 의해 열을 발생시키는 방법이다. 모재에 직접 전류가 흐르지 않고 외부의 유도 coil에 의해 유도전류만 받게 되므로 다음 과 같은 특징이 있다.

① **장점**

㈎ 열효율이 높고 급속 가열이 가능하다.

㈏ 온도 제어가 용이하며, 국부적으로 고속 가열을 이룰 수 있어 산화를 최소화할 수 있다.

㈐ 부분 가열에 의하여 피가열 부품의 변형이 적다.

㈑ 소요 전력이 적게 든다.

② **단점**

㈎ 고주파 전원을 필요로 하기 때문에 설비비가 높고 이동이 곤란하다.

㈏ 피가열물의 형상에 따라 가열 코일 및 지그를 별도로 준비해야 한다.

㈐ 균일한 가열을 위해 코일 설계의 경험과 발전기와의 정합이 필요하다.

(4) 저항 브레이징(resistance brazing)

저항 브레이징은 전기저항에 의한 발열을 이용하는 방법으로, 접합부에 삽입 금속을 장착한 후 가압 통전에 의한 가열(삽입 금속의 용해), 전류의 차단(삽입 금속의 응고) 및 가압력의 제거라는 공정을 거쳐 접합이 이루어진다. 이것은 단순한 형태의 접합부에 유효한 방법으로 다음과 같이 분류된다.

① **간접 가열법** : 탄소전극과 모재 사이에서 발생한 저항열이 열전도에 의하여 모재와 삽입 금속을 가열하도록 하는 접합 방법이다. 이종 금속의 접합에 이용될 경우에는 하나의 금속을 가열한 다음, 열전도에 의하여 다른 금속이 가열됨으로써 접합이 이루어진다. 열전도가 양호한 Cu 및 Cu합금은 접합이 쉬우며, 삽입 금속은 CuP계 합금이 주로 사용되고 CuP계 삽입 금속은 자체 플럭스 작용이 있다. 별도의 플럭스를 사용하는 경우, 플럭스의 피막에 의하여 전기전도도가 낮아질 수 있으므로 주의하여야 한다.

② **직접 가열법** : 전극 재료는 Cu 및 Cu-Cr계의 합금이 사용되지만, 열전도도가 높고 연화 온도도 낮기 때문에 Mo, W, Cu-W 소결합금을 사용하는 경우도 많다. 이 방법은 가열할 물체 및 삽입 금속이 직접 발열되므로 간접 가열보다 전류치 및 가압력이 크게 된다. 다음 그림은 공압식 브레이징 장치의 개략도로 전기 접점의 브레이징 등 대량생산용으로 널리 사용되고 있는 것이다.

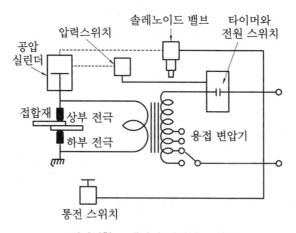

전기저항 브레이징 장치의 구성

(5) 노 브레이징(furnace brazing)

접합할 물체를 노 내에서 가열하여 브레이징 하는 방법을 말하며, 노의 형식은 머플형, 포트형, 벨형과 연속형 등이 있다. 가열 방법을 구별하면, 전열선, 실리코니트, 적외선에 의한 전기로, 고주파 유도로, 도시가스, 부탄가스에 의한 가스로 등이 있다. 사용하는 분위기는 H_2, 분해 암모니아 가스, 불활성가스 및 진공 분위기로 구분된다. 대기 중에서 행하는 경우는 적으며 분위기 중에서는 일반적으로 플럭스를 사용하지 않는다.

(6) 진공 브레이징(vacuum brazing)

브레이징 분위기가 $10^{-1} \sim 10^{-4}$ Pa 정도의 청정한 공간에서 접합하는 방법이다. 진공 브레이징 장치는 진공 레토트를 외부에서 가열하는 외부 가열식 진공로와 진공실 내에 가열원을 설치하는 내부 가열식 진공로가 있다. 가열원은 칸탈선, 수퍼칸탈선, 실리코니트, 흑연, Mo 또는 W 등에 의한 저항가열과 고주파 유도가열 등이 이용되며, 저항가열의 경우에는 내부 및 외부 가열식에 사용 가능하다.

① 장점
㉮ 플럭스가 불필요하여 후세정 공정이 필요 없다.
㉯ 플럭스에 의한 부식이 없다.
㉰ 치구의 손상이 적다.
㉱ 탈 가스 작용에 의해 기공 등의 결함 발생이 어려워 기밀성 및 기계적 성질이 우수하다.
㉲ 작업 환경이 양호하다.

② 단점
㉮ 고가의 진공로가 필요하고, 복사 가열 방식으로 승온 시간이 길다.
㉯ 진공으로 인하여 증발성이 있는 재질의 적용에 좋지 않다.
※ 증발성이 강한 금속의 증발 방지 대책으로는 brazing 전에 Zn, Cd 등의 금속을 가열 증발시켜 팽창 상태인 노(爐) 분위기를 만든 후에 작업하는 방법이 있다.

(7) 기타의 브레이징 공정

이외에도 적외선 브레이징법과 TIG 브레이징법이 있는데, TIG 브레이징법은 자동차 공업에서 많이 이용되고 있다. 또한 정밀 부품의 접합에서 우수한 특성을 나타내는 방법으로 집속광의 빔을 이용하는 방법과 레이저 브레이징법이 있다.

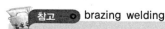

brazing welding은 삽입 금속(filler metal)의 용입이 모세관현상에 의해 일어나지 않는다는 점이 brazing과 다른 점이다. brazing welding은 삽입 금속을 용접봉이나 용접 wire처럼 용융시켜서 joint 를 채워 넣는 것이다. 이 용접은 주로 주물 제품의 균열, 파손된 부분을 보수하는 용접법으로 개발되었다. 일반적인 방법으로 주물을 용접하고자 할 때는 충분한 예열과 서랭을 통하여 hard cementite 조직과 crack의 형성을 막아야 하는 어려움이 있다.

11-3 삽입 금속(brazing 합금)

(1) 삽입 금속(filler metal)의 구비 조건

삽입 금속은 brazing 할 때 용가재(filler metal)를 말하는 것으로 450℃ 이상의 융점을 가진다. 이는 brazing 합금이라고도 말하며, 경납(hard solder), 은납(silver solder), 금납(gold solder) 등으로 상황에 따라 다르게 부른다.

삽입 금속은 다음과 같은 성질을 가져야 한다.
① 젖음성이 좋고, 유동성을 가질 것
② 융점이 낮고, 적당한 용융 폭을 가질 것
③ 증발 성분이 적을 것
④ 접합 시 액상에서 성분 분리가 없을 것
⑤ 기계적 성질 및 내식성이 좋을 것
⑥ 판이나 선재로 가공하기 쉬울 것 등이다.

이 중에서도 젖음성, 삽입 금속의 강도 및 융점이 중요한 요소이다.

(2) 삽입 금속 선택 시 고려 사항

① **모재(base metal)** : 모재 성분 및 융점을 고려하여야 하며, 특히 모재와 삽입 금속의 반응 현상을 고려해야 한다.
② **brazing 방법** : 가열 방법, 분위기, 플럭스의 종류에 따라 각기 다른 합금의 선택이 가능하다.
③ **합금의 융점** : 합금의 융점은 brazing에 있어서 가장 중요한 요소이며, 가열 조건과 작업 방법에 심대한 영향을 준다.
④ **합금의 용융 온도 범위** : 이는 합금의 고상선(soldus line)과 액상선(liquidus line)과의 차이를 말하는 것으로 합금의 유동도, brazing 후 부위 형상(brazing fillet), 작업성, brazing 접합 간격과 관련이 깊다. 일반적으로 짧은 경우 유동도가 좋고 brazing fillet이 적게 형성되며, 작업성도 좋고, brazing 접합 간격이 좁은 곳에 좋다. brazing

접합 간격이 큰 경우 고상선과 액상선의 차이가 큰 합금을 사용하는 것이 좋다.

⑤ **모재와의 친화력** : 젖음성(wetting)과 유동도(flow)를 말하는 것으로 모재의 종류, 표면
상태, brazing 온도, 분위기와 플럭스의 종류에 따라 다르며, 작업성에 큰 영향을 준다.

⑥ **brazing 강도** : brazing 후에 얼마의 강도를 유지하느냐도 매우 중요한 변수이다.
brazing 합금 자체의 강도도 중요하나 모재 강도, 접합 간격, 모재 형상, brazing
조건에 따라 달라진다.

⑦ **brazing 원소** : 분위기 brazing이나 진공 brazing 시 증기압(vapor pressure)이
낮은 원소가 포함되어있으면 사용을 제한한다.

⑧ **기타** : 삽입 금속의 가격, 모재의 형상 및 삽입 금속의 형상, 열 및 전기전도도, 열팽
창, 내식성 등 다양한 사항을 고려해야 한다.

(3) 삽입 금속의 종류 및 특징

① **은(Ag) 삽입 금속** : 은(Ag)은 삽입 금속(brazing 합금) 중에서 가장 유용하고 중요한
원소이며 내식성, 전기전도도, 열전도도 등이 우수하다. 은 자체는 강하지 않으나,
다른 원소와 결합하면 높은 강도를 가진다. 은 삽입 금속은 접합 온도가 다른 삽입
금속에 비해 낮고, 모재의 HAZ가 적으며, 젖음성이 좋아 작업성 및 각종 재료에 대
한 접합성이 좋다. 이 삽입 금속의 기본 조성은 Ag−Cu−Zn의 3원계이다.

② **동(Cu) 삽입 금속** : 동은 은(Ag) 못지않은 좋은 특성을 가지고 있다. 연성, 열전도성,
도전성, 내부식성, 강한 침투력 등의 장점을 가지고 있으면서도 은보다 저렴하기 때
문에 많은 곳에서 은 대체품으로 사용되고 있다. 또한, 동은 은과는 달리 철, 니켈,
많은 난용성 합금(refractory alloy)과 화합이 가능하다.

③ **니켈(Ni) 삽입 금속** : 니켈은 은 합금에 강성과 인성을 주고, 카바이드(carbide)와 같
이 녹기 힘든 곳에 젖음성을 향상시키는 역할을 하며, 내부식성을 향상시킨다. 니켈
을 함유한 brazing 합금은 stainless brazing 시 계면에 부식을 억제하나, 니켈은
고온의 융점을 가지고 있으며, brazing 합금의 흐름성을 저해하는 경향이 있다.
이는 오히려 brazing 간격(joint clearance)이 큰 곳에 효과적으로 사용될 수 있다.

④ **망간(Mn) 삽입 금속** : 강하고 연성을 가진 접합면을 만드는 데 일조를 하며, stainless
나 다른 Ni−Cr 합금의 접합 시 젖음성을 향상시킨다.

⑤ **아연(Zn) 삽입 금속** : 아연은 낮은 용융점 때문에 매우 유용한 금속으로, 젖음성을 향
상시키고 상대적으로 저가이다. 그러나 아연은 2가지 취약점이 있다. 아연을 너무
많이 넣으면 취약(brittle)해지고, 낮은 기화점(vapor)을 갖는 것이 단점이다. 따라
서, 아연이 함유된 금속을 오랜 시간 가열하거나, 높은 온도에서 가열 시 brazing
합금이 파괴될 수 있다.

⑥ **카드뮴(Cd) 삽입 금속** : 아연과 마찬가지로 낮은 융점과 좋은 젖음성을 가지고 있으나, 취약성과 낮은 기화점을 가지고 있다. 아연보다는 대단히 비싸고, 산화물은 독을 가지고 있으므로 카드뮴 합금으로 brazing 하는 경우에는 통풍 시설이 잘 되어야 한다. 카드뮴은 아연보다 더 좋은 내부식성을 가지고 있고, 낮은 온도에서 은합금의 유동도를 향상시킨다.

⑦ **인(P) 삽입 금속** : 인은 대단히 활성이 강한 물질이며, 동과 화합물을 이루는 이유는 크게 2가지이다. 하나는 액상선을 크게 떨어뜨리고, 다른 하나는 높은 화학적 활동 때문이다. 즉, 인은 산소를 잡아먹는 산화제 역할을 하기 때문에 인이 용용할 때 표면에 넓고 얇은 강한 막(film)을 볼 수 있다. 92.8%의 구리(Cu)와 7.2%의 인(P)을 합금하면 강한 인장강도를 보이나 연성이 떨어지므로 이를 보완하기 위하여 은(Ag)을 첨가하여 강성과 취성을 보강한다.

⑧ **인 함유 brazing 합금(Cu-P 삽입 금속 등)** : 인 함유 brazing 합금은 주로 동과 동합금의 접합에 사용되지만 은, 텅스텐, 몰리브덴 등의 접합에 제한적으로 사용된다. 이 합금은 철(Fe)이나 니켈(Ni) base의 합금, 니켈이 10% 이상 함유된 Cu-Ni 합금 등에 사용하지 말아야 한다. 내부식성은 고온에서 황화 분위기를 제외하고는 양호하며, 접합면은 150℃까지는 안전하다. 인 함유 합금은 인(P)의 'self fluxing' 역할에 의해 동과 동의 접합 시 플럭스가 필요 없다. Cu-P 합금은 플럭스 없이 낮은 온도에서 접합이 가능한 삽입 금속이다. 경도가 높고 연성 및 인성이 낮아 이 결점을 보완하기 위해 Ag가 첨가되는데, Ag를 첨가하면 유동성이 증가하고, 가공성도 증가된다.

다음 식과 같이 액상 삽입 금속 중에 유리된 P가 Cu 표면의 산화물을 환원하여 표면을 활성화시켜 자체 fluxing(self fluxing) 작용이 있는 것이다.

$$2Cu_3P(인동\ 화합물) + 5Cu_2O(동\ 산화물) \rightarrow P_2O_5(\uparrow) + 16Cu$$
$$5CuO(동\ 산화물) + 2P \rightarrow P_2O_5(\uparrow) + 5Cu$$

⑨ **금(Au) 함유 삽입 금속** : Ag-Cu, Ag-Ni-Pd 합금은 전자용 부품을 접합하거나, Fe, Ni, Co base의 내식성이 요구되는 곳에 많이 이용된다. 이 밖에도 항공 우주 산업, 전기 산업, 원자력, 장식품, 치과 용품 등에 사용된다. 금의 경우 모재를 침식하는 경향이 있기 때문에 얇은 제품에는 사용하지 않는 것이 좋다. 금합금은 일반적으로 425℃까지는 사용 시 전혀 문제가 없으며, 540℃까지는 장시간 가열되지 않는 한 문제가 없다. 이 합금은 대단히 고가이며, 좋은 접합 강도를 갖는다. 고온 강도가 높고, 내식성 및 고온 내산화성이 우수하다.

⑩ **파라디움(Pb) 삽입 금속** : 니켈 합금에 대한 젖음성이 우수하며, 모재의 입계 침식이 적다. 또한, 고온 강도가 크고 증기압이 낮다.

⑪ Al 삽입 금속 : 주로 불활성 분위기나 진공 분위기에서 사용된다. 접합 면적이 넓은 경우 brazing sheet의 삽입 금속으로 사용된다.

11-4 천이액상 확산 접합

(1) 개 요

천이액상 확산 접합(transient liquid phase diffusion bonding)은 접합 과정 중 일시적으로 액상을 형성시킨 후 접합 온도에서 유지함에 의하여 액상을 등온 응고(isothermal solidification)시켜 접합하는 방법이다. 접합 초기는 액상을 형성시켜 접합한다는 면에서 브레이징과 유사하고, 액상을 등온 응고시키는 과정은 확산 접합과 유사하다. 이러한 점에서 이 접합 공정은 브레이징의 장점과 확산 접합의 장점을 조합한 접합 공정이라고 할 수 있다. 천이액상 확산 접합의 기본 개념은 1959년에 Lynch에 의해 얇은 Ni판을 삽입 금속으로 하여 Ti합금을 접합한 것으로부터 시작되었다.

(2) 접합 과정

접합 과정은 4단계인 삽입 금속의 용융 과정, 삽입 금속에 의한 모재의 용융 과정, 액상의 소멸 과정, 성분 원소의 균일화 과정으로 분류할 수 있다.

(3) 삽입 금속

① 천이액상 확산 접합용 삽입 금속은 브레이징용 삽입 금속이 주로 사용되며, 구비해야 할 조건은 다음과 같다.
  ㈎ 모재와 젖음성이 좋을 것
  ㈏ 모재보다 융점이 낮을 것
  ㈐ 공동(void) 등의 접합 결함을 형성하지 않을 것
  ㈑ 유해한 금속간화합물을 형성하지 않을 것
  ㈒ 넓은 면적의 접합이 가능할 것 등

② 그러나 브레이징용 삽입 금속과 다른 점도 있다.
  ㈎ 접합 온도에서 비교적 단시간에 등온 응고할 것
  ㈏ 비교적 단시간으로 모재 성분의 균질화가 이루어질 것. 따라서 천이액상 확산 접합용 삽입 금속은 전자의 5가지뿐 아니라 후자의 2가지 조건도 만족하여야 한다.

(4) 접합 인자

접합 이음부의 기계적 성질에 영향을 미치는 중요한 접합 인자로서는 모재의 표면 상태, 삽입 금속, 접합 조건, 균일화 처리 조건, 접합 결함 등을 들 수 있다. 이외에도 재료에 따라서는 이음부의 형상, 석출 입자의 분포 상태, 결정의 배향성 등을 들 수 있다. 모재의 표면 상태는 표면 거칠기, 흡착층, 산화피막 등에 의해 좌우된다. 그중에서 산화피막이 제일 문제가 된다. 산화피막은 접합 온도로 가열 중에 형성되고, 접합 초기에, 즉 모재의 용융 과정에서 모재와 분리되고, 액상인 삽입 금속과 반응하여 분해되지만 일부 잔존하여 기계적 성질을 열화시킨다. 따라서 가능하면 산화피막이 형성되지 않도록 고진공 분위기에서 접합을 시행하는 것이 좋다.

예제 확산 용접 중 인서트재의 적용과 TLP법을 설명하시오.

해설 1. 삽입재의 효용 : 모재의 직접적인 확산 용접이 곤란한 경우에 삽입(insert)재를 이용한다. 일반적으로 삽입재의 효용은 다음과 같다.
  ① 확산 촉진에 의해 저온에서 단시간의 용접이 이루어진다.
  ② 이종재의 용접 시 발생될 수 있는 취약한 금속간화합물의 방지 또는 억제를 한다.
  ③ 모재와 합금화에 의한 이음부의 성능을 향상시킨다.
  ④ 모재와의 공정반응에 의해 용접 온도를 낮춘다.
  ⑤ 팽창계수가 다른 이종재 용접의 냉각 중 생기는 응력을 완화하여 균열을 방지한다.
  ⑥ 접합면끼리의 밀착성을 촉진한다. 삽입재는 접합부에 잔존하지 않도록 얇게(두께 20∼200μ) 할 필요가 있으며, 보통 도금, 용착, 용사, spattering, 분말 등의 형태로 이용된다.

 2. TLP법
  ① 액상 확산 접합(liquid diffusion bonding) : 브레이징과 확산 접합을 조합한 접합법으로 확산 브레이징(diffusion brazing)이라고도 한다. 삽입 금속을 모재 사이에 삽입하고 가열하여 접합 과정 중에 일시적으로 액상을 형성시키는 것은 브레이징의 접합 과정과 동일하지만, 접합 온도에 계속 유지하여 용점 저하 원소를 확산시켜 액상을 등온 응고시키는 것은 확산 접합과 유사한 접합 과정이다. 이러한 이유 때문에 천이액상 접합(transient liquid phase diffusion bonding, TLP bonding)이라고 부르기도 한다.
  ② TLP법의 개요 : TLP(transient liquid phase bonding)법은 최근 개발된 insert 금속의 이용법이다. 두께 0.1 mm 이하의 저융점 insert 금속을 이용하여 용접 초기에 용융하여 접합을 용이하게 한다. 그 후 모재 금속과 상호 확산하여 성분 변화를 일으켜 결국은 등온 응고하여 일체화한다.
   ㉮ 최근 개발된 인서트 금속의 이용법
   ㉯ 0.1 mm 이하 저융점 인서트 금속 이용
   ㉰ 납땜법적인 확산 용접법
   ㉱ 엔진 터빈브레이드의 석출 경화 초합금의 용접에 이용

③ TLP법의 접합 과정 : 액상 확산 접합은 삽입 금속의 용융 → 모재의 용해(액상부 넓어짐) → 액상의 응고 → 성분 원소의 균일화(고상 상태 용질 재분배)의 과정으로 일어난다.

④ TLP법의 특징 : 이 접합법은 접합계면에 일시적으로 액상이 형성되기 때문에 고상 확산 접합에 비해 비교적 쉽게 금속결합을 이룰 수 있을 뿐만 아니라 정밀하게 표면을 가공할 필요가 없으며, 접합 압력이 거의 필요 없다는 장점이 있다. 또한, 접합 온도에 등온 응고되기 때문에 브레이징법과 비교하여 접합계면에 취약한 금속간화합물이 생성되지 않으므로 기계적 성질 및 내식성이 우수한 접합 이음부를 얻을 수 있다는 이점도 있다. 원리적으로 모재와 거의 같은 정도의 물리적·화학적·기계적 성질을 갖는 접합 이음부를 얻을 수 있다.

㉮ 모재와의 공정반응에 의해 용접 온도 저하

㉯ 취약한 금속간화합물 생성 방지

㉰ 접합면끼리의 밀착성 촉진

㉱ 용접 후 냉각 중 발생하는 응력 완화

㉲ 용접이 저온에서 단시간에 이루어짐

Chapter 12 열 가공법

1. 알루미늄합금과 스테인리스강의 분말 절단 방법 및 종류에 대하여 설명하시오.

2. 가스절단 시 드래그 길이(drag length)에 미치는 인자 2가지를 쓰고 설명하시오.

3. 두께 40 mm의 연강판과 두께 20 mm의 스테인리스강판을 각각 열절단하려 한다. 각각의 재료에 맞는 경제적인 절단 방법을 선정하고 각각의 재료에 대한 절단 원리를 설명하시오

4. 강판을 가스절단 시 절단면에 나타나는 드래그(drag)와 절단폭(kerf)에 대하여 설명하시오.

5. 가스절단으로 저탄소강은 쉽게 절단할 수 있지만 합금원소의 함유량이 증가하면 절단이 어려워진다. 이러한 관점에서 스테인리스강을 가스절단하기 어려운 이유를 설명하시오.

6. 아크 에어 가우징의 원리 및 야금학적 특징에 대하여 설명하시오.

7. 가스 불꽃에 의한 재료의 절단 시 절단 효율을 구하는 방법을 나타내시오.

8. 저온 분사코팅(cold sprayed coating) 기술에 대하여 설명하시오.

9. 강판을 가스절단 시 절단면에 나타나는 드래그 선에 대하여 설명하고 강판 두께가 25.4 mm일 때 표준 드래그 길이는 얼마가 적당한지 설명하시오.

10. 가스절단 시 사용되는 LP(liquified petroleum)가스의 일반적인 특성에 대하여 설명하시오.

11. 가스용접법에서 온도, 압력 및 화합물의 영향에 의한 아세틸렌가스의 폭발 위험성을 설명하시오.

12. 열 가공법

12-1 가스(산소-아세틸렌)용접

(1) 산소-아세틸렌(C_2H_2)에 의한 가스용접

① 산소-아세틸렌 연소 과정 : 산소와 C_2H_2를 1 : 1로 혼합하여 연소시키면 다음 그림과 같이 3가지 부분의 불꽃이 발생한다. Ⓐ의 부분은 토치 팁에서 나온 혼합 가스로서 다음과 같이 연소한다.

$$C_2H_2 + O_2 \rightleftarrows 2CO_2 + H_2$$

이것은 환원성의 백색 불꽃으로서 CO와 H_2는 공기 중의 산소와 결합하여 연소되어 3500℃의 고열을 발생하는 Ⓑ부분이 된다.

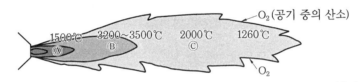

- primary combustion (Ⓐ→Ⓑ) : $2C + 2H + O_2 \rightarrow 2CO + 2H + heat$(용접열)
- secondary combustion (Ⓑ→Ⓒ)
  $CO + O \rightarrow CO_2 + heat$ pre-heating
  $2H + O \rightarrow H_2O + heat$ post-heating
  변형 교정에 사용

Ⓑ의 부분도 환원성을 띠므로 Ⓑ의 불꽃으로 용접을 하면 용접부 산화를 방지하게 된다. Ⓑ의 불꽃이 Ⓒ와 같이 다시 공기 중의 산소와 결합하여 거의 완전연소하여 2000℃의 열을 내게 된다. Ⓐ의 부분을 백심(cone), Ⓑ의 부분을 속불꽃(inner flame), Ⓒ의 부분을 겉불꽃(outer flame)이라고 한다. 이와 같이 1개 용적의 C_2H_2가 완전연소하는 반응식은 다음과 같다.

$$C_2H_2 + 2.5O_2 = 2CO_2 + H_2O$$

㈎ 백심 : 토치 팁에서 나온 혼합 가스가 연소 화합된 흰색 불꽃 부분으로 약 1,500℃ 정도이다.

㈏ 용접 불꽃
　㉮ 산소가 부족하므로 약간의 환원성을 띤다.
　㉯ 이 부분으로 용접하면 용접부의 산화를 방지할 수 있다.
　㉰ 불꽃 온도가 가장 높다(3,000~3,500℃).

     ㉑ 용접 불꽃으로 백심에서 3~4 mm 정도 유지하면 양호한 용접부가 얻어진다.

   ⒟ 바깥 불꽃 : 공기 중의 산소와 화합하여 거의 완전연소되는 불꽃으로 약 2,000℃ 의 열을 낸다.

(2) 불꽃의 종류

아세틸렌과 산소를 혼합 연소 시 공급되는 산소량에 따라 다음과 같이 3가지 불꽃으로 나눌 수 있다.

불꽃의 종류와 특성 및 용도

불꽃 모양	불꽃 종류	특 성	용 도
	산소 과잉 불꽃	산화성	황동 용접
	중립 불꽃	환원성	대부분의 금속재료
	아세틸렌 과잉 불꽃	탄화성, 경화성	주철 용접 하드페이싱

① **탄화 불꽃**(carbonizing or reducing flame) : 산소와 아세틸렌의 용적 혼합비 1:1을 기준으로 아세틸렌의 양이 더 많을 때 얻어지는 불꽃으로 환원 작용이 있다. 아세틸렌 과잉 불꽃이라고 하며 속불꽃과 겉불꽃 사이에 백색의 아세틸렌 페더(feather)가 있다. 아세틸렌 불꽃의 길이가 백심의 2배면 아세틸렌 2배 과잉, 3배면 3배 과잉 불꽃이라고 한다. 탄화 불꽃은 용접 과정에서 금속 표면에 침탄 작용을 일으킬 우려가 있다.

② **중성 불꽃**(neutral flame) : 용융 금속에 대해 산화성도 환원성도 없는 가스 불꽃으로, 용접, 절단 등에 표준적으로 사용되므로 표준 불꽃이라 한다. 산소와 C_2H_2의 혼합 비율은 용적비로 약 1 : 1(실제로는 1.1~1.2 : 1)이고, 연강, 반연강, 주철, 구리, 청동, 알루미늄, 아연, 납, 모넬, 은, 스테인리스강 등의 용접에 사용된다.

③ **산화 불꽃**(oxidizing flame) : 산화 불꽃은 산소 과잉 불꽃이라고도 하며, 중성 불꽃에 비해 백심 근방에서의 연소가 보다 완전히 이루어지므로 온도가 높아 간단한 가열이나 가스절단 등에는 효율이 좋으나 산화성 분위기를 만들기 때문에 일반적인 가스 용접에서는 사용하지 않고 구리, 황동에만 제한적으로 사용된다.

(3) 용 제

용제는 용접 중에 생기는 금속산화물, 또는 비금속 개재물을 용해하여 용융 온도가 낮은 슬래그를 만들어 용융 금속의 표면에 떠올라오게 하여 용착금속의 성질을 양호하게 만드는 것이다. 건조한 분말, 페이스트(paste) 형태의 용제를 용접 이음부에 발라서 사용하는데, 용제는 단독으로 사용하기보다는 혼합제로 사용하는 것이 더 적절하다. 사용되는 용제의 종류는 다음과 같다.

① 강의 가스용접에서는 산화철 자체가 용제의 작용을 하기 때문에 일반적으로 용제를 사용하지 않는다. 그러나 충분한 용제 작용을 돕기 위해서는 붕사, 규산나트륨 등을 사용한다.

② 고탄소강, 주철에는 탄산수소나트륨($NaHCO_3$), 붕사, 붕산 등이 사용된다.

③ 구리와 구리합금에는 붕사, 붕산, 불화나트륨(NaF)을 사용한다.

④ 경합금에는 염화리튬($LiCl$), 염화칼륨(KCl) 등을 사용한다.

(4) 가스용접 열원

① **아세틸렌(C_2H_2)** : 가스 발생 장치가 간단하고, 열 집중이 높으며, 불꽃 조정이 용이하다. 또한, 발열량이 크고 순도가 높으며 안전하여 가스용접의 주된 열원이다.

$$C_2H_2 + 2\frac{1}{2}O_2 = 2CO_2 + H_2O + Q(3,000\sim3,500℃)$$

② **LPG(프로판, C_3H_8)** : 불꽃의 온도 및 열 집중성이 낮고 연소에 의해 수증기가 발생되어 산화성을 띠므로 용접에는 부적합하다(주로 절단 시 가열용으로 사용된다).

$$C_3H_8 + 5O_2 = 3CO_2 + 4H_2O + Q\,(2,800℃\ 정도)$$

③ **천연가스(메탄, CH_4)** : 불꽃 분출 시기가 일정치 못해 용접용으로 사용이 불가능하다.

$$CH_4 + 2O_2 = 2CO_2 + 2H_2O + Q\,(2,700℃\ 정도)$$

④ **수소(H_2)** : 백심부가 확실히 나타나지 않고 청색의 외염이 무광휘염으로 육안에 의한 불꽃 조절이 곤란하여 잘 사용하지 않는다.

예제 | **가스용접 시 프로판(C_3H_8)가스를 사용하지 않는 이유는?**

해설 | 프로판(C_3H_8)으로 대표되는 LPG는 석유 천연가스를 정제하여 만든 가스이다. 상온에서 완전한 기체로 폭발 위험이 적다. 이것을 상온에서 가압하면 액화되고, 가스 상태의 1/250 정도로 압축되므로 운반, 저장이 편리하다. 그러나 다음과 같은 특징 때문에 C_3H_8은 가스용접에 사용 처리하지 않고 아세틸렌가스(C_2H_2)를 주로 사용한다.

① 연소 1단계에서 흡열반응이 있으므로 불꽃 온도가 아세틸렌보다 낮다. 즉, 발열량이 적다.

② 열의 집중성이 떨어진다.

③ 연소 시 다량의 수증기가 발생되어 연소 가스가 산화성을 띤다.

④ 뚜렷한 백심이 없다.

따라서, 프로판가스는 용접에 사용하지 못하고 절단 작업에 사용된다.

(5) 아세틸렌(C_2H_2)가스

① 아세틸렌 제법

(개) 카바이드에 의한 법 : 카바이드(CaC_2)는 석회석($CaCO_3$)과 석탄 또는 코크스를 56 : 36의 무게비로 혼합하여 이것을 전기로에 넣고 약 3,000℃의 고온으로 가열하여 용융, 화합시켜 공업적으로 대량 제조한다. 칼슘과 탄소가 화합하여 된 탄화칼슘(탄산석회)이 곧 카바이드이며, 순수한 것은 무색투명한 덩어리이지만, 시판되고 있는 것은 불순물이 포함되어 회갈색이거나 회흑색이다. 이 카바이드를 물과 접촉시키면 아세틸렌(C_2H_2)가스가 발생하고, 백색의 소석회[$Ca(OH)_2$]가루가 남는데 이때의 화학방정식은 다음과 같다.

$$CaC_2 + H_2O \rightarrow C_2H_2\uparrow + CaO(생석회)$$

즉, 64 g의 카바이드와 18 g의 물에서 56 g의 생석회와 26 g의 아세틸렌가스가 발생된다. 그러나 실제로는 발생기 내에 물이 있으므로 생석회는 다시 물을 흡수하여 소석회가 된다.

$$CaC_2 + 2H_2O \rightarrow Ca(OH)_2 + C_2H_2\uparrow + H_2\uparrow + 31.872cal$$

순수한 카바이드 1 kg에서는 348 L의 아세틸렌이 발생하지만 현재 시중에서 판매되는 카바이드에는 불순물이 포함되어있기 때문에 230~280 L가 발생되고 있다.

(내) 탄화수소의 열분해법 : 프로판가스 등을 1,200~2,000℃로 가열하면 아세틸렌가스가 발생한다.

$$C_3H_8(프로판) \rightarrow C_2H_2\uparrow + CH_4(메탄)\uparrow + H_2\uparrow$$

(대) 천연가스의 부분 산화법 : 천연가스의 완전연소 화학방정식은 혼합 가스로 발열량은 7,120~10,680 kcal/m^3, 불꽃 온도는 2,537.8℃이다.

② 아세틸렌가스의 폭발성

(개) 온도 : 아세틸렌가스는 매우 타기 쉬운 기체로서 온도가 406~408℃에 달하면 자연발화하고, 505~515℃가 되면 폭발한다. 또, 산소가 없더라도 780℃ 이상이 되면 자연폭발한다.

(내) 압력 : 아세틸렌가스는 15℃에서 2기압의 압력을 가하면 충격 진동 등에 의하여 폭발하고 위험 압력은 1.5기압이다.

(대) 혼합 가스 : 아세틸렌가스는 공기, 산소 등과 혼합될 때에는 더욱 폭발성이 심해진다. 아세틸렌 15 %, 산소 85 % 부근이 가장 폭발 위험이 크다. 또, 아세틸렌가스가 인화수소를 함유하고 있을 때는 인화수소는 자연폭발을 일으키는 위험이 있는데 인화수소 함량이 0.02 % 이상이면 폭발성을 갖게 되며, 0.06 % 이상인 경우는 대체로 자연발화하여 폭발한다.

㈃ 외력 : 압력이 가해져 있는 아세틸렌가스에 마찰, 진동, 충격 등의 외력이 작용하면 폭발할 위험이 있다.

㈄ 화합물 생성 : 아세틸렌가스는 구리 또는 구리합금(62 % 이상의 구리 함유), 은(Ag), 수은(Hg) 등과 접촉하면 이들과 화합하여 폭발성이 있는 화합물을 생성한다.

③ **아세틸렌가스의 성질** : 아세틸렌가스는 카바이드와 물을 혼합하여 제조하는데, 탄소와 수소가 화합하여 생긴 매우 불안정한 가스로 대단히 잘 타며, 다음과 같은 성질이 있다.

㈎ 순수한 아세틸렌가스는 무색무취의 기체이며, 보통 가스용접에서 사용되는 아세틸렌가스는 인화수소(PH_3), 황화수소(H_2S), 암모니아와 같은 불순물을 포함하고 있어 악취가 난다.

㈏ 비중은 0.906으로 공기보다 가벼우며, 15℃ 1 kg/cm^{2}에서의 아세틸렌 1 L의 무게는 1.176 g으로 산소보다 가볍다.

㈐ 여러 가지 액체에 잘 용해되며 보통 물에 대해서는 같은 양으로, 석유에는 2배, 벤젠에는 4배, 알코올에는 6배, 아세톤에는 25배나 용해되며, 그 용해량은 압력에 따라 증가한다. 즉, 12기압에서는 아세톤에 300배나 용해된다. 다시 말하여 용해량은 온도를 낮추고, 압력을 높이면 증가한다.

㈑ 아세틸렌을 500℃ 정도의 가열된 Fe 관을 통과시키면 3분자가 중합반응을 일으켜 벤젠이 된다.

㈒ 대기압에서 −82℃이면 액화하고, −85℃이면 고체로 된다.

④ **아세틸렌 용기 취급의 주의 사항**

㈎ 용기는 세워서 사용할 것. 뉘어서 사용하면 아세틸렌이 유출될 염려가 있다.

㈏ 아세틸렌 충전구가 동결되었을 때는 온수(35℃ 이하)로 녹일 것

㈐ 용기 내의 잔압은 0.1 kg/cm^2 정도 남겨둘 것

㈑ 열, 불꽃, 스파크 발생 우려가 있는 곳에서의 보관이나 사용을 금할 것

㈒ 기타 아세틸렌가스의 폭발성을 염두에 두고 주의하여 취급할 것

예제 아세틸렌가스가 사용되는 배관에는 동이나 은의 합금이 사용되어서는 안 된다. 그 이유를 설명하시오.

해설 1. 동과 은합금이 배관으로 사용될 수 없는 이유

① 아세틸렌이 구리, 은, 수은과 접촉하여 화합물, 즉 아세틸렌 구리, 아세틸렌 은, 아세틸렌 수은으로 변하면 건조 상태의 120℃ 부근에서 맹렬한 폭발 화합물인 아세틸라이트를 생성한다.

② 배관이나 용기의 경우 구리 함유량이 62 % 이상인 합금은 사용하면 안 된다.

③ 이 폭발성 화합물(아세틸라이트)은 습기, 녹, 암모니아가 있는 곳에서 생성되기 쉽다.

2. 화학반응식
① 구리 $2Cu + C_2H_2 = Cu_2C_2 + H_2$
② 은 $2Ag + C_2H_2 = Ag_2C_2 + H_2$
③ 수은 $2Hg + C_2H_2 = Hg_2C_2 + H_2$
여기서, Cu_2C_2, Ag_2C_2, Hg_2C_2가 아세틸라이트이다.

12-2 가스용접 & 절단 장치

(1) 토치(torch)

① **개요** : 용기 또는 발생기에서 보내진 아세틸렌과 산소를 혼합 가스로 만들고, 이 혼합 가스를 연소시켜 불꽃을 형성해서 용접을 할 수 있도록 하는 기구를 말하며, 손잡이, 혼합실, 산소 및 아세틸렌 밸브, 팁으로 구성되어있다. 토치의 용량은 1시간에 소비하는 혼합 가스의 양으로 나타내며, 토치는 용접용과 절단용의 두 종류가 있다.

② **용접 및 절단용 토치의 비교**

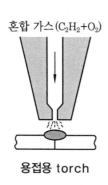

용접용 torch

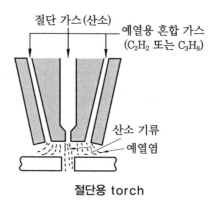

절단용 torch

③ **토치의 종류**

㈎ 토치의 크기에 따른 분류

㉮ 소형 토치 : 전장이 300~350 mm, 무게 400 g 내외

㉯ 중형 토치 : 전장이 400~450 mm, 무게 500 g 내외

㉰ 대형 토치 : 전장이 500 mm 이상, 무게 700 g 내외

㈏ 토치의 구조에 따른 분류

㉮ A형 토치 : 독일식, 불변압식

㉯ B형 토치 : 프랑스식, 가변압식

㈐ 사용하는 아세틸렌가스 압력에 따른 분류

㉮ 저압식 토치 : 아세틸렌 공급 압력이 0.07 kg/cm^2 미만에 쓰이는 흡인식(인젝터식)이다.

ⓓ 중압식 토치 : 아세틸렌 공급 압력이 $0.07{\sim}1.3\,\text{kg/cm}^2$ 범위에서 사용하는 토치로 등압식 토치라고도 한다.

ⓔ 고압식 토치 : 아세틸렌 공급 압력이 $1.3\,\text{kg/cm}^2$ 이상에서 사용하는 토치로 용해 아세틸렌 또는 고압 아세틸렌 발생기에서만 사용되며 일반적으로 사용하지 않는다.

④ **토치의 구비 조건**

㉮ 구조가 간단하고 취급이 용이할 것

㉯ 조정된 불꽃이 안정할 것

㉰ 안정성을 갖고 견고할 것

(2) 압력 조정기(pressure regulator)

① **역할** : 압력 조정기는 용기 내의 높은 압력 가스를 임의의 압력으로 감압하면 용기 내의 압력은 변할지라도 조정된 압력은 일정하게 필요한 양을 상용 압력으로 공급할 수 있게 하는 역할을 한다. 즉, ㉮ 용기나 발생기, 도관, manifold 등의 압력을 실제 작업에 필요한 압력으로 감압시키며, ㉯ 용기나 발생기 등의 압력 변화에 관계 없이 필요한 가스 공급량을 일정하게 유지시켜주는 기능을 한다.

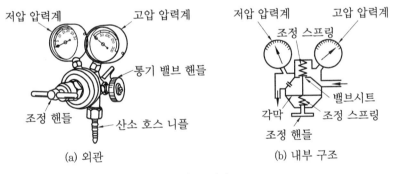

(a) 외관   (b) 내부 구조

압력 조정기

② **작동 원리** : 산소 및 아세틸렌 게이지 등은 부르동관을 이용하여 압력을 측정하게 되는데, 이것은 가스가 압력을 가지면서 부르동관(한쪽 끝은 막힘)에 들어가면 부르동관은 퍼지려는 성질이 생겨서 여기에 연결된 링크를 끌게 한다. 링크에 연결된 섹터 기어가 링크의 움직임만큼 회전하게 되며 바늘이 달린 피니언 기어가 회전하여 압력을 나타낸다. 고압 및 저압 게이지의 구분은 부르동관의 강도에 따라 구분되며, 작동 순서는 다음과 같다.

가스 압력 → 부르동관 → 링크 → 섹터 기어 → 피니언(바늘)

조정 핸들을 오른쪽으로 돌리면 가스는 고압실에서 저압실로 들어온다. 저압실은 고압실보다 크므로 가스는 팽창하여 낮은 압력이 저압계에 작용한다. 이와 같이 산소, 아세틸렌 용기의 높은 압력을 용접 작업에 적당하도록 상용 압력으로 조절하는 장치가 압력 조정기이다.

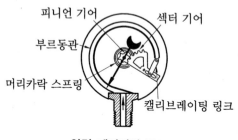

압력 게이지의 구조

③ 구비 조건

㈎ 동작이 예민할 것

㈏ 조정 압력이 용기 내의 가스량 변화와 관계없이 항상 일정할 것

㈐ 조정 압력과 사용(방출) 압력과의 차이가 적을 것

㈑ 가스의 방출량이 많더라도 흐르는 양이 안정될 것

㈒ 사용 중 결빙되지 않을 것

12-3 ▷ 가스(산소)절단

(1) 가스절단 원리

강철을 800~1,000℃로 예열하여 절단 토치로 순도가 높은 산소를 분출시키면 강철은 급격한 연소 작용을 일으켜 산화철이 되며 강렬한 반응열을 발생한다. 이때 산소의 분출력에 의해 산화철이 밀려나며 절단이 된다. 절단 시 철강의 화학반응은 다음과 같다.

$$Fe + \frac{1}{2}O_2 = FeO + 64\,kcal \quad \text{························ 제1반응식}$$

$$2Fe + \frac{3}{2}O_2 = Fe_2O_3 + 190\,kcal \quad \text{··············· 제2반응식}$$

$$3Fe + 2O_2 = Fe_3O_4 + 266\,kcal \quad \text{·················· 제3반응식}$$

철강이 절단되려면 상기 화학반응식과 같이 항상 새로운 산소가 반응되어야 한다.

① 산소-아세틸렌 또는 기타 혼합 가스의 예열염(炎)으로 가열

② 약 900℃까지 상승시킨 상태에서 노즐 중앙부로부터 5 kg/cm²의 절단용 산소 가스를 고속으로 분출

③ 절단 위치의 가열을 한층 강화하여 연소

④ 연소반응이 판 두께에 걸쳐 일어났을 때 노즐을 일정한 속도로 이동

⑤ 연소열에 의해 생긴 용융 금속을 산소 가스의 분류로 불어 날려 절단 구멍을 만들어 절단을 완료

(2) 절단 조건

① 절단 조건

㈎ 금속의 산화물 또는 슬래그가 모재보다 저온에서 녹고, 유동성과 모재로부터의 박리성이 좋을 것

㈏ 모재의 연소 온도가 그 용융 온도보다 낮을 것(철의 연소 온도는 1350℃, 용융 온도는 1530℃)

㈐ 모재의 함유 성분 중의 불연소물이 적을 것

② 탄소강의 절단이 용이한 이유

㈎ 철의 연소 온도(1350℃)가 그 용융 온도(1530℃)보다 낮고,

㈏ 산화물과 용융철이 융합한 슬래그의 용융 온도는 그보다 훨씬 낮음과 동시에

㈐ 슬래그의 유동성이 극히 양호하고,

㈑ 절단을 방해하는 불순물이 적다.

③ 주철, 10 t 이상의 SUS 및 비철금속의 절단에 부적합한 이유

㈎ 주철에서는 융점이 연소 온도 및 슬래그의 융점보다 낮고, 또한 주철 중의 흑연은 강의 연속적인 연소를 방해한다.

㈏ 스테인리스강이나 Al의 경우는 절단 중에 생기는 Cr_2O_3 또는 Al_2O_3가 모재보다 훨씬 고융점의 내화물이므로, 이들 점도가 큰 슬래그가 절단 표면을 덮어 산소와 모재 간의 반응을 방해한다.

㉮ 내화성의 산화물을 용해 제거하기 위해서 분말상 플럭스 또는 철분을 산소 기류 중에 혼입하여 화염 온도를 높여 절단하는 분말 절단법을 사용하고 있다.

㉯ plasma arc의 극고온으로 모재를 국부적으로 용해하고, 용융된 입자들을 고속의 gas-jet로 불어 날리는 plasma jet 절단법을 사용하면 절단 표면에서 산화물 생성의 시간적 여유가 없기 때문에 절단이 가능하다.

㉰ arc air 절단법 : 탄소 흑연 전극과 모재 사이에 높은 전류의 arc가 만들어지고 압축공기(air-jet)를 절단 용융부에 적용하여 절단하는 방법으로 arc열과 air-jet를 이용한 방식이다.

(3) 가스절단에 영향을 미치는 요인

① 금속의 피절단성

(개) 모재보다도 산화물의 융점이 낮을 것, 또한 모재의 연소점이 모재의 융점보다 낮을 것

(내) 용융 산화물이 이탈하기 쉬울 것

(대) 모재의 열전도도가 낮을 것

(래) 모재의 연소 발열량이 큰 쪽이 좋다.

(매) 모재의 성분 중 불연소 성분이 적을 것

(배) 이러한 이유로 연강은 절단이 용이하지만 동, 알루미늄, 스테인리스강은 절단이 곤란하다.

② 노즐의 형상과 가스흐름

(개) 노즐의 형상

㉮ 보통형 : 속도 변화에 유리한 형상

㉯ 고속 다이버전트 노즐 : 가장 높은 가스 유속이 얻어지는 노즐

㉰ 저속 다이버전트 노즐 : 비교적 저속류가 얻어지는 노즐로 가스가우징(gas gouging) 등에 적합한 노즐

(내) 절단 높이가 증가함에 따라 절단판 두께가 적게 되고 절단 효율이 저하한다.

(대) 절단판면에 가깝게 하여 절단하는 것이 좋다.

(a) 보통형　　(b) 고속 다이버전트　(c) 저속 다이버전트

절단 산소 버너의 노즐 현상

③ 절단 산소의 영향

(개) 순도가 99.8 % 이상의 것이 좋다.

(내) 불순물의 존재에 의해 절단 속도가 떨어지며 가스 소비량이 많아진다.

(대) 절단 단면이 거칠어지게 된다.

(래) 두꺼운 판의 절단이 곤란하게 된다.

(매) 산소 압력은 가스 기류의 형상과 슬래그의 배출을 위한 기계적 에너지원으로서 절단 효율에 지대한 영향을 미친다.

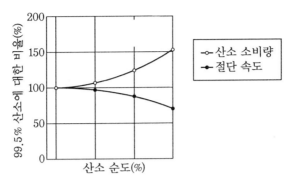

산소의 순도와 절단 속도 및 산소 소비와의 관계

　㉎ 양호한 절단 조건

　　㉠ 모재의 온도 : 연소점까지 가열

　　㉡ 산소의 압력 : 3~5 kg/cm^2

　　㉢ 산소의 순도 : 99.8 % 이상

　　㉣ 예열 불꽃의 세기 : 적당할 것

　　㉤ 절단재의 표면 상태, 팁과의 거리, 각도 등이 적합할 것

④ **예열의 영향**

　㉎ 예열 온도가 너무 높으면 절단면 위 기슭이 녹고 뒤쪽에 슬래그가 많이 달라붙는다.

　㉏ 예열 온도가 너무 약하면 drag가 커지며, 절단 중단 및 역화를 일으키기 쉽다.

　　㉎ 연소 가스의 구비 조건

　　　㉠ 발열량이 높을 것

　　　㉡ 집중도가 좋은 국부가열이 될 수 있는 것

　　　㉢ 독성이 없을 것

　　　㉣ 폭발하기 어려울 것

　　　㉤ 값이 싸고 저장과 수용이 용이한 것

각종 가열 가스의 성질

가스의 종류	발열량(kcal/m^3)	혼합비 산소/연료	화염 온도(K)
아세틸렌(C$_2$H$_2$)	12,900	1.1~1.8	3.703
프로판(C$_3$H$_8$)	21,000	3.75~4.75	3.073
메탄(CH$_4$)	8,200	1.8~2.25	2.973
일산화탄소(CO)	2,900	0.5	3.073

　㉏ 예열 불꽃의 역할

　　㉠ 절단 개시점을 발화점 이상 온도로 가열한다.

　　㉡ 절단 산소의 운동량 보호 거리를 연장시킨다.

ⓒ 절단 산소의 순도 저하를 방지한다.

ⓔ 표면 스케일 등의 박리로 절단 산소와의 반응을 용이하게 한다.

ⓜ 절단 진행 중 절단부에서 잃어버린 열량을 보충하여 절단부의 온도를 유지한다.

(4) 가스절단면의 특성

가스절단면의 특성으로서 경도/변형/기계적 성질에 대하여 알아보자.

① **경도 및 현미경 조직** : 탄소강의 가스절단면은 급랭에 의하여 소입 경화되며, 그 정도는 재질, 판 두께 등에 따라 달라진다. 일반적으로 연강에서는 경화가 적으나 고장력강에서는 크게 경화되어 냉각 중에 절단면에 미세한 균열이 발생되기도 한다. 절단면 부근의 현미경 조직은 용접 HAZ의 것과 비슷하며 과열로 조립화되어있다.

㉮ 절단면은 급랭 때문에 경도 상승이 일어난다.

㉯ 탄소의 함유량이 증가함에 따라 상승한다.

㉰ 수랭을 한 경우가 수랭을 하지 않은 경우보다 경도가 더욱 상승한다.

② **변형** : 절단면은 국부적인 가열과 냉각으로 소성변형과 잔류응력이 발생한다. 가절단에 의한 변형은 그림과 같다.

③ **기계적 성질** : 절단면은 소입 경화되어 연성이 약간 저하된다. 절단면을 그대로 용접하면 취화 부분이 용융되어 문제가 없으나 용접 구조물의 일부로 사용 시는 절단면에 노치(notch)가 있을 때 취성파괴가 쉽게 발생될 수 있어 그라인더로 연마하여야 한다.

(5) 드래그(drag), 지연 곡선(drag line), 절단폭(kerf)

절단에서 절단 가스의 입구(소재의 표면)와 출구(소재의 이면) 사이의 수평거리를 말한다. 대부분의 경우 철강 재료의 절단은 산소를 사용하며, 절단 노즐과 인접한 표면에서의 산소량과 이면에서의 산소량은 동일할 수가 없다. 이러한 차이는 상하부의 연소조건을 변화시키기 때문에 절단면에서는 표면에 비하여 이면의 절단 작용이 지연된다. 즉, 노즐에서 먼 위치인 하부로 갈수록 산소압의 저하, 슬래그와 용융물에 의한 절단 생성물 배출의 곤란, 산소의 오염, 산소 분출 속도의 저하 등에 의하여 산화작용이 지연된다. 그 결과 절단면에는 거의 일정한 간격으로 평행된 곡선이 나타나며, 그것을 지연 곡선

(drag line)이라고 하고, 절단 진행 방향으로 측정한 1개의 드래그 라인에서 표면과 이면의 거리를 드래그(drag)라고 한다. 절단폭(kerf)은 절단 공정에서 용융 및 배출 작용에 의하여 형성된 간극을 말한다. 집속된 레이저를 이용하여 절단할 때는 보조 가스로 산소를 사용하는 경우와 질소 등 불활성가스를 사용하는 경우가 있으며, 사용된 가스의 종류, 레이저 빔의 품질 및 절단 조건에 따라 절단폭도 달라진다. 일반적으로 레이저 절단폭은 산소-아세틸렌 공정 또는 플라스마에 의한 절단폭보다 좁다.

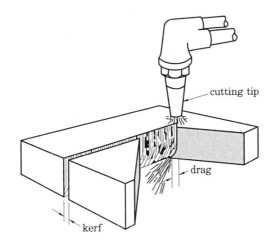

드래그(drag)와 절단폭(kerf)

① **절단폭(kerf)** : 가스절단 시 용융 및 배출에 의해 형성된 간극이다.
② **지연 곡선(drag line)** : 절단면 아랫부분에서 슬래그의 방해, 산소 압력의 저하 그리고 산소 오염 등의 원인으로 인하여 절단 윗부분보다 절단이 지연되고 절단면에서 일정한 간격의 곡선이 진행 방향으로 나타나는 선이다.
③ **드래그(drag length)** : 하나의 드래그 선의 시작점에서 끝나는 점까지의 수평거리이다. 드래그는 보통 강판 두께 1인치(inch) 이하의 경우 20 % 정도가, 1인치(inch)를 초과하는 경우 10 %가 적당하며 드래그의 정도를 나타내는 식은 다음과 같다.

드래그(%) = drag length/강판 두께×100

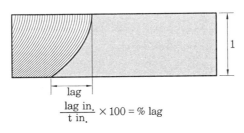

가스절단면의 드래그(%)

또한 강판 두께별 표준 드래그 길이는 다음과 같이 추천하고 있다.

강판 두께별 표준 드래그 길이

plate 두께	12.7 mm	25.4 mm	51 mm	51~152 mm
drag length	2.4	5.2	5.6	6.4

예제 **1. 가스절단 속도가 너무 느리거나 빠를 때 절단면의 품질은?**

해설 가스절단면의 품질은 절단면 윗 모서리의 용융 정도, 평면도, 표면 조도, 노치 유무, 슬래그, 직진도, 개선면의 각도 등의 형상 요인에 따라 등급 기준이 결정된다. 양질의 절단면을 얻기 위해서는 절단재의 두께에 따라 예열 불꽃의 상태, 절단 산소의 유량, 절단 속도 및 절단 torch 등을 적절히 선정해야 한다. 절단 속도에 대한 영향은 다음과 같다.

1. 절단 속도가 빠를 때 : 드래그가 크게 되고, 절단면의 모서리가 둥글게 된다. 특히, 표면 모서리의 바로 밑이 파이게 된다.
2. 절단 속도가 느릴 때 : 표면이 과열되어 표면의 모서리가 둥글게 되며, 밑부분에 요철이 생기기도 한다. 또한, slag가 절단면에 단단히 부착되기도 한다.

예제 **2. 가스절단 시 드래그 길이(drag line)에 대하여 설명하고, 이에 미치는 영향에 대하여 기술하시오.**

해설 1. drag 길이
   ① 가스절단에 의해 강판을 절단하고 고속 산소 분류에 의해 용융철이 불려 나가면서 절단면에 마치 빗자루로 쓸어낸 듯한 line이 형성되는데 이를 drag line이라 한다.
   ② 절단이 진행됨에 따라 산소의 순도 저하, slag의 산화 반응 방해 등으로 절단 속도가 둔화되며 절단 진행 방향의 뒤쪽으로 곡선을 나타낸다.
   ③ drag line의 처음과 마지막 양끝거리를 drag 또는 drag length라 한다.
   ④ 드래그 길이는 두께의 $\frac{1}{5}$ 정도가 기준이다.
   ⑤ 가스절단의 양부를 판정하는 기준으로 대단히 중요하다.

$$\text{drag}(\%) = \frac{\text{drag 길이}(l)}{\text{판 두께}(t)} \times 100$$

2. 드래그 길이에 미치는 인자
   ① 드래그 길이는 절단 속도와 산소 소비량 등에 의해 변한다.
   ② 절단 속도가 느리면 드래그 길이는 '0'이 된다.
   ③ 절단 속도가 일정할 때 산소의 소비량(압력)을 적게 하면 드래그 길이가 길어지며 슬래그가 달라붙어 절단면이 거칠어진다.
   ④ 산소량이 증가하면 드래그 길이는 짧아진다.
   ⑤ 적당한 드래그 길이는 두께의 $\frac{1}{5}$ 정도이다.
   ⑥ 절단 속도가 빨라지면 드래그 길이는 길어진다.
   ⑦ 산소 순도가 높을수록 드래그 길이는 짧아진다.

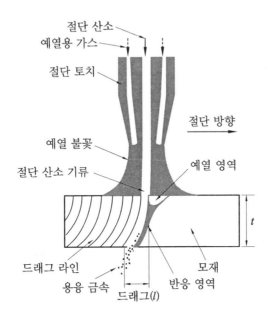

12-4 〉플라스마(plasma) 절단

(1) plasma 절단 원리

plasma 절단 원리는 토치의 소구경 구멍에 $Ar + H_2$ 및 N_2 작동 가스를 유도시키면 아크는 전류밀도가 높게 되어 20000~30000℃ 이상의 고온 고속의 플라스마가 토치에서 분사되어 금속을 용융 절단하는 방법이다. 플라스마는 가스 원자가 원자핵과 전자로 유도되어 +, −의 이온으로 된 상태이다. 현재는 공기 중에서의 플라스마 절단 시 발생되는 fume, 소음, arc량 등의 공해를 방지하기 위하여 플라스마 토치의 주변에 물을 분사하는 절단법이 활용되고 있다.

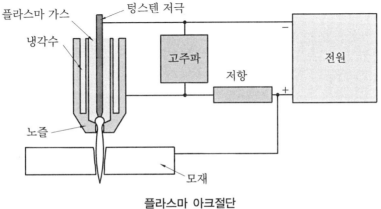

플라스마 아크절단

(2) plasma 발생 방식

plasma 발생 방식에 따라 plasma arc 절단법과 plasma jet 절단법으로 구분된다.

① **plasma arc 절단** : 텅스텐 전극과 모재 사이에 plasma를 발생시키는 이행형 arc plasma 절단이다.

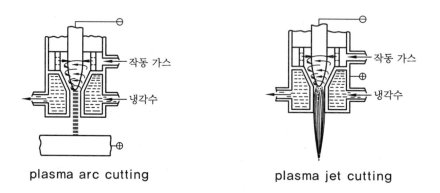

plasma arc cutting   plasma jet cutting

② **plasma jet 절단** : 텅스텐 전극과 nozzle 사이에서 arc를 발생시키는 비이행형 arc plasma 절단법으로 절단하려는 재료에 전기 접속을 하지 않으므로 금속은 물론 비금속에도 사용된다. 특히, 산화물이 모재보다 고용점을 갖는 Al, stainless강 등의 절단에 매우 유용하다.

(3) 작동 가스

작동 가스로는 Al, 스테인리스강 등 비철금속이나 고합금강의 절단 시에는 Ar과 H_2의 혼합 가스나 Ar, H_2, N_2의 혼합 가스가 사용되고 있으며, 일반강의 절단에는 공기나 산소가 많이 사용된다. 그 외에 N_2, H_2 등도 경우에 따라서는 사용되고 있지만 이러한 작동 가스는 절단 효율, 품질 및 소요 경비에 크게 영향을 미치기 때문에 적절한 선택이 필요하다. 또한, 활성가스는 토치의 전극을 소모시키기 때문에 소모율을 최소화시키고, 사용 수명을 최대로 연장하기 위하여 가스의 종류 및 공급 방법이 다양하게 연구되고 있다. 작동 가스의 공급 방식에 따라 회류식과 축류식으로 구분된다.

(4) 절단 토치의 구조

절단 토치의 구조는 작동 가스에 따라 상이하다. 텅스텐 봉을 전극으로 사용하는 경우는 Ar+H_2 및 N_2를 작동 가스로 하고, 선회류 방식과 축류 방식의 어느 쪽도 사용할 수 있으나, 통상 Ar+H_2용으로는 축류 방식을 많이 사용한다. 그러나 공기와 산소를 작동 가스로 하는 경우에는 노즐로서 Cu에 Hf이나 Zr을 삽입한 것을 사용하며, 이때는 음극점을 고정시키기 위해 선회류 방식이 사용된다.

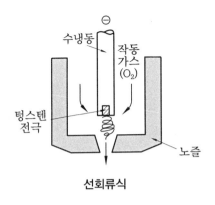

선회류식

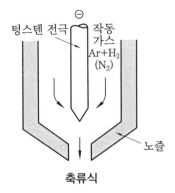

축류식

(5) 특징(장·단점)

① 장점

㉮ 비교적 얇은 판이 열 변형이 적고, 고속으로 절단할 수 있다.

㉯ 절단 시 예열이 불필요하여 작업성이 좋다.

㉰ 금속은 물론 비금속재료의 절단이 용이하다.

② 단점

㉮ 장치가 비싸고, 절단 홈(kerf)이 비교적 넓다.

㉯ 절단면에 경사각이 생기는 문제 때문에 30 mm 이상의 두꺼운 부재에 대한 절단은 특수한 경우에만 한정하여 적용하는 것이 좋다.

㉰ 절단 시 소음과 분진의 발생이 심하고, 소모품의 수명이 짧다는 단점도 있다(집진 장치 등의 조치가 필수적이다).

(6) 절단 품질에 영향을 미치는 요소

작동 가스의 종류, 절단 전류, 토치 높이, 절단 토치의 고유 특성, 가스 공급 line의 길이 및 유량 등이 품질에 영향을 미친다. 따라서, 이러한 인자들을 실험적으로 확인하여 조합함으로써 용도에 적합한 조건을 선정하는 것이 바람직하다.

예제 **알루미늄과 스테인리스강의 가스절단이 어려운 이유를 설명하고, 적절한 절단법을 들어 설명하시오.**

해설 1. 절단이 어려운 이유

① 알루미늄합금

㉮ Al은 표면에 Al_2O_3가 판막되어있어 산화 반응을 방해하므로 절단이 대단히 어렵다. 즉 Al의 용융 온도는 660℃인데 Al_2O_3의 용융 온도는 2,050℃가량으로 절단이 어렵다.

㉯ 열전도율이 높아 열이 집중되지 않고 쉽게 방산되어 절단이 곤란하다.

② 스테인리스강 : Fe를 주성분으로 하는 Cr, Ni의 내식성이 강한 합금 조직으로 금속의 피막에 강한 산화막을 형성하여 내식성을 발휘한다. 이때 이 산화크롬(Cr_2O_3) 피막이 산소(O_2)와의 산화 반응을 방해하므로 절단이 곤란하다.

2. 적절한 절단법 2가지

① 플라스마 제트 절단

㉮ 노즐 속에 텅스텐 전극봉을 넣어 노즐과 전극봉 사이에 아크 발생

㉯ 아크가 발생된 부분에서 가스가 가열되어 팽창

㉰ 고온의 가스가 좁은 노즐 구멍으로 빠른 속도로 분출되어 플라스마가 되어 절단을 행한다.

② 분말 절단

•철분이나 용제(flux)의 미세한 분말을 압축공기나 압축산소를 자동적으로 연속해서 팁을 통해 분출

•예열 불꽃 중에서 이들과의 연소 반응을 이용하여 행하는 절단법으로 금속은 물론 콘크리트까지도 절단이 가능

③ 철분 절단 : 철분 또는 이것에 Al 분말을 배합한 미세 분말을 공급하여 철분의 연소열로 절단부의 온도를 높여 녹게 된 산화물을 용융 제거하는 방법

④ flux 절단 : 용제 분말(탄산소다, 중탄산소다)을 송급하여 고용점의 산화크롬(Cr_2O_3)을 용해시켜 유동성이 좋은 알칼리염으로 바꾸는 효과를 이용한 것으로 스테인리스강의 절단에 이용된다.

12-5 ▷ 기타 절단법

(1) 분말 절단(powder cutting)

① 개요 : 주철, 스테인리스강, Al합금 또는 비금속(콘크리트 등)은 보통의 가스절단이 곤란하나 철분이나 flux의 미세한 분말을 연속적으로 절단 산소에 혼입시켜 공급하여 예열 불꽃 중에서 연소 반응시켜 산화물을 용해 제거하여 연속적으로 절단을 행하는 것이다. 분말의 절단 능력은 분말의 조성, 입도, 형상 및 건조 정도에 영향을 받게 된다. 최근에는 plasma arc 절단법이 크게 진보되어 분말 가스 절단법의 많은 부분을 대신하고 있다.

② 종류

㉮ 철분 절단법(반응열 이용) : 200 mesh 정도의 철분에 Al 분말을 배합한 미세 분말을 압축공기 또는 질소 가스로 공급하는 방식으로 철분의 연소열로 절단부의 온도를 높여 녹이기 어려운 산화막을 용융 제거하여 절단하는 방법이다.

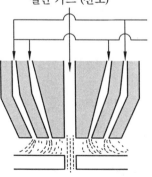

절단 가스 (산소)

flux 분말 + 공기
(← 수중 절단 시 압축공기 주입)
예열용 산소+C_2H_2

분말 절단

㈏ flux 절단법(용제 작용) : 탄산염(탄산소다) 및 중탄산염을 주성분으로 한 용제 분말을 이용한 절단법으로, 융점이 높은 스테인리스강의 절단이 주목적이다.

(2) 수중 가스절단

수중 가스절단 토치의 구조는 일반 가스절단 토치의 둘레에 공기 curtain을 만들기 위한 장치가 추가되어있다. 즉, 분말 절단의 flux+공기 대신에 압축공기에 주입하여 공기 curtain을 형성하는 방식이다. 여기서, 공기 curtain의 역할은 절단 시 절단면에 물이 닿는 것을 막고, 예열 불꽃을 안정시켜 절단이 원활하게 이루어지도록 하는 것이다. 이외에 수중에서 점화를 할 수 없기 때문에 점화용 보조팁이 있어 토치를 수중에 넣기 전에 보조팁에 점화를 한다. 연료가스로는 수소, 아세틸렌, LPG, 벤젠 등이 쓰이고 있는데 그중에서 수소가 주로 사용된다. 작업을 시작할 때 예열 불꽃의 점화는 약품이나 arc를 써서 수중에서 행한다. 일반 가스절단보다도 예열용 혼합 가스 유량이 약 4~8배 더 요구되며, 절단 산소의 분출구는 1.5~2배로 한다. 보통 수중 절단은 물 깊이 45m까지 가능한 것으로 되어있다.

(3) 레이저(laser) 절단

① 개요 : laser광을 미소 부분에 집광시켜 재료를 급격히 국부적으로 가열하여 용융 절단하는 방법이다. 현재까지 수천 종의 laser가 개발되었는데, 그중에 CO_2 laser 가 최대의 연속 출력을 내므로 대출력용으로 광범위하게 활용되고 있다. 일반적으로 20 kW급의 CO_2 절단기가 실용화되고 있다.
　㈎ 레이저가스(CO_2+N_2+He) 중 glow 방전에 의한 레이저 물질의 여기(勵起)
　㈏ 공진기(전반사경과 반투명경)로 피드백
　㈐ 위상이 정렬된 평행 광빔을 얻어 렌즈로 모재의 절단선에 집광시킨다.

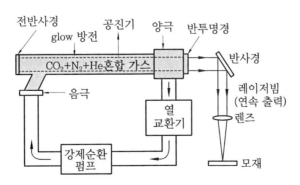

탄산가스레이저(연속대출력) 장치

② 용도

   ㉮ 인화점이 낮은 재료(섬유, 피혁, 목재), 즉 비금속류

   ㉯ 정밀 절단

   ㉰ 전자빔과 플라스마 절단법과 비교하여 비교적 엷은 재료

   ㉱ 다이아몬드

③ 장점 : laser 절단은 대기 중에서 이용되는데 일반적인 장점은 다음과 같다.

   ㉮ 소음, 열변형, 절단 폭이 작다.

   ㉯ 절단 속도가 빠르다.

   ㉰ 비접촉 가공으로 공구 마모가 없다.

   ㉱ 박판, 정밀 절단에 유리하다.

④ 개선점

   ㉮ 에너지 효율이 개선되어야 한다.

   ㉯ laser 절단기의 단가가 저렴해야 한다.

   ㉰ 장치가 compact 해야 한다.

   ㉱ 후판 절단에도 유용하여야 한다.

(4) 레이저빔 절단과 다른 절단법과의 비교

   레이저 절단과 산소연료 가스절단 및 플라스마 절단의 절단면의 커프는 레이저 절단이 가장 작고 플라스마 절단이 제일 크다. 드랙도 레이저 절단이 가장 적으며, 플라스마 절단은 가스절단에 비해 속도가 빨라 가장 크게 나타난다. 절단 속도를 비교해보면 일반적으로 박판에서는 레이저 절단, 중판에서는 플라스마 절단, 후판에서는 산소절단이 절단 속도가 가장 빠르다. 각 절단법의 절단 속도의 순위는 피절단재의 두께 범위에 따라 결정한다.

강판의 두께에 따른 각 절단법의 절단 속도 비교

두 께	절단 속도(빠른 순위)
≤2	laser > plasma > gas
2~12	plasma > laser > gas
12~40	plasma > gas > laser
>40	gas > plasma(레이저 절단 사용 불가)

절단법	적용 재료	절단 가능한 판 두께	사용 가스	특 징
가스절단 (산소절단)	연강판, 저합금강	1~100 mm 이상	$C_2H_2-O_2$ $C_3H_8-O_2$	경제적이다.
플라스마 절단	알루미늄, 스테인리스강, 구리	1.0~50 mm 6~13 mm 13~50 mm	Ar N_2 $Ar+H_2$, N_2+H_2	열 변형이 적고 고능률 절단
레이저 절단	다이아몬드, 정밀 절단 금속(엷은 재료), 비교적 두께가 얇은 스테인리스강 또는 철강 재료	박판절단 보석절단 구멍가공	CO_2 레이저 N_d : YAG	고품질, 고속 절단, 자동화 용이

(5) 아크 에어 가우징(arc air gouging) & 커팅(cutting)

① **원리 및 특징** : arc air gouging은 고전류의 arc가 탄소전극과 부재 사이에서 발생하고, 압축된 공기가 연속적으로 공급되어 용융 금속을 불어냄으로써 절단, 구멍 뚫기, 용접부 groove 가공 및 결함 제거 등의 작업에 사용된다. 전류는 직류와 교류 전원을 모두 사용할 수 있다.

② **작업 시 주의 사항**

㈎ 공급되는 고압의 공기는 용융된 금속을 날려 보낼 수 있을 정도로 충분한 양과 속도를 유지해야 한다. 불충분한 경우에는 면이 불량해지고, 탄소가 잔류하게 되어 용접 불량의 원인이 되기도 한다.

㈏ 작업 속도가 너무 빠르면 탄소화합물이 잔존하는 경우가 있고, 작업 속도가 너무 느리면 절단면이 거칠게 된다.

㈐ 공기의 배출이 적절하지 못하면 모서리에 slag가 쉽게 부착된다.

(6) 스카핑(scarfing)

scarfing은 가능한 얇고 넓게 표면을 타원형 모양으로 깎아내는 방법으로서 강재 표면의 결함, 균열 등을 제거하기 위해 사용된다. scarfing 작업에는 열간 scarfing과 냉간 scarfing이 있다. 또한, 시작점의 예열 시간을 단축시켜 작업 진행을 원활하게 할 목적으로 지름 5 mm 정도의 연소 보조봉이 사용되고 있다.

(7) 산소창(oxygen lance) 절단

① 토치의 팁 대신에 안지름 3.2~6 mm, 길이가 1.5~3 mm인 강판에 산소를 보내어 그 강관이 산화 연소할 때의 반응열로 금속을 절단하는 방법이다.

② 산소창은 그 자신이 예열을 가지지 않기 때문에 절단을 시작할 때는 외부에서 철의
선단을 가열해야 하는데, 방법으로는 산소-아세틸렌 불꽃 사용과 창과 모재 사이의
arc 발생 방법이 있다.

③ 산소창은 두꺼운 강판의 절단, 주철, 주강, 강괴의 절단 등에 이용된다.

12-6 용사법(metallizing)

용사란 용융 상태인 재료의 입자 또는 분말을 고속도로 모재 면에 충돌시켜 피복층을
만드는 일종의 표면 피복법이다.

(1) 가스 용사법

① 용선식(熔線式) : 선상으로 되어있는 용사재를 송출하여 산소-연료 불꽃으로 용융하여
이것을 주위로부터의 압축공기 제트로 미립화하여 모재 표면에 불어 붙이는 것이다.

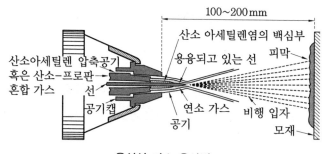

용선식 가스 용사법

② 용봉식(熔棒式) : 봉상의 용사재를 사용하며 방법은 용선식과 동일하다.

③ 분말식 : 송급용 가스(산소-연료 혼합 가스)의 흐름 속에 용사재 분말을 송급구를
통해 보내어 노즐 출구로부터 분출하는 연소 불꽃과 함께 가열되고 있는 모재면에
불어 붙인다.

④ 용접 장치(용선식)의 구성

㈎ 공기 조정기와 필터 : 공기탱크로부터 공기를 감압하여 용사에 유해한 공기 중
의 수분과 먼지를 제거하는 것

㈏ 아세틸렌을 사용하는 경우가 많다.

(2) 아크 용사법

① 원리 : 상하 2본의 노즐을 통하여 연속적으로 송급되는 2본의 용사재(직경 1.5~3.2

mm의 선)의 선단 사이에서 아크를 발생시켜 이에 의해 용융된 부분을 2본의 노즐 중간에 있는 또 하나의 노즐로부터 분출하는 공기로 미립화하여 모재 면에 붙여낸다. 일반적으로는 공기제트를 이용하며, 308 L 스테인리스강, 알루미늄합금의 용사에 질소제트를 이용하는 예가 있다.

② 전원 특성
⑺ 직류 아크 전원을 이용하면 동작이 안정된다.

⑻ 용사 피막의 조직이 조밀하고 용사 효율이 높다.

⑼ 정전압 직류전원이 이용되는 경우가 많다.

③ 특징
⑺ 용사 효율이 높다.

⑻ 시공 시간이 단축된다.

⑼ 용사재로서 2본의 서로 다른 선을 이용하여 이들을 합금시킨 피막을 만들 수 있다(초합금, pseudo-alloy의 생성).

⑽ 운전 경비가 싸다.

⑾ 초합금을 생성하는 데 2본의 용사재 선의 송급 속도를 별도로 제어하는 것이 바람직하다.

(3) 플라스마 제트(plasma-jet) 용사법

① 원리
⑺ 음극(텅스텐 또는 2 % Th 텅스텐) 전극과 양극 노즐의 내면 사이에 아크가 발생(비아크이행식)한다.

⑻ 후방에서 공급되는 작동 가스(Ar, N_2)가 이것에 의해 열을 받아 초고온의 플라스마로 되어 노즐로부터 힘차게 분출한다.

⑼ 분말 상태의 용사재가 송급용 가스에 의해 노즐 속으로 공급된다.

⑽ 플라스마 제트에 의해 가열, 가속된다.

⑾ 모재 면에 충돌하여 피막이 형성된다.

② 특징
⑺ 세라믹과 같이 용융시키기 어려운 재료나 금속, 비금속, 탄화물, 산화물, 질화물 등을 용사할 수 있으며 유기 플라스틱이나 유리 등에도 용사할 수 있다.

⑻ 제품의 크기, 형상에 제한이 없다.

⑼ 모재의 변형이 적다.

⑽ 주물의 주조 결함, 기계 가공의 치수 부족, 마모부의 재생 등 덧살붙이 보수 외에 표면 정화의 효과를 얻을 수 있다.

㈐ 산소-아세틸렌 용사에 비하여 고품질을 얻을 수 있다.

㈑ 용사 두께는 한 패스당 0.13~0.15 mm로 용사 효율이 용이하다(효율 -50~80 %).

㈒ 용사 불꽃 주위를 비산화 조건으로 만들기 용이하다.

㈓ 분사된 입자 간에 열전달이 용이하다.

(4) 용사 재료 및 적용

① **용사 재료** : 용사 재료는 금속 또는 합금, 산화물계 세라믹스(Al_2O_3, ZrO_2), 서밋(Ni로 클래드 된 흑연 또는 12 % Co로 괴상화된 흑연), 탄화물(CR_2C_3, TiC, WC)과 그 밖의 분말(47 % 폴리아미드가 함유된 Al-Si 합금)로서 금속계, 세라믹계 및 서밋계로 크게 구별된다. 이 중 금속계 용사 재료를 주로 사용하고 있으며, 그 용도에 맞게 적용해야 한다.

② **적용**

㈎ 금속계 용사 재료 : 내식, 내열, 내마모성을 개량 및 부여한다.

㈏ 세라믹계 용사 재료 : 세라믹의 우수한 기능을 활용하여 내마모, 내식, 내산화, 열 절연, 전기절연 등의 목적으로 사용된다.

㈐ 서밋계 용사 재료 : 고온 경도 및 내마모성을 부여한다.

(5) 시공 준비

용사 전에 모재를 sand blasting이나 steel ball 등에 의하여 거칠게 하거나 기계 가공에 의해서 홈을 파 밀착도(密着度)를 높이고 용사 두께를 크게 할 수 있게 한다.

예제 1. 고속 화염 용사(high velocity oxygen fuel, HVOF)에 대하여 설명하시오.

해설 1. 원리 : 연료가스를 산소와 함께 고압에서 연소시켜 고속 제트를 발생시키는 것이다. 분말은 공급 가스로 제트에 주입되고 작동 가스는 연소실에서 연소되어 노즐을 통하여 토치 밖으로 분사되며, 연소실과 노즐은 수냉시킨다.

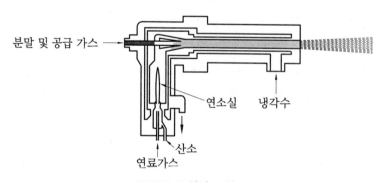

HVOF 토치의 모식도

2. 특징
  ① 작동 가스로는 아세틸렌, 등유, 프로판, 프로필렌, 수소(H_2) 등과 산소를 혼합한 가스를 사용한다.
  ② 분사되는 제트의 속도는 2,000 m/s 정도이다.
  ③ 분말의 입자는 5~45 μm 정도이고 탄화물 종류의 분말이 가장 많이 사용된다.
  ④ 분말의 공급 가스로는 N^2가 사용되고 공급 속도는 20~80 g/min이다.
  ⑤ 용사거리는 150~300 mm 정도이다.

예제 **2. 저온 분사 코팅(cold sprayed coating) 기술에 대하여 설명하시오.**

해설 1. 개요 : 보통 1~50 μm (200 μm 까지 가능하다고 보고됨)의 입도를 가진 금속이나 복합재료 분말을 압축가스(He, N_2, 공기, 혹은 혼합 가스)의 초음속 제트로 가속시켜 분말 소재의 소성변형과 결합에 충분한 속도인 임계속도(보통 300~1,300 m/s)에 도달하여 코팅을 형성하는 기술이다.

2. 코팅 기구 : 고속의 충돌이 분말의 얇은 금속 산화막을 파괴하여 순간적으로 높은 압력과 온도에 의해 원자 간 결합을 형성한다. 따라서 일반적으로 순수한 고상 상태의 공정으로 이해되고 있으며, 나노 소재 코팅 기술이나 일체화 성형(near net shape) 공정 기술로 많은 관심을 받고 있다. 코팅 공정에서 압축가스를 최대 600℃까지 가열하면, 같은 가스 압력에서 가스 속도의 증대로 인하여 충돌 입자의 부착률을 증가시킬 수 있다.

3. 특징 : 저온 분사는 소재 분말을 고온으로 용융시키지 않고 고상 상태에서 이루어지는 공정이므로 기존의 용사 코팅(thermal spray)에 비하여 많은 장점이 있다. 특히 나노 분말이나 비정질 분말을 코팅하거나, 일체화 성형 제품 생산 시 처음의 나노 분말이나 비정질 특성을 그대로 유지할 수 있다. 또한, 열적으로 민감한 Ti나 Cu 같은 소재에서 좋은 결과를 얻을 수 있다.

4. 용사 코팅과 비교한 저온 분사 공정 기술의 장점
  ① 고상 상태 공정이므로 산화와 바람직하지 않은 상을 피할 수 있다. 즉 낮은 산화물을 함유하며, 열적으로 민감한 소재인 Ti, Cu 등의 코팅이 가능하다.
  ② 최초 입자 재료의 고유 물성 유지가 가능하여 나노 분말, 비정질, 금속간화합물 재료의 코팅 및 일체화 부품 형성이 가능하다.
  ③ 낮은 잔류응력을 유도한다. 즉 응고 응력이 존재하지 않으므로 두꺼운 코팅이 가능하며(두께 약 30 mm), 일체화 성형 공정으로 유명하다.
  ④ 벌크 소재에 비하여 높은 열 및 전기전도도를 지닌다.
  ⑤ 높은 밀도, 높은 경도, 냉간가공 미세 조직을 제공한다.
  ⑥ 매우 순도 높은 코팅이 가능하다.

Professional Engineer Welding
용접기술사

용접 재료

2
PART

Chapter 01

금속의 특성 및 시험법

1. 재료 또는 부재의 물리적 특성을 강도(strength), 강성(rigidity), 경도 (hardness)로 나타낼 수 있는데, 이들 각각에 대하여 설명하시오.

2. 용접 금속의 인성에 영향을 미치는 조건 4가지를 쓰시오.

3. 연강의 응력-변형률 곡선을 도시하고, 공칭응력과 진응력의 관계를 설명하시오.

4. 다양한 종류의 금속재료가 용접에 사용되고 있다. 성공적인 용접을 위한 금속의 선별 방법(물리적 및 화학적 중 6가지)을 설명하시오.

1. 금속의 특성 및 시험법

1-1 철강 재료의 분류

일반적으로 사용하고 있는 강(鋼, steel)은 철광석(鐵鑛石)에서부터 제철(製鐵), 제강 (製鋼) 과정을 거쳐서 만들어진 것이다. 이 과정에서 ① 탄소, ② 망간(Mn), ③ 규소 (Si), ④ 유황(S), ⑤ 인(P)과 같은 물질들이 철과 함께 섞인다. 이 원소들을 강(鋼)의 5 원소(五 元素)라고 한다. 이런 물질들을 철 속에서 완전히 제거하는 것은 기술적으로 경 제적으로 곤란한 일이다. 그러므로 강의 성질에 특히 나쁜 영향을 주지 않는 범위에서 는 그대로 사용하는 것이 경제적이다. 일반적으로 우리가 보통 사용하고 있는 탄소강에 는 0.4 % 이하의 망간(Mn), 1.5 % 이하의 규소(Si), 0.05 % 이하의 유황(S), 0.05 % 이 하의 인(P)이 함유되도록 법으로 규정되어있다. 이와 같은 강을 '탄소강(炭素鋼, carbon steel)'이라고 하며, 값이 싸기 때문에 봉(棒, bar), 관(管, tube), 선(線, wire) 의 형태로 압연되어 가장 널리 사용되고 있다.

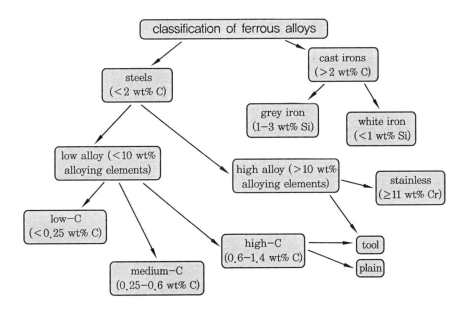

(1) 일반적인 분류

① cast iron(주철) : 2.0~4.5 %의 탄소 함량이 포함된 주조된 철(iron)

② cast steel(주강) : 2 % 이하의 탄소 함량을 갖는 주조된 강(steel)

③ steel(강)

㉮ 0.01~2 %의 carbon과 최소 0.25 %의 Mn을 포함하는 Fe(철)의 합금

㉯ 불순물로서는 P(인), S(황) 등이 포함됨

㉰ 상기 이외의 성분이 포함되면 alloy steel(합금)으로 부름

④ low alloy steel(저합금강) : nickel(Ni), chrome(Cr), molybdenum(Mo), columbium(Cb 또는 Nb) 등 합금의 성분들이 총 10 % 미만 포함된 강

⑤ elevated temperature steel(고온용강)

㉮ 넓은 의미로는 low alloy steel에 포함됨

㉯ chrome(Cr)과 molybdenum(Mo)이 포함됨

㉰ 650℃(1200℉) 이하에서 사용

㉱ 주로 heater tube와 압력 용기에 사용

　㉘ 9Cr~1Mo steel

⑥ low temperature steel(저온용강)

㉮ 넓은 의미로는 low alloy steel에 포함됨

㉯ Ni을 3~11% 첨가하여 최저 −105℃까지 연성−취성 천이온도(DBTT)를 낮춘 강

⑦ stainless steel(high alloy steel) : 12 % 또는 그 이상의 chrome이 포함된 합금으로서 우수한 내식성을 가진다.

　㉘ 18Cr~8Ni stainless steel

(2) 사용 목적에 따른 분류

대분류	중분류	소분류	JIS 철강 기호
강 (鋼)	탄소강	압연강	SS, SB, SV, SM
	특수강	구조용 합금강	S−C, SCr, SMn, SMnC, SCM, SNC, SNCM, SACM, SBV, SQV
		공구강	SK, SKS, SKD, SKT, SKH
		특수 용도강	SUS, SUH, SUJ, SUP, SUM
	주강 (鑄鋼)	탄소강 주강품	SC, SCM
		구조용 합금강 주강품	SCC, SCMn, SCSiMn, SCMnCr, SCMnM, SCCrM, SCMnCrM, SCNCrM
		특수 용도강 주강품	SCS, SCH, SCMnH
	단강 (鍛鋼)	탄소강 단강품	SF
		구조용 합금강 단강품	SFV, SFVV, SFCM, SFNCM

(3) 강괴의 종류

① **림드강(rimmed steel)** : 림드 강괴는 FeO를 함유하는 탕을 주형에 주입하여 만들어진다. 최초에 주형 벽면에서 응고하는 급랭층은 거의 순철에 가까우며, 나머지 강은 점차적으로 탄소 함유량이 많아진다. 따라서 FeO와 탄소가 화합하여 CO 가스가 만들어지는데, 대부분은 탕 표면으로 방출되지만 나머지 CO 가스는 응고한 강괴 중에 남아 수많은 기공을 형성한다. 그 결과 강괴에는 순철의 껍질(rim)이 있으며, 중앙부에는 탄소, 인, 유황 등이 편석한 핵이 형성된다. 유황의 편석이 층상으로 압연된 설퍼 밴드(sulphur band)는 용접 시에 나쁜 영향을 준다. 림드강은 박판과 철사, 그리고 구조용강의 용접봉 심선을 만드는 데 많이 쓰인다.

② **킬드강(killed steel)** : 탈산제를 가하면 탕 중의 산소가 대부분 제거되어 CO 가스가 발생되지 않아 기공이 생기지 않는다. 탈산제로는 Si, Al, Ti, Mn 등을 사용한다. 규소는 산소와 화합하여 SiO_2가 되어 slag로 부상하며, 탈산제로 알루미늄이나 티탄을 사용하면 결정을 미세화할 수 있다. 킬드 강괴는 편석이나 기공이 적은 양질의 단면을 형성하나 강괴 중앙에 큰 수축공(shrinkage hole)이 만들어져 공기에 노출되어 산화되거나, slag 등이 혼입되므로 이를 제거해야 한다. 따라서, 킬드강은 림드강에 비해 20 % 정도 생산량이 적어지므로 단가가 비싸진다. 그러나 기공, 설파 밴드, 편석 등이 없는 양질의 강괴이므로 고급 합금강의 제조에 이용된다.

③ **세미킬드강** : 세미킬드강은 림드강과 킬드강의 중간 정도로 탈산을 한 강이다. 소량의 탈산제로 탈산하므로 어느 정도 CO 가스가 발생하여 킬드강에서와 같은 큰 수축공은 생성되지 않는다.

각종 강괴의 비교

비교 항목	림드강	세미킬드강	킬드강
C%	< 0.3	< 1.0	< 1.5
수축공	없음	거의 없음	큼
기공	매우 많음	약간 많음	없음
편석	매우 많음	적음	극소

1-2 ▶ 금속의 특성

(1) 물리적 특성

① **열전도도**(thermal conductivity) : 열교환 또는 전달용 재료로서 우선 선택의 대상이 된다. 그러나 용접에서는 열전도도가 높을 경우 용접 입열을 빨리 방산해버리므로 냉각 속도가 빨라져 균열을 야기시킨다.

② **열확산계수**(thermal diffusivity) : 열전도도와 마찬가지로 열이 빨리 전달되는 속도 개념의 계수이다. 실제 열이 확산되는 속도는 그 재질의 밀도와 비열에 영향을 받으므로 이를 고려한 것이다.

③ **비중**(specific gravity) : 기자재의 dead load 계산과 물량 산출에 가장 중요한 데이터로 사용된다.

④ **전기전도도**(electrical conductivity) : 전기, 전자, 계장 관련 재료에 우선 고려 대상이 되는 물성이다. 전류를 잘 통과시키는 정도를 말하며 일반적으로 열전도도와 비례한다.

⑤ **열팽창계수**(thermal expansion coefficiency) : 열팽창계수가 높으면 특히 열간 작업 중에 기자재의 변형이 일어나기 쉽다. 그러나 바이메탈이나 expansion joint용의 재료에는 유리하게 작용된다. 특히 열팽창계수가 서로 다른 강종의 접합 시에는 그 차이에 의한 새로운 인장, 압축의 내부응력이 생기므로 강도 계산이 요구되기도 한다.

⑥ **용융점**(melting temperature, melting point/m.p) : 높을수록 성형성, 용접성이 떨어질 가능성이 높다. 제작 중에 많은 에너지가 소요된다.

(2) 기계적 특성

① **강도**(strength)

㉮ 재료가 외부 하중에 견디는 능력으로 하중의 형태에 따라 인장강도, 전단강도, 비틀림 강도, 충격강도, 피로강도 등으로 분류된다.

㉯ 인장강도는 최대 인장강도와 항복강도로 표현할 수 있다. 최대 인장강도는 해당 금속재료가 감당할 수 있는 최대 하중과 관련되고, 금속재료가 파단되는 시점에서의 인장하중을 말한다. 항복강도란 금속재료의 외부 인장력에 의한 변형이 탄성한계를 벗어나는 시점에서의 인장력을 말하며, 일반적으로 강재의 인장강도와 변형량의 곡선상에서 0.2 % 편심 항복강도로 표시한다. 대부분 구조물 설계 시 금속재료가 감당할 수 있는 최대 강도를 결정하는 기준으로 항복강도를 사용한다.

② **연성**(ductility)

㉮ 강재가 하중에 의해 파괴되지 않는 범위 내에서 변형 또는 길이가 늘어나는 성

질을 의미한다.

㈏ 높은 연성을 갖는 금속을 'ductile' 하다고 부르며, 연성이 나쁜 금속을 'brittle' 하다고 부른다.

㈐ 압연강재의 경우 방향에 따라 물성값의 차이가 나는데, 압연 방향의 강도가 가장 크고, 철판 폭 방향의 인장강도는 약 30 %, 연성은 약 50 % 정도 저하되며, 강판의 두께 방향으로의 강도 및 연성은 이보다 훨씬 더 떨어진다.

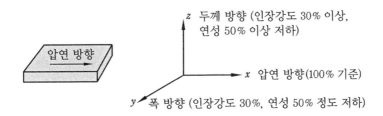

㈑ 강재의 연성은 인장시험을 통하여 인장강도와 동시에 측정되며, 인장률과 파단면의 수축률로 표현된다.

③ **경도(hardness)** : 금속의 표면에서의 흠집(indentation) 또는 침투(penetration)에 대한 저항력으로 표현된다. 측정이 쉬워 많이 사용되고 있다.

④ **내충격성(toughness)**

㈎ 강재가 외부의 충격에너지를 흡수할 수 있는 능력을 의미한다.

㈏ 내충격성 또는 노치 내충격성은 강재가 파괴되기 전까지 강재가 흡수할 수 있는 충격에너지로 표현된다.

㈐ 무연성 천이온도(nilductility transition temperature) : 강재의 내충격성을 판단하는데, 강재의 연성이 취성으로 변화하는 온도를 의미한다.

⑤ **피로강도(fatigue strength)**

㈎ 반복적으로 작용하는 하중(cyclic loading)에 대하여 강재가 파괴되지 않는 강도로, 대부분 강재 파손 현상은 피로 현상에 의한 것이다.

㈏ 한계응력(endurance limit)이란 반복하중의 작용 횟수에 관계없이 금속재료가 파손되지 않는 하중의 최대 강도를 말한다.

㈐ 탄소강의 피로강도는 대략 인장강도의 절반 수준이다.

㈑ 강재의 표면 가공에 따라 피로강도는 현저한 차이를 보인다.

㈒ grinding 방향도 피로강도에 영향을 미치는데, grinding 방향이 인장하중 방향과 나란하도록 관리하는 것이 중요하다.

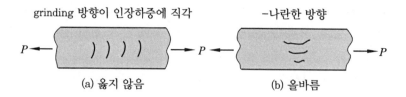

(a) 옳지 않음 grinding 방향이 인장하중에 직각

(b) 올바름 −나란한 방향

(3) 화학 성분 특성(chemical properties of metals)

① 합금의 종류(alloy group)

(개) 탄소강 : 가장 일반적으로 사용되며, 주로 약간의 탄소(C), 망간(Mn), 인(P), 황(S) 및 규소(Si)를 함유하고 있다. 그중 탄소의 함유량이 강재의 특성에 가장 큰 영향을 준다.

(내) 저합금강 : Ni, Cr, Mn, Si, V, B를 특정 범위 내에서 약간씩 함유하여 기계적 특성의 변화를 가져온다.

(대) 고합금강 : stainless 및 다른 내식성 합금강이 여기에 속하며, stainless강은 최소 12 % 이상의 Cr을 함유하므로 내식성이 향상된다.

② 강재에서 화학 성분의 효능

(개) 탄소(C) : 탄소는 강철에 있어서 가장 중요한 성분으로 최대 2 %(대부분 용접용 강재에는 최대 0.5 %)가 함유된다.

(내) 황(S) : 합금 개념보다는 불순물로 취급된다. 황이 강철에 0.05 % 이상 함유되면 강재가 취성을 띠며, 용접성이 저하된다. 반면에 기계 절삭성은 향상된다.

(대) 인(P) : 유황과 마찬가지로 불순물로 취급되며, 강재에서 0.04 %로 제한한다. 저합금 고장력강의 강도와 내식성을 높이기 위해 인의 성분을 0.10 %까지 첨가하기도 한다.

(래) 규소(Si) : 압연강재에서 탈산제로 사용되며, 0.20 %의 소량만 첨가시킨다.

(매) 망간(Mn) : 0.03 % 이상 첨가되어 강재 내의 탈산(deoxidation) 작용을 돕고, 강재 내부에 iron sulfide inclusions의 형성을 억제하며, 강재의 열처리성을 증가시켜 인장강도를 높이는 데 기여한다.

1-3 ◀ 인장 및 경도시험

(1) 인장시험

① 응력(stress)-변형률(strain) 곡선의 이해

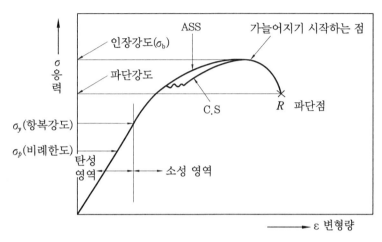

응력·변형량 선도

기 호	용 어	의 미
σ_b	인장강도 (tensile strength)	금속이 견딜 수 있는 최대의 응력점
σ_y	항복강도 (yield strength)	금속이 탄성한계에서 나타내는 힘으로서 0.2%의 영구 변형이 생기는 점(y)을 말하고 탄성에서 변하는 한계점의 강도
σ_p	비례한도 (elastic limit)	완전 탄성 영역 내로서 응력과 변형량이 정비례의 관계를 유지하는 관계
R	파단점	인장강도 시험 시 금속이 끊어지는 점
	연신율(elongation)	파단점에서의 변형량의 크기이며 연성(ductility-소성변형을 나타내는 성질)을 표시하는 양
	인성(toughness)	금속이 소성변형 중 energy를 흡수하는 능력 또는 충격하중에 대한 강도의 뜻으로도 쓰임, 즉 인성이 높다는 것은 충격에 강하다는 뜻이다.
	취성(brittleness)	금속이 소성변형을 일으키지 않고 파괴되는 성질

㊟ 금속의 인성을 표현하는 방법은 연신율과 단면 수축률 2가지가 있다. 일반적으로 단면 수축률은 연신율의 2배 정도이다.

② 인장시험 곡선 : 인장하중을 가하면 시험편은 늘어나게 되며 이때 하중과 변형과의 관계를 나타낸 곡선이 얻어지는데 이것을 응력-변형선도라 한다. 다음 그림은 인

장시험 곡선(응력 변형 선도)이며 여기서 ①은 연강의 경우이고, ②는 비철금속의 경우이다.

㈎ 탄성한도 및 비례한도(elastic modulus) : 응력 변형 선도 곡선 ①에서 연신율은 어느 부분까지는 탄성적으로 변하나 하중을 제거하면 본래의 길이로 된다. 점 E는 탄성한도 점이며, 점 E의 하중을 시험편의 원 단면적으로 나눈 값이 탄성한도이다. OE 사이에는 다음의 식이 성립된다.

$$E(\text{세로 탄성률}) = \frac{\text{응력}(\sigma)}{\text{연신율}(\epsilon)}$$

E를 영률(young's modulus)이라 한다. 점은 하중과 변형률이 비례하므로 비례한도점이라고 한다.

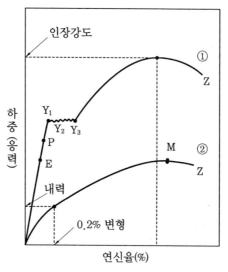

인장시험 곡선(응력-변형 선도)

㈏ 항복강도(yield strength) : 점 P를 초과한 하중이 작용하면 하중과 연신율 관계는 비례하지 않고 Y_1에서 돌연 하중이 감소하며 하중의 증가 없이 변형이 생겨 Y_3가 되며 Y_1을 상항복점, Y_3를 하항복점이라고 한다. 곡선 ②는 오스테나이트계 스테인리스강, 구리, 알루미늄 등의 응력 변형도 곡선이며 여기서는 항복점이 뚜렷하지 않으므로 0.2%의 영구 변형이 생기는 부분의 응력을 내력이라 하여 항복점과 동등하게 취급한다.

㈐ 인장강도(tensile strengh) : 인장강도란 시험 재료가 견디어낸 최대 하중 P(M) 점을 평행부의 원 단면적(A_0)으로 나눈 값을 말하며, 인장강도 이후부터는 시험편이 국부적으로 조여져서 마침내 파단(rupture)된다.

$$인장강도(\sigma) = \frac{P}{A_0} \, (\text{kg/cm}^2)$$

(라) 항복비 : 항복강도/인장강도의 값을 말하며 높을수록 가공경화가 심하여 쉽게 경도가 올라간다. 따라서 SCC, SSC 및 H.E 등이 발생하기 쉽고 피로강도 (fatigue stress)도 떨어진다.

(마) 연신율(elongation) : 인장시험 편에서 파단 후의 표점 거리와 처음 표점 거리 간의 늘어난 비율을 연신율 또는 신장률(elonagation)이라 하는데, 이것이 높으면 가공성이 좋고 저온(低溫) 충격치가 향상된다. 이것은 다음 식에 의한다.

$$연신율(\epsilon) = \frac{L_1 - L}{L} \times 100 \, \%$$

(바) 단면 수축률(reduction of area) : 시험 재료가 인장력에 의하여 늘어나면서 시험편의 단면이 수축하게 되는데 이와 같이 파단 후의 시험편의 최소 단면적을 처음 단면적에 대하여 비교한 것을 단면 수축률이라 한다.

$$단면 \ 수축률(\phi) = \frac{A_0 - A_1}{A_0} \times 100 \, \%$$

(사) 유연도(柔軟度, flexibility)와 강성도(剛性度, stiffness) : 인장시험의 결과로 평가된다. 특히 강성도는 beam의 bending이나 좌굴의 평가에 중요한 역할을 한다.

(아) 푸아송비(v, Poisson's ratio) : 봉이 인장하중을 받을 때, 축 방향(세로 방향)의 늘어난 길이는 환봉 직경(가로 방향)의 수축을 동반하게 된다. 이때 푸아송비는 다음과 같이 정의된다.

$$푸아송비(v) = \frac{가로 \ 방향의 \ 변형률(수축률)}{세로 \ 방향의 \ 변형률(신장률)}$$

재료별 일반적인 v값은 다음과 같다. 모든 재료에 대해 최댓값은 0.5를 넘지 못한다(Cork : 0, 콘크리트 : 0.1, 일반 철강 : 0.25~0.35).

(2) 경도시험

① 브리넬(brinnel) 경도시험법(ASTM E10)

(가) 금속의 넓은 경도 범위를 측정할 수 있는 방법으로 가장 많이 사용된다. 브리넬 경도값(BHN)는 탄소강의 인장강도와 관련이 있는데 BHN에 500배를 하면 대략 인장강도와 일치한다.

(나) 브리넬 경도시험법의 단계

    ㉮ 시편의 시험편 준비

    ㉯ 시편에 하중 가함

    ㉰ 일정 시간 동안 하중 유지

    ㉘ 압입 자국의 크기 측정

    ㉙ table로부터 BHN 결정

㈐ 위 단계 중 가장 중요한 것은 일정 시간 동안 하중을 유지하는 것이다. 철이나 강재는 10~15초를 유지하고 연한 금속에 대해서는 30초를 유지한다.

㈑ 브리넬 경도 계산식

$$HB = \frac{2P}{\pi \left(D - \sqrt{(D^2 - d^2)}\right)} = \frac{P}{\pi D t}$$

㈒ 현장에서 간이로 경도를 측정하기 위해 가장 널리 사용되는 경도 측정 방법이다. 자국의 지름은 브리넬 경도계에 부속되어있는 계측 확대경으로 읽고 경도값은 비치된 환산표를 사용한다. 브리넬 경도는 시험편이 적은 것이나 얇은 두께의 재료, 침탄강, 질화강의 표면경도 측정에는 적당치 않다.

② 로크웰(rockwell) 경도시험법(ASTM E18)

㈎ 다이아몬드 압입자와 지름이 1/16, 1/8, 1/4, 1/2인치인 경화 강철볼을 사용한다. 로크웰 경도시험의 압입 자국은 브리넬 시험보다 작아서 상대적으로 작은 면적의 시험을 행할 수 있다.

㈏ 로크웰 경도시험 절차

    ㉮ 시편 표면 준비

    ㉯ 시편을 기기에 장착

    ㉰ 초기 하중을 가함

    ㉱ 시험 하중을 가함

    ㉲ 시험 하중을 제거

    ㉳ dial gauge에서 경도값을 읽음

    ㉴ 초기 하중 제거 후 시험편 제거 순으로 진행

㈐ 하중을 제거한 후에 오목자국의 깊이가 지시계에 나타나서 경도를 나타낼 수 있는 것으로 그 표기법은 Hr이다.

㈑ 로크웰 경도는 실험실 등에서 사용되고 있지만, 반드시 시편을 제작하여 경도를 측정해야 하는 어려움이 있어 현장 적용이 어려운 단점이 있다.

③ 비커스(vickers) 경도시험법(ASTM E92) : 비커스 경도는 꼭지각이 136°인 다이아몬드 제4각 추의 압자를 1~120 kg의 하중으로 시험 표면에 압입한 후에, 이때 생긴 오목자국의 대각선을 측정하여서 미리 계산된 환산표에 의하여 경도를 표시한다. 비커스 경도 (Hv)는 하중(P)을 오목자국의 표면적(A)으로 나눈 값이며, 다음 식으로 표시되고, 단단한 강이나 정밀가공품, 박판 등의 시험에 쓰인다.

$$Hv = \frac{\text{하중}(\text{kg})}{\text{오목자국의 표면적}(\text{mm}^2)} = \frac{1.8544P}{D^2}\ (\text{kg/mm}^2)$$

④ **쇼어(shore) 경도시험법(ASTM E448)**

㈎ shore 경도는 H_s로 표시하며, 작은 강구나 다이아몬드를 붙인 소형 추(2.5 g)를 일정 높이(25 cm)에서 시험 표면에 낙하시켜 튀어오르는 높이로 경도를 측정하는 것이다.

㈏ 시험재에 오목자국이 남지 않기 때문에 정밀 제품이나 완성품 등의 경도시험에 널리 사용된다.

㈐ 경도시험 시 주의할 점은 낙하체 통로인 유리관을 수직으로 해야 하며, 반복시험 할 때는 위치를 바꾸어야 한다. 측정부의 3곳 이상을 측정하여 그 산술평균치를 경도값으로 정한다.

㈑ 쇼어 경도 계산식

$$H_s = \frac{10000}{65} \times \frac{h}{h_0}$$

여기서, h_0 : 낙하 물체의 높이(25 cm)
H : 낙하 물체의 튀어오른 높이

㈒ 최근 현장에서 많이 사용되는 equotip 경도계의 원리가 바로 쇼어 경도계로 크기가 작아 휴대가 간편하여 널리 사용된다. 그러나 단점은 표면 거칠기에 따라서 측정값의 오차가 크다는 점이다.

⑤ **미세경도(micro-hardness)시험법**

㈎ 미세경도시험법 : vickers 시험법과 knoop 시험법으로 대표되며, 둘 다 diamond 압입자를 사용하지만 형상의 차이가 있다. vickers 압입자는 거의 정사각형이지만 knoop 압입자는 긴 마름모 형상으로 되어있다.

㈏ 미세경도시험 단계

㉮ 철저한 표면 준비

㉯ 고정대에 시편을 고정

㉰ 계측 현미경을 사용하여 측정 부위에 시편을 위치

㉱ 계측 현미경으로 압입 자국의 크기 측정

㉲ 표와 계산에 의해 경도를 결정

1-4 ◀ 인성시험(toughness testing)

(1) 충격시험(ASTM E23, ASME Sec.Ⅷ UCS-66, UG-84)

① **충격에너지와 notch effect** : 저온 인성치의 크기를 나타내는 단위로서 재료가 파괴를 견디고 난 뒤 흡수하는 에너지를 말한다. 클수록 저온사용 가능온도(연성취성 천이 온도)는 낮아진다. 재료가 충격에 견디는 저항을 인성(靭性 : toughness)이라고 하며, 인성을 알아보는 방법으로는 샤르피식(charpy type)과 아이조드식(izod type)이 있으며 다음 그림에서 U 또는 V 노치 충격시험편을 이용하고 있다. 노치 충격시험편이 파단할 때까지 흡수하는 충격에너지가 클수록 인성이 큰 것으로 하며 동일한 재료일 때는 인장시험에서 연신율이 큰 것이 일반적으로 크게 나타나고 있다.

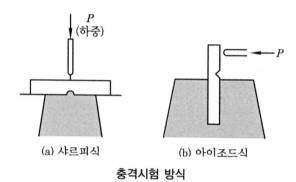

(a) 샤르피식   (b) 아이조드식

충격시험 방식

충격치는 흡수 에너지에 대한 시험편의 유효 단면적으로 나타내는데 다음 식에 의한다.

흡수 에너지$(E) = Wh = Wl(\cos a_2 - \cos a_1)(\text{kg-m})$

$$충격치 = \frac{E}{A}[\text{kg-m/cm}^2]$$

여기서, W : 진자의 무게(kg)
　　　　l : 진자 회전 중심에서 중심까지의 거리(cm)
　　　　A : 시험 전의 유효 단면적(cm^2)
　　　　a_1 : 처음 진자 위치에서 충격 위치까지의 이동 각도
　　　　a_2 : 충격 위치로부터 튀어오른 진자 높이까지의 강도

② **mass effect(질량 효과)** : load를 받는 부위의 부재 두께가 커지거나 volumn이 커질 경우에는 3축 응력이 작용하여 부재의 파손 가능성이 더욱 커지게 되어 부재의 내력은 줄어들게 된다. notch impact test의 결과에서 부재 두께가 커질수록 연성취성 천이온도가 올라가는 것은 바로 이 mass effect 때문이다. 인장시험의 결과도 마찬가지이다.

③ **입자 미세화** : 입자가 미세할수록 저온충격 흡수 에너지는 증가하므로 결국 재료가
　DBTT(연성취성 천이온도)가 낮아지는 효과를 가진다.

④ **시료 채취 방향(판재의 경우)** : 압연 방향>압연 수직 방향>두께 방향의 순서로 저온
　충격 흡수 에너지가 낮게 나타난다.

(2) 중량 낙하시험(drop weight nilductility test)

drop weight test 방법은 다음 그림과 같이 강판의 표면에 덧붙이용의 딱딱하고 부
서지기 쉬운 비드를 용접하고, 이것에 예리한 노치를 가공하여 반대 측에서 중추를 낙
하시켜 파단하여 용접부의 취성을 시험하기 위한 방법이다. 따라서, 비교적 작은 시편
을 이용하며, 그 크기는 2″×5″×5/8t이다.

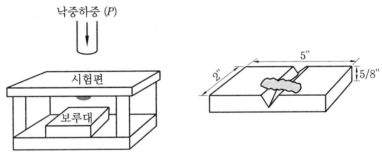

중량 낙하시험(DWT) 시편 및 시험 방법

27 kg의 추를 1.83 m 높이에서 노치가 있는 비드 반대편에서 낙하시키며 시편을
동적으로 굽힘을 준다. 시험 중에 용접부는 파괴되고 시편은 변형을 받는다. 파괴는
온도에 따라 확연히 구분되는데, 용접부가 파괴되는 최고 온도를 NDT 온도(비연성
온도)라고 한다. 이러한 NDT 온도는 천이온도의 거동을 보여주는 강에서 나타나며,
고장력강에서는 나타나지 않는다.

※ 중량 낙하시험은 거의 일정하게 NDT값을 얻을 수 있다.

(3) 균열 개구변위 시험법(CTOD, crack tip opening displacement)

① COD test는 파괴 인성시험법으로, 균열이 길게 성장하지 않는 응력하에서 균열이
　벌어질 수 있는 간격(δ)를 측정한다. 파괴 인성과의 관계는

$$\left(\frac{K_C}{\sigma_y}\right)^2 = \frac{\delta_C}{\varepsilon_y}$$

　여기서, σ_y : 항복응력, 　　　ε_y : 항복 변형률
　　　　　δ_C : 균열의 간격, 　　K_C : 파괴 인성

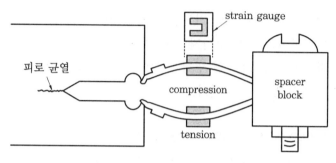

균열 개구변위(CTOD) 시험 원리

② 특징

㉮ 장점 : 간단한 칩 게이지(chip gauge)를 사용해서 직접 재료의 파괴 인성을 측정할 수 있다.

㉯ 단점 : 시험편 내에 균열이 미리 존재해야 한다. 균열을 만드는 일반적인 방법은 기계 가공으로 만든 notch에 피로 균열을 만드는 것인데, 시간 소모가 크고 비용이 많이 든다. 또한, 정확한(균열의 간격) 값을 얻기 어렵고, 상당한 실험 오차가 생기게 된다.

③ COD test : 균열 개구변위 시험(COD test)은 임계 결함 크기를 결정하는 데 유용하다.

(4) 폭발 균열 시험법

폭발 균열 시험법은 소재가 폭발에 의한 충격하중을 받아 인성이 낮은 부위에서 균열이 발생할 때 주변의 재료가 그 균열을 저지할 수 있는지의 여부를 평가하는 시험법이다. 소재는 용접된 상태나 용접되지 않은 상태로 시험할 수 있으며, 원형의 구멍을 갖는 받침대 위에 시편을 놓고 위쪽에서 폭약이 점화할 때 발생하는 충격하중으로 시험편을 변형시킨 다음, 균열이 진전하거나 정지된 상태에 따라 천이온도를 평가한다. 시험편이 전혀 변형되지 않고 파단된 온도를 취성 파괴 온도(NDT, nilductility transition temperature), 균열이 소성변형된 부분까지만 진전되고 평평한 곳까지는 진전되지 않은 온도를 FTE(fracture transition elastic) 온도, 균열이 진전되지 않고 정지되어있는 온도를 FTP(fracture transition plastic) 온도 등으로 구분한다. 이것은 충격시험에서의 연성 파괴 온도와 취성 파괴 온도 및 천이온도에 대응하는 것으로 볼 수 있다.

1-5 〈 건전성 시험(soundness testing)

건전성 시험은 용접이 끝난 시편의 용접부가 결함을 가지고 있는지를 시험하여 용접사의 자격 인정에 주로 사용한다. 건전성 시험은 굽힘시험(bend test), nick-break 시험,

fillet-break 시험 등 3가지 파괴시험으로 구분된다.

(1) 굽힘시험(bend test)

① 용접부의 bending 판정 기준

(개) ASME(sec Ⅸ) : 용접부 또는 HAZ의 어떠한 방향으로 3.2 mm를 초과한 결함이 있어서는 안 된다. 특히, 각진 부분의 crack은 slag 등의 결함에 의해 판명되지 않는 한 결함으로 간주하지 않는다.

(내) AWS(D1.1) : 다음 조건을 만족해야 한다.

⑦ 하나의 결함이 어떤 방향으로도 3.2 mm 이하인 결함

⑭ 1 mm를 초과하는 균열의 합이 10 mm 이하인 결함

⑭ 각 장 부분의 결함이 6 mm 이하인 결함 등

(대) KS B 0885 : 어느 방향으로도 길이 3 mm 이상의 터짐 또는 현저한 결함이 있어서는 안 된다. 여기서 현저한 결함이란,

⑦ 3 mm 이하의 터짐 길이 합계가 7 mm를 초과하는 것

⑭ 기공 및 터짐의 합계가 10개를 초과

⑭ under-cut, 용입 부족 및 slag 혼입 등이 현저한 것

② 시험 방법 : 굽힘 방법에는 형틀 굽힘, 자유 굽힘 및 롤러 굽힘시험이 있으며, 보통 180°까지 굽힌다. 또한, 시험하는 표면에 따라 표면 굽힘(face bend), 이면 굽힘(root bend) 및 측면 굽힘(side bend)시험 등의 3가지 방법이 있다.

(개) 형틀 굽힘시험(guide bend test) : 형틀 굽힘시험은 지그가 필요한 180° 굽힘시험이다. 시험에 영향을 주는 인자는 plunger의 반지름, plunger와 지그와의 gap, shoulder의 rounding 상태 등이다.

(내) 자유 굽힘시험(free bend test) : 중앙에서 가압하는 방법으로, 시험에 영향을 주는 주요 인자는 하중을 받는 구간(B), 시험편 길이, 폭, 두께 등이다.

(대) 롤러 굽힘시험(roller bend test) : 영국에서 채택되고 있는 굽힘시험으로 주요 인자는 plunger와 roller의 반지름(R)으로서 시험편 두께(T)의 2배이며, roller 간 거리(S) 또한 시험편 조건에 따라 규정된다.

(2) nick-break 시험

이 시험은 API 1104에 기술되어있는 것처럼 대부분 배관 용접을 검사할 때 사용한다. 시편의 용접부를 파괴하여 파단면에 존재하는 불연속을 관찰하여 용접부의 건전성을 조사하는 방법이다. 절단톱을 사용하여 파괴가 용접부에서 일어나도록 한다.

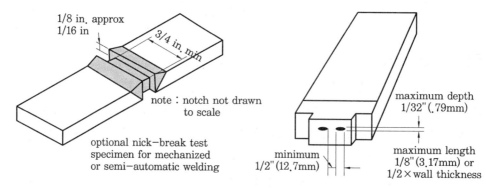

nick break 시편 및 결함 판정

시편을 절단한 후 인장기로 시편을 파괴하거나, 양쪽 끝을 지지하고 있는 상태에서 해머로 한가운데를 내리친다. 용접부의 파괴 방법은 그다지 중요하지 않고, 용접부의 결함 유무를 확인하는 일이 주요하다.

(3) fillet – break 시험(AWS D1.1)

① **적용** : 가용접공(tack welder)의 기량 test 또는 fillet 용접의 상태를 간단하게 조사하는 파괴 방법이다.

② **시험편 형상 및 시험 방법**

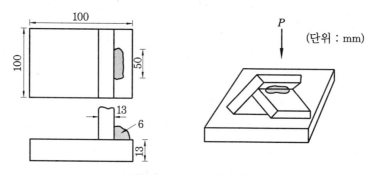

시험편 형상 및 시험 방법

위의 그림과 같이 프레스, 해머 등으로 힘(P)을 주어 파단시킨 후 파단면을 관찰한다.

(3) 판정 기준

① **육안 검사 기준** : over lap, crack 및 1 mm를 초과하는 under-cut이 없어야 하며, 기공도 없어야 한다.

② **파단면 검사 기준** : 파단된 면은 root까지 용입이 되어야 하며, 모재의 용융 불량이나 또는 파단면에 2.3 mm(3/32″)를 초과하는 기공이 없어야 한다.

(4) 기타 시험

① **피로시험** : 재료가 인장강도나 항복점으로부터 계산한 안전 하중 상태에서도 적은
힘이 계속적으로 반복하여 작용하면 파괴를 일으키는 일이 있다. 이와 같은 파괴를
피로(fatigue) 파괴라 한다. 그러나 하중이 어떤 값보다 작을 때에는 무수히 많은
반복하중이 작용하여도 재료가 파단하지 않는다. 영구히 재료가 파단하지 않는 응
력 중에서 가장 큰 것을 피로한도(fatigue limit)라 한다. 용접 이음 시험편에서는
명확한 평단부가 나타나기 어려우므로 2×10^6회~2×10^7회 정도가 견디어내는 최고
의 하중을 구하는 경우가 많다. 피로시험에 영향을 주는 것은 시편의 형상, 다듬질
정도, 가공법, 열처리 상태 등이다.

② **화학 성분을 검사하기 위한 파괴시험** : 금속의 화학적 조성은 금속의 기계적 특성에 큰
영향을 미친다. 금속의 화학 성분을 검사할 때에는 분광법, 습식 화학 분석법, 연소
법 등이 사용된다. 시험을 할 때 고려할 사항은 금속의 화학적 조성, 부식 환경, 온
도, 습도, 산소량, 응력 등이 있다.

③ **금속 조직 시험** : 조직 시험은 금속의 부분을 떼어내 적절하게 polishing 하는 것이
기본이다. 이 시험은 육안 검사와 현미경을 이용한 검사를 포함한다. 배율이 10배
이하인 현미경을 사용하면 macro test, 10배 이상의 현미경을 사용하면 micro
test로 분류한다. 시편의 준비에 있어서 macro 시험편은 입도 80번 정도의 사포로
표면을 거칠게 가공하고, micro 시험편은 600번 정도의 사포로 가공하여 거울면같
이 표면을 더 미세하게 처리해야 한다. 두 시험편은 표면층을 제거하고, 입자 구조
를 볼 수 있도록 부식액을 사용하여 표면을 부식시킨다. 부식 후에 시편을 관찰하면
금속의 특성에 관한 정보를 얻을 수 있다.

용접 야금학

1. 최근 초고장력강의 후판 용접에서는 초저수소계(ultra low hydrogen) 용접 재료가 요구되고 있다. 그 이유에 대하여 설명하시오

2. 용접 결함 중 용접 금속(weld metal)에서 발생하는 은점(fish eye)의 생성 원인과 예방책에 대하여 설명하시오.

3. 용융 용접 시 용접 금속의 응고 과정에서 편석(segregation)이 발생될 수 있다. 이러한 현상을 매크로(macro) 및 마이크로(micro)로 구분하여 금속학적으로 설명하시오.

4. Fe-C 평형상태도에서 공정반응과 공석반응의 반응식과 온도 및 탄소 함량을 설명하시오.

5. 용융 용접(fusion welding) 시 용접 금속의 결정 성장(grain growth)에 대하여 설명하시오.

6. 용접 금속 자체의 결정립(grain)을 미세화하는 방법에 대하여 설명하시오.

7. Fe-C(Fe₃C) 상태도를 온도와 화학 성분 및 상을 포함하여 그리시오.

8. 금속간화합물을 설명하시오.

9. 용접 금속에서 수소가 미치는 결함의 종류를 나열하고 각각을 설명하시오.

10. 금속재료의 강화 기구(strengthening mechanism)의 기본 원리 및 방법을 5가지 이상 설명하시오.

11. 용착금속 중에 함유된 수소에 대한 다음 사항을 설명하시오.

　　가. 용착금속 중에 수소가 함유될 경우 나타나는 결함을 설명하시오.
　　나. 시험편의 수소 함유량을 측정하는 방법 2가지를 설명하시오.
　　다. 연강용 저수소계 용접봉에서 규정하는 용착금속 중에 수소의 함유량에 대하여 설명하시오.

2. 용접 야금학

2-1 용접부의 응고

(1) 용융 용접의 특성

용융에 의한 용접(용융 용접 또는 융접, fusion welding)은 결합하는 재료들을 부분적으로 용융, 응고시켜 원자들의 재배열에 의해서 결합하는 금속학적 현상에 의한 접합 방법이다. 따라서 용융 용접의 응고 현상과 그 조직은 주조의 경우와 기본적으로는 유사하다고 할 수 있으나, 용융 용접의 특성상 다음과 같은 상이점이 있다.

① 용융지가 극히 작고, 용융과 응고가 근접하여 동시 또는 연속적으로 발생한다.

② 용융지의 온도가 대단히 높고, 용융 금속의 대류 등에 의한 교반 현상이 심하게 일어난다.

③ 용융 금속의 응고 속도가 대단히 빠르다. 대체로 $10^1 \sim 10^4 ℃/s$, 극단적인 경우의 레이저 용접 또는 전자빔 용접에서는 $10^6 ℃/s$이다.

④ 용융 후 응고된 금속은 모재와 결정학적으로 일체화하여야 한다.

그러므로 용접 시의 냉각 속도, 온도 기울기 등의 온도 조건, 응고 계면의 성장 조건 등의 정확한 측정 및 예측은 쉽지 않다.

(2) 용접부의 분류 및 영역별 특성

용접부는 열·변형 이력을 받으며, 거기에 용융·응고 현상을 수반하기 때문에 모재와는 다른 재질이 생성되는 것은 피할 수 없다.

그러므로 원하고자 하는 용접부를 형성시키기 위해서는 먼저 용접부를 금속학적으로 잘 이해하는 것이 매우 중요하다. 용접부는 거시적으로 용접 금속(weld metal), 용접 열영향부(weld heat affected zone, weld HAZ 또는 HAZ) 및 모재(base metal)의 세 부분으로 나눌 수 있다.

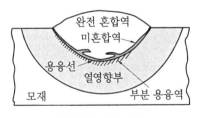

용접부의 상세 분류

① **완전 혼합역**(composite region) : 이 영역은 모재와 용접 재료가 용융하여 완전히 혼합된 영역으로서 대부분의 용융부가 이 영역에 속한다. 용융역에서는 국부적인 급속 용융, 급속 응고가 모재에 의하여 구속된 상태에서 일어나며, 새로운 열적 이력을 받기 때문에 모재와는 다른 조직이 형성된다. 이 영역의 조직은 용융지의 화학 조성과 응고

조건에 의해 결정되며, 응고 조건은 어떤 용접 방법과 조건을 사용하느냐에 따라서 달라지게 된다. 용융역에서는 금속 조직학적으로 구별이 가능한 몇 가지의 결정립계가 관찰되며 가장 단순한 경우인 단상 합금의 경우에는 세 가지의 종류의 결정립계로 구분할 수 있다.

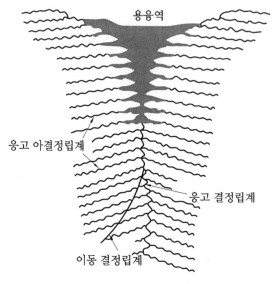

용융역에 존재하는 3가지 결정립계

㈎ 응고 아결정립계(solidification subgrain boundary) : 아결정립계는 용융역에서 현미경으로 관찰할 수 있는 가장 미세한 입계이다. 이 입계들은 응고 중합금원소와 불순물 원소의 편석에 의해 형성되며, 응고 형식은 응고가 진행될 때 고상과 액상 계면에서의 조성적 과랭 또는 국부적인 과랭과 온도 기울기 등에 의하여 결정된다.

㈏ 응고 결정립계(solidification grain boundary) : 응고 아결정립의 핵생성은 용접부의 용융선을 따라서 열영향부(heat affected zone, HAZ) 또는 부분 용융역(partially melted zone, PMZ)으로부터 등축상으로 일어난다. 이 핵들로부터 형성되는 아결정립의 응고 방향은 용융선과 접촉하고 있는 HAZ나 PMZ 결정립의 결정 방향에 의해서 결정된다. 편석이 쉬운 응고 결정립계는 응고 온도가 다른 부분보다 낮기 때문에 응고균열이 발생하기 쉽다.

㈐ 이동 결정립계(migrated grain boundary) : 응고 결정립계는 용질 원자나 불순물 원소의 편석과 인접한 두 입자의 결정 방위 차이 때문에 형성되며 현미경으로 식별이 가능하다. 이러한 화학 조성의 차에 의한 결정립계와 결정 방위 차이에 의한 입계는 응고 과정 중에는 일치하지만, 응고 후 고체 상태에서 계속 냉각되는 과정에서 결정 방위 차에 의한 입계는 이동하게 된다.

② **미혼합역**(unmixed zone) : 미혼합역은 용접 시 모재는 완전히 용용하였으나, 용접 재료와 혼합이 전혀 없거나 불완전한 상태로 응고한 부분으로 용융선에 인접한 매우 좁은 영역을 말한다. 이 영역은 용융선을 따라서 액상의 유동이 일어나지 않고 정체된 액상의 층 때문에 형성된 것이며, 용융선을 따라서 형성된 액상의 유동 속도는 높은 표면장력 때문에 거의 0에 가까워, 이 영역은 용융역의 액상과 전혀 섞이지 않게 된다. 미혼합역은 주로 불균질 용접부에서 잘 관찰되며, 특히 용착금속과 모재의 화학 조성이 크게 다른 경우에 잘 나타난다. 이 영역의 크기는 용접법, 용접 조건 및 용접 재료의 화학 조성에 따라 변한다.

③ **부분 용융역**(partially melted zone) : 부분 용융역은 용접부의 완전 혼합역과 미혼합역, 고상 영역 사이의 천이 영역이다. 이상적인 경우, 이 영역은 상태도상에서 액상과 고상이 공존하는 이상역(2相域)으로 가열된 영역으로서, 통상 이 온도의 범위는 매우 좁지만, 상업화된 합금계에서는 합금원소 및 불순물 원소의 편석으로 인하여 실제 응고 온도 범위는 확대된다.

④ **용접 열영향부**(weld heat affected zone, HAZ) : HAZ는 용융선과 모재 사이에 형성되는 영역으로서 고상에서 모재에 비하여 금속 조직학적 및 역학적 변화가 현저하게 일어난 부분이며, 탄소강 혹은 저합금강에서는 통상 A_{c1} 온도 이상으로 가열된 영역을 말한다. 이 영역에서 일어나는 주요한 변화는 결정립 성장, 제2상 또는 입자의 고용 및 석출과 잔류응력의 발생 등을 들 수 있다. HAZ에서 결정립이 성장하는 속도는 용접 입열량과 모재의 열적, 기계적 이력과 관계가 있으며, HAZ의 성질은 용융역과 모재의 성질과는 크게 다르다.

(3) 용접부 응고 조직

① **5가지 응고 조직** : 다음 그림은 5가지의 응고 형식을 모식적으로 나타낸 것이며, 그림에는 응고 형식과 관련한 온도 기울기와 조성적 과랭역의 변화도 함께 나타내었다. 대부분의 금속재료의 경우 용융역은 셀상(cellular) 또는 수지상(dendritic)의 응고 형식을 나타낸다. 평활계면(planar interface) 응고는 액상 중의 온도 기울기가 대단히 크고 성장 속도가 느린 용융선 근처의 매우 좁은 영역에서 형성될 수 있으며, 이 형태의 응고 조직은 주상 결정 내에 서브 조직이 전혀 관찰되지 않는다. 등축상(equiaxed dendritic) 응고는 온도 기울기가 (e)와 같이 대단히 넓은 범위에 조성적 과랭역에 생성되는 경우에 잘 형성된다. 즉, 성장계면 및 응고 조직은 조성적 과랭의 정도에 따라 크게 변화하며, 조성적 과랭이 작아질수록 수지상계면에서 셀상 또는 평활계면으로 변화한다.

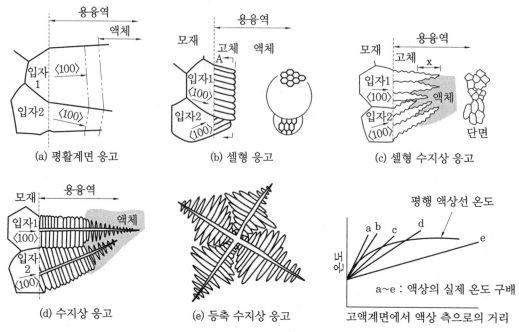

(a) 평활계면 응고 (b) 셀형 응고 (c) 셀형 수지상 응고

(d) 수지상 응고 (e) 등축 수지상 응고 고액계면에서 액상 측으로의 거리

a~e : 액상의 실제 온도 구배

5가지 형태의 응고 아결정립과 아결정립 형성에 미치는 조성적 과랭의 영향

② 응고 조직의 발달

⑦ planar 조직을 제외한 기타 조직의 발달은 조성적 과랭 현상에 기인하며, 기본적으로 전 응고 조직의 발달은 fusion boundary에서의 응고 변수(G/R)와 용질원자 농도(C_0) 양에 따라 결정된다.

⑷ fusion boundary 부근에서는 planar, cellular가 발달하게 되고, 용접부 중앙으로 갈수록 columnar dendrite나 equiaxed dendrite가 발달한다.

⑷ planar 조직의 발달은 fusion boundary 계면에서 unmixed zone 발달과 관계가 깊으며, 따라서 용질 원자 농도(C_0) 양이 거의 없고, 반면에 G/R값은 커져 planar 조직이 발달하게 된다.

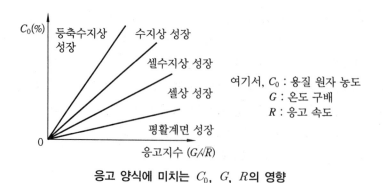

여기서, C_0 : 용질 원자 농도
G : 온도 구배
R : 응고 속도

응고 양식에 미치는 C_0, G, R의 영향

③ **용접부의 조성적 과랭** : 용융풀(welding pool)은 타원형이며, 온도가 거의 동일하므로 온도 구배 G값은 fusion line에서 최대가 되고, center line에서 최소가 된다.

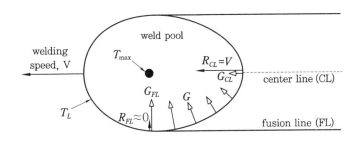

※ $\left(\dfrac{G}{R}\right)_{CL} \ll \left(\dfrac{G}{R}\right)_{FL}$ → 조성적 과랭은 center line ≫ fusion Line

용접부 위치에 따른 growth mode 변화를 정리하면 다음 표와 같다.

위 치	R	G	G/R	조성적 과랭	응고 모드	$G \times R$	냉각 속도	cell spacing
center line	特大	小	小	大	dendritic	大	大	fine
fusion line	特小	大	大	小	planar	小	小	coarse

용융역과 모재부 경계부에서는 온도 구배가 매우 크고, 응고 성장 속도는 거의 '0'에 가깝기 때문에 조성적 과랭은 발생하지 않고 planar 성장이 일어난다. 부위가 용접부 중심선으로 접근함에 따라 cellular → cellular dendrite → columnar dendrite로 바뀌게 된다. 그리고 온도 구배가 매우 작고, 응고 성장 속도가 가장 큰 중심선 근처에서는 equiaxed dendrite 성장이 일어난다. 즉, 조성적 과랭이 발생한다.

2-2 Fe-C 평형상태도

(1) Fe-C 평형상태도 이해

강은 주로 C, Si, Mn, P, S 등 5원소를 함유하나 이 중에서 강의 조직과 성질에 크게 영향을 주는 것은 C이며 강 중의 C는 보통 탄화물(FeC)로 존재하고 이것이 분해하여 흑연강이 되는 일은 드문 일이므로 일반적으로 강을 논할 때는 Fe-FeC의 준안정 평형 상태도를 생각하는 편이 편리하고, Fe-C계 평형상태도는 주철까지를 포함해서 고찰할 때 많이 이용된다.

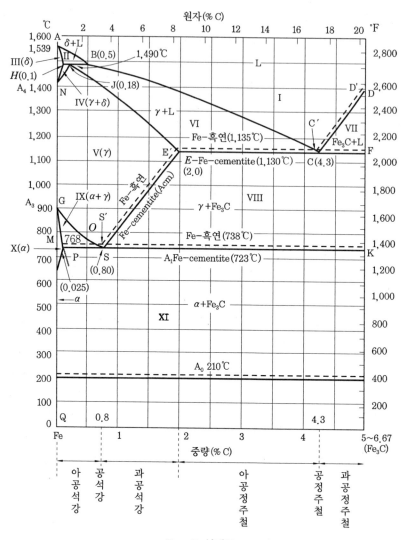

원자(% C)

Fe-C 상태도

상태도에서 보는 바와 같이 강에는 아공석강(亞共析鋼, hypo-eutectoid steel, 0.03 ~0.8 % C), 공석강(共析鋼, eutectoid steel, 0.08 % C) 및 과공석강(過共析鋼, hyper-eutectoid steel, 0.8~2.0 % C) 등이 있다. normalizing 열처리에 의해 나타나는 조직을 표준 조직(normal structure)라고 하며 표준 조직 중에 나타나는 ferrite, pearlite 및 cementite의 체적비는 C량에 따라 결정되므로 이 조직을 조사하여 이들 체적비를 추정함으로써 C량을 알 수 있다.

① **A0 변태** : cementite의 자기적 변태를 의미한다. 순철에서는 존재하지 않는다.

② **A1 변태** : 강의 eutectoid transformation(austenite ↔ ferrite+cementite).

강과 주철에만 존재한다. Ar1 변태점에 있어서는 강이 발열하며, 어두운 곳에서 보면 급작스럽게 광휘를 나타내는 수가 있으므로 재휘점이라고 한다. Ac1 점에 있어서는 강은 수축하여 전기저항이 커진다.

③ **A2 변태** : 철의 자기적 변태, 이 변태가 나타나는 점을 curie point라고 한다.

④ **A3 변태** : 강의 $\alpha \leftrightarrow \gamma$ 변태. Ar3점에서는 강이 현저하게 팽창한다.

⑤ **A4 변태** : 철의 $\gamma \leftrightarrow \delta$ 변태. Ac4 변태에 있어서 팽창하며, Ar4 변태 시 수축한다.

⑥ **Acm 변태** : austenite $\leftrightarrow$ austenite + cementite 변태. 과공석강에만 존재하는 변태이며, 그 변태점은 탄소량의 증가에 따라 상승한다.

(2) 온도에 따른 조직 변태

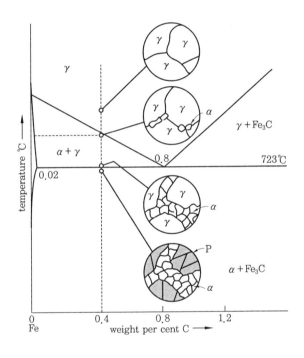

※ 0.4 %C 강을 오스테나이트 상태로부터 서랭했을 때 미세 조직의 변화

- α고용체(ferrite)는 오스테나이트 입계에서 발생하며 723℃까지 성장

- 723℃ 이하에서는 α고용체는 더 이상 성장하지 않으며, 잔류 오스테나이트는 α고용체와 Fe_3C의 공석의 층상인 pearlite로 변태

- 공석(eutectoid)은 앞에서 기술한 공정과 동일한 상변태이나, 공정이 액상에서 고상으로의 상변태인 반면, 공석은 고상으로부터 다른 고상으로의 변태임.

① **오스테나이트(austenite)** : γ-Fe에 탄소가 고용된 γ고용체를 오스테나이트라고 하며, A1(723℃) 변태점 이상에서 안정상을 이루는 고온 안정 조직으로 인성이 좋고 소성 변형성이 우수한 면심입방격자(FCC)를 이루며 비자성을 갖고 있다. 담금질 후에 저탄소강에는 존재하는 일이 적고 고탄소강이나 합금강에서 오스테나이트가 잔류하는데 이로 인하여 치수 변형의 원인이 되기도 한다. γ-Fe의 탄소 고용도는 최대 2.08 %이다.

② **페라이트(ferrite)** : 순철에 탄소가 극히 소량 고용된 고용체를 페라이트라고 한다. 고온에서 맨 처음 석출되는 조직으로 BCC 구조를 가지고 있다. 순철에 해당하는 조직

으로 기계적 강도가 극히 작아서 기계 구조용으로 사용할 수 없다. 상온에서 789℃ 까지 강자성체이며 체심입방격자(BCC)의 구조로 연성이 크다. α-Fe의 탄소 고용도 는 0.02 % 이하이다.

③ **펄라이트(pearlite)** : 탄소 0.8 %의 오스테나이트가 서랭 시 723℃에서 변태하여 생기 는 페라이트와 시멘타이트의 두 상이 층상으로 된 공석 조직(eutectoid structure) 이다.

④ **시멘타이트(cementite, Fe₃C)** : 시멘타이트는 0.8 %의 탄소강으로부터 6.67 %의 주철 까지의 주된 성분으로 Fe와 C의 금속간화합물로 극히 단단한 성질로 강보다 내식 성이 크다. 공구강이나 고탄소강에 존재하는 Fe₃C는 충격에 약하므로 구상화 열처 리에 의하여 구상 시멘타이트화하여 사용하면 충격에 견디는 좋은 공구강을 만들 수 있게 된다.

㉮ 강(steel) 속의 탄소는 Fe₃C(cementite)의 형태로 존재

㉯ 탄소 6.67 %를 함유한 백색 침상의 화합물로서 매우 단단하며 상온 강자성체

⑤ **레데부라이트(ledeburite)** : 탄소 4.3 % 성분의 용융철이 1130℃에서 응고하여 생기는 공정 조직(eutectic structure)이며, 세립의 오스테나이트와 시멘타이트의 입자가 혼합된 조직이다.

⑥ **마텐자이트(martensite)** : 탄소강을 A3 변태점 이상으로(오스테나이트계 구역) 가열하 였다가 급랭하면 페라이트는 억제되고 시멘타이트(Fe₃C)만 과포화 고용체로 석출 하게 된다. 변태가 생성되는 온도를 마텐자이트 개시 온도(Ms, martensite start) 라 하고, 변태가 종료되는 점을 마텐자이트 종료 온도(Mf, martensite finish)라 한다. 마텐자이트 변태는 무확산 변태이고 현미경으로 관찰하면 침상 조직으로 담 금질 작업에 의하여 얻어진다.

2-3 ◀ 합금원소의 영향

(1) 개 요

철에는 탄소 이외에 규소(Si), 망간(Mn), 인(P), 유황(S), 구리(Cu), 산소, 수소, 질소 가스 등의 미량원소들이 첨가되어있다. 이러한 각각 원소들의 성질을 살펴 용도에 맞는 재료를 선정하는 것이 중요하다.

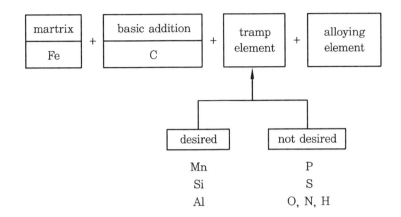

(2) 강의 5대 합금원소

① 탄소(C)

㉮ 강의 성질(강도)을 좌우하는 가장 중요한 합금원소이다.

㉯ 실제로는 다량의 탄소를 제련/제강 과정에서 적절한 수준으로 낮추어 조절한다.

   ㉮ 따라서 여러 표준에서 탄소 함량을 max.로 표현하나 실제로는 적정량 제어

   ㉯ 표준상 최소치는 없으나 요구 강도를 만족하기 위해서 최소량이 필요

㉰ 압력 기기 용접 구조로 사용되기 위해서는 C<0.2% 정도가 바람직하다.

② 규소(Si)

㉮ 규소가 첨가되면 기계적 성질은 대체로 강하게 되나 취약해진다.

㉯ 1% 이하의 규소는 강도가 증가하고 연성은 거의 변하지 않으나, 가공성이 나빠진다.

㉰ 규소가 다량 함유되어있으면 용접성이 나빠지므로 용접하려면 규소를 0.2% 이하로 규제한다(ferrite에 완전 고용됨). 용강으로 제조 중에 탈산 작용을 하므로 킬드강의 제조에 중요한 역할을 한다.

③ 인(P)

㉮ 인은 편석이 심한 유해한 원소이다.

㉯ 소량의 인은 페라이트 중에 고용하여 강도 및 경도를 증가시킨다.

㉰ 충격에 매우 약하기 때문에 P를 0.05% 이하로 제한한다.

㉱ 인은 강재를 취약하게 하므로 쾌삭성의 향상에 유효하다.

④ 유황(S)

㉮ 유황은 Fe와 화합하여 FeS이라는 황화물을 만든다.

㉯ 보통 강에서는 S 함량을 0.05% 이하로, 고급 강에서는 0.02% 이하로 한정하고 있다.

(다) S가 다량 첨가되면 황화물이 개재되어 절삭성이 향상된다(쾌삭강).

(라) FeS은 융점이 낮은(988℃) 공정을 만드므로 응고 중에 austenite 입계에 모여 열간가공을 해친다(적열취성).

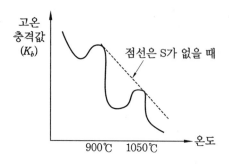

※ 900~1050℃ 사이의 취화(적열취성)는 FeS 필름의 취약성에 기인한다. 1050℃ 이상(백색취성)에서 취약은 FeS 공정 또는 FeS 자체 용해가 시작되기 때문이다.

• Mn 첨가 : MnS 화합물을 형성하여 slag로 부상하며, 이는 점성이 높기 때문에 취성 발생을 방지한다.

참고 ● **용접 시 hot cracking 원인**

1. 저융점(988℃)에서 Fe-FeS 공정을 형성하여 응고 중에 austenite에서 grain boundary에 집적 → cooling 시 GB crack → heating 시 GB 용융 또는 강도의 급격한 하락
2. 1000℃ 이상에서의 hot crack, 800~1000℃에서의 warm cracking
3. Mn을 넣어 MnS의 eutectic을 생성하여 hot crack을 방지

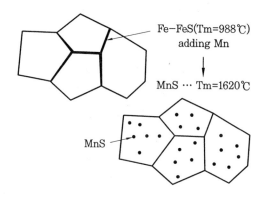

---

⑤ 망간(Mn)

(가) 제강 시 최고 1%가량 첨가하여 강도 및 인성을 증가시킨다.

(나) 강에 소량 함유되어있는 S과 화합하여 MnS를 만들어 불용성의 slag가 되어 유황(S)을 제거한다. 보통 강에서는 Mn 0.5%를 사용하며, Mn 1.5%를 첨가한 저망간강은 강하며, 연신율 및 단면 수축률이 감소하지 않아 고급 구조용 강재로 사용한다.

(다) 탈산제로 사용된다.

(라) 주로 hot crack 방지용으로 사용한다.

㉮ 인성의 감소 없이 강도를 약간 증가시킴

ⓗ 너무 많으면 lamellar tearing의 원인

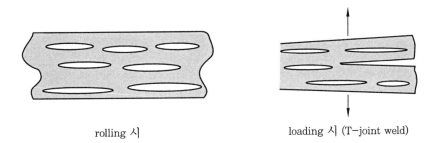

rolling 시   loading 시 (T-joint weld)

> **참고** ● ASME Sec.Ⅲ : T-joint 용접 시
>
> 용접 후에 lamellar tearing 여부를 확인하는 'UT' 요구(NF-4441, 배관 지지물을 제외한 기기 지지물
> 의 1차 부재가 판재 또는 압연 형강으로 구성되고 두께 방향으로 하중 전달 시)

(3) 기타 합금원소의 특성

① 구리(Cu)

㈎ 순철에 구리가 들어가면, 극히 미량으로도 고온에서의 단련성이 저하된다(산화막 밑에 석출하여 구리 필름 형성). → 단조 또는 압연 시 입계로부터 파괴된다.

㈏ 강에 구리가 첨가되면 강도는 증가되나 연신은 감소한다.

㈐ 내산성 고합금강에 1 % 이상 첨가되면 염산 및 황산에 대한 내산성이 향상된다.

㈑ 공기 중에서 방식성이 강하다.

② 크롬(Cr)

㈎ 매우 유효한 합금으로 강철의 열처리성(경화능)을 증가시킨다.

㈏ 강의 인장강도는 Cr 함량이 1 % 증가함에 따라 $80 \sim 100 \, N/mm^2$ 증가된다.

㈐ 산화성이 높은 매체에서 합금강의 내식성(corrosion resistance)을 향상시킨다. 13 % 정도가 강의 내식성 부여를 위한 최솟값이다.

③ 니켈(Ni)

㈎ 인장강도와 경도를 높여주면서 연성과 내충격성도 향상된다.

㈏ 특히, 저온에서의 내충격성(노치 인성)을 개선할 때 많이 사용한다. → 저온용 강에서 매우 중요한 요소이다. Ni의 첨가로 austenite계 강의 재결정 온도가 높이 지기 때문에 600 ℃ 이상에서 높은 고온 강도를 가진다.

④ 몰리브덴(Mo) : 강제에서 활발하게 탄소(C)와 결합하여 카바이드를 형성하며, 일반적으로 1.0 % 이하를 첨가하여 사용한다. 강재의 열처리성과 고온에서의 인장강도를

증가시킨다. austenite stainless강에서는 pitting corrosion resistance를 향상시키는 데 유효하다.

⑤ 바나듐(V)

 ㈎ 강재에 V을 미량 첨가하면 열처리성의 향상 효과가 매우 크다.

 ㈏ 주로 조직을 미세화시키며, 강화 탄화물 형성 원소로 내마모성, edge holding 특성 및 고온 경도를 증가시킨다. → 주로 고속도강, 고온 가공용강, 내 creep강의 첨가 원소로 사용한다. V을 0.05 % 이상 첨가하면 강재에 대한 응력이 제거되고, 열처리 작업을 하는 동안 취성을 띤다.

⑥ 알루미늄(Al)

 ㈎ 강재에 미량 첨가되어 탈산 및 탈질제로 사용된다.

 ㈏ 강재의 미세 조직을 개선시켜 내충격성을 좋게 한다.

 ㈐ 탄소강에 첨가 시 Al이 표면으로 확산되는 현상에 의해 고온 내식성이 증가한다.

⑦ 콜롬비움(Cb 또는 Nb)

 ㈎ 매우 강한 탄화물 형성 경향을 가지며, 고온강도 및 creep 강도가 증가된다.

 ㈏ austenite stainless강에 첨가되어 용접성을 향상시키는 안정제(stabilizer)의 역할을 수행하며 니오비움(Nb)이라고도 부른다. Ti와 입계 부식 방지제로 사용하는데, TiC, NbC를 생성하며 크롬탄화물을 형성(입계 부식)한다.

2-4 용접 금속의 가스 흡수 영향

(1) 개 요

 용접 중 용접 금속은 고온이므로 극히 단시간에 산소, 질소, 수소 등을 흡수하게 된다. 그러나 용접 금속의 냉각에 따라 그 용해도가 급격히 감소하므로 과포화된 가스는 용접 금속에서 기공, 균열 등을 일으키게 된다.

(2) 산소(O_2)

 ① **산소의 용해** : 산소는 용융철에 다량으로 용해하나 용접 금속의 응고와 함께 그 용해도가 급격히 감소한다. 아크용접 중의 산소 근원은 대기 중의 산소, 피복제 중의 산화물, 이음부의 습기 등을 들 수 있다.

 ② **산화** : 산소와 철이 화합하면 FeO, Fe_2O_3, Fe_3O_4가 된다. 철은 고온에서 산화되기 쉬우며, 용융 상태에서는 더욱 강한 산화작용을 일으키게 된다.

 ③ **영향** : 강 중의 산소는 FeO와 기타 원소와의 산화물로서 존재하며, 림드강 중에서는 CO 가스로서 존재한다. 또한, 순철에 산소가 용해되면 고온도에서의 단연성이

없어진다. 즉, 충격값이 약 900℃에서 현저하게 저하한다. 이 취성(적열취성 : hot shortness)은 산화막이 결정립계에 존재하고, 그것의 취성에 기인한다.

④ **탈산** : 강 중의 용해 산소는 적열취성의 원인이 되므로 산소의 함유량을 저하시키기 위하여 탈산제(Al, Mn, Si 등)를 첨가한다.

> **참고 ● 탈산의 목적**
>
> 1. 적열취성 원인인 산소를 제거한다.
> 2. 산소로 인한 기포 발생을 방지한다.
> 3. 용접 arc의 안정 및 용적 이행의 안정화에 있다. 탈산 반응은 강의 용해 과정 또는 용가재에 Mn, Al, Si 등의 탈산제를 첨가하여 다음과 같은 반응에 의하여 산소 함유량을 0.001~0.05 %까지 저하시키는 공정이다.
>
> $$FeO + Mn \leftrightarrow MnO + Fe$$
> $$2FeO + Si \leftrightarrow SiO_2 + 2Fe$$
> $$3FeO + 2Al \leftrightarrow Al_2O_3 + 3Fe$$

(3) 질소(N)

① **질소의 용해** : 질소는 용융철의 응고와 함께 그 용해도가 감소하나, 석출하는 상(相)에 의해 크게 변동된다. 아크용접 중의 질소 근원은 대부분 대기 중의 질소이므로 아크 차폐(shield)가 필요하다.

② **질화** : 질소는 상온에서 불활성가스이지만 아크용접 중에는 N_2가 N으로 해리되어 용융 금속에서 활발하게 작용한다. 그러나 용접부가 냉각되면 Fe_4N으로 석출된다.

③ **영향** : 용접 금속의 질소 함유량이 증가하면 인장강도는 증가하나, 연신율 및 충격값은 감소된다. 또한, 시간이 경과함에 따라 질화물이 석출하여 강을 시효경화(변형시효)시킨다. 뿐만 아니라, tempering 취성 및 청열취성의 원인이 되기도 한다.

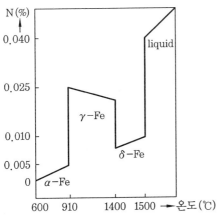

철에 대한 질소의 용해도

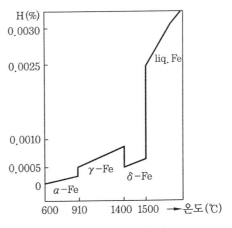

철에 대한 수소의 용해도

(4) 수소(H)

① **수소의 용해** : 용접에서의 수소원의 대부분은 수분이며, 용접 분위기의 고온 때문에 용접 금속 중에 녹아들어 간다. 용접 금속의 냉각 속도가 빠르면 수소의 방출이 어렵고, 용접 속도가 완만하면 수소의 방출이 용이하게 된다. 수소는 원자상 수소(H)로서 용융철 중에 고용하며, 용접부 응고 및 $\gamma \to \alpha$ 변태 시에 불연속적으로 감소한다. 용융철에 용해하는 수소량은 FeO의 양이 많으면 감소된다. 따라서, 림드강에 비하여 킬드강은 탈산 작용으로 산소의 양이 적으므로 수소를 다량으로 흡수하기 쉬워 수소 유기 균열이 발생하기 쉽다.

② **수소의 영향** : 용접 금속에 과포화된 수소는 기공, 은점(fish eye), 균열 등을 발생시키며, 용접열 영향부에 확산하여 비드 밑 균열(underbead crack)을 발생시킨다.

③ **용접 분위기 중의 수소원** : 용접 분위기 중의 수소원은 다음과 같다.

   ㈎ flux 중의 유기물

   ㈏ flux에 흡착 또는 흡수된 수분, 대기 중 수분

   ㈐ 개선면에 부착된 수분 및 유지류

   ㈑ 피복제의 광물 성분 중에 포함되어있는 결정수

   ㈒ 피복제의 고착제 성분 중에 화학적으로 포함되는 수분 등

④ **수소 흡입 방지를 위한 용접 시공 시 주의 사항**

   ㈎ 대기 습도가 높은 일기에는 용접 작업 금지(보통 상대습도 85 % 이상)

   ㈏ 용접 개선면의 건조 및 청결 유지

   ㈐ 저수소계 용접봉 및 용접 재료의 건조 후 사용

   ㈑ 예열 및 후열처리 시공으로 수소 방출을 촉진시키는 방법이 유효

⑤ **용착금속의 수소량 측정** : KS에서는 용접 직후부터 48시간 동안 용착금속에서 방출되는 수소 가스를 글리세린 중에 포집하여 측정하며, 저수소계 용접봉의 경우 방출 수소량을 용착금속 1 g당 0.100 cc 이하로 규정하고 있다.

2-5 수소 취화

(1) 개 요

수소 취화 현상은 고장력강의 용접 시에 용접부나 열영향부(HAZ)에 침투한 활성 수소에 의하여 일어나는 현상으로, 수분의 주 공급원은 상기(288p 2-4 용접 금속의 가스 흡수 영향 참조)에서 설명한 바와 같이 coated flux, moist shielding gas, rust, color paint, fat, water 등이 있다.

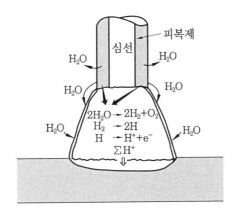

피복 용접봉 용접 시의 수소 침투 과정

(2) 흡습 또는 확산성 수소(diffusible hydrogen)량에 미치는 인자

① **용접 방법의 영향** : 용접부의 수소량에 가장 크게 영향을 미치는 인자는 용접 방법이다. 일반적으로 수분이 혼입하기 어려운 GTAW(TIG) 경우가 가장 적고, GMAW(MIG) −FCAW−SAW−SMAW 순으로 흡습에 의한 diffusible hydrogen량의 증가가 우려된다. 즉, 흡습 가능성이 높은 기공을 가진 flux를 사용할수록 수소(H) 취화의 가능성이 높아진다.

② **피복재의 종류** : 동일한 SMAW이라도 피복재의 종류에 따라 동일 환경에서의 diffusible hydrogen량에 차이가 있다. 그러나 정성적인 경향은 피복재의 종류와 무관하게 일치함을 알 수 있다.

③ **노출 시간과 건조 시간** : 다음 그림은 피복 용접봉의 흡습 환경에서의 노출과 건조로에서의 건조 과정을 보여주는 것으로 일정한 건조 시간이 지나면 더 이상 용접부의 확산성 수소량이 줄어들지 않으며, 흡습에 있어서는 초기에 급격히 증가하다가 점차 일정한 값에 이른다. 또한, 재건조 시에는 최소 확산성 수소량이 최초 건조 시보다 커지는 것을 알 수 있다. 우리는 다음 그림을 통하여 용접봉 대기 노출 시간과 재건조 사용 횟수라는 2가지 제한 조건을 찾을 수 있다. AWS D1.1에서는 재건조 사용을 1회로 한정하고 있으며, 보통 2회를 넘지 않는다. 또한, 피복 용접봉의 건조는 충분한 온도에서 짧은 시간(보통 300℃에서 2시간) 시행하고, 흡습이 되지 않는 온도(보통 100℃)에서 보관하여 사용하며, 흡습 환경의 노출 시간(보통 60~70℃에서 10시간)을 제한한다.

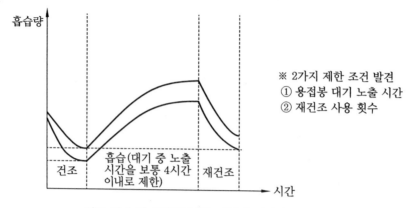

건조 및 노출 과정에 따른 피복재 내의 흡습 경향

(3) 은점(fish eye)

수소 기공으로부터 발생되는 수소 취화로서 최초로 발견된 수소 취화의 형태이며, 인장시험에서 발견되었다. 최종적인 파면이 내부의 수소 기공과 기공으로부터 느린 변형에 따라 수소가 주위로 확산하여 취성파괴가 일어난 구역과 그 나머지 인장하중에 끊어져 나간 ductile fracture 단면이 차례로 나타나 마치 생선 눈알처럼 보인다고 해서 붙여진 이름이다. 그 중심에는 보통 작은 기공, 슬래그 섞임 등이 있으며 은점 주위의 파면은 보통 쥐색의 치밀하고 매끄러운 파면으로 되어있어 은백색의 은점 부분과 좋은 대조를 보이고 있다. 그런데 변형 속도(strain rate)가 빠른 충격시험 같은 경우에는 수소가 주위로 확산하는 데 필요한 시간이 부족하여 나타나지 않는다. 실제 용접 기술에서는 fish eye는 수소 취화의 최초 발견이었다는 데 의미가 있을 뿐이다. 왜냐하면 그러한 기공을 형성할 만큼 많은 수소가 들어있는 경우는 매우 적기 때문이다. 은점의 생성 주요 원인은 수소의 석출 취화라고 볼 수 있다. 일반적으로 은점은 용착금속의 항복점이나 인장강도에 거의 영향이 없으나, 연신율을 감소시키는데, 이것은 수소 방출과 동시에 회복되므로 용접 후 실온으로 냉각시켜 수개월 방치하거나 풀림(annealing) 처리를 하면 완전히 없어지게 되고, 또한 모재를 예열하거나 저수소계 용접봉을 사용하면 효과적이다.

(4) 수소 기인 균열(hydrogen induced cracking)

① 개요 : 수소 기인 균열은 대표적인 저온 균열로서 고강도 재료에서만 일어나는 현상으로, 400°F 이하에서 열영향부(HAZ)에서 발생한다. 이 균열은 용접이 완료된 후 수일이 지나서 나타나기도 하기 때문에 지연 균열이라고도 하며, 이러한 지연 균열의 잠복 기간은 부가 응력이 낮을수록, 예열 온도가 높을수록 길어진다.

② **발생 기구** : 수소 기인 균열에 대해서는 아직까지 완벽하게 잘 설명하고 있는 학설은 없으나, Trojano's model이 현재로서는 가장 실험 결과와 잘 일치하고 있어 널리 인정되고 있다.

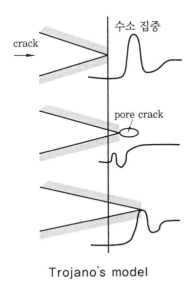

Trojano's model

① 재료 내부에 이미 결함이 존재한다.
↓
② 균열 선단에 하중이 가해진다.
↓
③ 탄성적으로 팽창된 격자 구조를 형성한다.
(고장력강에서만 발생하는 이유)
↓
④ 활성수소가 격자 구조 내부로 침입한다.
↓
⑤ 수소 가스가 기공을 형성한다.
↓
⑥ 균열이 전파된다.
↓
⑦ 상기 작용이 반복해서 이루어진다.

③ **특징**

㈎ 고강도 재료에서만 나타난다 : 탄성적으로 격자가 충분히 팽창할 수 없고, 수소 침입으로 쉽게 취화될 수 없는 보통 강도의 강재에서는 일어나지 않는다.

㈏ 균열의 진전이 불연속적인 형태를 보인다 : 활성수소가 확산하는 incubation 시간이 필요하므로 반드시 균열이 불연속적으로 일어난다.

㈐ 시간의 경과가 필요하다 : 활성수소의 농도가 많은 경우에는 한 번에 큰 균열이 일어나기 때문에 불연속성은 없게 되나 수소 확산 시간(incubation time)이 필요하다(보통 48시간 후에 비파괴검사를 실시한다).

④ **형태** : 용접 시 수소 기인 균열은 크게 활성수소량이 어느 정도 충분할 때 fusion line 가까이에서 일어나는 macro crack(underbead crack)과, 활성수소량이 약간 적을 때에 열영향부에서 일어나는 micro crack으로 구분된다.

⑤ **방지책** : 고장력강에서 수소 기인 균열의 방지를 위한 방법은 흡습의 경로, 잔류응력 조건, 들어온 수소의 방출 등으로 나누어 생각해볼 수 있다. 첫째 흡습의 경로는 용접봉의 선택과 용접봉의 건조가 있고, 둘째 잔류응력 제거는 서랭(slow cooling)과 형상적 노치의 제거 등이 있고, 셋째 들어온 수소의 방출법으로는 예열과 후열 등이 있다.

㈎ 흡습의 경로

㉮ 저수소계 용접봉(타 용접봉과 비교 1/10의 수소량 함유)을 사용한다.

㉯ 이음부의 청결(녹, 수분, 페인트 등 이물질 제거)을 유지한다.

㉰ 용접 재료(용접봉, flux, shield gas 등)의 철저한 관리, 특히 저수소계 용접봉은 흡습이 쉬우므로 반드시 건조 후 사용한다.

㈏ 잔류응력의 제거

㉮ slow cooling으로 잔류응력이 발생하지 않도록 관리한다. 그러나 서랭을 위해서는 입열량이 높아야 하는데, 그러면 hot crack의 문제가 발생하므로 주의한다.

㉯ 응력이 적게 작용하는 이음(joint) 설계가 유효하다.

㉰ undercut 등의 형상적 노치를 제거한다.

㉱ 탄소 당량이 낮은 강재를 사용한다.

㈐ 들어온 수소의 방출

㉮ 적절한 예열은 수소를 활성화시켜 대기 중으로 방출시키므로 수소 취화를 방지하는 데 매우 중요하다.

㉯ 후열처리(PWHT)도 약간의 효과는 있으나 micro crack 발생 후의 PWHT는 의미가 없다.

2-6 취성(shortness) 및 시효(aging)

(1) 취성(shortness)

① **적열취성 & 백열취성** : 일반적으로 강을 가열하면 연화하므로 가공이 쉽게 되지만, 불순물이 많은 강은 열간가공 중 900~1200℃의 온도 범위에서 균열을 일으키는 취성을 나타낸다. 950℃ 부근의 적열 구역에서 발생하는 균열을 적열취성이라고 하고, 1100℃ 부근의 백열 구간에서 발생하는 균열을 백열취성이라고 한다. 원인은 유황(S), 즉 저융점의 FeS 형성에 의한 것으로 산소가 존재하면 강에 대한 FeS의 용해도가 감소하므로 산소도 취성화의 원인이라 할 수 있다. 대책으로는 강 중에 Mn을 첨가하여 MnS나 MnO를 형성하여 융점을 높임으로써 취성화를 방지할 수 있다. 강(鋼) 속에 함유되어있는 유황(S)은 철과 결합하여 불순물인 황화철(FeS)을 만들며, 이 황화철은 그림처럼 결정립계에 모여있다. 낮은 온도에서는 '고체 상태'로 존재하던 이 황화철(FeS)은 쇠가 빨갛게 될 정도로 가열되면 녹아서 그림(b)와 같이 '액체 상태'로 된다. 이때 (c)와 같이 화살표 방향으로 힘을 가하면 결정립들이 액체 위를 미끄러지듯이 이동하면서 순간적으로 파괴된다(d). 이와 같이 유황이 다량으로 함유된 강은 적열취성이 일어나므로 강(鋼) 속에는 유황의 양이 적을수록 좋다.

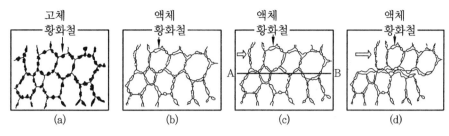

고체 황화철	액체 황화철	액체 황화철	액체 황화철
(a)	(b)	(c)	(d)

적열취성이 생기는 과정

② **청열취성 :** 저탄소강 인장시험 시에 약 200~300℃의 온도 범위에서 인장강도는 증가 하나, 연성이 저하를 나타내는 경우가 있다. 이 현상을 청열취성(blue shortness)이 라 한다. 이것은 변형 시효와 같은 이유에서 발생한다. 원인은 질소이며, 산소는 그것 을 조장하는 작용이 있다. 탄소도 다소 영향을 미친다. 대책으로는 Al, Ti 등의 질화 물 형성원소를 첨가하면 취성은 거의 나타나지 않는다. 청열취성은 질소량의 증가에 따라 취성화의 정도가 커진다.

③ **tempering 취성(뜨임 취성) :** 강을 annealing 하거나, 900℃ 전후로 tempering 하는 과정에서 충격값이 현저히 저하되는 현상을 말하며, Mn, Cr, Ni, V 등을 품고 있는 합금계의 용접 금속에서 C, N, O 등이 입계에 편석함으로써 입계가 취약해지기 때 문에 많이 발생한다. tempering 취성은 실온 또는 저온에서 노치 인성(notch 충격 값)의 저하로 나타나며, 석출이 주요 원인이다. 인장강도 $70kg/mm^2$ 이상의 다층 용 접(multi pass)에서 앞서 용접한 층(pass)이 후속 층에 의해 tempering 되어 취화 되는 일이 있으며, 또한 600℃ 부근의 응력 제거 annealing에 의해 현저히 취화하 는 일이 있다. 일반적으로 용접부의 경우 bond에서 조금 떨어진 부근이 tempering 취성이 생기기 쉽다. 이에 대한 대책으로는 600℃ 부근에서 quenching 하거나, 소 량의 합금원소 Mo, V, W 등의 첨가가 유효하다.

④ **저온 취성 :** 실온 이하의 저온에서 취약한 현상을 말한다. 저온 취성은 산소 및 질소가 현저한 영향을 미치는 것으로 알려져 있다. 용접 금속은 통상 산소나 질소가 강재보 다 많고, 주조 조직이 있는 등의 원인으로 인하여 모재에 비해 일반적으로 노치 취성 이 높다. 이러한 이유로 탈산이 불충분한 림드강에서는 천이온도가 일반적으로 높고, 킬드강에서는 천이온도가 비교적 낮다. 천이온도는 결정 입도에도 영향을 받아 강력 탈산 및 질소 처리에 의해 결정핵이 증가하며, 미세 화합물이 결정 내부와 입계에 존 재하여 조립화를 방지하기 때문에 천이온도는 낮다. 저온 취성을 예방하기 위해서는 저수소계 용접봉을 사용하여 수소의 발생 원인을 최소화하고, 용접 금속의 성분이나 용착 방법을 조정하여 개선하여야 한다. 인(燐, P)이 많이 함유된 강은 철과 결합하 여 인화철(燐化鐵, Fe_3P)로 변하여 결정립계에 모여있다(그림 a). 이 인화철 때문에

금속 내부에 금(균열)이 생겨서 파괴된다(그림 b). 저온 취성도 강 속에 다량으로 함유된 인(P) 때문에 생긴 현상으로 인(P)의 함유량이 적을수록 좋다. 그러므로 KS 에는 강 속의 인(P)과 유황(S)의 함유량을 0.05 % 이하로 규정하고 있다.

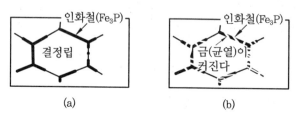

저온 취성이 생기는 과정

(2) 시효(aging)

① **개요** : 소입 또는 냉간가공한 강을 실온에 방치하면, 그 성질이 시간이 경과함에 따라 경화되어 취약하게 변하는 것을 시효(aging)라 한다. 시효경화 기구는 ferrite 에 고용되는 탄소, 질소, 산소 등의 용해도가 온도의 영향을 받음으로써 격자 변형을 일으켜 석출경화 현상을 나타내는 데 기인한다. 시효의 특징은 경도의 증가, 연신의 감소, 충격값 저하 등을 들 수 있다. 소입 후의 시효를 소입 시효라 하고, 냉간가공 후의 시효를 변형 시효라고 한다.

② **소입 시효(담금질 시효 = 석출경화)** : 소입 시효는 주로 탄소의 석출(precipitation)에 기인한다. 즉, 페라이트 중에서 탄소 용해도는 온도 강하와 함께 감소한다. 따라서, 변태점 부근에서 급랭하면 과포화된 탄소는 급랭 중에 충분히 석출하지 못하고 실온에 도달한다. 이 상태를 방치하면 시간이 경과함에 따라 과포화탄소가 점차 석출하여 석출경화(precipitation hardening)가 일어난다.

③ **변형 시효** : 냉간가공한 강을 저온에서 뜨임(tempering)할 때 주로 발생하며, 질소가 많이 고용되어있으면, 가공에 따라서 점점 전위 주위에 질화물이 모여 전위의 이동을 방해하기 때문에 시간의 경과와 함께 강의 경도가 증가하는 현상이다. 변형 시효는 주로 질소의 석출에 기인한다. 강재를 냉간으로 수% 소성변형시키면 경도의 시간적 변화는 소입 시효와 비슷하다. 최초 수일간에는 시효가 크게 일어나지만 이후는 변형 시효 속도가 완만하게 된다.

④ **시효 방지책** : 소입 시효와 변형 시효를 경감시키기 위해서는 탄소나 질소를 안정화시키는 Si, Al, Ti, V 등을 첨가한다. 특히, 바나듐(V)이나 티탄(Ti)을 처리한 강을 비시효강(non-aging steel)이라 한다.

※ **소입성(hardenability)** : 후판강을 소입하는 경우 표면에서부터의 깊이에 따라 소입경화가 다르게 된다. 소입성은 경도의 대소를 의미하는 것이 아니라 어떤 깊이까지

경화하였는가를 문제로 하고 있다. 보통의 용접에서 열영향부의 냉각 속도는 기름에 의한 소입과 비슷하다. 소입성이 깊은 강에서는 열영향부가 완전하게 martensite가 되지만 소입성이 얕은 강에서는 미세한 pearlite가 생겨 열영향부의 경화는 적게 된다. 일반적으로 소입성은 소입 최고 경도와는 달리 합금원소의 영향이 탄소 함량의 영향보다 크다.

※ 조미니 시험 : 조미니 시험은 지름 1″, 길이 4″의 표준 환봉을 노에서 가열하여 austenite로 한 다음, 노에서 꺼내 시험용 JIG에 매달아 그 밑면에 물을 분출시켜 냉각하는 시험 방법이다. 물의 온도, 압력 및 물의 양은 지정되어있으며, 물은 시험편의 밑면에만 닿게 되므로 밑면의 냉각 속도는 깊이에 따라 감소해나간다. 예를 들어, 소입성으로서 J57 : 16 mm라 하면 조미니 시험에 있어 시험편 밑면에서부터 16 mm 깊이까지의 경도가 R_c57 이상이어야 한다는 것을 의미한다.

2–7 강의 강화 기구(strengthening mechanism)

(1) 개 요

금속재료를 강하게 하기 위해서는 난위(亂位)를 완전히 없게 하는 방법이 있으나 실용화할 가능성은 매우 적고, 대안으로 난위를 가급적 움직이지 못하게 하는 것이 바람직하다. 오늘날 실용 금속재료의 강화법은 주로 이러한 방법을 이용하며, 그 강화 기구에는 다음과 같은 방법들이 있다.

(2) 고용체(固溶體) 경화

모체가 되는 원소에 크기가 다른 원소를 고용시키면 다음 그림과 같이 용질 원자(溶質原子)는 그 주위의 결정격자(結晶格子)를 뒤틀리게 한다. 이와 같은 격자 뒤틀림을 가진 격자면(格子面)은 같은 크기의 원자(原子)가 배열된 격자면보다 난위(亂位)가 움직이는 데 더 많은 에너지가 소요된다. 즉, 그만큼 더 강해진다. 일반적으로 용매 원자의 격자에 용질 원자가 고용되면 순금속보다 강한 합금이 된다. 이는 고용체를 형성하면 그것이 치환형 고용체 혹은 침입형 고용체이건 간에 격자의 뒤틀림 현상이 생기고, 따라서 용질 원자의 근처에 응력장(應力場, stress field)이 형성된다. 이 용질 원자에 의한 응력장이 가동 전위의 응력장과 상호 작용을 하여 전위의 이동을 방해하여 재료를 강화시키게 되는 것이다. 이러한 형태의 강화를 고용체 강화(固溶體强化, solid solution strengthening)라고 한다. 모든 합금원소는 원래의 원자와 크기가 다르기 때문에 크기 차이로 인한 고용강화 효과를 갖고 있다. 이때 합금원소의 크기가 모체(matrix)가 되는 원자의 크기와 큰 차이가 없을 때에는 주로 치환형으로 고용되어 약간의 강화 효과를 나타내고 인성에는 큰 변화가 없다. 그러나 반대로 크기의 차이가 크면 침입형으로 고용되어 높은 강화 효과가 있으나 인성에 나쁜 영향을 주게 된다.

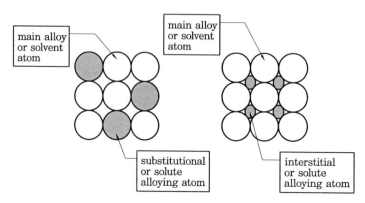

치환형 합금과 침입형 합금의 개요

(3) 석출경화

비평형 조직을 가진 고체 재료가 열적활성화(熱的活性化)를 받으면 평형상태에 접근하기 때문에, 그 재료의 여러 성질이 시간과 함께 변화하는 현상을 시효(時效 : aging)라고 부르고, 또 석출에 따르는 경화현상을 석출경화(析出硬化 : precipitation hardening)또는 시효경화(age hardening)라고 부른다. 용접에서 강에 탄화물을 잘 형성하는 원소를 첨가하면 탄화물을 형성시키고 그 탄화물의 양과 분포를 조절하여 강화한다. 그런데 탄화물은 화합물이므로 크기가 매우 커서 기지와의 계면 에너지가 높아 이것 자체만으로 강화하는 것은 인성에 매우 나쁜 영향을 주게 된다. 따라서, 보통 주강화 기구(主强化機構)가 아닌 부강화 기구(副强化機構)로 많이 활용된다.

① 석출 강화 : 열처리 과정을 통하여 과포화 고용체로부터 제2상을 석출시켜서 강화시키는 현상을 말한다.

② 분산 강화 : 좀 더 일반적인 용어로서 제2상이 고용체로부터의 석출이 아닌 다른 과정, 예를 들면 분말 야금법이나 입자강화 분산 강화란 강화상인 제2상이 석출에 의하지 않고 인위적으로 첨가된 경우에 나타나는 강화 현상을 말한다.

(4) 가공에 의한 강화

재료를 변형시키는 데 필요한 응력 σ는 난위 밀도 n에 비례하며 다음과 같이 표시된다.

$$\alpha = aGb\sqrt{n}$$

여기서, a는 금속에 따라 상이한 상수로 0.2~0.5가량의 크기, G는 그 금속의 강성률, b는 burgers vector이다. 이 식으로부터 난위 밀도를 높이면 강한 금속을 얻을 수 있음을 알 수 있다. 가공을 하면 난위선끼리의 교차가 심하게 되어 난위 밀도가 현저하게 증대하므로 가공에 의하여 금속은 강화된다. 이러한 가공에 부수(附隨)하는 효과로서, 결정립의 미세화에 의한 강화가 있다. 입자가 작아지면 다음 그림과 같이 높은 강압효과를 갖게 된다. 뿐만 아니라 입자의 크기가 작아지면 강화와 동시에 높은 인성도 나타내게 되어 대단히 바람직한 강화 기구이다.

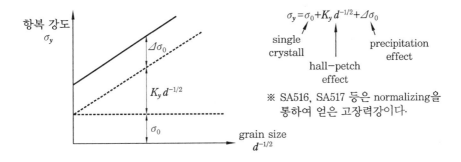

입자를 미세하게 하는 방법은 주로 A_3 온도 바로 위쪽에서 열처리하는 방법이다. A_3 온도 바로 위는 austenite가 막 발생하기 시작하는 곳이기 때문에 상변태의 많은 시작점을 가지고 거기에서 급랭함으로써 미세한 입자를 얻을 수 있다(normalizing). 여기에다 소성변형으로 인한 입자 미세화 효과까지 가미한 것이 소위 'TMCP'(thermo mechanical control process)강이며, 주로 자동차, 철골 등에 많이 이용된다. 압력 플랜트에서는 용접 시공을 많이 하기 때문에 TMCP강이 별 효과가 없다. 따라서, 압력 플랜트에서는 normalizing강을 주로 사용한다.

(5) 변태(transformation)

어떠한 합금원소(W, TA 제외)도 CCT 선도의 MS 온도를 상승시키는 효과를 가지고 있다. 즉, 합금이라는 그 자체가 hardenability를 높이는 효과가 있다. 그중에서도 특히 Cr, Mo, Ni 등이 그 효과가 크다. hardenability는 결코 경도가 높아진다거나 취화 정도를 나타내는 말이 아니고, martensitic transformation을 얼마나 잘 일으키는가를 나타내는 말이다. 용접과 열처리 과정에서 고온으로 가열되었던 조직이 급랭을 하게 되면, 냉각 속도에 따라 상온에서 얻어지는 조직이 달라지게 된다. 충분히 서랭을 하게 되면 조직은 안정적인 펄라이트와 페라이트 조직으로 성장할 것이지만, 급랭이 된다면 조직은 마텐자이트라고 불리는 불안정 조직으로 바뀌게 된다. 급랭에 의해 만들어진 마텐자이트에는 A3 변태점 이상의 고온에서 미처 변태하지 못한 잔류오스테나이트가 포함되어있다. 이와 같은 martensite는 martensite 내의 탄소 함량의 조절에 따라 높은 인성과 강도를 가질 수 있다. 또한, martensite 변태를 통하여 매우 미세한 입자도 얻을 수 있어 더욱 효과적이다. 대표적인 강이 SA508이다.

예제 용접 금속의 결정립(grain) 미세화 방법에 대하여 기술하시오.

해설 1. 개요 : 결정립(grain) 미세화는 이방성 방지, 불순물 편석 방지, 응고균열 방지, 용접부의 강도 및 인성의 증가 면에서 대단히 중요하다. 결정립(grain)이 조대화되면 낮은 강도와 인성으로 문제가 된다.

2. 결정립 미세화 방법

① 응고하고 있는 용융 금속에 진동(oscillation)을 주면 결정립이 미세화된다.

② 자기교반법 : 용접 torch 주위에 coil을 감고, 이것에 자화전류를 흘린다. 그러면 용융 금속은 용접 전류와 자속 사이가 전자력에 의해 회전운동을 일으켜 결정립을 미세화시키게 된다.

③ 초음파 진동법 : 용융지에 coil wire를 송급하고 이것을 사이에 두고 진동을 전하는 방식으로 진동 작용은 결정립 미세화뿐만 아니라 기공 방지, 균열 방지 및 잔류응력 발생 방지에도 효과가 있다.

④ 합금원소를 첨가하는 방법

㉮ 미세립 페라이트 조직 형성을 촉진하는 Ti, B 등 질화물 형성 원소의 첨가와 병행한 합금원소량의 조정으로 결정립 미세화가 가능하다.

㉯ 저온 인성이 양호한 Ni의 첨가 및 취성파괴가 발생하기 어려운 오스테나이트 조직의 이용이 유효하다.

㉰ 용융액의 접촉각이 작은 것이 좋다(Al, Ti, V, Cr 등).

⑤ 용접 시공에 의한 방법

㉮ shield gas에 질소를 혼입시켜 미세화한다.

㉯ 용접 중에 풍압을 가하거나, 응고 직후에 가압하여 용접부의 주조 조직 파괴와 동시에 결정립을 미세화시킨다.

㉰ 다층 용접(multi pass) 시공 방법도 결정립 미세화의 방법 중의 하나이다.

㉱ 용접 입열량을 너무 높지 않게 관리하여 결정립 조대화를 방지한다.

Chapter 03

용접 열영향부

1. 고장력강에는 베이나이트(bainite) 조직이 있으나 Fe−Fe₃C 평형상태도에서는 베이나이트(bainite)가 없다. 그 이유와 베이나이트(bainite) 생성 과정을 설명하시오.

2. 용접 HAZ부의 여러 영역들을 Fe₃C 평형상태와 온도 영역별 내부 조직에 따른 명칭을 쓰고 설명하시오.

3. 인장강도 600 MPa급 고장력강을 아크용접 시 CTOD(Crack Tip Opening Displacement) 특성을 확보하기 위하여 강재에 요구에 요구되는 사항을 야금학적 측면에서 설명하시오.

4. 해양구조물 용접 열영향부의 우수한 CTOD(crack tip opening displacement) 특성을 확보하기 위하여 강재에 요구되는 사항을 야금학적 측면에서 설명하시오.

5. 인장강도 360~490 MPa급 일반 노멀라이징(normalizing) 강재와 인장강도 800 MPa 이상급 QT(quenching & tempering) 강재의 용접 열영향부의 경도 변화 차이를 그림으로 제시하고, 이유를 설명하시오.

6. 단일패스(one pass)로 완전 용입이 되는 맞대기 용접에 있어서, 용접부 최고 온도를 계산식으로 설명하고, 사용 목적을 3가지 쓰시오.

7. 연강 및 고장력강의 용접부에서 천이온도가 가장 높은 취성화 구역에 해당하는 부위의 최고 가열 온도 및 용접부 인성의 분포를 설명하시오.

3. 용접 열영향부

3-1 《 강(鋼)의 HAZ 조직과 열 cycle

(1) 강의 열영향부(HAZ) 조직

강의 열영향부 조직

순번	명칭(구분)	가열 온도(약 ℃)	내 용
1	용융 금속	용융 온도 (1500℃ 이상)	용융 온도 이상으로 가열될 때 용가재와 모재가 용융하여 재응고한 부분으로 주조 조직 또는 수지상 (dendrite) 조직을 나타낸다.
2	조립역 (粗粒域)	1250℃ 이상	결정립이 조대화되어 마텐자이트 등의 경화 조직이 되기 쉽고, 저온 균열이 발생될 가능성이 크다.
3	혼립역 (混粒域)	1250~1100	조립과 세립의 중간으로 성질도 중간 정도이다.
4	세립역 (細粒域)	1100~900	결정립이 A_3 변태(재결정)에 의해 미세화되어 인성 등 기계적 성질이 양호하다.
5	입상역 (粒狀域) (구상 펄라이트역)	900~750	pearlite만 변태하거나 구상화하며, 서랭 시에는 인성이 양호하나 급랭 시에는 martensite 화하여 인성이 저하한다.
6	취화역 (脆化域)	750~300	열응력 또는 석출 현상에 의해 취화되는 경우가 많다. 현미경 조직으로는 변화가 없다. 정적연성은 변화가 없지만 충격 특성은 열화 충격 특성은 열화되기 쉽다 (킬드강은 취화 정도가 약하나, 세미킬드 및 림드강은 충격 특성의 열화가 광범위한 영역에서 발생한다).
7	모재 원질부	300~실온	열영향을 받지 않은 모재 부분이다.

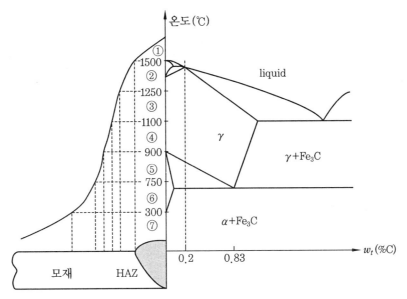

HAZ 내의 여러 영역과 Fe-Fe₃C 평형상태도

(2) 열 사이클(thermal cycle)

용접 금속에 접하는 모재는 다음 그림과 같이 용접 금속으로부터의 거리에 따라 급열 급랭된다. 이 온도 변화를 열 사이클이라고 한다. 예를 들어, 1200℃까지 가열되는 데는 4초 미만이지만 다시 500℃까지 냉각되는 데는 15초 정도가 더 걸린다. 그러나 200℃까지 냉각되는 데는 1분 이상이 소요된다(용접 조건은 두께 20 mm의 연강을 SMAW로 500 mm 정도 용접한 경우이다). 이러한 용접 열 사이클의 인자로는 용접 방법, 입열, 이음 형상, 판 두께, 예열 온도, 온도 확산율 등이 있다.

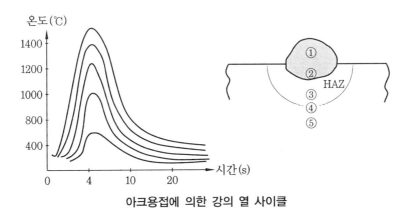

아크용접에 의한 강의 열 사이클

(3) 용접 열 사이클 인자

① **용접 방법** : 가스용접은 아크용접에 비하여 가열 온도가 낮고, 열영향부도 넓기 때문에 열 사이클이 훨씬 늦다. 저항용접의 경우 점용접이나 심 용접의 경우는 0.1초 미만에 용융, 수초에 냉각되므로 열 사이클이 급격하다.

② **용접 입열** : 일반적으로 용접 입열은 $60EI/V$ [Joule/cm]로 정의되는데 이는 용접 속도가 $300\,\text{mm/min}$ 이하인 경우에 적합하며, 이 이상의 용접 속도에서는 전압 (V)의 영향은 거의 없어져서 용입 및 용착금속의 단면적은 $I\sqrt{V}$에 영향을 받으며, 냉각 속도는 $I\sqrt{V}$에 영향을 받게 된다.

③ **이음 형상** : 입열이 동일한 경우에 모재 중에 열이 발산하기 쉬운 형상일수록 냉각 속도가 빠르게 된다. 즉, 맞대기 용접 이음의 경우보다 필릿 용접의 경우가 냉각 속도가 더 빠르다.

④ **판 두께 및 예열 온도** : 판 두께에는 냉각 속도가 판 두께의 영향을 받는 2차원 유동과 판 두께를 무한대로 간주할 수 있는 3차원 열 유동 상태가 있다. 즉, 입열이 일정한 경우 2차원 및 3차원 열 유동을 경계 짓는 임계 판 두께가 있다. 2차원 열 유동에서는 용접 중 과열이 발생하여 변형, 비틀림, 용접 결함 등이 발생하기 쉽다. 용접 전 모재를 예열하면 냉각 속도를 현저하게 느리게 할 수 있다. 따라서, 용착금속 및 HAZ의 불필요한 취화를 예방할 수 있다.

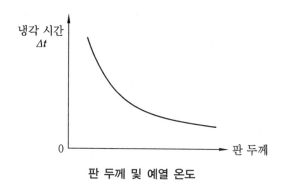

판 두께 및 예열 온도

⑤ **모재의 온도 확산율** : 모재의 온도 확산율은 열전도도, 비열, 밀도 ρ일 때 k/cp로서 정의된다. 알루미늄의 온도 확산율은 연강의 약 10배이므로 모재의 HAZ이 현저히 넓어서 용접 변형이 심하게 된다. 탄소강의 융점과 온도 확산율은 저합금강과 같으므로 실용상 열 사이클은 동일하다. 그러나 스테인리스강, 동합금의 융점과 온도 확산율은 탄소강과 크게 다르므로 각각의 열 사이클은 현저하게 달라진다.

3-2 강(鋼)의 HAZ 경도 분포

(1) 경도 분포곡선

강의 용접 bead 단면의 경도 분포는 다음 그림과 같이 bond 근방의 조립역에서 경도의 최고 값을 나타낸다. 최고 경도는 강 용접 HAZ의 경화의 대소를 정량적으로 나타내고 있다.

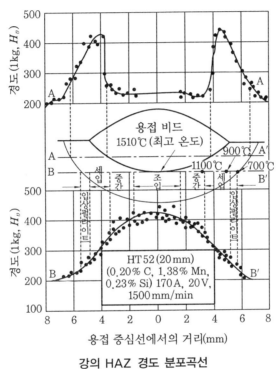

강의 HAZ 경도 분포곡선

(2) 최고 경도값

최고 경도값은 bond 근방의 조립역에서 생기는데 강 용접부 HAZ의 경화 정도를 정량적으로 표시한 것으로서, 강의 화학조성과 냉각 속도 인자(판 두께, 예열 온도, 용접 이음부 형상, 열전도도, 입열) 등에 의해서 좌우된다. 한편, 저온 균열은 강의 용접 HAZ 조립역에서 생기는데 일반적으로 최고 경도값과 밀접한 관계가 있다. 따라서, HAZ의 최고 경도값을 조사하여 강 용접부의 균열 감수성 등 용접성을 평가할 수 있다. 특히, 고장력강에서는 강판 사양 중의 하나로서 최고 경도값이 중요시된다. 예를 들어, $50 \, kg/mm^2$급 고장력강에서 최고 경도가 H_v 350 이하이면 용접성은 일반적으로 양호한 것으로 판단된다.

(3) 최고 경도값에 영향을 주는 인자

① 모재의 화학조성 : 3-3 탄소당량 참조

② 냉각 속도 : 냉각 조건에 따른 변태의 진행과 최종 조직의 경도 추정은 CCT 선도 (continuous cooling transformation diagram)로서 가능하다. CCT 선도의 임계 냉각 시간은 800℃에서 500℃까지 냉각되는 데 소요되는 시간이 적용된다. 냉각 시간이 짧다는 것은 냉각 속도가 큰 것을 의미하며, 냉각 속도가 클수록 경화되는 경향을 잘 나타내주고 있다. 따라서, 실제 용접에는 용접 시작 및 끝나는 부위, 용접 비드가 짧은 가용접(tack weld), 아크 스트라이크 등은 용접 냉각 속도가 크며 경화 정도가 크게 되어 균열 등 용접 결함이 생기기 쉬우므로 주의하여야 한다.

3-3 탄소당량 (C_{eq})

(1) 개 요

철강에서 C의 역할은 Fe_3C(cementite) 화합물을 구성하여 강도를 향상시키고 변형도를 감소시킨다. 그러나 다량의 탄소를 함유하면 편상으로 존재하여 취약해지기 쉽다. 따라서, 내열, 내식, 경화능의 증대를 위해서 탄소(C)를 비롯한 합금원소들을 첨가하는데 이들은 임계 냉각 속도와 변태 온도를 낮추기 때문에 martensite로의 변태를 용이하게 하여 경화능을 높이게 된다. 탄소당량(C_{eq})이란 강재 혹은 용접 금속에 함유되어있는 합금원소의 함량을 탄소에 대한 대응량으로 환산(% 농도)하여 탄소를 포함해서 전부 환산한 수치를 말한다. 이 수치는 ① 용접 시 강재의 용접성 평가, ② 열영향부(HAZ)의 최고 경도를 추정하는 데 쓰인다. 또한, ③ 용접 재료의 선택이나, ④ 예열 및 후열처리(PWHT) 등의 여부를 판단하는 기준으로 이용된다. 특히, ⑤ 저온 균열(비드 밑 터짐)에 대한 감수성을 평가하는 데 널리 이용된다.

(2) 탄소당량식

탄소당량(C_{eq})식에는 용접 방법이나 용도에 따라 여러 가지 형태의 식이 있는데, 탄소강 및 주철에 적용하는 것 중 대표적인 3가지만 소개하면 다음과 같다. (화학 성분의 %로 표기)

① 탄소강의 탄소당량

$$C_{eq} = C + \frac{Mn}{6} + \frac{Si}{24} + \frac{Ni}{40} + \frac{Cr}{5} + \frac{Mo}{4} + \frac{V}{14} \qquad \text{(KS D 3515/일본 WES)}$$

$$C_{eq} = C + \frac{Mn}{6} + \frac{Ni}{15} + \frac{Cu}{13} + \frac{Mo}{4} \qquad \text{(AWS)}$$

$$C_{eq} = C + \frac{1}{6}(Mn + Si) + \frac{1}{5}(Cr + Mo + V) + \frac{1}{15}(Cu + Ni) \ \ (IIW)$$

② 주철의 탄소당량

$$C_{eq} = C + \frac{(Si + P)}{3}$$

(3) 적용 및 평가

① 용접성은 C_{eq}으로 표기되는데 $C_{eq} < 0.4$일 때 용접성이 좋다. 일반적으로 용접 구조물에 적용되는 탄소강의 C_{eq}는 $0.43 \sim 0.45$ 정도로 상한값을 설정하여 관리해야 한다.

② 탄소당량(C_{eq})이 적은 모재는 작업성이 좋은 용접봉을 선택하고, 탄소당량이 큰 모재는 용접성(내균열성)이 좋은 용접봉을 선택하는 것이 바람직하다.

③ 탄소당량은 최고 경도 H_{max} 값을 추정하는 데 사용하며 다음과 같이 표현된다.

최고 경도 $H_{max} = aC_{eq} + b$(a, b는 냉각 속도에 의한 상수)

표준 용접 조건에서 $H_{max} = (666 C_{eq} + 40) \pm 40$

④ 탄소당량이 높을수록 용접 예열 온도 증가가 요구되며, 이 값이 높을수록 냉간 균열(cold crack) 및 수소 취화가 높아진다.

균열정지 예열 온도 $= 1440 P_c - 392 \,℃$

⑤ 실제로 강 제조업자들은 C_{eq}값을 낮추기 위해 C와 Mn의 함량을 엄격히 제한하는 동시에 더 높은 강도를 갖는 강을 생산하기 위하여 고심하고 있다.

3-4 ◀ 용접균열 감수성 지수(P_c) 및 조성(P_{cm})

(1) 개 요

탄소당량은 모재, 또는 용접봉의 화학조성에만 의존하므로 균열의 감수성에 대한 정확한 판단을 하기는 부족한 점이 있다. 균열은 화학조성뿐만 아니라 대기 또는 용접 부재의 흡습 상태, 부재 크기 등에도 극히 민감하므로 이들까지 고려할 때 더욱 정확한 균열 감수성을 예측할 수 있다.

(2) 균열정지 예열 온도 → 국부 예열 온도 결정법

저온 균열(under-bead crack)의 방지에 필요한 예열 온도에 대한 HAZ의 경화, 용접부의 수소량 및 판 두께(구속도)의 영향을 용접균열 감수성 지수(P_c)와 조성(P_{cm})으로 나타낸다. 즉, 저온 균열의 발생에 영향을 주는 요인은 다음 3가지이다.

① 용접 모재의 화학조성으로부터 정해지는 수치 : $P_{cm}[\%]$

② 용착금속 중의 확산성 수소량으로부터 정해지는 수치 : $P_h = \dfrac{H}{60}\%$

③ 용접 이음의 구속도로 정해지는 수치 : $P_k = \dfrac{K}{40000} = \dfrac{t}{600}\%$

　　좌등(佐藤)과 송정(松井)은 y형 시험편으로 실험하여 용접 균열의 방지를 위해 이들의 요인으로부터 용접균열 감수성 지수 $P_c[\%]$를 구하고, 이 P_c의 값에 따라서 국부 예열온도를 정하는 것이 적절하다고 제안하고 있다.

$$\text{균열정지 예열 온도 } T = 1440\,P_c - 392\,℃$$

(3) 용접균열 감수성 조성 (P_{cm})

　　용접균열 감수성 조성은 탄소당량과 마찬가지로 단지 화학 성분의 조성에 의존하여 용접부의 균열 발생 가능성을 평가하는 방법이며, 다음과 같이 표기한다.

$$P_{cm}[\%] = C + \frac{Si}{30} + \frac{Mn}{20} + \frac{Cu}{20} + \frac{Ni}{60} + \frac{Cr}{20} + \frac{Mo}{15} + \frac{V}{10} + 5B$$

(4) 용접균열 감수성 지수 (P_c)

　　단순하게 화학조성에 따른 균열 발생 가능성을 평가하는 용접균열 감수성 조성(P_{cm})에 용접부의 크기나 구속도 및 용접 부재의 흡습 상태에 따른 용접 조건까지를 고려하여 용접부의 균열 발생 가능성을 평가하는 방법이 용접균열 감수성 조성(P_c)이다. 이는 특히 용접부에 존재하는 확산성 수소에 대하여 고려하고 있으며, 예열 온도를 결정하는 중요한 기준이 된다.

$$P_c[\%] = P_{cm} + \frac{H}{60} + \frac{t}{600} \;(\text{또는 } \frac{K}{40000})$$

여기서, H : 용착금속의 확산성 수소량(ml/100 g)
　　　　t : 판 두께(mm)
　　　　K : 이음의 구속도(kg/mm^2)

　　구속도 K는 $\dfrac{E}{L}$항에 판 두께를 곱한 값이며, 구속도가 커지면 용접부의 뒤틀림 및 응력 상태가 높고 저온 균열이 발생하기 쉽다. 또한, 두꺼운 판일수록 구속도가 크고, 저온 균열 발생 가능성이 높아진다. 구속도 K는 다음과 같이 표현된다.

$$K = \frac{E}{L} \times T$$

여기서, E : 종탄성계수(kg/mm^2), L : 구속 거리(mm), T : 판의 두께(mm)

3-5 연속냉각 변태선도(CCT diagram)

(1) 개 요

용접 열영향부(HAZ)의 최고 가열 온도로부터 냉각 속도에 따라 조직과 최고 경도 (H_v)가 변화하는 거동을 나타낸 것이 CCT 선도이다. 각 냉각곡선 끝에는 상온에서의 경도값을 나타낸다.

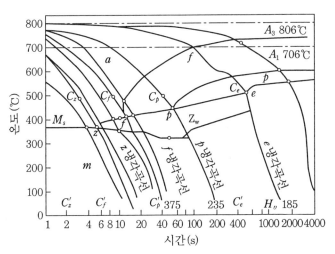

최고 가열 온도 1300℃
a : 오스테나이트
f : 페라이트
p : 펄라이트
m : 마텐자이트
Z_w : 베이나이트(중간 계급 조직)
C_e', C_p', C_f', C_z' : 임계 냉각 시간

HT52강의 용접용 연속 냉각 변태 곡선

(2) 특 성

① HAZ의 조직은 고온으로 가열 후 냉각됨에 따라 M→LB→UB→F→P로 변화한다.

② 각 냉각곡선에 있어서 A_3~500℃의 냉각 시간을 임계 냉각 시간이라고 한다.

③ 임계 냉각 시간 C_z'는 이 냉각 시간보다 늦으면 bainite가 석출되기 시작함을 의미하고, 임계 냉각 시간 C_f'는 이 냉각 시간보다 늦으면 ferrite가 석출되기 시작함을 의미하며, 임계 냉각 시간 C_p'는 이 냉각 시간보다 늦으면 pearlite가 석출되기 시작함을 의미한다.

④ C_z', C_f', C_p'는 강재의 두께 및 화학 성분에 따라 달라진다. 일반적으로 합금원소가 증가하면 CCT 곡선이 우측으로 이동하고, 같은 조건이라도 martensite 화하여 경화되기 쉽다.

⑤ 입열량이 적을수록 martensite 조직이 되어 균열 발생이 쉬우며 왼쪽으로 이동하고, 입열량이 클수록 austenite 결정립이 조대화되어 인성이 저하하며 냉각곡선은

오른쪽으로 이동한다.

⑥ 냉각 속도가 빠를수록 HAZ의 최고 경도값(H_v)은 커지며, 느릴수록 작아진다.

(3) 적 용

용접 시공에 있어서 용접 입열량, 모재 두께, 예열 온도, 용접부 형상에 따라 결정되는 냉각 속도와 CCT 곡선에서 HAZ의 최고 경도와의 관계를 알 수 있기 때문에 HAZ의 취성과 저온 균열 방지를 위한 용접 시공 조건을 사전에 검토할 수 있게 된다. 즉, CCT 곡선은 HAZ의 조직이나 경도를 알 수 있기 때문에 균열 방지나 H_v를 일정한 값 이하로 유지하고 싶을 경우에 냉각 속도 및 필요한 예열 온도를 결정하는 데 이용할 수 있다.

예제 임계 냉각 속도란?

해설 austenite가 변태하여 martensite 및 pearlite로 변화할 때의 한계속도(약 400~200℃/s)이다. 즉 강을 quenching 경화시키는 데 필요한 최소한 냉각 속도로 CCT 선도에서 800~500℃까지의 평균 냉각 속도(℃/s)를 취한다.

각종 금속의 용접성

1. 주철용 용접 재료의 종류 3가지를 쓰고, 그 특징에 대하여 설명하시오.

2. 자동차 산업에서 사용되는 1200 MPa급 핫스탬프 고장력 강판의 용접부가 갖는 특징에 대하여 설명하시오.

3. 500 MPa급의 일반 고장력강과 조질 고장력강의 용접 시 용착금속과 용접열 영향부에서 고려해야 할 입열량과 인성 및 경도와의 관계에 대하여 그림을 그려 비교 설명하시오.

4. 템퍼비드(temper bead) 용접에 대하여 설명하시오.

5. 용접에 의한 접합과 오버레이(overlay) 용접의 큰 차이는 희석률(dilution rate)이다. 용접 금속의 희석률을 정의하고, 용접 변수(전류, 극성, 전극 크기, 돌출 길이 및 용접 속도)와의 관계를 설명하시오.

6. LNG(액화천연가스) 저장 용기 및 LNG 선박에 사용할 수 있는 재료를 3가지 설명하시오.

7. 고온용 압력 용기에서 탄소강 또는 저합금강의 내부에 오스테나이트계 스테인리스강을 오버레이(overlay) 용접하여 사용하는 이유를 설명하시오.

8. 주철의 용접성이 일반 압연강에 비하여 열등한 이유를 설명하시오.

9. 오버레이 용접 시 희석률의 정의와 희석률에 영향을 미치는 용접 변수에 대하여 설명하시오.

10. TMCP 강재 용접부에서 연화 현상이 무엇인지, 그리고 이러한 연화 현상이 실제 대형 철구조물의 설계 기준인 인장강도와 피로강도에 미치는 영향을 설명하시오.

11. 자동차의 경량화를 위하여 사용되고 있는 초고장력강(UHSS, ultra high strength steel)의 종류를 5가지 들고, 각각의 조직과 용접 특성을 설명하시오.

12. 이종 금속 간의 접합 시에 검토해야 할 사항을 설명하시오.

13. 주철 재료의 용접 시공 시 기본 원칙 5가지를 들고 설명하시오.

14. 균열이 발생된 주철의 보수 용접 시공 방법을 도시하고 설명하시오.

4. 각종 금속의 용접성

4-1 주강 및 주철

(1) 주강의 종류 및 용접성

① **종류** : 주강은 강을 주조한 것으로 각종 합금원소를 탄소강에 첨가한 것으로 용도별로 분류하면 다음과 같다.

  (개) 내마모용 : C>0.4%, Cr, V, Mn 등을 첨가

  (내) 내식용 : Cr, Ni 등을 첨가

  (대) 내열용 : Cr, Mo, W, Ti 등을 첨가

② **용접성**

  (개) 탄소량이 0.25% 이상이면 HAZ의 영향을 감소시키기 위해서 적당한 예열과 후열처리가 필요하다.

  (내) 일반적으로 주강품은 대형이므로 용접 후 냉각 속도가 크다. 따라서, 예열 및 층간 온도의 준수가 특히 중요한데 최근에는 일렉트로 슬래그 용접(ESW)이 활용되고 있다.

  (대) 오스테나이트계 주강은 내열, 내식용으로 많이 쓰이는데 용착금속의 화학조성과 조직에 엄격한 제한이 있으므로 용접봉 선정 등의 조건 결정에 유의해야 한다. 오스테나이트 계열 주강은 용접 후 터짐 감수성이 크므로 예열이 필요하나, 일반적으로 후열은 하지 않는다.

  (래) 주강은 발전소의 터빈 및 케이싱과 밸브류의 케이싱에 많이 사용된다.

(2) 주철의 특성 및 종류

① **특성**

  (개) 주철(cast iron)은 Fe-C 평형상태도에서 2.0~6.67% 탄소(C)를 함유하는 범위지만 일반적으로 2.0~3.5%의 탄소(C)와 0.5~2.5%의 규소(Si)로 이루어진다.

  (내) 주철은 강에 비해 용융점이 낮고(1150℃), 탕의 흐름이 좋아서 주물을 만들기 쉽고 저렴하나, 주조한 그대로는 가단성과 연성이 거의 없다.

  (대) 주철의 용접은 결함의 보수에 주로 사용되는데, 매우 취약하므로 용접이 곤란하다.

② **종류** : 주철 내의 탄소는 탄화철(Fe_3C)과 흑연(유리 탄소)으로 되어있다. 탄화철은 주철을 딱딱하고 취약하게 하며, 절삭성을 나쁘게 한다. 흑연은 편상(flat)으로 matrix 내에 혼재해있어 주철을 약하게 하지만 절삭성을 좋게 한다. 주물이 서랭 되면 대부분 편상의 흑연으로 되나, 급랭 시 탄소는 탄화철이 된다.

㉮ 회주철(gray cast iron) : 흑연이 다량으로 석출되어있어 파면이 회색이어서 붙여진 이름이다. 펄라이트와 페라이트가 주요 조직으로 페라이트는 흑연의 주 위에 석출되어있다. 회주철에는 인장강도 $10 \sim 25 \, kg/mm^2$인 보통 주철, 25 kg/mm^2 이상인 고급 주철, 그리고 Cr, Ni, V 등을 함유시켜 크랭크축 등에 이 용되는 합금 주철이 있으며, Mg를 함유시켜 흑연을 구상화하여 연성을 갖게 한 구상흑연주철이 있다.

㉯ 구상흑연주철(nodular cast iron) : 주조 전에 Mg, Ce, Si 등을 접종하여 편 상의 흑연을 구상흑연으로 바꾸어서 연성을 주고, 내마모성을 부여한 것으로 연 성주철(ductile cast iron), 노듈러 주철이라고도 하며, 인장강도가 매우 커서 최근에 널리 사용되고 있다.

㉰ 백주철(white cast iron) : 보통 백선(白銑)이라고 하며, 흑연의 석출이 없고 탄 화철(Fe_3C)의 형식으로 함유되어있기 때문에 파면이 은백색을 띄고 있다. 백주철 의 일종으로 칠드 주철이 있는데, 이는 주철 주물의 표면에 금형을 대서 급랭시켜 그 조직을 백선화하여 경도를 높여서 내마모성과 내경화성을 향상시킨 것이다.

㉱ 반주철(mottled cast iron) : 백주철 중에서 탄화철(Fe_3C)의 일부가 흑연화하 여 파면이 부분적으로 흑색이 보이는 것으로 반선(班銑)이라고도 불린다.

㉲ 가단주철(malleable cast iron) : 주물성이 좋은 주철을 이용하여 백선 주철을 만들고, 그다음 $900 \sim 950℃$로 가열하여 시멘타이트로 만들거나 표면을 탈탄하여 강과 비슷한 성질을 준 주물을 가단주철이라 한다. 가단주철 내의 흑연은 대략 구 상화하고 있으므로 연신율이 $5 \sim 8\%$ 이상의 연성이 있는 주철이 된다.

(3) 주철의 용접성

주철은 야금학적 특성에 의해 오늘날 가장 어려운 용접의 하나로 생각되고 있는데, 이는 다음의 특성을 갖고 있기 때문이다.

① 주철(cast iron)은 용융 상태에서 급랭되면 HAZ 부위에 급격한 경화로 strain에 의한 냉각, 수축 현상으로 균열 발생 위험이 크다.

② 용접 시 모재의 불순물로 인한 blow-hole을 발생시킨다.

③ 용접에 의해 장시간 열을 받는 부위의 흑연(graphite)은 탄소 입자들을 형성하여 brittle 하게 된다.

(4) 주철의 용접 방법

주철 용접은 냉간 용접과 열간 용접으로 구분된다. 냉간 용접은 예열 없이 아주 낮은 온도로 용접하는 방법이고, 열간 용접은 용접하는 동안 600~700℃를 계속 유지하여 용접하는 방법이다.

① 주철 용접 시 기본 원칙

(가) 용접 접합점(모재와 용착금속의 경계 부분)의 입열을 가능한 최소로 한다. 용접 전류는 필요 이상 높이지 말고, 직선 bead를 사용하며, 지나치게 용입이 깊지 않게 한다.

(나) 균열의 경우 crack의 양쪽 끝에 구멍을 뚫거나, crack 방향과 직각으로 3~4 cm의 다리용접을 하여 균열의 진전을 예방한다.

(다) 중앙 균열의 경우는 crack의 끝 쪽에서부터 crack의 중앙 쪽으로 용접을 해나가고, 한쪽 끝만 crack이 있는 경우는 안쪽에서 바깥쪽으로 용접해나간다.

(라) 용접 후 반드시 가벼운 망치질(peening)을 하여 수축 응력을 제거한다.

(마) groove 가공은 V형은 피하고, 항상 U형으로 가공한다.

(바) 얇거나 중간 정도의 groove 가공은 부드러운 U 형태를 형성하도록 하고, 가능한 사잇각은 넓게 함과 동시에 높이는 두께의 50 % 이상 필요 없다.

(사) 두꺼운 용접은 root face를 5 mm 이상 크게 해서는 안 된다.

② 냉간 용접 시 일반적인 사항

(가) 용접부 표면을 깨끗이 한다.

(나) 가능한 낮은 전류로 weaving 없이 용접한다.

(다) 수축 응력을 제거하기 위하여 용접 bead는 짧게 유지한다.

(라) 첫 pass가 용접된 뒤 남아있는 응력(stress)을 제거하기 위하여 피닝을 실시한다.

(마) 일반적으로 약 100~200℃ 정도의 예열을 한다.

③ 고온 예열 용접 : 용접하는 주물의 본체를 약 540~560℃로 전체 또는 일부를 예열하여 아크용접 또는 가스용접법으로 용접하는 방법이다. 용접 중 및 용접 직후에도 고온을 유지함과 동시에 후열 또는 서랭을 수반한다. 600℃로 10시간 annealing을 하면 잔류응력이 제거된다. 백선화를 방지하기 위해서는 흑연화를 촉진할 필요가 있다. 이 때문에 Si, Al을 함유한 용접봉을 사용한다. 또한, 강도를 증가시키기 위해서는 Ni을 2~3 % 첨가한 용접봉을 쓰기도 한다.

(5) 회주철의 용접이 힘든 이유

① 주철은 용접 시 일산화탄소가 발생하여 용착금속에 기공이 생기기 쉽다.

② 장시간 가열로 흑연이 조대화된 경우 주철 속의 기름, 흙, 모래 등이 있는 경우에 용착 불량이 생기거나 모재의 친화력이 나쁘다.

③ 가장 중요한 이유로 주철은 매우 취약해서 비교적 작은 국부적 수축에도 견디지 못하고 균열이 발생하기 쉽기 때문이다. 3 % 탄소(C) 함유 회주철의 경우 Fe-C 평형 상태도에서 서랭될 때 HAZ는 austenite 및 흑연(graphite) 조직인데, 급랭되는 HAZ는 pearite 및 cementite로서 딱딱하고 취약한 백주철이 된다. 백주철은 회주철보다 수축량이 크기 때문에 용접 중에 균열 감수성이 크게 된다. 따라서, 주철을 용접할 때에는 용접 응력을 되도록 적게 하는 방법을 사용하고, 특수한 용착금속에 의하여 이음하든지, 또한 백선이 되지 않도록 예열하며, 용접 후에는 후열처리를 하거나 피닝을 실시하여 응력을 제거한다.

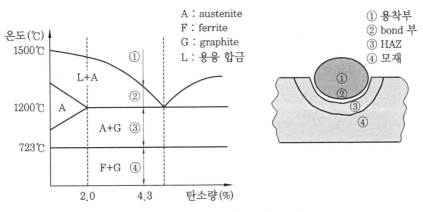

회주철의 평행상태도 및 용접부 단면도

(6) 주철의 보수 용접 방법

주철의 보수 방법으로는 균열을 적게 하는 방법으로 스터드법, 비녀장법, 버터링법, 로킹법 등이 있다.

① **스터드법(studding)** : 이 방법은 용접 경계부의 바로 밑부분의 모재가 갈라지는 약점을 보강하기 위하여 지름 6~9 mm 정도의 스터드 볼트를 박은 다음 이것과 함께 용접하는 방법이다. 스터드 단면적은 용접 표면적의 25~30 % 정도가 적당하며, 용접부 전체에 고루 배치하는 것이 좋다. 용접법은 균열부 깊이를 완전히 파내고, 볼트를 심은 다음 볼트 주위를 bead로 둘러쌓고, 볼트와 모재를 충분히 녹여 짧은 bead로 드문드문 쌓으면서 곧 피닝을 하면서 용접을 하는데, 용접 홈은 X형이 바람직하다.

② **비녀장법** : 균열의 수리와 같이 가늘고 긴 용접을 할 때 용접선에 직각이 되게 꺾쇠
모양으로 6~10 mm 정도의 강봉을 박고 용접하는 방법이다. 용접법은 균열 부분을
그라인더 등으로 홈을 판 후 꺾쇠를 넣을 곳도 균열부와 직각 방향으로 판 다음 꺾
쇠를 넣고 용접한다.

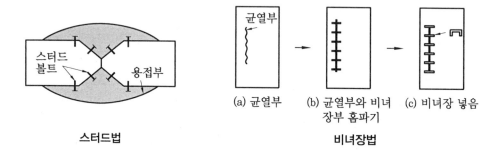

스터드법

(a) 균열부   (b) 균열부와 비녀   (c) 비녀장 넣음
             장부 홈파기

비녀장법

③ **버터링법(buttering)** : 이 방법은 빵에 버터(butter)를 바르듯 모재와 융합이 잘 되는
용접봉(주로 연강봉)으로 적당한 두께까지 용착시킨 후 고장력강 봉이나 연강과 융
합이 잘 되는 모넬메탈봉으로 용접하는 방법이다.

④ **로킹법(locking)** : 스터드법의 볼트 대신 용접부 바닥면에 둥근 고랑을 파고, 이 부분
에 걸쳐 힘을 받도록 용접을 하는 방법이다.

버터링법   로킹법

4-2 ◀ 고장력강

(1) 정 의

고장력강은 탄소 이외의 합금원소를 소량 첨가하여 강도가 높으면서도 파괴 인성이
우수한 강으로 구조물의 중량 경감과 성능 향상을 도모하기 위해서 개발된 인장강도
$50 \, kg/mm^2$ 이상의 고강도강을 통칭한다.

(2) 사용 목적

강도를 높여 판 두께 감소에 의한 중량 경감, 재료의 절감 및 용접 공수의 저감에
있으며, 특히 수송기관에 있어 자중의 감소에 의하여 적재량의 증가와 수송 능력의
향상을 꾀하는 데 있다.

(3) 종 류

① 열처리에 따른 분류

(개) 비퀜칭 템퍼링강(비조질강)

(내) 퀜칭 템퍼링강(조질강)

조질강과 비조질강의 비교

순번	항 목	조질강(QT강)	비조질강(NT강)
1	정의	quenching & tempering 처리에 의해 강도 및 인성을 향상시킨 강재	압연 상태, 압연 후 normalizing 처리 또는 제어 압연 상태로 사용되는 강재
2	조직	Si−Mn에 V, Cu, Ni, Cr, Mo 등을 첨가한 베이나이트 또는 페라이트−베이나이트 혼합 조직	Si−Mn계로 페라이트−펄라이트 조직
3	장점	• 적은 합금원소 첨가로 강을 제조 : 용접성 향상을 도모할 수 있다. • 인장강도, 특히 항복점이 높다. • 동일 강도의 비조질강보다 노치 인성이 우수하다.	• 각종 형상 및 치수의 강재 제조가 용이하다. • 열간가공이 용이하다. • 용접열에 의한 연화가 적음 : 용접 입열 제한이 완화된다. • 항복비가 낮아 파괴까지 오래 걸려 구조물 설계에 유리한 경우가 있다.
4	단점	• 대입열 용접 시 상부 베이나이트 생성으로 결정립의 조대화로 인성 및 강도 저하 : 입열량 제어가 요구된다. • 열간가공으로 인한 연화 현상 : AWS D1.1에 가열 교정 온도를 590℃ 이하로 제한한다. • PWHT 온도는 강재의 tempering 온도 이하에서 실시한다. • 용접 시 예열 생략 시 균열이 발생한다. • 응력집중에 민감하여 각 변형 및 뒤틀림 등이 발생되기 쉽다.	• 후판으로 갈수록 인장강도, 노치 인성 및 용접성 확보가 어렵다. • 후판으로 갈수록 탄소당량이 높아지는 경향이 있고, 용접성이 저하된다. • 60 kg/mm^2 이상이 되면 요구 강도를 만족하기 어렵다.
5	기타	인장강도 588 또는 784 MPa급	인장강도 490 MPa급 강이 대표적임

② 강도에 따른 분류

(개) 고장력강 : 인장강도 $50 \sim 70\,\mathrm{kg/mm^2}$, 항복점 $32 \sim 38\,\mathrm{kg/mm^2}$ 이상의 HT52 및 HT60이 이에 속하며, 이들은 보통 압연한 그대로(HT52) 또는 노멀라이징한 것(HT52, HT60)이 쓰인다. 비교적 용접하기 용이한 것들이며, 일반적으로 고장력강이라 하면 HT52를 의미하고, HT60은 약간 고가이므로 사용 범위가 좁아지고 있다.

(나) 초고장력강 : 인장강도 70 kg/mm^2 이상, 항복점 50 kg/mm^2 이상의 HT70, HT80이 이에 속한다. 이러한 고장력강은 저합금강이라기보다는 합금강이라 할 수 있으며, 대부분 소입 템퍼링(600~650℃)의 열처리한 것이 쓰인다. 용접에는 어느 정도 주의를 요하나, 연강과 동일할 정도로 용접성이 뛰어난 초고장력강이 최근 실용되고 있다(2H, T-1강).

③ **특성에 따른 분류** : 고장력강은 특성에 따라 구조용, 저온용, 내후성 및 내해수성으로 대별될 수 있다.

(가) 용접구조용 50 kg/mm^{2}급 고장력강(HT52) : 두께 25 mm 이하의 것에서는 용접상의 문제는 별로 문제되지 않으나 판 두께가 30 mm 이상의 것에서는 용접 균열 방지를 위한 예열이 필요하다. 일반적으로 대입열(大入熱)로 용접을 하면 열영향부의 인성저하(靭性低下)가 현저하게 된다. 또한, 판 두께 방향의 구속이 크게 되면 라멜라 티어가 발생하는 경우도 있다. 이러한 결함을 방지한 여러 가지 개량된 강이 시판되고 있다.

(나) 용접구조용 60 kg/mm^{2}급 고장력강(HT60) : 비조질형의 것과 조질형의 것이 있으며, 비조질형의 것은 조질형의 것에 비해 탄소당량이 많아지기 때문에 양호한 용접 결과를 기대하기 위해 판 두께 100 mm 정도까지로 제한되어 실용되고 있다.

(다) 용접구조용 80 kg/mm^{2}급 고장력강(HT80) : 거의 전부가 조질형이며, 판 두께 100 mm의 것이 교량으로 실용되고 있다. 또한, 耐유화수소 균열성, 耐재열균열성을 향상시킨 것, 대입열 용접에 적합한 것도 시판되고 있다.

(라) 내후성(耐候性) 고장력강 : Cu, Cr, P, Ti 등이 소량 첨가되어있으며, 대기 중의 내식성(耐触性)은 탄소강보다도 훨씬 우수하다. 그러나 인성(靭性)을 요구하는 경우에는 인(P)의 첨가량을 감소시킨다.

(마) 저온용 고장력강 : 한랭지(寒冷地)에서 사용하는 강구조물에는 특히 우수한 노치 인성이 요구된다. 또한, 상온에서 이용되는 경우에도 용접에 의한 각 변형(angular distortion), under-cut, 미소 결함의 존재 때문에 취성파괴(brittle fracture)를 일으키지 않도록 충분한 노치 인성을 갖추어야 한다. 이를 위해서 Q & T (quenching & tempering) 처리를 하거나, 제어 압연에 의한 결정립 미세화를 실시해야 한다.

(바) 내해수성(耐海水性) 고장력강 : 해수에 의한 부식, 특히 비말대(飛沫帶)에서의 부식에 견딜 수 있도록 P, Cu, Cr, Al, Si, No 등을 첨가한 것이다.

(4) 고장력강의 구비 조건

① 강도가 높아야 한다(50 kg/mm^2 이상).

② 사용 목적에 부합되는 인성(靭性)이 우수해야 한다.

③ 탄소당량이 낮은 것이 좋다.

④ 가공성, 피로특성, 내후성이 좋아야 한다.

⑤ 초음파 음향 이방성이 적어야 한다.

⑥ 용접성이 좋아야 한다.

⑦ 가격이 저렴해야 한다.

(5) 용접 시 주의 사항(일반 사항)

① 일반적으로 예열을 실시해야 하며, PWHT가 요구되는 경우도 있다.

② 용접봉은 저수소계를 사용하며, 용접 재료의 건조 관리가 요구된다.

③ 용접 개시 전에 용접부의 청결(녹, 이물질, 수분 등)에 주의한다.

④ arc 길이는 가능하면 짧게 유지하고, 큰 폭의 weaving을 삼간다.

⑤ short bead(50 mm 미만), arc strike, 각 변형 및 뒤틀림에 주의한다.

⑥ 과도한 입열량은 결정립을 조대화시켜 인성을 저하시키므로 주의를 요한다.

⑦ arc start 시 기공 발생을 방지하기 위하여 후퇴법(back step)을 사용한다.

⑧ 여름철 습도가 높은 경우의 용접은 arc 분위기 중 소수 분압의 증가로 인하여 용착 금속 중의 수소량이 증가하여 용접 균열이 발생되기 쉬우므로 주의를 요한다.

⑨ PWHT를 행할 시 가열 온도가 모재의 소둔 온도를 넘지 않도록 설정해야 한다.

예제 고장력강에서 HAZ 저온 균열을 지배하는 인자 3가지를 설명하고, 모재 강도가 높을수록 수소 발생이 적은 저수소계 용접봉을 사용하여야 하는 이유를 설명하시오.

해설 1. HAZ 저온 균열 인자

① 모재의 탄소당량(C_{eq})이 클 때, 또는 저온 균열 감수성(P_{cm})이 큰 조성값을 가질 때

② 용접부의 확산성 수소량이 많을 때

③ 용접부 구속 응력이 클 때

④ 용접부가 급랭되어 경화될 때

2. 고장력강에서 저수소계 용접봉을 사용하는 이유 : 고장력강에서는 그 강도가 높을수록 합금원소의 함유량이 많게 되는데, 이러한 함유량이 많을수록 용접 HAZ의 경도가 높게 되며 전반적인 용접성 열화(劣化)가 이루어져 결국 저온 균열의 발생이 쉬워진다. 그런 데 저온 균열의 주된 원인은 용접 중 침입한 확산성 수소에 기인한다. 용접부의 구속 응력이 동일하다고 할 때, 용접부의 수소량이 적어지면 저온 균열의 발생이 줄어든다. 따라서, 용접부의 수소량을 적게 하기 위한 대안으로 용접 재료, 즉 수소량이 타 용접봉보다 적은(약 1/10) 저수소계 용접봉을 사용하면 효과적이기 때문이다. 또한, 저수소계 용접봉의 flux는 다량으로 석회석($CaCO_3$)을 포함하고 있으므로 용접 중에 석회석에 의해 발생되는 CO_2 또는 CO 가스가 아크 분위기 중의 수소를 희석시켜 용접부의 확산성 수소를 현저히 저감시키므로 저온 균열의 방지에 유효하며, 파단 인성도 우수하기 때문이다.

4-3 TMCP강(鋼)

(1) 개 요

종래에 생산된 강재는 normalizing 처리하여 조직을 미세화하고, 합금원소의 양(量)을 조절하여 필요한 강도(強度)와 인성(靭性)을 얻었다. 이러한 종래의 normalizing 처리 강은 합금원소량의 증가, 특히 탄소량(C_{eq})의 증가로 인하여 저온 균열 방지를 위해서는 예열 없이는 용접이 곤란하고, 생산성 향상의 측면에서도 대입열(大入熱) 용접이 불가능한 단점이 있다. 이러한 문제를 해결하기 위하여 압연뿐만 아니라 냉각 공정도 제어하여 우수한 강인성을 갖는 강재를 제조하는 TMCP(thermo-mechanical control process)법이 개발되어 적용되고 있다. 이 방법은 제어 압연 공정과 열간 압연 직후 A₃ 온도 이상에서 강재를 급속하게 냉각시키는 가속 냉각 공정을 유기적으로 결합시킨 압연법이다.

(2) 구 분

① hot rolling & normalizing(기존 방식) : 종래의 압연(as-rolled) 상태의 강재는 조직의 조대화로 인해 강도와 인성이 낮게 된다. 강도 향상을 위해 합금원소를 첨가하고, 인성 향상을 위해 normalizing 처리를 하여 조직을 미세화함으로써 강도와 인성을 얻는 방법이 hot rolling & normalizing 공정이다. normalizing 처리는 최종 제품의 두께까지 hot rolling으로 압연한 강판을 냉각한 후 다시 A_{C3} 온도(900~950℃) 이상으로 가열한 후 공랭하는 방법이다. normalizing 처리를 하면 as-rolled 조직이 미세화되는데 조직의 미세화 정도에서만 차이가 있으며, 조직상(phase)에는 차이가 없다. 즉, 압연 및 normalizing 처리 후 냉각은 모두 공랭이므로 상온 조직은 ferrite와 pearlite의 혼합 조직을 보여준다. 이때 pearlite는 band를 따라 집중적으로 형성되고 있다.

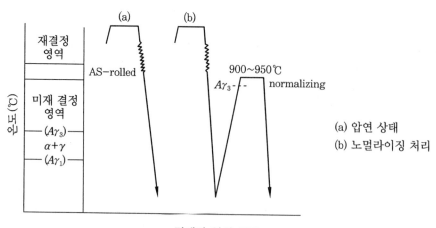

강재의 압연 공정

② TMCP-Cr강(controlled rolled) : normalizing 처리를 생략하면서도 그 이상의 좋은 재질을 as-rolled 상태에서 얻고자 하여 개발한 방법이 제어 압연 방식이다. 제어 압연은 압연이 austenite가 재결정되는 온도 영역에서 2단계에 걸쳐서 행해지는데, 처음 실시하는 압연은 hot rolling으로 압연 후 결정이 성장한 austenite grain을 얻게 된다. 이를 재결정이 일어나지 않는 온도 영역(약 900℃ 이하)에서 2차로 압연하면 austenite grain이 압연 방향으로 길게 늘어나서 단위 부피당 grain boundary의 면적이 증가하게 된다. austenite grain이 길어지면 길어질수록, 즉 non-recrystallization 영역에서 압연량(2차 압연량)이 많을수록 미세한 ferrite 조직을 얻을 수 있다. ferrite와 pearlite계 제어 압연강에서 미량 첨가되어있는 Nb, V, Ti 등의 원소가 열간압연 중에 austenite 미세 결정의 경계 온도를 약 100℃ 높이는 효과를 가져오게 되어 비교적 높은 온도에서 압연을 행하더라도 austenite 로 재결정되지 않고 바로 변태되어 변태 후의 ferrite 결정을 미세하게 하므로 압연 강재의 강도와 인성을 높인다.

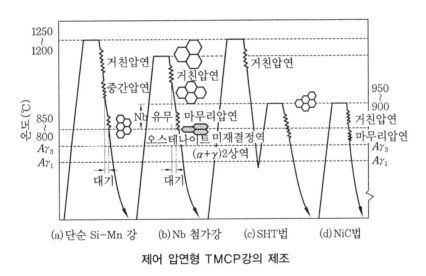

제어 압연형 TMCP강의 제조

③ TMCP-Acc강(accelerated cooling process) : 이 방법은 단순히 압연 또는 제어 압연 후에 공랭하는 것이 아니라 최종 압연 후 가속 냉각하여 기계적 특성을 향상시킨 강종이다. 제어 압연 후 가속 냉각을 시키면 냉각 속도가 빨라져서 austenite가 회복될 시간적 여유가 없게 된다. 따라서, 핵 발생점이 많아져서 압연 후 공랭(normalizing)했을 때보다 더욱 미세한 조직을 얻게 된다. 또한, 냉각 속도의 증가에 따라 pearlite의 생성이 억제되는 대신에 bainite가 생성되어 결국 ferrite와 bainite의 혼합 조직으로 되어 강도 향상의 효과를 가져온다. 이와 같이 제어 압연 후 가속 냉각을 하면 금속학적 측면에서 ㉮ 강재의 조직을 미세화시켜주고, ㉯ pearlite의 band structure를

없애주고, ㉑ ferrite와 bainite의 복합 조직을 얻게 해준다.

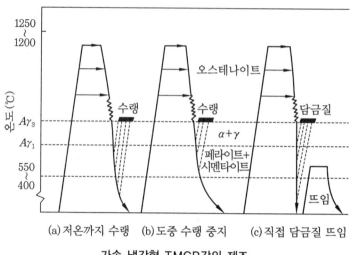

(a) 저온까지 수랭 (b) 도중 수랭 중지 (c) 직접 담금질 뜨임

가속 냉각형 TMCP강의 제조

(3) TMCP강의 특징

① **장점** : TMCP강은 공급자 측에는 생산비 절감을, 사용자에게는 제작 및 설치비 절감을, 발주자에게는 재질 향상으로 인한 신뢰성(reliability)의 증대를 가져다준다. 이러한 TMCP강은 용접 시공 시 저온 균열 감수성의 저하로 다음과 같은 장점들이 있다.

㉮ 탄소당량(C_{eq})이 낮아 용접성이 우수하다.

㉯ 낮은 탄소당량(C_{eq})에도 고강도이다.

㉰ 항복비가 낮아 내진성이 우수하다.

㉱ 초음파 음향 이방성이 적다.

㉲ 대입열 용접 시 연화(軟化)에도 불구하고 강도 확보가 가능하다.

㉳ 작업성이 양호한(非저수소계) 용접봉의 사용이 가능하다.

㉴ 용접 예열 온도를 저하시키거나 또는 불필요하다.

㉵ short bead 제한의 완화를 들 수 있다.

㉶ 다른 강재에 비해 입열량 허용이 다소 유리하다.

② **단점** : HAZ의 연화 현상과 강판의 절단 시 변형에 주의해야 한다.

㉮ HAZ의 연화 현상 : 용접 구조물 제작 시 중량을 감소시키기 위해 고장력강을 사용하는데, 고장력강은 강도를 향상시키기 위해서 연강에 비해 탄소당량(C_{eq})을 크게 했기 때문에 노치 인성이 저하되는 문제점이 있다. 그러나 TMCP 강재는 탄소당량을 낮추고 인성을 크게 했으나 용접 시 HAZ의 연화 현상이 문제시되고 있다. 박판에서는 연화부의 영향이 거의 없으나, 후판에서는 연화부의 영향이 크

게 나타나고 있다. TMCP 강재는 가속 냉각(accelerated cooling) 과정으로 직접 담금질의 효과를 가미한 강재로 불안정한 상태(베이나이트 및 경화 페라이트 조직)를 유지하나, 용접 시는 용접 열 영향을 받아 normalizing 효과에 의해 안정된 상태로 바뀌게 되어 가속 냉각에 의한 강도 상승 효과가 상실되고, HAZ에서 연화 현상이 발생하여 용접부 피로 특성을 저하시키게 된다.

(내) 절단 시 변형 : TMCP 강재의 절단 변형은 강판을 길이 방향으로 절단하였을 때, 부재의 길이가 신장 또는 수축되는 현상을 말하며, 용접 구조용 부재로 사용 시 많은 문제점을 제기한다. 절단 변형 원인은 TMCP 강재 제조 과정에서의 불균일한 잔류응력 분포에 있다. 즉, 800℃에서 500℃까지 강재에 냉각수를 뿌려 가속 냉각시키기 때문에 냉각이 정교할 정도로 균일하지 못한 데 기인한다. 또한, 절단 시 입열이 균일하지 않은 때도 변형 가능성이 있으나, 이는 TMCP 강재의 본질적인 문제와는 별개의 문제이다. 절단 변형의 방지 방안은 냉각의 불균일성을 최소화하여 냉각 후 잔류응력의 분포를 균일하게 하는 데 있다. 즉, 소용량(小容量)의 nozzle를 많이 설치하여 냉각수 분배가 균일하도록 하는 것이 중요하다.

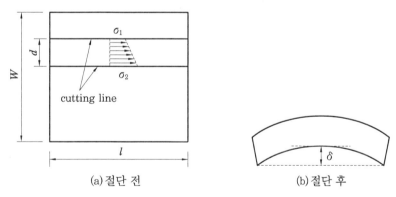

(a) 절단 전   (b) 절단 후

TMCP 강재의 불균일 냉각에 기인한 잔류응력과 절단 후 변형

(대) hot forming 불가 : 가속 냉각에 의한 TMCP 강의 경우에 강도의 증가가 불안정한 banite 및 hardened ferrite 생성에 기인하므로 가속 냉각된 강재를 가열하게 되면 조직이 안정상으로 바뀌면서 기계적 성질의 변화를 초래한다. hot forming 시에 Ar_3점 이상의 온도로 가열한 후 공기 중에서 냉각되면 이는 바로 normalizing이 되므로 강도는 전적으로 합금원소의 양에 의존하고 상(phase) 변태에 의하여 안정된 만큼 강도의 감소가 일어난다. 이러한 강도의 저하로 hot forming 후에 재료의 강도를 맞추기가 불가능하므로 hot forming process는 절대로 사용할 수 없다.

4-4 저온용강(鋼)

(1) 개 요

　LNG 및 LPG 등의 저장, 수송용 용기와 같이 저온에서 사용되는 기기에 이용되는 재료로, 저온에서도 충분한 인성을 유지해야 한다. 저온이란 −10℃ 이하의 사용 환경을 말한다.

(2) 저온용강에서 필요로 하는 성질

　① 사용되는 저온에서 충분한 강도와 인성이 확보되어야 한다.
　② 가공 및 용접이 용이해야 한다.
　③ 사용 가스에 대한 내식성이 우수해야 한다.
　④ 가격이 저렴해야 한다.
　이러한 조건 중에서도 저온 구조물의 사용 중 취성파괴로부터 안전성을 확보하는 것이 무엇보다도 중요하기 때문에 특히 저온에서의 인성이 우수해야 한다.

(3) 저온용강의 종류

　① Al 탈산강(Al 킬드강) : Si나 Mn으로 탈산시킨 뒤 다시 Al으로 강제 탈산시킨 강으로 제어 압연 또는 열처리를 통하여 조직 제어와 결정립을 미세화시킴으로써 저온 인성을 향상시킨 강이다. 탄소 함량을 0.15~0.18% 이하로 낮추고, Mn 함량을 0.7~1.6% 정도로 다소 높게 관리하며, Al을 0.02~0.08% 첨가한 강으로 탄소당량(C_{eq})이 낮기 때문에 용접성이 우수하고, 예열이 불필요하다. 항복강도 24 kg/mm^2, 33 kg/mm^2, 37 kg/mm^{2}가 있고, 저강도재는 annealing 처리하고, 고강도재는 quenching & tempering 처리로 제조된다. 최저 사용 온도는 강도, 열처리에 따라 −30℃, −45℃, −60℃의 3단계로 구분된다.

　② Ni 첨가강 : 일반적으로 Al 킬드강에 비하여 사용 온도가 낮은 범위에서는 적당량의 Ni 첨가 및 열처리 방법 등을 변화시킴으로써 목적에 맞는 다양한 저온용강이 개발, 적용되고 있다. 즉, 조직의 미세화와 잔류 오스테나이트의 생성 등을 통하여 인성을 향상시키기 위해서 적정한 합금원소의 첨가, 불순물의 저감, 최적의 열처리 등이 필요하다. 이 중 Ni 첨가강은 다음과 같이 크게 3종류로 구분된다.

　㈎ 2.5% Ni강 : annealing 처리로 제조되며, 최저 사용 온도는 −60℃이다.

　㈏ 3.5% Ni강 : annealing 처리로 제조되며, 최저 사용 온도는 −101℃이다.

　㈐ 9% Ni강 : 2중 annealing형과 quenching & tempering형이 존재하며, 최저 사용 온도는 −196℃이다. 일반적으로 −196℃에서의 흡수 에너지가 34 J 이상으로 규정되며, 저온 인성의 확보를 위해서는 P 및 S와 같은 불순물 원소의 저감

과 적절한 열처리가 필요하다.

③ **극저온강** : 액체 He, 액체 수소 등의 극저온 탱크는 LNG, LPG 탱크에 비해 소형이고, 저장 온도가 −269℃, −253℃로 매우 낮다. 따라서, 완전 이중 구조 방식이 요구되고 내외 구조 사이의 진공도를 유지하기 위해서 외조는 높은 기밀성과 진공압에 견딜 수 있는 강도가 필요하다. 극저온용강에 사용되는 재질은 스테인리스 304 L, 고인성 및 비자성의 특성을 가지고 있는 invar(36 % Ni) 및 Al합금과 같은 재료들이 사용되고 있다.

(4) 저온용강의 용접성

저온용강의 용접에서는 용접 열영향으로 인하여 저온 인성을 개선하기 위해 조치된 야금학적 효과가 상실되어, 결정립이 조대화되고 변태에 의해 조직 변화가 일어난다. 이러한 악영향을 방지하기 위해서는 용접 입열량을 제한할 필요가 있다. 즉, 저온 균열이 발생하지 않을 정도의 최소 예열 온도, pass 간 온도의 최소화, 그리고 입열량이 가능하면 적도록 하되 용접부의 냉각 속도를 너무 느리지 않게 적절히 조정해야 한다.

(5) 용접 시 주의 사항(작업 요령)

① 저수소계 용접봉을 사용 전에 350~400℃로 약 1시간 건조 후 사용한다.
② arc 길이를 가능한 짧게 유지한다.
③ 용접 입열이 과대하면 충격값이 저하하므로 입열량을 관리한다.
④ 판 두께, 강종에 따라 다소의 차이는 있으나 용접 시 50~100℃의 예열을 실시한다.
⑤ arc start부 기공 발생을 방지하기 위해 후퇴법이나 사금법을 사용한다.
⑥ 바람이 강한 곳에서는 바람막이를 설치한다.

예제 **저온용강에 대하여 다음 사항을 설명하시오.**
　1. 저온이란 몇 도 이하를 말하는가?
　2. 대표적인 저온용강 5가지를 제시하시오.
　3. 대표적인 저온용 Ni강 3종의 사용 온도를 말하시오.
　4. 저온용강에서 제일 필요로 하는 성질은 무엇인가?

해설　1. −10℃ 이하의 사용 환경에 적합한 강재이다.
　　2. Al 탈산강, 2.5 % Ni강, 3.5 % Ni강, 9 % Ni강, 극저온용 austenite stainless강, invar 등 상기 내용의 (3)항 참조
　　3. 2.5 % Ni강, 3.5 % Ni강은 모두 annealing 처리로 제조되며, 최저 사용 온도는 전자가 −60℃, 후자가 −101℃이다. 9 % Ni강에는 2중 annealing형과 quenching & tempering 형이 존재하며, 최저 사용 온도는 −196℃이다.
　　4. 저온용강에서 요구하는 성질
　　① 사용되는 저온에서 충분한 강도와 인성이 확보되어야 한다.

② 가공 및 용접이 용이해야 한다.
③ 사용 가스에 대한 내식성이 우수해야 한다.
④ 가격이 저렴해야 한다.

이러한 조건 중에서도 저온 구조물의 사용 중 취성파괴로부터 안전성을 확보하는 것이 무엇보다도 중요하기 때문에 특히 저온에서의 인성이 우수해야 한다.

저온용강의 최저 사용 온도와 사용 예[단위 : 절대온도(K)]

액화가스의 비등점	적용 저온용강	이용 분야
• 부탄(272.5~278) • 암모니아(239.6) • 프로판(230.9)	• Al−killed강 • 저온용 고장력강	• 극한지용 구조물 • 석유 정제(탈 프로판) (227K)
프로필렌(225.3)	2.5 % Ni강	• 염소 액화 • 석유정제(탈 아황가스) • 석유의 한랭지 수송 (213K)
• 황화수소(212) • 라돈(208) • 탄산가스(194.5) • 아세틸렌(189) • 에탄(184.4) • 에틸렌(169.5)	• 3.5 % Ni강 • Cr−Cu−Ni−Al강	• 공구강의 subzero 처리 • 아산화질소의 정제 (169K)
• 제논(165) • 크립톤(121.3) • 메탄(111.5)	• 5 % Ni강 • 8 % Ni강	천연가스 이용 (107K)
• 산소(90) • 아르곤(87.2) • 질소(77.2)	9 % Ni강	• 액체 공기 제조 • 에틸렌 분리 • 액화천연가스 저장/운송 (77K)
• 네온(26.7) • 중수소(23.4) • 수소(20.2) • 헬륨(4.2)	• 오스테나이트계 스테인리스강 • 고 Mn 강 • invar	• 혈액 장기 보존 • 천연가스에서 헬륨 추출 • 로켓 추진제 제조 • 초전도 소자 • 초전도 마그넷 • MHD 발전기 (4K)

4-5 내열강(耐熱鋼)의 용접성

(1) 개 요

내열강이란 일반적으로 탄소강의 한계 사용 온도인 약 320℃ 이상의 온도에서 사용할 수 있는 강을 말한다. 주로 발전소용 보일러 및 압력 용기, 건축 구조물 및 각종 고온 장치에 사용된다.

(2) 내열강에서 필요로 하는 성질

① 고온 강도, creep 특성 외 열충격 및 열 피로에 대한 저항성이 높아야 한다.
② notch 인성이 우수해야 한다.
③ 열처리에 의한 취성이 없어야 한다.

(3) 내열강의 종류

350℃ 이상의 고온에서는 크리프 특성이 중요하기 때문에 Mo을 첨가하여 강의 고온 강도 및 크리프 특성을 향상시킨다. 400℃까지는 탄소강을 사용할 수 있지만, 480℃까지는 1/2 Mo강, 그 이상의 경우는 Cr을 첨가하여야 한다. 또, 사용 온도가 600℃ 이상이 되면 18Cr-8Ni의 오스테나이트계 스테인리스강, 750℃ 이상의 경우에는 Ni-Co계의 내열합금을 사용한다.

(4) 내열강에서 합금원소의 특성(효과)

저합금 내열강은 탄소강에 Mo을 첨가하여 고온 강도를 향상시키고, Mo의 흑연화를 방지하기 위하여 Cr을 첨가하게 되어있다. 또한, 내산화성을 향상시키기 위하여 Cr 첨가량은 점차 증가되었다. 한편, 원자로용 재료는 안전성을 확보하기 위해 파괴 인성이 매우 중요하기 때문에 Ni, Mn 등을 첨가하게 되었다. 저합금 내열강에 첨가되는 각종 합금원소의 효과는 다음과 같다.

① **몰리브덴(Mo)** : Mo은 Cr과 함께 페라이트 형성 원소로서 ferrite 생성을 촉진하며, 소량 첨가되어도 크리프 강도를 증가시키는 효과가 있다. 또한, Mo은 강 중의 시멘타이트에도 고용되어 강도를 높이며, 탄소와 결합하여 탄화물을 형성함으로써 고온 강도를 높이기 때문에 저합금 내열강의 필수 원소이다. C, P, Mn과 같은 원소는 고온 템퍼취성을 조장하지만, Mo은 저합금 내열강의 템퍼취성을 억제시킨다.

② **크롬(Cr)** : 크롬은 강력한 ferrite 형성 원소로 크리프를 높이는 원소지만, 원래 첨가 목적은 고온에서 산화 저항성이 커서 내산화성의 용도로 주로 사용하기 위함이

다. 크롬은 연속 냉각 시의 펄라이트 변태나 베이나이트 변태를 지연시켜 강의 퀜 칭 경화 특성을 증가시키며, 강력한 탄화물 형성 원소이기 때문에 흑연의 석출을 억제한다.

③ 망간(Mn) : Mn은 탈산제로서 강 중에 반드시 함유되며, 퀜칭 경화 특성에 미치는 효과가 Cr과 Mo보다 우수하기 때문에 고장력강이나 공구강 등과 같이 상온에서의 강도나 경도가 필요한 경우에는 반드시 첨가된다. 그러나 고온 강도의 향상을 위 한 원소로 사용하는 경우는 드물다. 망간은 템퍼링에 미치는 영향이 크고, 특히 P 와 공존할 때에는 매우 유해하기 때문에 템퍼링 취화 온도 범위에서 사용하는 것은 위험하다.

④ 니켈(Ni) : 오스테나이트 형성 원소로 인성을 향상시키므로 저온용 재료나 인성이 요 구되는 재료에 반드시 첨가한다. 원자로용 압력 용기는 안전상 취성파괴가 일어나 면 안 되기 때문에 중성자 조사에 의한 취화 방지라는 측면에서 비록 환경이 고온이 라 하더라도 인성 확보를 위해 Ni이 첨가된 재료를 사용한다.

⑤ 바나듐(V) : 페라이트 형성 원소이며, Cr에 비하여 질화물 형성 특성이 강하다. 소량 의 V은 결정립을 미세화(V 첨가강을 템퍼링하면, 600℃ 정도에서 매우 미세한 탄 화물이 석출되어 경도와 강도가 현저히 높아짐)하고 인장강도를 상승시키나, 재열 균열이 발생하기 쉬우므로 주의해야 한다.

(5) 내열강의 문제점

① 열영향부(HAZ)의 경화와 연성저하 현상
② cold cracking
③ 후열처리(PWHT)에 의한 HAZ 조립역의 stress relief cracking
④ 용접부의 파괴 인성 저하
⑤ 장기간의 가열에 의한 취화 현상

⑥ 용접 시 주의 사항

㈎ cold crack을 방지하기 위하여 예열 처리 및 층간 온도를 유지시켜 경화를 방 지하고, 확산성 수소를 감소시킨다.

㈏ 후열처리(PWHT) 시에는 극단적인 급열, 급랭을 실시하면 균열이 발생하므로 주의해야 하며, 또한 temper 지수가 커지면 인성이 저하하므로 temper 지수가 지나치게 크지 않도록 한다.

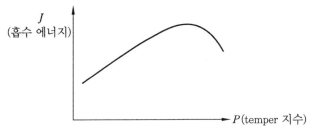

충격 흡수 에너지에 미치는 열처리 영향

㉐ stress relief cracking을 방지하도록 주의한다. 재열 균열을 방지하기 위해서는 응력 제거 열처리 시간을 짧게 하고, 가능한 한 균열 발생 가능성이 큰 온도에서 열처리를 하지 않도록 하며, 잔류응력을 작게 하기 위하여 응력집중부를 제거해야 한다.

㉑ ferrite band : 용접 금속을 A_1 변태점 이하의 고온에서 annealing 시 탄소 이동으로 탈탄층이 생겨 강도가 저하한다. 용접 시의 냉각 속도가 빠를수록 발생되기 쉽다. 따라서, ferrite band를 방지하기 위해서는 SR 처리 온도를 필요 이상으로 높이지 말고, 가열 시간도 길지 않도록 주의해야 한다.

(6) 내열강의 보수 용접 방법

half bead법이라 불리며, 주로 내열강에서 PWHT를 생략하기 위한 엄격한 방법으로서, 건조시킨 저수소계 용접봉을 이용하고 예열 및 층간 온도를 유지시킨 다음 초층(1 pass)은 buttering으로 하고, 이 bead를 1/2 정도 제거하고 나서 본 용접을 실시한다. 1/2 제거의 목적은 초층(1 pass)에 의한 모재 열영향부(HAZ)의 경화 조직을 다음 pass에서 tempering 하여 연화 조직으로 하기 위함이다. 또한, 표면에는 temper bead를 실시하고 다시 제거한다. 그리고 직후 열처리도 추천되며, 비파괴시험을 엄격히 실시해야 한다. 다음은 ASME sec. Ⅲ NB − 4622의 내용이다.

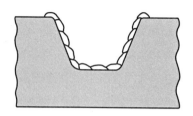

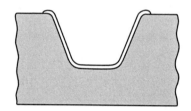

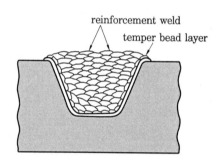

reinforcement weld
temper bead layer

- step 1 : Butter cavity with one layer of weld metal using 3/32in. diameter coated electrode.

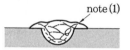

note (1)

note : (1) Apply temper bead reinforcement weld metal to a lavel above the surface and than remove it substantiality flush to the surface as required by NB-4622.9(c)(5).
FIG.NB-4622.9(c)(5)-2 temper bead reinforce- ment

- step 2 : Remove the weld bead crown of the first layer of grinding.

- step 3 : The second layer shall be deposited with a 1/8in. diameter electrode. Subsequent layers shall be deposited with welding electrodes no larger than 5/32in. maximum diameter. Bead deposition shall be performed in a manner as shown. Particular care shall be taken in the application of the temper bead reinforcement weld at the tie-in points as well as its removal to ensure that the heat affected zone of the base metal and the deposited weld metal is tempered and the resulting surface is substantially flush.

temper bead weld repair and weld temper bead reinforcement

4-6 ⟪ 클래드강

(1) 정 의

KS D 0234에 의하면 클래드는 "어떤 금속을 다른 금속의 전체 면에 걸쳐 피복하고, 또한 그 경계면이 금속 조직적으로 접합되어있는 것"으로 정의하고 있다. 클래드 강은 "강재를 모재로 한 클래드"로 정의할 수 있다. 참고로 일본의 경우 클래드재란 "두 개 이상의 금속재료 표면을 금속학적으로 접합시켜 일체화시킨 적층형 복합재료를 말한다."고 정의하고 있다. 클래딩은 소재 성능을 극대화하기 위해서 이종 소재를 조합해서 사용하는 소재 이용 기술의 일종으로서 소재에 새로운 기능, 보다 향상된 성능을 부여할 수 있다.

(2) 종류 및 용도

클래드강은 사용 목적에 따라 탄소강에 스테인리스강 또는 비철 합금 등을 클래드한 여러 종류의 조합이 존재하며, 그 용도도 매우 다양하다. 현재 클래드 소재 중 절반 이상을 차지하고 있는 것은 스테인리스 클래드강으로 용도에 따라 여러 목적으로 사용되고 있다.

클래드강의 종류와 용도

순 번	종 류	용도 예
1	스테인리스 클래드강	석유정제, 화학 플랜트, 압력 용기, 화학 용기 및 장치, 수문, 해수 담수화 장치, 소재
2	구리 및 구리합금	해수 담수화 장치, 열교환기, 해양 구조물의 부재, 식품 공업
3	니켈 및 니켈합금	소다 전해 공업, sour 가스 정제 기기, 제염 설비, 석유 정제 플랜트
4	티타늄	유기산 반응 용기, 제지 표백, 수 처리
5	고탄소강	농기계, 칼
6	알루미늄과 그 합금	주방 용기, 자동차 부품, 화장품 용기
7	스테인리스+비철	주방 기기
8	세라믹스	원자력 관련 장치, 롤러
9	고분자 수지 계열	자동차

(3) 제조 방법

클래드강은 압연, 폭발 접합, 확산, 오버레이 용접과 같은 단일 공정에 의해서 제조되기도 하고, 이들을 조합하는 복합 공정에 의해 제조되기도 한다.

① **압연법** : 압연법은 가장 일반적이며, 대량생산이 가능한 방법이다. 먼저 클래드재를 겹쳐서 테두리 용접한 후 압연하여 두 소재를 접합한다. 여기서 일반적으로 2매의 클래드재 사이에 박리재를 넣고, 클래드재 바깥쪽에 탄소강을 위치시킨다. 판재의 전처리로서 접합면에 유해한 표면의 스케일, 기름 등을 제거하기 위하여 피접합면을 연마하고, 계면을 Ni로 코팅하거나 Ni 박막을 피접합면 사이에 삽입한다. 압연 시의 중요한 공정인자는 압연 속도, 온도, 압력, 압하율 등이며, 두 재료의 성질도 접합성에 영향을 미친다.

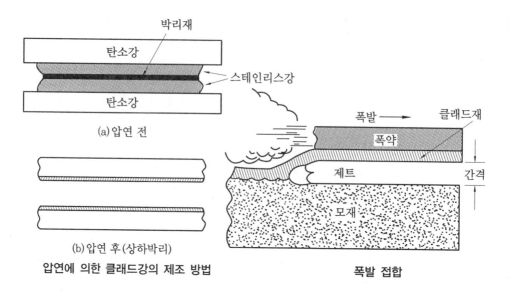

(a)압연 전

박리재

탄소강

스테인리스강

탄소강

(b)압연 후(상하박리)

압연에 의한 클래드강의 제조 방법

폭발 → 클래드재

폭약

제트

간격

모재

폭발 접합

② **폭발 접합** : 이 방법은 폭약이 폭발할 때 발생하는 높은 압력을 이용하여 접합하는 것으로, 압연법이 통상 고온에서 실시되는 데 비해서 상온에서 접합이 이루어지며, 원자 간 접합과 기계적 접합이 혼합된 형태의 접합법이다. 위의 그림에서와 같이 폭발은 방향성을 가지고 한쪽에서부터 시작하며, 폭발과 함께 폭발이 일어난 위치에서 클래드재와 모재가 충돌하면서 접합이 일어난다. 이와 동시에 앞쪽의 클래드재와 모재 사이의 공간에 있는 공기를 밀어내며, 이 공기압이 피접합재의 표면을 청정화하는 역할을 한다. 접합면은 파도와 같은 형상을 나타내며, 접합재의 용융은 거의 일어나지 않는다. 이 방법은 이종 재료의 접합에 적합하며, 비교적 넓은 면적을 접합할 수 있다. 피접합재를 가열하였을 경우, 계면에 금속간화합물과 같은 취성이 큰 제2상이 형성되는 Ti 또는 Al과 탄소강과 같은 재료들의 접합과 Al과 탄소강 또는 stainless강과 같이 강도와 융점의 차이가 큰 재료의 접합에 이 방법이 자주 이용된다. 이 방법 역시 거의 모든 종류의 클래드강의 제조에 이용된다. 단점으로는 소음이 심하고, 폭약의 양 때문에 제조되는 판재의 폭에 제한이 있으며, 매우 두꺼운 모재가 이용되어야 한다는 것 등을 들 수 있다.

③ **오버레이 용접** : 오버레이 용접법은 주로 저합금강에 클래드재를 용접하여 클래드강을 제조하는 방법으로, 적용 가능한 용접법으로는 GMAW, 고온 와이어를 사용한 GTAW, plasma 용접, ESW 등 다양한 방법이 이용되고 있다. 이들 중 가능하면 모재의 희석이 적으며 오버레이한 표면이 깨끗하고 용착 능률이 높은 용접 방법이 선정되어야 한다.

④ **확산 접합법** : 이 접합법은 원자 간 확산을 이용하여 접합하는 방법으로 모재와 클래드재를 밀착시켜 융점 이하의 적정한 온도에서 소성변형이 일어나지 않을 정도의 압력을 부가하여 피접합재를 접합시키는 방법이다. 통상 접합은 피접합재의 산화를

방지하기 위하여 진공 또는 불활성 분위기에서 실시한다. 이 방법은 형상이 매우 복잡하거나, 용접에 의한 변형이 문제시되는 경우에 유리하지만, 진공 또는 불활성 분위기에서 접합해야 하기 때문에 접합재의 크기에 제한을 받는다.

⑤ **기타** : 상기한 방법들 이외에도 금속과 수지처럼 피접합체 간의 융점 차이가 매우 큰 경우, 상온에서 냉간압연에 의하여 클래드재를 제조하거나 주조에 의해서 클래드재를 제조한 후 압연하여 마무리하는 경우도 있다.

(4) 클래드강의 용접 순서

클래드강의 용접 시에는 통상 모재 측부터 먼저 용접을 시작하며, 모재 측 용접 시 용접열에 의하여 클래드재 측이 잘못 용접되거나 클래드 계면이 손상될 우려가 있는 경우에는 groove 가공면보다 4~5 mm 넓게 클래드재를 더 제거하는 groove를 이용한다. 다음 그림은 클래드강의 용접 순서를 나타낸 것으로, 먼저 모재 측을 용접한 후 클래드 측을 용접한다. 모재를 용접한 후 클래드재 측을 용접할 때에는 모재 측의 용접된 부분을 가우징 또는 grinding 하여 제거한 다음 연마하여 클래드재용 용접 재료로 용접을 실시한다. 이때 첫 번째 층은 모재에 의한 희석을 고려하여 클래드재보다 합금 성분의 함량이 높은 재료를 이용하며, 두 번째 층부터는 클래드재에 상응하는 용접 재료를 사용한다. 스테인리스 클래드강의 경우, 용접부의 화학 성분이 shaeffler도에서 고온 및 저온 균열이 발생하지 않는 영역에 위치할 수 있도록 용접 재료를 선정하는 것이 매우 중요하다.

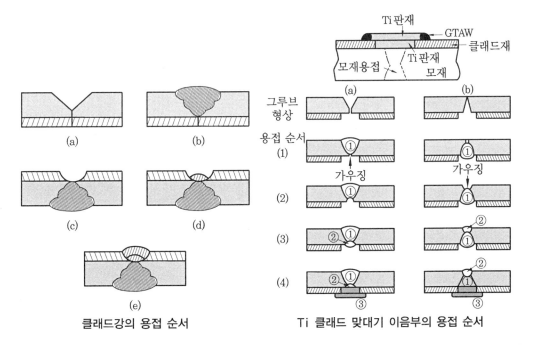

클래드강의 용접 순서

Ti 클래드 맞대기 이음부의 용접 순서

(5) 희석률(dilution)

다음 그림에서와 같이 희석률 $P = \dfrac{B}{(A+B)} \times 100\%$로 나타내는데, 여기서 A는 용접 중 첨가된 용가재의 양이며, B는 용융된 모재의 양을 나타낸다. $A+B$는 용접 비드의 단면을 나타내는데 희석률을 감소시키기 위해서는 B의 증가 없이 A를 증가시키고, A를 감소시키지 말고 B를 감소시킨다. 가장 좋은 방법은 B를 감소시키면서 A를 증가시키는 것이다. 만약 희석률이 50%라면 A와 B의 면적이 같은 경우이다.

$$\text{희석률(dilution)} = \frac{B}{A+B} \times 100\%$$

여기서, A : 첨가된 금속, B : 용융된 금속

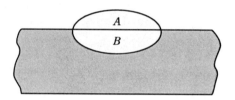

용착금속의 조정

(6) 희석률에 영향을 주는 변수

클래딩의 용착층은 모재와 용접봉의 혼합물이기 때문에 어려움이 따른다. 희석률이 높아지면 용착부 및 주위에 용접 결함이 발생하기 쉬우므로 가능하면 희석률(dilution)을 감소시키는 것이 좋다. 다음은 희석률을 감소시키는 방법들이다.

① **전류 감소** : 용접 입열이 감소하면 용입도 감소되므로 면적 B가 감소하며, 용착 속도도 감소한다. 즉, 전류를 감소시키면 용접 입열의 감소로 인해 희석률이 감소한다.

② **전압 감소** : 용접 입열은 전류와 전압에 비례하므로 전류가 일정할 때 전압의 변화에 정비례해서 증가한다. 전류와 wire 송급 속도는 직접적인 관계가 있으므로 전압이 변하고 전류가 일정하면 A로 표시되는 첨가된 금속의 양은 일정한데, 입열량이 증가하여 결과적으로 모재의 녹는 양이 많아져서 희석률이 증가한다. 반대로 용접 전압이 감소하면 희석률도 감소한다.

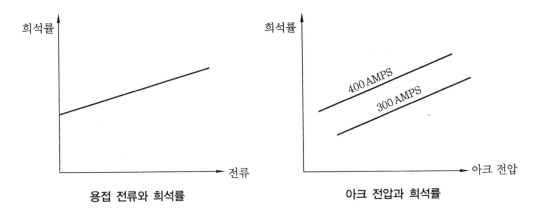

용접 전류와 희석률   아크 전압과 희석률

③ **직류정극성의 사용** : SAW에서 두 금속을 결합할 때는 어느 정도의 용입이 필요하므로 역극성을 많이 사용한다. 그러나 정극성(DCSP)으로 하면 용입이 얕으므로 표면 클래딩에는 매우 효과적이다.

④ **와이어 돌출 길이를 길게 함(용융 속도 증가)** : wire 돌출 길이를 길게 하면 보다 많은 에너지가 wire를 예열하는 데 소모되어 결과적으로 wire 용융 속도가 증가한다. 이렇게 되면 용입의 증가 없이도 A 면적이 증가하는 결과를 가져온다. 실험에 의하면 wire 용착 속도는 와이어 돌출 길이의 자승에 비례한다.

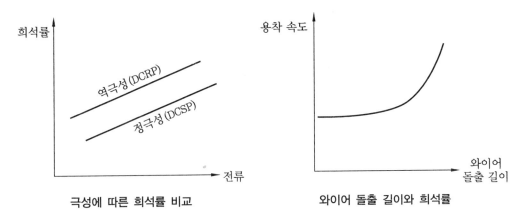

극성에 따른 희석률 비교   와이어 돌출 길이와 희석률

⑤ **기타** : 토치의 각도가 진행각 45° 이하의 전진법일 때 가장 효과적이며, 기타 모재의 예열 온도, 플럭스의 종류(용융, 소결)와 조성, SAW 플럭스의 메시 사이즈 등과 같은 요소들도 용입과 희석률에 영향을 주는 것으로 알려져 있다. 이상과 같은 여러 가지 요소들의 복합적인 상관관계를 연구하여 원하는 최적의 희석률을 얻을 수 있다. 그러나 이론적으로는 비록 1~2 %의 희석률을 얻을 수 있으나, 클래딩 결합의 신뢰도에 문제가 있으므로 최소한 희석률이 10 % 이상은 되어야 하며, 10~15 %가 일반적으로 좋은 상태이다.

(7) 용가재의 선택

희석률이 결정되면 규정된 용착층을 만들기 위하여 용가재를 선택해야 한다. 이때 schaeffler diagram을 이용하면 용가재를 결정하는 데 매우 편리하다. 실제로는 용접 중 원소의 연소 또는 석출도 고려해야 한다. schaeffler diagram은 상태도로서 수직 축은 니켈 당량(오스테나이트화 원소의 무게 합)을 나타내고, 수평축은 크롬 당량(페라이트화 원소의 무게 합)을 표시한다. 다음 그림의 좌측 사각형 A는 모재를 나타내며, 원하는 cladding, 즉 용착층은 사각형 B로 표시하고 있다. 따라서, 용가재는 사각형 B의 우측 사각형 A와 B의 연장선상에 존재할 것이며, 여기서 사각형은 성분의 범위를 나타낸다. 용가재 성분의 사각형 범위를 구하기 위해서는 우선 사각형의 모서리를 구하면 된다. 예를 들어, 용가재의 최소 크롬 당량은 용착층의 최소 크롬 당량으로부터 다음과 같이 구할 수 있다. 이때 희석률을 35 %로 가정하면,

$$용가재\ 최소\ 크롬\ 당량 = \frac{용착층의\ 최소\ 크롬\ 당량}{100 - 희석률(\%)} \times 100\,\%$$

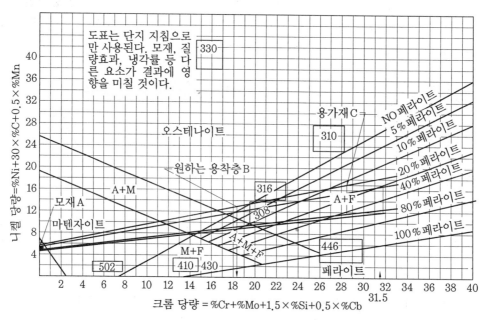

schaeffler diagram을 이용한 용가재의 선택 방법

상기 그림에서 용착층의 최소 크롬 당량은 18.5 %이므로

$$용가재\ 최소\ 크롬\ 당량 = \frac{18.5}{100 - 35} \times 100 = 28.5\,\%$$

사각형의 한 점을 구하였으므로 다른 세 점은 이 점에서 수직 상향과 수평 우측으로

선을 그려서 사각형 A와 B의 연장선과 만나는 점을 구하면 사각형 C를 구할 수 있다. 이렇게 하면 용가재는 대략 30 %의 크롬 당량과 15 %의 니켈 당량을 가진 것으로 사용 하면 요구하는 용착층, 즉 cladding을 얻을 수 있다. 여기에서 주의할 점은 모재와 용 가재를 사용하여 cladding 시 용착층의 위치로 용접 결함이 예측되는 구역을 피하도록 선정해야 한다는 점이다. 즉, 400℃ 이하에서의 martensite 균열, 475℃ 취화, σ상 석 출 취화, 1150℃에서의 조립화와 상온 취화, 1250℃ 이상에서의 austenite 고온 균열 등의 영역이 아닌 안정역 범위에 용착층이 놓이도록 해야 한다.

(8) 스테인리스 클래드강의 문제점

탄소강과 스테인리스강 클래드재의 경우에는 사용한 용접 재료의 조성을 알면 schaeffler 또는 delong도에 의하여 최종 조직을 유추할 수 있다. 용접부의 희석률은 용접 시 용입률에 의하여 결정되며, 이종 금속 용접 시 용접 비드의 단면 형상으로부 터 용입률은 앞에서 설명한 바와 같다. 여기서는 탄소강을 오스테나이트계 용접 재료 로 용접한 경우의 문제점 및 대책을 위주로 설명하고자 한다.

① **탄소의 이동(탄소강에서 스테인리스 측으로 이동)** : 이종 금속의 용접에서 가장 중요한 문제 로, 탄소의 이동은 두 소재의 탄소 농도 및 활성도의 차이에 기인하며, 미세 균열을 발 생시키고 크리프 파단의 원인이 된다. 즉, 탄소강 측에서는 탈탄층이, 스테인리스강에 서는 침탄층(경화부)이 형성되어 기계적 성질이 열화하는 것이다. 오스테나이트계 스 테인리스강은 클래드 용접 및 후열처리 시 427~870℃에서는 탄소원자가 입계에 쉽게 확산하여 크롬 탄화물을 형성(예민화)하여 내식성이 저하되는 현상이 발생하기 쉽다. 이를 방지하기 위해서는 모재 측에 Cr보다 탄화물 형성 경향이 강한 Nb, Ti 등의 합 금원소를 첨가하여 탄소의 이동을 어렵게 하거나(안정화처리 강재 : 321, 347), 이들 원소가 함유된 용접 재료를 사용하여 버터링 한 후 용접하는 방법이 있다. 304 L 또는 308 L과 같이 탄소 함량을 최대 0.03 %로 규제하여 탄화물 형성을 방지하며, 모재 측 의 수소를 방출하기 위하여 열처리를 하는 경우에는 예민화 온도(427~870℃) 이하로 열처리하는 것이 바람직하다. 또한, 압연에 의한 클래드재의 제조 시에는 탄소의 이동 을 막기 위해 Ni 박막을 삽입하기도 한다.

② **Cr, Ni 등 합금원소의 이동(스테인리스강에서 탄소강으로 이동)** : 합금원소의 이동은 인성 저하 및 내식성의 저하 등의 문제를 야기시키는데, 이는 희석률에 의하여 결정된다. 따라서, shaeffler도를 이용하여 희석을 고려한 용접 재료의 선정이 중요하다. 특 히, 이상계 스테인리스 클래드강에서는 용접 금속의 상비율(페라이트 : 오스테나이 트)이 기계적 성질에 절대적인 영향을 미치기 때문에 이를 조절할 수 있는 용접 재 료 및 방법, 조건의 선정이 중요하다.

③ 두 소재의 열팽창계수에 의한 열응력 : 열응력은 스테인리스강 용접 재료와 탄소강의 열팽
창계수 차이에 의하여 나타나는 것으로 용융선을 따라 발생하며, 이는 비드 밑 균열이
나 응력부식 균열의 원인이 된다. 오스테나이트계 클래드강을 열처리 시 잔류응력 분
포를 보면 모재 측에 압축응력이 부가되므로 균열 방지를 위해서는 클래드강 표면에
압축응력이 부가되도록 가공하고, 가능하면 열처리를 피하는 것이 바람직하다. 따라
서, 고온에서 장시간 사용되는 부위 또는 장시간 용접 후 열처리가 필요한 부위에서는
탄소강과 비슷한 열팽창계수를 갖고 있는 inconel계 용접봉을 사용하는 것이 좋다.

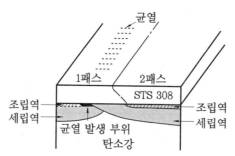

오버레이 용접 시 비드 밑 균열 발생 위치

④ 용융선 근처에서의 마텐자이트 조직 형성 : 탄소강과 스테인리스강을 스테인리스강용
용접봉으로 수동용접한 용접부의 경도 분포를 조사한 결과, 탄소강 측 용융선 근
처에서 370~400의 높은 경도 값을 나타내는 마텐자이트(martensite)가 형성된
영역이 나타난다. 이와 같은 마텐자이트는 용접 금속 중의 Ni 함량이 적을수록, 용
입률이 클수록 많이 생성되며, 용접한 그대로의 상태에서는 충격 인성이 낮고, 경
도가 높기 때문에 후열처리를 하지 않고 방치하면 저온 균열이 발생하기 쉽다. 용
융선 부근에서 마텐자이트의 생성을 억제하기 위해서는 적절한 용접 재료를 선택
하고, 용입률을 적게 할 필요가 있으며, 예열 또는 후열처리를 실시하는 것이 바람
직하다.

예제 **1. cladding 방법을 3가지 이상 들고, 설명하시오.**

해설 cladding 방법은 압연법, 폭발 접합법, 오버레이 용접, 확산 접합 등의 방법이 있으며,
4-6-(3)항 제조 방법에서 설명한 바와 같다.

예제 **2. cladding강의 용접 순서, 용접봉, 용접 방법을 설명하시오.**

해설 4-6-(4)항에서 설명한 내용을 숙지하고, 용접 이음 형상에 따른 용가재의 선택, 용접 방
법 및 용접 순서에 대하여 설명한다.

Chapter 05

스테인리스강

1. STS 304L와 STS 316L은 오스테나이트계 스테인리스강임에도 불구하고 응고 균열의 항성 차이가 있는데 이를 응고 모드에서 금속학적으로 설명하시오.

2. 두께가 6 mm로 동일한 SM490강과 STS347스테인리스강을 보호 가스 용접법(GMAW)으로 맞대기 용접할 때 적합한 이음부를 설계하고, 회석률을 고려하여 적정 용접와이어를 선정하고, 이 와이어를 사용하여 얻어지는 용접 금속의 조직을 쉐플러 선도(schaeffler diagram)를 이용하여 설명하시오.

3. 오스테나이트(austenite)계 스테인리스강에서 용접 후 내식성이 저하되는 경우와 취성이 증가하는 경우가 있다. 그 발생 원인 및 방지 대책을 설명하시오.

4. Cr계 Stainless강의 Fe-Cr계 2원 상태도를 그리고 상태도 내의 σ상이 존재하는 영역의 Cr 농도와 온도 범위를 표시하고, Cr계 stainless강에서 발생되는 475℃ 취성과 σ취성을 설명하시오.

5. 이상계(duplex) 스테인리스강 용접부에서 발생하는 공식(pitting corrosion)의 발생 이유와 방지 대책에 대하여 설명하시오.

6. 오스테나이트계 스테인리스강인 STS304에 발생하는 부식 형태를 3가지 열거하고 설명하시오.

7. 오스테나이트계 스테인리스강인 STS304와 용접 구조용강의 이종 금속을 맞대기 용접하는 경우, 용접 재료의 선택과 그 이유를 설명하고, 이때 주요 변수인 용접 전류, 아크 전압 및 용접 속도의 관리 기준을 제시하시오.

8. 페라이트계 스테인리스강인 STS430의 아크용접부에서 인성이 저하하는 이유와 방지 대책을 설명하시오.

9. 오스테나이트계 스테인레스강(austenitic stainless steel)의 용접 특성에 대하여 설명하시오.

10. 스테인리스강의 조직에 따른 대표적인 화학조성과 특성을 설명하시오.

11. 오스테나이트계 스테인리스(austenitic stainless steel)강에서 페라이트(ferrite) 함량 측정 목적과 일반적으로 사용되는 측정 방법 3가지를 설명하시오.

12. 스테인리스강(STS-316)이 클래드 되어있고, 인장강도는 490 MPa급 탄소강 재를 맞대기 용접할 때 용접 방향(루트 용접부가 탄소강인 경우와 클래드 강인 경우)에 따른 용접 방법의 차이를 제시하고, 그 이유를 설명하시오.

13. 입계부식(intergranular corrosion)을 설명하시오.

14. 틈새부식(crevice corrosion)을 설명하시오.

15. 18Cr-8Ni 스테인리스 용접 시 층간 온도를 제한하는 이유에 대해 설명하시오.

16. 스테인리스강 용착금속의 schaeffler 조직도에서 austenite, martensite, ferrite, austenite + ferrite 구역의 야금학적 문제점을 설명하시오.

17. 오스테나이트계(austenite) 용접 금속에는 언더비드(under bead) 균열이 잘 발생하지 않는데 그 이유를 설명하시오.

18. 스테인레스강 용접에 있어서 weld decay와 knife line attack은 무엇이고, 이들은 서로 어떻게 다르며, 또 방지 방안에 대하여 설명하시오.

19. 오스테나이트 스테인리스강 용착금속에는 페라이트(ferrite) 함량이 규제되는데 (1) 그 이유, (2) 적정 함량, (3) 함량 과다 시의 문제점을 설명하시오.

20. 오스테나이트 스테인리스강은 연강과 물리적 특성이 다르다. (1) 차이점 4가지를 들고, (2) 용접 시 유의할 점과 (3) 저항용접 시 고려 사항을 설명하시오.

21. 스테인리스 321강재와 SM490B 강재를 맞대기 용접할 때 용접 재료를 선택하는 방법을 간략히 설명하시오.

22. 오스테나이트 스테인리스강의 용접 시공 시 아연 오염에 대한 다음 사항을 설명하시오.

    가. 아연 침입 시 문제점   나. 아연 오염 방지 대책
    다. 아연의 검출 방법 및 판정   라. 아연 오염 제거 방법

23. SMAW에서 스테인리스강의 마텐자이트(martensite)계, 페라이트(ferrite)계, 오스테나이트(austenite)계 및 이종재의 예열, 패스 온도(interpass temperature) 및 용접 후 열처리(PWHT)에 대하여 각각 설명하시오.

24. 동종재의 페라이트 스테인리스강 용접에서 예열 온도가 높을 경우 나타나는 현상과 용접 시 적절한 예열 온도 범위를 제시하시오. 그리고 모재 두께와 구속도에 따른 예열 온도와의 관계에 대하여 설명하시오.

5. 스테인리스강

5-1 스테인리스강의 분류

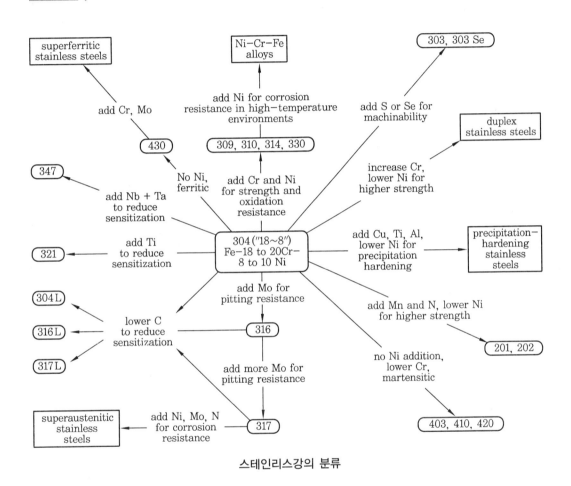

스테인리스강의 분류

(1) 스테인리스강의 정의

스테인리스(SS)는 철(Fe)에 상당량의 Cr(보통 12 % 이상)을 넣어서 녹이 잘 슬지 않도록 만들어진 강으로, 여기에다 필요에 따라 C(탄소), Ni(니켈), Si(규소), Mn(망간), 몰리브덴(Mo) 등을 소량씩 포함하고 있는 복잡한 성분을 가지고 있는 합금강을 말한다(12 % 이상 Cr을 함유하고 50 % 이상 Fe인 고합금강).

스테인리스강은 그 금속 조직 및 특성에 따라 마텐자이트계(MSS), 페라이트계(FSS), 오스테나이트계(ASS), 석출경화형(PHSS), 오스테나이트-페라이트계(2相)(DSS) 등 총 5가지로 대별된다. 스테인리스강의 종류 기호는 대부분의 국가에서 AISI의 분류 번호에 준하여 3자리 숫자로 표시하고 있으나 최근에는 4자리도 규격화되고 있다.

스테인리스강의 표기법

규 격	약 어	풀 이	실 례
일본(JIS) 규격	SUS	steel use stainless	SUS 304
한국(KS) 규격	STS	steel type stainless	STS 304
국제 규격	Type xxx SS	Type XXX Stainless Steel	(Type) 304 SS

(2) 대표적인 강종 및 특성

stainless강은 화학 성분에 따라 크게 Cr계와 Cr-Ni계 SS로 분류되며, austenite계 stainless가 산업계에 널리 사용된다.

조직 분류		대표 강종	기본 조성	기본 특성
Cr계	martensitic	410 SS	13Cr	• 지성이 있고 녹이 발생 • 충격에 약하고 연신이 작음 • 뛰어난 강도와 내마모성 • 열처리에 의해 경화 • valve의 disk나 seat ring 재료로 사용되고, 반드시 예열 필요
	ferritic	430 SS	18Cr	• 고크롬강으로 자경성이 거의 없음 • 부식에 강함 • 충격에 약하고 연신이 작음 • 용접 구조물로 사용이 제한됨 • 열처리에 의해 경화하지 않음
Cr-Ni계	austenitic	304 SS 316 SS	18Cr -8Ni	• 자성이 없고 뛰어난 내식성 • 충격에 강하고 연신이 큼 • 열처리에 의해 경화하지 않음 • Cr 탄화물이 형성되는 예민화 영역에서 사용 제한
	precipitation	631 SS	16Cr -7Ni	• 자성이 없고 양호한 내식성 • 열처리 후 높은 강도/경도를 가짐
	duplex	SFA2205 SFA2507	18~30Cr -4~6Ni -2~3Mo	• austenite SS의 단점을 보완 : ferrite 기지 위에 austenite가 50% 공존한 조직 • ferrite보다 양호한 인성과 austenite보다 월등한 기계적 강도 • 열팽창계수가 적고 열전도 높음 • 고온 및 저온 사용이 제한됨

① martensite계 스테인리스강 : 이것은 12~13 %의 Cr을 함유한 저탄소(C 0.08~0.15) 합금으로 공랭 자경성(空冷 自硬性)이 있고, 조질(調質)된 상태로 가장 양호한 내식성이 얻어진다. 410 SS와 410S SS로 대표되는 이 재질은 ferrite계 스테인리스강과 마찬가지로 고온에서 산화가 적으나, 가장 큰 차이점은 열처리에 의해 경화된다는 점이다. 높은 강도와 내마모성을 가지고 있어 valve의 disk나 seat ring의 본 재료로 사용되고, 반응기(reactor)의 strip lining이나 cladding 재료로 주로 사용된다. 용접에 의해 급열 급랭되면 martensite를 생성하여 균열을 일으키기 쉬우므로 용접 시에는 예열이 반드시 필요하고 후열은 모재의 두께와 사용되는 용접봉의 종류 및 예열 조건에 따라 결정된다. 용접성이 좋아 현업에서 자주 사용되는 410S SS는 410 SS에서 C을 0.08 % 이하로 규제하고, Ni이 최대 0.60 %로 제한된 강종으로 용접성이 좋지 않은 다른 martensite계 스테인리스강의 단점을 보완한 소재이다.

> **참고** ○ **마텐자이트계 스테인리스강의 용접 시 유의 사항**
>
> 1. 200~400℃의 예열과 아울러 층간 온도를 유지한다.
> 2. 용접 직후 냉각되기 전에 700~800℃로 가열 유지한 후에 공랭한다.
> 3. 용접봉으로 알루미늄이 소량 첨가된 비자경성의 12Cr강을 쓴다.
> 4. 후열처리가 불가능한 경우 18 %Cr-12 %Ni-Mo의 Mo을 함유한 고급 스테인리스강봉을 쓴다.

② ferrite계 스테인리스강 : Cr을 16 % 이상 함유한 고크롬강으로 페라이트 조직을 띠므로 자경성은 없다. 일반 부식에 강하고 고온에서의 산화가 적으며, S 부식과 H_2S 및 chloride 분위기에서의 저항성이 크고, 열처리에 의해 경화되지 않는 특성이 있다. 주로 쓰이는 것은 18 Cr강 및 25 Cr강이다. ferrite계 스테인리스강은 크롬(Cr)의 영향으로 천이온도(遷移溫度)가 연강보다 높으므로 구조물의 제조에 주의해야 하며, austenite계 스테인리스강에 비해 내식성, 내열성도 약간 떨어진다. 이것은 austenite 조직이 거의 없으므로 냉각 시에도 martensite 조직으로의 변태도 없으며 언제나 자성을 갖는다. 페라이트계 스테인리스강의 용접은 될수록 가는 용접봉을 사용하고, 저전류로 용접하여 입열을 억제하며, 용접 부분이 각 비드마다 예열 온도까지 냉각되도록 관리하여 열영향부의 조립화와 475℃ 취화를 방지해야 한다.

③ austenite계 스테인리스강 : stainless강 중에서 가장 내식성, 내열성이 우수하고, 천이온도가 낮으며, 강인한 성질을 가지고 있다. 대표적인 조성은 18 Cr-8 Ni로 보통 18-8 stainless강이라고 부른다. austenite계 스테인리스강은 상온(常溫)에서의 내력(耐力)은 22~25 kg/mm², 인장강도는 55~65 kg/mm², 연신율은 50~60 % 정도의 기계적 성질을 가지고 있으며, 비자성이다. 이 종류의 스테인리스강은 1100℃ 전후로 가열하여 용체화 처리(溶體化處理)를 실시하고 급랭하는 것이 가장 내식성

과 인성이 풍부하다.

스테인리스강에 Ni를 첨가하면

㈎ 내식성이 좋아지고,

㈏ 충격값이 높아지며 내피로성이 강해지고,

㈐ 연성이 좋아지며,

㈑ 열전도도가 낮아지고, 전기저항성이 높아진다.

④ **석출경화형(precipitation) 스테인리스강** : 오스테나이트 스테인리스(austenite stainless)강은 열처리로 인하여 경화되지 않으며 강도가 낮다는 단점이 있지만, 내식성이 우수하며 제조가 용이하다는 장점이 있다. martensite stainless강은 열처리에 의하여 강도는 높일 수 있지만 제조상에 어려움이 따르며 내식성이 나쁜 단점이 있다. 따라서, 이들의 단점을 극복하기 위하여 개발된 강이 석출경화형 stainless강이며, 다음의 3종류가 개발되어 사용되고 있다.

㈎ 종류

㉮ 마텐자이트계 석출경화형 스테인리스강 : 저탄소 martensite강을 quenching한 후 시효에 의하여 Cu, Al, Ti, Mo, Nb 등의 금속간화합물을 석출시켜 강도를 향상시킨 것이다.

㉯ 준 오스테나이트계 석출경화형 스테인리스강 : 고용화 처리 상태에서는 가공성이 좋은 austenite상이며, 가공 후 심랭처리 또는 700℃ 부근에서 열처리에 의해 martensite를 생성시킨 후, 이 martensite의 시효에 의하여 생성되는 NiAl에 의하여 강도를 높인 강이다.

㉰ 오스테나이트계 석출경화형 스테인리스강 : Cu상과 금속간화합물의 석출경화가 이용된다.

㈏ 특성

㉮ 석출경화형 스테인리스강은 마텐자이트(martensite)와 유사한 강도를 가지며, 내식성은 오스테나이트 스테인리스(austenite stainless, 304 SUS)강과 유사하다.

㉯ 마텐자이트계와 준 오스테나이트계에서는 석출상이 기지 금속에 연속적으로 결합되어있으나, 아직 석출이 일어나지 않았기 때문에 광학현미경으로는 관찰되지 않는다. 이 단계를 석출 전 단계라고 하고 강도가 가장 높은 단계이다. 이는 시간이 지남에 따라 과시효에 의해 강도가 저하된다.

㈐ 용접성(weldability)

㉮ 쉽게 용접할 수 있고, 기계적 성질이 양호하지만, 열영향부(HAZ) 및 용착금속의 성질이 모재와 상이하기 때문에 주의해야 한다.

  ㉯ Cu 혹은 Mo을 함유한 석출경화계는 오스테나이트계의 특성과 비슷하지만, Al 또는 Ti으로 안정화시킨 석출경화계는 상당히 다른 용융지 거동을 보이며, 용접 시 분위기를 잘 보호하지 않으면 많은 문제점을 유발시킨다.

 ㉑ 적용 : 주로 항공기와 미사일 재료 등에 사용된다.

⑤ **이상계(duplex) 스테인리스강** : duplex stainless steel은 기존의 오스테나이트계 스테인리스강에 크롬의 함량을 더 높이고 약간의 Mo를 추가한 강종으로 보통 25 % 정도의 크롬에 2~3 % Mo을 포함하는 강종이다. 대표적인 재질로는 SAF 2205(UNS No. : S31083), SAF 2507(UNS No. : S32750)이 있다.

 ㈎ 개발 과정

  ㉮ 최초 단계 : 페라이트량이 75~80 %을 차지하고 있어 용접성 및 입계부식에 대한 저항성이 그다지 우수한 편은 못 되었다(Ansi 329 : $0.08C-26Cr-4.15Ni-1.5Mo$).

  ㉯ 1960년대 : Cr과 Ni 함량을 조절하여 페라이트 대 오스테나이트의 조성비를 50 : 50으로 유지함으로써 용접성과 입계부식에 대한 저항성은 개선되었으나, 용접 시 HAZ에서 ferrite량이 급격히 증가하여 기계적 성질 및 내식성을 약화시키는 단점이 발견되었다.

  ㉰ 1970~1980년대(3세대) : N 함유 이상계 스테인리스강(고N 이상계 스테인리스강)이 개발되었는데, N의 역할은 용접 후 급랭되는 동안 ferrite가 austenite로 신속히 변태할 수 있도록 해준다. Cr 함량이 높고 Mo, N을 함유한 이상계 스테인리스강은 내해수성과 내공식성이 우수하고, 용접성과 가공성이 양호하다. 그러나 이상계 스테인리스강의 용접 열영향부(HAZ)에 형성되는 $\delta-ferrite$는 저온 균열이 발생하는 원인이 되기 때문에, 강력한 침입형 austenite 안정화 원소인 N을 첨가시켜 HAZ에서 형성되는 $\delta-ferrite$를 방지할 수 있다. 이상계 stainless강에서는 N의 유해 작용이 austenite상에 의해 방지되고 오히려 austenite를 효과적으로 안정시켜 인성의 향상을 돕고 있으며, ferrite 기지에 잔존하는 austenite와 결합하여 탄질화물을 형성하여 Cr 탄화물에 의한 인성 및 내식성의 저하를 방지한다.

 ㈏ DSS 재료의 특성 및 용접성

  ㉮ 높은 입열량과 서랭은 페라이트 결정립 성장 및 탄화물의 석출을 조장하여 취성 증가 및 내식성 저하의 부작용을 초래할 수 있으므로 이들 두 인자의 균형 있는 제어가 요구된다. 따라서 층간 온도와 용접 속도 조절이 매우 중요한 인자이다.

④ 용접 시 입열이 부적절하면 dual phase의 상분율(狀分率)이 깨지므로 통상 0.5~1.5 kJ/mm 정도 니켈 함량이 많은 재료를 선정하고, 지나친 급랭이나 서랭이 되지 않도록 한다. 용접 시 800~1000℃ 범위에서 장시간 유지되면 해로운 secondary phase가 생겨서 기계적 성질 및 내식성의 저하를 가져오므로 피해야 한다.

④ 용접봉은 모재보다 2~3 % 정도 니켈 함량이 많은 재료를 선정하고, 지나친 급랭이나 서랭이 되지 않도록 한다. 용접 시 800~1000℃ 범위에서 장시간 유지되면 해로운 secondary phase가 생겨서 기계적 성질 및 내식성의 저하를 가져오므로 피해야 한다.

④ 용접부에 대한 충격시험(impact test)을 요구하는 경우가 많으며, 별도의 비파괴검사(NDT)를 실시하지 않고 용접부의 건전성을 평가하는 가장 손쉬운 방법은 경도(hardness) 측정과 페라이트 함량 측정이다. 페라이트 함량을 측정하고 경도(hardness)를 측정하면 대략적인 용접부의 건전성을 평가할 수 있다.

④ 페라이트 함량 37~52 % 정도에서 통상적인 경도는 브리넬(brinell)경도로 238~265 정도가 나오면 적정선이다. 이 경도 값에 관해서는 사전에 기준치를 정하는 협의가 필요하다.

④ ferrite 조직이 존재함으로 인해 오스테나이트계 스테인리스강보다 우수한 mechanical strength(약 2배)를 가지고 있으며, 기계 가공 및 성형이 어렵다.

④ 오스테나이트계 스테인리스강보다 열팽창계수가 낮고 열전도도는 높아서 열교환기의 tube 재질 등으로 적합하다.

④ 모재의 성질은 우수한 반면, duplex계 stainless강의 용접부는 인성, 내식성 및 SCC 특성 등이 저하할 우려가 있다.

④ 페라이트량이 증가할수록 인성이 저하되고, 개재물의 존재 여부 및 그 양에 따라 인성에 영향을 준다.

(다) 적용 : 주로 해수를 냉각수로 사용하는 복수기용 관, 석유정제, 열교환기 및 각종 화학공업 장치 등에 사용되고 있다. duplex stainless강은 종래 유럽 등에서 생산되었으나, 최근(1998년도) 국내 POSCO에서도 duplex stainless강의 개발에 성공하였다.

5-2 스테인리스강의 특성

(1) 야금 특성

① **열처리와 기계적 성질** : 오스테나이트 스테인리스(ASS)는 열처리에 의해 기계적 성질의 변화를 기대하기는 어렵다. 따라서 거의 화학조성에 의존한다. 그러나 그 외의 스테인리스강은 열처리의 방법에 따라 기계적 성질의 변화가 크게 변한다.

② **grain size의 영향** : 금속 조직의 입자 크기(grain size) 효과는 재료의 기계적 성질에 큰 영향을 미친다. ASS와 같은 오스테나이트 구조는 slip system이 적어 저온 충격 흡수 에너지가 FSS, MSS, DSS 등에 비해 극히 높다. 이에 따라 탄소강과는 달리 저온 충격치 향상을 위해 일반적으로 별도 입자 미세화를 추가하지는 않는다. 그러나 고온에서는 입자의 조절이 절대적으로 요구된다. 저온 특성(입간 균열 전파)과는 반대로 고온에서의 파괴 mode는 강종에 무관하게 입계 균열 전파를 나타내게 된다. 즉, 입자가 미세하면 그만큼 입계가 많아져 균열 파괴의 전파가 용이하게 된다. 따라서 고온에서는 입자를 크게(coarse) 만들면 고온 creep 강도를 향상시키게 된다. 304 H, 316 H 등은 조성(C : 0.4~1.0 %)과 열처리(온도를 보다 상향 조정)를 통해 입자를 조대하게 만든 강종이다.

③ **응력 유기 마텐자이트** : ASS는 Ms(마텐자이트 개시 온도)가 낮아 상온 및 저온에서도 고온과 같은 안정한 오스테나이트 조직을 갖게 된다. 그러나 냉간가공 등 외부의 탄성에너지가 부가되면 부분적으로 마텐자이트 조직이 생성되어 연성을 잃고 경화되며 자성을 띠게 된다. 이렇게 외부응력에 기인하여 오스테나이트가 마텐자이트로 변태되는 현상을 응력 유기 마텐자이트라고 한다.

④ **ferrite 양과 기계적 성질** : 상용되는 ASS는 조성의 특성 ferrite 조직에 근접한 오스테나이트 조직을 갖는 것이 많다. 많이 사용되는 304 SS나 316 SS 등의 완제품 소재에서 가끔 자성을 띠는 경우가 나타나는데 이것은 일부분 ferrite가 존재함을 의미한다. 이 경우 2~3 % 이내에서는 기계적 내식성에는 그다지 문제가 되지 않으나 그 이상이면 저온 충격치나 내식성이 떨어지게 된다. 그러나 SCC 저항성이나 고온 응고균열에 대한 저항성을 가진다.

⑤ **석출물과 비금속 개재물의 영향**

㈎ **석출물의 영향** : 스테인리스강의 다양한 석출상들은 각각 다른 TTT곡선을 가지고 있어, 시효 온도 구간에 따라 우세한 석출상이 다를 수 있다. 석출물상의 종류로는 sigma(σ)상, chi(χ)상, metallic carbides(M_7C_3 또는 $M_{23}C_6$), secondary austenite(γ_2) 등이 있다.

현 상		페라이트계 스테인리스강(FSS)	마텐자이트계 스테인리스강(MSS)	오스테나이트계 스테인리스강(ASS)
σ상 취성	원인	600~800℃로 가열하였을 때 입계에 Fe-Cr 화합물 석출	500~900℃로 가열했을 때 입계에 Fe-Cr 화합물 석출	거의 없음
	대책	800~850℃로 소둔하여 회복	950~1050℃로 가열 후 급랭 (고용화 열처리)으로 회복	
475℃ 취성	원인	400~540℃로 적당 시간 가열하였을 때 강도, 경도 증가, 연신, 충격치, 내식성 감소	거의 없음	거의 없음
	대책	700~900℃로 가열 후 급랭으로 회복/예열은 150℃ 이하로 유지		

(나) 비금속 개재물 : 강재 중의 비금속 개재물(특히 스트링거상)은 냉간가공 때에 가끔 흠집 혹은 균열로서 진전한다. spinning 가공에서는 재료에 커다란 반복응력이 작용하므로 특히 재료 면에서의 검토가 중요하다. ASS의 경우 비금속 개재물로서는 MnS를 주체로 하는 화합물이 가장 많다. 그 양의 다소가 원만한 가공성에 큰 영향을 미치는데 노끈 모양의 스트링거라고 하는 개재물에 대해서는 특히 유의하여야 한다. 스트링거상 개재물이 소성유동 변형한 변질층 속에 노끈 모양 그대로 남아있을 때 이 부분에서 균열되기 쉽다. 이들 개재물은 될 수 있는 대로 적은 것을 사용함과 함께 구상화시키는 것이 바람직하다.

(2) 스테인리스강의 일반 특성

① 스테인리스강은 표면이 아름다우며 청결감이 좋아 안정된 분위기를 느끼게 하며 또한 그 표면처리 가공은 거울면 상태로부터 무광택, hair line, etching(부식에 의한), embossing(roll에 의한 무늬), 化學 착색 등 여러 모양의 표면 가공이 가능하다.

② 내식성이 우수하다. 보통강(mild steel)의 최대 결점인 부식되기 쉬운 점을 해결한 것으로 보통강에 비해 수백~수천 배 이상의 내식성이 있어 내식성을 필요로 하는 용도에 아주 적합한 재료로 이용되고 있다.

③ 내마모성이 높다(기계적 성질이 양호하다). 스테인리스강은 오랜 시간 옥외에서 사용해도 마모가 매우 적고, 또 인위적으로 마모를 일으키는 빌딩의 외측, door의 손잡이, 새시(sash) 등에 가장 적합한 재료이다.

④ 강도가 크다. 스테인리스강은 다른 금속에 비해 항장력(降張力)이 매우 크며 박판으로 가공할 수 있기 때문에 매우 경제적이다.

⑤ 저온 특성이 우수하다(오스테나이트 스테인리스강, ASS). 오스테나이트 스테인리스강의 연성 취성 천이온도는 최저 -269℃까지 유지될 수 있을 정도로 저온 특성이 우수하다. 그러나 마텐자이트나 페라이트계 스테인리스강은 일반 탄소강과 비슷한 저온 한계를 가진다.

⑥ 내화 및 내열성(고온강도)이 크다.

(3) 스테인리스강의 단점

① 475℃ embrittlement(취성)

(가) 개요 : FSS, DSS와 δ-ferrite를 함유하고 있는 austenite weld metal이 450~550℃ 분위기에 놓여있을 때 연성 감소, 충격값의 급격한 감소, 인장강도 및 경도의 증가로 취화하는 현상이다. Cr 함량이 증가할수록 두드러지며 Ti, Nb, Si, Al, P, Mo 등의 함량이 클수록 민감하다. 또한 냉간가공도가 클수록, 냉간가공도의 정도가 심할수록 민감하다. 이 취화는 Cr량이 증가할수록 민감해져 Cr 13%인 405 SS는 500시간에서도 취화되지 않으나 Cr 22%인 442 SS는 1시간 만에도 취화되며 Mo는 취화를 더욱 촉진시킨다.

(나) 원인 : 대개는 우수한 연성을 가지는 결정립이 미세한 고크롬 함유 FSS를 약 400~500℃에서 오랜 시간 유지시키면 발생하며 그 mechanism은 다음과 같다.

㉮ ferrite 조직이 Cr이 풍부한 α相(α'相)과 Fe가 풍부한 α相으로 편석되어 석출하기 때문이다. 즉, 온도 상승에 따라 취성이 큰 高Cr′ 상과 低Cr 상이 석출한다.

㉯ 침입형 불순물의 함량이 적으면 취화 현상은 지체된다. 즉, Cr-rich′ 상의 핵생성에 필요한 C, N 입자와 관련된다.

(다) 대책

㉮ 취화된 분위기를 약 600℃ 정도에서 단시간 열처리(annealing)하면 회복된다.

㉯ 장시간의 등온 열처리를 해야 나타나므로 일반적으로 FSS의 용접, 열처리를 방해하지는 않는다.

② σ상 embrittlement(취성)

(가) 개요와 원인 : ASS, FSS 등이 550~850℃의 범위에서 σ상이 석출하는 것으로서 toughness가 떨어지고 경도가 증가하는 취화를 보인다. 1040~1150℃에서 서랭하거나, 수랭 후 560~980℃로 열처리하는 경우 형성된다. 또한 260℃ 이하로 냉각된 경우는 toughness(인성)를 완전히 잃어버리므로 치명적이 될 수 있다.

(나) σ상의 특징 및 역할

㉮ 거의 FeCr의 조성을 갖는 금속간화합물

ⓝ notch sensitivity의 증가

ⓓ 경도와 인장강도에는 큰 영향을 주지 않는다.

ⓡ impact strength의 감소(특히, 고온)

ⓜ 고온에서는 strengthening effect(강도 증가 효과)를 가진다. 따라서 고온
에서의 내충격 저항을 요구하지 않는다면 고온용으로서 상의 존재는 바람직
하다.

(다) 대책 : σ상의 950℃에서 재용해되므로 960~980℃에서 가열한 후 급랭시키는
용체화 처리를 하면 효과적이다.

③ 고온 취성

(가) 개요 : C, N 함량이 큰 FSS를 약 950℃ 이상으로 가열한 후 상온으로 급랭하면
취화 및 내식성이 급격히 감소하는 현상이다.

(나) 원인

ⓐ Cr-rich 탄화물, 혹은 질화물이 결정립계, 전위(dislocation)에 석출하기 때
문이다.

ⓑ BCC 구조를 가지는 Fe-Cr 합금은 C, N의 고용도가 매우 낮으므로 이들 치
환형 불순물의 함량을 매우 낮게 유지시키지 않으면 과포화 불순물이 탄화물,
질화물의 형태로 석출한다.

(다) 해결책

ⓐ 750~800℃에서 annealing 한다.

ⓑ Cr 함량이 크고 C, N 함량이 적은 새로운 FSS를 개발한다. 이는 vacuum
or Ar-O$_2$ decarburization과 electron beam 또는 large scale vacuum
melting 등을 적용하여 제조된다.

④ Cu(구리) 오염원의 영향 : ASS의 표면이 Cu 조각으로 오염되면 Ar 분위기에서 용접
할 때 HAZ에 용접 균열이 발생하게 된다. 표면에 붙어있는 Cu 조각들이 Cu의 용
융 온도(1080℃)와 모재의 용융 온도 사이의 범위로 가열되면 Cu는 산화되지 않은
채 용융되면서 모재의 용융점을 상당히 낮추게 된다. 이 결과 용접부에 가해지는 외
부 응력이나 내부응력과 수직된 방향으로 용접부 & HAZ의 입계에 균열이 발생되며
Cu의 오염도가 심할수록 그 영향을 받는 모재의 깊이도 더 커지게 되며 입계 간에
Cu의 국부적인 농도가 80 %까지 추출된 것도 있다.

> **예제** 오스테나이트 스테인리스강의 용접 시공 또는 사용 중, 아연(Zn)에 의한 오염 문제에 대하여 설명하시오.

해설 1. 개요 : paint나 liquid 중의 Zn은 치명적이 된다. Zn이 solid 상태일 때는 ASS와 어떠한 화학적 반응을 일으킬 수 없으나 750℃ 이상 고온 분위기(용접, 화재 발생 등)에서는 Zn에 오염된 기자재 표면에서 균열이 발생하게 된다. 특히 기계장치 설치 현상의 pipe 용접 시 주의를 요한다. 용융 Zn 중에서는 탄소강도 취화되지만 ASS의 경우에는 인장응력이 존재하면 순간적으로 균열이 발생하고, 성장하는 점이 큰 차이점이다. 이 때문에 ASS강에 Zn이 부착되어있다면 용접이나 화재 시 고온일 때에 격렬한 균열의 가능성이 있고, 탄소강의 경우보다도 손상되는 위험성이 높다.

2. 오염 원인 : 스테인리스강은 내후성(耐候性)이 우수하기 때문에 그 자체에 Zn이 피복되지는 않지만, Zn 피복강과의 용접이나 Zn-rich paint의 부착, 또는 화재 시 등에는 용융된 Zn이 굴러떨어지거나 Zn 증기의 부착 등에 의해 스테인리스강에 Zn이 부착될 가능성이 있다. ASS 강관 보관 중 Zn이 다량 포함된 스프레이 도장 인근에서 오염 사례도 있으므로 주변 도장 시 주의를 요한다.

3. 균열 발생 기구 : ASS의 Zn에 의한 취화 발생 기구에 대하여 여러 의견이 있지만 추론은 다음과 같다.
   ① Zn은 입계로 침입하고 동시에 입계 부근의 Ni들이 입계로 확산하여 Ni과 Zn의 금속간화합물을 생성
   ② 입계 부근에서 스테인리스강의 Ni이 고갈되고, 750℃ 이상에서는 오스테나이트 상으로부터 페라이트 상으로 변화가 일어남
   ③ 인장응력 발생 시 균열 진전
   ④ 균열 발생 후에는 산화피막이 없는 균열의 선단에 용융 Zn이 부착되어 인장응력 존재하에 급속하게 균열이 성장

4. Zn에 의한 균열 방지 대책
   ① 스테인리스강의 보관 시 Zn 작업 장소와 분리하여야 하며, 특히 Zn이 다량 포함된 페인트 작업장과 차단이 중요하다.
   ② 독성 유체나 2차 화재 원인이 되는 유체를 취급하는 플랜트에서 스테인리스강과 Zn의 접촉은 반드시 피한다.
   ③ 위험성이 높은 배관 부근에서 Zn을 사용하는 경우에는 화재 시에 용융된 Zn이 굴러떨어지거나 부착되지 않도록 유지 관리한다.

5. Zn 오염 제거 방법 : 금속 Zn이 스테인리스강에 부착되어있는 경우, 10 % 질산에 의한 산세로 용이하게 제거할 수 있으나 Zn-rich paint가 부착되어있는 경우에는 제거가 어렵다. Zn-rich paint만이 부착된 경우 완전한 제거를 위해 sand blasting 후 산세가 필요하다. 또한 Zn-rich base를 wire brush나 grinder로 제거하더라도 용접 시 균열의 가능성은 잠재되어있다. 따라서 Zn이 침입할 가능성이 있는 부분(Zn 비등점 420℃ 이상 가열 부위)으로 생각되는 곳은 완전히 제거하는 것이 안전하다.

5-3 ❮ 스테인리스강의 내식 특성 – 부식

(1) 금속 부식의 종류(부식의 기본 mechanism)

① **직접 부식(direct corrosion)** : 수분을 수반하는 상태에서 발생되는 습식의 화학적 부식을 말한다. 예를 들면 철강을 산세(酸洗, pickling)할 때 철강 표면을 酸이 직접 용해하는 현상이 있으며 이때의 화학반응식은 다음과 같다.

$$Fe + 2H^+ \rightarrow Fe^{2+} + H_2(GAS) \uparrow$$

② **전기화학적 부식(electro-chemical or galvanic corrosion)** : 전기화학적 부식도 습식의 일종이며 국부 電池(local or galvanic corrosion)에 의해 이루어진다. 전기화학부식의 필요조건은 다음과 같다.

㈎ 음극(cathode), 양극(anode)으로의 분리와 큰 potential 差

㈏ 전해질(electrolyte)의 존재 : 분리된 pole(극) 중 양극은 항상 산화 반응(전자를 방출하는 반응, 즉 이온화가 되는 반응＝썩는 반응)이 일어나 부식되는 쪽이고 음극은 전자를 받아 metal이 퇴적되거나 gas가 발생하는 쪽이 된다.

③ **산화(oxidation)** : 대기 중의 공기나 물, 질산(HNO_3) 및 크롬산(Cr_2O_3) 등에 의해 성분이 산소와 결합(산화)하여 산화 금속을 이루는 현상을 말한다. 그러나 이런 좁은 의미의 산화 외에 다음과 같은 반응도 산화(넓은 의미와 산화)로 간주한다.

㈎ 좁은 의미의 산화

㉮ 산화 반응 : $Zn + O \rightarrow ZnO$

㉯ 환원 반응 : $Zn + C \rightarrow Zn : Co$

㈏ 넓은 의미의 산화

㉮ 금속이 산소 이외의 원소와 반응 : $Fe + S \rightarrow FeS$(철의 硫化)

㉯ H의 이탈 반응 : $2HI + H_2O_2 \rightarrow I_2 + 2H_2O$(요오드화 수소의 환원)

(2) 부식의 주요 인자

① **산화 물질**

㈎ 공기 중의 산소는 거의 모든 금속을 부식시킨다.

㈏ 각 금속원소들은 산소와 친화력의 차이가 있으며, 친화력이 큰 쪽이 먼저 산화물을 형성한다.

Cs＞Rb＞Li＞K＞Na＞Ba＞Sr＞Ca＞Mg＞Al＞Mn＞Zn＞Mo＞Cr＞W＞Fe＞Cd＞Co＞Ni＞Sn＞Pb＞H＞Sb＞Bi＞As＞Cu＞Hg＞Ag＞Pd＞Pt＞Au＞Ir＞Rh＞OS

※ 여기에서 비금속인 H가 들어있으나 H는 금속과 같은 거동을 하며, H보다 우측에 있는 금속은 不活性 금속이며 산화제가 없으면 산과 반응하지 않는다.

② **수용액의 pH** : 금속의 화학적 부식성의 진행은 화학적 친화력만으로는 결정되지 않으며 부식 생성물의 성질에 따라서도 좌우된다. 부식 생성물이 기체 혹은 액체일 경우는 금속의 표면에서 떨어지기 쉬우므로 반응의 진행은 별로 방해되지 않으나 미생물이 고체이어서 금속의 표면을 덮는 상태로 발생할 때에는 부식 속도가 점차 감소한다.

③ **용존산소** : 산소의 확산 산소에 따라 부식 전류의 크기가 결정되며 cathode(음극) 쪽이 산소를 소비하는 지역이 되어 anode(양극) 쪽에서 부식이 촉진된다.

④ **유속** : 유속은 erosion 부식의 영향을 더욱 가속시키는 요소가 되어 부식을 증가시킨다. 특히 turbulent flow가 되면 부식이 급증한다.

⑤ **온도** : 온도가 올라가면 이온화된 원자들의 운동이 활발해지면서(즉, 활성이 커짐) pH가 작아져서 부식은 가속된다. 그러나 대부분의 부식은 어떤 온도에서 최대 부식을 나타내며 그 이후는 다소 감소한다.

⑥ **염류 농도** : 염류 농도가 높으면 틈새, pitting 및 응력부식을 가속시킨다. 한편 다음 그림은 fatigue, SCC, 수소취성(H.E) 등의 복합 발생 현상을 나타낸 것으로서 빗금이 중첩되는 부위는 부식 손상의 결함이 더욱 심해진다.

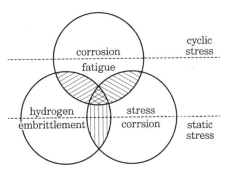

Schematic showing the relationship among SCC,
corrosion fatigue, and hydrogen embrittlement.

(3) 기본 방식 대책

① 방식과 방청의 용어 구분
(가) 방식 : 부식을 방지하는 것
(나) 방청 : 철이 녹스는 것을 방지

② 종류
(가) 방식 설계 : 응력이 집중하든가 부식성 물질이 부분적으로 몰리지 않도록 하고 보수나 점검이 용이하도록 한다.
(나) 내식 금속의 선택 : Cr, Ni, Mo, Ti, Zr, Al, Cu 등의 내식성 원소(이들의 특

징은 부동태 피막을 쉽게 형성함)를 첨가한 강종을 선정한다.

㈐ 환경 차단법 : painting, 도금, cladding, metalizing, rubber lining, PE & PP lining, ceramic lining, glass lining 및 방청 처리 등을 하여 기기 구조물 소지 금속의 부식을 방지한다.

㈑ 환경 처리법 : 중화제 및 억제제(inhibitor) 등을 사용하여 부식 환경을 원천적으로 방지시키는 방법이다.

㈒ 전기방식법 : 전해 용액의 환경 분위기 내에서 발생되는 전위차에 의해 발생되는 음극과 양극의 분극으로 인해 양극 쪽에서 발생되는 산화 반응(전자를 방출하는 반응)에 의해 양극 쪽 금속이 부식된다. 이렇게 부식되는 양극을 보호하기 위해 양극 전위가 더 높은 금속(예 : Zn anode 등)을 추가로 소지의 양극 부위에 부착함으로써 소지 양극부의 부식을 보호(이를 희생 양극법이라 함)하거나, 외부에서 전원을 반대로 연결시켜 전류를 전달하여 음극과 양극의 전위차를 없앰으로써 소지 금속의 부식을 억제시키는 방법(이를 외부 전원법이라 함)이다.

5-4 ≪ 스테인리스강의 대표적인 부식

(1) 갈바닉 부식(galvanic corrosion)

① 정의 : 구조물이 부식 환경에 노출될 때에는 보다 활성적인 금속에서 심한 부식이 일어나는 것

② 특징

㈎ 전기적으로 접촉하고 있는 서로 다른 금속이 부식성 용액에 노출될 때 발생되는 두 금속 간의 전위차로 인하여 더 활성적인 금속에서 일어나는 심한 부식

㈏ 전해액의 종류, 온도와 재료 표면의 부동태 피막의 형성 및 성질에 의해 다름

③ galvanic corrosion 방지책

㈎ 갈바닉 계열에 가능하면 가까운 금속을 사용한다.

㈏ 표면에 오염물이 발생하지 않도록 조치한다.

㈐ 이종 금속 접촉 금속 간 절연재를 사용(insulating sleeve / washer)한다.

㈑ 외부 전원을 반대로 걸어 전위차를 없앤다(외부 전원법).

㈒ 갈바닉 쌍의 두 금속보다 더 활성적인 제3의 금속을 사용(희생양극제-아연 등)한다.

㈓ 설계 시 양극 작용 부위 교체를 쉽게 한다.

㈔ 양극부 표면은 크게, 음극부 표면은 작게 하여 접촉 또는 노출시킨다.

galvanic series in seawater

cathodic (noble)

↑

platinum

gold

graphite

titanium

silver

zirconium

AISI Type 316, 317 stainless steels (passive)

AISI Type 304 stainless steel (passive)

AISI Type 430 stainless steel (passive)

nickel (passive)

copper−nickel (70−30)

bronzes

copper

brasses

nickel (active)

noval brass

tin

lend

AISI Type 316, 317 stainless steel (active)

AISI Type 304 stainless steel (active)

cast iron

steel or iron

aluminum alloy 2024

cadmium

aluminum alloy 1100

zinc

magnesium and magnesium alloys

↓

anodic (active)

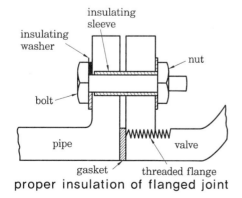

proper insulation of flanged joint

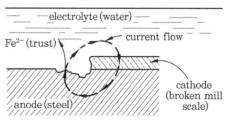

schematic showing how breaks in mill scale (Fe_3O_4) can lead to galvanic corrosion of steel

(2) 공식(pitting corrosion)

① 정의 : 부식이 금속 표면의 국부에만 집중하고 이 부분에서의 부식 속도가 특히 빨라서 금속 내부로 깊이 침투하는 국부 부식

② 특징

㈎ 공식은 스테인리스강이나 알루미늄과 같이 금속 표면의 부동태 피막에 의해서 내식성을 얻는 금속에서 흔히 나타남

㈏ 따라서 공식이 발생된 표면을 관찰해보면 pit가 나타난 곳 이외에는 거의 또는 전혀 부식이 발생되지 않음

㈐ 주기율표 7족의 할로겐원소들은 금속의 부동태 피막을 파괴하는 특성이 있음 (대표적으로 Cl^-, F^- 등)

㈑ 부식은 넓이보다는 깊이 방향으로 발생. 특히 $CuCl_2$, $FeCl_3$, $HgCl_2$ 같은 산화성 금속이온의 염화물 내에서는 공식이 심하게 일어남

③ pitting corrosion 방지책

㈎ pitting에 대한 저항이 큰 재료 선택(Cl^- 분위기에서 $304 \rightarrow 316 \rightarrow 29Cr-4Mo$ 류 $\rightarrow$ hastelloy $\rightarrow$ titanium 순으로 저항성이 큼)

㈏ 음극 보호법으로 전위를 임계 pitting 이하로 낮춤

㈐ 가능한 용액의 온도를 낮춤

㈑ 고압으로 세척 또는 세척을 자주 실시

㈒ 용액의 화학적 처리와 OH^-, NO_3^-와 같은 inhibitors 사용

㈓ protective coating

㈔ 자재 자체의 보호 피막 유지

(3) 틈새 부식(crevice corrosion)

① 틈새 부식 개요/특성

㈎ flange 체결, rivet 접합 부위와 같은 좁은 틈에 소량의 수용액이 정체되어있을 때 발생

㈏ gasket corrosion 또는 deposit corrosion이라고도 함

㈐ 작은 틈에 외부와 차단된 용액이 존재. 이러한 용액은 pH가 매우 낮고 부식을 유발하는 음이온 등이 농축됨

㈑ 이러한 환경에서는 부동태 피막으로 내식성을 갖는 금속 또는 합금은 틈 부식에 안정하지 않고 쉽게 파괴. 왜냐하면 부동태 피막은 Cl^-이온 혹은 H^+이온에 의해 쉽게 파괴되기 때문임

② crevice corrosion 방지책

  (가) 가능한 작은 틈이 형성되지 않도록

  (나) bolt 체결, socket, 겹치기 이음보다는 맞대기 용접을 원칙으로

  (다) sealants 사용

  (라) bolts나 rivet 접합보다는 가능한 용접을 사용하는 것이 좋음

  (마) flange에 테플론과 같은 비흡수성 gasket 사용

  (바) 틈 부식에 저항성이 큰 재료 선택

  (사) 완전 배수가 되도록 장비를 설계

  (아) 장비를 자주 검사하여 침전물을 제거

  (자) Cl^-와 같은 할로겐 이온을 용액 중에서 제거 또는 감소시킴

  (차) 음극 방식도 효과적인 대책이나, 틈이 길어지면 방식 불가능

5-5   델타 페라이트(δ-ferrite)

(1) schaeffler diagram

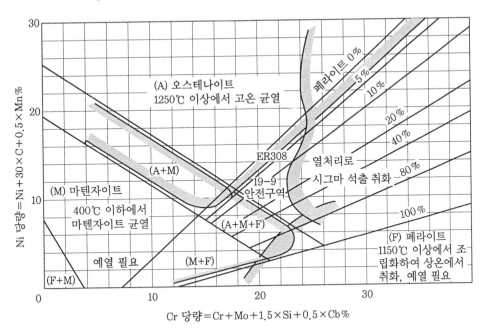

schaeffler diagram

    서로 다른 이종 금속을 용접할 때 용착금속의 상(마텐자이트, 오스테나이트, 페라이트)을 예측할 수 있고, ferrite량을 구할 수 있으며, 나아가 용접 중에 나타나는 용접 결함들, 즉 ① 400℃ 이하에서의 martensite 균열, ② 475℃ 취화, ③ σ상 석출 취화,

④ 1150℃에서의 조립화와 상온 취화, ⑤ 1250℃ 이상에서의 austenite 고온 균열 등을 예측할 수 있다. 그러나 용접재의 화학조성을 알고 있는 경우에만 용착금속의 조직을 예측할 수 있고, ferrite 함량이 절대적인 값이 아님을 알아야 한다. schaeffler diagram상의 ferrite %는 ±4 % 오차를 나타내었다. 대기에서 질소가 용접 시에 용해되는 요인을 고려하지 못했다. delong은 대기 중 질소의 영향을 고려하여 상수로서 30을 채택하였으며, 계산값과 magne gauge에 의한 측정값상의 ferrite량 차이에 따른 diagram을 수정하였다. 특히, 주목되는 것은 열처리를 하면(1038℃로 용체화 처리) ferrite의 양이 5 % 정도 감소되었다는 것으로 이는 합금원소가 확산해서 ferrite의 모양, 크기, 양 등이 상당히 수정되기 때문이라고 한다.

(2) δ-ferrite의 stainless강에서의 역할

① 완전히 austenite 화한 용착금속은 저용점의 P, S, Si, Cb 등이 입계에 편석하는 경향이 있어서 미세 균열을 일으킨다. 이에 대하여 δ-ferrite는 입계의 austenite 화한 소지에서 불순물을 용해시켜 열간균열을 방지한다.

② ferrite가 존재하므로 인장강도가 증가한다.

③ ferrite가 많으면 내(耐)응력 부식 균열(SCC)을 향상시킨다.

④ 일부 ferrite 화한 용착금속에서는 장기간의 creep 강도가 낮아진다.

⑤ 용접부에서나 530~820℃ 온도 범위에 유지되거나 하면, 고함량의 ferrite를 갖는 용접부는 시그마(σ)상을 형성하여 취약해진다. 시그마상은 연성, 충격 인성 및 내부식성을 저하시킨다.

(3) δ-ferrite의 측정

① **측정계기 이용** : 측정계기로는 magne gauge, severn gauge 및 ferrite scope 등이 있다. magne gauge는 비교적 시험 대상이 작고 아래보기 자세에만 사용할 수 있으며, 많이 사용하는 경우에는 1년, 사용 횟수가 적은 경우에는 2년 후에 계기를 재차 점검하여야 한다. ferrite indicator라고도 하는 severn gauge는 어떠한 자세에서도 사용할 수 있으며, ferrite량이 어떠한 값을 넘어서는가 그 이하인가를 측정하는 일종의 고/노(go/no go) 게이지이다. ASME code section Ⅲ에서는 자기 계측 장비로 측정하는 경우에는 적어도 용착금속상의 6군데를 측정하여 평균값이 FN 5 이상이어야 한다. 그러나 δ-ferrite를 측정할 때 주의할 것은 탄소 강판의 자기 반응 때문에, magne gauge의 경우에는 탄소 강판의 8 mm 이상, severn gauge의 경우는 25 mm 이상, 그리고 ferrite scope의 경우에는 5 mm 이상 떨어져야 한다는 것이다.

② **delong constitution diagram 이용** : 용착금속을 분석해서 delong constitution diagram 으로 ferrite를 측정하는 것으로 계측 장비를 이용하는 것보다는 정밀도가 떨어지나,

사용하기 간편한 도구로써 널리 이용된다. ASME code 등에서 delong diagram을 채택하고 있으며, delong constitution diagram에 의한 계산값과 자기 측정기에 의한 측정값과는 ±3FN의 오차가 있음에 유의하여야 한다.

※ 고온 균열에 대하여 연구한 여러 실험 결과, δ−ferrite가 용착금속 내에 약 5 % 정도 형성되는 것이 내부식성의 손실이 적고, σ상의 석출이나 475℃ 취화 등의 위험 부담을 갖지 않고 고온 균열을 피하는 최적값이 보고되고 있다. 이와 같은 기술적 근거에 따라 ASME에서는 SEC. Ⅸ에 δ−ferrite 함량을 페라이트 번호(FN)로 하여 schaeffler diagram을 개량한 de−long diagram에서 용가재의 FN은 최소한 5 이상이 되도록 요구하고 있다(ASME SEC. Ⅲ NB−2433). 그러나 관리를 편리하게 하기 위해 정량적인 요구에서 code 요건이 생겼을 뿐 절대적인 것은 아니므로 모재와 용가재의 희석률을 고려하여 용가재를 선정하는 것이 중요하다.

(4) δ−ferrite의 형성에 영향을 주는 요인

① **화학조성의 영향** : 화학 성분 중 Cr이나 Mo 등은 ferrite 안정화 원소이고, Ni, C, N 등은 austenite 안정화 원소로 Cr 당량 대 Ni 당량의 비가 클수록 잔류 ferrite의 양이 증가한다.

② **냉각 속도의 영향**

㈎ 냉각 속도가 빠를수록 수지상간 거리가 작아지고, 변태를 위한 합금원소의 확산거리가 감소하기 때문에 용접 금속의 냉각 속도, ferrite−austenite 변태 속도, 합금원소의 확산 속도가 빠를수록 δ−ferrite의 양이 증가한다. 또한, 초정 ferrite가 austenite로 변태하기 위한 합금원소의 확산이 일어나는 온도에서의 유지 시간도 중요하다.

㈏ 용접 입열량이 증가할수록 용접부의 ferrite의 양도 증가한다.

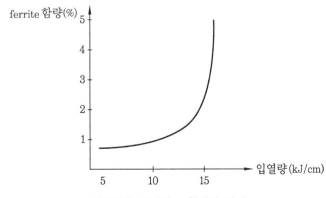

입열량과 페라이트 함량의 관계

③ PWHT의 영향 : austenite계 stainless강은 500~700℃에서 PWHT 시 예민화 현상 때문에 대체로 PWHT를 실시하지 않는다. 그러나 이종재간(탄소강+austenite stainless강) 용접부에 대하여 잔류응력을 제거하기 위해서 PWHT를 실시하도록 ASME SEC.Ⅷ에서는 규정하고 있다. PWHT에 의해 발생하는 침탄, 탈탄 현상과 용접 경계부의 austenite 입자의 조대화 및 가열과 냉각에 의해 발생하는 응력은 용접 균열의 중요한 원인으로 작용한다. 따라서, austenite계 stainless강은 용접시공 시 용착금속에서 발생하는 고온 균열을 방지하기 위하여 적절한 양의 $\delta-ferrite$를 함유하도록 권장하고 있다.

5-6 ◁ 오스테나이트계 스테인리스강의 용접 결함

(1) 고온 균열(hot crack)

① 원인 : hot crack의 원인은 austenite 결정입계에 존재하는 저융점의 개재물(S, P, Si, O) 때문인데 액상을 집적하고, 이것이 냉각 중에 수축 응력을 받아 용접 열응력 정도에서 hot crack의 원인이 되는 것이다. bead crack(micro fissure)과 crater crack이 주로 발생된다. 고온 균열에 영향을 주는 인자로는 모재의 화학 성분, 이음홈 형상과 구속도, 용접법, 용접 재료의 종류 등이 있다. 용접부의 합금원소 중에서 C, Mn, Ni, Mo의 증가는 균열 감소에 유효하고, Si, Nb, P, S의 증가는 유해하다.

② 형성 기구 : 고온 균열의 형성 기구는 고합금강의 주된 조직인 austenite 조직이 불순물(S, P, O 등)에 대한 용해도가 낮은 데 기인한다. 즉, 용융 금속의 응고 시 다음 그림과 같이 용융 금속에서 불순물의 고용도가 낮은 austenite가 먼저 석출함에 따라서 잔여 용탕에서 불순물의 농도가 높아져서 잔여 용탕 내에서 공정(eutectic)을 형성하게 된다. 이러한 공정들은 융점이 낮아서(Ni-Nis의 경우 약 650℃) 가장 늦게 응고되기 때문에 성장된 금속 조직들의 입계에 모여서 응고 시 체적 변화로 인하여 미세 균열을 형성한다.

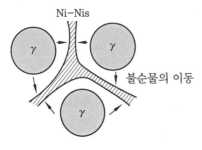

고온 균열 형성 기구

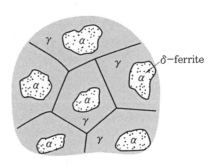

metastable austenite의 응고 기구

③ 고온 균열 저감법

(개) δ-ferrite 함량을 높임 : 상기의 고온 균열 발생 과정과는 반대로 페라이트 합금강의 경우 불순물의 고용도가 높은 ferrite가 석출함으로써 성장하는 과정에 잔여 기지 내의 불순물이 적게 되어 공정 형성을 막게 된다. 따라서, 최종 금속 조직은 불순물이 조직 내에 균질하게 분포된 ferrite 조직이 되어 고온 균열의 위험성이 없어진다.

(내) metastable austenite 조직 형성 : 최근 용접 기술은 용착금속에 준안정(準安定, metastable austenite) 조직을 형성하여 균열을 방지하고 있다. 이는 불순물의 고용도가 높은 ferrite가 먼저 석출하여 온도 강하에 따라 austenite가 석출될 때 잔여 기지 내에 불순물의 농도가 줄어 불순물의 공정 형성을 막고, 용착금속의 냉각이 진행됨에 따라 고상화된 ferrite가 austenite 조직 내에서 상 변태를 함으로써 고온 균열을 막고 입자 조대화 현상도 어느 정도 줄일 수 있어 용착금속의 인성이 상당히 회복된다.

(대) 기타 고온 균열 저감법 : 이 밖에 고온 균열 저감법을 위해서는 시공 시 다음과 같은 사항을 고려해야 한다.

⑦ arc 길이는 가능한 짧게 유지한다.

④ 모재 두께는 고온 균열 발생에 중요한 영향 요인으로 가능한 박판일수록 좋다.

⓹ 입열량이 작은 용접법일수록 고온 균열 감수성이 낮다.

⓺ 후판 모재를 사용하는 경우는 적당한 예열이 액화균열 방지에 유효하다.

⑩ 용접 후 발생하는 결함은 고온 균열의 시작점으로 작용할 수 있으므로 주의를 요한다.

⑪ 결함을 최소화하기 위하여 용접 시작부와 종료부를 grinding 처리한다.

⑭ form factor가 작을수록 고온 균열에 민감하다.

$$\text{form factor} = \frac{\text{용접부 폭}(W)}{\text{용접부 용입 깊이}(d)}$$

⑯ 희석률이 높으면 austenite+martensite 조직이 되어 균열 발생이 쉬워지므로 희석률을 낮춘다.

$$\text{희석률}(\%) = \frac{b}{a+b} \times 100$$

⑱ 용접 종료 시에는 내식성을 향상시키기 위해 표면처리를 실시한다(물리적 또는 화학적 처리법).

⑳ 인(P), 황(S) 등의 불순물이 적은 용접 재료를 선정한다.

㉑ schaeffer 또는 delong diagram을 이용하여 적당한 함량의 δ-ferrite 조

직을 갖도록 용접봉을 설정한다(ASME SEC.Ⅲ, Ⅸ에서 δ-ferrite, 즉 FN5 이상이 되도록 요구한다).

(2) 입계 부식(intergranular corrosion)

① 개요 : 합금의 경우 부식 특성을 위해 첨가된 금속 성분들이 사용 온도에 따라 친화력이 강한 他금속원소와 입계에 집중하여 모이게 됨으로써 입계 주위의 선상을 따라 부식이 전파되는 균열의 일종이므로 그 위험성은 SCC와 더불어 다른 부식과는 비교할 수 없을 정도로 크다. 금속원소 간의 친화력으로 인해 다음의 화합물들이 입계에 집중하게 된다. $Cr_{23}C_6$, $CuAl_2$, $FeAl_3$, Mg_5Al_8, Mg_2Si, $MgZn_2$, $MnAl_6$ 이 중에서 가장 대표적인 ASS의 $Cr_{23}C_6$ 석출로 인한 입계 부식 균열에 대해 설명하도록 한다.

② 발생 기구 : 0.1 % 이상의 탄소를 함유하고 있는 오스테나이트계 스테인리스강은 용접 열영향부(HAZ)에서 입계 부식이 일어나기 쉽다. 금속 결정의 입계에 가까운 부분에 있던 Cr 원자는 C원자와 결합해서 70 % 이상의 Cr이 $Cr_{23}C_6$이라는 탄화물을 만들어 입계 부식으로 석출하게 되면 입계 부분은 상대적으로 낮은 Cr 농도가 된다. 이로 인해 이 부분은 산화피막의 내식성이 떨어지게 되어 용액 중에서 활성화된 부분이 양극적으로 작용하여 부식이 진행되며 마침내는 재료의 파괴를 가져오게 된다. 여기서 Cr은 단독으로 존재할 경우에는 부동태 피막을 형성하여 내식성을 가지나 Cr 탄화물(Cr-C)이 되면 내식성을 전혀 갖지 못한다. ASS의 탄화물의 석출은 C와 Cr의 화합물로서 427℃(800℉)~900℃(1650℉)에서 장시간 ASS를 가열하면 발생하는데 이는 기계장치 및 배관재의 hot forming & spinning 또는 후판 용접 등에서 자주 발생된다. 입계 부식은 탄소 함유량, 기타 합금 성분의 종류, 열처리 온도 및 유지 시간에 따라 그 정도를 달리한다. Ni의 경우 그 양을 증가시킬수록 C의 용해도가 감소되어 탄화물의 입계 석출이 일어나기 쉽고 입계 부식의 감수성은 커진다.

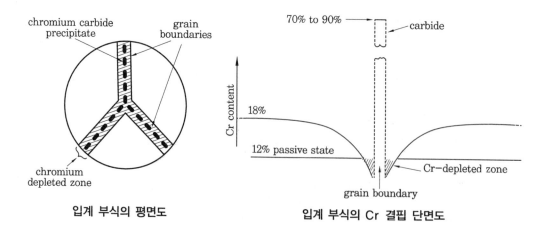

입계 부식의 평면도 입계 부식의 Cr 결핍 단면도

(3) 방지 대책

① Cr보다도 C에 대해 친화력이 더 큰(안정화 원소) Ti, Nb(일명 Cb) 등의 원소를 첨가하여 유해한 탄소를 이들 금속의 탄화물(TiC, NbC)로 고정시킴으로써 예민화 온도(427℃~900℃)에서도 Cr-C(Cr 탄화물)가 형성되지 않도록 한다. (여기서 Ti 첨가는 321 SS계열, Nb 첨가는 347 SS계열임)

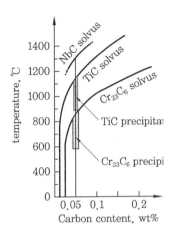

Solvus curves for $Cr_{23}C_6$ and TiC in 304 stainless steel

② TP 304 L 또는 316 L와 같이 탄소 함량의 최대치를 규제한다(0.03 % 이하).

※ C 함량이 0.03 % 이하일 때는 예민화 온도(600℃ 전후)에 7~8시간 정도 노출될 때까지 입계 부식이 발생하지 않음을 볼 수 있다.

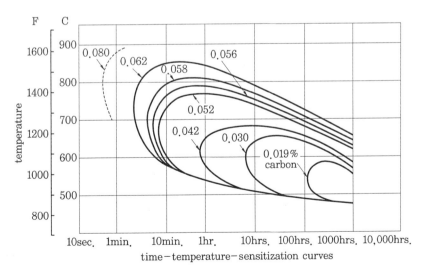

Effect of carbon on carbide precipitation

③ **고용화(용체화) 열처리** : 용접 후 1010~1120℃로 적당한 시간 가열하면 석출 탄화물이 재고용되며, 이를 급랭시키면 된다.

④ **용접 중의 냉각** : 용접 이음부 표면에 동판 등의 백킹(backing)을 대거나, 427~870℃의 예민화 온도 범위에서 용접 중 용접부를 급랭시켜 크롬탄화물 형성을 억제하여 예민화되지 않게 한다.

⑤ **cladding** : 용접 열영향부(HAZ)를 표면이 아닌 금속 내부로 이동시킨다.

(4) ASS와 Intergranular Corrosion(IGC)의 역사와 사례

① **316L SS의 발전 개요** : 316 L SS는 316 SS(high-carbon) sensitizing 된 조건에서 IGA(intergranular attack), 또는 IGC에 대한 해결책으로서 개발된 재료이다. 저탄소 ferrochrome 원재료가 개발되기 전에는 Ti나 Nb를 이용하여 이 grade를 안정화시킬 필요가 있었다. stabilized grade(안정화강)의 예로는 17 % Cr-9 % Ni-Ti를 함유한 type 321 SS, 17 % Cr-9 % Ni-Nb를 함유한 type 347, 316Ti, 316Nb 등이 있다. 한국전쟁 중에 이 안정화 원소들은 jet engine 재료로 널리 사용되었고, 최대 탄소 함량 0.03 %의 L-grade가 생산(즉, type 304 L 및 316 L이 상용화)되기 시작하였다.

예제 오스테나이트계 스테인리스강의 열영향부의 입계 부식을 방지하기 위하여 안정화 원소인 Ti, Nb를 첨가할 때 발생하기 쉬운 Knife Line Attack(KLA)에 대하여 설명하시오.

해설 1. 개요 : 안정화 처리를 실시한 SUS 321, 347의 austenite stainless강은 용접 비드와 인접한 지역에서 용접선에 평행하게 진행하는 knife line attack이라는 weld decay와 다른 입계 부식이 발생할 수 있다. 두 결함 모두 용접 시에 예민화 현상이 발생하고, 부식이 Cr 결핍층을 따라서 발생한다는 점에서는 일치하지만, knife line attack은 용착금속과 접한 더 높은 온도 범위에서 발생한다는 점과 안정화 처리를 실시한 austenite stainless강에서만 발생한다는 점이 weld decay와 다르다.

2. 원인 : 이것은 용접 시 1000℃ 이상으로 가열된 HAZ의 용체화부(TiC, NbC로 석출되어있는 상태)에서 안정화강의 모재 내에서 인위적으로 만들어두었던 TiC, NbC가 재고용(Ti, Nb, C가 각기 해리됨)하고 그 부분이 600~650℃로 재가열되면 이 온도 영역에서 Cr이 우선적으로 C와 결합하여 Cr 탄화물이 austenite 입계에 석출하여 입계 부식 저항이 떨어지는 것이다.

3. 대책

① KLA를 방지하기 위하여 용접부의 870~-890°의 안정화 열처리를 하여 TiC, NbC를 충분히 석출시키는 것이 유효하나 TiC의 석출 온도가 NbC보다 낮아 321 SS에서는 그 효과가 적은 것으로 알려져 있다.

② La, Co 첨가

③ L-grade 사용

④ PWHT : 용접 후 약 900℃에서의 안정화 처리(stablizing treatment)를 실시함으로

써 TiC, NbC를 충분히 석출시킨다.

⑤ 용접 입열을 작게 함으로써 TiC, NbC가 용해되는 온도 범위의 유지 시간을 단축시킨다.

(5) 응력부식 균열(stress corrosion cracking)

① 개요 : 표면에 인장응력이 작용하고 있는 금속이 특정한 환경 중에서 일으키는 균열을 응력부식 균열(SCC)이라고 한다. 균열은 공식(孔蝕)이나 notch 선단 등과 같은 응력집중부에서 시작하여 입계를 통하여 진전한다. 이는 탄소강보다 훨씬 치명적이며 비파괴검사로도 잘 발견되지 않기 때문에 SCC의 예방이 매우 중요하다.

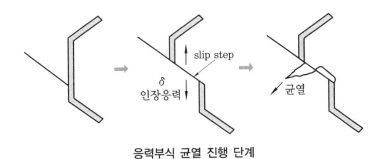

응력부식 균열 진행 단계

② 특징

㉮ SCC는 재료, 인장응력의 존재, 부식 환경의 3가지 요인이 상호작용하여 발생한다.

[인장응력원]

㉠ 하중에 의한 응력

㉡ 잔류응력

㉢ 열응력

㉣ crevice 내 부식 생성물에 의한 wedge 효과 등을 들 수 있다.

㉯ 초기의 균열이 발견되지 않는 잠복기를 거친 후 균열이 급격히 진행된다.

㉰ 특히, 내식성이 좋은 재질(Al, Mg 합금 및 austenite stainless강)에서 발생되기 쉽다.

㉱ stainless강에서 SCC는 매우 중요한 문제로 일반적으로 Ni와 Cr량이 많아지면 SCC에 강해진다. Ni 함량이 40 % 이상이거나 5 % 이하인 경우 균열 진행 속도가 크게 감소한다.

㉲ 완전 austenite계 stainless보다는 austenite와 ferrite상이 혼합된 stainless강의 SCC 저항성이 더 높다.

㉳ 3.3 % 이상의 Si를 함유하는 18 Cr/14 Ni강은 상당히 높은 SCC 저항성을 가진다.

㈐ 외부에서 수축력이 작용하면 SCC 저항성이 향상되는 반면, 인장력이 가해지는 경우에는 SCC가 가속된다.

㈑ 수명 예측 및 열화 정도의 측정이 어려워 SCC 발생 시 매우 치명적이다.

③ 방지 대책

㈎ SCC에 강한 스테인리스강의 개발 : 내부식성을 갖는 Cr 함량 범위 내에서 Ni 함량이 SCC나 pitting 부식 균열 감수성에 크게 영향을 미치므로 부식 환경에 민감하지 않은 매우 낮은 Ni % 또는 매우 높은 Ni %의 스테인리스강을 개발하여 사용한다(Ni 8 %에서 부식이 가장 심하다). 낮은 Ni % 재료는 내식성 및 강도의 향상은 가져올 수 있으나 용접성 및 가공성이 나빠지며, 높은 Ni % 재료는 내식성, 수소취성, 강도, 용접성, 가공성이 우수하여 현재 원자력 등에서 사용 (inconel, incoloy)하고 있으나 Ni이 고가이므로 경제성에서 문제시된다. 이에 새로이 개발된 것이 이종계(duplex) stainless강이다.

㈏ 그 밖의 방지 대책

㉮ 응력부식 균열을 제거하기 위해서는 잔류응력 제거가 필요하다.

㉯ PWHT를 고용화 처리 온도인 1050℃로 하는 경우 균열 진전 속도가 저하한다. 이는 M23C가 모재 내에 고용됨으로써 나타나는 현상과 δ−페라이트 상이 고온으로 올라갈수록 구상화가 진행되기 때문이다.

㉰ 한계응력이 높은 재료를 선정한다.

㉱ 방식 설계를 고려한다.

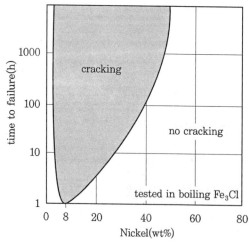

The Copson curve for predicting SCC susceptibility in stainless steels

④ SCC 감수성 평가 : 재료의 SCC에 대한 감수성 평가 방법으로 저변형률 속도 시험법이 사용되고 있다.

Chapter

06

비철 재료

1. 항공기 부품 및 구조 재료로 많이 사용되는 티타늄(Ti) 합금의 종류별 재료 특성과 용접성 및 용접 방법에 대하여 열거하고 설명하시오.

2. 알루미늄 합금 용접에서 용접성(weldability), 용접부의 조직 특성 및 균열에 대하여 설명하시오.

3. 철강 재료의 용접과 비교하여 알루미늄합금 용접에서 가장 많이 발생하는 용접 결함을 제시하고, 발생 원인 3가지를 열거하고 설명하시오.

4. 판 두께 25 mm의 알루미늄합금(A6061-T6)을 맞대기 용접(butt welding) 하려고 한다. 적절한 용접 방법 3가지를 열거하고 시공 시 주의 사항을 설명하시오.

5. Ti합금과 탄소강 혹은 알루미늄의 이종 금속 용접이 어려운 이유를 설명하시오.

6. Al합금의 모재 및 용접 재료에 미량의 Ti 및 Zr 원소를 첨가하는 이유를 설명하시오.

7. Ti 및 Ti합금의 아크용접 시 대기오염으로 발생하는 문제점과 대기오염 방지 대책에 대하여 설명하시오.

8. Al 및 Al합금이 강에 비하여 아크용접이 어려운 이유에 대하여 설명하시오.

9. 티타늄(Ti) 합금의 일반 특성과 티타늄 용접 시 보호 가스의 역할을 3단계 영역으로 구분하여 설명하시오.

10. 가전용 동 파이프에 적절한 용접 방법을 설명하고, 용접부에서 가스 누출과 누수의 원인 그리고 그 방지법에 대하여 설명하시오.

11. 알루미늄합금 Al2024 및 Al7075 재료는 가볍고 강도가 높아 항공기 재료로 많이 사용되고 있다. 이들 재료는 리벳 접합을 주로 하고 있는데 그 원인은 무엇이며 용접 방법이 있다면 그 방법에 대하여 설명하시오.

12. 알루미늄과 그 합금의 용접성을 설명하고, 대표적인 용접 결함의 원인 및 대책을 설명하시오.

13. 알루미늄 및 그 합금 용접에 대한 다음 사항을 설명하시오.

　　가. 알루미늄 및 그 합금에 대한 용접이 일반 구조용 강재 용접에 비해 물리적 및 화학적 특성 면에서 용접성이 좋지 않은 이유를 설명하시오.
　　나. 산업 현장에서 알루미늄 재료를 용접할 수 있는 가장 적합한 용접법을 선정하고 그 이유를 설명하시오.

6. 비철 재료

6-1 알루미늄(Al) 및 그 합금

(1) 알루미늄합금의 종류 및 특성

알루미늄(Al)합금은 4자리의 숫자로 구성되며 첫째 자리는 주합금원소를 나타낸다. 1XXX 계열 이외에는 마지막 두 자리가 합금의 종류를 표시하고 새로운 합금이 개발될 때마다 XX01부터 차례로 번호를 부여한다. 1XXX 계열에서는 알루미늄의 순도를 나타내며, 소수점 이하의 값을 나타낸다(예를 들면, 1060은 Al 99.60 % 이상). 둘째 자리는 본래 합금이 변화된 것을 나타내는데 0은 본래 합금이고, 1~9는 개조된 것을 의미한다. 개발 중인 것은 맨 앞에 X를 삽입하고 표준화된 경우에는 이를 제거한다.

alloy group		주요 합금	특 성
비열 처리형	1000계	Al(99 % 이상)	순 Al으로 기계적 성질은 합금재에 비하여 나쁘지만 내식성, 빛의 반사성, 전기 및 열의 전도성이 좋고, 가공성 및 용접성이 우수하다.
	3000계	Al−Mn계	비열처리형이지만 냉간가공에 의하여 다양한 성질을 얻을 수 있다. 성형성 및 내식성이 순 Al과 동등하지만 강도는 약간 높으며, 용접성이 양호하다.
	4000계	Al−Si계	Si 함량이 12 %까지는 Si의 증가에 따라 용점이 저하되며, 취화되지 않는 범위 내에서 Si를 첨가하면 용융 상태에서 유동성이 좋고 응고 시 균열이 잘 발생되지 않는다. 주로 용접 재료로 사용된다.
	5000계	Al−Mg계	Mg 첨가에 따라 인장강도가 증가되고, 변형에 대한 저항도 증가되어 가공이 곤란해진다. 5083 합금(4.4 % Mg)은 비열처리 합금으로는 강도가 가장 우수하며, 용접성, 내식성, 가공성이 양호하여 차량, 선박 및 화학 플랜트용으로 사용된다.
열 처리형	2000계	Al−Cu계	Al−Cu계와 Al−Cu−Mg계로 나눌 수 있는데, Al−Cu계 합금은 내식성이 나쁘기 때문에 항공용으로 사용할 때에는 내식성을 개선하기 위하여 순 Al을 압연한 clad재를 사용한다. Al−Cu−Mg계 합금은 상온 시효성이 좋으며, 두랄루민(2017)은 강도가 강의 수준이다. 대부분의 2000계열은 열처리에 따라 강도는 높지만 내식성 및 용접성이 떨어진다.
	6000계	Al−Mg−Si계	성형 가공성, 강도 및 내식성이 우수하며, 용접성도 나쁘지

		않지만 용접부가 용접열에 의하여 연화되는 단점이 있다. 주로 차량, 건축 등의 구조용재로 사용된다.
7000계	Al–Zn계	Zn이 주된 첨가 원소이며, Mg은 소량 첨가한 고강도 열처리 합금이다. Al–Zn–Mg계는 인장강도가 약 300 MPa로 용접성이 우수하며, 용접 구조재로 사용된다. 또한, 상온 시효성이 우수하여 용접열에 의해 경도가 저하된 연화부가 용접 후의 시간이 경과됨에 따라 원래의 상태로 회복된다.

예제 알루미늄합금 Al 2024 및 Al 7075 재료는 가볍고 강도가 높아 항공기 재료로 많이 사용되고 있다. 이들 재료는 리벳 접합을 주로 하는데 그 원인은 무엇이며, 용접 방법이 있다면 그 방법에 대하여 설명하시오.

해설 1. 재료 특성
   ① 두랄루민 2024 합금은 보통 Cu를 4.0~4.5 % 포함하고 있으며, 시효경화를 위하여 1.2~1.8 %의 Mg을 포함하고 있음
   ② 항공기 주조에 주로 사용되는 7075(초 두랄루민)는 Al–Zn–Mg–Cu 합금
2. 리벳 접합을 주로 하는 이유 : Al 2024는 Al+Cu의 합금으로 Cu가 4.0% 이상에 Al 7075도 Cu를 1.2 % 이상 함유하고 있음. Cu를 0.3 % 이상 함유하면 용접 금속 내에 저융점을 형성하며 균열 발생이 쉽기 때문에 용접 대신 리벳 접합을 주로 사용함
3. 용접 방법 : Al 2024 및 Al 7075와 같은 고강도 Al–Cu–Mg계와 Al–Zn–Mg–Cu계 합금은 아크용접 시에는 용접성이 나쁘기 때문에 주로 저항용접을 적용함. Al의 저항 용접으로는 점(spot), 심(seam), 플래시(flash)용접 등이 있으며, 용융 용접이 곤란한 합금도 강도를 저하시키지 않고 용접할 수 있으며 그 특성은 다음과 같다.
   ① 전기전도도와 열전도도가 좋기 때문에 대전류를 단시간에 통전시킴
   ② Al합금 표면의 강한 산화피막은 전기저항이 크고, 불균일한 발열에 따른 변형 너깃의 형성 및 전극 오손의 원인이 되므로 전처리를 통해 제거해야 함
   ③ Al합금은 용접 후 응고 시 체적 수축률이 6~7 %로 크기 때문에 합금에 따라 균열이나 기공이 발생하기 쉬움. 따라서 이를 방지하기 위해 전류의 기울기 제어 또는 단압을 가함

(2) 성질 및 용접 특성

① **Al의 성질** : Al은 면심입방격자(FCC)의 결정이며, 열전도도는 강의 약 3배 정도 크고 응고 시의 수축량은 약 6 %에 달한다. Al의 전기전도도는 Cu의 약 65 %이고, 불순물의 다소에 관계가 크며, 가장 유해한 원소는 Ti이고 다음은 Mn, Zn, Cu, Fe 순이다. Al은 공기 중에 산화하나 산화 속도가 대단히 느리고 산화 생성물 Al_2O_3은 안정하기 때문에 산화는 내부로 잘 침입되지 않는다.

② **Al합금의 용접 특성** : 알루미늄합금은 열처리 및 기계적 가공에 의하여 강도를 개선한 것이 많으므로 용접열 때문에 판재가 어닐링(anneling) 효과를 받으면 강도에 큰

변화를 일으키며 용접 금속부는 주조조직이 되어있으므로 용접 후 처리에는 특별한 고려가 필요하다. 알루미늄은 용융 상태에서 매우 쉽게 산화되고, 대략 660℃에서 녹으며 철(Fe)보다 열전도도가 약 3배 크며 수축이 50 % 정도 크다. 또한 고온 강도가 매우 약하며, 특히 강(steel)이 용접 중에 색깔이 변하는 것처럼 색이 변하지 않으므로 초보자는 식별에 많은 어려움을 겪는다. 이와 같이 알루미늄은 강에 비하여 일반 용접법으로는 용접이 극히 곤란한데, 그 이유는 다음과 같다.

㈎ 비열 및 열전도도가 크므로 단시간 내에 용융 온도를 높이는 데에는 높은 온도의 열원이 필요하다.

㈏ 용융점이 비교적 낮고 색채에 따라 가열 온도의 판정이 곤란하며, 지나친 용해가 되기 쉽다.

㈐ 산화알루미늄의 용융점은 알루미늄의 용융점(660℃)에 비해 매우 높아서 약 2060℃나 되므로 용접 시 용해되지 않은 채로 유동성을 해치고 알루미늄의 표면을 덮어 금속 사이의 융합을 방해하는 등 작업을 크게 해치므로 전처리를 철저히 해야만 한다.

㈑ 산화알루미늄의 비중(4.0)은 보통 알루미늄의 비중(2.7)에 비하여 크므로 용융 금속 표면에 떠올라 오기 어렵고, 용융 금속 내에 남는다.

㈒ 팽창계수가 매우 크다.

㈓ 고온 강도가 나쁘고 용접 변형이 심하며 균열이 생길 염려가 크다.

㈔ 수분이나 수소 가스 등을 흡수하여 응고할 때 기공으로 되어서 용융 금속 중에 남는다.

(3) 열처리 Al합금의 열처리 절차

열처리 합금에 속하는 2XXX, 6XXX, 7XXX의 최초 강도는 Cu, Zn, Mg 및 Si와 같은 합금원소의 첨가에 따라 증가한다. 이러한 합금원소는 단독적 또는 2개 이상이 조합되어 온도가 저하함에 따라 고용도가 감소한다. 따라서 이 계열의 합금은 열처리를 하게 되면 석출경화 기구(precipitation hardening mechanism)에 의하여 강도가 증가하게 된다. 석출경화 처리는 용체화 처리 → quenching → 시효의 주요 3단계로 구성된다.

① **용체화 처리** : 석출경화 열처리의 첫 번째 단계로 그 목적은 고용 가능한 합금원소를 용해시켜 급속한 quenching으로 실온에서 과포화 고용체를 만드는 것이다. 용체화 처리 온도는 용해도 곡선보다 가급적 높은 온도로 하는데, 이때 부분 용해가 일어나지 않는 온도(480~520℃ 정도)가 적당하다. 유지 시간은 제품과 이의 야금학적 구조에 따라 달라지는데 사형 주물은 12시간 이상, 금형인 경우에는 조직이 미세하므로 8시간 정도로 한다. 가공용 합금은 주물품보다는 적은 시간이 요구되며,

냉간가공한 것이 열간가공한 것보다는 적은 시간이 필요하게 된다.

② quenching : 용체화 처리 온도에서 급속히 냉각을 하게 되면 용질 원자가 용액 내에 남는 불안정한 구조가 된다. 합금은 이 상태에서 즉시 가공할 수 있다. 담금질 후 수분 이내에 용질 원자가 매우 미세한 입자로 석출하기 때문에 강도가 증가한다.

③ 시효 : quenching 후 석출하는 속도는 합금의 종류에 따라 달라지며, 어떤 것은 실온에서 급속하고 균일하게 석출 과정이 진행되어 4일 정도면 최대 강도를 얻게 되는데 이 과정을 자연 시효라 한다. Mg, Si 또는 Mg, Zn을 함유하고 있는 합금은 실온에서 상당히 오랫동안 시효하므로 약간 높은 온도(120~200℃)로 안정화하여 최대 강도를 얻을 필요가 있다. 이것을 인공시효 또는 석출 열처리라 한다.

(4) Al합금의 열영향부 조직

열영향부의 구분은 열처리 합금의 경우 석출경화 부분의 변화가 일어난 부분, 비열처리 합금의 경우는 가공경화 부분의 연화가 일어난 부분으로 구분 지을 수 있다. 실제로 열영향부에서는 입자 성장, 재결정, 석출 등의 야금학적 변화가 일어나게 된다. 통상, GMAW나 GTAW에서 HAZ의 폭은 6.4 mm 정도이다.

① 비열처리 합금의 용접부

㈎ 용접부(weld zone) : 모재와 용접봉이 혼합된 미세한 주조조직이 나타나는 부분이다.

㈏ 어닐링(annealed zone) : 가공경화된 부분이 용접열에 의하여 재결정과 입자 성장이 일어나는 부분으로, 입자 성장은 용접부에서 거리가 감소할수록 커진다.

㈐ 불영향부(unaffected zone) : 용접열로부터 영향을 받지 않은 모재 부분이다.

② 열처리 합금의 용접부

㈎ 용접부(weld zone) : 모재와 용접봉이 혼합된 미세한 주조조직이 나타난다. 이 부분의 특성과 열처리는 사용된 용접봉의 종류에 따라 달라진다. 반자동용접과 같이 입열이 낮은 경우에는 냉각이 급속하게 되어 용체화 처리된 상태가 되므로 시효에 의하여 강도가 증가하게 된다.

㈏ 반용융대(과열부 : overheated zone) : 이 부분의 폭은 상당히 좁고, 조대한 양상으로 모이게 된다. 이 부분은 강도와 연성이 낮아 미세 균열이 발생하기 쉽고, 입계부식과 응력부식 균열이 발생할 가능성이 높다.

㈐ 조립역(고용체부 : solution zone) : 용체화 온도 범위에서 급랭되어 시효되는 부분이다.

㈑ 연화역(과시효부 : over-aged zone) : 용접열로 인하여 용해 원소의 과시효 조직으로 연화되고 내식성이 저하된다.

㈐ 비열영향부(모재) : 용접열로 인한 현미경 조직의 변화가 일어나지 않는 모재 부분이다.

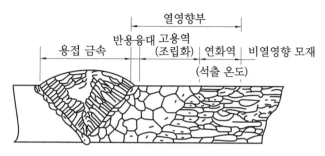

7000계 Al합금의 용접부 근방의 조직

(5) Al합금의 용접 시 주의 사항

① 산화피막(Al_2O_3)은 녹지 않고 불순물로 남게 되므로 용접 전에 제거한다.

② Al 합금은 열전도도가 높아 집중된 열이 요구된다.

③ 전기저항이 낮아 충분한 용접을 위해서 높은 전류를 사용한다.

④ 높은 열팽창계수로 용접열에 의한 변형 발생과 고온 균열 발생이 쉬워지므로 주의를 요한다.

⑤ 산화피막을 제거해야 하므로 극성은 GTAW에서는 교류(AC)를 사용하고, GMAW에서는 직류역극성(DCRP)을 사용한다.

⑥ Al합금과 이종 금속의 용접 시에는 전지 작용 부식을 방지하기 위해서 용융 용접 이외의 방법으로 접합하거나, 철강재와 Al재로 이루어진 bimetal을 사용하여 용접한다.

(6) Al합금의 용접 결함

① 용접 균열

㈎ 종류 : 발생 기구 측면에서 보면 Al 용접부에서 발생하는 균열은 고온 균열이며, 이것은 주로 결정입계에 합금원소의 편석 또는 저용점 물질의 존재에 기인하는 것이다.

㉮ 응고균열(solidification crack) : 용접 금속이 응고할 때 응고 온도 범위의 저온 측에서 응고 시의 수축력 또는 외력이 작용하여 발생하는 것이다.

㉯ 액화균열(liquation crack) : 열영향부(HAZ)가 고온으로 가열되었을 때 입계가 국부적으로 용융하였다가 응고할 때의 수축에 기인하여 발생하는 균열이다. Al합금의 다층 용접 또는 보수 용접을 할 때 전층 용접 금속 중에 나타나는 미세 균열(microfissure)은 일종의 액화균열이다.

(나) 모재와 균열 특성

㉮ Al합금에서 1000, 3000, 4000, 5000계는 균열이 잘 발생하지 않고 용접성이 양호하다.

㉯ 2000계의 Al-Cu-Mg 합금, 7000계의 Al-Zn-Mg-Cu 합금은 균열이 쉽게 발생한다.

㉰ 미소 균열을 방지하기 위해서는 과대한 입열을 피한다.

㉱ 결정립 미세화 원소인 Ti, Zr, Ti+B을 미량 첨가한 용접봉을 사용하면 7000계의 용접 균열을 방지할 수 있다.

㉲ 용접 시공의 측면에서 용접 균열을 저감시키기 위해서는 groove 간격을 줄이거나 용접 속도를 낮추고, 용접 crater부가 응고되기 직전에 균열이 생기지 않도록 용융 금속을 보충한다.

예제 Al합금의 모재 및 용접 재료에 Ti 및 Zr 원소를 첨가하는 이유를 설명하시오.

해설 7000계열은 Zn과 Mg 함량에 따라 균열 감수성이 달라지며, 용접 재료는 주로 Al-Mg계를 사용한다. Ti, Zr, Ti+B을 미량 함유한 용접봉을 사용하면 결정립 미세화로 인하여 용접 균열을 방지할 수 있기 때문에 이를 첨가한다.

---

② **융합 불량** : 융합 불량은 주로 후판의 다층 용접에서 발생하기 쉽고, 발생 위치는 대개 groove 면, bead 층간 및 back chipping 후의 초층면이 되며, 융합 불량의 발생 원인은 산화물의 존재나 용입 부족 등에 의한 것이다. 융합 불량의 방지를 위해서는 ㉮ 판 두께에 비해 충분한 용접 전류를 선택하고, ㉯ 이음부 각도 혹은 반지름이 작을수록 융합 불량이 잘 발생하므로 가능하면 이들을 크게 한다.

③ **기공**

(가) 발생 원인 : Al 용접부는 다른 금속재료에 비하여 기공이 발생하기 쉽다. 기공의 형성 원인으로는 ㉮ 용접 시 용접 금속 중으로 가스 용해, ㉯ 냉각 시 용융 금속 내에서 화학반응에 의한 가스의 발생과 용해도 감소에 따른 가스의 방출, ㉰ 응고 과정에 있어서 가스의 방출 등이 있으며, 기공의 직접적인 원인은 수소인 것으로 알려져 있다. 기공의 주원인인 수소원은 ㉮ 모재 및 용접봉 중의 용해 수소, ㉯ 모재 및 용접봉 표면에 부착 또는 흡착된 수분 및 유기물의 부식 생성물, ㉰ 보호 가스 중의 수소 및 수분, ㉱ 보호 가스가 불완전한 경우 arc 분위기 중에 침투된 공기 중의 수분 등이다.

(나) 기공의 생성 기구 : 용접 용융지 응고 시 수소의 기포가 형성 표면으로 부상하지 못하고 용착금속 내에 잔류하게 되면 기공이 된다. 특히, Al합금은 액상선과 고상선의 온도차가 적어 응고 도중 gas가 빠져나가는 시간이 짧기 때문이다.

(다) 방지 대책 : 일반적으로 용융지의 냉각 속도가 빠를수록 기공은 많아지고, 냉각 속도가 느릴수록 적어진다. 또한, 보호 분위기가 충분한 역할을 하지 못하면 기공은 증대되며, 용접 방법에 있어서는 GTAW보다 GMAW의 경우가 기공의 발생이 많다. 종합적인 측면에서 기공의 방지 대책은 다음과 같다.

기공의 방지 대책

원 인	방지 대책
설계	1. 기공이 생기기 쉬운 곳을 설계 단계에서 제거 ① 수평, 위보기 용접부의 감소 ② 어려운 자세 또는 복잡한 형상의 용접부를 없앰 2. 용접선의 감소 ① 폭이 넓은 판재의 사용 ② 형재의 사용
시공 및 시공관리	1. 적절한 용접 조건을 선정 ① 판 두께 용접 자세, 용접법과 함께 적절한 전류, 전압, 용접 속도의 선정 ② 보호 가스 유량의 선정 2. 적절한 전처리법을 채용 ① 판 표면의 먼지 등의 이물질 제거, 피용접면의 아세톤 탈지 ② 산화피막의 제거 3. 모재, 용접봉의 관리 ① 모재, 이음부의 보호 ② 용접봉의 건조 또는 청정한 장소에서의 보관 4. 용접 기기의 점검 ① 토치의 누수 유무 확인 ② 토치 선단에서 보호 가스의 노점의 계측(-40℃ 이하) ③ 작업 개시 시의 시험아크 방출에 의한 아크 상태의 확인 5. 적절한 스타트 처리 ① 가스 사전흘림(pre-flow)의 실시 ② 탭(tab) 사용 ③ 비드 이음부 처리(전층의 스타트부의 제거) 6. 환경 관리 ① 고습도하에서의 방습 처리 ② 먼지의 제거
검사	1. 실제의 시공 전에 시험판의 검사를 실시하고, 시공법의 적정 여부 확인 2. 구조물 건조의 초기 단계에서 검사 3. 검사 결과의 신속한 피드백(feedback)

6-2 ◁ 티타늄(Ti) 및 그 합금

(1) 개 요

티타늄은 비슷한 성능의 다른 합금(Cu 합금이나 스테인리스강)에 비하여 비싸지만, 백금에 필적할 정도로 해수 및 암모니아 등에 대하여 거의 완벽한 내식성을 가지고 있다. 그러므로 내구 수명 등을 고려한다면 훨씬 경제적이기 때문에, 새로운 구조용 재료로서 원자력, 화력 및 수력발전소용 부품, 각종 화학 플랜트, 해수담수화 장치 등을 중심으로 널리 이용되고 있다. 또한 Ti 합금은 강도/중량비가 높아서 항공기 부품 재료로서도 각광을 받고 있으며, 잠수함의 함체에 이용됨은 물론 초전도 재료, 수소 저장합금, 형상기억합금 등의 기능재료뿐만 아니라 각종 스포츠 용품, 패션 용품(안경, 카메라, 자전거) 등에 이르기까지 그 수요가 증가하고 있다.

(2) 성 질

① 주요 특성

㈎ 티타늄(titanium, Ti)은 원소 번호가 22인 금속으로, 은백색의 광택이 있다.

㈏ 티타늄은 내식성이 매우 강한 금속으로 해수나 습기에 침식되지 않는다(해수용 기기 사용, 초산, 염산 및 금까지 용해하는 왕수에도 견딘다).

㈐ 내식성은 표면을 덮고 있는 산화물 박막이 극히 큰 안전성과 강도를 갖고 있기 때문이다.

㈑ Ti의 비중은 4.5 g/cm^{2}로 알루미늄보다 40 % 크나, 강도가 약 6배나 된다. Fe 보다 높은 비강도(강도/비중)를 갖고 있다.

㈒ 티타늄은 취성이 커서 가공비가 비싸기 때문에 산업 현장의 응용에 제한적이다.

② 물리적 성질

㈎ 1680℃의 고융점을 갖는다.

㈏ 비중이 4.5 g/cm^{2}로서 강의 약 1/2이다.

㈐ 선팽창계수가 작고 오스테나이트 스테인리스강의 약 1/2이다.

㈑ 열전도율은 강의 1/4로서 오스테나이트 스테인리스강과 유사하다(별도의 예열 불필요).

㈒ 영률은 오스테나이트 스테인리스강의 약 1/2로서 작다.

㈓ 순수 Ti에 함유되는 불순물 원소 중에 산소, 질소, 수소 및 철은 Ti의 기계적 성질에 큰 영향을 미치고 있다. 즉 산소 및 질소의 함량이 증가할수록 인장강도 는 커지나 연신율은 낮아진다.

㈔ Ti은 표면에 강한 산화티타늄의 부동태 피막을 형성하게 되어 각종 환경하에

우수한 내식성을 나타낸다.

 **티타늄의 특성**

1. 비중이 작아 가볍다.
2. 우수한 내식성을 갖는다.
3. 고온에서 기계적 특성이 좋다.

(3) 종 류

① **순수 티타늄** : 순금속 Ti의 경우 ASTM에서는 불순물 원소의 함유량에 따라 네 종류로 구분하고 있다. O_2, N_2, H_2, Fe 등의 불순물량이 증가함에 따라 강도는 증가하고 연신율은 저하하는데, 실제 공업적인 제조의 관리에서는 주로 O_2와 Fe 양의 조절에 의해서만 이루어지고 있다. 또한 Ti 합금은 실온 조직에 따라 다음 표와 같이 α, $\alpha+\beta$, β형의 세 종류로 크게 구분되며 이들은 첨가되는 합금원소에 따라 달라진다.

Ti 및 Ti 합금의 종류와 성질

종 류	구 분	인장강도(MPa)	항복강도(MPa)	연신율(%)
순금속 Ti 1종	α	274~412	≧167	≧27
2종	α	343~510	≧216	≧23
3종	α	480~601	≧343	≧23
4종	α	≧549	480~647	≧15
Ti-0, 15Pd	α	343	274~451	≧20
Ti-5Ta	α	343~510	≧216	≧23
Ti-0.8Ni-0.3Mo	α	≧480	≧343	≧18
Ti-5Al-2.5Sn	α	≧431	≧794	≧10
Ti-6Al-4V	$\alpha+\beta$	≧892	≧823	≧10
		1,000~1,245	931~1,205	5~10
Ti-8Al-1Mo-1V	$\alpha+\beta$	1,000~1,107	970~1,000	10~20
		1,137~1,274	98~1,176	8~12
Ti-6Al-4V-2Sn	$\alpha+\beta$	1,039~1,176	892~1,039	10~15
		1,313~1,519	1,205~1,411	1~6
Ti-13V-11Cr-3Al	β	892~1,000	862~970	10~20
		1,313~1,656	11,760~1,519	5~10
Ti-11.5Mo-6Zr-4.5Sn	β	≧686	≧617	≧10

② α형 합금 : 가장 대표적인 α 안정화 원소인 Al과 소량의 합금원소(Pb, Ta 등)를 함유하는 것으로 상온에서 α 상의 조직을 갖는다. 대표적인 합금으로는 Ti-5Al-2.5Sn 이 있으며 고온 강도가 요구되는 항공기용 부품 등에 이용되고 있다. 그 외에도 Ti-0.5Pb와 Ti-5Ta 합금이 있는데, 비산화성 산에 대한 내식성이 양호하여 염산 및 황산 등을 사용하는 용기에 주로 이용되고 있다. 한편 고온의 불산을 사용하는 분위기에서는 Ti-5Ta 합금이 주목을 받고 있다.

③ β형 합금 : β형 합금은 V, Mo 등의 β 안정화 원소가 다량 첨가된 합금으로, 용체화 처리와 시효에 의하여 1,260 MPa 이상의 고강도를 얻을 수 있는 특징이 있다. 용접은 가능하지만 용접 시에는 모재와 동등한 강도를 얻을 수 있다.

④ α+β형 합금 : 상온에서 α 상과 β 상이 혼재하는 조직을 갖는 합금으로 열처리에 의한 α 상과 β 상의 비율을 변화시킬 수 있고 그 비율에 따라 강도의 수준도 제어할 수 있다. 그중에서도 Ti-6Al-4V 합금이 가장 널리 사용되고 있으며, 이 합금은 강도가 약 870 MPa 이상으로 높고 용접성 및 성형 가공성도 양호하기 때문에 항공기 부품용 재료와 탐해정 등에 이용되고 있다.

(4) 용접 방법

Ti의 용접 방법은 GTAW를 주로 사용하며, 그 외에 GMAW, PAW, EBW 등 여러 종류가 사용되고, 각각의 특징은 다음과 같다.

① GTAW : 낮은 전류 영역에서 arc가 안정되고 welding carriage, wire 송급 장치, gas 제어장치 등이 일체화된 전자동 용접 장치와 tube to tubesheet 자동용접 장치 등이 개발되어 발전 설비 및 화학 plant에 널리 사용되고 있다. Ti에 적용되는 용접법은 종류가 많지만 경제성과 작업성을 고려하여 가장 많이 사용되는 것이 GTAW이다.

② GMAW : GTAW에 비해 용착 속도가 빠르고 용입이 깊은 장점이 있지만 spatter 발생이 많아서 일반적으로 적용되는 예는 매우 적다.

③ PAW : GTAW보다 용입이 깊고, 특히 10 mm 정도까지는 1pass 용접이 가능하고, 고능률이어서 점차 그 사용이 증가하고 있다.

④ EBW : 열 집중이 매우 높기 때문에 GTAW나 PAW에 비해 용입이 깊고, 용입 폭이 대단히 좁아서 제품의 크기에 제한이 있지만 변형을 줄일 수 있기 때문에 항공기 및 잠수정 등에 사용한다.

⑤ 그 밖에 특수 용접법으로 고상 확산 용접, 마찰용접, brazing 등이 있다.

(5) 용접 특성

① 개요 : 티타늄 용접의 가장 큰 문제는 티타늄이 상온에서는 안정한 산화피막이 생겨서 부식을 방지하지만, 300℃ 이상의 고온에서는 반응성이 활발하여 O_2, N_2, H_2 등의 원소로 오염되어 내식성을 저하시키거나 용착금속 내부에 기공 등의 결함을 발생시켜 내식성뿐만 아니라 기계적 성질까지 모두 저하시키는 것이다.

② 대기에 의한 오염

(개) 티타늄 및 티타늄 합금은 고온에서 산소, 질소, 수소 등 대기 중의 원소와 용이하게 견고한 반응

(내) 산소는 강도 향상을 목적으로 0.1~0.2 %의 미량이 사용되고 있으나 보통은 그러한 침입형 원소에 의해 연성과 인성이 저하

(대) 용접부는 무엇보다도 용접에 의해 고온으로 가열되는 부분에 대기가 침입하는 것을 완벽히 방지하는 것이 매우 중요

(래) 대기에 의한 오염의 현황은 용접부의 착색으로 확인이 가능하다. 티타늄산화물의 색상은 TiO_2가 백색 또는 회색, TiO_3가 짙은 청색, TiO가 황금색이며, 대기에 의한 오염부도 이러한 관계로 변색된다.

(매) 가열 온도 및 시간에 따라 은백색 → 황금색 → 자색 → 청색 → 회색, 흑백, 백, 황의 순으로 변색되며 일반적으로 연청색까지는 건전한 용접부로 고려된다.

(배) 오염 방지를 위해 용접부 및 주위의 고온 가열부는 불활성가스로 차폐함이 필요 (이 경우 차폐 가스 내의 불순 가스나 대기의 와류에 의한 용접부 오염에도 주의)

(새) 차폐 가스로는 Ar이 많이 사용되며 Ar 내의 불순 가스량에 따라 용접 금속이 경화된다.

(애) 즉, 공기 상태로 불순 가스량이 0 %의 경우에는 Hv 170이나 4.0 %의 경우 약 Hv 260으로 경화도가 증가한다. 또한 경도의 상승에 따라 용접 금속의 연성은 급격히 감소한다.

(재) 수소는 경도 및 인장강도에는 거의 영향이 없으나 연성에는 악영향을 미치는 것으로 알려져 있다.

Ti 산화피막의 온도에 따른 변색

용접부 색상	판정 기준	후처리 방법
은색	일반적인 양호한 용접부	–
주홍색 혹은 연청색	인정할 수 있는 용접부	다음 용접 전에 스테인리스강 와이어 브러시로 변색부 제거
청색 혹은 자주색	용접부 문제 있음	용접 비드와 인접부 부분 제거, 재용접 시에 보호 가스량 증대
회색 또는 황백색	용접부 문제 많음	용접 비드와 인접부 완전 제거

예제 티타늄 용접 시 보호 가스의 역할을 3단계 영역으로 구분하여 설명하시오.

해설 Ti 용접부를 대기로부터 보호하기 위한 방법으로는 진공이나 불활성 용기 속에서 용접하는 등 여러 가지 방법이 있으며, 가장 보편적인 것은 보호 가스를 사용하는 것이다. 이것은 대기에 의한 오염을 방지할 뿐만 아니라 용착부와 열영향부가 상온까지 냉각되는 동안 대기로부터 보호한다. 일반적으로 보호는 토치로 Ar 가스를 공급함으로써 이루어지며 다음과 같은 세 가지로 대별할 수 있다.

1. 1차 보호(primary shielding) : 용융부와 그 근처의 모재 주위를 보호하는 것으로, 이때 토치나 건 노즐(gun nozzle)을 사용하여 보호 가스의 흐름에 난류가 생기지 않고 일정한 흐름을 얻을 수 있도록 한다. 사용 노즐의 직경은 일반적으로 12.5~18.8mm이며, 해당 연결부에 사용하기 쉬운 최대의 것을 사용한다.

2. 2차 보호(secondary shielding) : 용융 후 냉각되는 용접부와 열영향부에 산화 문제가 생기지 않을 정도의 온도(약 200℃)로 냉각될 때까지 대기로부터 보호하는 것이다. Ti는 전도도가 낮기 때문에 열영향부 폭이 축소되고, 용접 공정 중 전방부는 보호할 필요가 없는 반면, 용접부 바로 뒤에 냉각되는 용접 금속은 일정 온도로 냉각될 때까지 계속하여 보호해야 하는 단점이 있다.

3. 후면 보호(backup shielding) : 토치 반대쪽의 루트(root)부를 보호하기 위하여 실시한다. 특히 파이프 용접 시에는 내부에 불활성가스를 불어넣어 퍼징(purging) 하여야 한다. 이때 파이프 내부의 압력이 너무 크면 루트 패스부에서의 비드 외관이 좋지 않게 된다. 이것을 방지하기 위해서는 용접 중에 계속 퍼징을 하면서 퍼지 댐(purge dam) 출구에서 나오는 유량을 감지하여 조절하도록 하여야 한다.

③ **용접 재료**

(가) 용융 용접에 사용되는 용접 재료는 모재와 동등 재질로 보다 순도가 높은 재료를 사용하는 것이 원칙이다.

(나) 이종의 티타늄 합금을 용접하는 경우에는 합금원소량이 적은 측의 합금과 동일한 조성의 용접 재료가 사용되며, 연성을 중요시하는 경우에는 순티타늄용의 용접 재료를 사용하는 것도 가능하다.

(다) 극저온용으로 ELI급의 재료를 사용하는 경우에는 용접 재료로 불순물이 적은

재료를 사용한다.

⒣ 순티타늄 용접 재료는 ERTi-1~4가 있으며 합금으로는 ERTi-5Al-2.5SN, ERTi -6Al-4V 등을 사용한다.

⒤ 용접 재료의 표면 상태가 용접부의 오염이나 기공 발생의 원인이 되는 경우가 많다. 예를 들어, 와이어 인발 시에 표면에 미세한 홈이 있을 시에 가스나 이물 질이 흡착되어 결함이 발생할 수 있다.

④ 클리닝

⒢ 용접부의 클리닝은 오염에 의한 용접부의 물성 열화 및 기공 발생을 방지하기 위해 실시한다.

⒣ 일반적으로 티타늄 전용으로 스테인리스 재질의 와이어 브러시로 브러싱하며, 여기에 아세톤 또는 알코올로 탈지하든지, 2~4 %의 불산이나 30~40 %의 초산 수용액에 의한 화학적 세정이 사용된다.

⒤ 클리닝 후에 곧 용접을 시행하는 것이 원칙이다. 그러나 시공상의 이유로 일정 기간 보관 또는 운반 등이 필요한 경우 개선면의 청정도 유지를 위해 기화 방청 제를 사용할 수 있으며, 용접 시공 직전에는 확인 후 재클리닝을 한다.

⑤ 용접 결함 : 티타늄의 용접 시에는 용탕의 대기 가스에 대한 고용도가 매우 크기 때

문에 산화나 용접 금속 내부에 발생하는 기공이 큰 문제점으로 지적된다. 용접부 기 공은 용접 변수에 크게 영향을 받으며, 용접 전처리가 기공 발생에 많은 영향을 미 치는 것을 볼 수 있다. 용접 중심부에 발생하는 기공도 용입이 불충분해서 생기는 것으로 입열량을 증가시키면 해결할 수 있고, 용접 금속 선단에서 생기는 기공은 그 원인이 정확하지는 않으나 응고 수축에 의한 가공, 확산성 수소, Ar 또는 N_2에 의 한 용접 금속의 오염 및 산화 등으로 추정되며, 기공 발생을 줄이기 위해서는 다음 과 같은 방법이 유효하다.

⒢ 기계 가공으로 용접 부위를 가공하는 것이 바람직하다.

⒣ 용접 부위의 기름 및 산화물들을 제거하기 위해 산세 처리하며, 이로써 기공이 상당히 감소한다.

⒤ 용접 토치로부터 보호 가스량이 증가하면 기공 발생률이 증가하므로 적절하게 조 절한다(보호 가스가 많이 흐르면 흐를수록 용접부의 냉각 속도를 증가시키기 때문 에 용작부가 액상으로 유지되는 시간이 감소하여 내부 가스의 배출 시간이 부족하 기 때문).

⒥ 용접 속도와 후면 보호 가스 양 및 아크 길이가 증가할수록 기공 발생량이 감소 한다.

6-3 니켈(Ni) 및 그 합금

(1) 특 성

　니켈(Ni) 및 니켈합금은 내식성 및 내열성 합금으로서 널리 사용되고 있다. 니켈, 저탄소 니켈은 탄소강에 비하여 비열은 거의 차이가 없으나 열팽창계수가 크고 열전 도도가 우수하다. 모넬은 탄소강에 비하여 비열이 크고 열팽창계수가 크며, 열전도도 가 크게 저하되므로 용접 시공에 있어 주의해야 한다. 아크용접과 불활성가스 용접에 있어 적절한 것을 선정해야 한다. 용접 시공에 있어 니켈 및 니켈합금의 용접에는 아 크용접, 불활성가스 아크용접이 많이 사용된다. 용접 홈의 형상에 대해서는 강에 비 하여 용접 전류가 낮고 용접할 때 용입이 얕으므로 홈 각도를 넓게 하는 것이 좋다.

① 장점
　㈎ 육상, 해상의 일반적인 환경에 매우 강하다.
　㈏ 실온 및 고온에서 가공성이 우수하고, 연성과 인성이 매우 탁월하다.
　㈐ 중성, 알칼리성, 비산화성의 염용액에도 쉽게 부식되지 않는다.
　㈑ dry gas에 대한 내식성이 높다.
　㈒ 특히 알칼리성에서 충분한 내식성을 나타낸다.

② 단점
　㈎ 대부분의 산(acid)에 대하여 내식성이 약하다.
　㈏ 특히 산화성 산의 염이나, 용존산소가 있을 경우 심하게 부식이 일어난다.
　㈐ 230℃ 이상의 황화물 환경에 대한 내식성이 약하다.

③ 사용 범위 : 니켈 및 니켈합금은 화학공업, 원자력, 화력발전 등의 저장 탑조, 가열 설비, 가스터빈, jet 엔진 등에 이용된다.

(2) Ni합금의 종류

　일반적으로 니켈합금에 대한 규격이 없기 때문에 상호(brand name)를 사용하고 있 으며, 그 종류를 대별하면 다음과 같다.
　㈎ monel : Ni-Cu 합금
　㈏ inconel : 고Ni-Cr-Fe 합금
　㈐ incoloy : Ni-Cr-Fe 합금
　㈑ hastelloy : Ni-Mo-Fe 합금

이와 같이 Ni계 합금은 보통 Fe^-, Co^-, Ni^- 기지의 합금으로 분류되며, 고용경화, 석 출경화, 그리고 산화물 분산강화에 의한 초합금을 만든다.

대표적인 니켈합금과 그 화학조성

합금명	Ni	C	Mn	Si	S	Fe	Cu	Cr	Al	Ti	Mo	Co	기타
NICKEL200	99.5	0.08	0.18	0.18	0.005	0.20	0.13	–	–	–	–	–	–
NICKEL201	99.5	0.01	0.18	0.18	0.005	0.20	0.13	–	–	–	–	–	–
MONEL400	66.5	0.15	1.00	0.25	0.012	1.25	31.5	–	–	–	–	–	–
MONEL K500	66.5	0.13	0.75	0.25	0.005	1.00	29.5	–	2.73	0.60	–	–	–
INCONEL 600	76.0	0.08	0.50	0.25	0.008	8.00	0.25	15.5	–	–	–	–	–
INCOLOY 600	32.5	0.05	0.75	0.50	0.008	46.0	0.38	21.0	0.38	0.38	–	–	–
INCOLOY 825	42.0	0.03	0.50	0.25	0.015	30.0	2.25	21.5	0.10	0.90	3.0	–	–
HASTELLOY-B	61.0	0.05	1.00	1.00	0.03	5.0	–	1.0	–	–	28.0	2.5	–
HASTELLOY-C	54.0	0.08	1.00	1.00	0.03	5.0	–	15.5	–	–	16.0	2.5	W4.0
HASTELLOY-W	60.0	0.12	1.00	1.00	0.03	5.0	–	5.0	–	–	24.5	2.5	–

① MOLEL 400

㉮ 특징 : Ni-Cu Alloy. 고강도이며, 바닷물, 염산, 황산, 알칼리에 뛰어난 내식성을 가진다.

㉯ 용도 : 탄산수소 화학적 처리 장치, valves, 펌프, shafts, fittings, 열교환기

㉰ 형태 : pipe, tube, sheet, strip, plate, round bar, flat bar, forging stock

열처리	밀도(g/cm^2)	녹는점(℃)	인장강도(MPa)	항복강도(MPa)
annealed	8.83	1300~1350	550	240

② INCONEL 600

㉮ 특징 : Ni-Cu Alloy. 고온에서 산화에 강하고 염화 이온에 의한 부식균열에 강하며, 수분이나 가성알칼리에 의한 부식에도 강하다.

㉯ 용도 : 산업용 가스터빈, blades, vane, shaft, tail cone, afterburner, spring, fastener, 가열로 성분(화학, 식품 처리 과정, 핵 엔지니어링)

㉰ 형태 : pipe, tube, sheet, strip, plate, round bar, flat bar, forging stock

열처리	밀도(g/cm^2)	녹는점(℃)	인장강도(MPa)	항복강도(MPa)
annealed	8.47	1354~1413	655	310

③ INCOLOY 825

㉮ 특징 : Mo과 Cu가 포함된 Ni-Fe-Cr Alloy. 산화, 환원에 강하고, 응력부식균열, 피팅, 틈부식에 강하며, 특히 황산과 인산에 강하다.

(나) 용도 : 산업용 가스터빈, blades, vane, shaft, tail cone, afterburner, spring, fastener, 가열로 성분(화학, 식품 처리 과정, 핵 엔지니어링)

(다) 형태 : pipe, tube, sheet, strip, plate, round bar, flat bar, forging stock

열처리	밀도(g/cm^2)	녹는점(℃)	인장강도(MPa)	항복강도(MPa)
annealed	7.94	1357~1385	650	350

④ HASTELLOY C-276

(가) 특징 : Ni-Cr-Mo-W Alloy. 피팅, 응력부식 균열, 균열 부식에 강한 저항력을 보이며, 산화 수용액에서도 잘 견딘다.

(나) 용도 : 강한 산화제(염소, 포름산, 초산, 무수초산, 염화철, 염화구리 등)가 노출된 화학처리 환경에서도 강한 저항력을 보이며, 대부분 가스 세정기에서 발생되는 염화 이온과 혼합물에도 강하기 때문에 C-276합금은 탈황가스 시스템 산업에서 이용되며 응력부식 균열과 pitting corrosion에 대한 저항성도 강하다.

(다) 형태 : pipe, tube, sheet, strip, plate

열처리	밀도(g/cm^2)	녹는점(℃)	인장강도(MPa)	항복강도(MPa)
annealed	8.69	1290~1350	791	389

(3) 용접 특성

① 용접 전 준비 : 니켈을 주성분으로 하는 합금의 용접에서는 모재를 철저히 깨끗하게 하는 것이 중요하다. 고온에서 니켈 및 그 합금은 유황(S), 인(P), 납(Pb) 및 기타의 저융점 물질로 취약해지기 쉽다. 이들 물질은 제조 과정에서 통상 재료에 잔존하는 것들로 그리스, 기름, 페인트 등에 의해 유입되기 쉽다. 따라서, 용접 전에 이들을 반드시 제거해야 하는데, 제거하는 방법은 그 물질의 성분에 따라 다르다. 기름 및 그리스 등은 증기 탈지법(vapour degreasing)을 사용하고, 탈지 용제에 녹지 않는 페인트 등은 메틸렌 크롤라이드, 알칼리 세제로 제거하는 등 다양하다.

② 용접 절차 : 일반적으로 용접 절차는 스테인리스강의 경우와 비슷하다. 이들 재료의 열팽창 특성은 탄소강과 비슷하며 용접에 의한 변형은 거의 탄소강과 같다. 예열은 필요하지 않으나, 모재가 거의 0℃에 가까운 경우에는 15~20℃로 예열하여야 한다. 후열처리(PWHT)는 규격의 기준에 따라 행할 필요가 있으며, 응력부식 균열(SCC)을 배제하기 위해서도 필요하다. 용접 이음 형상은 일반 재료와는 달리 용융 금속이 잘 퍼지지 않으므로 weaving을 충분히 할 수 있도록 V홈의 각도를 80° 정도로 유지

하는 것이 좋다. 또한, 용접 깊이가 얕으므로 root면을 될 수 있으면 작게 하고, 재료 두께가 2.4 mm를 초과하는 경우에는 V, U 또는 J 등의 groove 형상으로 한다.

③ arc용접 시 유의 사항

(가) 철강 재료에 비해 유동성이 나쁘기 때문에 용접부 형상은 용접봉, 와이어 또는 토치가 groove의 root부까지 도달할 수 있도록 개선각을 보통 80° 정도로 넓게 한다.

(나) 용입 깊이가 얕기 때문에 root 면을 가능하면 작게 한다.

(다) 맞대기 용접의 경우 판 두께가 2.3 mm 이하에는 I형이 좋지만, 2.3~9.5 mm일 때는 V, U, 또는 J groove 형태가 바람직하며, 9.5 mm 이상의 경우 double V 또는 double U type을 적용하는 것이 좋다.

(라) 사용응력이 큰 경우에는 모서리 용접이나 겹침 이음부 형상을 피한다.

(마) 일반적으로 예열은 필요 없다.

(바) 입열량(heat input)이 큰 경우에는 응고균열이 생기기 쉽기 때문에 입열량을 낮추는 것이 좋고, 특히 석출경화형 합금은 입열량을 낮추고 bead 길이를 짧게 한다.

(사) 다층 용접의 경우에는 bead 표면에 형성된 산화피막이 견고하기 때문에 wire brush로 제거하는 것은 불가능하고 grinder로 연삭해야 한다.

(아) 이면 보호 가스는 가능하면 사용하는 것이 좋고, 특히 석출경화형 합금에는 반드시 사용해야 한다.

(4) 용접 결함

① **고온 균열** : 고온 균열은 응고 시 S나 Pb 등과 같은 미량의 불순물에 의한 저융점 개재물이 액상의 필름 형태로 결정입계에 잔류해서 응고 시 발생하는 수축 응력에 의해 발생하는 것으로, 이러한 저융점 개재물 중에는 니켈과 반응하여 융점이 더욱 낮은 공정 화합물로 존재하여 균열을 야기시키기도 한다. 용접 시 대부분의 고온 균열은 크레이터(crater)와 용접 비드 표면에서 주로 발생하는데 이와 같은 균열의 방지 대책을 종합하면 다음과 같다.

(가) 용접 입열량을 줄일 것

(나) 예열 및 층간 온도를 낮게 할 것

(다) 크레이터 처리를 할 것

(라) 개선 내 기름 및 그 외의 부착물(이물질)을 충분히 제거할 것

뿐만 아니라 상기 대책 외에 고온 균열 감수성이 낮은 용접 재료를 선정하는 것도 매우 중요하다. 그리고 이상과 같은 응고균열 외에 석출경화형 합금에 다량으로 함유된 Al, Ti이 Ni과 공정 화합물을 형성하여 결정입계에 γ상[(Ni3Al 또는 Ni3(Al, Ti)]을 석출시키고, 이 석출상이 어느 온도에서 급격히 연성 저하를 일으

켜 균열을 발생시키기도 한다.

② **기공** : 기공은 용접 개선 부위에 기름, 산화물 등 이물질의 존재에 의하여 주로 발생한다. 개선부의 유지, 산화물, 도료 등의 이물질이 존재하므로 고온 균열의 원인이 될 뿐만 아니라, 기공 발생의 원인도 된다. 뿐만 아니라 보호 가스의 유량이 부적당하고 순도가 불량할 경우에도 기공이 발생하는데 이를 방지하기 위해서는 개선 내를 용접 전에 깨끗이 하고 보호 가스의 종류와 유량 등을 충분히 검토하여 항상 완전한 보호 가스가 얻어질 수 있도록 유의할 필요가 있다. 또 보호 가스 유량이 부족할 경우, 또 과대한 경우도 발생하기 때문에 주의를 요한다. 기공 방지를 위해서는 Al, Ti 등의 탈산제를 첨가하면 효과가 있다. 실제 시공 시에는 용접봉 회사가 추천하는 재건조 온도(200~300℃ 정도)로 건조시킨 용접봉을 사용하는 것이 중요하다.

③ **기타** : 산화물 개재물 생성, 용입 불량 등도 발생하기 쉬우므로 홈 각도를 넓게 하고, 용접봉 및 와이어 직경을 작게 하며, 전류 및 용접 자세의 제어가 필요하다.

6-4 구리(Cu) 및 그 합금

(1) 구리의 특성

구리(copper)는 전기 및 열의 양도체로서 전기재료로 많이 사용되며, 내식성이 우수하여 선박 부품, 화학 용기, 급수관에 많이 이용되고 있다. 또한 구리합금은 순수 구리에 비해 열전도성과 전성이 낮으나 강도가 높다. 합금원소 첨가에 따라 소재의 물리적·기계적 및 화학적 특성이 달라지며, 연성 및 전성이 풍부하여 압연 인발재, 주조재로 많이 사용된다.

① **전기전도도** : 순동은 전기전도도가 높지만, 각종 원소를 첨가함에 따라 그 특성이 저하한다.

② **열전도도** : 순동은 열전도성이 좋아 용접열은 모재로 급속히 비산하여 용접 금속의 퍼짐성이 나쁘게 되고, 용접 결함이 발생하기 쉽다.

③ **열팽창계수** : 구리 및 구리합금은 강의 1.4~1.8배의 선팽창계수를 가진다. 선팽창계수가 클수록 용접 변형이 크게 되고, 구속이 강하면 균열 발생이 쉽게 된다. peening을 해주면 잔류응력이 해소되어 균열의 방지에 유효하다.

④ **기타**

㈎ 유연하고 전연성이 좋으므로 가공성이 우수하다.

㈏ 화학적 저항력이 커서 부식이 쉽게 되지 않는다.

㈐ Zn, Sn, Ni, Al, Au 등과 쉽게 합금을 만든다.

㈑ 수소와 같이 확산성이 큰 가스를 석출하며, 이로 인해 취성이 조성된다.

(2) 구리의 종류

구리(Cu, copper) 및 그 합금은 구리개발협회(CDA, copper development association)가 제정한 방법에 따라 분류할 수 있다. CDA에 의하면 C100에서 C799까지는 단련용 합금이고, C800에서 C999까지는 주조용 합금으로 이를 세분하면 다음과 같다.

Cu 합금의 종류

Cu 합금의 분류	단련용 합금	C1XX	Cu 및 고Cu 합금
		C2XX	Cu−Zn 합금(황동)
		C3XX	Cu−Zn−Pb 합금(Pb 황동)
		C4XX	Cu−Zn−Sn 합금(Sn 황동)
		C5XX	Cu−Sn 합금(P 청동)
		C6XX	Cu−Al 합금(Al 청동), Cu−Si 합금(Si 청동)
		C7XX	Cu−Ni 및 Cu−Ni−Zn 합금(양은)
	주조용 합금	C8XX	주조 Cu, 주조 고Cu 합금, 각종 주조 황동, 주조 Mn 청동, 주조 Cu−Zn−Si 합금
		C9XX	주조 Cu−Sn 합금, Cu−Sn−Pb 합금, Cu−Sn−Ni 합금, Cu−Al−Fe 합금

(3) 용접 특성

① **구리의 용접성** : 구리의 용접성은 철강보다 난해하며, 그 원인은 구리 중 산화구리를 포함한 부분이 순수 구리보다 용융점이 약간 낮고 먼저 용융되어 균열이 발생되기 쉬우며 열전도성이 높고 냉각 효과가 크기 때문이다. 가스나 다른 용접법으로 환원성 분위기에서 용접하면 산화구리는 환원 가능성이 커진다. 이때 스패터가 감소하여 강도를 약화시킬 우려가 있으며, 수소와 활산성이 큰 가스를 석출하고 그 압력으로 인하여 더욱 결함 발생률이 높아진다. 구리는 용접 시 심한 산화를 일으켜 가스를 흡수하여 기공을 형성한다. 따라서 구리합금의 용접에는 불활성가스 텅스텐 아크용접법과 불활성가스 금속 아크용접법이 이용된다.

㈎ 용접성에 영향을 주는 성질은 열전도도, 열팽창계수, 용융 온도, 재결정 온도 등이다.

㈏ 순동의 열전도도는 연강의 8배 이상이므로 국부적 가열이 어렵기 때문에 충분한 용입을 얻으려면 예열이 필요하다.

(다) 구리의 열팽창계수는 연강보다 50 % 이상 크기 때문에 용접 후 응고 및 수축 시 변형이 발생하기 쉬우므로 가접을 비교적 많이 한다.

(라) 구리합금의 경우 과열에 의한 아연 증발로 용접공이 중독을 일으키기 쉽다.

(마) 산소를 소량(0.02~0.05 %) 함유한 정련 구리를 용접할 때에는 수소의 존재에 의해 수소 취성을 일으키기 쉬우므로 주의를 요한다($Cu_2O + H_2 \rightarrow 2Cu + H_2O \uparrow$).

② **용접 방법** : 용가재는 모재와 동일한 것이 이용되나 구리합금의 종류가 매우 다양하므로 성분 조성과 강도, 연성, 내식성, 전기전도도, 내마모성 등에 중점을 두어야 할 부분에 맞추어 선정해야 한다. 황동계의 용접봉은 아크용접의 가용전극 용접봉으로는 부적당하나 가스용접에는 사용할 수 있으며, 아크용접의 전극봉으로는 사용하지 않는다.

(가) GTAW로는 6 mm 이하의 박판이 많이 사용되며, 전극봉은 토륨(Th)+텅스텐(W) 합금이 사용된다. 또한 직류정극성(DCSP)을 채용하고, 고순도(99.8 %)의 아르곤을 사용해야 한다.

(나) GMAW는 3.2 mm 이상의 후판 용접에 이용되며, 직류정극성(DCSP)의 극성으로 심선은 규소로 탈산시킨 것을 사용하면 효과적이다. GTAW와 동일하게 아르곤 차폐 가스는 순도 99.8 % 이상의 고순도를 사용한다.

종래 구리 및 구리합금의 용접은 가스용접법, 피복 아크용접법이 사용되었으며, 가스용접은 순동, 황동, 규소청동 등의 용접에 이용되고 있다. 한편, 피복 아크용접에서는 순동 및 인청동 용접이 주로 시공되고 있으며, 플럭스를 이용하는 용접에서는 고융점의 산화물을 생성하는 알루미늄청동, 니켈청동에 있어 산화물 처리가 문제가 된다. 현재는 GTAW 및 GMAW로 구리 및 구리합금 용접을 시공하고 있으며, 용접부의 품질도 우수하다. 최근에는 플럭스의 개발로 후판의 서브머지드 아크용접법도 이용되고 있으나 주로 규소황동과 알루미늄 청동을 용접 대상으로 하고 있다. 박판에는 저항용접이나 전자빔용접이 사용되고 있으며 압접법의 형태로 확산용접법도 적용되고 있다.

(4) 용접 결함과 발생 원인

6 mm 이상의 후판 용접에서는 균열 발생이 자주 일어난다. 모재의 탈산이 불충분하면 산화동이 환원되어 수증기가 발생하고 결정입계에 미세한 기공 및 균열이 발생한다. 이를 방지하기 위해서는 예열이 필요하나 열팽창계수가 커서 구속이 크면 균열이 발생되기 쉽다. 수축 응력을 감소시킬 피닝 및 후열처리가 필요하다. 기공은 동에 함유된 산소와 용접 분위기 중의 수소가 반응하여 수증기가 발생되며 다음과 같은 화학반응식이 일어난다.

$$Cu_2O + H_2 \rightarrow 2Cu + H_2O$$

기공 방지의 목적으로 용접에서는 탈산동을 모재나 용접봉으로 사용한다. 규격에서는 산소 함유량을 규정하지 않고 수소 취화 시험을 하는 것으로 되어있으나 산소 함유량은 0.008 % 이하가 적당하다. 탈산제로서는 인(P)과 규소(Si)가 사용되며 용접 분위기 속에 수소의 혼입을 막기 위해 불활성가스를 사용한다.

① **기공** : 모재 및 용접봉에 산소 함량이 많거나 전처리 작업이 불충하다. 또한 예열이 부족하거나 약한 전류로 발생되기 쉬우며 아르곤가스에 불순물이 많은 경우에 생긴다.

② **모재 균열** : 모재 중에 수분이 많은 경우에 발생되기 쉽다.

③ **용접부 균열** : 모재 및 용접봉에 산소 함량이 많거나 피닝이 불충분한 경우, 구속 방법의 부적당, 과전류 및 후열처리가 적절하지 못할 경우에 발생한다.

④ **용입 불량, 융합 불량** : 전류 과소, 예열 부족으로 인하여 생긴다.

⑤ **스패터** : 전처리 불량, 전류 과대, 예열 부족으로 발생된다.

용접 강도

3 PART

용접 기호와 표기법

1. X형 그루브 용접의 설계 조건이 그루브 깊이는 화살표 쪽 20 mm, 화살표 반대쪽 10 mm, 그루브 각도는 화살표 쪽 60°, 화살표 반대쪽 90°, 루트(root) 간격 3 mm, 용접 후 열처리(PWHT)를 하는 경우에 대하여 용접부 단면 형상과 용접 기호를 표기하시오.

2. 옥외 현장 용접 작업장에서 다음 그림에서와 같이 알루미늄합금(＝5 mm)인 I형 홈 용접(square groove welding) 이음 구조에서 완전 용입과 부분 용입 (weld depth ＝2 mm)의 판재 용접을 하려고 한다. 이러한 경우 용접 기호를 사용하여 표기하시오.

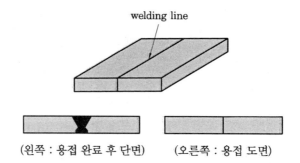

welding line

(왼쪽 : 용접 완료 후 단면)　　(오른쪽 : 용접 도면)

위 그림의 왼쪽은 얻고자 하는 용접부 단면이다. 이 용접부를 얻기 위한 용접부를 나타내는 용접 기호를 답안지에 오른쪽 그림을 그리고 표시하시오.

4. 필릿 이음에서 용접선과 응력 방향의 관계에 따라 전면 필릿 용접과 측면 필릿 용접으로 구분할 수 있다. 전면 필릿 용접과 측면 필릿 용접에 대하여 그림으로 도시하여 설명하고, 필릿 이음 시 각장(다리 길이)과 목 두께에 대하여 설명하시오.

5. 용접 구조물의 설계에서 그림의 완전용입(full penetration)으로 용접할 경우
   용접 기호를 도시하시오.

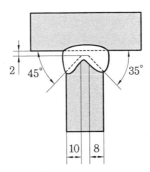

6. 다음과 같이 환봉을 I형으로 완전용입(full penetration)으로 용접한 경우 용
   접 기호를 도시하시오.

7. 다음 그림의 용접부 다듬질 방법 실형 모양을 (1) 용접 기호로 표시하고, (2) 용
   접부 보조 기호에 대해 설명하시오.

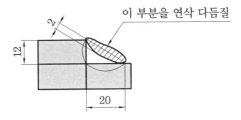

8. 다음 지시 내용을 그림의 주어진 용접 기호상에 표시하시오.(지시 내용 : V-
   groove로 양면 60° 개선한 두 개의 강 파이프를 GMAW법으로 전자세 용접
   하시오.)

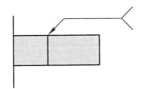

9. 다음 그림의 용접부 모양을 용접 기호로 표시하시오.

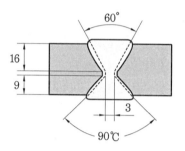

10. 다음 그림의 용접 기호에 대하여 설명하시오.

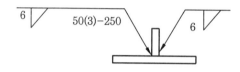

1. 용접 기호와 표기법

1-1 용접 이음의 종류

본 내용은 미국용접학회(AWS)에서 발행한 welding inspection technology를 기본으로 하였으며, 용접 검사자(관리자)로서 알아야 할 기본 개념 및 주의해야 할 유사한 용접 기호를 위주로 정리하였다.

(1) 용접 이음(weld joint)

① **기본 이음 형태** : 용접의 기본 이음 형태는 butt joint, corner joint, tee joint, lap joint, edge joint의 5가지로 구분되며, 적용되는 용접 방법과 대상 기기의 특성을 고려하여 가장 경제적이고, 안정적인 용착금속을 얻을 수 있는 이음 형태가 선정되어야 한다.

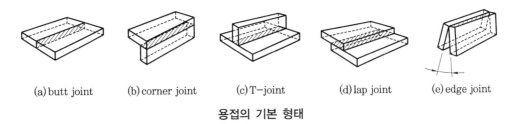

(a) butt joint　　(b) corner joint　　(c) T−joint　　(d) lap joint　　(e) edge joint

용접의 기본 형태

② **부재(members)** : 용접 이음에 사용되는 강재를 members라 하며, butting members, nonbutting members, splice members로 분류된다. butting members는 용접 이음 부재 중 다른 부재에 의해 두께 방향에 수평인 방향으로 움직임을 제한받는 부재이며, nonbutting members는 다른 부재에 의해 두께 방향에 수직인 방향으로 움직임을 제한받는 부재를 말한다. splice members는 용접 이음매를 가로질러 걸쳐있는 부재를 말한다.

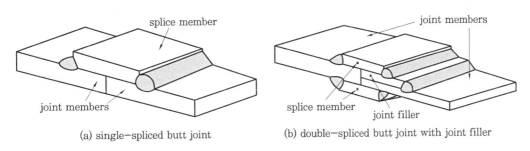

(a) single−spliced butt joint　　　(b) double−spliced butt joint with joint filler

spliced butt joints

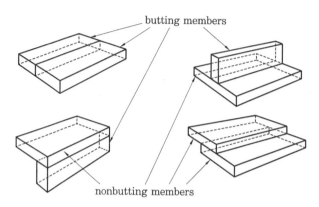

butting and nonbutting members

(2) 용접 이음의 구성 요소

① joint root : 마주한 두 용접 대상 금속의 실제 용접이 발생되는 곳 중에서 가장 가까이 인접한 부분으로, 이 joint root는 구조물의 형상과 적용되는 용접 방법과 선, 점, 혹은 면으로 나타나게 된다.

② groove face : groove face는 용접되는 groove의 면이다. 이 groove face에는 root face와 root edge가 모두 포함된다.

③ root face : 보통 land라고도 불리는 부분으로 groove face 중에 joint root에 해당하는 곳을 지칭한다.

④ root edgy : groove face의 한 부분으로 root face 중에 폭이 0인 부분을 말한다.

⑤ root opening : 인접한 두 용접 대상물의 용접부를 사이에 둔 가장 가까운 거리를 말한다.

⑥ bevel : 용접 대상물의 마주한 용접부의 root opening만큼 근접된 부분을 각도를 주어 가공한 것을 말한다.

⑦ bevel angle : bevel의 각도를 말하며, 모재 표면과 수직인 선을 기준으로 측정한다.

⑧ groove angle : groove angle은 두 용접 대상 모재의 가공된 각각의 bevel angle를 합한 것이다.

⑨ groove radius : groove radius는 오직 J- 또는 U-groove에만 적용되는 내용이다. J- 또는 U-groove의 경우에는 groove angle과 groove radius를 모두 표기하는 경우가 일반적이다.

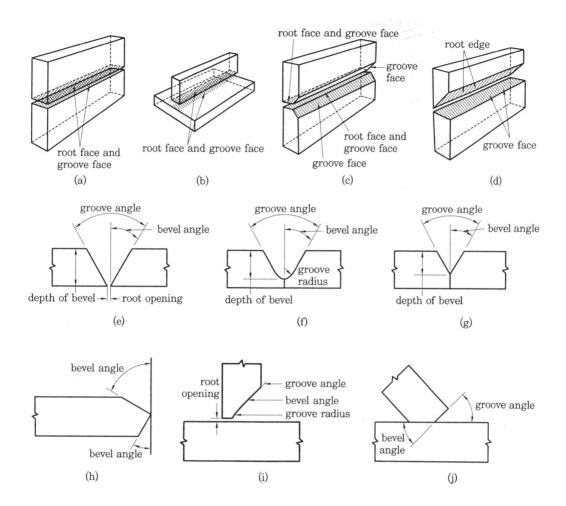

(3) 용접 개선의 종류

용접 개선의 종류는 groove welds, fillet welds, plug or slot welds, stud welds, spot or projection welds, seam welds, back or backing welds, surfacing welds, flange welds로 구분할 수 있다. 용접 기술자는 이음 형상 및 용접 형태를 고려하여 상기 최선의 용접 개선을 선정해야 한다.

> **참고 ● 선정 시 주의 사항**
>
> 1. 용접 joint에 접근이 용이한가?
> 2. 용접 방법에 적용 가능한 종류인가?
> 3. 구조물의 설계에 적당한가?
> 4. 경제적인가? 를 고려해야 한다.

① groove welds

(a) single—square—groove
weld

(b) single—bevel—groove
weld

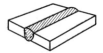

(c) single—V—groove
weld

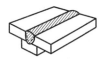

(d) single—V—groove
weld with backing

(e) single—J—groove
weld

(f) single—U—groove
weld

(g) single—flare—bevel
—groove weld

(h) single—flare
—groove weld

single groove weld joints

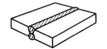

(a) double—square—
groove weld

(b) double—bevel—groove
weld

(c) double—V—groove
weld

(d) double—J—groove
weld

(e) double—U—groove weld

(f) double—flare—bevel—groove weld

(g) double—flare—V—groove weld

double groove weld joints

② fillet welds

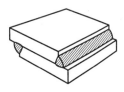

(a) double sided—single pass
fillet welds on a lap joint

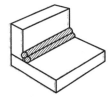

(b) single sided—multiple pass
fillet welds on a corner joint

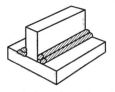

(c) double sided—multiple pass
fillet welds on a T—joint

(d) fillet welds around
the diameter of a hole

(e) staggered intermittent
fillet welds top view

(f) chain intermittent fillet
welds top view

fillet welds

③ plug, slot & stud welds

(a) plug weld　　　　(b) slot weld　　　　(c) stud weld

plug, slot and stud welds

④ spot & projection welds

embossed top member　　desired weld

(a) resistance spot weld　　(b) arc spot weld　　(c) projection weld

spot and projection welds

⑤ seam welds

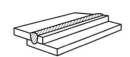 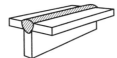 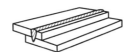 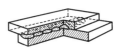

(a) arc seam weld　　(b) arc seam weld　　(c) electron beam seam weld　　(d) resistance seam weld

seam welds

⑥ back & backing welds와 surfacing welds

groove weld made before welding other side

groove weld made after welding other side

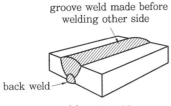 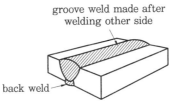 

back weld　　back weld

(a) back weld　　(b) backing weld　　(c) surfacing weld

back & backing welds와 surfacing welds

⑦ flange welds

 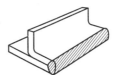

(a) edge weld in a flange butt joint　　(b) edge weld in a flange corner joint

flange welds

⑷ 용접 금속의 명칭

① weld face : 용접이 실시된 방향에서 볼 때 용접이 완료된 표면을 지칭한다.

② weld toe : weld face와 용접 대상 모재가 만나는 면이다.

③ weld root : weld face와 반대되는 개념으로 root surface가 모재와 만나는 부분이다.

④ root surface : weld face와 반대되는 개념으로 용접이 처음 시작된 면에 노출된 용접 완료 표면이다.

⑤ face reinforcement : weld face의 보강 용접부를 지칭한다.

⑥ root reinforcement : root face의 보강 용접부를 지칭한다.

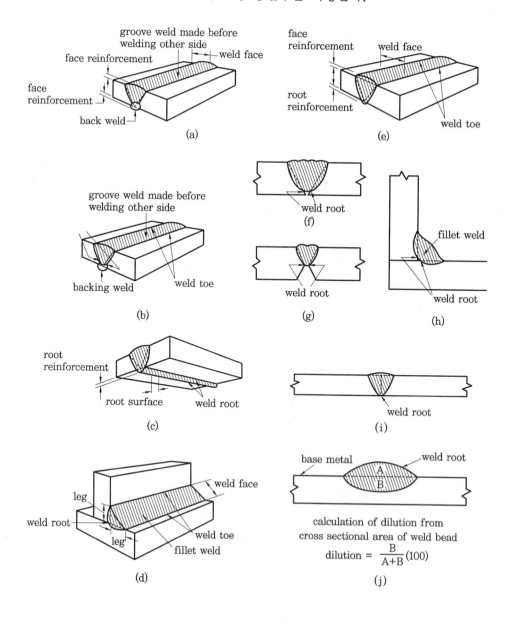

(5) 용입 금속과 용착부 명칭

① **융착(fusion)** : 용융 금속과 모재가 또는 모재 스스로가 실제로 녹아서 완전히 하나의 조직을 형성하는 것을 의미한다.

② **용입(penetration)** : 용접 joint 내로 용융 금속이 들어가 있는 깊이를 의미한다.

③ **fusion face** : 용접 개선의 groove face가 용융 금속에서는 fusion face가 된다. 즉, 경계선에서부터 모재의 용융(fusion)이 시작되는 의미이다.

④ **depth of fusion** : fusion face에서부터 weld interface까지의 거리를 의미하며, fusion face에서 수직인 선을 기준으로 측정한다. depth of fusion의 의미는 모재의 용융이 발생하고 용융된 용접 금속과의 융합이 이루어진 부분을 의미한다.

⑤ **weld interface** : 용접열에 의해 용융이 이루어진 모재와 용융되지 않는 모재의 경계선을 지칭한다.

⑥ **fusion zone** : 모재의 용융이 이루어진 부분의 단면적을 의미한다. 이 단면적이 크게 나타나는 것은 용접 과정에서 모재에 가해진 입열이 크게 이루어졌음을 의미한다.

⑦ **root penetration** : butt joint에서 용융 금속이 joint root 아래로 녹아서 흘러들어간 깊이를 의미한다. 완전 용입(CJP, complete joint penetration)과 불완전 용입(PJP, partial joint penetration)을 구분하는 기준이 된다.

⑧ **joint penetration** : weld reinforcement를 제외한 상태에서 weld face에서부터 측정한 가장 큰 weld metal의 깊이를 의미한다.

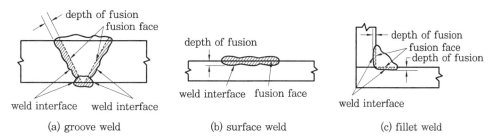

(a) groove weld (b) surface weld (c) fillet weld

note : fusion zones indicated by shading

fusion terminology

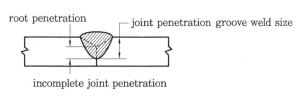

penetration terminology

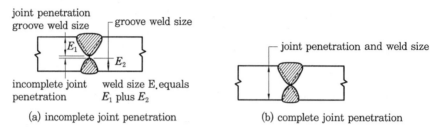

(a) incomplete joint penetration　　　(b) complete joint penetration

penetration and weld size

(6) 용접 금속의 크기

① **이론 목 두께**(theoretical throat) : 설계 과정에서 강도 계산에 적용되는 이론적인 fillet 용접부의 두께를 의미한다.

② **유효 목 두께**(effective throat) : fillet 용접부에서 weld root와 weld face 사이의 길이에서 convexity를 제외한 최소 길이를 의미한다.

③ **실제 목 두께**(actual throat) : fillet 용접부에서 weld root와 weld face 사이의 최소 길이를 의미한다. concave fillet 용접부에서는 effective와 actual throat가 같다.

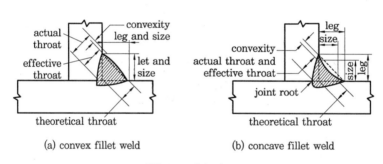

(a) convex fillet weld　　　　(b) concave fillet weld

fillet weld size

unequal leg fillet weld　　　　**size of seam or spot weld**

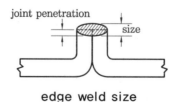

edge weld size

(7) 용접 순서와 기법

용접 순서의 적절한 선택과 적용은 해당 용접 구조물의 변형 방지와 경제적인 용접 설계에 반드시 필요한 사항이다.

① weld pass : 용접 joint를 따라 실시된 single weld progression을 의미한다. 이는 특정한 금속의 층을 의미하는 것이 아니라 용접이 진행되어가는 작업 자체를 의미한다.

② weld layer : 여러 개의 weld pass가 중복되어 이루어진 하나의 층을 의미한다.

③ weld bead : 하나의 weld pass가 만들어내는 용접 금속의 층을 의미한다.

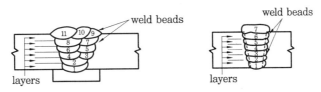

weld pass, bead, and layer

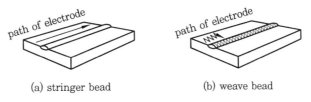

(a) stringer bead   (b) weave bead

stringer and weave beads

1-2 용접 기호 표기법

(1) weld symbol과 welding symbol

미국용접학회(AWS)에서는 weld symbol과 welding symbol을 명확히 구분하고 있다. weld symbol은 특정한 용접 형태로 얻어지는 용접 금속을 의미하며, welding symbol을 구성하는 요소이다. welding symbol은 reference line과 arrow를 기본으로 하며, weld symbol을 포함한 여러 구성 요소로 조합된다.

groove							
square	scarf	V	bevel	U	J	flare-V	flare bevel
‖	//	V	V	Y	Y	)(	V

fillet	plug or slot	stud	spot or projection	seam	back or backing	surfacing	flange	
							edge	corner

note : the reference line is shown dashed (…) for illustrative purposes.
definition : weld symbol. A graphical character connected to the welding symbol indication the type of weld.

weld symbols

(2) welding symbol의 구성 요소

① reference line(필수 요소) : 용접 이음과 용접에 관한 정보를 알려주는 가장 기본이 되는 구성 요소는 reference line이다. 이 reference line을 기준으로 모든 용접 정보가 나열되며, 반드시 수평으로 표기된다.

② arrow(필수 요소) : reference line의 위쪽에 기록된 내용은 arrow 반대쪽에 해당되는 내용이고, reference line 아래쪽에 기록된 내용은 arrow side에 해당되는 내용이다. broken arrow가 사용될 경우에는 arrow는 항상 용접부 개선 가공이 필요한 방향을 지시한다.

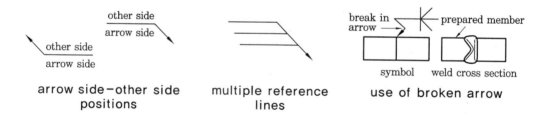

arrow side-other side positions   multiple reference lines   use of broken arrow

③ tail : 용접 방법이나 절단 방법 및 기타 용접 관련 보조 정보들이 표기된다.

④ basic weld symbol : weld symbols에서와 같이 기본적인 용접에 관한 도형으로 표시된 정보이다.

⑤ dimensions & symbol : 용접 금속의 크기와 pitch 등 용접 금속의 size와 관련된 내용을 표기한다.

⑥ supplementary symbols : 표면 가공, backing의 유무 및 용접이 이루어지는 장소에 대한 표기 등의 부수적 정보를 표시한다.

weld-all around	field weld	melt through	consumable insert (square)	backing or spacer (rectangle)	contour		
					flush or flat	convex	concave

supplementary symbols

⑦ finish symbols : supplementary symbol의 구성 요소 중에서 용접 금속의 표면 상태 요구 사항을 표시한다.

⑧ specification, process or other reference : supplementary symbol의 구성 요소 중에서 용접 방법과 backing의 유무 등을 표시한다.

※ 복합적인 weld symbol/여러 개의 reference lines

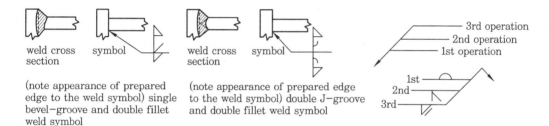

weld cross section   symbol

(note appearance of prepared edge to the weld symbol) single bevel-groove and double fillet weld symbol

weld cross section   symbol

(note appearance of prepared edge to the weld symbol) double J-groove and double fillet weld symbol

3rd operation
2nd operation
1st operation

1st
2nd
3rd

combinations of weld symbols

use of multiple reference line to signify sequence of operations

(3) 용접 보조 기호

① finish methods : 용접 마무리는 chipping(C), grinding(G), hammering(H), machining(M), rolling(R), unspecified(U)의 약어를 사용하며 다음과 같이 표기한다.

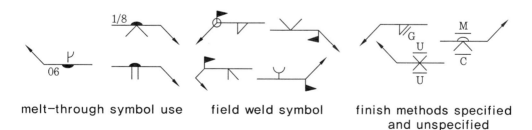

melt-through symbol use   field weld symbol   finish methods specified and unspecified

② **현장 용접 symbols** : 이 표시가 있는 용접 접합부는 현장의 건설 단계에서 용접이 이루어진다.

③ **melt through symbols** : 완전 용입이 이루어지면서 root부에 가시적으로 충분하게 확인할 수 있을 정도의 reinforce-ment가 형성된 용접부를 지칭한다.

④ **weld all-around symbol** : 용접부를 완전히 감싸는 전 둘레 용접을 의미한다.

⑤ **backing symbol** : back welding과 backing welding은 혼동하기 쉬운 개념으로 분명히 알고 가야 한다. back welding은 double groove 등의 용접부에서 back gouging 등의 작업과 함께 실시되는 반대쪽 용접을 의미한다. backing welding은 용접 과정에서 용접 root를 cover해주는 별도의 backing device를 대고 용접하는 것을 의미한다. backing weld symbol은 그 모양이 plug나 slot과 유사하므로 주의해야 한다.

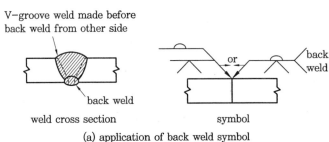

(a) application of back weld symbol

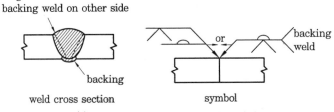

(b) application of backing weld symbol

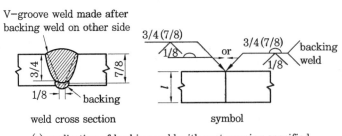

(c) application of backing weld with root opening specified

application of back and backing weld symbols

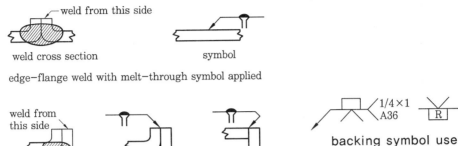

weld cross section

symbol

edge-flange weld with melt-through symbol applied

weld cross
section

symbol joint
detailed

symbol joint
not detailed

backing symbol use

corner-flange weld with melt-through symbol applied

corner-flange weld with melt-through symbol

⑥ spacer symbol : 용접 개선부의 root gap을 일정 부분 확보하기 위하여 spacer를 삽입하는 경우가 있다.

⑦ consumable insert symbol : 대개 금지시되지만 full penetration을 추구하기 위해 일부 groove weld joint에 filler metal을 strip 또는 ring 형태로 삽입하는 경우가 있다. 이 경우에 삽입되는 filler metal은 기공 등의 결함이 발생하지 않도록 특별한 화학조성을 가지고 있다.

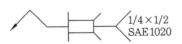

(a) double-bevel-groove with spacer

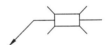

(b) double-V-groove with spacer

(c) double-J-groove with spacer

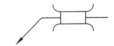

(d) double-U-groove with spacer

groove weld symbol with spacer

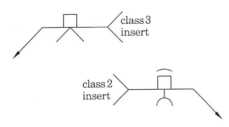

consumable inserts

(4) 용접부의 크기 표기

① fillet welds : fillet weld의 크기는 size, length, pitch로 구분된다.

㉮ size : fillet size는 weld symbol의 왼쪽에 표기된다. goove weld의 경우에
   는 용접 금속의 크기를 괄호 안에 표기하였으나, fillet weld의 용접 금속 크기
   는 괄호 없이 그대로 표기한다.

㉯ length : fillet weld의 길이는 weld symbol의 오른쪽에 표기된다. 전 길이
   용접이 이루어지는 경우에는 이와 같은 fillet 용접 길이 표시는 적용하지 않으
   며, 부분적으로 용접이 이루어질 경우에는 해당 용접부를 hatching하여 표시
   한다.

㉰ pitch : 연속적으로 전체 용접부를 모두 용접하지 않고 일정한 간격으로 chain
   intermittent fillet 또는 staggered intermittent fillet 용접을 실시할 경우
   에는 fillet weld의 간격을 표기해주어야 한다. fillet weld pitch는 용접 금속
   의 중심에서부터 다음 용접 금속의 중심까지의 거리로 표기한다. 도면상에 표시
   할 때는 길이 표시 오른쪽에 hyphen(-)으로 연결하여 나타낸다.

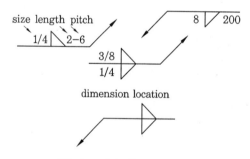

fillet weld dimensions

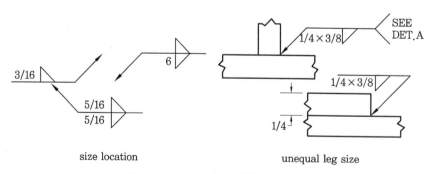

size-unequal leg fillet welds

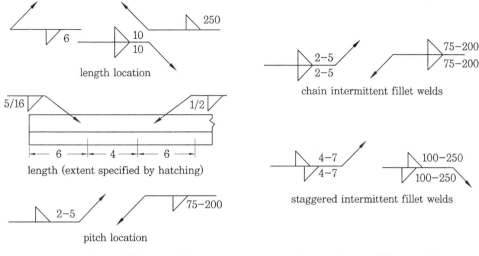

length, pitch fillet welds   intermittent fillet welds

② plug & slot welds

㉮ plug welds : plug 용접의 크기를 표기하는 요소는 weld size, angle of countersink, depth of filling, pitch, 그리고 용접 금속의 수량이다.

㉮ weld size : plug 용접의 크기는 초기 plug 용접을 실시하기 위한 가공 hole 의 크기와 같다. 이 수치는 weld symbol의 왼쪽에 표기한다.

㉯ angle of countersink : countersink의 각도는 초기 가공된 hole의 taper 각도를 의미한다. 이 각도는 weld symbol의 위쪽이나 아래쪽에 표기된다.

㉰ depth of filling : weld symbol의 안쪽에 표기되며 불완전 용입이 이루어 졌을 경우의 용접 금속 두께를 의미한다.

㉱ spacing or pitch : 각 plug 용접 금속의 pitch는 직선거리로 측정되며, weld symbol의 오른쪽에 표기된다.

㉲ number of plug weld : 일정한 수량의 plug 용접만이 요구될 경우에는 그 수량을 괄호 안에 넣어서 weld symbol의 위쪽 또는 아래쪽에 표기한다.

㉳ plug weld contours : plug 용접 금속의 형상은 일반적으로 flush 또는 convex 로 나타난다. 해당 용접부의 열처리가 요구되면, 용접 금속의 형상 위에 열처리가 요구되어, 용접 금속의 형상 위에 열처리 조건을 표기한다.

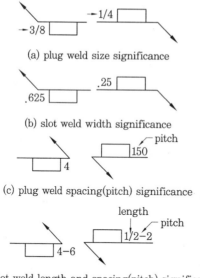

(a) plug weld size significance

(b) slot weld width significance

(c) plug weld spacing(pitch) significance

(d) slot weld length and spacing(pitch) significance

differences in plug and slot welds

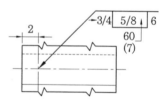

plug weld dimensions

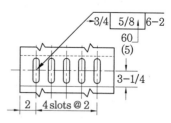

slot weld dimensions

(나) slot welds : slot 용접 금속의 크기는 용접 금속의 폭, 길이, angle of countersink, depth of filling, 그리고 용접 금속의 개수로 표기한다. 용접 금속의 폭과 길이를 제외한 각 요소의 의미와 표기 방법은 plug 용접과 동일하다.

㉮ slot weld width : arrow의 방향에 따른 의미는 없고, weld symbol의 왼쪽에 표기한다. 용접하기 위해 가공한 slot의 폭과 동일하다.

㉯ slot weld length : arrow의 방향에 따른 의미는 없고, weld symbol의 오른쪽에 표기된다. 용접 금속의 길이는 slot의 길이와 동일하다.

③ spot, projection & seam welds : spot 용접과 projection 용접은 동일한 weld symbol을 사용한다. 이 두 가지 용접의 구별은 용접 방법, joint design, 그리고 tail에 표기된 내용에 의한다.

㈎ spot welds : spot 용접은 ERW, GTAW, EBW, 초음파용접에 의해 시행될 수 있다. 그러나 GMAW나 SMAW 등으로는 적용할 수 없다.

㉮ spot weld size & strength : 용접 금속의 크기는 마주한 용접 대상물 사이에 형성된 nugget의 지름으로 측정되며, weld symbol과 나란히 표기된다. 용접 금속의 크기와 강도는 두 개 모두 표기되는 경우는 없으며 둘 중에 하나만 나타내면 된다.

㉯ spacing or pitch : 인접한 spot의 최단 직선거리를 나타내며, weld symbol의 오른쪽에 표기한다.

㉺ spot의 개수 : 괄호 안에 전체 개수로 표기되며, weld symbol의 위치에 따라 위 또는 아래에 표기한다.

㈏ projection welds : projection weld symbol은 joint의 형상과 적용되는 용접 방법에 따라 reference line의 위 또는 아래쪽에 표기한다. projection weld 옆에 표기되는 내용은 어느 쪽이 projection으로 가공되는가를 나타낸다.

㈐ seam weld : seam 용접은 전기 저항용접으로 seam을 형성하여 용접을 진행하는 방법이다. 이 용접 기호는 reference line 위 또는 아래에 원형으로 표시되는 weld symbol을 관통하는 두 개의 직선으로 나타낸다. seam 용접 기호의 표시는 spot이나 projection과 기본적으로 동일하다. 연속적인 seam을 형성하지 않고 간헐적인 용접 seam을 형성할 때는 그 seam 사이의 간격을 길이 표기 오른쪽에 hyphen(-)을 넣어서 나타낸다.

④ stud welds : stud 용접의 기호는 항상 reference line의 아래쪽에 표시되어 직접 용접이 이루어지는 표면을 지칭하도록 나타낸다. stud 용접의 크기는 용접되는 stud의 크기와 동일하며, 각 stud 사이의 거리와 총 stud의 개수로 표시된다.

⑤ surfacing welds : 흔히 clad, build up 등에 적용되는 표면 용접은 두께를 정확히 표시해주어야 한다. 최소 두께는 weld symbol의 왼쪽에 나타낸다.

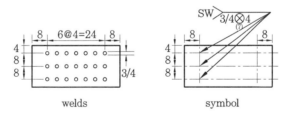

stud weld symbol for multiple rows

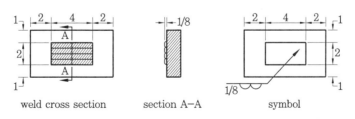

width and length of surfacing weld

⑥ groove welds : groove weld symbol은 fillet weld joint의 symbol과 그 기본이 같으나, 단지 groove가 존재한다는 것이 차이점이다.

㉮ depth of bevel : depth of bevel은 weld symbol의 왼쪽에 위치하며, 다음 그림의 'S'에 해당한다. 이는 모재 표면으로부터 root opening까지의 거리를 의미한다.

㉯ groove weld size : groove에 침투(penetration)해 들어간 weld metal의 크기를 의미한다. 다음 그림의 'E'에 해당한다. groove weld의 크기는 depth of bevel과 weld symbol 사이 괄호 안에 넣어 표기한다. 별도의 groove weld size 표기가 없는 경우는 full peneration을 의미하며, CJP라는 말로 표기되기도 한다.

㉰ root opening : 용접 대상물이 joint root를 경계로 마주하여 벌어진 간격을 의미한다. 도면에 root opening을 표기할 경우는 반드시 허용되는 공차도 함께 표기해주어야 한다.

㉱ groove angle : groove의 각도는 weld symbol의 바깥쪽에 위치하며, weld symbol 위쪽 혹은 아래쪽에 표기한다. 이때 크기는 각도로 표기된다. groove angle이 60°인 경우에는 각각의 부재가 30°로 가공되어야 한다.

㉲ radius & root face : U 또는 J-groove인 경우에만 적용되며, 이 치수는 weld symbol과 연계하여 기록되지는 않는다.

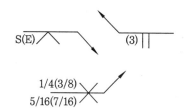

depth of bevel-groove weld size

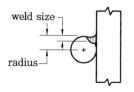

flare groove size versus radius

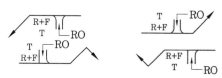

where : T=weld size
F=flange size
R=radius of flange
RO=root opening

flange weld dimension position

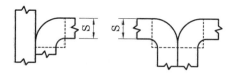

flare-bevel-groove   flare-V-groove

flare groove depth bevel

groove							
square	scarf	V	bevel	U	J	flare-V	flare bevel
‖ ‖	∕∕∕ ∕∕∕	Y ∧	V Λ	Y ⌐	Ρ Λ	)( )(	⌐C ⌐C

groove weld symbols

⑦ flare groove welds : 전통적인 groove 용접 관련 기호와 그 표기법이 그대로 적용하기 어려운 특별한 경우로 구분될 수 있다. 여기에는 depth of bevel과 groove angle이라고 하는 edge 형상에 관련된 새로운 개념이 존재하며, 완전 용입(CJP)이라는 의미는 존재하지 않는다. flare groove 용접에서 depth of bevel은 radius라는 용어로 정의된다.

⑧ supplementary symbol for groove welds : 기타의 경우로 backing이 적용되거나 fillet 용접과 마찬가지로 용접부 형상에 대한 표현 등을 하는 경우가 있다.

1-3 용접 기호 예시

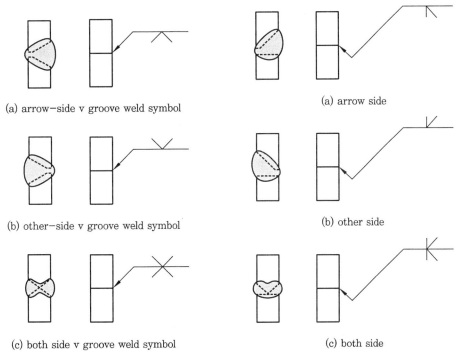

(a) arrow-side v groove weld symbol

(b) other-side v groove weld symbol

(c) both side v groove weld symbol

applications of arrow and other side convention

(a) arrow side

(b) other side

(c) both side

applications of break in arrow of welding symbol

용접부	실제 모양	용접 기호 표기
판 두께 19 mm, 그루브 깊이 16 mm, 그루브 각도 60°, 루트 간격 2 mm		
완전 용입 용접, 판 두께 12 mm, 반침쇠 사용, 그루브 각도 45°, 루트 간격 4.8 mm, 다듬질 방법 절삭		
그루브 깊이, 화살표 쪽 20 mm, 화살표 반대쪽 10 mm, 그루브 각도, 화살표 쪽 60°, 화살표 반대쪽 90°, 루트 간격 3 mm, 후열처리(PWHT)		

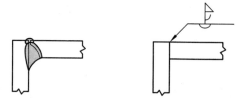

(a) back or backing, single−j−groove and fillet weld symbols

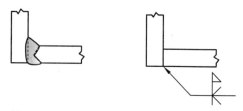

(b) double−bevel−groove and fillet weld symbols

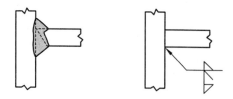

(c) single−bevel−groove and double fillet weld symbols

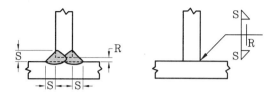

(d) double-square-groove and double fillet weld symbols

combinations of weld symbols

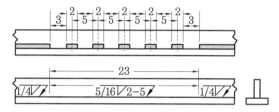

(a) combined intermittent and continuous welds (one sides of joint)

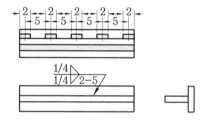

(b) combined intermittent and continuous welds (both sides of joint)

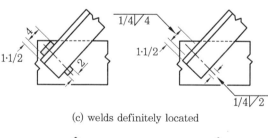

(c) welds definitely located

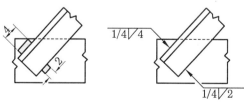

(d) welds approximately located

specification of location and extent of fillet welds

용접부	실제 모양	용접 기호 표기
• 화살표 쪽 : 그루브 깊이 16 mm, 그루브 각도 45° • 화살표 반대쪽 : 그루브 깊이 9 mm, 그루브 각도 45° • 루트 간격 2 mm		
그루브 깊이 10 mm, 그루브 각도 45°, 루트 간격 2 mm		
다리 길이 6 mm		
부등다리인 경우, 작은 다리의 치수를 앞에, 큰 다리를 뒤에 그리고, ( )로 묶는다. 이 경우, 부등다리의 방향을 알 수 있도록 표시한다.		
용접 길이 600 mm		
양쪽 다리길이가 다른 경우		

한쪽 연속용접, 한쪽 단속용접, 양쪽 다리길이 6 mm, 단속용접, 용접 길이 50 mm, 용접수 3, 피치 250 mm	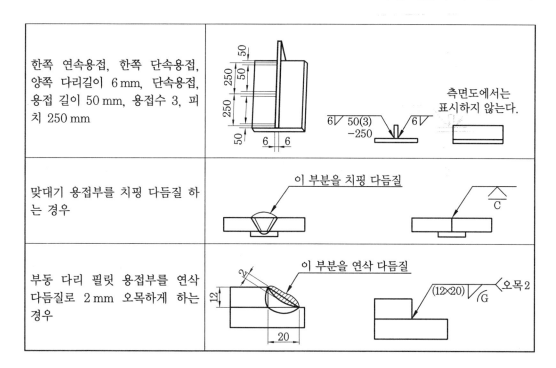
맞대기 용접부를 치핑 다듬질 하는 경우	
부동 다리 필릿 용접부를 연삭 다듬질로 2 mm 오목하게 하는 경우	

Chapter 02

용접 이음 설계

1. 해양 구조물이나 화학 플랜트의 용접 작업에서 용접 이음부의 내식성에 영향을 미치는 주요 인자 3개를 열거하고 설명하시오.

2. 용접 구조물의 용접 설계 시 유의 사항에 대하여 5가지를 쓰고 설명하시오.

3. 반복하중을 받는 용접 이음의 강도, 즉 (1) 피로강도에 영향을 주는 인자를 나열하고, (2) 맞대기 이음 용접에서 덧붙이(reinforcement) 각도(높이)가 피로강도에 미치는 영향에 대해서 설명하시오.

4. 그림과 같이 평판에 빔을 용접하는 경우, 정하중을 받는 구조물과 동하중을 받는 구조물의 이음 길이 l_1이 다르다. 어떻게 다른가를 제시하고, 그 이유를 설명하시오.

5. 스칼럽(scallop)을 하는 목적 및 수문과 강교 등의 강구조물에 적용 시 주의할 사항에 대하여 설명하시오.

6. 두께 30 mm와 20 mm 판재를 필릿 용접하려고 할 때 허용할 수 있는 최대 필릿 용접 목 두께를 설명하시오.

7. 압력 용기(ASME Sec.Ⅷ)를 설계할 때 용접 이음 효율(joint efficiency)의 정의와 최대허용 이음효율에 따라 방사선 투과 시험(RT) 촬영 조건을 설명하시오.

8. T-형 필릿 용접 단면의 형상은 비드 표면의 모양에 따라 볼록 비드, 오목 비드, 편평 비드 등으로 구분할 수 있다.

    가. 동하중 구조물에 적합한 용접 단면 형상을 그림을 그려 제시하고,
    나. 비드 형상에 따른 각 이음의 평균응력과 최대응력을 응력분포도를 이용하여 비교하고,
    다. 동하중에 따른 적합한 개선 이음을 그림으로 설명하시오.

2. 용접 이음 설계

2-1 용접 이음 설계 시 결정 원칙

(1) 용접 이음부의 특징

용접 구조물의 신뢰성은 용접 이음부의 품질에 크게 좌우된다. 설계 시점부터 용접 공정을 충분히 이해하여 생산성과 품질을 만족시키는 최적의 설계가 되도록 관리해야 하며 용접 이음부의 특징은 다음과 같다.

① 균열, 기공, 융합 불량, 슬래그 혼입, 언더컷 등과 같은 결함이 생기기 쉽다.

② 모재에 비해 경화, 연화 또는 취화되는 등 기계적 성질이 나빠지기 쉽다.

③ 국부적인 급열·급랭에 의해 용접 잔류응력이 생긴다.

④ 용접 변형이 생기기 쉽다.

⑤ 용접 조건과 관리 상태에 따라 품질이 매우 심하게 변한다.

(2) 용접 이음 설계 시 주의 사항

용접 구조물의 용접 설계를 할 때는 기능성, 안전성, 내구성을 기본으로 고려해야 하며, 아울러 생산성과 품질도 같이 검토해야 한다. 용접 설계 시 주의하고 배려해야 할 설계 원칙은 다음과 같다.

① 아래보기 용접을 많이 한다(수직 등 다른 자세 용접보다 용접 결함이 적게 발생하여 작업 능률이 좋게 된다).

② 용접 작업에 충분한 공간을 확보한다(좁은 공간에서의 작업은 용접 자세가 불량하여 용접 결함이 많이 발생하게 되고 환기 문제, 감전 사고 등의 안전 재해 가능성이 높게 된다).

③ 용접 이음부가 국부적으로 집중되지 않게 하고, 될 수 있는 대로 용접량이 적은 홈 형상을 선택한다(용접 결함 발생률이 높고, 변형이 크게 된다).

④ 용접 이음부 판 두께가 다를 때 얇은 쪽에서 1/4 taper를 준다(피로 수명을 고려해야 하는 이음에 대해서는 응력집중부가 생기지 않도록 특히 주의해야 하고, 필요에 따라 비드나 토우부를 부드럽게 가공하도록 한다).

⑤ 용접 구조물의 사용 조건에 따라서 충격, low cycle fatigue, 저온 등을 고려하여야 한다(고온저압 사용 조건인 발전소 및 화학 설비의 기기에서 low cycle fatigue 에 의한 결함이 자주 보고되고 있으나, 종래에는 고려하지 않은 설계 인자였다).

⑥ 용접부가 교차해야 되는 경우는 한쪽은 연속 비드를 만들고, 다른 한쪽은 둥근 아치형으로 가공하여 시공토록 설계한다(잔류응력이 작게 되고, 용접 결함을 방지할 수 있다).

⑦ 필릿 용접 이음은 가능하면 피하고 맞대기 이음으로 설계하는 것이 좋으며, 선택되는 홈의 형상에 주의한다.

⑧ 내식성을 요하는 경우에는 가능하면 이종 금속 간 용접 설계를 피한다.

⑨ 부재의 단면 구성은 될 수 있는 한 부재축에 대하여 상하, 좌우 대칭으로 한다.

⑩ 생산성 향상을 위하여 자동용접이 가능한 이음 설계를 한다.

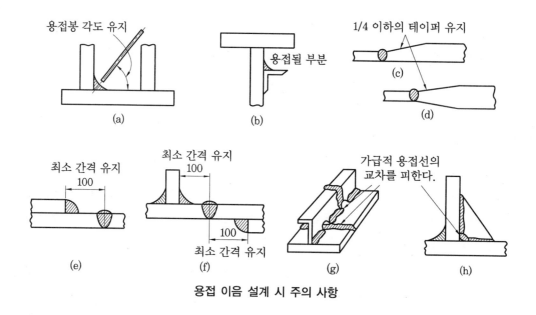

용접 이음 설계 시 주의 사항

(3) 용접 순서 결정 시 고려 사항

조립 조건을 고려하여 변형과 잔류응력을 줄일 수 있는 용접 순서를 결정해야 한다.

① 용접 변형에 의해 본래의 형상을 잃지 않도록 순서를 결정한다.

② 현저한 구속 응력을 발생하지 않도록 순서를 결정한다.

③ 변형 방지를 위해 고려되는 대칭법과 후진 용접 등이 있다.

④ 조립 순서를 중앙부에서 자유단으로, 또는 밑에서부터 위로 조립한다.

⑤ 수축이 큰 이음부는 될수록 먼저 용접하고, 수축이 적은 이음부는 나중에 용접한다.

⑥ fillet 용접보다 butt 용접 이음을 먼저 용접한다.

⑦ 작은 부품부터 큰 부품으로, 소 조립에서 대 조립 순으로 용접이 되도록 결정한다.

⑧ 원통형 구조물은 길이 방향을 먼저 용접하고, 원주 방향 이음을 나중에 용접한다.

⑨ 전단응력 → 인장응력 → 압축응력이 걸리는 부위 순으로 용접한다.

(4) 용접부의 피로강도 향상법

용접 구조물 또는 구조 요소의 피로강도를 향상시키기 위하여는 다음과 같은 방법이 필요하다.

① 냉간가공 또는 야금적 변태 등에 따라 기계적인 강도를 높일 것

② 표면 가공 또는 표면처리로 응력집중을 피할 것

③ 단면 형상의 급변하는 부분을 피할 것. 구배 규격에 대하여 AWS에서는 2.5 : 1 이상, ASM에서는 3 : 1 이상을 요구하고 있다.

④ 열 또는 기계적 방법으로 잔류응력을 완화시킬 것

⑤ 가능한 응력집중부에는 용접 이음부를 설계하지 말 것

⑥ 덧붙이 크기를 가능한 최소화할 것

⑦ lap joint보다는 butt joint를 사용할 것

⑧ 용접 결함이 없는 완전 용입이 되도록 할 것

⑨ 국부항복법 등에 의하여 외력과 반대 방향 부호의 응력을 잔류시킬 것

⑩ 다수의 load path 또는 많은 member를 가진 구조물을 선택할 것

예제 스칼럽(scallop)을 하는 목적과 수문과 강교 등의 강 구조물에 적용 시 주의할 사항에 대하여 설명하시오.

해설 1. 정의 : 스칼럽이란, 용접 이음이 한곳에 집중하거나 근접하면 용접에 의한 잔류응력이 커지고 용접 금속이 여러 번 용접열을 받게 되어 열화될 수 있기 때문에 모재에 부채꼴의 둥근 아치(보통 반경 30 mm 정도)를 만들어 용접선이 교차하지 않도록 하는 것이다.

2. 목적
  ① 잔류응력을 줄인다.
  ② 용접 결함을 방지하고자 한다.

3. 스칼럽 설계 시 주의점
  ① 한쪽은 연속 비드를 만들고 다른 한쪽은 둥근 아치형으로 가공하여 시공(용접 비드가 겹치지 않게)한다.
  ② 보통 스칼럽 반경은 30 mm 정도를 하나, 구조물의 특성이나 현장 상황을 고려하여 크기와 방향을 선정한다.
  ③ 수문의 경우 수밀(leak)을 고려하여 영향이 없는 방향으로 가공한다.
  ④ 강교의 경우 반복하중, 즉 피로 하중을 고려하여 영향이 적은 방향으로 가공한다.

2-2 〈 용접 이음부의 형상 설계

(1) 개 요

용접 이음부(welding joint)는 강도 용접부와 기밀 유지 용접부로 나누며, 이음부의 형상은 맞대기 이음부(butt joint), 필릿 이음부(fillet joint), 랩 이음부(lap joint) 등으로 나눌 수 있다. 용접 이음부 형상별 특성을 잘 파악하여 건전한 용접부가 얻어지는 것과 경제적인 용접 이음부의 설계라는 두 가지 관점을 가지고, 현장 여건에 맞게 선택하는 것이 용접 기술자의 몫이라 생각된다.

(2) 홈 설계의 요점

홈 형상의 치수는 대단히 중요한 것이므로 설계자는 용접 방법, 용접 자세, 판 두께 및 이음의 종류, 변형 및 수축, 용입 상태, 경제성 및 모재의 성질 등 여러 인자를 고려하여 중판 이상에서는 다음과 같은 요령으로 설계한다.

① 홈의 단면적은 가능한 한 작게 한다(즉, 홈 각도를 작게 한다).
② 최소 $10°$ 정도는 전후좌우로 용접봉을 움직일 수 있는 홈 각도가 필요하다.
③ 루트 반지름은 가능한 한 크게 한다($\alpha \neq 0$인 완전한 U자형 홈이 되게 한다).
④ 적당한 루트 간격과 루트면을 만들어준다(루트 간격의 최대치는 사용 용접봉의 지름을 한도로 한다).

(3) 용접 이음부 형상 선택 시 고려 사항

용접 이음부 형상의 선택 시 고려 사항은 다음과 같다.

① 각종 이음의 특성
② 하중의 종류 및 크기
③ 용접 방법, 판 두께, 구조물의 종류, 형상, 재질
④ 변형 및 용접성
⑤ 이음의 준비 및 실제 용접에 소요되는 비용

하중이 적고 충격이나 반복하중의 염려가 없고 덜 중요한 이음에는 용입이 적은 용입 또는 한 면 용접 이음을 해도 가능하다. 그러나 큰 하중이나 충격 또는 반복하중이 작용하는 곳이나 저온에서 사용하는 중요한 이음부에서는 용입이 충분하여 노치 효과가 없는, 즉 완전 용입(CJP)이 필요한데, 이때는 밑면 따기를 한 양면 이음이 일반적으로 사용된다. 장소의 제약으로 양면 용접이 어려울 경우, 중요한 용접 이음에는 일반적으로 backing strip을 사용한다.

⑷ 용접 이음부 형상별 특성

앞서 기술한 "용접 기호와 표기법"에서 용접 이음에 대한 기본적인 사항을 기술하였으므로 생략하기로 하고, 홈 용접 이음부(groove welds)를 중심으로 각 이음별 특성을 살펴보고자 한다.

> **참고 ◈ 용접 이음부의 형상의 종류**
>
> 일반적으로 ① I형(square groove), ② V형(vee groove), ③ U형(U groove), ④ ∨형(bevel groove), ⑤ J형(J groove), ⑥ X형(double vee groove), ⑦ H형(double U groove) 및 ⑧ K형(double bevel groove)으로 나눌 수 있다.

① I형(square groove) : 홈 가공이 쉽고, root 간격을 좁게 하면 용착량이 적어져서 경제적인 면에서 유리하다. 그러나 판 두께가 두꺼워지면 완전 용입을 얻을 수 없으며, 이 홈은 수동용접에서는 판 두께 6 mm 이하인 경우에 사용하며, 반복하중에 의한 피로강도를 요구하는 부재에는 사용하지 않는다.

② V형(vee groove) : V형 홈은 한쪽 면에서 완전 용입을 얻으려고 할 때 사용되며, 판 두께가 두꺼워지면 용착량이 증대하고, 각 변형이 생기기 쉬워 후판에 사용하는 것은 비경제적이다. 보통 6~20 mm 두께에 사용된다.

③ U형(U groove) : U형 홈은 후판을 한쪽 면에서 용접을 행하여 충분한 용입을 얻고자 할 때 사용되며, 후판의 용접에서는 bead의 너비가 좁고 용착량도 줄일 수 있으나, groove의 가공이 어려운 단점이 있다.

④ ∨형(bevel groove) : ∨형은 제품의 주(主) 부재에 부(副) 부재를 붙이는 경우에 주로 사용하며, 즉 T형 이음에서 충분한 용입을 얻기 위해 사용하며, 개선면의 가공이 용이하나 맞대기 용접의 경우에는 수평 용접에만 사용된다.

⑤ J형(J groove) : ∨형이나 K형보다 두꺼운 판에 사용되며, 용착량 및 변형을 감소시키기 위해 사용하나 가공이 어렵다.

⑥ X형(double vee groove) : X형 홈은 완전 용입을 얻는 데 적합하며, V형에 비해 각 변형도 적고 용착량도 적어지므로 후판의 용접에 적합하다. 용접 변형을 방지하기 위해서 6 : 4 또는 7 : 3의 비대칭 X형이 많이 사용된다.

⑦ H형(double U groove) : 매우 두꺼운 판 용접에 가장 적합하다. root 간격의 최댓값은 사용 용접봉경(鎔接棒經)을 한도로 한다.

⑧ K형(double bevel groove) : ∨형과 마찬가지로 주(主) 부재에 부(副) 부재를 붙이는 경우에 주로 사용하며, 밑면 따내기가 매우 곤란하지만 V형에 비하여 용접 변형이 적은 이점이 있다.

※ 이상의 용접 이음부 형상들은 모두가 완전 용입이라는 가정하에서는 강도상으로

동일하다. 이러한 형상들은 상호 필요에 따라 현장 여건에 맞게 경제성과 용접부의 건전성이라는 측면을 고려하여 선택해야 할 것이다. 맞대기(groove) 용접 이외에 필릿(fillet) 용접과 랩(lap) 용접이 있는데, 필릿 용접은 실제 필릿 용접 강도의 60 % 이상을 설계 강도에 반영하지 않으며, 원칙적으로 압력이 걸리는 부위에는 필릿 용접을 하지 않는다. 또한, 랩(lap) 용접은 강도 용접이 아니며 액체나 기체가 새어나가지 않게 하기 위한 기밀 용접(seal welds)에 국한하여 적용된다.

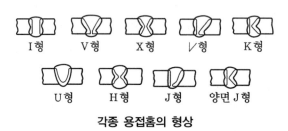

I형   V형   X형   ∨형   K형

U형   H형   J형   양면 J형

각종 용접홈의 형상

예제 **1. 용접 이음부 설계 시, 부등형 홈(groove)을 사용하는 이유를 설명하시오.**

해설 1. 이음이 고정되어 위보기 용접을 해야 할 경우, 위보기 자세 용접의 용착량을 적게 하여 용접시공을 쉽게 하고자 할 때
  2. 각 변형을 적게 하기 위하여
  3. 루트 주위를 깊게 가우징(gouging) 할 필요가 있을 때, 가우징을 쉽게 하기 위하여 얕은 쪽의 홈을 크게 한다.

예제 **2. 다음 그림은 필릿 용접부의 단면을 나타낸 것이다. 각각 (a)~(d)에 대하여 경제적인 측면에서 설명하고, 그중 가장 경제적인 것을 고르고 그 이유를 설명하시오.**

$t=10$mm $t=10$mm $t=10$mm $t=10$mm

(a) $A=100$ mm^2 (b) $A=50$ mm^2 (c) $A=50$ mm^2 (d) $A=57.8$ mm^2

같은 목 두께(t)를 갖는 필릿 용접의 단면적 비교

해설 필릿 용접 이음에서 완전 강도의 용접부(불용착부가 없는 완전 용입) 설계는 경제적인 사정 때문에 항상 요구되지 않는다. 그림은 필릿 용접에서 적용할 수 있는 용착부의 단면적을 나타낸 것으로, (b)는 보강 덧붙이가 없는 홈 각도 45°로 (a)보다 용접부 단면적이 1/2밖에 안 된다. 그러나 이 경우는 같은 강도의 필릿 용접보다 비경제적이다. 왜냐하면 이것은 45°의 베벨을 가공해야 하는 것과 모서리의 1차 비드를 낮은 전류와 가는 용접봉을 사용하기 때문이다. (c)의 한 면 베벨 홈 이음은 같은 다리길이의 필릿 용접으로 하여 보강부를 붙여준 것으로 단면적은 (a)보다 1/2로 적게 되나 이것도 45°의 베벨가공과 모서리부를 가는 용접봉과

낮은 전류를 사용해야 하기 때문에 비경제적이다. (d)에서와 같이 한 면 베벨 홈의 각도를 60°로 하여 같은 목 두께와 같은 다리 길이로 보강 덧붙이기를 한다면 필릿 용접부의 단면적은 57.8%밖에 되지 않는다. 이 형태의 이음은 단면적이 작아도 충분한 강도가 보장되고 베벨 각도가 60°가 되기 때문에 굵은 용접봉으로 높은 전류를 이용하여 용접할 수 있으므로 매우 경제적이다.

2-3 연강 용착금속의 기계적 특성

(1) 개 요

용접 금속과 열영향부의 조직은 모재와 다르게 되므로 이러한 부분의 기계적 성질도 모재와 다르게 되는 것이 보통이다. 연강이나 용접성이 좋은 구조용 강에서는 열영향부의 기계적 성질은 모재보다 다소 나쁘지만, 실제 용접 이음의 이음 강도에는 큰 영향을 미치지 않는 것으로 하여도 좋다. 그러나 고탄소강, 특수강, 주철, 비철금속 등에서는 열영향부의 기계적 성질은 모재보다 낮으며 이음 강도도 저하되는 것이 보통이다.

(2) 상온 성질

연강은 용접되는 전 재료의 90% 이상을 차지할 정도로 다량으로 쓰이는 것으로, 그 용접봉은 비약적으로 개발되고 있다. 그 용착금속의 용접부의 강도는 모재 이상이 되는 것이 보통이다. 또한, 상온에서 연강 용착금속의 poisson비, young율, 비중, 팽창계수 등은 모재와 대략 같다. 그러나 용착금속의 연신율과 충격값은 피복재의 종류에 따라 큰 차이가 있다.

① 연신과 충격값이 불량한 고산화티탄계(E 4313)도 정하중이 요구되는 이음에는 적당치 않다(고온에서 균열 감수성이 있다).

② 셀룰로오스계(E 4311)는 아크 분위기에 수소가 다량으로 함유되어 균열 감수성이 크기 때문에 중요 이음부에는 사용하지 않는다.

③ 저수소계(E 4316)는 연성과 인성이 우수하지만 흡습이 쉽기 때문에 건조를 잘해야 하며 작업성이 나빠 높은 기능이 필요하다. 저온 균열 감수성이 거의 없다.

④ 일미나이트계(E 4301)는 저수소계와 가스 실드재의 중간 성질을 가지고 있으며, 가장 많이 사용되고 있다.

⑤ 철분산화티탄계(E 4324) 용접봉은 기계적 성질이 좋아 아래보기 및 수평 필릿 용접에 많이 이용된다.

(3) 고온 성질

① **고온 특성** : 최근 고온, 고압의 환경에 사용되는 여러 종류의 재료가 개발, 발전되고 있다. 고온에서 필요로 하는 특성으로는 단시간 인장시험의 강도와 변형률, 장시간

하중에 대한 크리프 특성, 내산화성 및 내식성, 장시간 가열에 대한 현미경 조직상의 안전성, 내열 응력(열충격 및 열 피로) 특성 등이 있다.

② **인장강도 및 연신율 :** HAZ에서는 용착금속에 비해 강도가 전반적으로 상승된다. 고장력강 내에서는 A_1 변태점 부근에서 모재보다 강도가 낮은 연화 구역이 있으나 연강에서는 이러한 연화 구역은 없다. 그러나 200~400℃ 부근으로 가열된 부위에서는 인성이 bond 부위와 마찬가지로 최저값(약 1/2)를 나타내게 된다. 즉, 충격값이 가장 적게 되는 청열취성(blue shortness)의 범위가 된다.

③ **크리프 강도 :** 고온에서 크리프 강도는 연강과 저합금강의 용착금속에는 용접 결함이 없는 한 모재에 못지않게 양호하다.

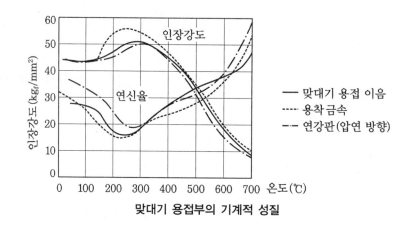

맞대기 용접부의 기계적 성질

④ **필릿 용접에서 청열취성 :** 다음 그림은 양쪽 필릿 용접에서 청열취성에 의한 균열 사례를 나타낸 것이다. 그림 ①의 필릿 용접 시 toe에서 생긴 언더컷 부위가 ②의 필릿 용접에 의한 청열취성 범위의 가열 온도 200~400℃의 영향으로 모재에 균열이 생길 위험이 크게 된다. 이러한 균열 방지 방안으로는 ①의 필릿 용접 후 bead 표면과 용접봉을 평활하게 연삭한 다음 ②의 필릿 용접을 하면 노치 효과를 감소시키기 때문에 균열 발생 가능성이 적게 된다.

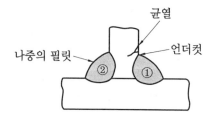

반대 측의 용접으로 인한 필릿 용접 언더컷으로부터의 모재 균열 발생

(4) 저온 성질

① **노치가 없는 경우 :** 저온에서의 용착금속의 기계적 성질은 notch를 갖는가 갖지 않는가에 따라서 달라진다. notch가 없는 경우에는 저온일수록 항복점과 인장강도가 커진다. 연신은 −100℃까지는 거의 변화가 없으나, −160~170℃ 부근에서 급격

히 감소하여 −183℃에서는 연강의 연신이 약 10 % 이하로 저하(실온에서는 35 %
정도)하게 된다.

② **노치가 있는 경우** : 시험편에 notch가 있는 경우는 0℃ 부근에서도 인성이 상당히 저
하한다. 따라서, 저온 특성을 요구하는 경우 온도가 저하하여도 인성이 좋은 용접봉
을 사용하는 것이 좋으며, 또한 노치부(under-cut, 기공, slag 혼입 등)가 생기지
않도록 해야 한다. V−notch 충격시험 결과는 일반적으로 저수소계의 용접봉이 가
장 우수하고, 다음으로는 셀룰로오스 및 일미나이트계의 순서이다.

2-4 용접 이음의 정적 강도

(1) 맞대기 용접 이음

① **이음 효율** : 맞대기 용접 이음은 일반적으로 다음 그림과 같이 용접 금속 부분을 모재
표면보다 조금 높게 덧붙이는 것이 보통이다. 이 부분을 덧붙이(reinforcement)라고
하는데 이전에는 용접 금속 내에 용접 결함이 있는 경우 유효 단면적이 감소한다고 가
정하여 보강하는 목적으로 덧붙이 하였으나, 현재의 연강용접봉에 의한 용착금속의
강도는 모재보다 약간 높으므로 덧붙이의 의미가 없으므로 삭제한다. 즉, 이음 효율은

$$\text{이음 효율} = \frac{\text{용착금속의 인장강도}}{\text{모재의 인장강도}} \times 100\,\%$$

덧붙이 삭제의 경우도 이음 효율 100 %가 되는 것이 보통이다. 따라서, 덧붙이가
되어있는 경우 인장 파단은 모재에서 일어나게 된다. 또한, 덧붙이는 피로강도를 감
소시키게 된다.

⑺ Al합금이나 오스테나이트 스테인리스강의 용접부에서는 용접 금속에 접한 열영
향부가 연화하여 강도가 감소되므로 이 경우의 이음 효율은 80~90 % 또는 이
이하이다.

⑻ 용접부의 toe에서는 표면 형상이 급격하게 변화한다. 따라서, 이 부분에서는
응력집중이 생기는데 이음에 소성변형이 생기면 응력집중이 저감되므로 정적 하
중에서는 이러한 응력집중은 고려하지 않는다.

⑼ 맞대기 용접 이음의 인장강도는 덧붙이의 존재를 무시하고 목의 이론 두께의
단면적이 하중을 차지하는 것으로 가정하는 것이 일반적이다. 용착금속의 인장
강도 $\sigma[\text{kg/mm}^2]$, 판 두께 t, 용접 길이 $l[\text{mm}]$이라면 최대 인장하중 $P[\text{kg}]$는
$P = \sigma \cdot t \cdot l$이다. 판 두께가 t_1과 t_2로 다른 때는 최소 판 두께 t_1을 써서 P를 구
한다.

$$P = \sigma \cdot t_1 \cdot l$$

② **응력 분포** : 맞대기 용접 이음에서의 완전 용입은 정적 강도, 피로강도 및 충격강도 가 높게 된다. 그러나 부분 용입은 용접 중앙 부분 또는 표면 부분에 있는 불용착부 는 노치 효과가 되어 응력선이 조밀하게 되어 응력집중 현상이 일어나므로 강도가 떨어지게 된다.

맞대기 이음에서의 응력 분포

맞대기 용접 이음				
응력 양식				
정적 강도	160 %	85 %	70 %	60 %
피로 저항	100 %	35 %	15 %	10 %
충격강도	100 %	80 %	65 %	40 %

(2) 필릿 용접 이음

① **목 두께** : 용접선의 방향이 전달해야 할 응력 방향과 거의 직각인 필릿 용접을 전면 필릿 용접이라 하며, 필릿 용접 이음의 강도는 측면 목 두께를 기준으로 정한다. 그림에서 필릿 용접의 가로 단면 내에서 이에 내접하는 2등변 3각형을 생각하여 약간의 용입을 무시하고 이음의 루트(두 변의 교점)로부터 빗변까지의 거리를 이 론 목 두께라 한다. 또한 용입을 고려한 용접의 루트(용접 금속을 루트부와 모재 표면의 교점)로부터 필릿 용접의 표면까지의 최단 거리를 실제 목 두께(actual throat)라고 한다.

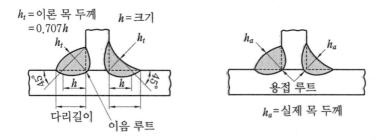

필릿 용접의 치수

즉, 이론 목 두께 h_t는 다음과 같다.

$$h_t = h\cos 45° = 0.707h$$

여기서, h : 필릿 용접의 크기, 각장

용접 설계에서는 필릿 치수(각장)를 지정하여 용접하므로 설계의 응력 계산에는 주로 이론 목 두께가 쓰이며, 단순히 목 두께라고 할 때는 실제 목 두께를 말하는 것으로 설계도면에서는 실제 목 두께가 표시된다.

② 응력 분포

T 이음에서의 응력 분포

T형 홈 이음 및 필릿 이음			
응력 양식			
정적 강도	100 %	80 %	30 %
피로 저항	40 %	25 %	10 %
충격강도	85 %	75 %	10 %

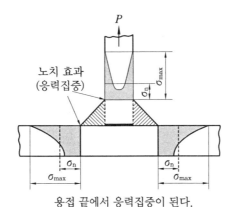

용접 끝에서 응력집중이 된다.

필릿 용접 이음에서의 응력 분포

(3) 필릿 용접부 치수(크기)

필릿 용접이 건전한 설계에서는 실제 용접부가 설계 용접부보다 작게 되는 것을 허용하지 않지만, 실제 용접부가 과다하게 크게 되면 열영향 및 경제적인 면에서 바람직하지 못하므로, 필릿 용접부의 적정 크기는 다음과 같다.

$$0 \leq [(실제\ 크기) - (설계\ 크기)] \leq 3\ mm$$

용접 길이의 10 % 이내, 즉 $0.1\,s\,(s : 설계\ 크기)$ 정도의 오차는 강도상 영향이 적다고 볼 수 있다. 또한 필릿 용접의 치수가 판 두께에 비하여 너무 크거나 작으면 좋지 않으므로, 일반적인 필릿 용접의 치수는 다음 표와 같이 하는 것이 좋다.

필릿 용접의 치수

구 분	필릿 용접의 치수(mm)	
이음에서 두꺼운 쪽의 판 두께 T, mm	**겹치기 이음의 경우**	**T 이음의 경우**
$T \leqq 6$ mm	$s \leqq$(얇은 쪽 판 두께)	$s \leqq \begin{cases} ① \ 1.5 \times(얇은 쪽 판 두께) \\ ② \ 6 \ mm \\ ①, \ ② \ 중 \ 작은 \ 쪽 \end{cases}$
600 mm $\geqq T >$ 6 mm	$\left.\begin{array}{l} ① \ 4 \ mm \\ ② \ 1.3 \ \sqrt{T} \\ ①, \ ② \ 중 \ 큰 \ 쪽 \end{array}\right\} \leqq s \leqq$(얇은 쪽 판 두께)	
$T > 60$ mm	10 mm $\leqq s \leqq$(얇은 쪽 판 두께)	

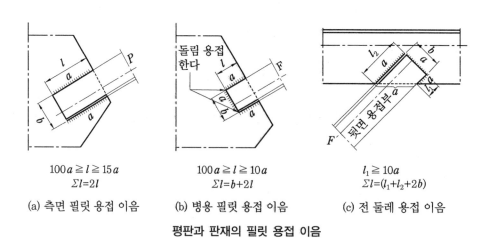

$100a \geqq l \geqq 15a$
$\Sigma l = 2l$

(a) 측면 필릿 용접 이음

$100a \geqq l \geqq 10a$
$\Sigma l = b + 2l$

(b) 병용 필릿 용접 이음

$l_1 \geqq 10a$
$\Sigma l = (l_1 + l_2 + 2b)$

(c) 전 둘레 용접 이음

평판과 판재의 필릿 용접 이음

2-5 용접 이음의 내식성

(1) 개 요

옥외에 노출된 구조물이나 화학 플랜트 등의 부식성 매질에 접촉하는 용기와 배관에서는 부식이 주요한 문제이다. 용접 이음의 화학 성분 및 현미경 조직이 다른 2개 이상의 부분으로 이루어져 있을 때는 더욱 부식되기 쉽다. 또한 용접열에 의하여 모재의 내식성이 손상되는 경우도 있으므로, 용접 후의 열처리가 필요할 때도 있다. 용접 이음의 내식에 영향을 미치는 인자는 이음 형상, 플러스, 잔류응력 및 재질 등이다.

(2) 내식성 인자

① **이음 형상** : 부식 감수성이 큰 이음 형상이 있다. 즉, 겹치기 이음에서는 2개의 부재 사이에 습기가 스며들어 부식이 촉진된다. 이 부식은 겹쳐진 표면과 수분 사이의 전해 작용에 의한 것이며, 또한 복잡한 형상의 이음에는 플럭스가 완전히 제거되지 못해 부식이 촉진된다. 그 일례로 필릿 용접이나 받침쇠를 사용할 때 플럭스를 완전히 제거하지 않으면 다른 이음 형상에 비해 부식 감수성이 크게 된다. 다음 그림은 부식 방지를 위한 구조상 이음 형상 개량의 예로, 액체가 한곳에 모이거나 정체되지 않게 설계하는 것이 중요하다.

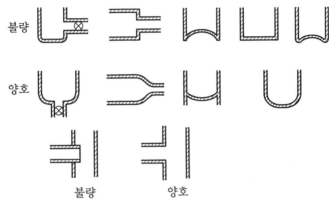

불량   양호

부식 방지를 위한 이음 형상 개량의 예

② **플럭스의 잔류** : 플럭스는 Al합금, Mg 합금, stainless강 등의 용접에 사용되어서 용융 금속의 표면에 부상하는 산화막을 제거하여 용착을 돕는 것이다. 그러나 이것이 모재에 잔류하면 부식을 촉진하게 된다. 따라서, 용접 직후에 grinder나 wire brush 또는 화학약품을 사용하여 플럭스를 완전히 제거하여야 한다. 용접 후 용접 bead 표면에 페인트를 칠하거나 화학 처리를 할 때 플럭스가 완전히 제거되지 않으면 사후 페인트가 분리되고 부식이 일어나게 된다.

③ **잔류응력(응력부식)** : 응력이 존재하는 상태에서는 부식이 촉진된다. 이것을 응력부식(stress corrosion)이라고 한다. 용접 잔류응력은 용접선 방향에서 항복점과 같은 큰 응력을 갖게 되므로 이것이 부식을 촉진하게 된다. 그 과정은 재료 중 가장 부식을 받기 쉬운 부분이 처음 침식되고, 그 부분에 응력이 가해지면 노치 내 응력집중 현상으로 작은 균열이 생기게 된다. 이 과정을 되풀이하여 큰 균열로 성장하며 결국은 구조물 자체를 파괴하게 된다. 이러한 균열의 성장에 영향을 미치는 인자로는 모재의 재질, 부식 매질, 응력 크기, 온도 등이 있다. 응력부식의 감수성이 큰 재질로는 Al합금, 동합금, Mg 합금, austenite stainless강, 연강 등이 있다. 실례로서

Al-Mg 합금은 일반적으로 바닷물에 대한 내식성이 큰 것으로 알려져 있으나 Mg 이 5.5 % 이상이면 응력부식이 크게 되어 용접 재료로서는 부적절하다. 스테인리스 강의 응력부식 분위기는 일반적으로 염소가 포함된 경우가 많은데 Ni-Cr량이 많 아지면 내식성이 크게 된다. 즉, 18-8 Cr-Ni계보다 고크롬강(Cr > 16 %, ferrite 계열) 쪽의 내식성이 더 크다. 용접 후의 잔류응력을 제거할 필요가 있으며 일반적 으로 부식은 그 형태에 의하여 전면부식과 국부부식으로 분류할 수 있다.

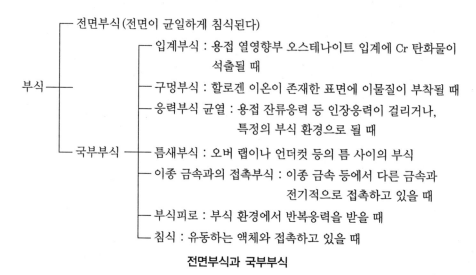

전면부식과 국부부식

2-6 용접 경비

(1) 용접 비용에 영향을 주는 요소

생산성을 높이고 원가를 절감하기 위해서는 생산과정 중에 발생하는 낭비(대기 시간, 노력 부족, 작업 불량으로 인한 재작업, 비협력 등)를 없애야 하고, 용착효율 의 증대를 위한 재료를 선택하고 설계하여야 하며, 이러한 요소들을 개선해나가야 한다.

① 제작 중 대기시간이 최소화되도록 작업 계획을 세운다.
② 용착량이 적은 합리적인 설계를 한다. 용착량이 많아지면 용접 공수가 증대, 변형 의 교정 작업으로 인한 인력 투입, 용접봉의 원가 증대 등 비경제적으로 된다.
③ 재료의 효과적인 사용 계획이 필요하다.
④ 조립 및 용접 지그(positioner, rotator)의 활용으로 변형 방지 및 작업의 능률화 와 품질의 표준화를 도모한다.
⑤ 적낭한 품질관리와 검사로 재작업하는 일이 없도록 한다.

⑥ 용접봉의 용착 속도와 용착효율을 고려한 경제적인 선택이 중요하다.

⑦ 실제 용접 작업의 효율이 향상되도록 작업 환경의 개선(환기, 채광, 아크의 차폐), 아크타임(용접기 가동률)의 증대를 위하여 작업 계획을 수립한다.

(2) 종합적 용접 경비(비용) 계산 방법

용접 비용을 계산하는 방법은 용접 길이 1 m당 단가로 계산하는 방법과 종합적인 용접 비용 계산 방법이 있는데, 종합적인 용접 비용(W) 계산 방법을 살펴보면 다음과 같다.

$$W = M + L + K + R + P$$

여기서, W : 용접 비용, M : 용접 재료비
L : 인건비, K : 전력 요금
R : 상각비＋보수비, P : 이윤 등

① **용접 재료비** : 용접 재료비 M은 용접 방법에 따라 용접봉(혹은 wire), 가스, 용제 등 필요한 전 비용이다.

$$용착금속\ 1 kg당\ 비용 = \frac{1 kg}{용접봉(심선)\times용착물}\times심선\ 단가(용접봉\ 단가)$$

SAW일 경우 플럭스 비용, 불활성가스(inert gas) 용접일 경우 가스 비용을 추가한다.

$$가스\ 비용 = 아크\ time\times gas\ flow\ rate\times단가$$

용착효율은 전체 사용된 용접 금속에 대한 실제 용접부에 용착된 용착금속의 무게비를 의미한다. 대표적인 용접 process에 따른 용착효율은 다음과 같다.

용착효율

용접법	용착효율(%)	용접법	용착효율(%)
SMAW	65	TIG, MIG	92
FCAW	82	SAW	100

$$용착효율 = \frac{용착금속\ 중량\times100\%}{사용된\ 용접봉\ 중량}$$

② 인건비

$$인건비(L) = 작업\ 시간\times임금\ 단가(w/hr)$$

$$작업\ 시간 = 용접\ 준비\ 시간＋아크\ 발생\ 시간＋용접\ 후\ 처리\ 시간$$

$$용접\ 작업\ 시간 = \frac{아크시간(act\ time)}{아크시간\ 효율(arc\ time\ efficiency)}$$

용접에 필요한 시간은 제품의 종류와 모양, 용접 길이, 용접봉의 종류와 지름 및 용접 자세에 따라 변동된다. 특히 용접 자세가 아래보기인 경우 수직이나 위보기 자세에 비하여 단위길이를 용접하는 데 필요한 시간은 약 1/2이면 족하다. 용접 소요 시간과 용접 작업 시간의 비, 즉 단위시간 내의 아크 발생 시간을 백분율로 표시한 것을 아크타임이라고 하며 능률이 좋은 공장일 경우 수동용접에서 35~40 %, 자동용접에서 80 % 정도이다. 전체 용접 시간=아크시간(아크 Time)+전처리 시간+후처리 시간을 말하며, 아크시간 효율이라 함은 아크시간이 전용접 시간 중에 점유하는 것을 나타낸다.

③ 전력 요금 : 전력 요금 K 는 전력 소비량×전기 요금 단가이다.

$$전력 요금 = \frac{전류 \times 2차\ 부하\ 전압}{용접기\ 효율} \times 아크시간 \times 전력\ 요금\ 단가$$

용접기의 종합 효율은 AC는 50 %, DC는 70 %로 본다.

④ 상각 및 보수비

$$상각비 = 용접기\ 단가 \times \frac{작업\ 시간}{상각\ 시간}$$

$$보수비 = 연간\ 보수비 \times \frac{작업\ 시간}{연간\ 작업\ 시간}$$

$$= (용접\ 기간\ 단가 \times 0.1) \times \frac{작업\ 시간}{상각\ 시간 \div 5}$$

연간 보수비는 용접기 단가의 10 %로 계산하였으며, 연간 작업 시간은 상각 기간 (년)을 5년으로 보았다.

⑤ 이윤 : 기타 용접 비용을 계산하는 데 간접비(경비 및 잡비) 및 이윤을 포함시킨다. 일반적인 용접 경비는 재료와 준비 가공비 35~45 %, 용접 비용 15~20 %, 조립 비용 10~15 %로 크게 3가지로 분석할 수 있다. 용접 설계의 불량, 홈 가공의 불량 및 용접 부재 불량의 경우는 용접 시간에 영향을 크게 미치며 비용도 많아지게 된다. 용접 비용을 절약하기 위해서는 설계 및 시공 단계별로 보다 효율적인 용접 관리가 필요하다.
　㈎ 설계 : 용접선 감소, 개선 단면적 감소, 적정 모재의 선정, 최적 조립 순서 선정
　㈏ 재료 : 용접봉의 적절한 선택, 고용착 속도 재료, 적절한 용접기 선택
　㈐ 시공 : 아래보기 자세의 극대화, 백 가우징 감소, 자동화 확대, 용접사의 기량 향상

(3) 환산 용접 길이

주로 건축 공사에서는 필릿 용접이 상당히 많은 양을 차지한다. 따라서, 용접 비용을 계산할 때에 6 mm 환산이라는 기준값을 사용하면 편리한 점이 있다. 즉, 어떤 공사에서 톤당 몇 m라는 말은 6 mm의 환산값으로 단가를 정하는 것이다. 이는 판재의 두께, 용접

자세, 작업 장소, 이음부의 형식 등 작업 조건에 따라 차이가 있으며, 이들을 조사하여 환산계수로 사용하고 있다. 6 mm 환산을 하면 용접봉의 소요량을 파악하기 쉽다. 예를 들어, 피복 아크용접으로 6 mm 환산의 총 길이가 3 km라고 하면 $3000 \times 0.3 \, kg = 900 \, kg$ 의 용접봉이 필요하여 용접봉 구입 비용과 저장 또는 보관 용기 등을 예측할 수 있다. 그러나 이 수치는 반드시 용접 공수의 산출 근거는 아니다. 왜냐하면, 지름 3 mm로 4층을 용접하는 경우는 지름 4 mm로 3층을 용접할 수도 있으나, 용접 공수는 상당히 차이가 나기 때문이다. 대체로 한 사람이 1일 8시간 동안 6 mm 환산으로 60~80 m 정도 용접하는 것으로 보면 된다.

환산 용접 길이의 환산계수(연강)

용접 장소	판 두께 자 세	6 이하(mm)		7~10		11~14		15~18	
공장 용접 F	아래보기 F 수직 V 수평 H 위보기 O	0.6	T0.48 V0.72	0.9	T0.72 V1.08	1.4	T1.12 V1.68	2.0	T1.60 V2.40
		0.9	T0.72 V1.03	1.3	T1.04 V1.56	2.1	T1.68 V2.52	3.0	T2.40 V3.60
		1.2	T0.96 V1.44	1.8	T1.44 V2.16	2.3	T2.44 V3.36	4.0	T3.20 V4.80
현장 용접 S		0.8	T0.64 V0.96	1.1	T0.88 V1.32	1.6	T1.28 V1.92	2.4	T1.92 V2.88
		1.2	T0.96 V1.44	1.6	T1.28 V1.92	2.4	T1.92 V2.88	3.6	T2.58 V4.32
		1.6	T1.28 V1.92	2.2	T1.76 V2.64	3.2	T1.96 V3.94	4.8	T3.84 V5.76
용접 장소	판 두께 자 세	19~22		23~26		27 이상			
공장 용접 F	아래보기 F 수직 V 수평 H 위보기 O	2.8	T2.24 V3.36	4.0	T3.20 V4.80	5.5	T4.40 V6.60		
		4.2	T3.30 V5.54	6.0	T4.80 V7.20	7.7	T6.16 V8.24		
		5.6	T4.48 V6.72	8.0	T6.40 V9.60	10.0	T8.0 V12.0		
현장 용접 S		3.4	T2.72 V4.08	4.7	T3.76 V5.64	6.5	T5.20 V7.80		
		5.1	T4.68 V6.12	7.0	T5.60 V8.42	8.7	T5.22 V10.44		
		6.8	T5.44 V8.76	9.4	T7.52 V11.23	13.0	T10.40 V15.60		

※ T : 필릿, V : 맞대기, T.V : 좌측은 평균값

Chapter 03

용접 이음 강도 계산

1. 다음 그림과 같은 리프팅 러그(lifting lug)에서 수직 하중 = 51 kN이 작용할 때 용접부에 걸리는 응력의 값과 안전율을 구하시오. (단, 용접부의 허용응력 σ_α = 14 kN/cm², τ_α = 9 kN/cm²이다.)

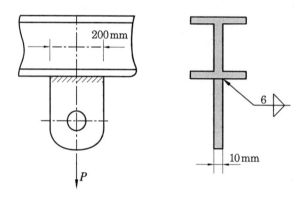

2. 다음 그림과 같이 H형강(web) 중간부에 있는 길이 방향 용접부 응력의 값이 얼마인지 계산하시오.

가. l_x = 22100 cm⁴, l_y = 1330 cm4, Z_x = 1050 cm³, 단면적 A = 80 cm²

나. 단순보의 중앙부 하중 = 200 kN, 반력 = 100 kN

다. H형강 자중과 높이 방향의 압축력은 무시

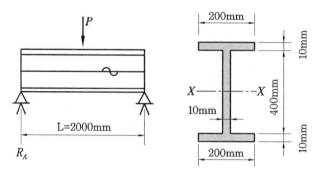

3. 그림과 같이 빔 용접부에서 시계 방향으로 모멘트 M_b와 수직하향 방향으로 수직 하중 P가 작용할 때 빔의 단면에 발생하는 법선응력과 전단응력을 그림으로 설명하시오.

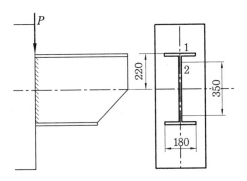

4. 그림과 같은 정하중을 받는 구조물에서 필릿 용접 길이 l의 최대 길이와 최소 길이를 $15 \cdot a \leq l \leq 100 \cdot a$로 규정한다. ($a$ = 목 두께) 그 이유를 설명하시오.

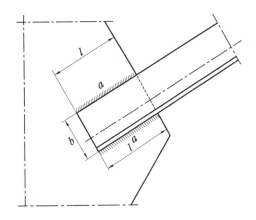

5. 강구조물에서 폭 50 mm 두께 12.7 mm의 판재를 길이 50 mm만큼 겹쳐서 그림과 같이 전면 필릿 용접을 하려고 한다. 여기서 10000 kg의 하중을 가한다면 필릿 용접의 예상 각장 길이(leg length)를 계산하시오. (단, 강구조물의 허용응력은 10 kgf/mm²이며, 각장 길이 = 1.4×유효 목 두께(throat thickness)로 정의한다.)

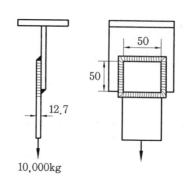

6. 판 두께 25 mm, 폭 200 mm의 완전용입 맞대기 용접 이음부에서 용접 금속 의 인장강도가 40 kgf/mm^{2}일 경우, 허용응력을 8 kgf/mm^{2}으로 했을 때 허 용되는 인장하중과 안전율을 계산하시오.

7. 용접 단면적 = 60 cm^2, 단면 이차 모멘트 = 18,000 cm^4, 수직하중 Q = 400 kN 일 때 용접부의 최대 수직응력 $\sigma_{\max}$와 최대 평행 전단응력 $\tau_{//}$을 구하시오.

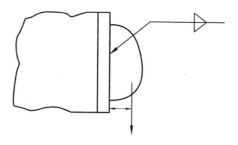

8. 허용응력 = 140 MPa인 강재를 다음과 같이 용접하여 하중 P = 500 kN을 받 을 수 있도록 하고자 한다. 용접부의 허용 전단응력 = 100 MPa일 때 (1) 소요 판재의 치수를 제시하고, (2) 필요한 목 두께를 계산하시오.

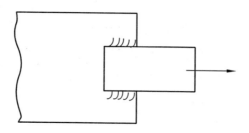

9. 모든 필릿 용접의 목 두께는 5 mm, 빔 상부에서 빔에 수직으로 작용하는 응력 = 500 kN일 때 (1) 중립축에 대한 관성모멘트를 구하고, (2) 웹과 플랜지 연결 용접부에 걸리는 응력 값을 구하시오.

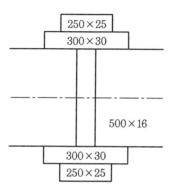

3. 용접 이음 강도 계산

3-1 안전율과 허용응력

(1) 안전율

① **정의** : 안전율이란, 기계나 구조물의 안전을 유지하는 정도로서 파괴강도를 허용응력으로 나눈 값이며, 안전계수(safety factor)라고도 하며 보통 1 이상이다. 용접 이음의 형상과 치수 결정에 있어서는 실제로 이음에 걸리는 설계응력이 용착부의 재료 강도(보통 인장강도 또는 전단강도)의 몇 분의 1에 상당하는 안전한 응력, 즉 허용 안전율(안전계수 : safety factor)이라고도 한다. 안전율은 재료 역학상 재질이나 하중의 성질에 따라 적당히 취해지고 있으나, 용접 이음의 안전율에 영향을 미치는 인자는 다음과 같은 것이 있다.

㈎ 모재 및 용착금속의 기계적 성질

㈏ 재료의 용접성(공작상의 접합성과 사용 재료의 품질)

㈐ 하중의 종류(정, 동 및 진동하중 등)와 온도 및 분위기

㈑ 시공 조건 : 용접사의 기능, 용접 방법, 용접 자세, 이음의 종류와 형상, 작업 장소(공장 및 현장의 구별), 용접 후 처리와 용접 검사 등 작업 조건에 따라 다르다.

② **계산식** : 안전율의 계산식은 재료의 기준강도(파괴강도) σ_u와 허용응력 σ_a와의 관계에서

$$\text{안전율}(S) = \frac{\text{기준강도}(\sigma_u)}{\text{허용응력}(\sigma_a)}$$

$$\text{사용응력의 안전율}(S_w) = \frac{\text{기준강도}(\sigma_u)}{\text{사용응력}(\sigma_w)}$$

여기서, 기준강도란 재료가 그 사용 상황에 따라 명확한 강도를 나타내는 점으로서 다음과 같은 경우이다.

㈎ 연성 재료가 상온에서 정하중을 받을 때는 항복점 또는 내력(耐力)

㈏ 취성 재료가 상온에서 정하중을 받을 때는 파괴강도

㈐ 고온에서 정하중을 받을 때는 creep 한도 또는 creep 파괴응력

㈑ 반복응력을 받을 때는 피로한도를 말한다.

일본기계학회에서 제안한 연강 용접 이음의 안전율 및 허용응력은 다음 표와 같다.

연강 용접 이음의 안전율 및 허용응력

하 중		안전율	허용응력 (kgf/mm²)	비 고
정하중	인장	3.3~4.0(3.0)	7.0~10.0(9.0~12.0)	1. 괄호 내의 숫자는 모재에 대한 값을 참고삼아 적은 것이다. 2. 필릿 용접에서는 본 표 중의 허용응력에 이음효율 80%를 곱한다.
	압축	3.0~4.0(3.0)	7.5~12.0(9.0~12.0)	
	전단	3.3~4.0(3.0)	5.0~8.5(7.2~10.0)	
동하중	인장압축	6.0~8.0(5.0)	3.5~6.0(5.4~7.0)	
	전단	6.0~8.0(4.5~5.0)	2.5~4.5(4.3~5.6)	
진동하중	인장압축	9.5~13.0(8~12)	2.0~3.5(4.8~6.0)	
	전단	9.5~13.0(8~12)	1.5~3.0(3.6~4.8)	

(2) 허용응력

① **정의** : 허용응력이란, 기계나 구조물 부재를 사용할 때에 각 부분에 발생되는 응력이 어떤 크기의 값을 기준으로 하여 그 이내이면 안전하다고 인정되는 허용값을 말하며, 기계 및 부품 설계의 기초가 된다.

② **허용응력의 결정 방법** : 용접 이음부의 허용응력을 결정하는 주요한 방법에는 다음 2가지가 있다. 그중의 하나는 용착금속의 기계적 성질을 기본으로 해서 안전율을 고려하여 이음의 허용응력을 지정하는 방법이고, 또 하나는 이음 효율을 정하여 모재의 허용응력에 이음 효율을 곱한 값을 이음의 허용응력으로 사용하는 방법이다.

㈎ 안전율을 고려한 방법 : 실제 이음에 걸리는 응력을 용착부의 재료강도(인장강도)의 $1/S$에 상당하도록 정한다. 즉, 재료강도의 $1/S$을 허용응력이라 하고, S를 안전율(safety factor)이라고 한다. 강재의 허용응력으로는 보통 정하중에 대하여 인장강도의 1/4값(연강에서는 항복점의 약 1/2값)이 취해지고 있으며, 최근 고융점을 갖는 고장력강에 대하여는 인장강도의 1/3(항복점의 약 40%)의 응력이 사용된다. 이것은 구조물이 부하를 받았을 때에 재료가 항복하지 않는 것을 전제로 한 탄성 설계(elastic design)에 의한 것이지만, 최근 용접 구조물에서는 재료의 국부적 항복을 허용하는 소성설계(plastic design)가 이용되어 재료의 절약은 물론 제작비도 절감되고 있다.

㈏ 이음 효율을 이용한 방법

$$이음\ 효율 = \frac{이음의\ 파단\ 강도}{모재의\ 파단\ 강도} \times 100\,\%$$

$$이음의\ 허용응력 = 이음\ 효율 \times 모재의\ 허용응력$$

인장하중에서는 이음과 모재의 인장강도비, 절단하중에서는 이음과 모재의 전단응력비를 이용한다. 실제의 구조물에서는 국부적으로 항복하여도 전체적으로 보다 큰 하중에 견딜 수 있으므로 탄성한계를 넘는 소성 영역까지 설계 범위를 넓힘으로써 용접 단가를 획기적으로 절감할 수 있게 되었다. 그러나 소성 설계의 원칙은 재료가 항시 충분한 연성을 갖는 것으로 가정하고 있으므로, 과대한 응력집중이나 취성파괴가 일어날 수 있는 구조물에는 사용할 수 없다.

용접부의 허용응력(강 구조물)

용접 이음부의 종류	목 단면에서의 하중 형태	허용응력
완전 용입 용입부 (CJP)	인장 또는 압축	모재와 동등
	전단	0.3×(용착금속 인장강도)
부분 용입 용접부 (PJP)	인장	0.3×(용착금속 인장강도)
	지압하중이 설계된 이음부의 압축	0.9×(용착금속 인장강도)와 0.3×(모재 항복강도) 중 작은 값
	지압하중이 설계되지 않은 이음부의 압축	0.75×(용착금속의 인장강도)
	전단	0.3×(용착금속의 인장강도)
필릿 용접부	전단	0.3×(용착금속의 인장강도)
플러그 및 슬롯 용접부	전단	0.3×(용착금속의 인장강도)

예제 연강의 맞대기 용접이음에서 용착금속의 기계적 성질 40 kgf/mm²에 안전율이 8이면 이음의 허용응력은?

해설 허용응력은 안전율과의 관계식에서

$$허용응력(\sigma_a) = \frac{기준강도(\sigma_u)}{안전율(s)} = \frac{40}{8} = 5\,kg/mm^2$$

(3) 이음 효율

이음의 허용응력을 정할 경우, 모재의 허용응력을 기준으로 하여 사용 재료, 시공 방법, 사용 조건 등에 의한 이음의 허용응력을 낮게 하여주는 비율을 이음 효율(joint efficiency)이라고 한다.

$$이음 효율(\eta) = \frac{이음의\ 허용응력}{모재의\ 허용응력}$$

용접 이음의 허용응력은 각종 규격마다 정해져 있으며, 구조설계에 대한 개념과 용접의 신뢰도에 대한 개념의 차이에 따라 안전계수 N의 값이 다르다(현장 용접은 공장 용접 허용응력의 90 % 적용).

용접 이음의 효율(압력 용기, RT 적용 여부에 따라)

이음의 종류	이음 효율(%)		
	전선 방사선시험을 하는 것	부분 방사선시험을 하는 것	방사선 시험을 하지 않는 것
맞대기 양쪽용접 또는 이것과 동등하다고 보는 맞대기 한쪽 용접이음	100	95	70
받침쇠를 사용한 맞대기 한쪽 용접이음에서 받침쇠를 남기는 경우	90	85	65
1, 2 이외의 맞대기 한쪽 용접 이음	–	–	60
양쪽 전체 두께 필릿 겹치기 용접 이음	–	–	55
플러그용접을 하는 한쪽 전체 두께 필릿 겹치기 용접 이음	–	–	50
플러그용접을 하지 않는 한쪽 전체 두께 필릿 겹치기 용접 이음	–	–	45

3-2 강도 계산 문제

예제 1. 다음과 같은 그림에서 맞대기 용접 이음의 강판의 두께를 12 mm로 하고, 최대 3 ton의 인장 하중을 작용시킬 때 필요한 용접 길이는? (단, 용접부의 허용 인장응력은 10 kgf/mm²이다.)

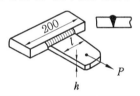

해설 $\sigma = \dfrac{P}{hl}$ 에서 $h = 12\,mm$, $P = 3\,ton$이므로

$$\therefore\ l = \frac{P}{\sigma \cdot h} = \frac{3000}{10 \times 12} = 25\,mm$$

예제 2. 다음 그림과 같은 용접 이음에서 $l = 180\,mm$, $h = 20\,mm$, $L = 60\,mm$, 굽힘응력 600 kgf /cm²라 할 때, 견딜 수 있는 하중과 이때 발생하는 최대 응력은?

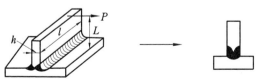

해설 1. $\sigma_b = \dfrac{6PL}{lh^2}$ 에서

$$P = \frac{\sigma_b \cdot l \cdot h^2}{6L} = \frac{6 \times 180 \times 20^2}{6 \times 60} = 1200\,kgf$$

2. $\tau_{max} = \dfrac{P}{hl} = \dfrac{1200}{10 \times 180} ≒ 0.667 \ \text{kgf/mm}^2$

[예제] 3. 다음 그림과 같은 겹치기 이음의 필릿 용접을 하려고 한다. 허용응력을 8 kgf/mm²이라 하고, 인장하중 5000 kgf, 판 두께 15 mm라 할 때 필요한 용접 길이는?

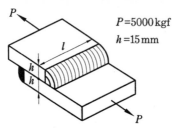

P=5000 kgf
h=15 mm

[해설] $\sigma = \dfrac{0.707}{hl} P$ 에서

$l = \dfrac{0.707}{h\sigma} P = \dfrac{0.707 \times 5000}{15 \times 8} ≒ 29.46 \ \text{mm}$

[예제] 4. 다음과 같이 판 두께 $t = 15$ mm의 2장 평판의 측면 필릿에서 6000 kgf의 인장하중이 걸릴 때, 용접선 길이 l은 얼마로 하면 되겠는가? (단, 허용 전단응력은 5.0 kgf/mm², 이음 효율은 80 %이다.)

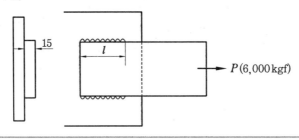

P(6,000 kgf)

[해설] 전단응력 $\tau = \dfrac{0.707P}{hl}$

$\therefore \ l = \dfrac{0.707 \times 6000}{\tau \times 15}$

기계학회의 허용 전단응력 5.0 kgf/mm², 이음 효율 80 %를 적용하면

$\sigma_w = 5.0 \times 0.8 = 4 \ \text{kgf/mm}^2$

$\therefore \ l = \dfrac{0.707 \times 6000}{4 \times 15} = 70.7 \ \text{mm}$

그런데 실제 용접 길이 l_P는 다리길이 $h(15 \text{ mm})$를 고려하여

$l_p = l + 2h = 70.7 + 2 \times 15 = 100.7 \ \text{mm}$

따라서 현장 실제 용접 길이 $l_P = 100.7 \ \text{mm}$이다.

예제 **5.** 다음 그림과 같이 폭 150 mm, 두께 12.7 mm의 강판을 38 mm를 겹쳐서 전둘레 필릿 용접을 한다. 여기에 작용하는 하중은 19,000 kgf이고, 용접의 허용응력은 1,020 kgf/cm²라 할 때 필요한 필릿의 치수는?

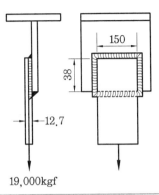

해설 1. 용접부의 단위길이당의 허용응력 $f = \dfrac{19000}{2 \times 15 + 2 \times 3.8} \fallingdotseq 505.3 \, \text{kgf/cm}$

2. 다리길이 $h = 1414 \dfrac{f}{f_w} = 1414 \dfrac{505.3}{1020} \fallingdotseq 0.7 \, \text{cm}$(약 7 mm)

예제 **6.** 그림과 같이 양쪽 필릿 용접한 행거에 하중 $P = 5,000$ kgf가 걸린 것으로 하여 필릿 사이즈 h를 구하시오. (단, 허용응력 $\sigma_w = 5$ kgf/mm²이다.)

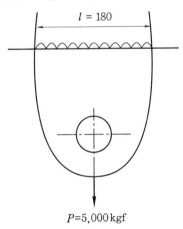

해설 T형 앞면 필릿 이음의 인장부하이므로 용접선 길이 $l = 180$ mm로 하여

$$\sigma = \frac{0.707P}{hl} = \frac{0.707 \times 5,000}{h \times 180}$$

$$\therefore h = \frac{0.707 \times 5,000}{\sigma \times 180} = \frac{0.707 \times 5,000}{5 \times 180} = 3.93 \fallingdotseq 4 \, \text{mm}$$

따라서 필릿 사이즈 $h = 4$mm로 용접한다.

예제 7. 다음 그림과 같이 둥근 단면 강재에 비틀림 응력이 걸리는 경우의 전 둘레 용접에 필요한 목
두께를 구하시오. (단, 전단강도는 30 kgf/mm²이고, 안전율은 3이다.)

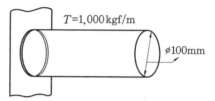

$T=1,000\,\text{kgf/m}$

$\phi 100\,\text{mm}$

해설 $T = 1000\,\text{kgf} - \text{m}$, $d = 100\,\text{mm}$, $\tau = 30\,\text{kgf/mm}^2$, $S = 3$이므로

1. $f_w = \dfrac{\tau}{S} = \dfrac{30}{3} = 10\,\text{kgf/mm}^2$

2. 용접선의 단면 2차 극모멘트

$$J_w = \frac{\pi d^3}{4} = \frac{\pi \times 100^3}{4} = 7.85 \times 10^5\,\text{mm}^3$$

3. 용접선에 생기는 응력

$$f = \frac{T \times c}{J_w} \text{에서 } \left[c = \frac{d}{2} = \frac{100}{2} = 50\,\text{mm}\right] = \frac{10,000,000 \times 50}{7.85 \times 10^5} \fallingdotseq 63.7\,\text{kgf/mm}$$

4. 필요한 목 두께 a는 필릿 용접이므로

$$a \geq f/f_w = \frac{63.7}{10} \fallingdotseq 6.4\text{가 되고 필릿의 다리길이는 } h = 1.414 \times a = 1.414 \times 6.4 \fallingdotseq 9\,\text{mm가 된다.}$$

예제 8. 다음 그림과 같이 기둥에 빔을 전 둘레 필릿 용접하여 붙이는 경우에 목 두께를 계산하시오.
(단, 용접 이음의 강도는 39 kgf/mm²이고 안전율은 3이다.)

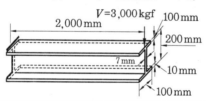

$V=3,000\,\text{kgf}$
$2,000\,\text{mm}$ $100\,\text{mm}$
$200\,\text{mm}$
$7\,\text{mm}$
$10\,\text{mm}$
$100\,\text{mm}$

해설 1. 용접부의 허용응력

$$f_w = \frac{\sigma}{S} = \frac{39}{3} = 13\,\text{kgf/mm}^2$$

2. 용접선에 생기는 응력 $f = M/Z_w$가 되는데 단면계수

$$Z_w = 2bd + \frac{d^2}{3} = 2 \times 100 \times 200 + \frac{200^2}{3} \fallingdotseq 5.3 \times 10^4\,\text{mm}^2$$

또한 이때의 모멘트 M은

$$M = V \times l = 3,000 \times 2,000 = 6 \times 10^6\,\text{kgf} - \text{mm}$$

$$\therefore f = \frac{M}{Z} = \frac{6 \times 10^6}{5.3 \times 10^4} = 113.2\,\text{kgf/mm}$$

3. 목 두께 a는

$$a \geq f/f_w = \frac{113.2}{13} \fallingdotseq 8.7\,\text{mm}$$

용접부 열처리

1. 20 mm의 동일한 두께를 갖는 인장강도가 350 MPa인 연강판과 1500 MPa 고장력 강판을 각각 용접하려 한다. 각각 강판의 예열 필요성을 판단하는 근거와 예열 온도 산출 방법에 대하여 설명하시오.

2. 강을 연화하고 내부응력을 제거할 목적으로 실시하는 소둔(annealing) 방법 중 완전소둔, 항온소둔, 구상화소둔에 대하여 각각의 열처리 선도를 그려 설명하시오.

3. 용접부의 잔류응력을 감소시키기 위한 용접 후 열처리(post weld heat treatment) 방법, 조건 및 주의 사항에 대하여 설명하시오.

4. 용접 시 예열(preheating)의 목적과 방법, 그리고 예열 온도 결정 방법을 설명하시오.

5. 후판 강재를 전류 600 A, 전압 30 V, 용접 속도를 30 cm/min로 서브머지드 아크용접을 하였다. 입열량을 계산하시오.

6. 풀림(annealing)과 불림(normalizing) 열처리 방법에 대하여 설명하시오.

7. 용접 입열량의 계산식을 단위와 함께 나타내고, 이 계산식을 이용하여 인장강도 500 MPa급 TMCP 강재의 인성을 보증하기 위해 용접 입열량을 40 kJ/cm로 제한한 경우 용접 전류 400 A, 아크 전압 40 V 조건에서 최저 용접속도(cm/min)를 제시하시오.

8. Cr – Mo강의 용접부에서 후열처리(PWHT)를 실시하는 이유를 설명하시오.

9. 용접부의 잔류응력을 제거하기 위해 용접 후에 열처리를 실시하는 경우가 있다. 이때 후열처리 온도를 가능한 높게 선정하는 것이 바람직한 이유와 온도 선정에서 주의해야 할 사항을 설명하시오.

10. 탄소강재의 용접 시 예열 온도 결정에 영향을 미치는 인자를 제시하고, 각 인자들과 냉각 속도와의 관계를 설명하시오.

11. 용접 입열량 관리의 목적과 그 측정 방법을 설명하시오.

12. 용접부 예열 온도의 기준이 되는 내용과 재질별 예열 온도에 대하여 설명하시오.

13. 탄소강재의 응력 제거 열처리 시 적용하는 온도 범위를 제시하고 가열하는 이유를 설명하시오.

14. 아크용접에서 용접 입열을 계산할 수 있는 공식을 설명하시오.

4. 용접부 열처리

4-1 열처리 방법

(1) 소둔(annealing, 풀림)

　일정 온도에서 어느 시간 동안 가열한 다음 비교적 늦은 속도로 냉각하는 작업을 소둔(annealing)이라고 하고, 그 목적 및 작업 방법에 따라 다음과 같은 종류가 있다.

　① **완전 소둔(full annealing)** : 일반적으로 소둔이라고 하면 이 완전 소둔을 말한다. 냉간 가공이나 소입 등의 영향을 완전히 없애기 위해서 austenite로 가열한 다음 서랭하는 처리이다. 가열 온도가 높을 때 성분의 균일화, 잔류응력의 제거 또는 연화가 이루어진다. 완전 소둔하면 아공석강에서는 ferrite와 층상 pearlite의 혼합 조직이 되고 과공석강에서는 층상 pearlite와 초석 Fe_3C가 된다.

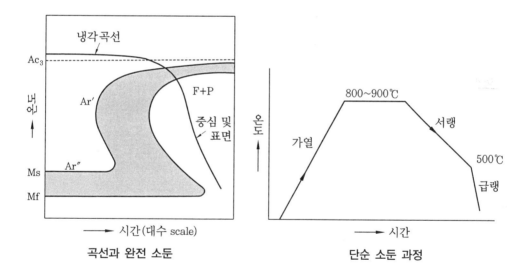

곡선과 완전 소둔　　　　　　　　단순 소둔 과정

　② **항온 소둔** : S곡선의 nose 혹은 그보다 높은 온도에서 항온 처리를 하면 비교적 빨리 연화 소둔의 목적을 달성할 수 있다. 소둔 온도로 가열한 강을 그 S곡선의 nose 부근의 온도(600~650℃)에서 항온 변태시킨 후 노에서 꺼내어 공랭 또는 수랭시킨다.

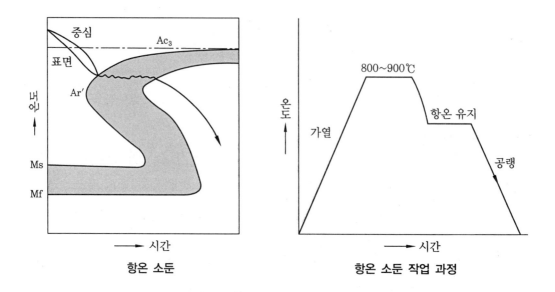

항온 소둔   항온 소둔 작업 과정

③ **구상화 소둔**(spheroidizing annealing) : 소성가공을 용이하게 하고 인성, 피로강도의 향상 등을 목적으로 강 중의 탄화물을 구상화하는 소둔을 말한다. 과공석강이나 고탄소합금 공구강 등에서는 Fe_3C가 망상으로 석출하여 내피로, 내충격성이 나쁘므로 이 처리를 한다. 또 아공석강에서도 pearlite 중의 Fe_3C를 구상화 처리하여 가공성을 개선한다. 구상화 처리 방법에는 여러 가지가 있으나 일반적으로 A_{c1} 직하의 온도로 장시간 가열하거나 또는 A_{c1} 직상과 직하의 온도로 가열과 냉각을 몇 번 되풀이하여 탄화물을 계면장력의 작용으로 구상화시킨다. 특히 망상 Fe_3C를 완전히 없애고 충분한 구상화를 위해서는 전처리로서 소준을 하면 좋다. 냉간가공한 것은 A_{c1} 직하의 단시간 가열로도 비교적 빨리 구상화된다.

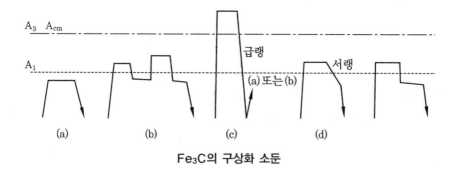

Fe_3C의 구상화 소둔

④ **확산 소둔**(homogenizing, diffusion annealing) : 대형 강괴 내의 편석(C, P, S 등)을 경감하기 위한 작업이며, 단조 압연 등의 전처리로 실시된다. 결정립이 조대화하지 않는 정도의 고온(1050℃~1300℃)에서 장시간 가열한다. 특히 황화물은 철강의 적열

취성의 원인이 되므로 확산 소둔을 하면 효과가 있다. 이 소둔을 안정화 소둔 또는 균질화 소둔이라고 말한다.

⑤ **중간 소둔(process annealing)** : 냉간가공, 특히 인발이나 deep drawing 등의 심한 가공을 하면 강이 경화되고 연성이 낮아져서 그 이상의 가공을 할 수 없게 된다. 이때에는 작업의 중간에서 A₁점 이하의 온도로 연화 소둔을 한다. 중간 소둔에서는 회복과 재결정이 일어나고 응력 제거뿐만 아니라 완전히 연화한다.

⑥ **응력 제거 소둔(stress relief annealing)** : 주조, 단조, 소입, 냉간가공 및 용접 등에 의해서 생긴 잔류응력을 제거하기 위한 열처리이다. 보통 500~600℃의 저온에서 적당한 시간 유지한 후에 서랭하는 저온 소둔이다. 재결정 온도 이하이므로 회복에 의해서 잔류 응력이 제거된다. 일반적으로 건설 현장에서 사용되는 후열처리(PWHT)가 여기에 해당된다.

(2) 소준(normalizing, 불림)

노멀라이징은 완전 어닐링과 유사한 열처리로서 균일한 ferrite 및 pearlite를 생성한다. 그러나 노멀라이징과 어닐링 사이에는 몇 가지 중요한 차이가 있다. 아공석강에서 노멀라이징은 어닐링 온도보다 어느 정도 더 높은 온도에서 실시하나 과공석강에서는 가열 온도 범위가 A$_{cm}$ 이상이다. 완전 어닐링에서는 노랭하는 데 비하여 노멀라이징에서는 가열 후 공랭한다. 아공석강의 노멀라이징에서 austenite화 온도는 어닐링에 비하여 어느 정도 높으며, 균질화 처리에서보다 온도가 낮고 유지 시간이 짧지만 austenite가 훨씬 균일화되며 조성이 균일화 처리와 유사하게 된다. 노멀라이징의 다른 중요한 목적은 고온에서 열간가공할 때 또는 주강이 응고될 때 생기는 매우 조대한 조직을 미세화하는 것이다. 그와 같은 열간가공이나 주조품을 A$_{c1}$ 및 A$_{c3}$ 온도로 가열함으로써 새로운 austenite 입자의 핵이 생성되며 균일한 미세 입자인 austenite 조직이 생성된다. 노멀라이징에서는 아공석강이 냉각할 때 ferrite-pearlite 조직으로 변태하기 위한 균일하고 미세한 입자의 austenite를 생성한다. 결과로 얻은 조직은 양호한 균일성과 주어진 용도에 바람직한 기계적 성질을 가지며 또한 퀜칭에 의한 최종 경화 조직은 martensite가 다시 austenite 화된다.

(3) 소입(quenching, 담금질)

강을 임계온도 이상에서 물이나 기름과 같은 소입욕(燒入浴) 중에 넣고 급랭하는 작업을 소입(quenching)이라 한다. 소입의 주목적은 경화에 있으며 가열 온도는 아공석강에서는 A$_{c3}$점, 과공석강에서는 A$_{c1}$점 이상 30~50℃로 균일 가열한 후 소입한다. 소입에서 얻어지는 최고 경도는 탄소강, 합금강에 관계없이 탄소량에 의하여 결정되며 약 0.6%C까지는 Carbon 양에 비례하여 증가하나 그 이상이 되면 거의 일정치가 되고 특히 합금원소에는 영향을 받지 않는다. quenching에서 이상적인 작업 방법은 다음 그림과 같이 Ar′ 변태가 일어나는 구역은 급랭시키고 균열이 생길 위험이 있는 Ar″ 변태 구역은 서랭하는 것이다. 이와 같은 냉각 과정을 거치면 균열이나 변형됨이 없이 충분한 경도를 얻을 수 있다.

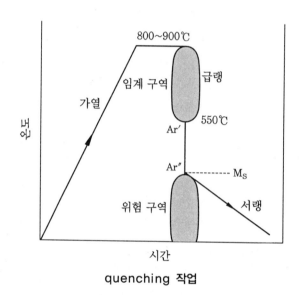

quenching 작업

(4) 소려(tempering, 뜨임)

소입한 강은 매우 경도가 높으나 취약해서 실용할 수 없으므로 변태점 이하의 적당한 온도로 재가열하여 사용한다. 이 작업을 소려, tempering이라 한다. 소려의 목적은 다음과 같다.

• 조직 및 기계적 성질을 안정화한다.

• 경도는 조금 낮아지나 인성이 좋아진다.

• 잔류응력을 경감 또는 제거하고 탄성한계, 항복강도를 향상한다.

일반적으로 경도와 내마모성을 요할 때에는 고탄소강을 써서 저온에서 tempering 하고 경도를 조금 희생하더라도 인성을 요할 때에는 저탄소강을 써서 고온에서 tempering 한다.

① tempering이 일어나는 단계 : tempering은 무확산 변태로 생긴 martensite의 분해 석출 과정이다. 즉, tempering에 의한 성질의 변화는 Carbon을 과포화하게 고용한 martensite가 ferrite와 탄화물로 분해하는 과정에서 일어난다.

㈎ 제1단계 : 80~200℃로 가열되면 과포화하게 고용된 Carbon이 ε 탄화물로 분

해하는 과정이다.

(나) 제2단계 : 200~300℃에서 일어나는 이 단계는 고탄소강에서 잔류 austenite가 있을 때에만 일어나며 잔류 austenite가 저탄소 martensite와 ϵ 탄화물로 분해되는 과정이다.

(다) 제3단계 : 300~350℃가 되면 ϵ 탄화물은 모상중에 고용함과 동시에 새로 Fe_3C가 석출하고 수축한다. 저탄소 martensite는 더욱 저탄소로 되고 거의 ferrite가 되나 전위 밀도는 아직 높은 편이다. 이때 생기는 조직은 fine pearlite(sorbite)이며 부식되기 쉽다. 온도가 더욱 높아져서 500~600℃가 되면 Fe_3C는 성장하여 점차 구상화하고 전위 밀도는 급격히 감소한다. 이때의 조직은 medium pearite (sorbite)이며 강인성이 좋아 구조용에 사용된다.

② **tempering에 따른 기계적 성질의 변화** : 탄소강을 소입한 후 ϵ 탄화물의 석출로 경도가 증가하며 200℃ 정도의 제2단계 tempering에서도 잔류 austenite의 분해로 경도는 증가한다. 고탄소강에서는 잔류 austenite가 많아서 소입한 상태에서는 오히려 경도는 낮으나 300℃ 부근의 소려에 의해서 경도는 높아진다. 저온 소려의 범위에서 잔류응력이 완화되고 전위의 고착 작용이 진행되기 때문에 강성 한계가 향상되고 인장강도, 항복점도 높아지나 그 이상 온도가 올라가면 강도는 점차 감소한다.

(가) 저온 소려 취성(300℃ 취성) : 탄소강을 소입한 후 약 300℃로 소려하면 충격치가 현저하게 감소한다. 이 현상은 Carbon의 양과는 관계없이 나타난다. 이 취화의 원인은 잔류 austenite의 분해에도 있으나 300℃ 부근에서 ϵ 탄화물이 Fe_3C로 변화하는 데에 기인한다. 이 저온 소려 취성은 고순도강보다는 P, N 등의 불순물이 많을수록 심하게 나타난다. 약 2 % 이상의 Si를 함유하는 고 Si강에서는 400℃가 되어야 $\epsilon \rightarrow Fe_3C$의 반응이 일어나므로 취성을 고온 측으로 이동시킬 수 있다.

(나) 고온 소려 취성(500℃ 취성) : 500℃ 전후의 소려에서 나타나는 충격치의 감소를 말한다. 이때 tempering 온도에서 급랭할 때보다 서랭할 때에 현저하게 취화한다. 이 취성은 결정입계에 탄화물, 질화물 등을 석출하기 때문이다.

(다) 제2차 소려 취화(2차 경화) : 합금강에서 600℃ 전후에 소려에 의하여 현저하게 경하는 현상이다. 합금강 martensite의 소려 과정은 4단계로 일어나며 1~3 단계까지는 탄소강의 경우와 같으나 4단계에서는 3단계에서 석출한 Fe_3C가 온도 상승에 따라 재용해하고 그 대신 합금 탄화물이 생성된다. 특히 Cr, Mo, W, V, Ti 등의 탄화물 형성 원소를 함유하는 martensite 조직의 강에서 특수 산화물이 석출하여 석출경화를 일으킨다. 소려 취성은 사고의 원인도 될 수 있으므로 이를 방지하기 위해서는 다음과 같은 대책이 필요하다.

㉮ P, Sb, N 등을 가능한 한 감소시킨다.

㉯ 고온 tempering 후는 급랭한다.

㉰ austenite 결정립을 미세화한다.

㉱ 탄소강에서는 P%에 따라서 0.2~0.5 %의 Mo를 첨가한다.

㉲ quenching 할 때에는 되도록 완전한 martensite로 한다.

㉳ austempering을 하여 높은 인성을 얻는다.

4-2 예열(preheating)

(1) 개 요

예열이란 용접 전에 용접부를 가열하는 작업으로 보통 도시가스, 산소 - 아세틸렌가스, 산소 - 프로판가스 등의 토치나 고정식 버너를 이용한다. 고탄소강, 저합금강, 주철 등과 같이 급랭에 의하여 경화되고 균열이 생기기 쉬운 재료는 재질에 따라서 50~350℃의 예열을 행한다. 연강에서도 판 두께 25 mm 이상에서는 0℃ 이하에서 용접하게 되면 저온 균열이 발생하기 쉬우므로 이음부의 양쪽으로 약 100 mm 폭을 50~75℃로 가열하는 것이 좋다. 또한, 다층 용접인 경우에는 제2층 이후는 앞 층의 열로 모재가 예열한 것과 동등한 효과를 얻기 때문에 예열을 생략할 수 있다.

(2) 예열의 목적

주된 예열의 목적은 용접 금속 및 HAZ의 균열 방지에 있으며, 다음과 같은 효과가 있다.

① 용접부 냉각 속도를 늦추어 HAZ 경도를 낮추고 인성을 증가시킨다.

② 용접부 확산성 수소의 방출을 용이하게 하여 수소취성 및 저온 균열을 방지한다.

③ 용접부의 기계적 성질을 향상시키고 경화 조직의 석출을 방지시킨다.

④ 용접부의 온도 구배를 낮추므로 용접 변형과 잔류응력을 완화시킨다.

⑤ 제작 과정에서 취성파괴가 일어날 수 있는 온도 이상으로 강의 온도 조건을 제공한다. 즉, 취성파괴를 예방한다.

(3) 예열 온도

용접부에서 발생하는 저온 균열은 열영향부의 경도(화학조성), 용접 금속의 수소량, 구속 여부, 용접 입열, 주위 온도 등의 원인에 의해 크게 영향을 받는다. 용접 균열 방지에 필요한 예열 온도(T)에 미치는 화학 성분, 구속도 및 수소량의 영향(균열 감수성 지수 P_c)은 다음 식과 같다.

균열정지 예열 온도 $T = 1440 P_c - 392℃$

균열 감수성 지수 $P_c = P_{cm} + \dfrac{t}{600} + \dfrac{H}{60}$

균열 감수성 조성 P_{cm} 은 탄소당량(C_{eq})과 마찬가지로 단지 화학조성에 의존하여 용접부의 균열 가능성을 평가하는 방법으로, 다음 식과 같다.

$$P_{cm}(\%) = C + \frac{Si}{30} + \frac{Mn}{20} + \frac{Cu}{20} + \frac{Ni}{60} + \frac{Cr}{20} + \frac{Mo}{15} + \frac{V}{10} + 5B$$

$$※ P_c = \left(C + \frac{Si}{30} + \frac{Mn}{20} + \frac{Cu}{20} + \frac{Ni}{60} + \frac{Cr}{20} + \frac{Mo}{15} + \frac{V}{10} + 5B \right) + \frac{t}{600} + \frac{H}{60}$$

또는, $t/600$ 대신에 $K/40000$으로 표현하기도 한다.

여기서, t는 판 두께(mm)이며, H는 확산성 수소량($ml/100\,g$)으로 보통 1~5 범위 인데 이는 글리세린법에 의하여 구할 수 있고, K는 이음의 구속도(kg/mm^2)를 의미 한다. 예열 온도를 정해진 온도 이하로 낮게 해서는 예열의 효과가 현저히 떨어지며, 필요 이상으로 높게 할 경우 비경제적일 뿐만 아니라 결정립 조대화로 HAZ의 강도 저하나 인성 저하 위험이 있기 때문에 규정된 온도를 준수하여야 한다. 일반적으로 강재의 탄소당량이 높을수록, 판 두께가 두꺼울수록 예열 온도가 높아진다.

(4) code 적용

용접시방서(WPS)에 예열 온도는 최저 온도 값을 기재하여 이를 준수해야 하며, 적용 기준에 따라 그 값이 다소 차이는 있으나 재료의 합금 성분에 대응하는 P-no.(화학조성) 와 모재의 두께(구속 정도)에 따라 달라지므로 적용 code의 요건을 찾아 적용하면 된다.

- ASME Sec. I : appendix A-100, PW-39
- ASME Sec. Ⅲ : NX-4622
- ASME Sec. Ⅷ : appendix R, Table UCS-56
- ASME 31.1 : Para. 131
- ASME 31.3 : Table 330
- ASME D1.1 : Para. 5.6, Table 3.2

① AWS Code

(가) 모재는 WPS에 명시된 최저 온도 이상으로 예열해야 한다.

(나) 사전 인정 WPS에서 용접법에 따라 강재별, 모재 두께에 따른 최소 예열 및 층 간 온도를 규정하고 있다.

(다) 예열 및 층간 온도는 용접부에서 모든 방향으로 두꺼운 쪽 부재 두께 이상의 거 리(단, 75 mm 이상)에 대하여 용접 중에 유지되어야 한다.

② **ASME Code** : ASME Sec. Ⅸ(QW-406)에서 예열에 대한 변수들을 설명하고 있으며(예열 온도가 55℃ 초과 증가 시 필수 변수), 각 code마다 예열 온도가 약간의 차이는 있지만 P-No별, 모재 두께별 유지 온도를 정하고 있다.

4-3 후열처리(PWHT)

(1) 개 요

용접 후 열처리(post weld heat treatment, PWHT)란, 일반적으로 용접 후 용접부 또는 용접이 완료된 용접 구조물을 대상으로 하는 모든 열처리를 포함하는 것이다. 때로는 응력 제거(SR) 열처리라는 말로도 사용되고 있으나, 응력 제거 열처리가 용접 후 열처리로 불리게 된 것은 열처리의 목적이 용접 잔류응력의 완화만으로 한정되지 않기 때문이다. 따라서 PWHT는「용접부 또는 그 근방을 재료의 변태점 이하의 적절한 온도까지 가열, 유지, 균일한 냉각의 과정을 통하여 용접부의 성능을 개선하고 용접 잔류응력 등의 유해한 영향을 제거하는 것」으로 정의할 수 있다.

(2) 목 적

PWHT의 목적을 열거하면 다음과 같다.

① **용접 잔류응력 및 변형 대책**
  ㈎ 용접 잔류응력의 완화
  ㈏ 형상 치수의 안정(정밀기계 가공의 목적 등으로)

② **모재, 용접부 및 구조물의 성능 개선**
  ㈎ 용접 열영향부의 연화와 조직의 안정
  ㈏ 용착금속의 연성 증대
  ㈐ 파괴 인성의 향상
  ㈑ 함유 가스의 제거
  ㈒ 크리프 특성의 개선
  ㈓ 부식에 대한 성능의 향상
  ㈔ 피로강도의 개선

(3) 방 법

PWHT의 시공 방법은 노내 PWHT, 국부가열 PWHT 및 현지 전체 PWHT로 나누어진다. 또한 구조물이 완성된 후 수행되는 최종 PWHT 외에 제조 공정 중에 수행되는 중간 PWHT가 있다. 어느 방법에 있어서나 PWHT는 ① 열처리 방법 및 설비의 선정,

② 피가열물 또는 노내 온도의 계측, ③ 외관, 형상의 유지 대책, ④ 필요한 경우 본체 및 부재 또는 동시 열처리에 의한 재질 시험 및 그 외에 필요로 하는 사항에 대하여 충분한 검토가 필요하다.

(4) PWHT의 효과

① 잔류응력 및 변형의 완화

(가) 잔류응력 완화 : 잔류응력은 PWHT에 따라 감소된다. PWHT 최고 온도가 낮으면 아무리 오랜 시간 유지하여도 잔류응력의 효과는 적다. 유지 시간 중에 creep 현상에 따라 고온강도가 높은 재료는 잔류응력 저감 효과가 더 크다.

(나) 형상치수의 안정 : PWHT 완료 후의 형상치수가 시간의 경과에 따라 변화하지 않게 하기 위해서는 최종 잔류응력을 낮출 필요가 있다. 냉각 속도가 늦고, 노로부터의 반출 온도가 낮을수록 효과가 있다.

② 모재, 용접부 및 구조물의 성능 개선

(가) 용접 열영향부의 연화 및 조직의 안정 : 이것은 PWHT의 커다란 효과 중의 하나이다. 연화는 고온, 장시간의 조건이 유리하나 너무 지나쳐 오히려 강도가 저하되지 않도록 주의하여야 한다. PWHT에 의한 조직 안정의 효과는 일반적으로 인정되고 있으나, 대입열 용접 등에서 현저한 결정 조대화가 발생한 경우에는 충분한 효과를 바랄 수 없다. Cr−Mo강에서는 유지 시간도 중요하며 합금 성분의 양이 많으면 두께가 얇더라도 충분한 유지 시간을 가져야 한다.

(나) 용착금속의 연성의 증대 : 용접 그대로의 상태에서 용착금속의 연성이 충분하지 못한 경우의 용접부의 성능 개선에도 PWHT가 사용된다.

(다) 취성파괴 방지 : PWHT는 취성파괴에 악영향을 주는 잔류응력과 용접선 방향에서 항복점에 달한 잔류응력의 peak 값을 낮추는 효과가 있다. 또한, HAZ의 인성과 연성을 회복시켜주기도 하나, 재료에 따라서는 역효과를 나타내기도 한다. 특히, 조질강에서는 인장강도, 항복점이 낮아지며 인성 및 연성이 나빠진다. 따라서, PWHT의 효과는 잔류응력의 완화와 함께 용접부, HAZ, 모재 부위 등 각 부위에서의 성질 변화를 조합적으로 고려해야 한다.

(라) 함유 가스의 제거 : PWHT에 의하여 수소 등의 유해한 가스는 용접부와 그 근방으로부터 방출, 제거된다.

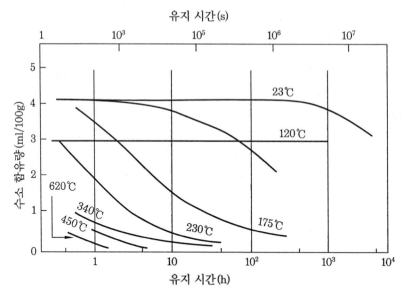

후열에 의한 용접부의 확산성 수소의 감소량

㈎ 크리프특성의 개선 : Cr-Mo강의 크리프특성은 PWHT 조건의 영향을 받는다. 비교적 단시간의 크리프 강도는 고온 장시간의 열처리로 낮아지는 경향이 있어 압력 용기에서는 저온 쪽의 조건이 많이 사용된다.

㈏ 부식에 대한 성능의 향상 : 부식 현상 중에서도 응력부식 균열은 용접 잔류응력과 용접에 의한 경화의 영향을 크게 받기 때문에 PWHT는 그 방지에 커다란 효과가 있다. PWHT의 효과를 발휘하기 위하여 경도가 균열 발생 한계치 이하가 되도록 조건을 결정하여야 한다.

㈐ 피로강도 개선 : 용접 잔류응력은 피로강도에 영향을 미치지만, 단순한 경우에는 영향은 작아진다. 따라서 피로강도의 향상을 목적으로 PWHT를 하는 경우는 일반적으로 드물다. 그러나 압력 용기의 노즐 연결부 등과 같이 형상에 의한 응력집중과 용접 잔류응력이 중첩되어 복잡한 3축 응력 상태로 되는 경우에는 PWHT가 피로 파괴의 방지에 유효한 것으로 생각되고 있다.

(5) 용접 후 열처리(PWHT) 절차

재질 및 code별 열처리 온도 및 유지 시간은 상이하나, 보통 응력 제거를 목적으로 하는 PWHT 온도는 625±25℃이며, 용접부의 덧살 높이까지의 두께를 계산에 포함하여 용접부 두께 1인치당 1시간을 기준하여 열처리로 유지하여야 한다. 특히, 열처리 조작 시에 약 300℃ 이상의 온도에서 단위시간당 가열 및 냉각 온도의 규정된 범위를 준수하는 것이 중요하다. PWHT의 적용 여부 및 유지 온도와 시간은 적용되는 기술기준, 규격, 표준, KJPS, 도면 등에 규정되며 일반적으로 PWHT에 대한 기준은 다음을 참조하면 된다.
- ASME Sec. I : PW-39
- ASME Sec. III : NX-4620
- ASME B31.1 : Para.132
- ASME B31.3 : Para.331
- ASME D1.1 : Para 5.8

(6) PWHT의 문제점

종래에는 용접부의 PWHT가 응력 완화 및 기계적·금속학적 성질을 개선하는 것으로만 인식되어왔으나, 최근 그 역효과도 대두되고 있다. 특히, 새로운 재료의 등장과 초후판 등의 경우에 이러한 문제가 심각하다.

① **모재 성능의 열화** : 열처리를 한 조질 고장력강에서는 열처리 온도를 초과하는 정도의 온도로 PWHT 할 때 조질 효과가 상실되어 강도나 인성의 저하가 일어난다. 따라서, 조질 고장력강의 PWHT 원칙은 열처리 온도 이하에서 PWHT가 수행되어야 한다. 초후판의 경우에도 열처리가 중첩되어 기계적 성질, 인성, creep 강도 등이 나빠지게 된다. 이러한 관계는 열처리 파라미터로 다음과 같다.

$$P = T(20 + \log t)$$

P 가 20.7×10^3 이하이면 페라이트는 발생하지 않는다.

P 의 값은 가열 온도 T[K], 유지 시간 t[h]로 나타내는데 열처리가 반복될 때 전체 유지 시간을 t로 계산하여야 한다.

㉮ 조질 고장력강 : 모재에 실시한 tempering 온도 이상의 고온 PWHT 시 조질 효과를 상실하여 강도 및 인성 저하를 초래한다.

㉯ 극후판재 : 중간 및 최종 PWHT 등 수차례의 열처리 중첩 효과로 인하여 기계적 성질, 파괴 인성, creep 특성이 저하된다.

㉰ $2\frac{1}{4}$Cr-1Mo강 : 고온 장시간 열처리에 의해 용접 금속 내에 조립 ferrite가 형성되어 강도 저하를 초래한다.

㉱ 저온용 Ni강 : PWHT에 의해 파괴 인성이 떨어진다.

② **재열 균열 발생** : PWHT 시 재열 균열이 발생하는 경우가 있다. 특히, Ni-Cr-Mo-V강, $2\frac{1}{4}$Cr-1Mo강 등에 대한 PWHT 시 재열 균열이 발생하기 쉽다. 화학조성 상으로 $\Delta G = \%Cr + 3.3\%Mo + 8.1\%V - 2$로 나타내며, $\Delta G > 0$일 때 균열 감수성이 있다. HT80의 고장력강 용접부를 PWHT 하기 전 용접부 표면을 다듬질하는 것

은 지단부의 응력집중을 막아 재열 균열 발생을 방지한다. PWHT를 완료하고는 자분 탐상 검사(MT)를 실시하여 재열 균열 발생 유무를 확인하여야 한다.

③ **시공상 문제점** : 용접 구조물이 클 때는 전체를 열처리로에 넣기가 어려우므로 용접 부만을 국부적으로 PWHT 하여야 한다. 또한, 용접 구조물이 너무 길 때는 길이를 적당히 나누어 부분적으로 실시하여야 하므로 공기가 길어지고 열처리 절차가 까다로운 문제점이 있다. PWHT 완료 후 발견된 결함에 대한 보수 문제나 PWHT 완료 후 소부재 취부 용접 등도 문제이다. 국부가열 PWHT 기법이 이러한 문제를 해결할 수도 있지만 한 번에 PWHT 하는 경우와 비교, 그 결과의 평가는 간단하지 않다.

(7) PWHT 수행 시 주의점

① **주의를 요하는 재료** : 3.5 %Ni 및 9 %Ni 강에 PWHT를 실시할 때에는 유지 온도의 상하한의 폭을 작게 하여야 하며, 또한 300℃ 이상의 온도에서는 냉각 속도를 충분히 낮게 할 필요가 있다. Cr-Mo강에서는 사용 조건과 요구되는 강도, 크리프 특성을 고려한 열처리 조건의 선정이 중요하다.

② **이종재 용접 및 스테인리스 클래드강** : 이종의 재료를 용접하는 경우, 재료를 이종의 용재로 용접하는 경우의 PWHT에는 특별한 배려가 필요하다. 이종 재료의 경우에는 일반적으로 중요하다고 생각되는 재료의 PWHT 조건이 적용되는 때가 많지만, 그 때문에 다른 재료가 받는 영향을 고려하지 않으면 안 된다. 오스테나이트계 스테인리스강과 페라이트계강을 용접하거나 페라이트계강을 오스테나이트계 용접 재료로 용접하는 때는 PWHT를 적용하지 않는 경우가 많지만, 적용할 때에는 오스테나이트계의 성능 저하나 탄소의 이동에 의한 침탄층의 발생 등에 주의하여야 한다. 오스테나이트계 스테인리스강을 클래드 한 클래드강판의 PWHT는 용접 재료를 중시하는 경우에는 수행하지 않는 것이 원칙이나 이 경우의 모재는 용접성이 뛰어난 것이어야 한다. 모재를 중시하여 PWHT를 행하는 때의 용접 재료는 모재의 PWHT 조건에서 현저한 성능 저하를 일으키지 않는 것으로 선정할 필요가 있다.

③ **용접 보수** : PWHT 후에 용접 보수를 하거나 부재를 용기의 압력부에 용접하면 일반적으로 재 PWHT가 요구된다. 단 보수 용접이 강도상 중요하지 않고 또한 구조물의 사용 성능에 유해하지 않다고 생각될 때는 PWHT를 생략하는 경우도 있다. 이 경우 보수 용접에는 본용접보다도 더욱 엄한 계획, 시공, 관리, 검사가 요구된다. 하프비드(half bead)법으로 불리는 용접 보수 방법은 그 예이다.

(8) PWHT가 유해한 경우

① 18-8 Cr-Ni 스테인리스강에서는 425~870℃(600~650℃에서 매우 심함)로 가

열 시 탄화물의 입계석출을 초래하여 내식성이 저하될 위험성이 높다.

② 가공경화한 강재는 PWHT 후 재료의 전체적인 연화를 초래하여 강도가 저하된다.

③ 인장강도 80 kg/mm² 이상의 저합금강 용착금속은 Mo, V을 함유하는 것이 많아 650℃ 정도로 열처리 시 오히려 취약해지며, 특히 인성이 저하되기 쉽다(템퍼링 취하).

④ 용착강은 PWHT로 연성이 증가하는 대신 강도가 약간 저하될 우려가 있으므로 그 정도를 예상하여 적당한 용접봉을 선택하여야 한다.

4-4 다층 용접, 층간 온도

(1) 다층 용접(multi pass)

① **개요** : 모재 두께 6 mm 이상의 재료를 용접할 때에는 다층 용접을 사용하여야 하고 필요한 층수는 피용접물의 두께 및 형상 등에 따라 다르나, 제1층은 루트 용접으로 홈의 밑부분을 완전히 용융하여 이면까지 충분히 용입하도록 하여야 한다. 이 루트 용접은 뒷받침 역할을 하므로 제2층 이상은 높은 전류를 사용하여 용접할 수 있다. 다층 용접은 각 층의 사이에 불순물이 존재하지 않도록 존재하는 것이 제일 중요하다.

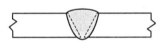

single pass

multi pass

② **목적** : 용접 금속 조직의 결정립 미세화, 인성값 향상 및 잔류응력 감소 등은 다층 용접(multi pass)을 함으로써 얻을 수 있다.

③ **효과(이점)**

㈎ 다층 용접을 함으로써 전층 용접부의 결정립을 미세화시키거나 normalizing 처리하여 인성이 향상된다.

㈏ 각 층(pass) 용접 시 입열량을 적게 함으로써 결정립 성장을 억제시킨다.

㈐ 예열의 효과를 주고, 후열처리(PWHT)의 효과로 잔류응력을 감소시킨다.

㈑ 용접 열영향부(HAZ)의 재가열로 조직을 미세화시킨다.

㈒ 기타 불순물의 편석을 방지하여 높은 인성을 확보할 수 있다. 따라서, 다층 용접으로 시공 시에는 입열량(heat input)을 적게 함으로써 결정립이 미세화되는 효과가 있어 인성 확보에 유리하다.

④ **단층 또는 다층 용접의 선택** : 각 joint에 용접을 행할 때 pass가 단층 용접인가 다층 용접인가를 판단한다.

㉮ 특히 tensile stress 7000 psi 이상의 금속을 다층으로 용접할 경우는 앞서 용접한 층이 후속 층에 의해서 tempering 취화되는 일이 있으며, 또한 600℃ 부근의 응력 제거 annealing에 의해서 현저하게 취화되는 경우도 있으니 유의하여야 한다.

㉯ 〈WPS 작성 시〉 다층에서 단층 혹은 단층에서 다층 pass로 변화는 essential variable이 아니고 supplementary essential variable이다(QW-410.9 참조). single electrode에서 다전극(multi-electrode)으로나 multi-electrode에서 single electrode로의 변경도 essential variable이 아니고 supplementary essential variable이다(QW-410.10 참조).

(2) 층간 온도(interpass temperature)

① **개요** : 층간이란 용접의 층(pass)과 층(pass) 사이를 뜻하는 것으로, 1개의 층을 용접한 후에 그다음 층을 용접하기 전에 앞서의 층이 갖는 온도를 층간 온도라 한다. 예를 들어, 오스테나이트 스테인리스강의 층간 온도를 175℃로 규정한다는 의미는 175℃ 이하로 유지하여 용접 부위가 빨리 냉각되도록 하여 425~870℃ 범위에 머무르는 시간을 가능하면 적게 하기 위한 것이다(weld decay의 유발을 방지하기 위함). 따라서, 이러한 경우는 예열을 최소 몇 ℃ 이상이라고 하는 것과는 상반되는 의미로 층간 온도는 몇 ℃ 이하로 관리해야 한다.

② **층간 온도를 제한하는 이유** : 층간 온도를 제한하는 것은 스테인리스강과 같이 온도에 재료의 성질이 민감하게 반응하는 경우이다. 즉, 스테인리스강은 대략 425~870℃ 사이에서는 크롬 탄화물이 석출하여 stainless 성질의 주 역할을 하는 Cr이 제 기능을 못하므로(부식 방지를 위한 최소 Cr 함량은 12%임) 부식이 일어나기 쉽다. 또한, 고장력강의 경우는 거듭되는 용접의 층수에 따라 용접 부위가 계속 높은 온도로 가열되는 결과가 되어 고장력강에서 요구되는 물리적 성질을 얻기 어렵게 된다. 한편, API 5LX 재료 같은 것을 용접하는 경우에 급속한 냉각을 피하고자 한다. 따라서, 층간 온도가 일정 온도 이상 되게끔 유지함으로써 급랭에 의한 균열의 예방을 기하고 있다. 본 재료에 대한 이론적 근거는 확실하지 않으나 이는 경험에서 비롯하였을 것으로 본다. 이런 의미에서 층간 온도는 예열과 같은 목적을 갖는다고 할 수 있다.

③ **일반적으로 제한하는 층간 온도 범위**

㉮ 탄소강과 저합금강 : 탄소강과 저합금강의 경우에는 427℃를 원칙으로 하고, 충격시험(impact test)이 있는 경우와 육성 용접(overlay)인 경우는 PQ Test의 최대 패스 간 온도보다 56℃(100℉) 이상 증가할 수 없다.

㈑ 스테인리스강과 비철금속 : 보통 175℃를 원칙으로 하고 260℃를 넘지 않는다.

㈐ 도로교 표준 시방서에서 Q & T강의 층간 온도를 230℃로 규정하고 있다.

㈑ AWS D1.1에서도 Q & T강인 ASTM A709의 층간 온도를 최대 230℃(450℉)로 규정하고 있다.

㈒ ASME code에서 예열 및 후열처리(PWHT)에 대한 규정은 있으나 층간 온도에 대한 명확한 규정값은 없다.

④ **측정 방법** : tempilstik이나 온도 지시계(pyrometer) 등을 사용하여 측정할 수 있다.

4-5 입열량(heat input)

(1) 정 의

용접 입열량은 열적 현상을 좌우하는 주요 요소로서 냉각 속도, 응고 속도, HAZ의 크기, 최고 온도 분포, 용접부의 조직 및 기계적 성질의 건전성에 영향을 주며, 다음과 같이 나타낼 수 있다.

$$입열량(J/cm) = \frac{60 \times 전류(A) \times 전압(V)}{용접 \ 속도(cm/min)}$$

(2) 특 성

① 입열량이 너무 높거나 낮으면 충격값이 저하된다. 그 이유는 입열량이 너무 높으면 용접부 조직이 austenite 결정립 조대화 및 상부 bainite 조직 생성으로 결정립이 조대화되어 인성이 저하되며, 반면 입열량이 너무 낮으면 급랭에 의한 martensite 화될 뿐만 아니라 탈산 효과 감소로 잔존 산소에 의해서 인성 저하 현상이 생긴다.

② 동일 입열량이라도 pass 수가 적어지면 인성이 저하하므로 인성 확보 측면에서 다층 용접(multi pass)이 유리하다.

③ 입열량이 증가하면 용접 속도를 증가시키거나, 전류를 감소시켜 낮출 수 있다.

(3) 입열량 주의 강재

① austenite계 스테인리스강에서 약 500~850℃의 장시간 가열은 탄화물의 입계석출로 Cr량이 감소하여 내식성이 저하되기 때문에 용접 입열량의 관리가 요구된다.

② 특히, quenching & tempering 강에서의 높은 입열량(tempering 온도 이상)은 재료의 조질 효과를 잃어 인성 및 강도가 저하된다.

⑷ 입열량 규정

① 일반적으로 15~30 kJ/cm가 적용되고 있다.

② **도로교 표준 시방 규정** : 조질강에 대하여 SAW 시 최대 70 kJ/cm로 규정하고 있다.

③ **일본건축학회(JASS6) 규정** : 비조질강에 대하여 CO_2 용접 시 최대 30 kJ/cm로 규정하고 있다.

④ 월성 원자력발전소 3, 4호기 건설 당시 입열량을 정한 내용은 다음과 같다.

  ㈎ 탄소강의 경우에는 code 또는 PSA(preliminary safety analysis)에서 파괴 인성을 요구하는 경우에는 최대 입열량 제어가 되어 PQ 시에 입열량 제어의 지표를 마련하고, 실제 용접 시에도 검사자에 의하여 이것이 지켜지고 있는지 검사하여야 한다.

  ㈏ 스테인리스강의 경우 IGC(intergranular corrosion cracking) 감수성 시험에 합격한 시편의 용접 입열량(PSA 요구 조건 60 kJ/in 이하를 만족하는 범위) 지표를 마련하고 실제 용접에서도 이를 확인하도록 하였다.

Chapter 05

잔류응력과 용접 변형

1. 용접부 잔류응력 및 내부 응력 검사에 이용되는 검사 방법을 열거하고 설명하시오.

2. 용접 잔류응력이 피로 파괴(강도)에 미치는 영향과 용접부 잔류응력 완화 방법에 대하여 설명하시오.

3. 용접부의 잔류응력 완화 및 제거를 위하여 피닝(peening)법을 사용한다. 피닝법의 종류 3가지를 쓰고 설명하시오.

4. 용접부에서 용접 변형을 교정할 수 있는 방법 4가지를 열거하고 설명하시오.

5. 강구조물의 용접 시 아래와 같이 양단이 구속된 2개의 강판을 맞대기 용접할 경우 잔류응력의 분포를 도식하여 설명하시오.

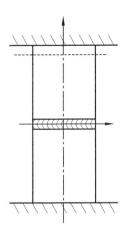

6. 용접부의 잔류응력 감소 방안 중 기계적 이완(MSR, mechanical stress relieving)의 원리에 대하여 설명하시오.

7. 용접 변형의 방지 대책을 설게 및 시공 단계로 나누어 각각 설명하시오.

8. 맞대기 용접이나 필릿 용접 등의 기본적인 이음부에서 발생할 수 있는 수축과 변형 6가지를 설명하시오.

9. 용접 구조물 용접 시 응력으로 인한 변형이 발생하게 된다. 용접 변형을 저감시키기 위한 시공상 주의 사항에 대하여 설명하시오.

10. 용접부의 잔류응력(residual stress) 발생 원인과 잔류응력 완화 방법을 설명하고, 또한 용접 후열처리의 효과를 설명하시오.

5. 잔류응력과 용접 변형

5-1 잔류응력

(1) 잔류응력과 용접 변형과의 관계

 용접 현상은 국부적으로 급열, 급랭 과정을 동반하기 때문에 용접 시공 시 용접 변형 및 잔류응력은 피할 수 없다. 용접 변형과 잔류응력은 서로 상반되는 효과를 나타내며, 용접 시의 구속 상태가 작으면 용접 잔류응력은 작게 되나 용접 변형은 크게 된다. 반면, 용접 금속이 자유롭게 수축될 수 없을 정도로 구조물의 구속 상태가 크게 되면, 용접 변형은 작게 되나 잔류응력은 크게 된다. 용접 잔류응력은 용접 구조물의 피로 강도를 저하시키거나, 취성파괴 및 응력부식 균열의 진전을 용이하게 하며, 용접 변형은 구조물의 외관을 해치거나 국부적으로 스트레인 집중을 초래하여 이 역시 취성파괴의 원인으로 작용하여 구조물의 파괴 사고를 유발할 위험성을 내포하고 있다. 따라서, 용접 변형과 잔류응력을 극소화하기 위한 대책은 용접 기술자로서 용접 시공 시 유의해야 할 중점 관리 사항이라 할 수 있다.

(2) 잔류응력 발생 기구

 길이 l의 금속재료가 ΔT의 온도 변화를 받아 늘어나는 양 Δl로 열팽창계수를 α라 할 때 $\Delta l = l \cdot \alpha \cdot T$이다. 다음 그림과 같이 두꺼운 벽체에 고정되어있는 균일 단면의 봉이 균등하게 가열되었을 때, 팽창에 의한 탄성변형률 $\Delta l / l$에 의하여 봉 내부에는 압축의 열응력 σ가 생긴다. 이때 봉의 young률을 E라 하면,

$$\sigma = E \cdot \epsilon = E \cdot \frac{\Delta l}{l} = E \cdot \alpha \cdot \Delta T l$$

 반대로 상기의 봉이 700℃ 이상의 고온에서 냉각되는 경우 $E \cdot \alpha \cdot \Delta T$는 항복점보다 크므로 봉 내부에는 수축 인장응력이 생긴다. 그 크기는 냉각 도중의 임의 온도에 있어서 항복응력과 같고, 실온으로 냉각할 때는 실온의 항복점과 같은 것으로 생각해도 된다. 용접 이음부에서는 외력이 작용치 않아도 이음부의 온도 변화에 수반하여 응력이 발생하고 잔류하게 된다. 이러한 잔류응력(residual stress)에 영향을 미치는 인자로는 이음 형상, 용접 방법, 용접 입열, 이음부 두께, 용착 순서 등이 있다. 특히, 후판에서는 모재의 변형이 허용되지 않으므로 잔류응력이 크게 되어 균열 감수성이 크게 된다. 박판에서는 모재가 변형되기 쉬우므로 잔류응력은 적으나 용접 변형이 현저하게 된다. 구조물에서 잔류응력은 다음과 같은 영향을 미친다.

① 용접 구조물에서 취성파괴 및 응력부식이 된다.

② 박판 구조물에서는 국부 좌굴을 촉진한다.

③ 기계 부품에서는 사용 중에 서서히 해방되어 변형이 생긴다.

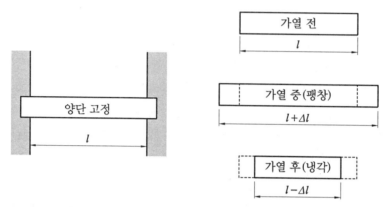

양단 고정 균일봉의 팽창

(3) 용접 이음부 잔류응력 분포

① **구속 맞대기 이음** : 다음 그림과 같이 양단을 고정하여 bb′에서 맞대기 용접한 경우 aa′
와 bb′, 그리고 용접선과 직각 단면인 cc′의 비드 부근에서 큰 인장응력이 생기나 cc′
양측에서는 압축응력의 영역이 있게 된다. 즉, 잔류응력 분포는 다음과 같다.

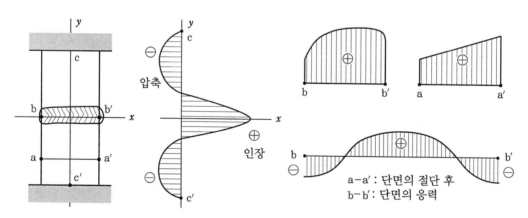

구속 맞대기 이음부의 잔류응력 분포

② 비구속 맞대기 이음 : 다음 그림과 같이 비구속 맞대기 이음에서 용접선 방향으로 대략 항복응력과 같은 크기의 인장응력이 작용하고 있다. bead를 포함한 약 60 mm 영역에서 인장응력이 작용하고 있다. 압축응력은 인장응력의 약 1/4 크기이다. 그림 (b)에서 응력의 평형 조건에 의거 인장응력과 압축응력의 면적비는 같다.

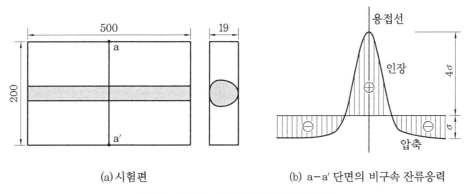

(a) 시험편   (b) a−a′ 단면의 비구속 잔류응력

비구속 맞대기 이음부의 잔류응력 분포

(4) 잔류응력이 용접부에 미치는 영향

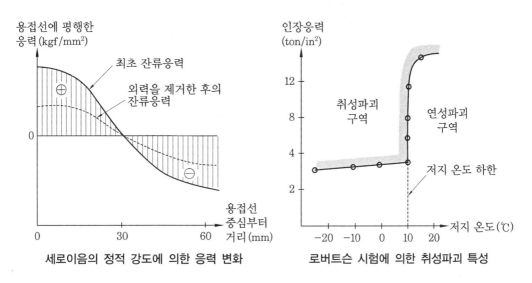

세로이음의 정적 강도에 의한 응력 변화   **로버트슨 시험에 의한 취성파괴 특성**

① 연성파괴(정적 강도) : 재료에 연성이 있어 파괴되기까지에 얼마간의 소성변형이 일어나는 경우에는 항복점에 가까운 잔류응력이 존재하여도 강도에는 영향이 없다. 일반적으로 잔류응력이 있는 물체에 외력이 가해지면 그 부분은 소성변형을 시작하게 되는데, 이 상태에서 외력을 제거하면 잔류응력이 크게 감소한다. 위의 그림은 용접선에 직각인 단면의 최초 잔류응력 분포와 항복응력을 가한 다음 다시 제거했을 때

의 변화된 잔류응력 분포를 도식적으로 나타낸 것이다.

② **취성파괴** : 재료에 연성이 부족하여 거의 소성변형하지 않고 파괴되는 경우에 잔류응력이 크게 영향을 미친다. 즉, 잔류응력이 클수록 더 낮은 응력하에서 파단이 일어나게 된다. 예를 들어, 연강도 저온에서는 연성(延性)이 상실되어 취성파괴가 일어나는데 선박, 교량, 압력 용기, 수문, 저장 탱크, 송급관 등이 동절기의 저온, 정하중하에서도 유리나 도자기같이 취성파괴가 일어나는 사고를 목격할 수 있다. 위의 로버트슨 시험에 의한 취성파괴 그림은 저지 온도(℃)와 인장응력(kg/mm^2)이 취성 영역에 있게 되는 경우를 표시하였다. 저지 온도가 0℃ 이하인 경우 그 한계응력은 약 4 kg/mm^2 미만이므로, 용접선 방향에서의 항복응력 크기의 잔류응력에 약간의 외력이 가해지면 파단이 일어나게 된다. 20℃ 이상에서는 취성파단이 일어나기 어렵고 거의 연성파괴가 일어난다. 이상과 같이 잔류응력이 취성파괴에 미치는 영향은 저지 온도 이하에서 일어난다. 이 온도는 강재의 판 두께와 화학조성에 따라서 달라진다. 따라서, 잔류응력을 제거하지 않고 용접 구조물을 사용 시에는 사용 온도가 그 구조물의 취성 저지 온도 이상이 되도록 하여야 한다.

③ **피로강도** : 연강 용접 이음에서 항복점에 가까운 정하중을 가하면 잔류응력은 크게 감소한다. 반복하중을 가하는 경우에도 잔류응력을 어느 정도 감소시키기는 하나, 가하는 응력이 항복점보다 훨씬 작은 경우로 반복되면 잔류응력은 크게 감소되지 않게 된다. 이러한 것을 시험하기 위해서는 소형 피로시험편에는 잔류응력이 남아 있지 않으므로 대형 시험편을 사용하여야 한다.

④ **부식** : 잔류응력이 존재하면 부식이 촉진된다. 이것을 응력부식(stress corrosion)이라고 한다. 용접선 방향에서는 거의 항복점에 가까운 잔류응력이 있으므로 이것이 응력부식의 주요한 원인의 하나가 된다. 부식 과정은 초기에 재료 중 부식 감수성이 큰 곳이 침식되어 노치가 형성되고 노치 선단에 응력집중이 가해져서 비로소 균열로 되고, 이 과정이 반복되어 균열이 성장되어 대단위 파괴가 발생하게 된다. 응력부식의 주요 인자로는 일반적으로 금속재료의 화학조성, 미세 조직, 부식 매질, 응력 크기, 사용 온도 등이 있다. 응력부식이 생기기 쉬운 재질로는 Al합금, Cu 합금, Mg 합금, austenite stainless steel, 연강 등이 있다. 그러나 화학조성이 중요한 한 사례로서 Al-Mg 합금은 해수 내식성이 우수하나 Mg>5.5 % 이상인 경우 응력부식 감수성이 커져 용접 재질로서 적합하지 않다. 일반적으로 Ni-Cr량이 많아지면 내식성이 개선된다. 즉, 18-8 Cr-Ni계보다 페라이트계의 고크롬강(Cr>16 %)이 내식성이 크다.

5-2 ▸ 잔류응력의 경감 및 완화

(1) 용접 시공에 의한 잔류응력의 경감

① 용착금속의 양을 적게 하면 수축과 변형량이 적게 되어 잔류응력이 경감된다. 따라서, 이음 형상에 있어서 가능한 각도나 루트 간격을 적게 하여야 한다.

② 용착법은 잔류응력에 영향을 미친다. 다음 용착법 중에서 스킵(skip) 용착법이 가장 잔류응력을 적게 발생시키지만, 다른 전진법, 후퇴법, 대칭법 등은 용접선 방향에 거의 항복응력과 같은 크기의 잔류응력을 발생시킨다.

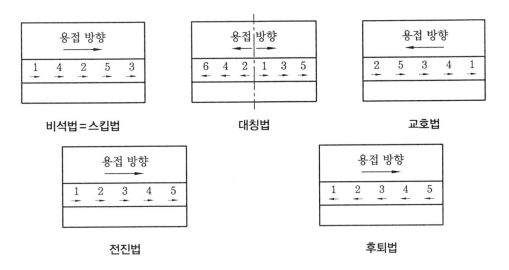

③ 부재의 용접 순서도 잔류응력을 경감시키기 위해 다음 원칙을 준수하여야 한다.
  ㈎ 수축은 자유로이 일어나게 할 것
  ㈏ 수축량이 가장 큰 부위를 먼저 용접한다(맞대기 → fillet 순서).
  ㈐ 좌우대칭으로 용접한다.
  ㈑ 중앙에서 밖으로 용접한다.

④ 적당한 positioner를 이용하여 용접 순서를 상기의 원칙에 맞게끔 용접물의 위치를 바꾸어준다.

⑤ 용접 이음부를 50~150℃ 예열하면 용접 후 냉각 속도가 완만하게 되어 잔류응력이 경감된다.

(2) 잔류응력 완화법

① **열처리에 의한 잔류응력 완화법** : 응력 제거 어닐링 금속은 고온이 되면 항복점이 현저하게 저하하고, 또한 creep 하여 소성 현상이 생긴다. 일반적으로 이 소성변형은 유

지 온도가 높을수록, 유지 시간이 길수록 커지며 이에 따라 잔류응력이 현저하게 감소한다. 연강은 약 550~650℃에서, 고장력강은 600~650℃에서 1~2시간 유지할 때 항복점이 현저하게 저하하므로 이 온도 범위에서 응력 제거 어닐링을 수행한다. 잔류응력의 완화는 유지 온도가 높을수록, 또한 유지 시간이 길수록 크리프가 일어나기 쉬우므로 응력의 완화가 현저하게 된다. 그런데 고온의 크리프 강도는 재료에 따라 다르므로 각 재료에 대한 표준온도와 시간을 준수하여야 한다.

② 저온 응력 완화법 : 용접선으로부터 100 mm 정도 떨어진 양측 부분(용접선 방향으로 압축 잔류응력이 존재하는 부분)을 가스로 150~200℃로 가열 후 그 즉시 수랭(水冷)하여 용접부에 존재하는 용접선 방향의 인장 잔류응력을 제거하는 방법이다. Linde's method라고도 하는 이러한 응력 완화 기구는 용접선 양측의 압축응력을 받고 있는 부분을 가열하면, 용접부에 인장응력이 생겨 이것이 잔류 인장응력과 겹쳐 용접부에 인장 소성변형을 생기게 하기 때문에 용접부의 응력이 감소하는 것으로 생각된다. 따라서, 이 방법은 용접선 방향의 잔류응력에는 효과가 있으나 용접선에 직각인 방향의 잔류응력에는 효과가 없다.

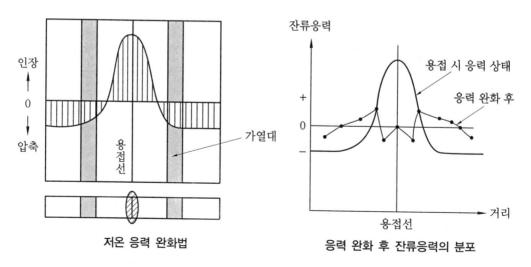

저온 응력 완화법　　　　응력 완화 후 잔류응력의 분포

③ 기계적 응력 완화법(mechanical stress relief) : 잔류응력이 존재하는 구조물에 어떤 하중을 걸어 용접부를 약간 소성변형시킨 다음, 하중을 제거하면 잔류응력이 현저하게 감소하는 현상을 이용한 방법이다. 과부하법을 적용하기 위해서는 구조물에 정적인 하중을 용이하게 가할 수 있어야 하므로 압력 용기나 pipe 등과 같이 밀폐된 구조물에 적합하다. 대형의 압력 용기의 경우 후열처리가 곤란하나 수압시험을 수행하면 용접부 부근의 길이 방향 잔류응력은 상당 부분 완화된다. 그러나 그 밖의 용접 구조물에 적용이 곤란하여 거의 사용하지 않는다.

④ **피닝 처리** : 피닝(peening)은 용접부를 구면상의 선단을 갖는 특수 해머로 연속적으로 타격하여 표면층에 소성변형을 주어 용접부의 잔류응력을 완화시키는 처리이다. 또한, 피닝은 잔류응력의 완화 이외에도 용접 변형의 경감이나 용착금속의 균열 방지를 위해서도 가끔 쓰이며, 잔류응력을 완화시키는 데는 일반적으로 고온에서보다 실온으로 냉각한 다음에 수행하는 것이 더 효과적이다. 후판의 경우 내부응력을 완화시키기 힘들고, 피닝 부위가 인성이 저하되며, 변형 시효가 생길 수 있으므로 무조건 피닝을 실시하는 것은 좋지 않다. 다층 용접의 경우 층간 피닝을 하면 후판의 잔류응력을 경감시키고, 용접 결함 발생을 줄일 수 있다. AWS D1.1에서는 용접부 표면층과 루트 용접부에는 피닝을 금하고 있다. 이는 초층(root pass)의 경우 용접부 손상(균열)을 방지하기 위해서이고, 용접부 표면(final pass)의 경우 결함 확인의 걸림돌이 되기 때문으로 생각된다.

5-3 ◀ 잔류응력의 측정 방법

(1) 측정 방법의 분류

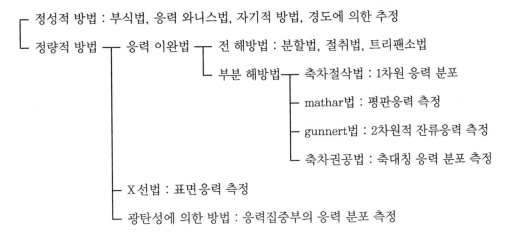

(2) 정성적 방법

용접에서는 거의 이용하지 않는다.

① **부식법** : 시약으로 부식시키면 주응력선에 직각으로 터진다.

② **응력 와니스법** : lacquer를 바르고 구멍을 뚫어 응력의 변화에 따라 lacquer가 주응력선에 직각으로 금이 가게 되므로 이것을 이용하여 응력의 분포 상태를 알 수 있다.

③ **자기적 방법** : 잔류응력이 자석에 미치는 영향을 이용한 것이다.

(3) 정량적 방법

잔류응력을 절삭 또는 구멍 가공 등 기계 가공으로 응력을 해제하고, 이때 생기는 탄성변형을 전기적 또는 기계적인 변형도계로 측정하는 것이다. 응력 이완법의 전 해방형과 부분 해방형을 간단히 설명하고, 주로 사용되는 구너트법과 X선 회절법에 대하여 자세히 살펴보기로 한다.

① 응력 이완법 : 잔류응력을 정량적으로 측정하는 데는 X선을 이용하는 경우를 제외하고는 절삭 또는 드릴링 등 기계 가공에 의하여 응력을 해방하고, 이때 생기는 탄성변형을 전기적 또는 기계적 변형도계를 써서 측정하는데, 특히 저항선 변형도계 (wire strain gage)가 주로 쓰인다.

㉮ 전 해방형 : 용접 bead 표면에 SR−4 gage를 부착한 후 게이지 주변을 소편으로 분할하여 소편이 인장응력에 의하여 수축함으로써 압축 변형을 지시한다. 이는 평판의 응력 측정에 사용되며, 분할법, 절취법, trepan saw법이 있다.

㉯ 부분 해방형 : 평판의 중앙에 압축, 인장응력이 생기고 있는 판의 두께를 삭제해가면 판이 휘게 되므로 그 휨 상태(곡률)를 측정하는 것이다. 이에는 1차원 응력 분포를 측정하는 bawer-heyn(축차절삭법), 평판응력을 측정하는 mathar법 (hole method), 2차원적 잔류응력을 측정하는 gunnert법, 축대칭 응력 분포를 측정하는 SACHS(축차 드릴링법) 등이 있다.

(4) 구너트법(gunnert method)

① 방법 : 1952년 IIW에서 잔류응력 측정의 표준 방법으로 추진되어왔으며, 그 원리는 지름 9 mm 원주상에 4개의 작은 구멍(지름 3 mm)을 수직으로 뚫고 다시 그 주위 9~16 mm의 원주상의 면적 부분을 수직으로 trepan saw법으로 절취하여 잔류응력을 해방시킨 다음 해방 전후의 작은 구멍(지름 3 mm) 사이의 변화를 구너트식 변형도계로 측정하는 방법으로 가장 신뢰성이 좋다. trepan saw로 가공 시 깊이는 판 두께 전체에 걸쳐서 할 필요는 없다. 예를 들어, 두께 15 mm 연강판의 bead 중심에서의 응력 측정의 경우 트리팬으로 6 mm 깊이까지 가공하면 표면응력은 완전히 해방된다. 기계적 변형도계를 이용하여 원추 공간의 거리 변화를 측정함으로써 잔류응력을 알아내는 방법이다.

$$잔류응력 \ \sigma = (\lambda / l) E$$

여기서, σ : 응력, λ : 변형량, l : 표점 거리, E : 영률

② 특징

㉮ 극히 작은 면적 내에서 응력을 측정할 수 있다.

㉯ 기계적 변형도계를 사용하므로 감도가 좋다.

⒟ 응력 측정 부위의 보수가 용이하다.

⒣ 오차가 매우 적다($\pm 1.3\,\mathrm{kg/mm^2}$).

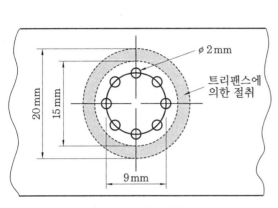

구너트식 측정용 원추공

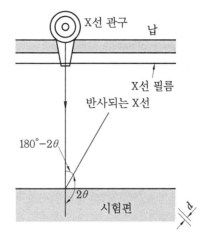

X − 선 회절법에 의한 잔류응력 측정

(5) X−ray 회절법

금속의 결정격자 구조에 X−선을 비치면 결정 내의 원자 면에 X−선의 반사 방향이 변화하는 원리를 이용한 방법이다. 시험물을 전혀 손상시키지 않고 응력을 측정할수 있고, 극히 작은 면적의 응력도 측정 가능하며, 휴대가 쉽다는 장점이 있다. 반면에 정확도가 15~20 % 정도로 낮고 조작이 곤란하다는 단점이 있다.

5-4 용접 변형과 방지책

(1) 용접 변형의 종류

① 면내변형

⒜ 가로수축 : 용접선과 직각 방향으로의 수축 변형이다.

⒝ 세로수축 : 용접선과 같은 방향으로의 수축 변형이다.

⒞ 회전변형 : 맞대기 용접에서 진행 방향에 따른 홈 간격의 벌어짐이나 좁혀지는 변형으로, 열원의 전방에 구속이 없는 경우에는 연속 용접에 의한 홈 간격은 보통 열리고, 열린 양은 용접 입열이 클수록 크다.

② 면외변형

⒜ 가로굽힘변형(각 변형) : 용접 시의 온도 분포가 후판의 경우 판 두께 방향으로 불균일하기 때문에 모재가 용접부를 중심으로 꺾여 굽혀지는 변형으로 횡굴곡

이라고도 한다.

㈏ 세로굽힘변형 : 용접선과 같은 방향으로 완만한 곡선을 이룬 변형이다.

㈐ 좌굴변형 : 박판 용접 시 용접선에 대한 압축 열응력으로 인하여 일어나는 비틀림 변형이다.

㈑ 비틀림변형(나사변형) : 교량이나 철골의 기둥, 빔 등과 같이 가늘고 길이가 긴 구조물에서 주로 발생된다.

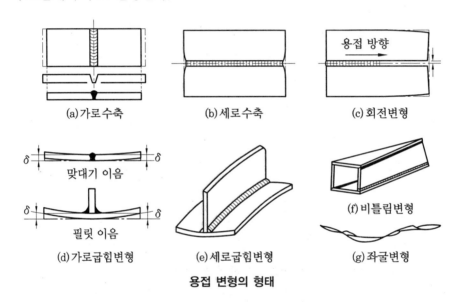

용접 변형의 형태

(2) 수축량에 미치는 용접 시공 조건의 영향

시공 조건	효 과
루트 간격	루트 간격이 클수록 수축이 크다.
홈의 형태	V형 이음은 X형 이음보다 수축이 크다(단, 대칭 X형은 오히려 좋지 않음. 즉, 6 : 4 또는 7 : 3이 좋다).
용접봉 지름	지름이 큰 쪽이 수축이 작다.
운봉법	위빙을 하는 쪽이 수축이 작다.
구속도	구속도가 크면 수축이 작다.
피복제의 종류	별로 크지 않다.
피닝(peening)	피닝을 하면 수축이 감소한다.
밑면 따내기 (불꽃 가우징)	밑면 따내기(치핑)에서는 수축이 변화하지 않으며, 재용접을 하면 밑면 따내기 전과 대략 평행으로 증가한다. 불꽃 가우징을 하면 열이 가해지므로 가우징 자체에 의해서도 수축한다. 이후는 평행으로 증가한다.
서브머지드 아크용접	가로수축이 훨씬 적고, 손용접의 약 1/3 정도이다(단, 이때는 I형 이음의 경우이며, 용착량도 약 1/3으로 된다).

(3) 회전 변형의 방지 대책

용접되지 않은 개선 부분이 면내에서 내측 또는 외측으로 이동하는 변형을 회전 변형(rotational distortion)이라고 한다. 일반적으로 저속 소입열의 용접(SMAW 및 ESW)에서는 개선이 좁아지고, 고속 대입열의 용접(SAW)에서는 벌어지는 경향이 있다.

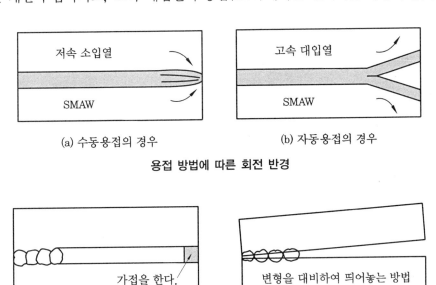

| (a) 수동용접의 경우 | (b) 자동용접의 경우 |

용접 방법에 따른 회전 반경

회전 변형 방지

회전 변형은 제1층 용접에서 제일 크게 나타나고 제2층 이상부터는 비교적 적게 된다. 이것은 입열량과 용접 속도에 의한 것이므로, 판 폭이 좁고 길이가 긴 부재의 맞대기 용접 이음에서는 특히 주의해야 한다. 회전 변형의 방지 대책으로는 다음과 같은 것이 있다.

① 용접이 시작될 때 회전 변형이 일어나기 쉬우므로 주의를 요한다.
② 가접을 완전하게 하거나, 미리 수축을 예측하고 그만큼 벌려놓는다.
③ 필요에 따라 용접 끝부분을 구속한다.
④ 길이가 긴 경우는 2명 이상의 용접사가 이음의 길이를 정해놓고 동시에 용접을 시작한다.
⑤ 대칭법, 후퇴법, 비석법(skip method) 등의 용착법을 이용한다.
⑥ 맞대기 이음이 많은 경우 길이가 길고 용접선이 직선일 때, 또한 제작 개수가 많은 부재는 큰 판으로 맞대기 용접한 후 flame planer로서 절단하면 능률의 향상과 회전 변형을 방지할 수 있다.

(4) 각 변형 발생과 방지 방안

① **맞대기 용접부** : 후판의 용접에서는 용착금속의 표면과 이면이 비대칭이 되므로 온도 분포도 비대칭이 되어 횡수축이 판의 앞뒤 면에서 달라지게 되므로 판이 각 변형하게 된다. V형 이음에서는 각 변형이 한 방향에서만 일어나므로 비교적 그 정도가 심하지만 X형 이음에서는 표면과 이면의 각 변형이 서로 역방향이어서 전체적으로 각 변형은 적게 된다. V형 이음에서는 큰 지름의 용접봉을 이용하는 경우가 각 변형이 비교적 적게 된다. X형 이음에서는 표면 6, 이면 4의 비대칭을 두면 각 변화를 거의 없게 할 수 있다. 밑면 따내기를 고려하면 실제적으로 표면 7, 이면 3의 대칭이 가장 적절하다.

② **필릿 용접부** : 필릿 용접부를 다층 용접할 때 각 변형은 층수에 비례한다. T형 필릿 용접부의 각 변형을 경감시키는 방법은 용접 전 역변형을 주는 것이다. 즉, 위의 그림과 같이 판 두께 T, 영률 E, 역변형 시의 굽힘 반지름 ρ [cm], 이때 탄성굽힘에 대한 표면응력을 σ [kg/mm^2]라면

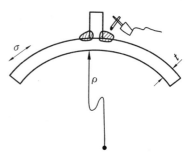

역변형을 고려한 굽힘 반지름

$$\sigma = \frac{ET}{2\sigma}$$

여기서, E : 탄성계수, T : 판 두께, σ : 표면응력(kgf/mm^2)

③ **일반적인 각 변형 방지 대책**

㈎ 개선 각도는 작업에 지장이 없는 한도 내에서 작게 하는 것이 좋다.

㈏ 판 두께가 얇을수록 첫 pass 측의 개선 깊이를 크게 한다.

㈐ 판 두께와 개선 형상이 일정할 경우, 용접봉 지름이 큰 것을 이용하여 pass 수를 줄인다.

㈑ 용착 속도가 빠른 용접 방법을 선택한다.

㈒ 구속 지그를 이용한다.

㈓ 역변형 시공법을 이용한다.

(5) 용접부 수축 변형 방지법

① **억제법** : 많이 쓰이는 방법으로 clamp나 고정구를 사용하여 강제적으로 변형을 억제하는 방법이다. 이외에도 가접하는 방법, 무거운 추를 놓는 방법, 볼트로 체결하는 방법이 있으며, 변형 방지에는 효과적이지만 잔류응력의 발생이 많아지므로 bead 배치법의 변경 등이 필요하다.

② **역변형법** : 맞대기 용접의 경우 쉽게 역변형을 줄 수 있어 많이 쓰이는 방법이며, 다른 방법에서도 역변형각만 잘 선정하면 용접 후 변형이 거의 없게 할 수 있어 널리 사용되고 있다.

③ **bead 순서를 바꾸는 법**

㉮ 대칭법(symmetry method) : 용접선이 긴 경우에 사용되는 비드 배치법의 일종으로서 다음 그림과 같이 용접선의 중앙으로부터 시작하여 좌우에 한 번씩 대칭적으로 놓음으로써 변형의 발생을 경감하는 방법이다.

㉯ 후퇴법(back step method) : 용접선의 전 길이를 적당한 길이로 구분하고, 각구간의 용접 방향은 전체로의 용접 방향에 대하여 후진하는 것이 된다. 구간의 비드 길이는 대략 용접봉 하나로 용접할 수 있는 거리로 한다. 2층 이상의 경우에는 각 층 구간의 이음매가 일치되지 않고 어긋나도록 한다.

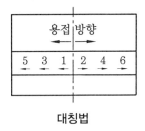

대칭법

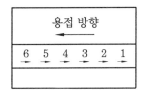

후퇴법

㉰ 비석법(skip method) : 번갈아 가면서 한쪽 발로 가볍게 편다는 뜻과 같이 한칸씩 건너뛰어서 용접을 한 후에 다시금 비어있는 곳을 차례로 용접하는 것이다. 이 방법은 용접선이 길 경우에 적당하며, 이때 각 비드의 길이는 200 mm 정도가 적당하다. 잔류응력이 가장 적은 방법이다.

㉱ 교호법(alternation method) : 전체 용접선을 놓고 볼 때, 처음과 끝, 그리고 중앙에 비드를 배치하여 2등분한 후에 다시 등분된 곳의 중앙에 비드를 배치하는 요령이다. 용접선 전체에 대하여 용접열의 영향이 비교적 균일하게 분포되어 변형이 적어지는 장점이 있다.

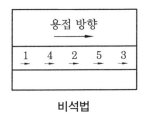

비석법

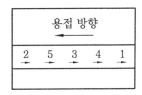

교호법

④ **냉각법**(cooling method) : 용접을 진행하는 용접부의 부근을 냉각시켜서 열영향부의

넓이를 축소시킴으로써 변형을 방지하는 방법으로 다음과 같은 방법이 있다.

㈎ 수랭동판 사용 방법 : 수랭동판을 용접선의 뒷면이나 옆에 대어 용접열을 열전 도성이 큰 구리판에 흡수하게 하여 용접 부위의 열을 식히는 방법이다.

㈏ 살수법(撒水法) : 용접부의 뒷면에서 물을 뿌려주는 방법으로, 얇은 판의 용접에 주로 사용된다. 살수에 의한 변형 방지법은 용접 진행 중에 사용되는 것이 보통 이지만, 얇고 넓은 철판의 변형을 바로잡는 데도 널리 쓰인다.

㈐ 석면포 사용법 : 물에 적신 석면포나 헝겊을 용접선의 뒷면이나 옆에 대어 용접 열을 냉각시키는 방법이다. 수랭동판을 사용하는 방법이나 살수법에 비해 간단 한 방법이기 때문에 널리 쓰이고 있다.

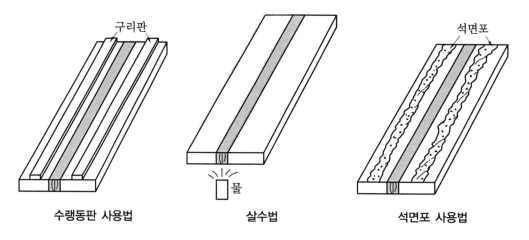

| 수랭동판 사용법 | 살수법 | 석면포 사용법 |

⑤ **가열법** : 용접에 의한 국부 가열을 피하기 위하여 전체 또는 국부적으로 가열하고 용 접한다.

⑥ **피닝법** : 이 방법은 망치로 용접 부위를 계속하여 두들겨줌으로써 비드 표면층 성질 변화를 주게 되어 용접부의 인장 잔류응력을 완화시킴과 동시에 용접 변형을 경감 시키고, 용접 금속의 급열을 방지하는 효과가 있다.

예제 잔류응력과 용접 변형을 적게 하기 위한 공법에 대하여 설명하시오.

해설 1. 입열이 적은 용접 방법을 사용한다.
  2. 용착금속량을 적게 한다. 박판의 경우 용착량이 과대하면 잔류응력에 의해 좌굴될 위 험성이 있다.
  3. JIG 등으로 구속한다. 변형을 적게 하기 위해 구속하면 잔류응력이 크게 되므로 적절 한 조화가 이루어지도록 주의한다.
  4. 용접 전에 열변형을 고려하여 모재에 역변형을 준다.
  5. 적절한 용접 순서와 용착법을 선정한다.

① 수축량이 큰 이음부를 먼저 용접하고, 수축량이 적은 이음부는 나중에 용접한다.

② 가능하면 대칭이 되는 용접부가 되도록 설계한다.

6. 과대한 개선은 용접 변형의 원인일 뿐만 아니라 경제적으로 불리하므로 이를 피하고, V형보다는 X형 또는 H형을 선택하여 6 : 4(7 : 3)의 앞뒷면 용착량비를 선정하면 효과적이다.

7. 용접 이음부가 과도하게 집중되면 잔류응력이 중첩되고 열변형이 과대하게 되므로 가능하면 용접부의 집중을 피한다.

8. 용접 구조물에서 강도부재에 대해서는 주로 잔류응력을 경감시키도록, 종속적인 부재에 대해서는 변형 방지를 할 수 있도록 설계한다.

9. 부품 수를 최대한 줄여 용접을 최소화한다.

10. 용접 이음부를 50~150℃ 정도로 예열한 후에 용접하면, 용접 시의 온도 분포도의 경사가 완만해지면서 용접 후의 수축 변형량이 줄어들어 구속응력이 경감된다.

용접부 손상과 파괴

1. 후판의 구조물 용접 작업에서는 용착금속에 대한 노치(notch) 인성 개선을 위한 방법이 매우 중요하다. 다음의 노치(notch) 인성 개선 방법에 대하여 설명하시오.

   가. 결정립 미세화 방법에 대하여 열거하고 설명하시오.
   나. 산소 저감 방법을 열거하고 설명하시오.

2. 강용접부의 열피로 파괴(thermal fatigue fracture)에 대하여 설명하시오.

3. 강용접부에서 취성파괴의 특징, 파괴 기구, 파단면 및 방지 대책에 대하여 설명하시오.

4. 강용접부에서 용접 금속의 노치인성(notch toughness)에 대한 개선 방법 2가지를 설명하시오.

5. 용접 이음부의 피로 및 크리프 강도 향상 방법에 대하여 설명하시오.

6. 동일한 소재의 모재로 그림과 같이 용접된 2개[(b)와 (c)]의 용접 시험편과 용접 안 된 모재 시험편(a)을 이용하여 피로시험을 하였을 때 얻어지는 응력-수명(S-N) 곡선을 도식적으로 제시하고 서로 다른 이유를 설명하시오.

7. 강용접 구조물에서 저온 취성파괴(brittle fracture)를 발생시키는 주요 인자 3가지를 열거하고, 그 방지책을 설명하시오.

8. 강구조물 용접부에서의 피로파손 원인과 대책을 설명하시오.

9. 크리프(creep) 변형에 대하여 설명하시오.

10. 취성파괴의 특성을 설명하고 용접 설계 시 유의 사항 5가지를 설명하시오.

11. 피로시험법에서의 저사이클 피로시험과 고사이클 피로시험의 특성에 대하여 설명하시오.

12. 용접 구조물의 피로강도에 영향을 미치는 노치에 대한 정의를 설명하시오.

13. 일반적으로 용접 구조물 또는 구조용소에서 피로강도 향상법에 대해 설명하시오.

14. 반복하중을 받는 강 재료의 내구한도 평가 방법을 설명하시오.

15. 피로파괴에서 파단 수명의 정의와 파면 특징에 대해서 설명하시오.

16. 고온에서 용접 시험편에 일정한 인장 하중을 부가하는 경우 발생되는 변형도와 시간의 관계를 크리프 곡선으로 설명하시오.

17. 마모의 종류를 들고 각각에 대하여 설명하시오.

6. 용접부 손상과 파괴

6-1 파괴 역학

(1) 파괴 역학 개념

종래의 설계에서는 설계의 기본적인 parameter로 응력(σ) 및 변형(ϵ)을 이용하였다. 즉, 인장강도나 항복응력에 대한 안전율을 고려해서 결정된 허용응력을 이용하였다. 그러나 구조부재에 결함(균열)이 존재하는 경우 σ, ϵ에 대한 정보로 문제를 해결할 수 없다. 종래의 σ, ϵ에 대한 정보 대신에 파괴 역학적 설계에 있어서는 응력확대계수(K), J적분(J), 균열선단개구변위(CTOD, δ) 등의 parameter가 이용되고 있다. 대표적인 선형-탄성 파괴 기구(LEFM)와 탄성-소성 파괴 기구(EPFM)를 구분하면 다음과 같다.

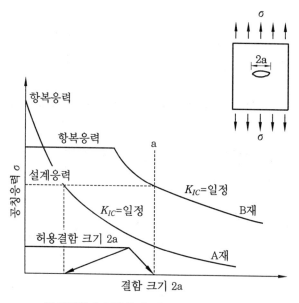

파괴인성과 허용응력 및 균열 길이의 관계

선형−탄성 파괴 기구와 탄성−소성 파괴 기구

구 분	선형−탄성 파괴 기구(LEFM : linear elastic fracture mechanics)	탄성−소성 파괴 기구(EPFM : elastic plastic fracture mechanics)
적용	응력확대계수를 이용한 파괴 역학적 접근으로 균열선단에 생기는 소성변형이 균열과 부재 깊이에 비해서 충분히 적을 때, 즉 소규모 항복이라고 믿어지는 상태에서의 파괴 현상에 적용	탄소성 파괴 역학 또는 비선형 파괴 역학으로 총칭되며, 대규모 항복 혹은 전면 항복 상태의 파괴에 적용
분류	취성파괴, 고사이클 영역에서의 피로 균열 진전, 충격 파괴	고인성 재료의 취성파괴, 연성파괴, 저사이클의 피로 진전 등
파라미터	K : 응력확대계수 ρ : 에너지 해방률	J : J−적분 CTOD(δ) : 균열선단개구변위

(2) 선형−탄성 파괴 기구(LEFM)

① liner−elastic fracture mechanics(LEFM) 개요 : LEFM은 균열 가진 재료가 취성파괴를 일으킬 때까지 하중−변위 관계가 선형 탄성적 거동을 보이는 경우에 적용될 수 있다. 즉, 취성파괴가 일어날 때 균열 첨단에서 일어나는 소성변형이 매우 작아서 하중−변위 거동에 영향을 주지 않는다는 가정이다. 실제로 다음과 같은 경우에 잘 들어맞는다고 알려져 있는 ASEM, Reg. Guides, 산업계 설계 지침서 등에 폭넓게 받아들여지고 있다.

> **참고** 10 CFR
>
> 1. 고항복강도를 갖는 취성재료
> 2. 저온에서 사용하는 재료
> 3. 매우 두꺼운 재료
> 4. 기계적으로 구속된 재료
> 5. 매우 빠른 하중 속도(충격)
> 6. 조사 취화된 재료

② **최초의 고전적 해석(Griffith theory)** : Griffith에 의하여 유리 같은 취성재료의 파괴에 대한 열역학적인 해석이 최초로 시도되었으며, 다음 세 가지의 가정하에서 이루어졌고, 그 결과가 취성이 높은 재료나 고강도의 재료에 응용하여 정성적으로 잘 일치하였다.

㈎ brittle 재료 속에 sharp crack이 존재

㈏ crack 주위의 응력집중이 σ_{CTH}을 능가

㈐ crack propagation elastic energy가 new crack surface formation energy 보다 크면 crack은 자동적으로 진전한다.

plane stress condition에서 2a의 균열로 인해 방출하는 탄성에너지는

$$We \approx \frac{1}{2} \frac{\sigma^2}{E} \cdot \pi a^2 \cdot 1 \approx \frac{\pi a^2 \sigma^2}{E}$$

새로운 crack surface의 형성 energy는

$$W_s \approx \gamma_s \cdot (2a \cdot 1) \cdot 2 = 4a\gamma_s$$

$$\Delta E = W_s - W_e = 4a\gamma_s - \frac{\pi a^2 \sigma^2}{E}$$

$$\frac{d\Delta E}{da} = 0, \ 4\gamma_s - \frac{2\pi\sigma^2 F}{E} a^* = 0$$

$$\sigma_F = \sqrt{\frac{2E\gamma_s}{\pi a}} = \sqrt{\frac{2E\gamma_s}{\pi a(1-\nu^2)}} \ \text{for plane strain condition}$$

$$= \sqrt{\frac{2E}{\pi a}(\gamma_s + \gamma_p)} \ \text{Griffith-Orowan}$$

plastic deformation energy

$\gamma_p \gg \gamma_s$ at crack tip

$$\boxed{\sigma_F \approx \sqrt{\frac{2E\gamma_p}{\pi a}}}$$

만약 γ_p가 crack 길이에 무관하다면 $\sigma_F\sqrt{\pi a}$는
constant 한 값을 가지게 된다.

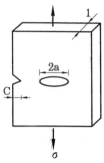

$$\boxed{K = \sigma\sqrt{\pi a}} \ : \text{stress intensity factor}$$

이 K를 응력확대계수(stress intensity)라고 부르며, 다음의 세 가지 변수에 의하여 결정된다. 즉, $K = f(a\sigma\sqrt{\alpha})$가 된다.

㉮ 외부에서 가해진 응력 σ

㉯ 균열의 크기 a

㉰ 균열의 기하학적 특성과 하중 모드에 따른 인자 α

결국 균열의 진전은 다음의 조건에서 일어난다.

$$K(\text{applied stress intensity}) > K_{IC}(\text{material toughness})$$

③ **균열 첨단의 응력장과 파괴 인성**: 선형파괴 해석법은 stress intensity factor를 이용하여 재료 내부 균열 첨단 앞부분의 응력장을 다음과 같이 표현하였다. 이때 균열 첨단에 걸리는 하중의 형태에 따라 다음 그림과 같이 mode가 달라지나 보통 간편한 mode I (실제 가장 의미 있는 모드임)에 대하여 해석하고, 나머지는 실험적으로 mode I 값과 상관관계를 만들어 사용한다. mode I 에서 균열 첨단의 응력장은 다음 그림 [mode I]에서와 같이 표현된다.

$$\sigma_{yy} = \frac{K_1}{\sqrt{2\pi\gamma}} \ as \ \gamma \rightarrow 0$$

K_1을 알면 crack tip에서의 전 응력장을 알 수 있다. $\gamma = 0$ 면 $\sigma_{yy} \rightarrow \infty \Rightarrow$ crack tip에서는 plastic zone이 발생한다. K_1의 값은 infinite plate($a/w = 0$)에서 crack이 인장축에 수직으로 있는 경우의 값이다. 균열의 형상에 따른 K_1값의 factor에 대한 실험이 많이 이루어졌다.

mode I : opening mode   mode II : sliding mode   mode III : sliding mode

균열의 세 가지 모드

④ **피로 및 부식 균열에의 응용** : 균열이 있는 재료의 균열 주변의 응력장이 stress intensity factor로서 표현된다는 것은 이전의 피로 균열의 진전이나 부식 균열의 진전의 해석에 큰 변화를 가져오게 되었다. 즉, 피로나 부식 균열의 진전도 소성변형을 거의 동반하지 않는 취성파괴적 성격을 지녔기 때문에 이미 생긴 균열의 진전의 해석에 이 K를 이용하는 것이 작용 응력으로 해석하는 것보다 훨씬 과학적이기 때문이다. 즉, 피로 균열의 성장은 응력 대신에 ΔK를 사용하고 부식 균열에서는 응력 대신에 K를 사용하여 해석한다. 다음 그림은 K를 사용하여 과학적인 실험의 정성적인 모습을 보여주고 있다.

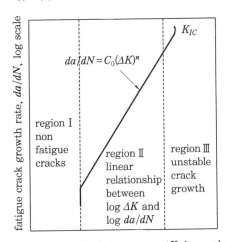

(a) 피로 균열 시험   (b) 부식 균열 시험

K를 이용한 피로 균열 성장시험 및 부식 균열 성장시험

⑤ **파괴인성 시험** : 일례로 ASTM E1820 시험 방법은 피로 예비균열을 갖고 있는 시험
편에 하중을 가하면서 측정된 하중−노치 열림 변위 곡선에서 초기 선형부의 기울
기를 2 %(또는 보다 작게) 편향시켜, 곡선과 만나는 점에서 균열 진전에 상응하는
하중값을 구하고, 특정 유효성 조건이 만족한다면 이 하중으로부터 평면변형률 파
괴인성 K_{IC}값을 계산할 수 있다.

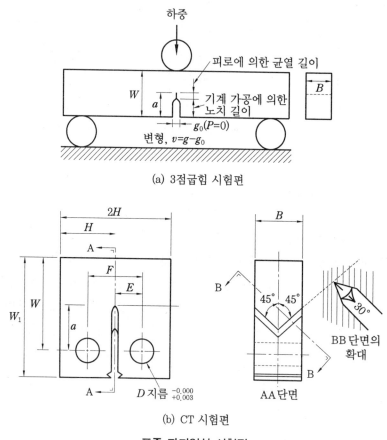

(a) 3점굽힘 시험편

(b) CT 시험편

표준 파괴인성 시험편

(3) 파괴 역학 파라미터

파괴 역학 파라미터는 파괴를 일으키는 균열 선단 근방의 응력, 변형률 상태를 나타
내는 역학적 양이다. 현재 일반적으로 이용되는 파괴 역학 파라미터는 선형 탄성론을
기초로 하는 응력확대계수, 재료의 비선형 거동을 고려하는 균열선단개구변위(CTOD)
및 J적분 등이 거론된다.

파괴 역학 파라미터를 적용한 파괴 현상

분 류		분 류	분 류
정적 문제	선형 파괴 역학	K : 응력확대계수 G : 에너지 해방률	• 저응력 파괴 • 고주기 피로 균열 진전 • 환경적 파괴 균열 진전
	탄소성 파괴 역학 비선형 파괴 역학 전면항복 파괴 역학	J : J적분 $J^*(C^*)$: 수정J적분	• 고인성 재료의 취성파괴 • (저주기)피로 균열 진전 • 크리프 균열 진전 • 연성 균열의 발생과 진전
		CTOD(δ) : 균열선단개구변위	• 고인성 재료의 취성파괴 • (저주기)피로 균열 진전 • 크리프 균열 진전 • 연성 균열의 발생과 진전
		R : 균열선단 소성역 길이	• 고인성 재료의 취성파괴 • 피로 균열 진전
		CTOA : 균열선단 개구각	연성 균열 진전
동적 문제	선형 파괴 역학	$K(t)$: 동적 응력확대계수 $K(v,\ t)$: 동적균열 응력확대계수	• 충격파괴 • 고속균열진전

① **응력확대계수(stress intensity factor)** : K

$$K = \sigma \sqrt{a\pi C}$$

여기서, σ : 부하응력

C : 균열의 길이의 $\dfrac{1}{2}$

a : 시험편의 크기와 균열의 크기에 의해 결정되는 양

㈎ 노치 재료에서 노치 선단의 응력집중의 정도를 표시

㈏ 소규모 항복 조건 $\sigma < 0.6\sigma_Y$에서의 파괴 인성값

㈐ 취성파괴를 일으키지 않을 조건 $K < K_C$

㈑ 판 두께가 두꺼울수록 K_C 값은 저하

㈒ 판 두께가 두껍게 되어 K_C 값이 일정한 값으로 되었을 때의 파괴 인성값을 평면 변형률 파괴 인성값 K_{IC} 라 한다.

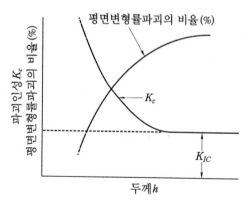

파괴인성과 두께 h의 관계

② 균열개구변위(COD : crack opening displacement) : δ

㈎ 대규모 항복 조건 $\sigma > 0.6\sigma_Y$에서 적용되는 파괴 인성값

㈏ 소규모 항복을 초과한 상태에서는 탄성체에 있어서의 파괴 인성 파라미터인 응력
   확대계수 K값은 의미를 상실

㈐ COD, δ 값이 파괴발생한계 $COD(\delta_c)$에 도달되면 구조물이 취성파괴된다는 개념

㈑ 대규모 항복에서 파괴되지 않을 조건은 $\delta < \delta_C$인 경우

예제 1. K_{IC}와 CTOD를 비교 설명하시오.

해설 1. K_{IC}(critical stress intersity factor)
   ① 선형탄성 파괴 역학을 적용한다.
   ② 균열을 가진 부재에 하중이 작용하여 불안정파괴가 발생할 때의 한계응력 확대계수이다.
   ③ 파괴 인성을 나타내는 척도로 활용된다.
   ④ K_{IC}값은 재질, 판 두께, 온도, 응력 상태 등에 의해 영향을 받는다.
   ⑤ 이 값이 작을수록 취성파괴가 쉽게 일어난다.
   2. CTOD(crack tip opening displacement)
   ① 탄소성 파괴 역학을 적용한다.
   ② ductile brittle transition 영역에서 적용 가능하다.
   ③ 균열을 가진 부재에 하중이 작용하여 균열 선단이 벌어지는 변위량을 말한다.
   ④ CTOD가 재료의 한계 CTOD값에 도달하면 취성파괴가 발생한다는 근거이다.
   ⑤ 균열 선단의 둔화 현상에 직접 관계되며 이의 시험적 평가는 비교적 쉽다.

예제 2. 파괴 인성값인 K_C 값과 K_{IC}의 차이점을 설명하시오.

해설 K_C는 노치 재료에서 노치 선단의 취성파괴를 일으키는 임계값으로, 파괴 인성 K_C라 하는 판
두께가 두꺼워질수록 K_C 값은 저하하는데, 판 두께가 어느 두께 이상이 되면 K_C 값이 거의

일정해지게 된다. K_C값이 일정한 값이 되었을 때의 파괴 인성값을 평면 변형률 파괴 인성값 K_{IC}라고 한다.

6-2 파괴의 종류와 특징

(1) 파괴의 정의

재료가 복합적인 변형 기구에 의하여 물리적으로 분리되어 더 이상 구조적으로 하중을 전달할 수 없게 되는 현상이다. 파괴 역학을 적용하기 위해서는 결함과 결함 부위의 응력 상태를 비롯해서 재료의 파괴 저항 능력(인성)의 3대 요소에 대한 정보가 필요하다.

(2) 파괴의 종류와 특성

① **연성파괴** : 연성파괴는 실온에서 정적 하중을 가하면 소성변형을 일으킨 후 파단하는 것이다. 연성파괴는 균열의 성장에 소성변형 에너지를 필요로 하므로 외력의 증가가 요구된다. 따라서 연성파괴는 취성파괴보다는 덜 위험하다. 연성파괴 단계는 외부에서 인장응력이 가해지면 초기 necking과 국부적 수축으로 기공이 형성되고, 이들 기공이 성장 및 합체하여 균열이 형성된다. 이어 균열이 증식하여 인장축과 45° 방향으로 전파하여 최종 파단에 이르게 된다. 따라서 연성 파면의 특징은 shear lip이 생기고, cup and cone 모양의 파괴가 발생한다는 것이다.

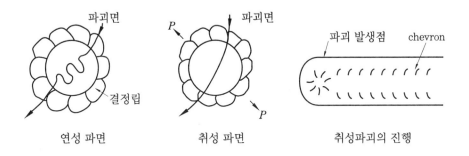

연성 파면   취성 파면   취성파괴의 진행

> **참고** ◯ **연성파괴의 특징**
>
> 1. 재료가 항복되면서 소성변형이 수반된다.
> 2. 전단응력에 의한 결정립계의 미끄럼파괴이다.
> 3. 전단응력 방향(수직응력 방향의 45°)의 섬유상 파면이다.
> 4. 파면의 색은 회색이다.
> 5. 연성파면의 특징적 모양은 dimple이다.

② 부식과 마모

부식의 종류		용접부의 주요 인자	파괴 현상
전면부식		용접금속 열영향부 등의 금속 조직	침식에 의한 치수 부족이 강도 저하를 초래하여 파괴를 일으켜 사용 불능케 한다.
국부 부식	galvanic 부식 공식 틈새부식 용접부식 nife line atack	이종 재료 용접부의 조직 틈새의 영향(언더컷, 용입 부족) 용접 입열 HAZ에 평행하게 발생 Cr의 석출	
균열	응력부식 균열	잔류응력, 용접 입열, 수소, 최고 경도	균열의 발생 진전이 강도 저하 초래, 파괴를 일으켜 사용 불능케 한다.
	부식피로	잔류응력, 응력집중	

㊟ 「스테인리스강의 내식 특성(부식)」 내용 참조

예제 마모의 종류를 들고 각각에 대하여 설명하시오.

해설 1. 개요 : 마모는 보통 어느 작용력을 가해 재료 표면층을 구성하는 미소 부분이 연속적으로 박리하는 좋지 않은 현상이다. 이 작용력을 주는 것은 고체, 액체, 기체의 경우가 있으며 그것은 습동, 전이, 충돌 등의 형으로 작용한다. 마모의 종류는 다음과 같다.

2. 종류

① 응착마모(adhesive wear) : 기계의 주요 요소인 축과 베어링, 공작기계의 습동면 등에서 보이는 마모 현상으로 금속의 응착에 의해 연해진 금속이 인발되어 경한 쪽으로 이동되어 일어나는 마모이다.

② 연마모(abrasive wear)와 절삭마모(cutting) : ball mill의 볼, 라이너와 분쇄물 등 2개의 면이 마찰하는 경우, 그 면 사이에 그 재료보다 경한 입자가 존재할 때 절삭에 의한 마모, 또는 한 면에 경한 돌기가 다른 면을 절삭하는 것에 진행되는 마모이다.

③ 부식 마모(corrosion wear) : 산 또는 염기성 용액으로 분체를 운반하는 펌프의 임펠라, 라이너, 윤활제 등에 의해 붓기 작용을 받는 습동면 등 금속 표면이 화학반응을 일으켜 변질되고 그것에 분체나 재료의 돌기부가 접촉하여 생기는 마모이다.

④ 표면피로(surface fatigue) : 치차의 맞물리는 면, 보올 베어링의 보올 등 면압이 높을 때 접촉면 직하의 최대 전단응력 위치로부터 박리가 생기는 마모이다.

⑤ 에로젼(erosion) : 가스터빈, 증기터빈의 노즐, 슬러리 수송의 파이프, 샌드블라스트의 노즐 등 분체가 재료에 충돌했을 때 생기는 마모이다. 실제의 제품에서는 이런 ①~⑤의 기구가 단독으로 작용하고 있는 경우도 있으나, 많은 것은 2개 이상의 기구가 복합하여 작용하는 경우가 많으며, 이것이 제품의 마모 대책을 한층 곤란하게 하는 하나의 원인이 되고 있다.

3. 개선책 : 마모에 대한 기술적인 문제를 개선하기 위해서는, 문제가 되는 부품의 실제 사용 조건과, 그 조건에서 생기는 마모 형태가 어느 형식에 속하는 것인가를 밝힐 필요가 있다. 내마모성을 향상시키기 위해서는 우선 예상되는 마모 형태에 대하여 적절한 재료를 선정해야 하는데, 내마모 재료를 선정할 때에는 마모 형태와 연관하여 생각할 필요가 있다.

③ slip : 인장력을 작용시킬 때 결정면을 따라 결정 방향으로 전단변형에 의해 진행된다. slip선의 방향은 원자 밀도가 제일 큰 방향이고, 재료에 인장력 작용 시 slip 변화를 일으킨다.

④ 입계파괴 : 석출물이나 개재물의 국부 용해 혹은 저용점의 불순물 원소가 입계에 편석함에 따라 변형 증가와 함께 파괴되는 현상이다.

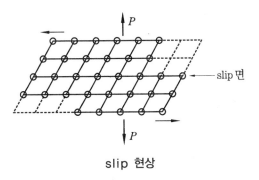

slip 현상

6-3 취성파괴

(1) 취성파괴

어떤 재료의 파괴가 brittle 또는 ductile 하다는 것은 최종 파단이 일어나기 전의 소성 변형량에 기준한다. 즉, 취성파괴(brittle fracture)는 소성변형이 거의 없이 균열이 빠른 속도로 전파되어 하중-변위 곡선의 최대 하중점에서 순간적으로 파괴가 일어난다. 취성 파단면은 보통 인장응력 방향에 수직되고 밝은 금속면을 나타낸다. 반대로 소성파단(ductile fracture) 면은 인장응력에 45° 각도를 이루면서 균열의 성장이 안정적으로 진행되어 충분한 소성변형을 나타내고 늘어져서 끊어진 듯한 여러 개의 작은 파단의 복합면이 된다.

(2) 취성파괴의 특징

용접 구조물의 취성파면은 도자기가 파단할 때처럼 취약한 파면을 가지고 있다. 일반적으로 이러한 취성파괴는 정하중하에서 순간적으로 발생하는데 그 전파속도는 음속(4900 m/sec)의 40 %에 달한다. 취성파괴의 발생 시기는 겨울철 저온 시에 많은데 취성파단면 부근에서 잘라낸 강재를 기계 시험하면 강도나 연신은 규격값에 합격하나 충격값이 극히 적게 나타나는 경우가 많다. 즉, 노치 인성(notch toughness)이 부족한 것이다. 이 경우의 노치는 넓은 의미로서 구조상의 불연속부뿐만 아니라 용접 결함, 또는 용접 금속과 모재 사이의 재질 불균일 등도 포함한다. 따라서, 지금까지 밝혀진 취성파괴의 발생 원인은

① 강이 체심입방정계(BCC)일 것
② notch가 있을 것
③ 저온일 것 등이다.

연강이나 저합금강 등은 노치나 저온에 의해 취약해지는 BCC 계열인 반면, Al, 동, 오스테나이트 계열 스테인리스강은 면심입방정계(FCC)로서 취약하지 않다. 취성파괴

의 특징을 정리하면 다음과 같다.

    ㈎ 저온일수록 발생하기 쉽다.

    ㈏ 파괴의 기점은 응력이나 strain이 집중하는 불연속 형상 부위나 용접열에 의해 취화를 나타내는 부위(HAZ)에 많다.

    ㈐ 항복점 이하의 평균응력에서도 발생하는 저응력 파괴이다.

    ㈑ 파괴는 고속으로 전파되고, 그 파면은 판의 표면에 직각으로 판 두께의 감소가 거의 없이 은백색을 띤다(균열 진전 속도는 1200 m/s 정도).

    ㈒ 파면은 chevron 모양이며, 이것을 거슬러 올라가면 파괴의 발생 지점이나 진행 방향을 알 수 있다.

    ㈓ 결정입계 및 입내 파괴 양상을 나타낸다.

(3) 취성파괴 발생 조건

① 노치(응력집중부)의 존재

    ㈎ 구조상의 응력집중부

    ㈏ 루트부, 토부의 응력집중부

    ㈐ 용접 결함

    ㈑ undercut 결함은 더욱 위험

② 저온(노치 인성의 부족)

③ 인장응력의 존재(용접 잔류응력)

④ 변형 속도가 클수록 천이온도가 상승하여 노치 인성 저하

⑤ 체심입방격자(BCC)

(4) 취성파괴 방지책

① 사용 온도에서 취성파괴 발생 감수성이 없는 충분한 인성의 재료를 사용한다.

② 가능하면 설계상으로 응력집중이 적게 한다.

③ PWHT를 하여 잔류응력을 제거한다.

④ 용접 금속과 HAZ의 노치 인성을 확보하도록 입열을 제한한다.

⑤ 내압을 가할 수 있는 경우는 가압하여 기계적으로 잔류응력을 완화한다.

⑥ 용접을 한 후, 비파괴검사를 통해 용접 이음부 표면과 내부의 용접 결함 유무를 확인하여 사전 결함을 제거한다.

⑦ 필요에 따라 취성파괴의 대단위 손상을 방지하기 위해 rivet 이음부 등의 요소 설계를 채용한다.

(5) 취성파괴 방지를 위한 인성 확보 방안

① 모재의 특성

⑦ 탄소당량이 낮아야 한다.

ⓝ 노치 인성이 우수해야 한다.

ⓓ 천이온도가 낮고, 흡수 에너지가 높아야 한다.

ⓔ 강재의 이방성이 적어야 한다.

ⓜ 용접성이 좋아야 한다.

ⓑ 결정립의 경화 없이 결정립의 크기를 미세화하는 강의 제조 기술이 요구된다.

② 용접부의 인성(靭性) : 일반적으로 용접부에서 미세한 ferrite 조직은 양호한 인성을 나타 내지만, 조대한 ferrite 조직, martensite 조직 및 bainite 조직은 인성이 좋지 않다.

⑦ 용접 금속 : 용접부의 인성 확보를 위해서는

㉮ 용접 금속의 결정립 & 조직 미세화

㉠ 저입열, 다층 용접(multi-pass) 실시 : Q & T강의 용접에서 특히 중요

㉡ 미세한 ferrite 조직을 형성하는 Ti, B 등의 질화물 형성 원소 첨가

㉢ 저온 인성이 양호한 Ni 첨가

㉯ 산소 함유량의 저감

㉠ 고염기성 flux 및 피복봉 사용

㉡ 반자동용접에서는 Ar 등의 불활성가스의 혼합비를 높인 shield gas 사용

ⓝ 열영향부(HAZ)

㉮ arc용접에서 bond부로부터 1~2 mm 떨어진 부분(약 900℃ 부근 가열부)은 세립의 normalizing 조직이 되어 천이온도가 가장 낮다.

㉯ 그 외측에는 400~600℃로 가열된 부근에 천이온도가 높아 가장 취약한 영역이 생긴다. 이것은 냉각 중에 변형 시효와 quenching 시효의 영향에 의한 것이다. 따라서, 이 부분에 arc strike나 노치가 생기면 대단히 위험하다.

㉰ HAZ는 형상 불연속 및 undercut 등으로 응력집중이 생기기 쉬운 부분으로 노치취성이라는 관점에서 매우 위험한 곳이다.

③ 용접부의 파괴 인성 평가

⑦ 천이온도에 의한 평가 : 주로 V-notch charpy 충격시험을 이용하며, 천이온도가 낮을수록, 그리고 흡수 에너지가 높을수록 파괴 인성이 우수하다.

ⓝ 파괴 역학적인 평가 : CTOD, K_{IC} 및 J_{IC} 시험법 등이 주로 사용된다.

(6) 취성파괴와 연성파괴 비교

구 분	취성파괴	연성파괴
파면의 색	은백색	회색
파단 속도	빠르다.	느리다.
소성변형	없음	수반(45°)
파단응력	항복점 이하 저응력	항복점 이상
결정립	결정립 분리 파괴(벽개 파단면)	결정립 미끄럼 파괴(전단 파단)
소음	심하다.	적다.
환경	저온	상온
파단면	표면에 직각, 단면 감소 없음	45° 미끄럼, 단면 감소 있음

예제 **1. 강 구조물의 취성파괴 시 파단면 특징과 공작상 주의 사항에 대하여 설명하시오.**

해설 1. 취성파단부의 특징
  ① 은백색의 벽개 파단면이다.
  ② chevron pattern이 나타난다.
  ③ 미끄럼 파괴가 아닌 결정립 분리 파괴이다.
  ④ 파괴 속도가 대단히 빠르다(100~2000 m/s).
  ⑤ 파면은 판의 표면에 직각으로 판 두께의 감소 없이 파괴된다.
  ⑥ 항복점 이하의 저응력 파괴이다.

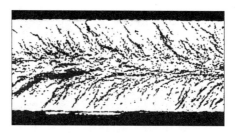

취성파괴의 세브론(chevron) 파면

  2. 공작상의 주의 사항
  ① 취성파괴는 용접 결함에 기인하는 경우가 많다.
  ② 아크스트라이크 또는 가용접의 짧은 비드는 유해한 야금학적 노치가 되며 노치 인성
    이 크게 손상된다.
  ③ 용접 잔류응력은 항복치가 거의 같은 값으로 용접 결함이 있는 경우 취성파괴의 위험성
    이 크다.
  ④ 절단(shearing)이나 치핑(chipping) 한 것은 노치 인성이 현저하게 손상된다.
  ⑤ 표면을 평활하게 하여야 한다.
  ⑥ 용접 변형에 유의하여야 한다(특히 각 변형).

예제 2. 후판의 용접 구조물에서 노치 인성 개선을 위한 방법이 매우 중요하다. 노치 인성 개선 방법 중 결정립 미세화 방법 및 산소 저감 방법이 매우 유효한데 이들에 대하여 설명하시오.

해설 1. 용접 금속의 인성
　① 용접 금속은 용접열에 의하여 용융한 모재와 용가재가 정련 반응을 거쳐서 응고된 부분으로, 이 부분의 노치 인성은 강재, 용접법, 용접 재료, 열사이클 등의 조건에 영향을 받는다.
　② 용접 금속의 노치 인성은 결정립도, 조직, 분산 입자 및 기기 조직 특성 등의 3가지 요인에 의해 지배된다. 여러 요인 중 산소 등과 같은 불순물의 영향이 특히 중요하다.
　③ 미세한 페라이트 조직은 노치 인성이 우수하지만 조대한 페라이트와 마텐자이트, 베이나이트 등의 침상(lath) 조직은 노치 인성이 좋지 않다.
　④ 용접 금속의 산소 함유량이 낮을수록 노치 인성이 우수하다.
　2. 용접 금속의 노치 인성 향상 방안
　① 결정립, 조직의 미세화 방안
　㉮ 저입열 용접, 다층 용접 실시 : 마텐자이트와 베이나이트 조직이 형성되기 쉬운 HT80 등 고강도 Q&T 강의 용접에서는 특히 중요하다.
　㉯ 미세립 페라이트 조직의 형성을 촉진하는 Ti, B 등 질화물 형성 원소의 첨가와 병행한 합금원소량의 조정
　㉰ 저온 인성이 양호한 Ni의 첨가 및 취성파괴가 발생하기 어려운 오스테나이트 조직의 이용
　② 산소 함유량의 저감 방법
　㉮ SAW 및 SMAW 적응 시 고염기성 플럭스 및 고염기성 피복봉의 사용
　㉯ 반자동용접 시, Ar 등 불활성가스 혼합비를 높인 보호 가스의 이용
　㉰ SAW 및 ESW 적용 시 CaF_2 첨가 플럭스의 이용
　③ 기타 방법
　㉮ 용접부 표면처리(노치 형상 제거)
　㉯ 예열 및 후열처리
　㉰ 내압을 가할 수 있는 경우 가압하여 기계적으로 잔류응력 완화

6-4 피로 파괴

(1) 개 요

　하중, 변위 또는 열응력의 반복하중에 의하여 재료가 손상 또는 파괴되는 현상을 피로 파괴라 하며, 구조물 파손의 약 80 %가 피로와 관련되어있다. 피로 파괴(fatigue)는 인장강도보다 상당히 작은 응력의 반복에 의해서도 발생하고, 늘어남 없이 파단한다. 특히, 용접 구조물의 피로 손상의 발생점은 일반적으로 용접 덧살이나 fillet 용접의 toe부 또는 구멍 등과 같이 기학학적으로 형상이 급격히 변하는 곳(응력집중부)이다.

(2) 피로 관련 용어 해설

① 피로수명

㈎ 균열발생수명(N_c) : 피로에 의해서 균열이 발생하거나 또는 이미 있던 결함이나 노치부에서 피로 균열이 성장을 시작하기까지의 반복수를 말한다. 일반적으로 그 크기가 0.2~0.5 mm가 될 때까지의 반복수를 채택한다.

㈏ 전파수명(N_p) : 균열이 발생하고 나서 시험편이 파단하기까지의 반복수로, 전파하는 균열의 크기에 따라 다르다.

㈐ 파단수명($N_f = N_c + N_p$) : 피로수명은 균열이 발생할 때까지의 과정과 발생한 균열이 전파되어 파단될 때까지의 과정 2가지로 나눌 수 있으며, 이 두 과정을 합친 전 수명을 파단수명(N_f)이라 한다. 일반적으로 피로수명이라고 할 때는 N_f를 가리킨다.

② 피로한도 : 피로한도 또는 내구한도라고도 말하며, 재료에 하중을 무한 회 반복해서 가해도 파괴하지 않는다고 생각되는 최대의 응력을 말한다. 이것은 피로시험에 따라 구해지며, 강재에 있어서는 일반적으로 2×10^6회의 반복수에 따라 구해진다.

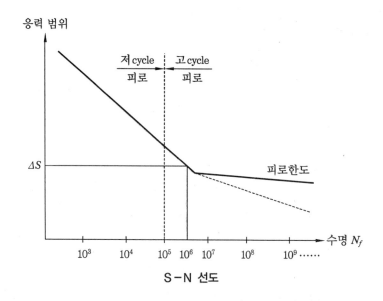

S-N 선도

③ 저cycle 피로 : 저cycle 피로(고응력 피로, 소성 피로)란, 반복수가 10^5회 정도 이하에서 파괴하는 경우의 피로 현상이다. 이와 같이 작은 횟수로 파괴시키기 위한 응력은 항복점을 초월하고(즉, 항복 변형도보다 큰 변형도가 발생), 왜(歪)는 소성역에 들어간다. 저cycle 피로는 일반의 압력 용기, 배관, 선박, 항공기 등과 또는 열부하가 큰 반복을 받는 구조물의 설계상 중요한 문제이다.

※ 압력 용기와 같은 것은 내용수명 기간 중에 설계 계산에 고려할 크기의 하중이 가해지는 반복수는 일반적으로 10^5회 이하로 생각된다. 이와 같은 경우에는 그 구조물이 수명 기간 중에 받는 총 반복수에 대응하는 시간 정도에 준한 허용응력으로 설계하며, 종래의 고cycle 피로시험으로 얻어지는 피로강도(10^6회 이상)로 설계하는 것은 상당히 비경제적이다. ASME Sec. Ⅲ 및 Sec.Ⅷ Div.2에서는 저cycle 피로 설계법이 주요한 부분을 차지하고 있다.

④ **고cycle 피로** : 파괴수명이 10^5회 이상에서 파괴되는 피로현상으로 소성변형을 일으키지 않는 응력이 작용하는 경우이다.

(3) 용접부 피로강도의 일반적 특성

① 비드 덧붙이(bead reinforcement)를 삭제한 맞대기 용접 이음부의 피로강도는 모재의 피로강도와 대략 비슷하다.

② 비드 보강 부위를 삭제하지 않은 맞대기 용접 이음부는 비드 toe notch 때문에 삭제한 경우에 비해 피로강도가 작다. toe부의 노치 반지름과 각도가 작을수록 피로강도는 감소된다.

③ 용접 비드와 외력이 직교하는 경우 피로강도는 가장 크게 감소된다.

④ fillet 용접 이음부는 root부, 지단부 등이 있어 맞대기 용접 이음부에 비해 피로강도가 현저하게 작다.

⑤ 내부 결함보다는 표면 결함에 더욱 민감하게 반응한다.

(4) 피로의 특징(현상)

① 연성 재료라 할지라도 거시적인 소성변형이 일어나지 않고 파괴한다.

② 일정한 응력 진폭 이하에서는 일정 반복수를 받은 후에 파괴한다.

③ 철강류에서는 어느 진폭 이하에서 무한 회 반복하여도 파괴하지 않는 한계가 존재한다. 이 한계응력을 내구한도 또는 피로한도라고 한다.

④ 반복되는 응력 진폭이 정적 파괴응력보다 낮거나 또는 탄성한계 이하에서도 파괴한다.

⑤ 피로강도는 일정한 평균 응력을 가해도 탄성한계에 비해서 작은 경우에는 큰 영향을 받지 않는다.

⑥ 일정 응력 진폭에 대한 파단 반복수는 분산이 크다.

⑦ 소성변형 양식(슬립 면, 슬립 방향)이 정적 시험에서와 비슷하나, 정적 변형과 같이 전반적으로 발생하는 것이 아니라 현미경적 영역에 국한되는 양상이 다르다.

⑧ 초기에 재료의 표면에 crack이 발생하여 서서히 진행한다.

(5) 피로파면의 특징

균열 전파부에는 beach mark라고 부르는 피로파면 특유의 등고선 모양이 자주 나타난다. 이러한 특징이 있어 beach mark를 찾아 파괴의 기점을 알아내는 수법으로 파괴 사고의 원인 조사에 사용되고 있다.

① 파면은 작고 대개 육안으로 볼 때는 매끄럽고 무특징이지만 파면의 대부분을 점하는 균열전파부에는 사진과 같이 조개껍질 모양 또는 비치마크(beach mark)라고 불리는 피로파면 특유의 줄무늬 모양이 나타난다.

② 최종적인 파단의 부분은 연성파괴와 취성파괴를 일으킨 곳이고 확실하게 전파부와 다르다.

③ 전자현미경을 이용하면 피로파면 특유의 스트라이에이션(striation)라고 불리는 줄무늬 모양이 잘 나타난다.

강의 전형적인 비치마크의 피로파면

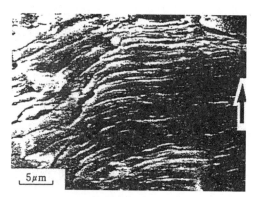

피로파면의 전자현미경 사진에서 볼 수 있는 스트라이에이션

(6) 피로파괴의 발생과 전파

① 제1단계 : 외력 작용에 의한 결정립 소성변형으로 다음 그림과 같이 인장시험과는 달리 반복 미끄럼에 의해 인트루션이라 불리는 깊은 홈을 발생하여 균열로 이행

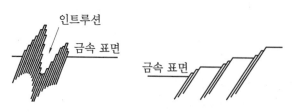

반복응력에 의한 미끄러짐 변형과 인트루션의 형상

② 제2단계 : 응력집중에 의한 균열 발생

③ **제3단계** : 균열이 더욱 진전하면 시험편의 유효 단면적이
감소하여 불안정한 파괴가 일어난다. 균열 전파 파단

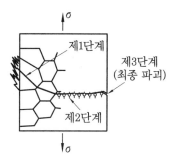

(7) 피로강도

S-N 곡선의 경사부의 응력 진폭을 시간강도라 하고
시간강도에는 그 반복수 N을 기록할 필요가 있다. 피로
한도와 시간강도를 총칭해서 피로강도라 한다.

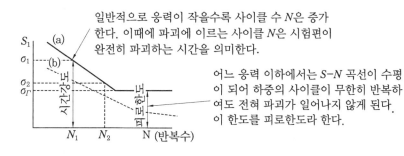

① **용접 이음의 피로강도 인자** : 금속이나 합금의 피로강도는 금속 자체의 화학조성보다
다른 인자들의 영향을 받는다. 이것들 중 가장 중요한 것은 다음과 같다.

㈎ **응력집중(stress concentration)** : 노치, 구멍, 키 홈 및 단면의 급격한 변화가
있는 곳과 같이 응력이 집중되는 곳에 있으면, 피로강도는 크게 감소한다. 가능
한 응력집중부를 피하는 설계를 통해 피로파괴를 최소화할 수 있다.

㈏ **표면 거칠기(surface roughness)** : 일반적으로 금속 시편의 표면이 매끈할수록 피
로강도는 높다. 거친 표면은 피로 균열 형성을 쉽게 하는 응력집중부를 만들어낸다.

㈐ **표면 조건(surface condition)** : 대부분의 피로파괴는 금속 표면에서 시작되므
로 표면 조건의 변화는 금속의 피로강도에 영향을 준다. 예를 들어, 침탄이나 질
화와 같은 강의 표면경화 처리는 피로수명을 증가시킨다. 반면에 탈탄은 열처리
한 강의 표면을 연화시켜 피로수명을 감소시킨다. 금속 표면에 압축성 잔류응력
이 있어도 피로수명은 증가한다.

㈑ **환경(environment)** : 부식성 분위기에서 금속이 주기적인 응력을 받으면, 화학
적 침투가 피로 균열의 전파속도를 크게 가속시킨다. 금속에 대한 부식 침투와 주
기적 응력의 조합을 부식피로(corrosion fatigue)라고 한다.

② **피로강도에 미치는 용접 잔류응력의 영향**

㈎ 평균 응력 σ_m은 인장잔류응력이 존재하면 상승, 압축잔류응력에서는 저하한다.

㈏ 즉, 인장잔류응력의 영향에 의해 피로강도가 저하한다.

㈐ 압축잔류응력하에서는 잔류응력이 존재하지 않는 경우보다 피로강도가 증가한다.

③ 용접 결함과 피로강도

$$\text{결함률}(\alpha_s) = \frac{\text{파면에 나타나는 용접 결함의 전면적}}{\text{파면의 면적}} \times 100\%$$

(가) $\alpha_s = 2\%$의 기공에서는 건전한 이음의 85% 정도

(나) $\alpha_s = 5\%$의 기공에서는 건전한 이음의 65% 정도

(다) 균열은 기공의 85% 정도

(라) 언더컷은 피로강도를 현저히 저하하여 건전한 이음의 40% 정도

(마) 결함 치수가 같은 경우라도 결함이 표면 또는 표면 부근에 있는 경우 피로강도의 저하가 크다.

(바) 판 두께가 두꺼운 쪽이 피로강도의 저하가 적다.

(사) 각 변형은 피로강도를 현저히 저하시킨다.

④ 용접부 형상과 피로강도

V형 맞대기 이음의 인장, 압축 피로강도

시험편 형상	비드부 처리	피로강도(kg/mm²)	피로강도 비율(kg/mm²)
	압연흑피 그대로	23~24	1
	용접한 그대로	12~13	0.53
	양면다듬질	22~23	0.96
	이파용접	16~18	0.73
	받침쇠용접	16~18	0.73

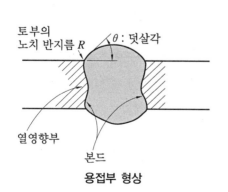

용접부 형상

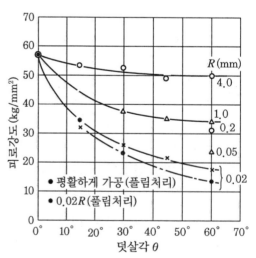

맞대기 용접에 있어서 덧살각, 토부의 노치반경과 피로강도의 관계(편진 인장시험)

피로강도는 형상적 노치에 의한 응력집중으로 큰 영향을 받게 되는데 용접부 형상과 피로강도의 관계를 정리하면 다음과 같다.

㈎ 용접 이음부의 피로강도는 모재보다 낮다.

㈏ 토우부의 형상에 따라 덧살각이 클수록, 노치 반지름이 작을수록 피로강도는 저하한다.

㈐ 외력과 용접선이 교차하는 경우 피로강도가 저하한다.

㈑ 필릿 용접 이음은 토우부, 루트부의 응력집중부가 있어 맞대기 이음에 비해 피로강도가 현저히 저하한다.

㈒ 맞댐판의 단면적이 일정한 경우 두껍고 좁은 판이 피로강도가 크다.

㈓ 인장강도가 큰 강일수록 노치에 의한 피로강도 저하가 크다.

(8) 피로강도의 향상을 위한 용접부 설계 원칙

① lap joint보다는 butt joint를 사용한다.

② 단속 fillet 용접을 가능하면 피한다.

③ 국부적으로 변형 가능한 큰 변화를 피한다(급격한 단면 변화를 가진 이음).

④ fillet 용접의 과도한 각장을 지정하지 않는다.

⑤ 피로 조건이 심하게 나타날 수 있는 지점에 부착물을 만들지 않는다.

⑥ 다수의 load path 또는 많은 member를 가진 구조물을 선택한다.

예제 강 구조물 용접부의 취성파괴와 피로파괴의 특성을 비교하여 설명하시오.

해설 1. 취성파괴
　① 특징
　　㈎ 도기 파단면과 같은 파면
　　㈏ 정하중하에서 갑자기 큰소리를 내면서 순간적으로 발생
　　㈐ 균열의 전파속도가 200~2000 m/s의 매우 고속
　　㈑ 동계 저온에서 노치로부터 발생
　　㈒ 취성파괴면 부근의 강재의 특징은 충격치가 극히 적고 노치 인성이 부족
　② 취성파괴의 조건
　　㈎ 노치가 존재
　　㈏ 저온 시
　　㈐ 용접 잔류응력(인장)의 존재
　　㈑ 강이 BCC(체심입방격자)일 것
　2. 피로파괴
　① 특징
　　㈎ 피로에 의해 천이온도가 상승

    ㉯ 근본적 원인은 용접부의 노치 및 불연속부(언더컷, 용입 불량, 기공, 슬래그 혼입 등)의 존재

    ㉰ HAZ부의 응력부식도 원인

    ㉱ 취성파괴에 비해 급격히 일어나는 것은 아님

    ㉲ 반복하중 및 교반하중, 즉 동하중의 작용

  ② 피로강도 영향 인자

    ㉮ 금속 조직의 불균일(야금학적 노치)

    ㉯ 용접 인장 잔류응력의 존재

    ㉰ 용접 결함 및 형상 불연속에 의한 응력집중

    ㉱ 표면의 노치(언더컷 등 표면 결함)

3. 취성파괴와 피로파괴의 특징 비교

구 분	취성파괴	피로파괴
전파속도	빠르다.	늦다.
하중의 종류	정하중	반복하중
노치	존재	존재
인장 잔류응력	존재	존재
응력	저응력 파괴	저응력 파괴
파단 형상	결정립 분리 파괴	미끄럼 파괴

6-5 고온 강도

(1) 고온 인장강도의 특징

인장시험에 의해 얻어지는 재료 특성은 탄성한도, 탄성계수, 내력, 인장강도, 연신률, 단면 수축률 등 설계에 필요한 중요 특성이며, 이런 제반 수치는 온도 의존성을 나타낸다. 따라서 고온 고압하에서 장시간 사용되는 각종 구조물이나 항공기, 로켓과 같은 고온에서 단시간 사용되는 재료를 취급하는 경우, 고온 인장실험은 크리프시험과 더불어 가장 중요한 재료시험 중의 하나이다. 특히, 고온 재료의 강도 설계 기준이 되는 허용 인장응력을 설정할 때에는 각 온도에서 인장강도나 내력과 크리프 강도와의 관계를 파악하는 것이 중요하다.

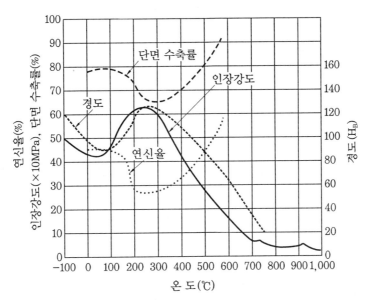

연강의 기계적 성질과 시험 온도의 관계

위의 그림은 연강의 온도에 의한 기계적 성질의 변화를 나타낸 것으로, 인장강도는 상온보다 200~300℃ 부근에서 극대치를 보이며, 이 영역에서 연신율과 단면 수축률은 저하한다. 이 현상은 철에 고용되어있는 C, N 원자의 확산에 따른 청열취성 현상이며 변현 속도가 크게 되어 확산할 시간적 여유가 없기 때문이다.

① Cr−Mo강은 연강보다 훨씬 높은 고온(400~600℃)의 발전설비에 많이 사용되는 대표적인 내열강이다. 이는 350℃ 이상의 고온에서 크리프 특성이 중요하기 때문에 Mo를 첨가하여 강의 고온 강도와 크리프 특성을 향상시킨 것이다. 용접 후 급랭에 의한 연성 및 인성이 저하되기 때문에 연성 회복을 위하여 용접 후 열처리 (PWHT)가 요구된다.

② 스테인리스강은 내열성, 내식성, 내산성이 우수하며 산업계 전반에 사용되고 있다. 오스테나이트 스테인리스강은 원칙적으로 용접 후 열처리를 실시하지 않지만, 입계부식 및 응력부식 균열 환경에서는 용체화 처리, 응력제거 풀림처리, 안정화 열처리를 시행하기도 한다.

③ Fe기 내열합금은 강화 방법에 따라 고용강화를 주로 한 약석출강화형 합금과 금속간화합물의 석출을 이용한 강석출화합형 합금이 있다.

④ Ni기 내열합금은 Fe기 내열합금과 유사하나 Ni의 함유량의 50 % 이상인 차이점이 있다.

예제 열피로 파괴와 열충격 파괴에 대하여 설명하시오.

해설 1. 열피로 파괴(thermal fatigue fracture)
① 비교적 완만한 온도 변화이나 수십 회 내지 수백 회 반복되어 일어나는 파괴이다.
② 용접부는 기계적 노치 및 성분이나 조직 변화에 의한 야금학적인 노치가 생기기 쉽고 또 장소에 따른 열팽창 차이가 생기기 쉽기 때문에 열피로 파괴가 모재에 비하여 일어나기 쉽다.
③ 이종 재료의 이음부에서는 특별히 주의가 필요하다.
④ 열피로 파괴는 화력발전, 각종 보일러, 가스터빈, 제트엔진, 미사일, 원자로 등의 온도 변화를 수반하기 쉬운 용접 구조물에서 특히 중요한 현상이다.

2. 열충격 파괴(thermal shock fracture)
① 급격한 온도 변화에 따른 커다란 열응력에 의해 단시간 내에 일어나는 파괴이다.
② 스테인리스강의 이종 재료나 클래드강의 용접부에서는 열팽창계수가 매우 다르기 때문에 가열에 의한 커다란 열응력이 발생하여 파괴를 일으키기 쉽기 때문에 주의를 요한다.
③ 페라이트(ferrite) 스테인리스강과 오스테나이트(austenite) 스테인리스강과의 이종 재료 용접부에서는 일반적으로 페라이트 본드를 따라 열응력 균열이 발생되기 쉽다.

(2) 크리프(creep) 강도

① **크리프 곡선** : 재료가 $0.3\sim0.5\,Tm$ 이상의 온도(Tm은 융점)에서 하중을 받으면 원자의 확산 효과에 의해 전위나 공공의 이동도가 증가하기 때문에 재료의 강도는 일반적으로 온도만이 아니고 시간에도 의존하게 된다. 이 온도역을 크리프역이라고 부르며 시간 의존성의 소성변형, 소위 재료의 크리프 특성을 고려한 강도 평가가 필요하게 된다. 재료의 크리프 변형은 일정의 온도, 응력하에서 진행하는 현상으로 다음 그림과 같은 크리프 곡선으로 표현된다. 크리프 곡선은 일반적으로 천이역, 정상역 및 가속역의 3단계로 나누어 해석된다.

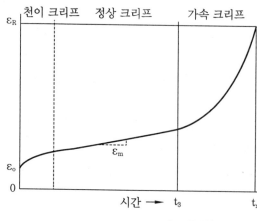

ε_o : 순간 연신율
ε_m : 최고크리프 속도
t_3 : 가속크리프 개시시간
t_x : 크리프 파단시간
ε_R : 크리프 파단연신율

크리프 곡선(모식도)

② 크리프 특성

 ㈎ 최초 하중을 부가하면 이에 대응한 순간 변형도가 생기며, 시간의 경과와 더불어 변형도는 점차 감소한다(제1기 천이 크리프 구역). 그 후 변형도는 아주 완만한 상승을 하게 된다(제2기 정상 크리프 구역). 장시간 경과 시 시험편은 국부 목조임 현상이나 미소 균열 발생에 의거 변형도가 급속히 증대되며, 파단에 이르게 된다(제3기 가속 크리프 구역). 실제적으로 부하응력이 극단으로 큰 경우가 아니면 크리프 변형은 제2기 정상 크리프 구역에서 정지된다.

 ㈏ 노치 재료의 크리프 강도는 노치에 의한 다음 효과에 의해 좌우된다.

  ㉮ 노치 선단에 응력집중이 생기면 크리프 변형이 촉진되어 크리프 가도가 저하된다(노치 약화).

  ㉯ 노치 선단에 소성 구속은 크리프 변형을 억제해 크리프 강도를 상승시킨다(노치 강화).

 ㈐ 맞대기 용접 이음부의 비드 덧붙이를 삭제하면 노치 효과가 없어지게 되므로 크리프 강도는 다소 개선되나, 일반적으로 용접 금속의 크리프 강도는 모재에 비해 약하다.

③ 크리프 강도에 미치는 각종 원소의 영향

 ㈎ C : 탄소강이나 저합금강은 비교적 낮은 온도하에서는 크리프 강도를 증가시키나 500℃ 이상에서는 효과가 없다.

 ㈏ Cr : 내열강에는 반드시 첨가되며 크리프 강도, 내식성을 증대시키는 효과가 있다.

 ㈐ Mo

  ㉮ 소량의 첨가로 크리프 강도를 현저히 증가

  ㉯ Cr-Mo강 : 525℃ 이하는 0.5 % 첨가에 의해, 525℃ 이상은 1 % 첨가로 크리프 강도 향상

  ㉰ austenite 스테인리스강은 2~3 % 첨가에 의해 크리프 강도를 증가시킨다.

 ㈑ V, Ti

  ㉮ 탄화물 생성원소이고 크리프 강도 개선

  ㉯ Cr-Mo 강에서는 0.25 % 이내의 첨가로 크리프 강도 개선

 ㈒ Ni, Co

  ㉮ 저합금강에서는 개선 효과가 없음

  ㉯ austenite stainless강, 내열 고합금강에서는 Ni의 다량 첨가에 의해 크리프 강도 개선

  ㉰ Co는 50~60 %의 첨가에 의해 크리프 강도가 매우 향상된다.

④ **용접에서의 크리프 강도 고려 사항**

  ㉮ 용접선은 누적 비탄성 변형이 커지는 장소에서 가능한 제거하도록 설계 → 멀리 떨어지도록 설계

  ㉯ 가능한 한 모재에 가까운 크리프 연성을 가지는 용접부가 얻어지는 용접법 및 용접 재료 적용

  ㉰ 응력집중을 받는 notch 등 용접부의 형상 개선

  ㉱ 합금원소 첨가에 의한 결정립 미세화 방안

  ㉲ 침입형 용질 원자에 의한 석출물의 작용으로 강도 증가

  ㉳ 용접부에서는 크리프 강도보다 크리프 연성이 중요함

⑤ **기타**

  ㉮ 용접법에 따른 크리프 강도 : SMAW, GMAW, SAW, ESW의 순으로 크리프 강도 저하, 즉 입열량에 비례한다.

  ㉯ ASME CODE 규정하의 크리프 강도 : 10^5시간 파단 응력 또는 10^5시간(11.4년)에 1%의 크리프 변형을 일으키는 응력을 사용한다.

Professional Engineer Welding
용접기술사

용접 시공 관리

4 PART

1. 용접절차시방서(WPS)에서 P-Number, Group-Number, A-Number, SFA
-Number 및 F-Number에 대하여 설명하시오.

2. AWS D1.1의 가용접사 자격시험에 대하여 설명하시오.

3. 용접시공설명서(welding procedure specification, WPS)와 이 문서에 포함
되어야 할 필수적 변수(essential variable)에 대하여 설명하시오.

4. WPS(용접시공설명서)에 포함되어야 할 대분류 필수 항목을 4가지 열거하고
설명하시오.

5. 용접절차서에서 비필수 변수의 예를 들고 설명하시오.

6. 용접절차시방서(WPS, welding procedure specification)에서 모재를 모재
번호(P-No.)와 그룹 번호(Gr-No.)로 구별하는 이유를 설명하시오.

7. SAW에서 Jackson 실험식에 의한 용입 길이 P(cm)를 구하는 식을 나타내
시오. [단, 전류 I(A), 아크전압 E(V), 용접 속도 v(cm/min) 및 용접 계수 K
이다.]

8. ASME code를 적용하여 용접시공설명서(WPS : welding procedure
specification)를 작성하고자 한다. WPS를 작성하기 위한 준비와 essential
variable의 내용을 설명하시오.

9. 최근 Canada oil sand에서의 원유 개발에 국내 업체들이 캐나다 공사 발주
기기 제작에 많이 참여하고 있다. 그리고 용접 구조물을 제작 납품하기 위해
서는 CSA(canadian standards association)의 요구에 따르도록 하고 있다.
이와 관련하여 CSA W47.1-03에 따른 고장 승인 절차와 Division 1, Division
2, Division 3의 차이점을 설명하시오.

10. 선박을 비롯한 해양구조물 제조 분야에서 용접 기술과 관련하여 우리나라가 세계를 선도해 나아가기 위해서 취해야 할 일에 대하여 설명하시오.

11. 용접절차시방서(welding procedure specification)의 3가지 변수를 쓰고 각각을 설명하시오.

12. 보수 용접에서 보수 계획에 포함되어야 할 사항을 설명하시오.

1. 품질 및 시공 관리

1-1 용접 품질과 시공 관리

(1) 개 요

품질보증이란 '구조물, 계통, 또는 기기 등이 수명 기간 동안 제 기능을 충분히 발휘할 것임을 확증하기 위한 계획적이고도 체계적인 제반 활동'으로 정의할 수 있다. 용접에서의 품질보증은 용접성으로서 평가할 수 있다. AWS에서는 용접성을 '특정 구조물이 알맞게 설계되고, 계획된 제작 조건에 따라 만족하게 수행할 수 있는 접합 조건하에서 나타나는 용접 금속부의 성능'이라고 정의하고 있다. 용접 품질이 좋다는 것은 용접성이 우수하다고 하며, 이러한 용접성을 좋게 하기 위해서 용접 기술자는 다음 4가지에 대한 판단을 정확히 할 수 있어야 한다.

① 기계, 구조물 및 장치의 설계
② 사용하는 재료의 특성
③ 용접 방법, 절차 및 장비
④ 용접 이음부의 성질과 건전성을 유지하기 위한 검사

(2) 무엇을 관리할 것인가?

일반적으로 용접 시공 관리는 사람(man), 기계(machine), 재료(material), 작업 방법(method), 즉 4M이라고 부르는 요소가 각기 완전하게 관리됨으로써 정상적인 생산 관리가 이루어진다. 4M의 요소는 다음과 같은 것을 포함하고 있다.

① **사람(man)** : 교육 훈련, 기량 관리, 용접사 및 용접 기술자 육성, 건강관리 등
② **기계(machine)** : 용접기 관리, 치공구 관리, 기계의 예방 정비, 기계의 성능 확보 등
③ **재료(material)** : 모재 및 용접봉 보관 관리, 적정 재료의 선택, 부재의 치수 정밀도 등
④ **작업 방법(method)** : 용접법, 시험 및 검사 방법, 예열 및 후열처리, 기타

(3) 어떻게 관리할 것인가?

상기 4M의 시공 관리 요소가 잘 조화되도록 하기 위해서 계획(plan)→실시(do)→확인(check)→조치, 즉 수정 행동(action)을 반복함으로써 보다 좋은 품질을 유지할 수 있다. 이러한 plan, do, check, action을 수레

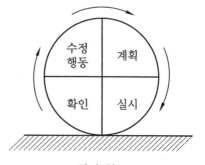

관리 회로

바퀴처럼 반복하여 개선되는 것을 관리 회로라 한다.

(4) 용접 품질에 영향을 미치는 인자

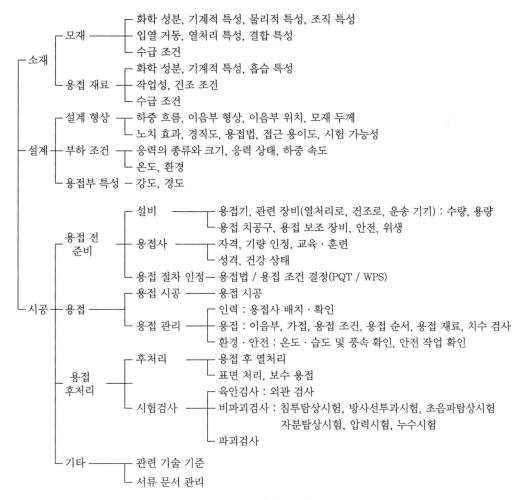

용접 품질에 영향을 미치는 인자

예제 용접 시공 관리 체계에 대하여 기술하시오.

해설 용접 시공 관리는 다음과 같이 4가지 step으로 전개된다. 즉, 계획(plan) → 실시(do) → 확인(check) → 조치(action)의 반복 작용이다.

1. 계획(plan) : 용접 설계 사양(specification)에 따라 용접 물량(모재, 용가재)과 용접 설비(용접기 및 열처리 장비), 자격 있는 용접공, 용접 검사원(육안검사, 비파괴검사, 필요 시 수압시험 등), 검사 설비 등을 준비하고 용접 시공계획서를 작성한다.
2. 실시(do) : 용접 시공계획서에 따라 시공이 잘 되도록 필요한 수단을 전개한다. 즉, 적절한 시기에 자재가 투입되도록 하고, 공정에 맞춰 충분한 용접공을 활용하여 작업을

진행한다. 또한, 작업장의 환경과 안전 위생에 관심을 갖고 적절히 조치한다.

3. 결과 확인(check) : 시공 전 개선 상태, 예열, 용접 순서, 적층법, pass 간 온도, 후열 처리 등의 중간 점검과 용접 후 bead 상태(undercut, overlap, 불연속, 각장 등)를 육안점검하고, 용착부의 표면과 내부 결함을 검사하기 위해서 MT(또는 PT)와 RT(또는 UT) 등을 실시하고, 필요 시 수압시험을 실시한다.

4. 조치(action) : 중간 단계 점검 및 용접 완료 후 비파괴검사, 수압시험 결과에 대하여 관련 사양 및 code 판정기준을 벗어난 용접 결함 등에 대하여 보수 용접을 수행하여야 하며, 그 절차는 상기의 계획 단계로 feedback 된다.

(5) 품질보증을 위한 특성 요인도

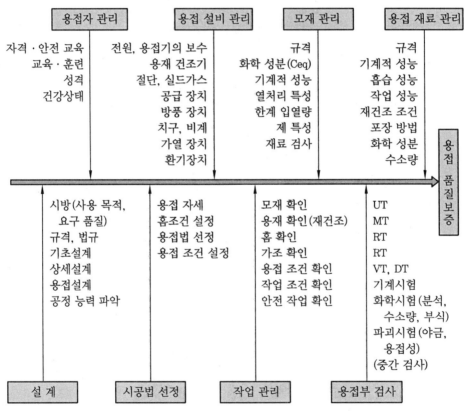

품질보증을 위한 특성 요인도

예제 용접 작업자의 기량 관리 중점 항목에 대하여 설명하시오.

해설 1. 작업에 필요한 각종 용접자격 시험계획서를 수립하여 정기적인 시험을 치르게 하고 그 결과를 기록, 관리한다.

2. 용접 시공에 있어서 각 용접 작업자의 비파괴검사 결과의 성적 및 경향을 기록하여 방안을 강구한다. 즉, 기공의 용접 결함이 많은 용접사의 경우 현장에서 용접봉 관리상의 문제점을 파악하여 시정하게 하고, spatter를 많이 발생하는 용접사의 경우 용접 속도를 감소시키도록 조치한다.

3. 기량 관리가 될 수 있는 각종 자료를 망라한 대장 또는 카드를 용접사 개인별로 작성하여 필요 시 신속히 참고할 수 있는 체제를 확립한다.

4. RT, UT 등 비파괴검사 및 외관검사 결과를 신속히 관련 용접사에게 feedback 시켜 각 용접사가 기량상의 문제점을 파악하여 자체적으로 기량 향상 방안을 강구하게 한다.

5. 기량 향상을 위한 용접 교육 계획을 수립하여 필요한 자격 훈련을 받게 하거나, 재교육을 받을 수 있도록 배려한다.

1-2 〈 용접 준비 및 시공 관리

(1) 기술 서류의 검토

기술 서류는 필요에 따라 여러 형태로 구분되며, 도면, codes, standards, 기타 사내외 규정 및 절차서 등이 있으며, 작업하고자 하는 항목이 어느 기술 사양과 관련 있는지를 검토하여 규정된 요구 사항을 만족하도록 관리해야 한다.

(2) 용접용 재료의 관리

① 모재의 재질 확인

㈎ 모재의 제조서와 비교 : 규격재의 경우 제강소에서 강재를 납품할 때 제품의 이력서가 첨부된다. 이는 제조서(mill sheet) 또는 자재시험성적서(MTR, material test report)라고 부르며, 강재의 제조 번호, 해당 규격, 재료 치수, 화학 성분, 기계적 성질 및 열처리 조건 등이 기재되어있다. 또한, 제품(강재)에도 제조 번호, 해당 규격 및 치수 등이 각인되거나 페인팅 되어있으므로 강재 입고 시 제조서와 비교하여 납품받는 것이 꼭 필요하다.

㈏ 가공 중의 모재 식별 : 제조서(mill sheet)에 맞게 납입되었어도 가공 중에 관리 소홀로 식별이 어렵거나 바뀌기 쉽다. 따라서, 현장에서 제작 중인 각 부품은 자재의 추적성이 유지되어야 하며, 자재의 관리 체제가 단순하여야 한다. 자재의 추적성을 유지하는 관리 기법은 다양하며, 몇 가지 예를 들면 다음과 같다.

㉮ 관리 대상의 종류가 2, 3종인 경우는 자재의 분리 관리(segregation or separation) 방법이 편리하다. 즉, 같은 종류끼리 분리하여 저장하는 방법이다.

㉯ 자재에 색깔을 칠하여 관리하는 색분류(color coding) 방법이다. 즉, 동일 자재에는 특정한 색깔을 표면에 칠하여 자재의 재질을 분류하는 방법이다.

㉰ alphanumeric code의 방법이 있다. 일반적으로 강재의 종류, 등급, 제강

번호 등을 모두 표시하려면 식별 표시가 복잡해지므로 a1a, a1b 등과 같이 code 관리 대장을 만들어 작성, 관리한다.

㉕ 바코드(bar code system) 방법으로, 이는 컴퓨터를 사용하여 매우 빠르게 자재의 이동을 추적 관리할 수 있는 최신 관리 기법이다.

(3) 용접 준비 작업

① **용접용 지그** : 용접용 지그는 용접 제품의 정밀도를 향상시키고 안전하면서도 빠른 용접 작업을 위하여 사용하는 일종의 공구이며, 피용접물의 크기, 형상 등에 따라 다르므로 용접 작업자는 가장 합리적인 용접 지그를 선택해야 하며, 때로는 제작하여 사용한다. 용접 작업 시 적절한 용접용 지그는 다음과 같은 효과가 있다.

㉮ 용접 작업을 용이하게 한다.

㉯ 제품의 마무리 정도(精度)를 향상시킨다.

㉰ 작업 능률이 향상된다.

㉱ 용접 변형을 억제한다.

② **개선 준비** : 개선 형상은 설계에서 요구한 사항을 만족하는 이음의 강도, 품질을 얻을 수 있게 하는 것이 기본적인 조건이다. 이것은 용접법, 용접 능률, 용접 경비 등을 고려하여 설계 단계에서 결정한다. 용접 이음의 품질과 개선 가공비를 포함한 용접 경비면에서 개선 형상과 치수가 결정되지 않으면 안 된다. 즉, 개선의 정밀도가 높으면 용접 이음의 품질 및 용접비의 측면에서는 좋지만 개선 준비비의 증가를 초래하게 된다. 반대로 정밀도가 낮아지면 결함을 초래하여 수정 작업으로 인한 용접 비용의 증가를 초래하므로 요구하는 품질 및 현장 여건을 고려하여 종합적으로 가장 경제적인 선택이 무엇인지 고려해야 할 것이다.

(4) 용접 조립 및 가용접

① **용접 조립** : 용접 구조물의 용접열에 의한 변형은 각 부재에 누적되어 구조물 전체에 큰 영향을 주는 때가 많고, 잔류응력의 문제도 있으므로 이들을 종합적으로 고려한 후 조립 방법을 결정해야 한다. 일반적으로 용접 구조물은 다음 사항을 고려하여 조립 순서를 정한다.

㉮ 구조물의 형상을 고정하고 지지할 수 있어야 한다.

㉯ 용접 이음의 형상을 고려하여 적절한 용접법을 생각한다.

㉰ 가능한 구속 용접을 피한다.

㉱ 변형 및 잔류응력을 경감할 수 있는 방법을 채택한다.

㉲ 변형이 발생될 때에 이 변형을 쉽게 수정할 수 있어야 한다.

　　(바) 작업 환경을 고려하여 용접 자세를 편하게 한다.

　　(사) 가용접용 정반이나 지그를 적절히 채택한다.

　　(아) 경제적이고 좋은 품질을 얻을 수 있는 상태를 선정한다.

　　(자) 각 부재의 조립을 쉽게 이용할 수 있는 운반 장치를 고려한다.

② **가용접**(tack welding) : 가용접은 그 명칭 때문에 경시되기 쉽지만, 오히려 본용접 이상으로 주의를 요한다. 짧은 bead로 되어 적은 입열에 의하여 blow-hole이나 균열 등의 결함이 본용접 이상으로 발생하기 쉽고, 또한 본용접의 일부로 되는 경우가 많기 때문에 가용접을 행하는 용접사는 본용접과 동등한 기량을 가진 사람이 맡아야 한다. 가용접 시 주의할 사항은 다음과 같다.

　　(가) 본용접과 동등한 기량을 갖는 용접사가 가용접을 시행할 것

　　(나) 본용접과 같은 온도로 예열할 것

　　(다) 개선홈 내의 가용접부는 back chipping으로 완전히 제거할 것

　　(라) 가용접 위치는 부품의 끝 모서리나 각 등과 같이 응력이 집중되는 곳을 피할 것

　　(마) 용접봉은 본용접 작업 시에 사용하는 것보다 약간 가는 것을 사용하고, 간격은 일반적으로 판 두께의 15~30배 정도가 좋다.

　　(바) 가용접 비드의 길이는 판 두께에 따라 30 mm(3.2 t 이하)~50 mm (25 t 이상) 정도로 한다.

예제 **1. 고장력강, 저온용강에 용접으로 붙인 JIG 등을 제거할 때 순서를 기술하시오.**

해설 1. 모재에 흠이 가지 않도록 grinder에 의한 절단, gas 절단 또는 gouging 등의 방법으로 주의하면서 JIG를 떼어낸다.
　2. 떼어낸 후에는 grinder 등으로 모재의 떼어낸 부분을 평활하게 연삭한다.
　3. 60 kg/mm^{2}급 이상의 고장력강에 대해서는 grinder 등으로 떼어낸 부위를 MT 또는 PT를 실시하여 결함 발생 여부를 조사한다.
　4. 만일 모재에 결함이 발견되면 grinder 등으로 결함을 제거한 후 다시 MT 또는 PT로 확인하고, 결함이 완전히 제거되었으면 보수 용접을 실시한다.

예제 **2. tack bead 길이의 하한(下限)을 판 두께가 클수록 길게 할 필요가 있다. 그 이유는 무엇인가?**

해설 tack bead의 길이가 짧으면 급랭 효과가 커서 용접부가 경화되기 쉽다. 이러한 경화 정도는 bead 길이가 짧을수록, 모재의 두께가 두꺼울수록 현저하게 증가되어 저온 균열이 발생하기 쉽게 된다. 따라서, 모재의 두께가 두꺼울수록 tag bead의 길이를 길게 하여야 한다.

예제 **3. 용접부 균열의 보수 용접 절차에 대하여 설명하시오.**

해설 용접부에 균열이 발생하면 무엇보다도 발생 원인을 규명하여 재발을 방지하도록 조치하는 것이 중요하다. 일반적인 균열의 보수 용접 절차는 다음과 같다.

1. 수정을 위한 용접은 최초 용접 시 사용한 용접절차서(WPS)와 동일한 절차를 따른다.
2. 먼저 비파괴검사에 의하여 정확한 crack의 범위를 확인한다.
3. crack의 제거 작업 중에 성장할 우려가 있는 경우에는 crack의 외측에 조금 여유를 갖는 stop hole을 설치한다.
4. grinding 또는 gouging 등의 방법에 의하여 crack을 제거한다.
5. crack이 완전히 제거된 것을 확인한다. 보통 MT 또는 PT로 검사한다.
6. gouging 면은 수정 용접에 적당한 groove 형상으로 만든다. crack의 양단으로부터 약 2인치까지 제거한다.
7. 최초 사용한 용접절차서(WPS)에 따라 수정(repair) 용접을 실시한다. 가능하면 최초 용접에서 사용한 용접봉보다 작은 size의 저수소계 용접봉을 사용하고, 고장력강인 경우 bead 최소 길이를 50 mm 이상으로 유지하며, 예열 및 후열처리 여부 등을 필히 확인하여 준수한다.
8. repair 용접이 완료되면, 외관검사 및 비파괴검사를 실시하여 결함 유무를 반드시 확인하여야 하며, 비파괴검사는 지연 균열의 발생을 감안하여 최소 48시간이 경과된 뒤에 실시하는 것이 바람직하다.
9. repair 용접 후 변형 발생부에 대하여 가열 교정 작업 시 강재별 교정 온도를 초과하지 않도록 각별히 주의한다(AWS D1.1 code에서는 Q & T 강재에 대하여 약 593℃를 초과해서는 안 되며, 기타 강재의 경우는 650℃를 넘지 않도록 규정하고 있다).

1-3 WPS & PQR의 이해

(1) 용접절차시방서(WPS)

용접절차시방서(WPS, welding procedure specification)란 code의 기본 요건에 따라 현장의 용접을 최소한의 결함으로 안정적인 용접 금속을 얻기 위하여 각종 용접 조건들의 변수를 기록하여 만든 작업 절차 지시가 담겨있는 사양서이다. 이 WPS는 공사 발주처 혹은 공사 발주처에서 인정하는 용접 검사 감독관의 승인을 얻어 본용접을 수행할 수 있게 되는 것이다.

(2) 용접절차 검증서(PQR)

용접절차 검증서(PQR, procedure qualification record)란 WPS에 따라 시험편을 용접하는 데 사용되는 용접 변수의 기록서이다. PQR은 WPS에 따라 용접된 시험편의 기계적, 화학적 특성을 시험한 결과를 포함한다. 즉, WPS를 승인받기 위해 실시하는 PQT(procedure qualification test)를 포함한 것으로, PQT에는 인장시험, 경도시험, 굽힘시험, 비파괴검사, 단면 마크로 시험 및 충격시험 등이 포함된다.

(3) WPS & PQR의 목적

WPS & PQR의 목적은 구조물의 제작에 사용하고자 하는 용접부가 적용하고자 하는 용접부에 필요한 기계적, 화학적 성질을 갖추고 있는가를 결정하기 위함이다. WPS는 용접사를 위한 작업 지침의 제공을 목적으로 하며, PQR은 WPS의 적합성을 평가하고 검증하는 데 사용된 변수와 시험 결과를 나열한다. PQ test를 수행하는 용접사는 숙련된 작업자이어야 한다는 것이 전제 조건이다. 즉, PQ test는 용접사의 기능을 검증하는 것이 아니라 제시된 용접 조건에 따라 용접부의 기계적, 화학적 성질을 알아보는 데 목적이 있기 때문이다.

(4) WPS 적용 flow

제작 또는 설치하고자 하는 관련 도서(Code, Spec., 도면 등)를 검토하여 용접 joint에 대한 요건들을 만족하는 WPS가 있으면 이를 사용하면 되고, 그렇지 못한 경우에 비필수 변수의 변경으로 가능할 경우 WPS의 개정으로 사용 가능하지만 필수 변수를 만족하지 못할 경우로 신규 WPS의 개발이 필요하다. 이와 관련된 WPS 적용 flow는 다음과 같다.

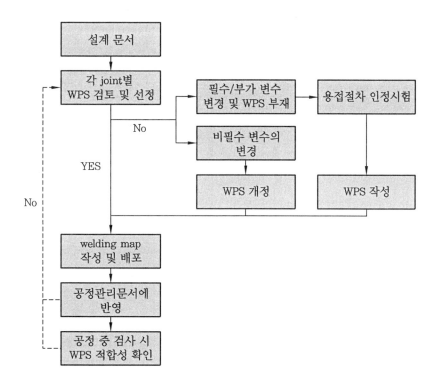

(5) 변수(variable)

WPS 변수는 각 code에 명기되어있는데, 용접 방법별로 모재 및 용가재의 재질, 모재 두께, shielding gas, 용접 자세, 용접 전류 / 전압(입열량), 용접 속도, backing, 후열 처리 등에 따라 변수가 달라질 수 있으며 다음 3가지가 있다.

① 필수 변수(essential variable) : 용접부의 기계적 성질에 영향을 주는 용접 조건 변경의 변수를 말하며, 변수가 달라지면 WPS 및 PQ test를 재실시해야 한다.

② 비필수 변수(non-essential variable) : 용접부의 기계적 성질에 영향을 주지 않는 용접 조건 변경의 변수로서, 판정의 기준이 되지 않고 참고로 취급하는 variable을 말한다.

③ 추가 필수 변수(supplementary essential variable) : 충격값이 요구되는 재료를 용접하는 경우의 판단 기준 요소를 말하며, 충격값 요구 재료에서는 필수 변수와 동일하게 적용한다. 용접법별 필수 / 추가, 필수 / 비필수 변수를 ASME Sec. Ⅸ QW-250을 기준으로(주로 사용하는 용접법에 대하여) 정리하면 다음과 같다.

[QW-250] welding variables procedure specifications(WPS)

paragraph		brief of variables	SMAW			GTAW			GMAW/FCAW		
			필수	추가	비필수	필수	추가	비필수	필수	추가	비필수
QW-402 joints	.1	ϕ groove design			N			N			N
	.4	− backing			N						N
	.5	+ backing						N			
	.10	ϕ root spacing			N			N			N
	.11	± retainers			N			N			N
QW-403 base metals	.5	ϕ group number		S			S			S	
	.6	T limits		S			S			S	
	.8	ϕ T qaulified	E			E			E		
	.9	t pass>1/2 in.(13 mm)	E						E		
	.10	T limits(S. cir. Arc)							E		
	.11	ϕ P-NO. qualified	E			E			E		
QW-404 filler metals	.3	ϕ size						N			
	.4	ϕ F-number	E			E			E		
	.5	ϕ A-number	E			E			E		
	.6	ϕ diameter						N			N
	.7	ϕ diameter>1/4 in.(6 mm)		S							
	.12	ϕ classification		S			S			S	

	.14	± filler			E			
	.22	± consum. insert				N		
	.23	φ filler metal product form			E		E	
	.24	± supplemental φ					E	
	.27	φ alloy elements					E	
	.30	φ t	E		E		E	
	.32	t limits(S. cir. Arc)					E	
	.33	φ classification		N		N		N
	.50	± flux				N		
QW−405 positions	.1	+ position		N		N		N
	.2	φ position	S		S		S	
	.3	φ ↑↓ vertical welding		N		N		N
QW−406 preheat	.1	decrease>100°F(55°C)	E		E		E	
	.2	φ preheat maint.		N				N
	.3	increase>100°F(55°C)(IP)	S		S		S	
QW−407 PWHT	.1	φ PWHT	E		E		E	
	.2	φ PWHT(T&T range)	S		S		S	
	.4	T Limits	E		E		E	
QW−408 gas	.1	± trail or φ comp.				N		N
	.2	φ single, mixture, or %			E		E	
	.3	φ flow rate				N		N
	.5	± or φ backing flow				N		N
	.9	− backing or φ comp.			E		E	
	.10	φ shielding or trailing			E		E	
QW−409 elsctrical characteristics	.1	> heat input	S		S		S	
	.2	φ transfer mode					E	
	.3	± pulsing I				N		
	.4	φ current or polarity	S	N	S	N	S	N
	.8	φ I & E range		N		N		N
	.12	φ tungsten electrode				N		
QW−410 technique	.1	φ string/weave		N		N		N
	.3	φ origice, cup, or nozzle size				N		N
	.5	φ method cleaning		N		N		N
	.6	φ method back gouge		N		N		N
	.7	φ oscillation				N		N

	.8	ϕ tube-work distance								N
	.9	ϕ multiple to single pass/side	S	N			S	N		S	N
	.10	ϕ single to multiple electrodes					S	N		S	N
	.11	ϕ closed to out chamber			E						
	.15	ϕ electrode spacing						N			N
	.25	ϕ manual or automatic				N			N		N
	.26	$\pm$ peening				N			N		N
	.64	use of thermal processes	E			E			E		

legend : + addition   > increase / greater than   ↑Uphill   → Forehand ϕ Change

　　　　　− deletion   < decrease / less than   ↑Downhill   ← Backhand

(6) WPS 작성 및 인정 순서

WPS 작성 준비	• 발주처 시방서, 적용 code의 요구 사항 검토 • 제작 도면의 재질, 두께, 이음부 확인 • 적용할 용접법, 용접사 기량 등 현장 여건 고려하여 반영
WPS 초안 작성	• 각종 용접 변수 확인 및 시험재 제작에 대한 지침서 확인 • 적용 가능한 WPS(PQR)를 활용하고 필요 시 신규 작성 • 기존 PQR 활용 WPS만 작성/승인받음
시험재 용접	• 신규 개발 시, 시험재 용접 준비(모재, 용접기, 용접사, 용접봉 등) • 필수 변수에 대한 확인 및 기록 • 비필수 변수도 기록 유지
시험편 채취 및 가공	• 시험재 용접 완료 후, NDE 및 PWHT 수행 여부 확인 • 위치별 시험편 채취 • code 요건 확인하여 시험편의 종류, 수량 기록 및 가공
시험 및 검사	• 기계 시험(및 비파괴검사) 실시 • 합격 기준에 따른 판정
PQR 기록	• 절차인정기록서(PQR) 작성 • 필수 변수가 누락되지 않도록 검토하고, 비필수 변수도 기록/확인
PQR 인정	합격 시, PQR 인정
WPS 완성	• 인정된 PQR 자료 이용 • 검토/승인−공인 검사원 및 발주자 감독원 • 승인된 WPS는 효력이 발생하며 본용접 가능
PQR 보관 및 WPS 배포	• PQR 보관(회사 자산) • WPS 관련자에 배포−발주처 및 관련 부서, 용접 작업자

(7) 용접사 자격 검정

① 용접사의 자격 검정 절차(ASME See.Ⅸ, QW-300.2)

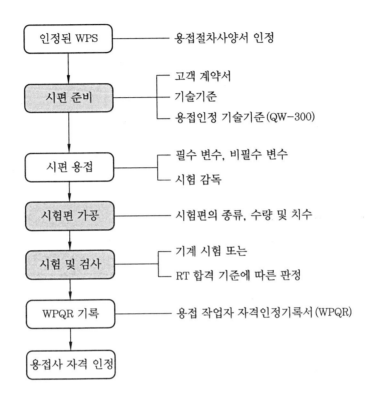

② 용접사 인정용 용접 필수 변수(QW-416)

항 목		변수의 개요	필수 변수					
			OFW QW-352	SMAW QW-353	SAW QW-354	GMAW QW-355	GTAW GW-356	PAW QW-357
QW-402 이음	.4	− 받침		×		×	×	×
	.7	+ 받침	×					
QW-403 모재	.2	인정 최대 두께 T	×					
	.16	ϕ 관 지름		×	×	×	×	×
	.18	+P−번호	×	×	×	×	×	×
QW-404 용가재	.14	± 용가재	×				×	×
	.15	ϕ F−번호	×	×	×	×	×	×
	.22	± 소모용 삽입물					×	×

	.23	용가재의 제품 형태				×	×
	.30	ϕ 용착금속 두께 t		×	×	×	×	×
	.31	ϕ 용착금속 두께 t	×					
	.32	t 제한(단락아크)				×		
QW-405 자세	.1	+ 자세	×	×	×	×	×	×
	.3	ϕ ↑↓ 수직 용접		×		×	×	×
QW-408 가스	.7	ϕ 가스 종류	×					
	.8	− 뒷면 불활성가스				×	×	×
QW-409 전기적 특성	.2	ϕ 이행 방식				×		
	.4	ϕ 전류 또는 극성					×	

> **예제** AWS D1.1의 가용접사 자격 시험에 대하여 설명하시오.

해설 1. 일반 사항 : 용접사 및 자동용접사의 자격 인정은 용접 이음부의 종류(강관/비관형, CJP 또는 PJP)에 따라 기준이 약간 차이가 있으며, 용접사는 요구되는 자격 인정 시험에 해당하는 WPS를 준수해야 한다.

2. 가용접사 자격 인정 시험 방법 : 다음과 같은 시험편을 준비하여 용접을 실시한 후, 시험편이 파괴될 때까지 힘을 가한다. 용접부의 표면과 파단의 결함 유무를 육안으로 검사한다.

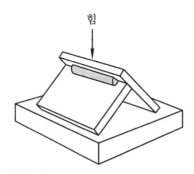

파괴시험편 − 가용접사 자격 인정 시험

③ 합격 기준

㈎ 육안검사의 합격 기준 : 가용접부는 외관이 균일하여야 하고, 오버랩, 균열 및 깊이가 1 mm(1/32 in)를 초과하는 언더컷이 없어야 한다. 가용접부의 표면에는 육안으로 식별되는 기공이 없어야 한다.

㈏ 파괴시험의 합격 기준 : 파단면은 루트까지 완전히 용융되었다는 것을 나타내야 하나 루트 부위를 초과하여 용융되어있을 필요는 없다. 또한 모재와의 불완전 융합 또는 치수가 2.5 mm(3/32 in)를 초과하는 개재물 또는 기공이 없어야 한다.

1-4 ❮ WPS의 구성 요소별 상세 설명

(1) 개 요

WPS는 그 작성 방법이나 내용이 다양하여 이를 충분히 이해하기란 쉽지 않다. WPS 작성에 앞서 적절한 품질 수준, 경제성 및 작업성 등을 충분히 고려해야 하며, PQT를 거쳐 양호하다고 판단될 경우에 비로소 용접작업절차서(WPS)를 사용할 수 있게 된다.(단, AWS D1.1에서 pre-qualification을 인정하여 PQT 없이 WPS만 작성하여 사용 가능한 경우도 있다.) ASME code sec.Ⅸ을 기준으로 설명하면, WPS는 용접 방법에 따라 구분하여 작성하고, 모재의 P-No.별, 용접 재료별, 예열 및 후열처리의 범위, 용접 전류 및 전압, 모재 두께 등 essential variables, non-essential variables, supplementary essential variables로 나누어지는 용접 조건을 상세하게 규정한 것이다. 대부분 현장에서 ASME Sec.Ⅸ의 QW-482 양식에 따르며 구성 요소별 세부 사항은 다음과 같다.

FROM QW–482 SUGGESTED FORMAT FOR WELDING PROCEDURE SPECIFICATIONS (WPS)
(See QW–200.1, Section IX, ASME Boiler and Pressure Vessel Code)

Organization Name _____ By _____

Welding Procedure Specification No. _____ Date _____ Supporting PQR No.(s) _____

Revision No. _____ Date _____

Welding Process(es) _____ Type(s) _____

(Automatic, Manual, Machine, or Semi-Automatic)

JOINTS (QW-402)   Details

  Joint Design _____

  Root Spacing _____

  Backing:　Yes _____　　No _____

  Backing Material (Type) _____

             (Refer to both Backing and retainers)

  ☐ Metal　　　　☐ Nonfusing Metal

  ☐ Nonmetallic　☐ Other

Sketches, Production Drawings, Weld Symbols, or Written Description should show the general arrangement of thr parts to be welded. Where applicable, the details of weld groove may be specified.

Sketches may be attached to illustrate joint design, weld layers, and bean sequence (e.g., for notch toughness procedures, for multiple process procedures, etc.)

*BASE METALS (QW-403)

  P-No. _____ Group No. _____ to P-No. _____ Group No. _____

    OR

Specification and type/grade or UNS Number _____

to Specification and type/grade or UNS Number _____

    OR

Chem. Analysis and Mech. Prop. _____

to Chem. Analysis and Mech. Prop. _____

Thickness Range:

  Base Metal:　Groove _____ Fillet _____

  Maximum Pass Thickness ≤ ⅛ in. (13mm)　　(Yes) _____　　(No) _____

  Other _____

*FILLER METALS (QW-404)

	1	2
Spec. No. (SFA) _____		
AWS No. (Class) _____		
F-No. _____		
A-No. _____		
Size of Filler Metals _____		
Filler Metal Product From _____		
Supplemental Filler Metal _____		
Veld Metal _____		
Deposited Thickness: _____		
Groove _____		
Fillet _____		
Electrode-Flux (Class) _____		
Flux Type _____		
Flux Trade Name _____		
Consumable Insert _____		
Other _____		

*Each base metal-filler metal combination should be specified individually.

FROM QW–482 (Back)

WPS No. _____ Rev. _____

POSITIONS (QW-405)
Position(s) of Groove _____
Welding Progression: Up _____ Down _____
Position(s) of Fillet _____
Other _____

PREHEAT (QW-406)
Preheat Temperature, Minimum _____
Interpass Temperature, Maximim _____
Preheat Maintenance _____
Other_____
(Continuous or special heating, where applicable, should be specified)

POSTWELD HEAT TREATMENT (QW-407)
Temperature Range _____
Time Range _____
Other _____

GAS (QW-408)

	Gas(es)	Percent Composition (Mixture)	Flow Rate
Shielding	_____	_____	_____
Trailing	_____	_____	_____
Backing	_____	_____	_____
Other	_____	_____	_____

ELECTRICAL CHARACTERISTICS (QW-409)

Weld Pass(es)	Process	Filler Metal		Current Type and Polarity	Amps (Range)	Wire Feed Speed (Range)	Energy or Power (Range)	Volts (Range)	Travel Speed (Range)	Other (e.g., Remarks, Comments, Hot wire Addition, Technique, Torch Angle, etc.)
		Classification	Diameter							

Amps and volts, or power or energy range, should be specified for each electrode size, position, and thickness, etc.

Pulsing Current _____   Heat Input (max.) _____

Tungsten Electrode Size and Type _____
(Pure Tungsten, 2% Thoriated, etc.)

Mode of Metal Trangsfer for GMAW (FCAW) _____
(Spray Arc, Short Circuiting Arc, etc.)

Other _____

TECHNIQUE (QW-410)
String or Weave Bead _____
Orifice, Nozzle, or Gas Cup Size _____
Initial and Interpass Cleaning (Brushing, Grinding, etc.) _____

Method of Back Gouging _____
Oscillation _____
Contact Tube to Work Distance _____
Multiple or Single Pass (Per Side) _____
Multiple or Single Electrodes _____
Electrode Spacing _____
Peening _____
Other _____

(2) header

① WPS No. 및 PQR No.

㈎ WPS No. : WPS No.는 용접 변수가 달라짐에 따라 분류가 가능하도록 문자 및 숫자 등을 조합하여 일련번호를 부여하는데, 이는 각 회사별로 다르게 관리되고 있다.

㈏ supporting PQR No. : WPS의 인증을 위해 실시한 PQ test의 기록 번호로서 WPS No.와 연관되도록 번호를 부여하는 것이 좋다.

② welding process & type

㈎ welding process : welding process난에는 선정된 용접 방법을 기재하고, 복합 process인 경우는 +로 연결하여 표시한다. (예 GTAW+SMAW)

㈏ type : 용접이 이루어지는 형태를 의미하며, 자동(automatic), 반자동(semi-auto), 수동(manual) 등으로 나누며, 복합적으로 사용할 수 있다.

(3) joint(QW-402)

① joint design : 용접 이음부 형상을 기재하는 란으로 용접 개선 형상의 sketch에는 모재 두께, root gap, root face, 개선 각도 등을 허용 공차와 함께 표시하고, 용접층의 수를 pass 순서에 따라 표시한다. 용접 이음부의 형상들은 완전 용입(CJP, complete joint penetration)이라는 가정하에서는 강도상으로 동일하다. 이러한 형상들은 상호 필요성에 따라 현장 여건에 맞게 경제성과 용접부의 건전성이라는 측면을 고려하여 선택한다.

② backing & back material : 용접 시 root pass의 이면을 보호하기 위한 backing재의 사용 유무를 표시하고, 사용하는 경우 backing재의 재질, 형상 등을 기록한다. 맞대기 용접은 표면과 뒷면 모두 용접을 실시하는 것이 이상적이지만, 어쩔 수 없이 한쪽 면만 용접하는 경우, 충분한 용입을 확보하고 또한 용융 금속의 용락(burn through)을 방지할 목적으로 backing을 사용한다. backing재로는 같은 종류의 금속을 사용하거나, ceramic 또는 구리와 같은 재료를 사용하기도 하고, SAW에서 플럭스를 이용하는 방법, 특수한 경우 불활성가스를 이용하는 방법 등이 있다.

(4) base metals(QW-403)

① P-No. & Gr No.(QW-420) : 용접 작업을 할 모재의 재료 특성, 즉 용접성에 따라 분류한 번호로서 P-No.는 화학조성을 근거로 한 대분류이고, Gr No.는 재료의 파괴 인성이 요구되는 고강도 재료에 대하여 P-No. 내의 소분류를 한 것으로서 ferrous base metal에만 분류되어있다. P-No로 분류되어있지 않은 재질의 모재일 경우 재질명을 기록한다(예 API 5LX). ASME Sec. IX QW/QB-422에는 각 재료별 P-No.와 Gr-

No. 및 최소 인장강도와 주요 화학 성분들에 대하여 data를 제시하고 있다.

재질별 P−No.의 개략 group

base metal	welding	brazing
steel and steel alloys	P−No.1 through P−No. 15F	P−No.101 through P−No. 103
aluminum and aluminum−base alloys	P−No.21 through P−No. 26	P−No.104 and P−No. 105
copper and copper−base alloys	P−No.31 through P−No. 35	P−No.107 and P−No. 108
nickel and nickel−base alloys	P−No.41 through P−No. 49	P−No.110 through P−No. 112
titanium and titanium−base alloys	P−No.51 through P−No. 53	P−No.115
zirconium and zirconium−base alloys	P−No.61 through P−No. 62	P−No.117

② thickness range : 작성되는 WPS로 용접 작업을 할 수 있는 모재의 두께 범위 및 용착 금속의 두께 범위를 기록한다. fillet 용접은 목 두께를, 다층 용접의 경우에는 pass 당 최대 두께를 기입한다. 홈 용접부 WPS 인정 두께 범위는 QW−451.1에 따른다.

QW−451.1 홈 용접부 인장시험 및 횡 굽힘시험

용접 시험재의 두께 T, mm(in)	인정하는 모재 두께 T의 범위 mm(in)		인정하는 용착금속의 최대 두께 t, mm(in)	시험의 종류 및 수(인장 및 형 굽힘시험)			
	최소	최대		인장 QW−150	측면굽힘 QW−160	표면굽힘 QW−160	루트굽힘 QW−160
1.5(1/16) 미만	T	$2T$	$2t$	2	−	2	2
1.5(1/16) 이상 10(3/8) 이하	1.5 (1/16)	$2T$	$2t$	2	−	2	2
10(3/8) 초과 19(3/4) 미만	5 (3/16)	$2T$	$2t$	2	−	2	2
19(3/4) 이상 38(1′/2) 미만	5 (3/16)	$2T$	$t<19(3/4)$ 경우 $2t$	2	4	−	−
			$t≥19(3/4)$ 경우 $2T$	2	4	−	−
38(1′/2) 이상 150(6) 이하	5 (3/16)	200(8)	$t<19(3/4)$ 경우 $2t$	2	4	−	−
			$t≥19(3/4)$ 경우 200(8)[3]	2	4	−	−
150(6) 초과	5 (3/16)	$1.33T$	$t<19(3/4)$ 경우 $2t$	2	4	−	−
			$t≥19(3/4)$ 경우 $1.33T$[3]	2	4	−	

(5) filler metals(QW-404)

① F-No.(QW-432 참조) : P-No.가 모재의 특성을 기준으로 구분하여 구분한 것이라면 F-No.는 각종 용접 재료 자체의 화학 성분과 용접성을 고려하여 용접봉(filler metal)에 부여한 번호를 말한다. F-No.는 용접 방법에 따라 다수의 SFA No.로 구분된다. 단, P-No.와는 달리 모재와 용접봉 간의 야금학적인 문제까지를 고려한 것은 아니므로 특히 주의가 요망된다.

② S-No.(QW-420 참조) : ASME에 등재되지 않은 재료의 용접 시에 적용되는 모재의 구분이다. P-No.와 동일한 개념으로 사용된다. ASME에서는 모든 재료가 ASME Sec. Ⅱ에 등재된 재료를 사용하는 것이 원칙이지만 그렇게 되지 않을 경우의 용접 시에는 그 모재를 P-No.로 구분하지 않고 S-No.로 구분하여 사용한다.

③ A-No.(QW-442 참조) : 용접 금속의 화학조성을 분석(analysis)한 뒤 유사한 조성의 강종별로 구분하여 모은 번호를 A-No.라고 한다. 특히 내식 또는 내열강 등의 PQ 시는 이 A-No.가 중요한 역할을 한다. 내식성을 목적으로 하는 육성 용접 시에는 A-No.가 변하면 다시금 PQT를 실시해야 한다.

④ SFA-No. : AWS 규격의 A 분류(ASME Sec. Ⅱ, Part C)와 동일한 것으로 용접 방법별로 용접봉을 분류한 것으로 대표적인 것은 다음과 같다.

　㉮ SFA 5.1 연강 및 고장력강용 피복 아크용접용 (E6010, E7016, E8016)

　㉯ SFA 5.4 내식성 크롬 및 크롬-니켈강용 피복 아크용접봉 [E308(L), E309(L), E316(L)]

　㉰ SFA 5.5 저합금강 피복 아크용접봉 (E7016A1, E8016B1, E8016B2, E9016B3)

　㉱ SFA 5.9 내식성 크롬 및 크롬-니켈강용 용가재, 와이어 [ER308(L), ER309(L), ER316(L)]

　㉲ SFA 5.18 연강 gas-metal 아크용접 와이어 (ER70S-2, ER70S-6)

　㉳ SFA 5.20 연강용 flux cored 와이어 (E71T-1)

⑤ AWS class : AWS 규격의 A-spec.으로 분류된 용접봉을 인장강도, 적용 용접 방법, 용접 자세, 피복재의 종류 및 화학 성분 등에 따라 분류한다.

⑥ size of filler metal : 작성하는 WPS로 용접 작업을 하는 데 필요한 용접봉의 지름을 기재한다.

⑦ electrode-flux(class) : 용접 산화물 및 기타 용접에 유해로운 물질을 용융 금속으로부터 분리, 제거하기 위해 사용되는 용제(flux)의 등급 및 상표명 등을 기재한다.

⑧ consumable insert : root pass 용접 시 용접면 이면에 삽입되어 용착되는 insert의 재질, 형상 및 크기를 기록한다.

(6) position(QW-405)

작성 중인 WPS에 적용하고자 하는 용접 자세를 기재하는 란으로서 groove position 과 fillet position으로 크게 구분하고, 다시 용접할 재료에 따라서 plate와 pipe로 구분 한다. 수직자세(3G 또는 3F)의 경우, 용접 진행 방향에 따라 up(밑에서부터 위로 진 행) 및 down(위에서부터 아래로 진행)으로 구분하여 표기한다.

(7) preheat(QW-406)

① preheat temp. : 빠른 냉각 속도에 의한 모재 및 용착금속의 유해한 영향을 경감하기 위하여 용접 작업 전에 모재의 종류와 두께에 따라 용접 이음부를 가열하는 것으로 최소 온도값을 기재한다.

② inter-pass temperature : 용접 작업을 진행하는 동안 용접 입열에 의해 상승되는 모 재의 온도로서 모재의 조직 또는 기계적 성질이 변화하지 않도록 최댓값을 규제해 야 할 경우 그 최대 허용값을 기재한다.

③ maintenance : 후열처리 전까지 예열 유지 또는 감소의 변화가 필요한 경우 기록을 하고, 가열 수단으로는 전기저항선 또는 gas burner 등이 있다.

(8) post-weld heat treatment(QW-407)

용접 작업 후 용접부의 잔류응력 제거, 연화 및 균열 방지 등을 위하여 용접 후 열 처리(PWHT)를 하는 것으로 각 code에 맞게 후열처리 온도 및 시간을 기록한다.

(9) gas(QW-408)

① shielding gas : 불활성가스 용접 또는 CO_2 가스 용접 시 용융 pool의 보호를 위해 사용되는 보호 가스의 종류를 기록한다.

② % composition(mixtures) : 보호 가스의 혼합 비율을 기재한다.

③ flow rate : 용융 pool의 보호를 위해 사용 보호 가스의 유량을 표시한다.

④ gas backing : 용접 작업 시 용접 이음면의 이면을 보호하기 위해 사용되는 가스의 종류, 순도 및 유량을 기재한다. root pass의 용접을 할 때 용접 후면의 공기에 의 해서 용접부가 오염될 수 있다. 이것을 피하기 위하여 이 부분에 backing을 실시해 야 한다. Ar과 He이 모든 material의 용접 backing에 유효하다. austenite S/S, Cu alloy에는 N_2를 쓸 수도 있다.

⑤ 후행 가스(trailing gas) : titanium과 같은 금속은 chamber나 다른 차폐 기술을 적용 하기 곤란할 경우 trailing shield를 해야 한다. trailing을 하면 용융 금속이 대기 와 작용하지 않을 온도까지 냉각될 동안 용접부를 비활성가스로 보호해준다. 일반적

으로 용접 폭이 넓은 경우, 용접봉이 지나간 후 채 응고되지 않은 bead의 산화 방지를 위해 뒤이어 shielding gas를 흘려보내는 방법으로 필요한 경우 값싼 CO_2를 사용한다.

(10) electrical characteristics(QW-409)

① current & polarity : 용접 작업 시 사용하는 전류가 직류(DC)인지 교류(AC)인지를 기록하고, 직류의 경우 정극성(SP, straight polarity)과 역극성(RP, reverse polarity)으로 구분하여 표시한다.

② amps(range) & volts(range) : 작성하는 WPS로 용접 시공을 할 때의 적정 전류값 및 전압값의 범위를 기재하는 란으로 각 용접봉의 크기, 용접 자세, 모재의 종류 및 두께에 따라 달라질 수 있다.

③ others : GTAW 및 PAW인 경우에는 tungsten electrode type과 해당 AWS class를 기록하고, GMAW 및 FCAW인 경우 금속 이행 형태를 기록한다.

(11) technique(QW-410)

① string or weave bead : 용접봉의 운봉에 따라 결정되는 bead의 형상을 표기한다.

⑺ string : bead의 형상이 한 방향으로 곧고 매끈하다(예 SAW 용접 bead).

⑻ weave : 파형상의 용접 bead가 만들어진다(예 SMAW, GTAW 수동용접 bead).

② orifice or gas cup size : 보호 가스 용접 방법(GMAW, GTAW, FCAW 등)에서 보호 가스가 분출되는 nozzle의 재질 및 크기를 기재하는 란으로, nozzle의 바깥지름 또는 gas cup의 크기 번호를 기재한다.

③ initial & inter-pass cleaning : 용접 이음면의 가공 방법 및 청소 방법, 용접 pass 간의 청소 방법을 기록한다.

④ method of back gouging : 양면 용접을 할 경우 일면 용접을 끝내고 이면 용접을 하기 전에 용접부 건전성 확보를 위해 초층 용접 bead부를 파내는 방법으로 grinding, gouging, machining 방법이 있으며, 이들을 조합적으로 사용하기도 한다.

⑤ oscillation : 용접 폭이 넓을 경우 용접 시공상 한 번의 pass로 넓은 범위에 용입을 시키고자 할 때 용접기를 지그재그 식으로 진동을 주어 이동하는 방법으로 이때 진동의 폭(width), 진동수(frequency) 및 진동의 끝부분에서 멈추어 지체되는 시간(D. time) 등을 기록한다.

⑥ contact tube to work distance : SAW, FCAW, GMAW 등에서 contact tube와 용접하려는 모재와의 거리를 기록하는 란으로, 용접 성능과 직결되는 arc의 특성이 거

리에 의해 좌우된다. 일반적으로 15~23 mm 정도를 유지한다.

SAW, GMAW, FCAW에 해당된다. GMAW에서의 콘택트 튜브와 용접물 간 거리 (contact tube to work distance)에 대한 그림을 보면 다음과 같다.

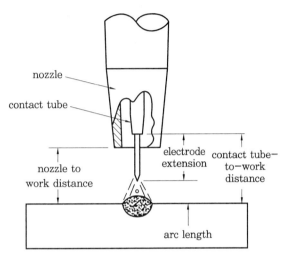

contact tube to work distance in GMAW

이 거리가 크면 Joule열이 커져서 용접 속도가 빠르다. 예를 들면 콘택트 튜브와 용접물 간의 거리가 증가하면 전기저항이 증가하고 결국에는 전극의 용융이 증가하게 된다. 〈WPS 작성 시〉 용접을 행할 때는 변하는 아크 길이 때문에 콘택트 튜브의 끝에서 전극봉의 끝까지의 거리를 의미하는 electrode extension을 기준으로 하여 작업을 한다. 용접 조건에 따라서 다르겠지만 각 용접법별로 권장하는 electrode extension은 다음과 같다(Welding Handbook Vol.2, AWS).

weld process	condition	electrode extension suggested
1. SAW	• solid steel 전극봉 2, 2.4 & 3.2 mm	max, 75 mm
	• solid steel 전극봉 4, 4.8 & 5.6 mm	max, 125 mm
2. GMAW	• short circuiting transfer	6~13 mm
	• other type of metal transfer	13~25 mm
3. FCAW	• gas shielded electrode	19~38 mm
	• self shielded type	19~95 mm

⑦ multiple or single pass : 용접을 행하는 각 면마다의 pass가 단층만 하는 경우 single 로, 다층의 경우 multiple로 표기하며, 모두 해당하는 경우는 both로 기록한다. 모

재 두께 6 mm 이상의 재료를 용접할 때에는 다층 용접을 하여야 하고 필요한 층수는 피용접물의 두께 및 형상 등에 따른다. 제1층은 루트 용접으로 홈의 일부분을 완전히 용융하여 이면까지 충분히 용입하도록 하여야 한다. 이 루트 용접은 뒷받침 역할을 하므로 제2층 이상은 높은 전류를 사용하여 용접할 수 있다. 다층 용접은 각 층의 사이에 불순물이 존재하지 않도록 주의하는 것이 제일 중요하다.

⑧ multiple or single electrode : 용접봉이 하나인 단극의 경우는 single로 기록하고, 다전극 용접의 경우 (   ) pole로 기록한다.

⑨ travel speed : 용접 시공 시 용접봉의 이송 속도, 또는 용접봉 고정 시의 모재 이송 속도 범위를 기록한다.

⑩ peening : peening은 용접부를 구면상의 선단을 갖는 특수 hammer로 연속적으로 타격하여 용접부에 소성변형을 주는 조작으로, 용접부의 인장응력을 완화하고 용접 변형의 경감 및 용착금속의 균열 방지에 유용한 작업으로 용접 pass 간의 실시 여부를 기록한다.

⑪ others : 기타 용접 작업과 관련된 필요 사항을 기재한다.

Chapter 02 안전 및 환경 관리

1. 피복 아크용접(SMAW) 작업 시 감전 사고를 방지하기 위한 대책을 설명하시오.

2. 옥내 · 외 용접 현장에서 용접사가 지켜야 할 위생 관리에 대하여 설명하시오.

3. 고온다습한 분위기에서의 피복 아크용접 시 발생할 수 있는 용접 작업 안전에 대한 발생 위험 현상을 열거하고, 그 발생 이유 및 방지 대책을 설명하시오.

4. 가연성 물질이 들어있었던 캔, 탱크, 컨테이너 또는 중공 몸체에 용접할 경우에는 특별한 주의가 필요하다. 그 이유와 화재나 폭발 방지 대책을 설명하시오.

5. 전기 아크용접 시 안전 재해 방지를 위한 대비책을 설명하시오.

6. 용접 시 발생되는 매연과 가스에 대하여 다음을 설명하시오.

   가. 용접 매연의 발생 메커니즘
   나. 용접 매연의 특성
   다. 허용 농도(TLV, threshold limit value)
   라. 매연 발생 감소화와 노출 최소 방안

7. 아크용접 작업 시 아크 빛, 가시광선 및 자외선 등이 재해를 유발할 수 있다. 이러한 유해 광선이 인체에 미치는 영향을 설명하시오.

8. 용접 매연의 허용 농도 기준을 쓰시오.

9. 아크에서 발광되는 광선의 종류와 인체에 미치는 영향에 대해 설명하시오.

10. 교류 아크용접기를 사용하는 용접 작업 시 감전 방지 대책에 대하여 설명하시오.

11. 소음 지역에서 (1) 소음 지역의 표시가 필요한 경우와 (2) 반드시 귀마개를 착용해야 하는 경우의 소음 정도를 설명하고, (3) 가스금속 아크용접 시와 (4) 피복 아크용접 시 보안경의 차광 번호를 각각 설명하시오.

2. 안전 및 환경 관리

전격에 의한 재해

(1) 개 요

전격(감전)에 의한 재해는 다른 재해에 비하여 사망률이 높으며, 감전의 위험도는 체내에 흐르는 전류값과 통전 장소에 의하여 달라진다. 일반적으로 12 mA 전후의 전류가 인체에 흐르면 무감각하고, 그 이상에서는 근육에 경련을 일으켜 심신의 자유를 잃으며, 전류가 늘어나면 호흡곤란, 호흡 정지, 심신장애를 일으켜 결국 사망하게 된다.

(2) 용접 전류와의 관계

10 mA에서는 견디기 힘든 고통, 20 mA에서는 근육수축, 50 mA에서는 상당히 위험하여 사망의 우려가 있으며, 100 mA에서는 치명적인 것으로 알려져 있다. 전류값은 인체에 걸리는 전압을 저항값으로 나눈 것으로 전압이 높을수록, 또한 인체의 저항값이 낮을수록 위험하다. 저항값은 피부가 젖어있을수록 적어지므로 저전압일지라도 사망하는 경우가 있다. 습도가 높고, 몸이나 의복이 땀에 젖어있는 경우는 감전 사고의 가능성이 높으므로 이를 조치 후 작업에 임해야 한다.

(3) 전격 방지를 위한 주의 사항

① 절연용 홀더(holder) 및 안전 보호구를 사용한다. 특히, torch의 손잡이 부분은 절연 상태를 수시로 확인하고 건조한 것을 사용한다.

② 자동 전격 방지기를 사용한다. 산업안전보건법 제46조에는 교류 아크용접기(자동 용접기 제외)의 경우에는 전격 방지기를 부착하는 것이 의무화되어있다.

③ 무부하 전압이 필요(90 V) 이상으로 높은 용접기를 사용하지 말고, 접지선의 연결 상태를 확인하는 것이 중요하다.

④ 작업 종료 시나 장시간 작업 중지 시에는 반드시 용접 전원을 차단한다.

⑤ 기계적인 또는 과전류(열손상)에 의하여 케이블 표면이 손상되었으면, 이를 신품으로 교체하거나 완전히 절연 보수하여 사용한다.

⑥ 전격의 위험성이 많은 장소에서는 옆에 두고 조작할 수 있는 개폐기를 설치하거나 램프의 점멸, 기타의 방법으로 감시인에게 송신하여 그때마다 스위치를 끊게 하는 장치가 필요하다.

⑦ 협소한 작업 장소에서는 용접사의 몸이 아크열로 인하여 땀에 젖어있을 때가 많으

므로 신체가 노출되지 않도록 주의함과 동시에 감시인을 세워 두는 것이 중요하다.
⑧ 가죽 장갑에 실리콘 수지로 처리한 절연 장갑을 사용하면 절연저항을 증가시켜 안
전하다.

(4) 구급 조치

전격 상태의 사람을 발견했을 때는 우선 스위치를 끊는다. 만일 스위치가 멀리 있을
때는 고무장갑, 고무장화 등을 사용하여 의복을 붙잡아 떼어놓거나 케이블을 잡아당
겨야 하며, 직접 손을 대면 안 된다. 의사에게 연락하여 의식불명의 경우에는 소생법
을, 호흡 정지의 경우에는 인공호흡을 시킨다. 또한, 흥분하여 날뛸 때는 진정시켜 머
리를 식히거나 차가운 것을 먹이는 것이 좋다.

① **감전 사고 발생 시 조치 순서**
　㉮ 사고 전원 차단, 사고자를 안전 장소로 구출, 의식/외상/출혈 상태 등 확인
　㉯ 인공호흡 등 응급조치 실시와 동시에 119에 사고 발생 신고

② **인공호흡 실시 시 소생률** : 감전 사고로 호흡이 멈추었을 때 혈액 중의 산소 함유량이
약 1분 이내에 감소되기 시작하여 산소 결핍이 급격히 일어나므로 신속한 인공호흡
이 중요하다.

감전 사고 후 응급조치 개시 시간에 따른 소생률

경과 시간(분)	소생률(%)
1	95
2	85
3	70
4	50
5	20

2-2 ◀ 유해 광선에 의한 재해

(1) 개 요

아크의 빛은 매우 강력하여 가시광선을 발생함과 동시에 자외선과 적외선도 방사한
다. 따라서, 이 빛을 육안으로 직접 보거나 반사하여 눈에 들어오면 전광선 안염 또는
일반적으로 전안암이라 하는 장해가 나타난다. 급성의 경우 아크 광선에 노출 후 4~8
시간 안에 일어나며 24~48시간 내에 회복하지만, 노출이 길어지면 건성 결막염을 일으
키거나 눈이 아프기도 하고 피부의 손상을 초래하기도 한다.

(2) 유해 광선의 종류와 재해

① 가시광선에 의한 눈 장해 : 가시광선은 생물체에 대해 특별한 장해 작용은 없지만, 광이 특히 강한 경우에는 장해를 받는 경우가 있다. 강한 광을 받으면 시력이 저하되어 작업 중에 위험하게 되며, 망막에 장해를 발생시키거나 시력이 저하되어 실명될 수도 있다.

② 자외선에 의한 시력 및 피부의 장해 : 자외선은 눈에 가장 유해한 것이지만 눈에는 보이지 않고 느낄 수 없기 때문에 주의해야 한다. 일정량 이상의 자외선이 눈에 조사되면, 보통 6~12시간의 잠복기간 뒤, 눈에 이물질의 감각을 느끼면서 다량의 눈물이 분출되며 통증이 생긴다. 눈꺼풀이 드러나기도 하고, 염증이 생기기도 한다. 증상은 수일간 장해를 남기는 일이 많다. 노출된 피부에 자외선이 조사되면 붉은 반점이 생기며, 이것은 결국 피부가 검게 되는 현상으로서 자외선에 의한 작용 중 가장 일반적인 것이다. 또한 자외선에 의해 1~2도 정도의 화상을 입을 수도 있다. 자외선의 반복적인 조사는 피부암의 발생에도 관계된다는 보고도 있으므로 ACGIH에서는 각종 분출 광선에 대한 허용 농도(TLV) 권고치를 제시하고 있다.

③ 적외선에 의한 안구 장해 : 적외선은 대부분 화학작용을 수반하지 않고, 망막과 안조직 등에 흡수되어 상당 부분 열작용으로 전환된다. 약할 때는 국부적으로 온도 상승을 일으키지만, 강할 때는 화상을 유발시킨다. 적외선에 과다하게 노출되면 안검록염, 각막염, 조절 장해, 조기 노안, 홍채 위축, 백내장, 황반변형 등의 장해를 일으킨다.

> **참고 ◎ 자외선에 대한 보호 대책**
>
> 1. 용접 아크를 육안으로 보면 안 되며, 적정한 보호 유리(welding filter plate)를 착용하고 용접 아크를 관찰하여야 한다. 투명한 용접 차단막은 용접 장소를 지나다니는 작업자의 눈을 보호하기 위한 것으로 용접 차단막을 통하여 용접 아크를 관찰하면 안 된다.
> 2. 용접 자외선에 피부를 노출시키면 안 된다. 적당한 작업복을 착용하여 팔다리가 자외선에 노출되지 않도록 한다.
> 3. 용접 작업장을 지나가는 통행자를 보호하기 위하여 작업장 통로 등에 투명 용접 차단막, 커튼 등을 설치한다.
> 4. 보호 유리를 착용하며, 눈 옆 부위를 자외선으로부터 차단할 수 있는 측면 차단 장치(side shield)가 장치된 보호안경을 착용하고 용접 작업에 임한다.

(3) 레이저 광에 의한 장해

레이저 광에 의한 장해로는 가시광선, 적외선에 의한 망막 응고가 있고, 그로 인한 시력 저하와 시력 상실이 일어날 수 있다. 따라서, 눈에 대한 위험을 방지하기 위해 다음과 같은 주의가 필요하다.

① 직접 또는 간접적으로 레이저 광을 주시하지 말 것

② 적당한 보호안경을 사용할 것

③ 레이저 장치에 따른 레이저 광이 난반사되지 않도록 정밀히 조정할 것

④ 우발적인 레이저 발진을 일으키지 않도록 전기적 안전 회로를 설계할 것

⑤ 레이저 장치의 주위에 반사율이 높은 물질을 사용하는 것을 피할 것

⑥ 밝은 장소에서 레이저를 취급할 것(밝은 곳에서는 동공이 작아지므로 눈에 입사되는 레이저 광의 양을 적게 할 수 있다.)

(4) 보호안경(차광 번호)

광선은 380~770 nm 파장을 가진 가시광선, 380 nm보다 단파장인 자외선, 770 nm보다 장파장인 적외선으로 구분되며, 이 중에서 적외선과 자외선이 해로우며, 300 nm이상의 자외선과 4000 nm 이하의 적외선은 두께 1 mm의 투명 유리로도 차단된다. 일반적으로 보호안경의 차광 번호는 S로 나타내며, 차광안경의 농도 D는 다음 식으로 나타낸다.

$$D = \log\left(\frac{1}{T}\right)$$

여기서, T : 투과율

이것을 다시 차광도 S로 나타내면, S와 D와의 관계는 다음과 같다.

$$D = \frac{3}{7}(S-1)$$

차광 유리의 차광 번호는 사용 전류에 맞는 것을 선택하여야 하며, 전류용량에 맞지 않는 것을 사용하면 눈의 통증과 충혈, 전기성 안염 등의 재해를 유발하므로 정확한 차광도의 보호안경을 사용해야 한다. KS P 8141에 차광 보호구에 대하여 기술되어있으며, 요약하면 다음과 같다.

차광 보호구(KS P 8141)

차광 번호(S)	사용 시기
6~7	• 가스용접 및 절단 • 30 A 미만의 아크용접 및 절단 • 금속 용해 작업 등
8~9	• 고도의 가스용접 및 절단 • 30~100 A의 아크용접 및 절단
10~12	100~300 A의 아크용접 및 절단
13~14	300 A 이상의 아크용접 및 절단

차광도 번호보다 큰 필터(대략 10 이상)를 사용하는 작업에서는 필요한 차광도 번호보다 작은 것을 2매 조합하여 그것에 맞추어 사용하는 것이 좋다. 1매의 필터를 2매로 조합하는 경우의 환산식은 다음과 같다.

$$N = (n_1 + n_2) - 1$$

여기서, N : 1매인 경우의 차광도 번호
n_1, n_2 : 2매 각각의 차광도 번호

> **예제** 용접 아크로부터 눈을 보호함에 있어서 차광 번호가 큰 차광성이 요구되는 경우에는 작은 차광 번호 2매를 조합시키는 것이 바람직하다. 예컨대 12의 차광 번호가 필요한 경우 어떻게 조합시키면 좋은가 설명하고, 예시하시오.

해설 상기 내용을 설명하고, 차광 번호 12의 경우 차광 번호 4와 9를 조합하거나 5와 8, 또는 6과 7을 조합하여 사용하면 된다.

2-3 용접 매연과 가스에 의한 재해

(1) 용접 매연(fume) 생성 기구

용접 매연은 다음의 4가지 생성 기구들의 조합에 의해 생성된다고 할 수 있으며, 각 생성 기구가 용접 매연 발생에 미치는 영향은 용접 공정, 용접 재료, 용접 조건, 보호 가스 등 여러 인자들에 의해 결정된다. 첫 번째 생성 기구는, 아크용접 시 발생하는 높은 아크열은 용접봉과 모재를 용융시키며 동시에 용접봉의 용융된 tip, 아크를 통해 이행 중인 용적 및 용융 풀(molten pool) 등의 표면에서 금속 증기와 플럭스를 구성하는 물질의 증기를 발생시킨다. 이와 같이 발생된 고온의 증기는 높은 온도의 아크 영역으로부터 방출되어 주위의 차가운 공기와 만나게 되면, 급속 냉각에 따른 응축 현상으로 인하여 미세한 고체 입자를 형성함과 동시에 공기 중의 산소와 반응하여 산화된다. 이처럼 용접 매연은 증발, 응축 및 산화 등에 의해 생성된다. 두 번째는 산소가 첨가된 보호 가스를 사용하는 경우나 아크 불안에 의해 주위 대기 중의 산소가 아크로 혼입되는 경우로 아크 분위기에 산소가 존재하는 경우에 적용 가능한 생성 기구로서, 산소가 용접봉의 용융된 tip, 아크를 통해 이행 중인 용융 금속, 그리고 용융 풀 등의 표면에 있는 원소들과 반응하여 산화물들을 생성하게 되고, 그중 휘발성이 강한 SiO 등의 산화물에 의해 용접 매연이 발생하게 된다. Si는 Mn과 Fe보다 높은 증기압을 갖는 SiO의 형태로 넓은 온도(1500~3000 K)에 걸쳐 존재하다가 증발, 응축 및 산화 과정을 거쳐 SiO_2를 생성하게 된다. 세 번째 생성 기구로는 불소를 함유하고 있는 피복제, flux core 또는 flux를 포함하는 용접 시 반응에 의해 생성되는 불화물의 발생을 들 수 있다. 마지막으로, spatter의 발생이 많은 용접의 경우 아크 영역에서 방출된 고온의 스패터로부터 증발된 원소들의 응축 및 산화에 의한 용접 매연의 발생도 무시할 수 없다. 이들 발생 기구들 중에서 가장 넓은 표면적을 가지고 있을 뿐만 아니라 과열의 정도도 가장 높은 아크를 통해 이행 중인 용융 금속이 가장 중요한 용접 매연의 발생원이라 할 수 있다.

(2) 용접 매연의 특성

① **용접 매연 입자의 크기 및 형상** : 용접 매연은 1/수백~1/수십 μm의 미세한 입자들로 발생되지만, 발생 직후 1차 입자들이 다수 응집하여 2차 입자(0.01~10 μm)를 형성하게 된다. 이러한 입자들이 용접사의 호흡 영역에 존재하다가 호흡에 의해 체내에 흡입되므로 인체에 미치는 영향을 고려하는 경우 중요한 인자는 1차 입자의 크기가 아니라 2차 입자의 크기이다. 2차 입자는 입자들 사이의 정전기력과 수분에 의한 흡착력에 의해 생성된다. 0.1~5 μm의 크기를 가진 입자들이 호흡에 의해 인체에 잘 흡수되며, 5 μm 이상의 입자는 상부 기관지에 붙어있다가 가래와 함께 배출되고 0.1 μm 이하의 입자는 숨을 내쉴 때 호흡기를 통하여 배출된다. 일미나이트계의 용접 매연 입자는 공 모양의 미세 입자가 연쇄적으로 연결되어 2차 입자를 형성하고 있으며, 저수소계의 경우는 1차 입자가 빽빽하게 집합해있을 뿐 연쇄 모양은 볼 수 없다. 저수소계의 용접봉을 사용 시 금속열이 생기기 쉬운 것은 용접 매연의 입자가 성장하지 않기 때문이며, 입자가 작아 폐까지 도달하기 쉽다.

② **용접 매연의 화학조성** : 용접 매연의 조성은 용접법, 용접 재료(용접봉, 용접 가스, 모재, 플럭스 등)의 조성, 용접 조건, 도장이나 도금 등에 의한 모재의 표면 상태, 그리고 세척 작업 시 발생 가능한 주위 분위기의 오염 물질 등 여러 인자에 의해 결정된다. 강의 용접 시 발생하는 용접 매연은 Fe, Mn, Cr, Ni, Si, K, Ca, Al, F, O 등의 원소들을 주성분으로 하여 As, Cu, Rb, Sn, Zn, Zr, Nb, Mo 등의 원소들이 불순물로 포함될 수 있다.

③ **용접 매연 발생량 측정법** : 용접 매연의 발생량을 측정하는 방법으로는 발생 용접 매연 전량을 여과지에 포집하여 그 질량을 측정하는 방법이 피복 아크용접법에 대해 KS D 0062로 규격화되어있다. 측정값의 재현성은 10 % 정도의 오차를 가지며, 포집 시간은 적어도 30초 이상 되어야 한다. 측정 시 사용하는 필터 재료로는 유리섬유가 주로 사용되며, 세라믹 섬유, 종이, triacetate, PVC(poly vinyl chloride) 등이 있다.

(3) 용접 매연 발생의 영향 인자

① **용접 전류** : 일반적으로 용접 전류가 증가함에 따라 용접 매연의 발생량이 증가한다. 용접 전류의 증가는 용접봉의 용융 부위 및 아크의 온도를 상승시켜 용융 금속 및 슬

래그의 표면에서 성분 원소의 증발을 촉진시키며, 증가하는 정도는 용접법이나 용접봉의 종류에 따라 다르다.

② **용접봉 지름** : 같은 전류에서 지름이 작은 용접봉이 큰 용접봉보다 더 많은 용접 매연을 발생시킨다. 이것은 용접봉의 지름이 감소하면 단위면적당 전류인 전류밀도가 증가하여 용융 부위의 온도도 증가하기 때문이다.

③ **용접 전압** : 용접법과 용접봉의 종류에 따라 다소의 정도 차이는 있지만 일반적으로 아크용접에서는 용접 전압이 증가함에 따라 용접 매연의 발생량이 증가한다.

④ **용적의 이행 형태** : 단락 이행이 일어나는 영역에서는 전류가 증가함에 따라 용접 매연의 발생량이 서서히 증가하다가 입상 용적 이행이 일어나는 천이전류에 도달하게 되면 급격히 증가하게 되며, 전류가 증가함에 따라 스프레이 이행이 나타나면 감소했다가 용접 전류에 비례하여 다시 증가하게 된다.

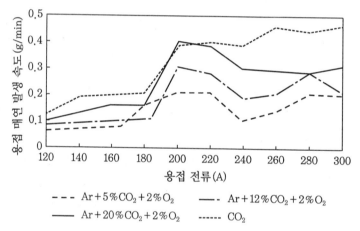

GMAW 시 용접 전류와 보호 가스의 조성에 따른 용접 매연 발생량의 변화

⑤ **전류의 종류와 극성** : 일반적으로 교류 용접의 경우에 직류 용접에 비하여 용접 매연의 발생이 적다. 그 이유는 교류 용접 시 시간에 대한 전류 크기 및 극성의 규칙적인 변화에 따라 아크 온도가 감소하기 때문이다. 또한, 일정한 전류에서 아크를 통한 전자 흐름의 방향 때문에 역극성의 경우가 정극성에 비하여 용접봉의 용융된 tip의 온도가 높아서 더 많은 용접 매연을 발생하게 된다.

⑥ **보호 가스** : 용접 매연의 발생량은 Ar을 주성분으로 한 보호 가스를 사용할 때보다는 CO_2를 사용할 때 많이 발생하며, Ar-산소나 Ar-CO_2 혼합 가스를 사용하는 경우 가스의 산화능이 증가함에 따라 용접 매연의 발생이 증가한다.

⑦ **용접법 및 용접봉** : 일반적으로 피복 아크용접봉과 flux cored wire의 경우에는 용접 매연 발생에 미치는 플럭스의 영향 때문에 solid wire보다 용접 매연이 많이 발생한다.

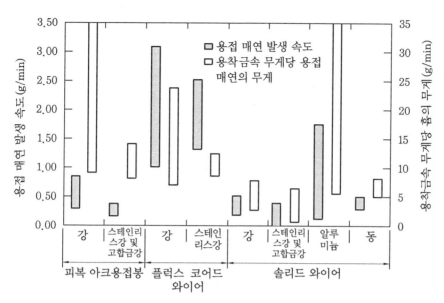

각종 용접 시 가능한 용접 매연 발생량의 범위

⑧ **기타** : 모재에 대한 용접봉의 각도가 수직으로부터 감소되면 보호 가스의 차폐 효과
가 감소하여 용접봉의 용융된 tip이 주위 산소에 노출될 가능성이 증가하게 되어
용접 매연의 발생량이 증가한다. 용접 조건 중 용접 속도만이 용접 매연 발생에 별
다른 영향이 없는 것으로 보이며, groove 가공 형태나 용접 기술 등 많은 인자들이
용접 매연의 발생량에 영향을 준다.

⑷ 용접 매연의 허용 농도

① **정의** : 허용 농도(TLV, threshold limit value)라 함은 근로자가 유해 요인에 노출
된 경우, 그 농도가 이 수치 이하로 관리되면 거의 모든 근로자에게 건강상 나쁜 영
향을 미치지 않는 농도를 말한다. 허용 농도는 1일 작업 시간 동안의 시간 가중 평
균 허용 농도(TLV−TWA), 단시간 노출 허용 농도(TLV−STEL), 최고 허용 농도
(TLV−C) 등의 세 가지로 분리할 수 있다.

② **허용 농도 규정 현황** : 용접 작업장 내에서 허용 농도는 1960년 국제용접학회(IIW)에
서 공기 중 용접 매연 함유량이 저수소계와 비저수소계에 대해 각각 $10\,mg/m^3$과 20
mg/m^3 이하로 유지해야 한다고 제시하였고, 1974년 미국의 ACGIH에서 용접 매연의
허용 농도를 $5\,mg/m^3$으로 제안하였으며, IIW에서도 이를 채용하였다. 그 후 1982년
일본에서는 $3\,mg/m^3$으로 강화하여 관리하고 있으나, 세계적으로는 $5\,mg/m^3$가 일반
적으로 채택되고 있다.

용접 흄의 성분별 노출 기준(산업안전보건법)

성 분	기준(이하)
총용접 흄	$5.0\,\text{mg/m}^3$
산화철 흄	$5.0\,\text{mg/m}^3$
망간 흄	$1.0\,\text{mg/m}^3$
산화아연 흄	$5.0\,\text{mg/m}^3$

(5) 용접 매연에 의한 건강 장해

산업 보건 관리상 문제가 되는 인체 장해로는 진폐증, 금속열, 폐기종, 천식, 만성 기관지염 등과 모재 및 용접 재료의 성분 및 표면 처리에 따라 발생 가능한 각종 중금속 중독이 있으며, 암 발생의 위험도 있는 것으로 보고되고 있다. 다량의 용접 매연 흡입에 의해 발생 가능한 인체의 장해는 흡입 후 비교적 단시간에 발생하는 급성 증상과 장시간 축적에 의한 만성 증상으로 분류할 수 있다. 용접 매연에 노출 후 수 시간 만에 나타나는 급성 증상은 유행성 감기와 비슷하며 오한, 갈증, 열, 신경통, 피로, 위통, 두통, 구토 등을 동반한다. 이 증세들은 보통 노출 후 1~3일이면 완전히 회복이 가능하다. 장시간 흡입으로 인한 만성 증상은 진폐증이 대표적이며, 납이나 망간의 용접 매연에 의한 신경통의 장해, 6가 크롬화합물의 용접 매연에 의한 피부염 등이 있으며, 명확한 연구 결과는 아직 없으나 각종 암의 발생 위험도 완전히 배제할 수는 없다.

(6) 장해 방지 대책

① **발생 감소화 방안** : 용접사 및 주위 작업자들이 용접 매연 및 가스에 노출되는 것을 최소화하기 위해서는 용접 작업의 설계 단계에서부터 검토를 시작하여야 한다. 우선 고려할 사항은 위험도가 낮은 용접법이나 용접 재료로 대체할 수 있는지 확인하는 것이며, 그 내용을 정리하면 다음과 같다.

> **참고** ● **공정 변경에 의한 총 용접 매연 및 유독 성분 발생 감소 방안**
>
> 1. 용접 매연 발생량이 적은 용접 공정의 선택
> 2. spatter를 최소화할 수 있는 용접 조건의 설정
> 3. 작업 가능한 최소의 용접 전류 및 아크 전압을 선택
> 4. 최적의 용적 이행 형태를 줄 수 있는 용접 가스의 선택
> 5. 전기적 특성 조절 기능이 뛰어난 최신의 용접기 선택
> 6. 고순도의 용접봉 사용(표면 상태 포함, Na-기초 윤활제 사용 금지)
> 7. 보호 가스 내 산소량의 최적화
> 8. 보호 가스 유량의 최적화
> 9. 주위 환경에 최소의 산소를 보장할 수 있는 플럭스의 선택
> 10. 유독성이 낮은 플럭스의 선택
> 11. 피복제에 첨가되는 점결제로 Na 사용 금지
> 12. 용접 재료 선택 시 휘발성 유독 성분이 가능한 용접봉이 아닌 모재에 포함되도록 선택

② **노출 최소화 방안** : 앞서 언급한 여러 방안에 의해 용접 공정을 적절하게 변경시켜 용접 매연 및 가스의 발생량을 최소화시켜도 작업자의 노출이 예상되는 곳에서는 노출을 최소화할 수 있는 조치들을 취해야 한다. 밀폐된 용접 작업장은 적절한 환기 및 배기 장치가 필요하며, 방법은 국부 또는 전체 환기 방법이 있다. 무엇보다도 중요한 것은 작업장 내에 산소가 부족(산소 함량 18% 이하)하면 작업자의 질식 우려가 있고, 환기 시 과도한 산소 공급(산소 함량 23% 이상)으로 인한 화재 또는 폭발 사고의 위험이 있으므로 주의하여야 한다.

> **참고** ● **용접 매연 및 가스 노출 최소화 방안**
>
> 1. 자동용접에 의한 작업자와 격리된 장소에서 용접 작업
> 2. 용접 매연 발생 부위에 근접한 효율적인 국부 배기 장치의 사용
> 3. 토치에 국부 배기 장치의 접속
> 4. 작업장 내 공기를 희석시킬 수 있는 일반적인 환기장치의 사용
> 5. 개인 방호 장비의 사용
> 6. 환기 및 배기 장치의 규칙적인 검사를 통한 유지 및 보수
> 7. 다른 작업자들이 용접 매연에 노출되지 않도록 작업장 설계

2-4 소음 장해

(1) 개 요

소음(noise)이란 시끄럽고 불쾌하여 듣기 싫은 소리를 말한다. 그러나 어느 정도의 소음이 작업에 악영향을 미치는지는, 음향의 질에도 달려있지만 소음을 듣는 사람의 태도에 따라서 상당한 차이를 나타낼 수 있다. 이러한 소음은 작업 능률과 생산품의

질과 양을 저하시키고, 심할 경우 재해의 요인이 되며, 작업자에게 보건상 악영향을 주기 때문에 통제해야 한다.

(2) 음의 특성

음의 기본 요소를 음의 고저, 강도, 음조의 3요소로 구분한다. 음의 고저는 음의 진동수의 다소와 깊은 관계를 가지고 있어 진동수가 많을수록 고음을 내며, 저음은 그 반대의 경우에 일어난다. 음의 강도는 진동수의 대소에 의해 정해지고, 음조는 파형에 의해 달라진다.

(3) 소음의 영향

소음 작업장에서 장시간 작업을 함으로써 청력의 감퇴 현상이 생기며, 지속적으로 작업에 임하게 되면 난청 등의 재해가 발생한다. 일단 난청이 되면 회복이 어려운 것이 재해의 특징이다. 또한, 소음은 사람의 심리를 불안하게 하거나 수면 및 휴식을 방해하여 작업 능률의 저하뿐 아니라 재해를 야기하기 쉽기 때문에 소음의 허용 한계를 제한하고 있다. 용접 작업은 특성에 따라 소음이 발생하며, 특히 플라스마 아크용접 및 아크 가우징 작업 시 강한 소음이 발생한다. 사업장에서 발생하는 소음에 의한 난청은 다음 두 가지가 있다.

① **일시적 난청** : 소음에 폭로된 직후부터 발생한다. 고음역대(3,000~10,000 Hz)에서 강한 장애가 발생하며, 대개 10~40 dB(A)의 청력 손실을 초래한다. 감각 수용기의 대사성 피로 현상으로서 소음의 강도와 폭로 시간에 비례하여 서서히 회복되며 대개 48시간이 지나면 정상으로 회복된다.

② **영구적 난청** : 소음에 지속적으로 폭로될 경우 감각 수용기 및 이에 관여하는 청신경 말단에 불가역적인 변성이 생기며 이로 인해 영구적 난청이 발생된다. 초기에는 고음역대, 특히 4,000 Hz 부근(3,000~6,000 Hz)에서 청력 손실이 생기지만 계속 폭로되면 이 영역을 중심으로 주위 음역으로 청력 손실이 파급된다.

(4) 소음의 허용 한계

소음의 장해는 소음의 주파수 및 소음이 계속되는 시간 및 빈도 등이 문제되며, 허용 한계값은 소음에 따라 다르나 대체로 85~95 dB로 본다. 한국 및 미국의 노동부 소음 허용 기준값도 90 dB로 하고 있다(8시간 기준). 소음의 노출 시간 허용 기준은 90 dB일 때 1일 노출 시간은 8시간, 95 dB은 4시간, 100 dB은 2시간, 105 dB은 1시간, 110 dB은 30분, 115 dB은 15분이다. 이와 같이 소음에 대한 허용 시간을 안전관리법에 명시한 것을 볼 때 소음의 심각성, 즉 회복이 불가능한 재해라는 것을 알 수 있다. 음압 수준과 쾌적 한계를 살펴보면, 안락 한계는 45~65 dB, 불쾌 한계는 65~120 dB, 120 dB 이상의 고진동의 소음에 노출될 때 대부분 청각 장해를 입으며 순간적인 노출에도 영구적 피해를 입을 수 있다.

(5) 소음의 예방 대책

① **소음원을 통제하는 방법** : 공정을 변경하거나 소음이 적게 나는 기계로 대체함으로써 소음의 근원을 배제 또는 감소시킨다.

② **작업자를 격리하는 방법** : 소음원이 되는 기계의 부품을 전부 방음벽으로 에워싸거나, 소음이 과도하게 발생하는 장소에서 작업 시 귀마개(ear plug)나 귀덮개(ear maffs)를 착용한다.

2-5 고열, 불티에 의한 화재 및 폭발

(1) 개 요

용접 작업, 가우징 및 산소 절단 등의 작업은 용융된 쇳물, 불똥, 슬래그 및 뜨거운 용접부를 수반하므로 화재 또는 폭발 위험이 항상 존재한다. 용접 장소에서의 폭발은 가연성가스, 액체 및 먼지 등이 들어있는 밀폐된 공간 또는 용기에서 용접 또는 산소절단 등의 작업 등을 수행할 때 발생된다. 따라서, 가연성 물질을 용접 작업 장소에서 완전히 제거하든가, 용접 및 절단 작업을 가연성 물질로부터 멀리 떨어진 장소에서 수행하여야 한다. 용접 장소가 한정되어 가연성 물질로부터 멀리 떨어질 수 없는 경우에는 가연성을 불연성 재료로 덮어 화재의 발생을 방지하여야 한다. 즉, 용접 작업 장소로부터 반지름 11 m 이내에는 모든 가연성 물질을 제거하여야 한다. 폭발성 가스, 증기, 액체 및 먼지가 있는 환경에서는 용접 및 산소절단 등의 작업을 수행할 수 없다. 내용물이 분명하지 않은 용기에 대하여는 열 또는 산소절단 등의 작업을 수행해서는 안 된다. 만일 작업을 수행하여야 하는 경우에는 충분히 용기 안의 공기를 배출하여 폭발성 가스가 없도록 하든가, 내부를 깨끗이 청소하거나, 불활성가스(탄산가스, 질소, 아르곤 등) 또는 물을 채워서 폭발의 위험을 완전히 제거한 후 용접 등의 작업을 진행하여야 한다.

(2) 용접 절단 시 발생되는 비산 불티의 특성

① 작업 시 수천 개의 불티가 발생·비산된다.

② 용융 금속의 점적은 작업 장소의 높이에 따라 수평 방향으로 최대 11 m 정도까지 흩어진다.

③ 축열에 의하여 상당 시간 경과 후, 불꽃이 발생되어 화재를 일으키는 경향이 있다.

④ 절단 작업 시 비산되는 불티는 3000℃ 이상의 고온체이다.

⑤ 산소의 압력, 절단 속도, 절단기의 종류 및 방향, 풍속 등에 따라 불티의 양과 크기가 달라진다.

⑥ 발화원의 될 수 있는 불티의 크기는 직경이 0.2~3 mm 정도이다.

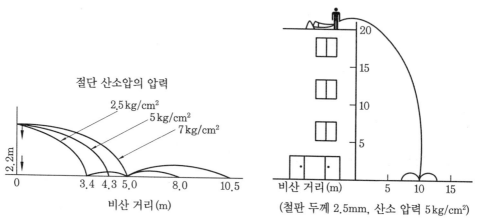

절단 불티 비산의 예

(3) 용접 작업 시 화재·폭발 예방 대책

① 용접 작업 시 사전 조치 사항

  ⑦ 화기작업허가서 작성

    ⑦ 작업 장소의 해당 부서장 승인

    ⑭ 안전관리부(실)의 승인

  ⑭ 화기 감시자 배치 : 화기 작업 완료 시까지 상주

② 용접 장소에 비치해야 할 소화용 준비물

  ⑦ 바닥에 깔아둘 불티 받이 포(불연성 재료로서 넓은 면적을 가질 것)

  ⑭ 소화기(제3종 분말소화기, 2개)

  ⑭ 물통(버킷 1개에 물을 담은 것)

  ⑭ 건조사(버킷 1개에 마른 모래 담은 것)

③ 용접 작업 장소에 인접한 인화성·가연성 물질의 격리 후 작업

④ 가연성가스가 체류할 위험이 있는 용기 내부 작업 시에는 가스 농도 측정 후 폭발 하한계 1/4 이하일 때 작업(계속적인 치환 및 환기)

⑤ 도장 작업 장소에서는 동시 작업 절대 금지

⑥ 도장 작업이 된 장소는 유기용제에 의한 폭발 위험이 없도록 충분한 건조 후 가스 농도가 폭발 하한계 1/4 이하일 때 작업

2-6 밀폐된 공간에서의 작업(질식)

(1) 개 요

유독가스 발생 부위 또는 밀폐된 공간에서의 용접 및 절단 작업은 산소 결핍 재해가 발생할 위험이 높으며, 잔류 가스에 의한 중독 위험이 매우 높아 세밀한 관리가 필요하다. 밀폐된 공간에서의 용접 작업, 특히 GMAW, FCAW-G, GTAW 등의 용접 작업 시는 작업장에 신선한 공기(순수 산소가스는 안 됨)를 계속적으로 공급하여 작업장 내의 산소 부족(산소 함량이 18 % 이하로 떨어지는)으로 인한 작업자의 질식 사고가 발생되지 않도록 주의하여야 한다. 또, 환기 시 과도한 산소 공급(산소 함량이 23 % 이상인 경우)으로 인한 급격한 화재 또는 폭발 사고를 미연에 방지하여야 한다.

(2) 밀폐 지역 작업을 위한 예방 대책

① 공기 호흡기 또는 송기 마스크 사용
② 환기 설비 설치 및 환기 실시
③ 산소 농도 및 유해가스 농도 측정
④ 위험 장소에 대한 표지판 설치
⑤ 감시인 배치 및 안전 담당자 지정(2인 이상 1조로 작업)
⑥ 특별안전보건교육 실시 및 밀폐 공간보건작업 프로그램 시행(작업 시작 전 교육)

(3) 산소 결핍 발생 원인

구 분	발생 원인	주요 위험 장소
산화작용	물질이 공기와 접촉 산화작용으로 산소 소비, 환기가 되지 않는 밀폐 공간에서 산소 결핍 상태가 됨	탱크(oil, 약품, 철제 탱크 등), 맨홀, 열교환기, 철제 탱크, 케이블 duct 집진기, 배관, duct, 가열로 내부 등
미생물 증식	미생물 증식으로 공기 중의 산소 소비	폐기물 처리(폐수, 하수, 분뇨, 오수) 탱크, 선창, 조, 관, 암거, 맨홀, 하수구, PIT, 물이 고여있는 지하 공동구 등
치환용 가스(질소) 누출/체류	유해가스 치환용 질소 사용 후 공기 재치환 미실시, 밸브 leak	발생 가스 배관, duct, 저장 탱크 내부, 화학 공장 내부, purge gas 작업 배관 등
공정용 가스 누출	헬륨, 질소, 아르곤, 이산화탄소 등의 공정 가스 누출로 공정 내 또는 지하에 체류	턴디시 내부, 가스·열량 분석실, 실험용 가스 저장소, 소화용 이산화탄소 저장소, 집진기 내부, 산소 공장 지하 PIT 등

(4) 질식 재해자 구조 시 주의 사항

① 재해 발생 현장 상황을 신속히 파악하여 보고한다.

② 공기 호흡기 착용 등 적절한 조치 후 구조 활동에 임한다.

③ 재해자 발견 시 인공호흡 등 적절한 응급조치를 취한다.

④ 전문 의료 기관에 신속히 이동하여 치료한다.

(5) 고압 가스 저장 시 주의 사항

① 용기가 부식되거나 손상되지 않도록 한다.

② 정기적으로 누설 부위에 검사(비눗물, 검지기 등)를 한다.

③ 저장소 주변에는 화기를 가까이 두지 말고 습기와 수분, 직사광선 등을 피한다.

④ 용기의 전도 방지를 위해 벽면이나 기둥 등을 체인 등으로 고정한다.

⑤ 공기보다 가벼운 가스는 통풍이 잘 되도록 한다.

⑥ 공기보다 무거운 가스는 강제 통풍을 실시한다.

2-7 《 안전 & 위생 관리

(1) 용접 작업자의 건강관리

① 건강진단의 실시

㈎ 분진 및 소음 85 dB(A) 이상에 노출되는 용접 작업 근로자에게 특수 건강진단을 1년에 1회 실시하여야 한다.

㈏ 피용접물 또는 용접봉에 망간(크롬산, 카드뮴) 등이 1 % 이상 함유된 물질에 폭로되는 근로자는 주기적으로 특수 건강진단을 실시한다.

㈐ 사업주는 법령에 의한 건강진단을 실시하고 건강진단 개인표를 송부받은 때에는 그 결과를 지체 없이 근로자에게 통보해야 하며, 근로자의 건강을 유지하기 위하여 필요하다고 인정할 때에는 작업 장소 변경, 작업의 전환, 근로시간의 단축 및 작업환경 개선 등 기타 적절한 조치를 하여야 한다.

㈑ 사업주는 산업안전보건위원회 또는 근로자 대표의 요구가 있을 때 직접 또는 건강진단을 실시한 기관으로 하여금 건강진단 결과에 대한 설명을 하여야 한다.

㈒ 건강 상담 및 건강진단 실시에 따른 자각증상 호소자에 대하여 질병의 이환 여부 또는 질병의 원인 등을 발견하기 위하여 임시 건강진단을 실시하여야 한다.

② 유해 인자별 특수 건강진단 항목 : 근로자에 대하여 특수 건강진단을 실시하는 경우에는 각 유해 인자별로 정한 검사 항목이 누락되지 않도록 한다.

(2) 근로자 위생 관리

① 용접 작업 근로자는 용접 흄에 의한 직업성 질병의 발생을 예방하기 위하여 다음 사항을 준수하여야 한다.

㈎ 용접이 실시되고 있는 작업장 내에서는 음식물을 먹지 않는다.

㈏ 용접 작업 후 식사를 하는 경우에는 손이나 얼굴을 깨끗이 씻고 별도의 장소에 서 식사를 한다.

㈐ 용접 작업장에서는 보호구를 착용한 후 작업에 임하도록 하고 사용한 보호구는 불순물 및 감염물을 제거한 후 청결한 장소에 보관한다.

㈑ 비상시 사용한 호흡용 보호구는 적어도 1개월 또는 매 사용 후 소독하여 보관한다.

㈒ 작업을 종료한 경우에는 샤워 시설 등을 이용하여 손, 얼굴 등을 씻거나 목욕을 실시한다.

㈓ 퇴근할 때에는 작업복을 벗고 평상복으로 갈아입는다.

② 사업주는 용접 작업 근로자의 직업성 질병의 발생을 예방하기 위하여 다음 사항을 준수하여야 한다.

㈎ 용접 작업 장소와 격리된 장소에 근로자가 이용할 수 있는 휴게 시설을 설치한다.

㈏ 용접 작업장 근로자의 건강 보호를 위하여 세안, 세면, 목욕, 탈의, 세탁 및 건 조 시설 등을 설치하고 옷장, 보호구 보관함 등 필요한 용품 및 용구를 비치한다.

㈐ 오염된 피부를 세척하는 경우에는 피부에 영향을 주지 않는 비누 등을 사용할 수 있도록 한다.

㈑ 작업장 내에 음료수 등 음식물을 비치하지 않는다.

(3) 안전 보건교육

① 밀폐된 장소(탱크 또는 환기가 극히 불량한 좁은 장소)에서 행하는 용접 작업에 대 해서는 다음 내용에 대한 특별 안전 보건교육을 실시한다.

㈎ 작업 순서, 작업 방법 및 수칙에 관한 사항

㈏ 용접 흄·가스 및 유해 광선 등의 유해성에 관한 사항

㈐ 환기 설비 및 응급처치에 관한 사항

㈑ 관련 MSDS에 관한 사항

㈒ 작업환경 점검에 관한 사항

㈓ 기타 안전 보건상의 조치 등

② 아세틸렌 용접 장치 또는 가스 집합 용접 장치를 사용하여 행하는 용접, 용단 및 가열 작업 시 다음 내용에 대한 특별안전 보건교육을 실시한다.

㉮ 용접 매연, 분진 및 유해 광선 등의 유해성에 관한 사항

㉯ 가스 용접, 압력 조정기, 호스 및 취관부 등의 기기 점검에 관한 사항

㉰ 작업 방법, 작업 순서 및 응급처치에 관한 사항

㉱ 안전기 및 보호구 취급에 관한 사항

㉲ 기타 안전 보건 관리에 필요한 사항

③ 안전 및 위생 관련 한국산업규격

규격 번호	규격명
KS D 0061	용접 작업 환경의 분진 농도 측정 방법
KS D 0062	피복 아크용접봉의 전체 흄량 측정 방법
KS P 8141	차광 보호구
KS P 8142	용접용 보호면

Chapter

03

용접 결함

1. 용접 결함 중 아크 스트라이크(arc strike) 및 그 방지 대책을 설명하시오.

2. 강의 용접부에 발생하기 쉬운 기공(porosity)의 종류를 3가지 쓰고 발생 원인에 대하여 설명하시오.

3. 용접 결함 종류 5가지를 쓰고 각 특성에 대하여 설명하시오.

4. 용접 비드의 시단(시작점)과 종단(끝점) 처리 방법에 대해 설명하시오.

5. 용접부에서 발생하는 대표적인 결함을 5가지 나열하고 방사선 투과 사진에 어떻게 검출되는지 설명하시오.

6. arc strike에 대하여 설명하시오.

7. 알루미늄을 GMAW로 용접할 때 용접부에 기공이 많이 발생한다. 그 원인과 방지책을 설명하시오.

8. 현장에서 대단위 블록을 조립하기 위한 용접 작업 중 용접부의 결함 검사 방법과 처리 방법에 대하여 설명하시오.

9. 탄산가스 아크용접 중 스패터가 발생할 수 있는 원인에 대하여 설명하시오.

10. 탄산가스 아크용접법으로 작업한 용접부를 방사선 투과검사한 결과, 용착 금속에 기공을 상당수 검출하였다. 용접 중 기공이 발생될 수 있는 원인 5가지를 열거하고 관련 방지 대책을 기술하시오.

3. 용접 결함

3-1 용접 결함의 분류

(1) 개 요

용접부는 열에 의해 모재와 용접봉이 녹아 형성되는 과정이지만 짧은 시간에 가열 및 냉각을 하게 되므로 용접부에 야금학적인 화학반응과 팽창, 수축 등의 물리적 변화가 일어나게 된다. 그 결과로 용접부의 변형, 응력집중, 열영향부의 경화, 인성의 저하 등으로 구조물의 파손이나 파괴의 원인이 된다. 용접 결함은 용접 재료 및 시공법의 부적당 또는 용접사의 기량 부족 등 복합적인 영향에 의해 발생한다. 따라서, 이러한 용접 결함의 방지를 위해서는 그 원인을 분석하여 사전에 예방하도록 관리해야 한다.

(2) 불연속 지시와 용접 결함

불연속 지시는 균일한 형상에서 불균일한 형상이 생성된 특성인 반면, 용접 결함은 설계된 용접 구조물에 대하여 용접 구조물의 안전성 및 사용 목적을 손상시킬 수 있는 특정한 형태의 불연속 지시를 지칭한다. 즉, 용접 결함은 특정한 형상의 불연속 지시 또는 관련 기술 기준(code)에 규정된 판정 기준에 의거, 해당 부품 또는 용접 구조물이 설계된 현장 사용 목적에 부합할 정도로 판정 기준을 초과하는 불연속 지시를 용접 결함이라 한다. 불연속 지시들의 형상은 일반적으로 선형과 비선형의 두 가지로 나눌 수 있다. 선형 불연속 지시는 폭에 비해 길이가 훨씬 큰 것(3배 이상)을 말하며, 비선형 불연속 지시는 폭과 길이가 대체로 비슷한 것(3배 미만)을 말한다. 가해지는 응력에 수직되게 위치하는 선형 불연속 지시는 비선형 불연속 지시보다 훨씬 더 위험하다. 왜냐하면, 이러한 선형 지시들은 비선형 지시보다 가해진 응력에 의거 매우 쉽게 파손되며, 일단 파손되기 시작하면 계속하여 성장하여 구조물의 파괴로 연결되기 쉽기 때문이다.

① **불연속 지시(discontinuity)** : 재료의 정상적인 물리적 조직이 이어지지 않는 곳. 즉 연속성 또는 정합이 결여된 곳

② **흠(flaw)** : 비파괴시험의 결과, 명확히 이상이 있다고 판단되는 불연속 지시. 발생 부위에 따라 표면 흠과 내부 흠으로 나누며 흠집이라고도 함

③ **결함(defect)** : 흠 중에서 크기, 형상, 방향, 위치 및 성질이 규격 또는 시방서 등에 규정되어있는 판정 기준을 넘어 허용할 수 없는 것

(3) 용접 결함의 분류

용접 결함의 분류

치수상 결함	• 변형(각 변화, 휨, 좌굴 등) • 치수 불량(비드 폭 및 덧붙이 과부족, 필릿의 다리길이 및 목 두께 등) • 형상 불량(비드 파형의 불균일, 용입의 과대 등)
구조상 결함	• 기공 및 피트(blowhole & pit) • 슬래그 섞임, 비금속 개재물의 존재(slag inclusion) • 용입 불량, 융합 불량 • 언더컷(undercut), 오버랩(overlap), 언더필(underfill) • 스패터링(spattering), 아크 스트라이크(arc strike) • 선상 조직, 은점(fish eye) 등 • 잔류응력의 과대 • 균열(crack)
성질상 결함	• 기계적 성질 부족−강도, 경도, 고온 크리프 특성, 피로강도 • 내열성, 내마모성 부족 등 • 화학적 성질 부족−내식성, 인성강도 부족, 조성의 부적당 • 물리적 성질 부족−전자기적 성질, 용점 불량 등

① **치수상 결함** : 용접·접합부는 부분적으로 큰 온도구배를 가져 열의 팽창과 수축이 장소와 시간에 따라 달라져 변형과 잔류응력이 존재하므로 이를 최소로 하기 위해 용접·접합 설계와 시공 연구가 필요하다.

② **구조상 결함** : 용접·결합물의 안전성을 저해하는 인자로, 결함 발생 장소(용착강, 열영향부, 모재), 아크 발생 온도(고온, 저온), 균열 크기(매크로, 마이크로)에 따라 구분한다.

③ **성질상 결함** : 기계적·물리적·화학적 성질을 만족시키지 못하는 광의의 결함이라 할 수 있다.

3-2 〈 용접부 기공의 발생 원인 및 대책

(1) 개 요

기공(porosity) 및 피트(pit)는 용접 결함 중에서 일반적으로 가장 자주 관찰되는 것으로 용접 금속에 생기는 기포를 의미하고, 용접 금속 내부에 존재하는 것을 기공이라 하며, bead 표면에 입을 벌리고 있는 것을 pit라 한다. 또한, 기공은 금속학적으로 형성 과정 중 그 크기(성장)에 따라 pin-hole, blow-hole, worm-hole로 구분 짓기도 한다. 용착금속 내에서의 화학반응 또는 온도 저하에 의한 용해도 감소에 의하여 방출되는 기체 원소는 기공을 형성하여 용융 금속 내를 이동하여 남거나 대기 중으로 빠져나간다. 즉, 응고가 매우 빠르면 pin-hole이 되고, 이보다 조금 느리면 blow-hole이 되며, 응고 속도가 더욱 느린 경우에는 worm-hole(API 1104에서는 pipe-hole이라고 부름)이 형성된다.

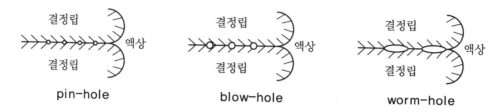

(2) 기공 형성 기구

현재까지 weld pool 내에서의 기포 형성 기구는 2종류가 알려져 있다. 기포를 형성하는 가스는 weld pool 내에서의 야금학적 반응에 의해서 혹은 용접 시에 데워진 빈 공간으로 부터 발생할 수 있다. 즉, 야금학적 기포 형성과 기계적 기포 형성으로 구분될 수 있다.

① 야금학적 기공 형성 : 액체 상태의 금속이 응고할 때는 야금학적 반응이 일어나서 가 스가 발생할 수 있다. 철강 재료인 경우 기본적으로 4종류의 반응이 가능하다.

$$[H]+[H] \leftrightarrow \{ H_2 \} \cdots\cdots\cdots\cdots\cdots\cdots\cdots\cdots\cdots\cdots\cdots\cdots\cdots\cdots\cdots\cdots \quad (1)$$

$$[N]+[N] \leftrightarrow \{ N_2 \} \cdots\cdots\cdots\cdots\cdots\cdots\cdots\cdots\cdots\cdots\cdots\cdots\cdots\cdots\cdots\cdots \quad (2)$$

$$[C]+[O] \leftrightarrow \{ CO \} \cdots\cdots\cdots\cdots\cdots\cdots\cdots\cdots\cdots\cdots\cdots\cdots\cdots\cdots\cdots\cdots \quad (3)$$

$$[CO_2]+[C] \leftrightarrow \{ 2CO \} \cdots\cdots\cdots\cdots\cdots\cdots\cdots\cdots\cdots\cdots\cdots\cdots\cdots\cdots \quad (4)$$

만약 액체 상태의 수소나 질소의 농도가 고체 상태의 용해도보다 높으면, 가스 상태 의 수소나 질소가 식 (1), (2)에 의해서 응고 경계면에서 발생할 수 있다. 철에서 수소 와 질소의 용해도는 온도에 따라 큰 변화가 있는데, 특히 철의 응고 온도 1539℃ 에서 수소나 질소의 용해도는 액상에서의 응고 시에 급격히 감소되어, 만약 weld pool에서 질소의 농도가 이 용해도보다 높으면 기공 형성이 예상된다. 수소와 질소 와는 달리, 일산화탄소는 용해된 서로 다른 두 원소, 즉 산소와 탄소의 반응에 의하 여 발생한다. CO 가스의 발생은 가스 형성에 필요한 최소 압력을 발생할 수 있는 [C]와 [O]가 용해되어있거나 CO_2 용접 시에 CO_2 가스와 강 중의 탄소와 반응하여 이루어진다. 지금까지의 보고에 의하면 저합금강에서는 상기의 4가지 반응이 모두 일어날 수 있고, stainless steel과 같은 고합금강과 aluminium 용접 시에는 주 로 반응(1)이 문제가 된다.

② 기계적 기공 형성 : Y groove 용접 또는 partial groove 용접과 같이 빈 공간(root face) 위를 용접할 경우 종종 열영향에 의해서 빈 공간 내에 존재하던 가스가 팽창 하거나 그 공간 내에 존재하던 이물질의 분해로 가스가 발생하게 된다. 만약 이러한 빈 공간들이 틈을 갖고 있지 않아서, 발생하는 가스량에 비해 빠져나가는 가스량이

많지 않으면, 이 가스는 축적된 압력에 의해서 액체 상태의 weld pool로 침입하게 된다. 만약 침입한 기포가 용접 비드에 의해서 신속히 응고되어 갇히게 될 때 기공을 형성한다. 가스를 형성할 수 있는 물질로는 금속피복층(Zn, Pb, …), 비금속피복층(페인트, …), 불순물(scale, oil, water, dust, …) 등이 있다.

(3) 기공 발생 원인

일반적으로 다음 조건에서 기공이 생성된다.

① 철계 용착금속에서는 $C + FeO \leftrightarrow CO + Fe$의 반응에 의한 CO 가스가 Al에서는 shield gas 중의 수소, 또한 Ni계 합금에서는 질소가 주원인이 된다.

② 모재 중에 유황량(편석)이 많을 때

③ 용착부가 급랭될 때

④ 이음부에 유지, 녹, 습기, 페인트 등의 이물질이 부착해있을 때

⑤ **용접 재료가 흡습되었을 때** : SMAW에서 기공 발생의 제일 큰 원인이며, 용접봉이 흡습되면

　㈎ 용착강 중의 수소량이 많아져 수소가스 자체에 의한 기공 발생

　㈏ 수소와 산화철과의 반응에 의한 수증기 발생

　㈐ 수증기와 용착강 중의 C와의 반응에 의한 CO 가스 발생

　㈑ 수소와 용착강 중의 S와의 반응에 의한 H_2S가 기공 발생의 원인이다.

⑥ 대기와의 차폐 기능 저하 시

⑦ 용접 조건(아크 길이, 전류 등)이 부적당할 때 등이다.

아래보기 자세에서는 기공의 부상(浮上)이 쉬우나, over-head 용접은 그렇지 못해 기공 발생이 쉬워진다.

(4) 대 책

① 저수소계 용접봉 사용 시는 back step법이나 사금법을 이용한다.

② 과대한 전류를 사용하지 말고, arc 길이를 너무 길지 않도록 유지한다.

③ **흡습의 원인 제거** : 모재를 청결하게 관리하고, 용접봉을 건조하여 사용한다.

④ weaving 폭을 넓지 않도록 관리한다.

⑤ S의 함량이 높은 강을 용접할 경우 저수소계 용접봉을 사용한다.

(5) 기공의 종류

기공은 금속학적으로 형성 과정에 따라 그 성장 정도에 따라 pin-hole, blow-hole, worm-hole로 구분하며 표면이 열린 형태를 피트(pit)라고 부른다. 기공의 분포

상태에 따라서 다음과 같이 분류한다.

① **일반적인 가공**(uniformly scattered porosity) : 용접부 전반에 걸쳐 균일하게 분포된 기공의 형태이다. 이러한 기공은 용접 기법(아크가 너무 길 때), 재료(흡습된 용접봉), 또는 용접이 된 후 처해있는 조건(이물질의 존재, 강한 바람) 등에 의해서 가스가 생성될 경우 주로 나타난다.

② **응집 기공**(cluster porosity) : 기공들이 한 부분에 집중된 형태로 용접 조건 변화의 초기 및 종료 부분에서 흔히 볼 수 있다. 이 기공은 축축한 용접봉을 사용하거나, 용접 시작 시에 아크가 너무 길 때 또는 아크의 방향이 잘못되었을 때에 주로 발생한다.

③ **선형 분포 기공**(linear porosity) : 용접 루트 부분에 용접선 방향으로 나열된 기공이다. 이는 오염이나 용접 속도가 너무 빠를 때 주로 발생한다.

(6) 기공의 영향

기공은 일종의 notch가 되어 그곳에 응력집중을 일으키기 쉽고, 부식되기 쉬우며, 기밀성이 저하된다. 또한, 기공은 내부에 있는 것보다 외부에 노출되어있는 것이 더 위험하며, 일렬로 나열되어있거나 집중되어있는 기공이 위험하다.

예제 탄산 아크용접에서 기공 및 피트의 발생 원인과 대책에 대하여 설명하시오.

해설 CO_2 아크용접(CO_2-O_2 및 CO_2-Ar 아크용접을 포함)에서는 솔리드 와이어 및 플럭스 내장 와이어에 의한 용접이 행하여지고 있다. CO_2 아크용접에서의 기공, 피트의 발생 원인과 그 대책은 다음과 같다.

CO_2 아크용접에서의 기공, 피트의 발생 원인과 대책

원 인	대 책
탄산가스가 송급되지 않는다.	가스 유량 조정기를 조정, 봄베를 체크한다.
모재의 오물, 녹, 페인트가 있다.	오물, 녹, 페인트 등을 제거한다.
가스 순도가 불량하여 불순물(특히 수분)이 많다.	순도가 좋은 가스를 사용한다.
스패터가 노즐에 부착되어 실드 가스의 흐름이 좋지 않다.	노즐에 부착된 스패터를 제거한다.
바람이 강하여 차폐가 되지 않는다.	천막 등으로 방풍벽을 설치한다.
용접 속도가 빨라 냉각 속도가 크다(특히 필릿).	용접 속도를 늦춘다.
노즐 모재 사이의 거리가 크다.	노즐 모재 간 거리를 25 mm 이하로 한다.
와이어가 녹이 있거나, 흡습되어있다.	와이어는 습기가 없는 곳에 보관한다. 플럭스 코어 와이어의 경우는 제조 회사의 지정 조건에서 재건조한다.

3-3 융합(융착) 불량과 용입 부족

(1) 개 요

불연속 지시 중에서 균열 다음으로 날카로운 선형 결함이며, 용접 구조물에 매우 치명적일 수 있다. 융합 불량과 용입 부족의 개념을 올바로 이해하기 위하여 살펴보기로 하자.

(2) 융합(융착) 불량(incomplete fusion)

① 정의 : 융합(융착) 불량은 용착금속과 주위의 용접 bead 또는 융합면 사이에 융합이 되지 않은 용접 불연속 지시이다. 즉, 융합량이 특정한 용접에 대해 지정된 양보다 적은 것으로 저온 겹침(cold lap) 또는 lack of fusion(LF)이라고도 한다. 이는 선형으로 끝단이 날카로운 모양을 하고 있어 균열과 거의 동일하게 다뤄진다.

② 원인

   (개) 제일 큰 원인은 용접사의 용접봉 운봉 기술이 부적절한 경우이다. 즉, 용접열을 집중시키지 못해서 용접할 모재를 충분히 녹이지 못하여 발생하는 것으로 GMAW의 단락 전류를 사용할 때 자주 발생한다.

   (내) 용접 joint의 개선각이 너무 좁거나 root gap이 너무 좁아도 발생하기 쉽다.

   (대) 너무 큰 용접봉을 사용하면 root부까지 완전한 융합이 이루어지지 않는다.

   (래) 밀 스케일과 같은 잘 떨어지지 않는 산화철을 포함하는 오염물이 과다한 경우 완전한 융합을 방해한다.

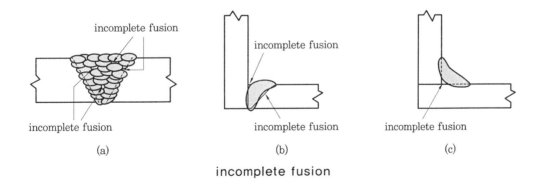

incomplete fusion

(3) 용입 부족(incomplete penetration)

① 정의 : 융합 불량과는 달리 용입 부족은 단지 groove 용접에서만 볼 수 있는 불연속 지시이다. code의 요구 사항에 따라 WPS에서 완전 용입의 용접을 요구할 때, 용착금속의 joint 두께를 관통하지 못하는 경우를 용입 부족(IP)이라 한다. 이것의 위치는 언

제나 용접 root부의 부근이다. API code에서는 용입 부족의 길이와 정도에 따라 어느 정도 허용되나, ASME 및 AWS D1.1에서는 균열과 같이 엄격히 관리하고 있다.

② 원인 : 용입 부족은 융합 불량을 유발하는 것과 같은 조건, 즉 부적절한 용접 기술, 용접 개선면의 형상 또는 오염 물질 등이 원인이며, 융합 불량과 함께 나타나는 경우가 많다.

㉮ 부적절한 용접 기술

㉯ 용접 개선 root gap이 너무 좁거나 개선 형상이 부적당하다.

㉰ 용접 전류가 낮고, 용접 속도가 너무 빠르며, 용접부가 급랭된다.

③ 용입 부족의 검출 : 방사선 투과 사진에서 용입 부족은 전형적으로 검고, 곧바른 직선으로 나타난다. 사진상의 직선은 융합 불량보다 더 직선적이다. 이것은 root 부위에서의 용접 준비와 연관되어있기 때문이며, 용입 부족은 두 개의 용접 대상물이 준비된 groove 용접에서는 용접 폭의 중심에 위치한다.

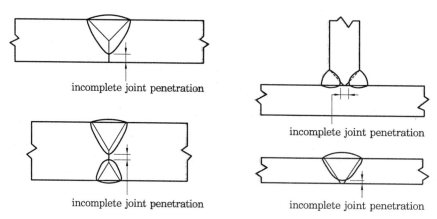

incomplete penetration

3-4 개재물(inclusion)

(1) 슬래그 혼입(slag inclusion)

① 개요 : slag 혼입은 일반적으로 수동용접, flux cored wire를 사용하는 반자동 및 SAW와 같이 flux가 용융하여 slag를 생성하는 용접법에서 일어나기 쉬운 결함이지만, 때로는 solid wire를 사용한 CO_2 아크용접에서도 탈산 생성물로 된 slag가 다층 육성 용접 금속 내에 남아 슬래그 혼입이 발생하기도 한다. 슬래그 혼입은 둥근 모양(globular shape)으로 작게 된 것은 용접부의 기계적 성질에 그다지 영향을 미치지 않을 수 있지만, 부적당한 운봉 또는 기량 부족에 따른 형상 불량의 큰 slag inclusion은 용접부의 강도 및 연성 등을 약하게 하며, 때로는 취성파괴의 원인이 되기도 한다.

② 생성 원인 및 조치

㉮ root부의 slag 혼입 : 넓은 개선 및 root gap의 유지, 적정한 용접봉 지름 및 전류 선택, 적정한 아크 길이로 용접 아크를 root 중심으로 향하게 하며, 충분한 이면 따내기를 하고 이면 용접을 한다.

㉯ 각 pass 경계의 slag 혼입 : 요철형 bead가 되지 않게 넓은 개선, 적정 전류의 선택 및 grinding에 주의하여야 하며, under-cut이 일어나지 않게 전류 속도가 과대하지 않도록 한다. 또한, slag가 쉽게 제거되도록 용접 toe부를 충분히 용융시키는 운봉을 한다.

㉰ 각 pass 내의 slag 혼입 : weaving 폭을 작게 한다. slag가 앞에 나가지 않게 적정한 운봉 각도를 유지하고, 위보기 용접 자세에서는 과도한 아크 끊음을 삼간다.

(2) 텅스텐 개재물(tungsten inclusion)

① 개요 : 아크 발생을 위해 텅스텐 전극을 사용하는 GTAW에서 발생하며, 용접 중 텅스텐 전극이 녹은 용접부와 접촉하게 되면 용접 아크는 꺼지며 녹은 용착금속이 전극 끝 주위로 응고된다. 이때 굳어있는 용착금속에 박힌 텅스텐 전극을 분리시키면 텅스텐 전극은 부서지며, 부서진 전극봉 끝 부위는 용착금속에 남게 되어 텅스텐 개재물이 된다.

② 발생 요인

㉮ 뜨거운 텅스텐 전극봉 팁과 용접봉의 접촉

㉯ spatter에 의한 텅스텐 전극봉의 오염

㉰ 전극봉을 collet로부터 정상적인 거리를 초과하여 길게 사용하여 전극봉이 과열

㉱ collet의 부적절한 조임

㉲ 부적절한 shielding gas 및 부적절한 유량 또는 과도한 바람

㉳ 전극봉의 갈라짐 또는 균열

㉴ 전극봉의 규격보다 과도한 전류의 사용

㉵ 전극봉의 부적절한 grinding 방법

㉶ 너무 작은 구경의 전극봉 사용

3-5 ◀ 형상 불량

(1) 언더컷(undercut)

언더컷이란 그림에서와 같이 용접 끝단(toe)에 생기는 작은 홈을 말하는 것으로, 용접 전류가 과대할 때, 아크 길이가 길 때, 운봉 속도가 너무 빠를 때 생기기 쉽다. 따라서

전류를 적절히 조정하고 아크 길이를 짧게 유지하며, 너무 빨리 운봉하지 않도록 한다. 특히 수직 용접을 할 때에는 일정한 속도로 운봉하지 말고 비드 양 끝에서 약간 멈추는 듯하게 하고, 특히 크레이터에 용융 금속을 채워놓은 후에 운봉에 들어가도록 한다. 필릿 용접에서는 용접봉의 각도와 운봉 속도에 주의하고 모재 두께와 홈 상태에 따라 용접봉 지름을 선택하여야 한다. 또한 언더컷은 홈이 생긴 만큼 기계적 강도가 부족하게 되며, 노치를 이루어 구조물 사용 중에 균열(crack)이 일어나기 쉬우므로 주의하여야 한다.

(2) 오버랩(overlap)

오버랩은 용융된 금속이 모재와 잘못 녹아 어울리지 못하고 그림과 같이 모재 면에 덮쳐진 상태를 말한다. 이것의 원인은 언더컷이 생기는 경우와 반대로 용접 전류가 너무 약할 때 또는 용접 속도가 너무 느릴 때 생기기 쉬우므로 적당한 용접 조건과 운봉법에 주의하면 방지할 수 있다. 언더컷이나 오버랩은 다 같이 이음 표면에 노치 상태를 형성하게 되어 그곳에 응력이 집중되어 균열이 일어나기 쉬우므로, 외관 검사를 통해 이와 같은 결함 부분을 발견하면 결함 부분을 제거하고 보수 용접하여야 한다.

(3) 언더 필(under fill)

그림에서와 같이 언더 필이란 용접부 윗면이나 아랫면이 모재의 표면보다 낮게 된 것을 말하는 것으로, 이것은 용접사가 충분히 용착금속을 채우지 못하였을 때 생긴다.

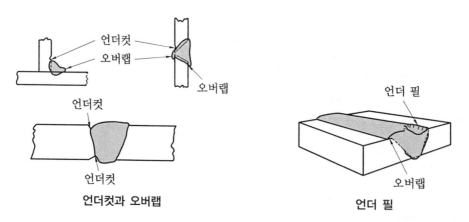

언더컷과 오버랩   언더 필

(4) 크레이터(crater)

크레이터는 비드 끝에서 용융 풀이 응고 수축할 때 생기는 오목한 곳을 말하는 것으로 이 부분에 균열이 일어나기 쉽다. 방지법으로는 갑작스럽게 아크를 끊지 말고 운봉을 멈춘 채로 크레이터가 생기지 않게 이 부분을 채워주거나, 일단 아크를 끊고 다시 몇 번 아크를 일으켜 크레이터를 채워주는 방법이 있다. 긴 이음을 용접할 때 비드 이음은 크레이터로부터 좀 떨어진 홈 내부에서 아크를 일으켜 크레이터까지 되돌아와 완전히 채운 다음 진행하도록 하여 다음 비드의 시작점을 앞의 비드 크레이터 부분에 겹쳐서 오목하게 되는 부분이 없도록 한다.

(5) 험핑 비드(humping bead)

용융 풀로부터 후방으로 공급되는 용융 금속이 단속적 또는 불안정해 비드가 균일하지 못하게 되는 현상이다. undercut과 동시에 발생하는 경우가 많고 원인도 거의 비슷하다. 대책으로는 필요 이상의 과대 전류를 금지하고, 적정한 용접봉, 토치 각도, 아크 길이를 유지하며, 적당한 용접 자세와 weaving이 필요하다. 레이저 빔 용접의 경우, 빔 직경을 작게 하고 저속으로 용접하는 것이 좋으며 지나친 보호 가스의 취입에 의해 용융 금속의 키홀 밖으로 밀려나지 않게 해줘야 한다.

3-6 기타 결함

(1) 스패터링

스패터(spatter)는 용융 금속의 소립자가 비산하는 것으로, 슬래그의 점도가 높을 때, 전류가 과대할 때, 피복제 중의 수분, 긴 아크, 운봉 각도 부적당, 모재 온도가 낮은 경우에 스패터가 많게 되며, 직류 용접보다 교류 용접 쪽이 스패터가 적다.

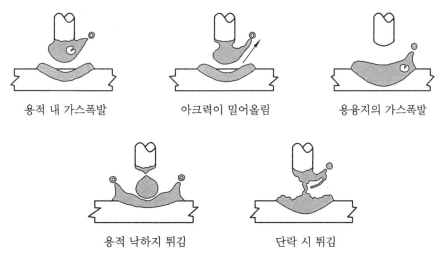

용적 내 가스폭발   아크력이 밀어올림   용융지의 가스폭발

용적 낙하지 튀김   단락 시 튀김

스패터 생성 기구

(2) 아크 스트라이크

아크 스트라이크(arc strike)는 용접 이음의 용융 부위 밖에서 아크를 발생시킬 때 아크열에 의하여 모재에 결함이 생기는 것으로, 때로는 스패터보다 훨씬 더 심한 용접 결함이 되어 주위의 모재로 급격히 열을 빼앗겨 급랭되어 단단하고 취약한 구조로 균열(crack)의 원인이 된다. 아크 스트라이크가 일어난 부위는 쉽게 관찰할 수 있는 것으로 이것은 용접사가 용접부 안에서만 아크를 일으키면 예방할 수 있다.

(3) 선상 조직

선상 조직(ice flower structure)은 아크용접부 파단면에 생기는 것으로 마치 서리 기둥이 나열된 것과 같이 보이는 조직이다. 미조직을 현미경으로 관찰하여보면, 극히 미세한 주상정이 선상(ice flower)으로 나열되고 그 입계 사이에 비금속 개재물과 기공이 존재하는 것으로 일부 용착금속의 파면에서 볼 수 있는 것으로 선상파면(線狀破面)이라고 한다. 또한 선상 조직의 생성 원인으로는 용접부의 냉각 속도가 너무 빠를 때, 모재의 탄소, 탈산 생성물(SiO_2, Al_2O_3, Cr_2, O_3) 등이 너무 많을 때, 수소 용해량이 너무 많을 때 등이 있고, 대책으로는 예열, 후열을 할 것, 모재를 검토할 것, 탈산이 잘 되고 슬래그가 가벼운 용접봉을 사용할 것, 고산화철계, 저수소계 용접봉을 쓸 것 등이 있다.

3-7 ◁ SMAW에서 결함 원인 및 대책

결 함	원 인	대 책
용입 부족	① 개선 각도가 좁을 때 ② 용접 속도가 너무 빠를 때 ③ 용접 전류가 낮을 때	① 개선 각도를 크게 하든가, 루트 간격을 넓힌다. 또, 각도에 맞는 봉경을 선택한다. ② 용접 속도를 늦춘다. ③ 슬래그의 포피성을 해치지 않을 정도까지 전류를 올린다. 용접봉의 유지 각도를 수직에 가깝게 하고, 아크 길이를 짧게 유지한다.
언더컷	① 용접 전류가 너무 높을 때 ② 용접봉의 유지 각도가 부적당할 때 ③ 용접 속도가 빠를 때 ④ 아크 길이가 너무 길 때 ⑤ 용접봉의 선택이 부적당할 때	① 용접 전류를 낮춘다. ② 유지 각도가 적절한 운봉을 한다. ③ 용접 속도를 늦춘다. ④ 아크 길이를 짧게 유지한다. ⑤ 용접 조건에 적합한 용접봉 및 봉경을 사용한다.

오버랩	① 용접 전류가 너무 낮을 때 ② 용접 속도가 너무 느릴 때 ③ 부적당한 용접봉을 사용할 때	① 용접 전류를 올린다. ② 용접 속도를 빠르게 한다. ③ 용접 조건에 적합한 용접봉 및 봉경을 사용한다.
비드 외관 불량	① 용접 전류가 과대하거나 낮을 때 ② 용접 속도가 부적당하여 슬래그의 포피가 나쁠 때 ③ 용접부가 과열될 때 ④ 용접봉의 선택이 부적당할 때	① 적정 전류로 조정한다. ② 적당한 용접 속도로 일정한 운봉을 행하여 슬래그의 포피성을 좋게 한다. ③ 용접부의 과열을 피한다. ④ 용접 조건, 모재와 판 두께에 적당한 용접봉 및 봉경을 사용한다.
슬래그 혼입	① 전층의 슬래그 제거의 불완전 ② 용접 속도가 너무 느려 슬래그가 선행할 때 ③ 개선 형상이 불량할 때	① 전층의 슬래그는 완전히 제거한다. ② 용접 전류를 약간 높게 하고, 용접 속도를 적절히 하여 슬래그의 선행을 피한다. ③ 루트 간격을 넓혀서 용접 조작이 쉽도록 개선한다.
저온 균열	① 모재의 합금원소가 높을 때 ② 이음부의 구속이 클 때 ③ 용접부가 급랭될 때 ④ 용접봉이 흡습될 때	① 예열을 한다. 저수소계 용접봉을 사용한다. ② 예열, 저수소계 용접봉의 사용 용접 순서를 검토한다. ③ 예열 또는 후열을 시행하고, 저수소계 용접봉을 사용한다. ④ 적정한 온도에서 충분히 건조한다.
용락 (burn- through)	① 개선 형상이 부적당할 때 ② 용접 전류가 너무 높을 때 ③ 용접 속도가 너무 느릴 때 ④ 모재가 과열될 때 ⑤ 아크 길이를 길게 할 때	① 루트 간격을 좁게 한다. ② 용접 전류를 낮게 한다. ③ 용접 속도를 빠르게 한다. ④ 용접부의 과열을 피한다. ⑤ 아크 길이를 짧게 한다.
변형	① 용접부의 설계가 부적당할 때 ② 이음부가 과열될 때 ③ 용접 속도가 너무 늦을 때 ④ 용접 순서가 부적당할 때 ⑤ 구속이 불완전할 때	① 미리 팽창, 수축력을 고려하여 설계한다. ② 낮은 전류를 사용하고 용입이 적은 용접봉을 사용한다. ③ 용접 속도를 빠르게 한다. ④ 용접 순서를 검토한다. ⑤ 치구 등을 이용하여 충분히 구속한다 (단, 균열에 주의한다).
피트	① 용접봉이 흡습되어있을 때 ② 이음부에 불순물이 부착되어있을 때	① 적정한 온도에서 충분히 건조한다. ② 이음부의 녹·기름·페인트 등을 제거한다.

	③ 봉이 가열되었을 때 ④ 모재의 유황이 높을 때 ⑤ 모재의 탄소, 망간이 높을 때	③ 용접 전류를 낮추어 봉 가열을 피한다. ④ 저수소계 용접봉을 사용한다. ⑤ 염기도가 높은 용접봉을 사용한다.
블로홀	① 과대 전류를 사용했을 때 ② 아크 길이가 너무 길 때 ③ 이음부에 불순물이 부착되어있을 때 ④ 용접봉이 흡습되어있을 때 ⑤ 용접부의 냉각 속도가 빠를 때 ⑥ 모재의 유황 함유량이 높을 때 ⑦ 용접봉의 선택이 부적당할 때 ⑧ 아크 스타트가 부적당할 때	① 적정 전류를 사용한다. ② 아크 길이를 짧게 유지한다. ③ 이음부의 녹·기름·페인트 등을 제거한다. ④ 적정한 온도에서 충분히 건조한다. ⑤ 위빙, 예열 등에 따라 냉각 속도를 늦춘다. ⑥ 저수소계 용접봉을 사용한다. ⑦ 블로홀의 발생이 적은 용접봉을 사용한다. ⑧ 사금법, 백스텝 운봉을 한다.
고온 균열	① 이음부의 구속이 클 때 ② 모재의 유황 함유량이 높을 때 ③ 루트 간격이 넓을 때	① 저수소계 용접봉을 사용한다. ② 저수소계 용접봉이나 망간을 많이 함유하고, 탄소, 규소, 유황, 인이 적은 용접봉을 사용한다. ③ 루트 간격을 좁게 하고, 두께가 큰 비드를 만들어 크레이터 처리를 행한다.

Chapter 04

용접 균열

1. 강용접부에서 발생하는 균열은 크게 저온 균열과 고온 균열로 구분된다. 저온 균열의 발생 인자 3가지를 열거하고 설명하시오.

2. 피복금속 아크(shielded metal arc)용접 시 크레이터 균열(crater cracking)의 원인과 방지 대책을 설명하시오.

3. 용접부에서 발생하는 균열 종류 5가지를 열거하고, 그 발생 기구를 설명하시오.

4. 강 용접부에서 발생하는 라멜라 티어(lamellar tear)에 대하여 다음을 설명하시오.

　　가. 발생 원인
　　나. 발생 기구
　　다. 균열 감수성 시험
　　라. 방지책
　　마. 검출 방법

5. 고온 균열에 대하여 설명하시오.

6. 재열 균열(reheat crack)의 주요 발생 원인 및 방지 대책에 대하여 설명하시오.

7. 고장력강의 용접부에서 발생하는 저온 균열의 주요 인자 3가지를 열거하고 설명하시오.

8. 용접에서 발생하는 고온 균열 4가지를 설명하시오.

9. 용접 시 발생할 수 있는 고온 및 저온 균열을 제외한 기타 균열의 종류와 방지책에 대하여 설명하시오.

10. 강 구조물을 용접하여 제작하였더니 라멜라 티어링(lamellar tearing)이 발생하였다. (1) 그 발생 원인과, (2) 방지책을 설명하고, (3) 구조물 내부에 매몰된 상태로 이 균열이 존재한다면 어떤 비파괴검사 방법으로 검사할 수 있는지 설명하시오.

11. 열교환기의 탄소강 강관과 관판 강도 용접 이음(carbon steel tube to tubesheet strength welding joint)을 1년 가동 후 검사한 결과 균열이 발생되었을 때 예상되는 원인과 **예방책** 그리고 조치 방안을 설명하시오.

12. 탄소강 및 저합금강의 고온 **균열**과 합금원소와의 관련성을 설명하시오.

4. 용접 균열

4-1 용접 균열

(1) 개 요

용접 균열은 용접부에 생기는 결함 중에서 가장 치명적인 것으로, 어떠한 것은 작은 균열에도 부하가 걸리면 응력이 집중되어 미세한 균열이 점차 성장하여 커지면서 마침내는 파괴를 가져오기도 하므로 균열이 발생하면 반드시 그 부분을 파내고 정성 들여 보수해야 한다. 용접부에 발생하는 균열에는 용접 금속의 응고 직후에 발생하는 고온 균열(hot crack)과 온도 300℃ 이하에서 발생하거나 용접 금속 응고 후 시간이 지나서 발생하는 저온 균열(cold crack)이 있다.

(2) 용접 균열의 발생 인자

① **수소에 의한 균열** : 강 용접부의 균열은 수소(H)에 의한 경우가 많다고 볼 수 있다. 특히 저온 균열과 유화물 응력부식 균열은 수소와 밀접한 관계가 있다. 이것은 용접할 때 다량의 수소가 용착금속 중에 용해되는 것으로 용착금속이 응고되면 수소가 강 중에 그대로 남을 수가 없게 되어 외부로 방출되려고 하나, 용착금속부가 빨리 응고되므로 전부 나가지 못하고 서로 인장되어 강 내부에 큰 압력을 이루게 되어 균열이 일어난다.

② **외적인 힘에 의한 균열** : 용접부에 가해진 외적인 힘과 내적인 힘의 균형이 용접부의 파괴강도 이상으로 되면 균열이 일어난다. 외적인 힘에 의한 균열에는 사용 중 외부에서 가해지는 힘에 의한 것과, 용접 후에 그대로 방치하여놓아도 균열을 일으킬 때가 있는데 이때에는 외적인 힘(항속력)에 의한 것이 있다.

③ **내적인 힘에 의한 균열** : 내적인 힘 중에서 가장 중요한 것은 열응력(thermal stress)인데, 이것은 용접할 때 국부적으로 연속하여 가열, 냉각되기 때문에 팽창, 수축이 불균일하게 됨으로써 균열이 일어나는 것이다.

④ **변태 응력에 의한 균열** : 용접부가 고온도로 가열된 부분과 용접 금속이 냉각 도중에 강 내부의 결정 배열이 변함에 따라 체적도 변해야 하지만, 이미 굳어버린 강은 쉽게 움직이지 못하므로 결국 변태를 수반하는 체적 변화에 상당하는 응력이 내부에 남게 되는 응력을 변태 응력이라고 한다.

⑤ **용착금속의 화학 성분에 의한 균열** : 용착금속의 성분 중에서 균열의 원인에 영향을 미치는 가장 유해한 것은 황(S)과 인(P)인데, 이들 중에서 특히 황에 의한 균열이 가장 큰데 황은 부분적으로 층상 편석이 되는 성질이 있는데, 모재의 편석은 균열 발

생의 원인이 된다.

⑥ **노치에 의한 균열** : 예리한 각도를 가진 노치(notch)가 있으면 내부에 있는 응력이 노치 끝부분에 집중되므로 균열 발생의 원인이 된다. 그러므로 표면 덧붙이와 같은 것을 필요 이상 높게 할 필요가 없다.

참고 ○ 균열 발생 인자

1. 금속학적 요인
   (1) 열영향에 따라서 모재의 연성이 저하하는 현상
   (2) 용융 시에 침입하였다가 또는 확산하는 수소의 영향에 의해 취화되는 경우
   (3) P, S 등의 불순물 편석
   (4) arc 분위기 중의 수소 과다 및 응고 조건 등
2. 역학적 요인
   (1) 용접 시의 가열, 냉각으로 생긴 열응력(수축 응력)
   (2) 강의 변태에 따른 체적 변화
   (3) 용접 불량(융합, 용입 부족, 운동 부족 등)
   (4) 구조상 또는 판 두께에 따른 용접부의 내부 및 외부에 작용하는 힘 등

---

(3) 발생 위치에 따른 균열의 종류

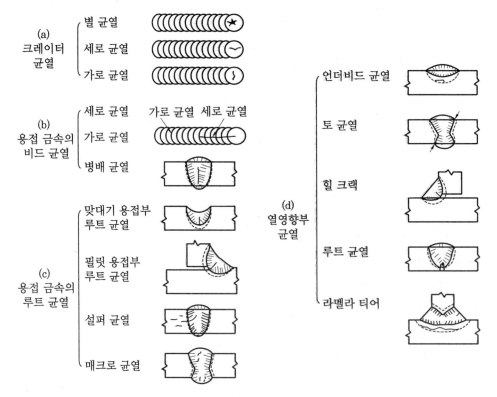

발생 위치에 따른 균열의 종류

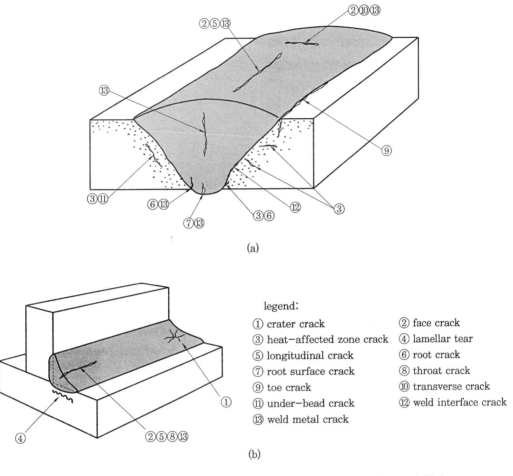

(a)

legend:
① crater crack   ② face crack
③ heat–affected zone crack   ④ lamellar tear
⑤ longitudinal crack   ⑥ root crack
⑦ root surface crack   ⑧ throat crack
⑨ toe crack   ⑩ transverse crack
⑪ under–bead crack   ⑫ weld interface crack
⑬ weld metal crack

(b)

AWS A3.0 standard welding terms & definitions의 용접 균열 형태

4-2 고온 균열(hot crack)

(1) 개 요

hot crack은 용착금속 및 HAZ에서 용접 직후 고온일 때 발생하는데 발생 원리에 따라 응고균열, 액화균열 및 연성저하균열로 나누어진다. 고온 균열이 발생하기 쉬운 금속으로는 저융점의 화합물을 형성하는 S 및 P가 비교적 많은 일반 구조용강, 고장력강, Ni 등을 함유하는 저합금강 및 stainless강 등이 있다. 고온 균열의 발생 온도는 재료에 따라 명확하지 않지만 응고균열이나 액화균열은 융점에서 고상선 온도 부근까지의 취성 온도역이라고 하는 온도역에서 발생한다. 이에 대하여 취화균열은 응고선 온도부터 아래로 재결정 온도 부근의 중간적인, 즉 연성저하 온도역에서 발생한다. 고온 균열의 공통적인 특징은 파면이 산화되어 착색되거나 입계파면을 나타낸다는 점이다.

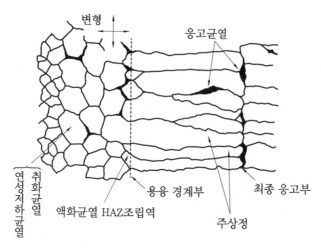

고온 균열 발생 메커니즘의 설명

(2) 발생 원리에 따른 분류

고온 균열의 균열

고온 균열	편석균열, Ⅰ형 (입계편석막에 원인)	용접 금속의 응고균열
		HAZ의 액화균열
		용접 금속의 액화균열(다층 용접)
	연성저하균열, Ⅱ형 (막이 없는 신결정 입계의 연성 저하에 원인)	용접 금속의 연성저하균열
		HAZ의 연성저하균열
		재가열을 받은 용접 금속의 연성저하균열(다층 용접)

① 응고균열

㈎ 용착금속의 응고 마지막 단계에서 액상의 필름이 결정입계를 따라 존재하고 이 액상이 존재하는 입계가 응고 및 냉각 중 발생하는 응력을 견디지 못해 균열이 발생한다.

㈏ 액상막은 용질 원자의 편석으로 형성되며, S, P, B, C, Si, Ti, Nb, Sb 등의 원소들이 결정입계에 편석하여 응고 종료 온도를 저하시키게 된다. 즉, 모재의 응고 온도와 마지막으로 응고하는 액상막의 응고 온도 차이가 클수록 고온 균열 발생 확률이 높아지게 된다.

㈐ 고온 균열 감수성에 영향을 미치는 인자는 조성(합금원소 및 불순물의 양), 용접부 형상(크고 오목한 형상의 비드), 용접부의 구속도가 있다.

② HAZ 액화균열

㈎ 모재의 부분 용융역이나 HAZ의 결정입계를 따라서 발생하는 균열로 대체로 길

이가 짧으며 HAZ로 성장한다.

㈏ 부분 용융역이나 HAZ에서 최고 온도가 국부적인 응고 온도 이상, 모재의 응고 온도 이하로 가열된 영역에서 냉각 시 발생한다.

㈐ 조성적 액화(유화물, 인화물, 보론계 화합물)에 의한 구속력으로 발생하는 Ni합금, 안정화 처리된 오스테나이트 스테인리스강(SS321, 347) 등이 있다.

㈑ 조성적 액화를 일으킬 정도의 입자가 존재하지 않는 합금의 경우는 합금원소와 불순물의 편석으로 인해 액화막이 생긴다.

③ 용접 금속의 액화균열

㈎ HAZ의 액화균열의 다른 형태로 용접 금속 내 다층 용접 중 재가열된 용접 금속에서 발생한다.

㈏ 용접 금속은 이미 불순물이 편석되어있으므로 입계에 국부적 용융을 위해 불순물의 이동은 필요 없다.

④ 연성저하균열

㈎ 이 균열은 보통 HAZ보다는 용접 금속에서 발생하는 고상 균열로서, 사용한 용접 재료가 재결정 온도보다 약간 높은 온도에서 심각한 연성저하 현상이 나타나서 발생한다.

㈏ 이러한 고온 연성저하는 순도가 매우 높은 오스테나이트 재료에서 전형적으로 나타난다. 연성저하 온도 범위에서 입자 성장이 일어나고(입자 조대화) 변형이 입계에 집중되어 균열이 발생한다.

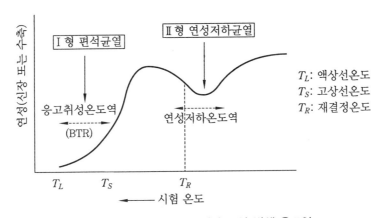

고온에서의 금속 연성 곡선과 균열 발생 온도역

(3) 발생 원인

① 재료의 성분

㈎ 재료에 S 성분이 많으면 FeS를 만들어 결정입계에 모여 저융점의 공정이 형성

되어 응집력을 저하시켜 인장응력이 작용하면 입계균
열이 발생한다.

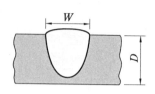

(내) Si, P, C, Cu, Ni 등의 원소는 균열의 주된 원인은 아
니지만, 황(S)의 편석을 촉진하는 부수적 거동을 보이거
나, 고온 연성을 감소시켜 균열 감수성이 증가한다.

② **불순물 및 비금속 개재물의 편석** : 응고 과정에 있는 용착금속과 HAZ에서 용융된 피막
이 형성되는 경우에 고온 균열이 발생하기 쉽다. 이 용융 피막은 편석에 의한 저융
점 개재물이기 때문에 용접 직후 용접 금속이 응고된 상태에서도 액상으로 존재하
게 된다. 이로 인하여 인장 열응력이 작용하게 되면 균열이 발생하게 된다.

③ **응고 형태**

(가) 용접부의 형태는 form factor $= W/D$에 의해 좌우된다. form factor가 작을수
록 고온 균열에 민감하다. 여기서, 용접부 폭(W), 용접부 깊이(D)로 나타낸다.

(내) 용접 속도가 클수록 용접부의 용융 pool 모양이 tear-drop이 되어 고온 균열
에 민감하다. 그 이유는 용착금속의 결정립이 용착금속 중앙으로 성장하게 되어
이 부분에서 편석이 쉽게 발생하고, 구속 응력도 집중되기 때문이다.

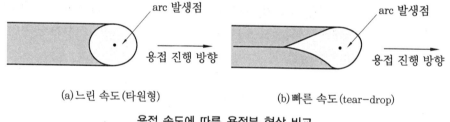

(a) 느린 속도(타원형)   (b) 빠른 속도(tear-drop)

용접 속도에 따른 용접부 형상 비교

④ **구속 응력** : 구속 응력이 존재할 경우 고온 균열이 쉽게 발생한다.

⑤ **응고 조직의 조대화** : 대입열 용접에서 자주 발생하며, 이유는 용착금속의 결정립이
조대화되기 때문이다.

(4) 방지 대책

① S, P, Cu, C 등의 함량이 낮은 용접재료 및 강재를 선택한다.

② Mn 첨가는 MnS를 만들어 FeS를 감소시키는 작용을 한다. FeS는 습윤각이 크기
때문에 개재물 형태로 존재한다(MnS는 slag로 부상한다).

③ 응고 깊이를 비드 폭(form factor $= W/D$)에 비해 크지 않도록 용접 조건을 고려
한다.

④ 입열량이 증가할수록 용착금속의 결정립이 조대화되어 편석 발생이 쉬워지므로 입열량을 낮게 한다. 전류나 용접 속도를 너무 높지 않게 한다.

⑤ 구속응력이 적게 작용하는 용접 설계의 선택이 바람직하다. 이음부 형상을 고려하고 적층법 등을 적절히 고려하여 구속 조건을 완화시킨다.

4-3 대표적인 고온 균열

(1) 설퍼 균열(sulphur crack)

① 원인 : sulphur crack은 강 중의 유황 편석이 층상으로 존재하는 소위 sulphur band가 심한 모재를 잠호 용접(SAW)하는 경우에 흔히 볼 수 있는 고온 균열으로 수소와도 관계가 있다.

② 대책

㈎ 황(S)의 영향을 덜 받는 wire와 flux를 선택한다.

㈏ SAW 대신에 저수소계 용접봉으로 수동용접(SMAW)을 행한다.

㈐ 근본적인 대책으로는 semi-killed강이나 killed강을 사용하는 것이 유효하다.

(2) 크레이터 균열(crater crack)

① 개요 : arc 중단 시 용접 금속의 crater부에 발생하는 crack이다. hot crack의 일종이며, 균열 모양에 따라서 가로 균열, 세로 균열 및 별 모양의 균열이 있다.

② 원인 : arc 중단 시 crater 중심부의 불순물 석출로 편석이 남기 쉽고, 아울러 불균일한 냉각 속도로 생긴 잔류응력으로 인하여 발생하기 쉬우며, 고장력강이나 합금 원소가 많은 강종에서 자주 발견된다.

③ 대책

㈎ arc를 중단시킬 때 crater 처리 방법에 주의한다.

㈏ back hand welding법이 유효하다.

(3) 병배 비드 균열

① 개요 : 병배란 일종의 서양 배로, 그 형상을 닮은 용접 bead 단면에 생기는 대표적인 고온 균열을 말한다.

② 원인 : 주상 결정의 화합선에 저융점 불순물이 편석되어 균열을 일으키며, SAW과 같이 용입이 깊은 용접법을 택하였을 때 잘 나타난다. 또한, 병배 bead 균열은 입열이 큰 이음의 끝부분에 잘 나타나는 강판의 회전 변형에 기인하는 균열과 복합적으로 발생하기 쉽다.

③ 대책

㈎ bead 단면이 편평한 모양이 되도록 관리한다.

㈏ 용접 종점의 end tap을 단단히 붙여서 회전 변형을 충분히 구속해준다.

④ 특징 : bead의 표면까지 도달하지 않고, bead 내부에서만 갈라지는 경우가 많으므로 용접 검사를 철저히 할 필요가 있다.

4-4 재열 균열(SR 균열)

(1) 개 요

재열 균열은 응력 완화 균열(stress relief crack), 즉 SR 균열이라고도 하며, 용접부의 후열처리(PWHT) 또는 고온($900\,℉$ 이상)에서 장시간 사용 시 열영향부의 조립역에서 결정립계를 따라 전파하는 고온 균열이다. 재열 균열은 $80\,kg/mm^2$급 이상의 고장력강이나 Cr, Mo, V, Nb 등이 함유되어있는 내열 및 내식성 저합금강, 오스테나이트계 스테인리스강 등의 재료에서 주로 발생하며 잔류응력이 큰 후판의 경우에도 발생할 가능성이 크다.

(2) 재열 균열이 일어나기 위한 조건

① HAZ에서 오스테나이트 입자의 조대화가 일어날 수 있어야 한다.

② 오스테나이트 영역에서 탄화물의 고용도가 충분하여 이차 경화형 탄화물이 존재해야 한다.

③ 탄화물이 재석출하는 온도 범위에서 재가열되어야 한다.

④ 용접부의 잔류응력이 커야 한다.

(3) 발생 원인(기구)

잔류응력이 존재하는 용접부를 creep 변형이 생길 정도의 고온까지 가열하였을 때 응력 완화와 더불어 발생한 소성응력이 응력집중부에 집적함으로써 생기는 균열이다. 발생 원인으로는 강의 석출 강화 원소로서 첨가되어있는 V, Mo 등이 V_4C_3, Mo_2C 등의 미세 탄화물을 형성, 균일 분산하여 matrix를 강화한 결과 재열 균열이 발생한다는 입내 강화설과, P, S, Sb 등의 불순물 원소가 편석하여 입계강도를 저하하게 한다는 입계 취약화설이 있다.

(4) 특 성

일반적으로 재열 균열은 미소하므로 육안이나 RT로 발견이 어렵다. 재열 균열은 큰 잔류응력과 노치(응력집중)가 없으면 발생되기 어렵다. 연강에서는 32 t 이상이 되면 발생하기 쉽고, 저합금강의 압력 용기에서는 노즐 이음부 toe부의 조립역에서 발생하기 쉽다.

(5) 재열 균열 감수성 평가

잔류응력 완화와 함께 발생하는 소성응력의 양을 저감하거나, 소성응력의 집중 원인인 toe부, 용합 불량부, 균열 등을 사전에 제거한다. 또한 입계 취약화 원소를 저감화시키거나, HAZ 입자의 크기를 미세화하여 방지한다. 고장력강은 $\Delta G > 0$이면 균열의 발생이 예상되며, 잔류응력은 $50\,kg/mm^2$ 이하로 유지되어야 한다.

$$\Delta G = Cr + 3.3\,Mo + 8.1\,V - 2(wt,\ \%)$$

저합금강은 $P_{sr} > 0$이면 균열의 발생이 예상된다.

$$P_{sr} = Cr + Cu + 2\,Mo + 10V + 7\,Nb + 5\,Ti - 2(wt,\ \%)$$

스테인리스강은 고온에서 장시간 사용 시 HAZ부 결정입계에 crack 형태로 나타나며, Ni 기내열합금은 $\gamma'\,\{Ni_3(Al,\ Ti)\}$의 입계강화능이 크므로 균열 발생의 주원인이 된다.

(6) 재열 균열 방지책

① SR 균열 감수성이 낮은 강재를 사용한다. Q & T 고장력강에서는 고강도를 얻기 위해서 일반적으로 Mo, V, Ti, Nb 등의 2차 경화 석출 원소를 이용하고 있지만, 취화 현상이 수반되기 때문에 이러한 원소량을 최소화하여야 한다.
② 재가열 중의 크리프를 최소화한다. 이를 위해서는 용접부를 예열함으로써 잔류응력을 최소화하고 모재보다 강도 수준이 낮은 용접 재료를 선택한다.
③ 용접부 표면 덧살, undercut 등을 제거하거나 buttering bead를 두어 HAZ 조립역으로 응력집중이 되지 않게 한다.
④ 응력집중이 최소화될 수 있도록 설계한다. 특히, 판 두께의 급격한 변화를 피한다.
⑤ 용접 입열량을 증가시킨다. 용접 입열량 증가는 HAZ 조립역 폭을 증가시켜 변형의 집중을 경감시키며, 균열에 민감하지 않은 조직을 형성한다.
⑥ 조립역 조직을 개선한다. 통상 탄소가 고용된 마텐자이트보다 탄화물로 석출해있는 베이나이트, 페라이트 조직이 균열 저항성이 크다.

4-5 저온 균열(cold crack)

(1) 개 요

저온 균열은 주로 수소에 의한 지연 균열(delayed crack)로서 일반적으로 HAZ의 결정입내 및 입계에서 발생하여 진전한다. 저온 균열은 고온 균열과 달리 약 300℃

이하의 온도에서 주로 발생되는데, 용접부에 잔류하고 있는 수소가 주요 발생 원인이다. 저온 균열에는 root crack, under-bead crack, toe crack 및 횡 crack 등이 있다.

(2) 원인(지배적 요인)

일반적으로 저온 균열은 경화된 조직, 확산성 수소, 높은 구속도(잔류응력)의 3가지 요인으로 발생하며, 경우에 따라 3가지 중 지배적인 요인은 있으나 항상 복합적으로 작용하여 발생한다.

① **경화된 조직** : 탄소강의 경우 austenite stainless steel과 달리 1000℃에서 500℃로 냉각될 때 상변태가 냉각되는 조건과 용접부를 형성하는 화학 성분에 따라 성질이 다른 조직이 나타나게 된다. 경화된 조직은 아래의 두 가지 요인에 의해 생겨나게 된다.

㈎ 다량의 합금원소 첨가에 따른 높은 탄소당량을 가질 경우
  ㉮ 주로 열영향부에서 균열의 발생이 이루어진다.
  ㉯ 대처 방안은 HSLA(high strength low alloy) steel의 사용과 예열을 통한 경화 조직 형성을 막는 방법이 있다.
㈏ 용접 후 800℃에서 500℃까지의 빠른 냉각 속도를 가질 경우 : 대처 방안은 예열 혹은 대입열 용접의 적용이 있다.

② **확산성 수소** : 수소는 분해되어 H+ 상태로 쉽게 강 속에 침투되고 시간이 지날수록 이동 후 결합되어 수소 gas로 성장됨으로써 문제를 일으키고 있으며, 이러한 확산성 수소는 용접 시 고온에 의해 수분이 분해되어 발생한다. 확산성 수소량이 많을수록 크랙이 발생하는 임계응력이 낮아져 낮은 응력에서도 크랙이 발생한다. 대처 방안은 저수소계 용접봉의 사용과 수분 제거가 필요하며, 예열도 어느 정도의 효과가 있다.

③ **잔류응력(높은 구속도)** : 잔류응력은 용접 시 발생하는 수축응력이 구조물의 구속력에 의해 방해를 받아 발생하며, 그 크기는 판 두께, 구조물의 크기, 내부 보강재의 구속 정도에 따라 달라진다. 즉, 구속력이 클수록 용접 후 발생하는 잔류응력은 크게 된다. 대처 방안은 예열과 용접 절차에 의해 어느 정도 작게 할 수 있다.

(3) 대 책

저온 균열의 발생 요인을 기초로 하여 실용적인 방지 대책을 정리하면,

① Pcm 또는 Ceq가 낮은 강재의 선택이 필요하다.
② SMAW의 경우에는 확산성 수소량이 적은 저수소계 또는 극저수소계 용접봉을 선택한다.

③ SAW의 경우에는 탄산염을 함유한 본드형 flux 또는 확산성 수소량이 적은 용융형 flux를 사용한다.

④ 초층 용접의 경우에는 비교적 강도가 낮고 연성이 풍부한 용접 재료를 사용하여 root부의 응력집중을 완화시킨다.

⑤ 용접 이음부의 설계 시에는 구속응력이 작은 이음부 및 groove 형상을 선택하고, 이음부 상호 간의 근접을 피하여 구속력을 완화한다.

⑥ 용접 재료의 건조 및 흡습을 방지하기 위해 용접 재료 관리에 만전을 기한다.

⑦ 다습한 경우에는 용접 작업을 중지하는 것이 좋다.

⑧ 예열 처리 시공 및 층간 온도를 유지하여 서랭(徐冷)시킨다.

⑨ 용접 이음부의 청결 상태를 유지한다(녹, 습기, 이물질 및 paint 등을 제거한다).

⑩ short bead는 지양한다.

⑪ 후열처리(PWHT)는 수소를 방출시키는 효과가 있으므로 저온 균열 예방에 유효하다.

⑫ 저온 균열은 지연 균열 현상이 대부분이므로 용접부 검사는 용접 후 최소 48시간 이상 경과 후 실시하는 것이 바람직하다.

대부분의 under bead cracks, toe crack, root crack의 주된 요인은 경화된 조직과 응력에 기인하며, 용착금속부의 횡 크랙은 응력이 주이며 확산성 수소의 영향이 크다. 경우에 따라 대처할 수 있는 한계가 정해지며 주된 요인이 있으므로 방법은 각각 달라져야 한다. 가장 손쉽고 간단한 방법은 예열의 적용이다.

4-6 ◀ 저온 균열의 분류

(1) 수소 기인 균열(delayed crack)

① **개요** : 수소 기인 균열은 400°F 이하에서 열영향부에 발생된다. 이 균열은 용접이 완료된 후 수시간 또는 수일이 지나서 나타나기 때문에 지연 균열이라고 하며, 이러한 지연 균열의 잠복 기간은 부가 응력이 낮을수록, 예열 온도가 높을수록 길어진다. 이 균열이 bond에 평행하게 HAZ에 나타날 때 underbead crack이며, toe crack 형태로 나타나기도 한다.

② **발생 기구** : 이 결함의 근원인 수소는 공기, 피복 가스, 용접봉 피복제, 페인트, wire 등에서의 습기가 용접 중에 원자 상태의 수소로 해리되어 용융 금속에 침입하여 지연 균열을 발생시킨다. 이때 균열을 일으키는 것은 온도에 따른 수소 용해도 때문으로서 용접 중 용융 금속에서의 용해도는 2.4×10^{-3} %인 데 비하여 실온에서는 2×10^{-8} %로 급감됨으로써 용해되지 못한 수소는 가스 형태로 용착금속에 남거나 HAZ에 들어가게 된다. 이 수소는 400°F 이하에서 잔류응력을 받아 확산성 수소로 작용하여 균열을 발생시킨다.

③ 특징

㈎ 고강도 재료에서 나타난다.

㈏ 시간의 경과가 필요하다.

㈐ 균열의 진전이 불연속적이다.

④ 원인

㈎ 주된 원인은 확산성 수소이다.

㈏ HAZ의 경화에 기인한다.

㈐ 이음부의 구속도 등에 기인한다.

⑤ 대책

㈎ 저수소계 용접봉 및 탄소당량이 낮은 강재의 선택

㈏ 용접 재료(용접봉, flux 등)의 건조 후 사용

㈐ 이음부(joint)의 청결 유지(녹, 수분, 페인트 등 이물질 제거)

㈑ 예열 및 후열처리 시공

㈒ 응력이 적게 작용하는 이음 설계 등이 유효하다.

⑥ 용접부 검사 : 용접부 검사(NDE)는 용접 종료 후 약 48시간 이상 경과 후 실시하는 것이 수소 기인 균열(지연균열) 검출에 용이하다.

(2) 라멜라 티어(lamellar tear)

① 개요 : 이 균열은 용접부 밑의 모재에서 압연면에 평행하게 발생한다. 이러한 결함은 용접부가 냉각될 때 용착금속과 HAZ의 수축에 의해 강의 두께 방향에 인장응력이 작용할 때 발생한다. 라멜라 티어의 시작점은 강을 압연하여 층상으로 된 유화개재물의 취약한 곳이다. 균열은 맞대기 용접에서는 일어나지 않는다. 그 이유는 라멜라 티어는 이 압연면에 응력이 수직으로 작용할 때 발생하는데 맞대기 용접부는 응력이 압연면에 평행하게 작용하기 때문이다. 따라서 이 균열은 필릿 용접, T 용접부에 잘 발생한다.

② 특징

㈎ 용접 시 또는 용접 후 판 표면에 평행한 개재물(femns)을 따라 crack이 진전하며 계단상의 형태로 된다.

㈏ crack은 일반적으로 HAZ 또는 그 부근에서 존재한다.

㈐ 수소에 의한 지연(delay) 균열 형태로 진전한다.

③ 원인

㈎ 강 중에 길게 연신된 개재물(femns)과 S성분이 많을수록 발생률이 높다.

㈏ 고온의 용접 금속이 냉각되면서 판 두께 방향으로 작용하는 수축응력

㈐ 용접부의 확산성 수소

㈑ 용접부의 경화 조직

㈒ 그 밖의 Al_2O_3계나 SiO_2계 등의 개재물도 영향을 미친다.

④ 방지 대책

㈎ S량이 적고, 층상편석이 적은 강재를 선택 사용(Z방향 단면 수축률 고려)한다.

㈏ 응력이나 변형이 작게 되는 이음매를 채용한다.

㈐ 용착금속의 양을 가능한 작게 하고 수소량의 저감을 도모한다.

㈑ buttering 등의 적층법을 고려한다(temper bead법도 유효).

㈒ 예열 및 후열처리를 한다.

㈓ 저수소계 용접봉을 사용한다.

lamellar tear을 방지하기 위해서는 강재 및 설계, 시공상의 발생 요인을 파악하여 각각에 대응하는 방지 대책을 수립해야 한다.

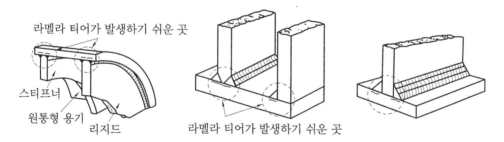

lamellar tear가 발생하기 쉬운 형상

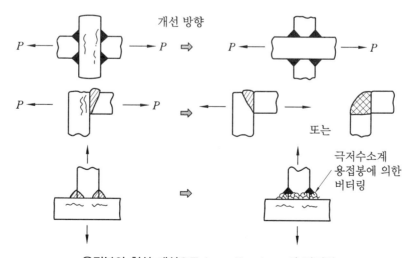

용접부의 형상 개선으로 lamellar tear의 방지법

⑤ lamellar tear 검사

㉮ 초음파탐상시험(UT)으로 쉽게 검출이 가능하다.

㉯ Z방향 耐 lamellar tear 인장시험 방법이 있다.

⑥ 신개발 강재 : Z방향의 연성을 개선한 耐 lamellar tear 강판이 개발 사용되고 있다. 일명 Z-plate라고 부르기도 한다.

(3) 비드 밑 균열(under bead crack)

① 발생 원인 : 비드 밑 터짐은 저합금 고장력강에 발생하기 쉬운 미소한 균열이며 bead, 직하에 생긴다. 비드 밑 터짐의 3가지 인자는 다음과 같다.

㉮ 용착금속 및 열영향부 수축응력

㉯ 오스테나이트 → 마텐자이트 변태의 체적 팽창에 의한 변태 응력(FCC-BCC)

㉰ 수소의 확산성

② 발생 기구 : 이들 세 가지 인자에 의한 비드 밑 터짐 발생 기구는 다음과 같다.

㉮ 수소를 발생하기 쉬운 용접봉으로 용접하면 아크 분위기를 통과한 금속 입자가 수소를 다량으로 함유하게 된다.

㉯ 용접 금속이 응고할 때 수소 용해도가 급속히 감소하여 일부가 용착금속 내에 잔류하고, 일부는 austenite의 HAZ에 확산한다. 즉, 수소 용해도는 10^{-3} %에서 10^{-8} %로 감소한다.

㉰ 다시 HAZ가 냉각함에 따라 오스테나이트가 마텐자이트로 변태할 때 과포화된 수소가 비드 밑 터짐을 일으키게 한다.

③ 방지책 : 비드 밑 터짐은 마텐자이트 생성이나 수소가 없으면 일어나지 않으므로 이를 방지하기 위한 방안은 다음과 같다.

㉮ 저수소계 용접봉을 사용한다.

㉯ 100~150℃로 예열하여 냉각 속도를 작게 한다(마텐자이트 생성 억제).

㉰ 오스테나이트 Cr-Ni 용접봉을 사용한다(용착강이 오스테나이트로서 수소를 다량으로 흡수하므로 HAZ의 수소 확산을 억제한다).

(4) 그 밖의 저온 균열

① toe 균열 : toe 균열은 맞대기 이음, 필릿 이음 등의 어느 경우든지 bead 표면과 모재의 경계부에 발생하며, 반드시 벌어져 있기 때문에 액체침투탐상(PT) 검사로도 검출이 가능하다. 용접에 의한 부재의 회전 변형을 무리하게 구속하거나, 용접 후 곧바로 각 변형을 주면 발생한다. undercut에 의한 응력집중이 큰 원인이 되므로

undercut이 생기지 않도록 관리해야 하며, 예열을 하거나 강도가 낮은 용접봉을 사용하는 것도 효과가 있다.

② hill crack : 이는 필릿 용접의 root부에 생기는 저온 균열이며, 모재의 열영향 수축에 의한 비틀림이 주요 원인이다. $50\,kgf/mm^2$급 강의 대입열 용접의 T형 필릿 용접에서 많이 발생한다. 이를 예방하기 위해서는 root 균열과 같이 수소량의 감소와 예열이 효과적이며, 이 밖에 용접 금속의 강도를 낮추거나 용접 입열을 적게 하는 것이 유효하다.

③ root crack : 저온 균열에서 가장 주의하지 않으면 안 되는 것은 맞대기 용접의 가접이나 초층 용접의 root 근방 열영향부에서 발생하는 root crack이다. 이는 세로방향 균열의 형태로서 표면에 나타나지 않는 경우가 많지만, 열영향부에서 발생하여 점차 bead 속으로 성장해 들어와 며칠간에 걸쳐서 서서히 진행하는 수가 많다. 이것의 원인은 열영향부의 조직(강재의 경화성), 용접부에 함유된 수소량, 작용하고 있는 응력 등으로 알려져 있다. 용접 작업 시 용접부에 들어가는 수소량을 적게 하도록 관리하며, 일단 들어간 수소는 신속히 방산시키는 것이 중요하다. 이에는 용접봉의 건조, 예열 및 후열 등의 정해진 대로 정확히 준수하는 것이 중요하다.

4-7 래미네이션(lamination)

(1) 정 의

강판의 $1/2\,t$ 부근이 연속적 또는 단속적으로 갈라지는 현상으로 ingot 내의 각종 개재물, 편석 등은 압연을 함에 따라 납작하게 퍼져간다.

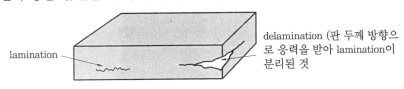

lamination

delamination (판 두께 방향으로 응력을 받아 lamination이 분리된 것)

lamination과 delamination

(2) 원 인

① 강 중의 수소(H_2) 집적
② 강 중심부의 용질 편석(C, Mn, P, S 등) 및 개재물
③ 연속 주조 조건 불량(냉각, 속도, 과열도 등)

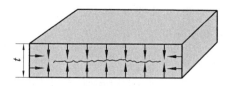

→ 표는 응고 진행 방향으로 표면에서 시작하여 내부로 진행된다.

∴ lamination의 발생 위치는 최종 응고($1/2t$)부의 용질(C, Mn, P, S 등)
편석물, 개재물에 의한 것이다.

(3) 대 책

① 탈 gas 및 후판의 경우 서랭

② 저 S 설계, 개재물 저감 및 구상화 : 모재를 킬드강이나 세미킬드강을 사용한다.

③ 연주 roll gap 관리

④ 판 두께 방향(Z)의 단면 수축률 시험 실시 등이 유효하다.

(4) 탐상 방법

초음파 탐상시험법의 수직탐상으로 lamination 결함을 용이하게 검출할 수 있다.

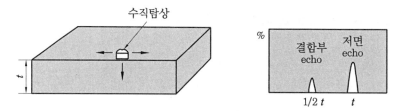

초음파 탐상시험(수직 탐상)을 통한 lamination 검출

Chapter

05

용접부 파괴시험

1. 용접부의 저온 균열 시험 방법에 대하여 열거하고 설명하시오.

2. 건축, 교량의 구조용 용접 재료에 많이 사용되는 5가지 구조영 압연강판(KS D3515의 SM490B, SM520C, SM570과 KS D3868의 HSB500, HSB600)의 샤르피(Charpy V-notch) 충격시험 온도 및 흡수 에너지 값에 대하여 각각 얼마인지 설명하시오.

3. 대형 용접 구조물의 취성파괴 평가를 위한 시험 방법 2가지를 설명하시오.

4. 맞대기 파괴시험 중 용접성(weld-ability) 시험의 종류를 나열하고 설명하시오.

5. 각 용접부의 모서리 및 T형 용접부에서 발생하는 라멜라 티어(lamellar tear)의 시험 방법에 대하여 설명하시오.

5. 용접부 파괴시험

5-1 〈 용접부의 시험 및 검사 방법

(1) 개 요

용접부는 국부적인 용접열에 의한 모재의 변질, 변형과 수축, 잔류응력의 발생, 용접부 내의 화학 성분과 조직의 변화를 어느 정도 피할 수 없기 때문에 용접 구조물의 성능, 즉 신뢰성을 조사하기 위한 방법으로 용접부의 시험 및 검사를 실시한다.

(2) 용접부 시험 및 검사 방법

용접부의 검사 방법은 목적이나 방법 등에 따라 다양하게 분류할 수 있지만 일반적으로 용접 구조물의 성능을 검사하는 방법을 대별하면 파괴시험 및 비파괴시험이 있고, 이들을 분류하면 다음과 같다.

용접부의 시험

용접부의 시험	파괴시험	기계적 시험	인장시험(tension test)
			굽힘시험(bending test)
			경도시험(hardness test)
			충격시험(impact test)
			피로시험(fatigue test)
		물리적 시험	물성시험(비중, 점도, 표면장력)
			열특성시험(팽창, 비열, 열전도)
			전기, 자기 특성시험(저항, 기전력)
		화학적 시험	화학 분석시험
			부식시험(corrosion test)
			함유 수소시험(hydrogen test)
		야금학적 시험	육안조직시험(macrography test)
			현미경 조직시험(micrography test)
			파면시험(fracture test)
			설퍼 프린트법(sulfur print test)

	용접성 시험	노치취성시험(notch brittleness test)
		용접연성시험(weld ductility test)
		용접균열시험(weld cracking test)
	비파괴시험	외관검사(visual test)
		누설시험(leak test)
		침투시험(penetrant test) : 형광 및 액체 침투
		자분탐상시험(magnetic particle test)
		와전류탐상시험(eddy current test)
		방사선투과시험(radiographic test) : X 및 γ선
		초음파시험(ultrasonic test)
		음향방출법(acoustic emission)

5-2 용접성 시험

(1) 개 요

용접성에 영향을 미치는 인자들은 다양하고 상호 관련성이 있어서 이를 평가하기 위한 만족한 방법을 개발하는 데에는 어려움이 따른다. 즉, 한 가지만의 시험 및 검사로는 복잡한 특성을 해결할 수 없기 때문이다. 용접성을 평가하기 위한 시험은 복합적으로 연계되어 보완적인 역할을 하지만 이를 이해하기 쉽게 분류하여 노치취성시험, 용접연성시험, 용접균열시험으로 생각해볼 수 있다.

(2) 노치취성시험

① 노치충격시험(notched impact test)

(개) 표준시험편 : 충격시험은 표준 charpy 시험편을 가지고 충격과 취성을 시험한다. 일반적으로 사용되는 표준시험편의 사양은 다음과 같다. 시험편 가공 시 γ 값의 정밀도에 따라서 흡수 에너지의 값이 변화하므로 기계 가공 시 주의를 요하며 izod 노치에서는 γ 값이 0.25 mm 기준으로 +0.015, −0.052로 제한하고 있다.

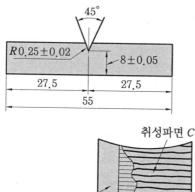

표준 charpy 시험편

(내) 시험 조건 : 충격시험 온도는 지정된 온도에서 ± 1℃의 허용차를 가지고 있는 용기에서 시험편을 꺼내고 5초 이내에 시험을 완료하여야 한다. 충격값에는 시험 온도가 큰 영향을 미치기 때문이다.

(다) 흡수 에너지 : 그림에서 시험편에 흡수되는 에너지

$$E = W\Delta h = W(h_1 - h_2)$$
$$= WR(\cos\beta - \cos\alpha)[\text{kg-m}]$$

충격값 u 는 흡수 에너지를 시험편의 단면적으로 나눈 값이다.

$$u = \frac{E}{A} = \frac{WR}{A}(\cos\beta - \cos\alpha)[\text{kg-m/cm}^2]$$

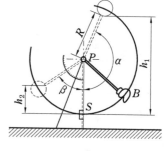

charpy 충격시험기

여기서, W : 충격 진자 무게(kg)
R : 회전축 중심에서 진자까지 거리(m)
α : 해머의 처음 높이에서 시험편이 이루는 각도
β : 시험편 파단 후 해머와 시험편이 이루는 각도

(라) 판정 : 시험편 파단에 필요한 충격 흡수 에너지가 크면 클수록 인성이 큰 재료이고, 작을수록 취성이 큰 재료이다.

※ charpy type과 izod type의 차이점은 시편을 고정시키는 방법의 차이로 charpy type은 시편의 양쪽 끝단을 고정시키지만 izod type은 시편의 한쪽만을 고정하여 충격을 가한다.

예제 강 용접부의 노치인성을 시험하기 위한 가장 일반적인 시험법은 무엇이며, 이 방법으로 구한 추정값을 도시하여라.

해설 charpy V-notch 충격시험이 가장 일반적이며, 여기에서 구할 수 있는 측정값은 다음과 같다.

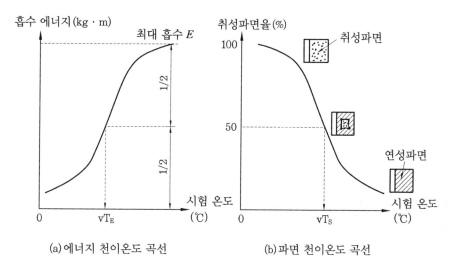

(a) 에너지 천이온도 곡선　　　　　(b) 파면 천이온도 곡선

1. 흡수 에너지 : hammer의 위치에너지 흡수량으로 구한다.
2. 취성파면율 : 파면을 관찰하여 취성파면과 연성파면을 구분하고, 백분율로 구한다.

　　즉, 취성파면율(%) = $\dfrac{\text{취성파면 면적}}{\text{파면 전체 면적}} \times 100$

3. 에너지 천이온도 : 그림 (a)의 vT_E에 해당하며, 최대 흡수 에너지의 1/2이 되는 온도이다.
4. 파면 천이온도 : 그림 (b)의 vT_S에 해당하며, 취성파면율이 50%가 되는 온도이다.

참고 ● 천이온도

시험편을 여러 온도로 시험했을 때 흡수 에너지가 급격히 저하 또는 상승하거나, 파단면의 겉모양이 연성에서 취성 혹은 취성에서 연성으로 현저한 변화를 나타내는 온도를 말한다. 예를 들어, charpy 시험에서 15 ft-lb 천이온도란, 시험온도-에너지 천이곡선이 15 ft-lb를 횡단하는 온도로부터 구한다. 즉, 흡수 에너지가 15 ft-lb가 되는 온도를 15 ft-lb 천이온도라 한다.

참고 ● 파괴 인성을 나타내는 지표

1. 정량적 방법 : 파괴 역학을 동원한 J-R curve에 의한 K_{IC}값의 conservative estimation
2. 정성적 방법 : 상대 비교 시험인 충격시험(drop weight 시험 포함) 등이 있다.

② **노치인장시험(notched tension test)** : 일명 티퍼 시험(tipper test)이라고도 하며, 영국에서 시작된 시험법으로 시험편의 규격 및 파단면은 다음 그림과 같다. 모재의 폭 (b) / 두께(t) = 2.0~2.5로 하고, 파단은 벽개형과 전단형을 혼합한 파면을 형성하

고, 50 % 전단 파단율을 기준으로 하여 흡수 에너지의 천이온도를 구한다.

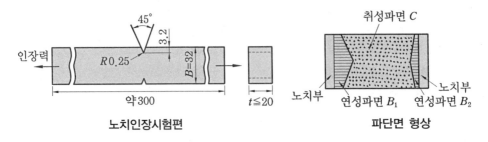

노치인장시험편   파단면 형상

③ 반데빈 시험(van der veen test) : 노치 정적 굽힘시험으로서 시험편 및 파단면은 다음
그림과 같다. 시험편은 지정한 시험 온도에 ±1℃ 허용차를 갖는 액체 내에 적어도
20분간 침지한 후에 바로 시험을 하며, 프레스 노치를 만든 후 2시간 이내에 완료
하고, 시험 결과는 연성천이온도(ductility transition temperature) = 최대 하중
점에서의 휨량의 상관관계로부터 구한다. 최대 하중 시 시험편 중앙부의 처짐이 6
mm가 되는 온도를 연성천이온도로 하고, 또한 연성파면의 깊이가 32 mm(판 폭의
중앙부)가 되는 온도를 파면천이온도로 한다.

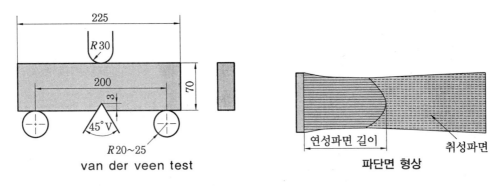

van der veen test   파단면 형상

(3) 용접연성시험

① 코머렐 시험(kommerell test)

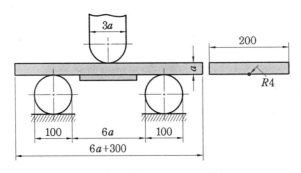

코머렐 시험(오스트리아 시험)

코머렐 시험은 세로 비드 굽힘시험으로서 매우 중요하며, 현재 오스트리아 시험법으로 사용하고 있다. 이 시험편은 표면에 반원형의 작은 홈을 파고, 일정한 조건으로 홈에 비드를 쌓은 후 롤러로 굽힌다. 굽힘에 수반하여 용접 금속 또는 HAZ 균열이 발생한다. 이 시험에서는 균열 발생 각도가 중시된다. 이 각도는 판의 재질, 용접봉 종류, 용접 조건, 배열, 후열의 유무에 크게 좌우된다. 시험 온도는 0℃와 20℃로 구분하여 수행한다.

② **킨젤 시험**(kinzel test) : 킨젤 시험은 용접 비드의 취성시험법의 일종으로 미국에서 잘 쓰이는 세로 비드 굽힘시험 방법이며, 그림과 같이 8″×3″ 크기의 표면에 세로 길이로 비드를 쌓고(bead on plate), 이 비드에 질감으로 끝이 0.05″의 노치를 밀링 절삭한다. 다음 롤러로 굽힘시험을 실시한다. 노치 저부는 용착금속, 열영향부, 모재가 배열되므로 이 중 가장 노치 인성이 부족한 곳에서 최초 균열이 발생되어 전파된다. 결과는 최대 하중 시에 굽힘 각도, 흡수 에너지, 파면 상태 등을 조사한다. 노치부 시험편의 횡수축이 1% 되는 온도를 연성천이온도의 척도로 취하고 있다.

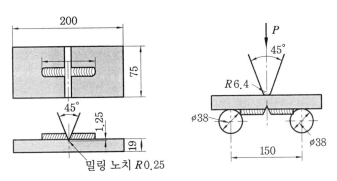

킨젤 시험편 및 시험 방법

③ **리하이 시험**(lehigh test) : kinzel test와 같은 종류의 bead 취성시험법이며, bead on plate 방식으로 한다. 시험편의 규격은 다음 그림과 같다.

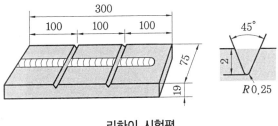

리하이 시험편

5-3 ◀ 용접 균열 시험법

(1) 용접 균열 시험법의 분류

용접 균열 시험법 ┬ 저온 균열 시험법 ┬ 자구속형 : slit형, H형, π형, lehigh 구속형, CTS 시험
                    │   └ 외부 구속형 : TRC, RRC, implant 시험 등
                    └ 고온 균열 시험법 : fisco 시험, varestraint 시험(바레스트레인트)
                (외부 구속형)   전개식 필릿 용접 균열시험

(2) 대표적인 용접 균열 시험법

① **slit형 용접 균열 시험법** : slit형 용접 균열 시험법의 대표적인 방법은 U형 및 Y형 용접 저온 균열 시험법이다. 시험편의 형상 및 크기는 다음 그림과 같다. 여기서 Y형에 대하여 설명하기로 한다. Y형 groove 이음부에 1pass 용접을 행하며, 용접은 하향 용접을 한다. 용접 균열의 검사는 용접 후 48시간이 경과한 후에 실시하며, 균열의 유무와 균열의 길이를 측정하여 균열률을 산출한다.

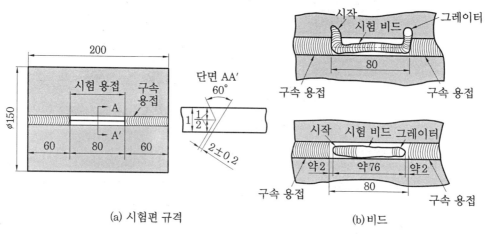

(a) 시험편 규격   (b) 비드

Y형 용접 균열 시험편과 bead

② **implant 시험법** : implant 시험법은 HAZ의 수소 균열 감수성을 검토하는 비교적 간편한 시험법으로 널리 이용되고 있다. 이 시험법의 원리는 다음 그림과 같이 HAZ에 위치한 나사산 모양의 notch를 가지는 원주형 시험편을 사용하여 notch의 가장 안쪽 부분이 용융 경계부가 될 수 있도록 용접을 행한다. 용접 후 약 150℃로 냉각하였을 때 시험편에 일정한 하중을 부여하여 균열 발생 유무를 조사하고, 이에 대한

한계응력을 구한다. 이들 결과로부터 균열 발생에 미치는 용접 입열, 용접 재료의 수소량, 응력 및 재질의 영향을 검토한다.

㈎ 장점 : 층상균열(lamellar tearing)과 응력완화균열(SR cracking)을 연구하는 데 적용되며, 시험재의 양이 적어도 되고 시험이 간단하다.

㈏ 단점 : notch의 위치에 정확하게 용융 경계부가 되도록 용접 bead를 조절하는 것이 비교적 어렵고, 구속 또는 그 영향에 대하여 열소성 변형을 재생산하지 않는다.

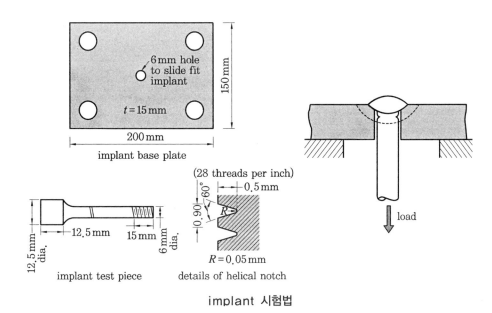

implant 시험법

③ varestraint 균열시험법 : varestraint 균열시험법은 용접 금속 및 HAZ의 고온 균열을 발생시키는 고온 균열 감수성을 평가하는 시험법이다. 시험편의 형상 및 시험 방법은 다음 그림과 같고, 시험편 형태는 cantilever beam의 형태로 한쪽이 고정 척에 부착되며, bead 용접을 고정척의 방향으로 진행시켜 임계 위치 (a)에 도달할 때 시편에 하향 힘(f)을 가하도록 한다. 이때 시편의 이면이 (b) block과 밀착되도록 하는 것이 중요하며, 변형을 가한 후에도 arc는 그대로 일정 거리를 진행시킨다. 균열의 정도는 (a) 위치에서 용접 덧살(reinforcement)을 연마하여 bead 표면과 연마 표면을 조사한다. 관찰한 전체 균열 길이의 양은 고온 균열 감수성의 지수가 된다.

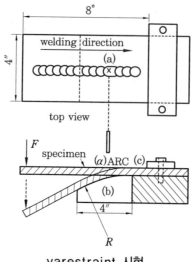

varestraint 시험

④ **전개식 필릿 용접 균열시험** : 영국 murex 고온 균열 시험을 개량한 것으로 용접 재료의 고온 균열 감수성을 평가하는 데 많이 사용한다. 시험 방법은 다음 그림과 같이 시험편의 형상을 유지한 상태로 fillet 용접을 하고, 시험편의 한쪽 또는 양쪽 판에 대하여 홈 각도를 β 만큼 넓혀서 이때 bead에 생기는 균열을 관측하여 용접 금속의 고온 균열 감수성을 평가한다. 시험 순서는 다음과 같다.

㈎ 2개의 시험판을 소정의 면각(α)으로 고정한다.

㈏ arc 발생 후 5초 이내에 용접을 시행하고, 동시에 소정의 전개 각도(β)로 시험판을 강제로 벌려가면서 용접을 진행한다.

㈐ 전개 각도 β에 달하면 crater 처리를 하고 용접을 종료한다.

㈑ 용접 완료 5분 후 시험편을 용접부 길이 방향으로 강제 파단시켜 그 파면에 대하여 균열의 유무 및 길이를 조사한다(단, 균열률 산출 시 crater부의 길이 및 crater crack은 길이에서 제외한다).

$$균열률(\%) = \frac{균열의 총길이(\Sigma l)}{용접부의 길이(L)} \times 100$$

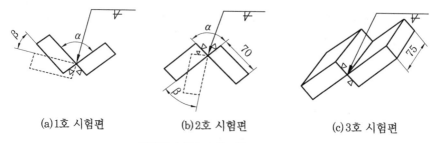

(a)1호 시험편   (b)2호 시험편   (c)3호 시험편

전개식 필릿 용접 시험편의 형상

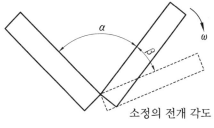

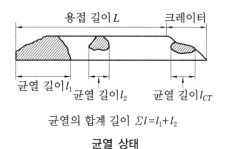

전개식 필릿 용접의 요령(1호 시험편)   **균열 상태**

⑤ fisco **용접 균열시험법 :** 이 시험법은 고온 균열 감수성을 평가하는 데 적합하다. 다음 그림과 같이 맞대기 시험편을 bolt로 JIG에 고정 후에 bead를 만들고 균열 유무를 조사한다.

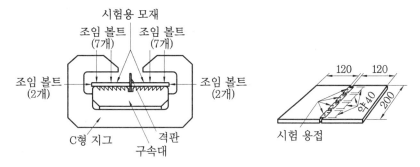

fisco 균열시험 지그와 시험편

⑥ battelle underbead cracking test : 저합금강의 underbead cracking test에 사용되는 간단한 방법이며, 다음 그림과 같은 시험편에 소정의 조건으로 bead on plate 용접을 실시하고, 24시간 경과 후 절단하여 균열을 검사한다. 결과는 bead 길이에 대한 균열 발생 길이를 %로 표시한다. 일반적으로 5개 시험편의 평균값을 취한다.

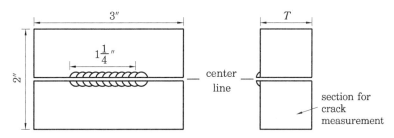

가로 방향 비드 용접 균열시험편

예제 각 모서리 및 T형 용접부에서 발생하는 라멜라 티어의 시험 방법에 대하여 설명하시오.

해설 라멜라 티어에 대한 시험법은, Cranfield 시험법, 창형십자(窓形十字) 균열시험, H형 구
속 균열시험, 시험판의 Z 방향 인장시험, implant 시험과 그 외 각종 저온 균열시험 등
을 들 수 있다. 이 시험법은 주로 판재의 두께 방향으로 용접에 의한 잔류응력이 작용할
때 판재의 내부에 압연에 의하여 연신된 비금속 개재물이 잔존하는 경우 발생하는 균열
의 발생 정도를 평가하는 시험법이다. 라멜라 티어는 이와 같은 연신된 개재물을 따라서
발생하기 때문에 판재의 단면에서 볼 때 계단상의 균열 모습을 보이는 경우가 많다.

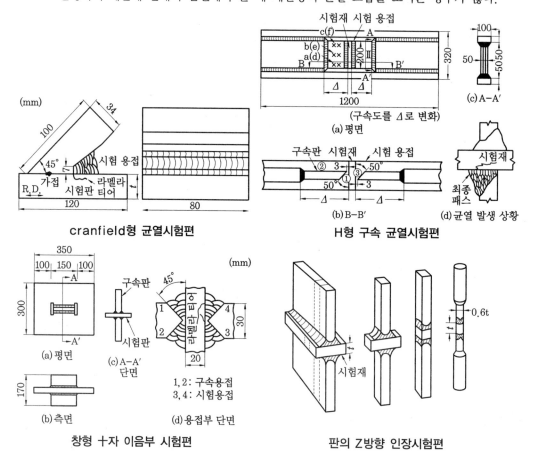

cranfield형 균열시험편

H형 구속 균열시험편

창형 十자 이음부 시험편

판의 Z방향 인장시험편

5-4 수소량 측정

용접 금속 중의 확산성 수소량의 측정 방법은 용착금속 수소량 측정 방법(KS B 0823)
과 강용접부의 수소량 측정 방법(KS D 0064)이 있으며, 이 밖에도 다양한 방법들이 꾸
준히 개발되어왔다. 그러나 장비의 특성 및 현장 여건상 실제 작업장에서 확산성 수소
를 직접 측정하기는 매우 어렵다. 용접 전 사전 검증 단계에서 적용할 수 있는 확산

성 수소 측정 방법들은 다음과 같다.

(1) 글리세린 치환법

① **개요** : KS B0823에서는 피복 아크용접봉에 의한 용접 비드를 만든 시험편을 45℃의 글리세린 포집액 중에 48시간 침적하여 수소량을 측정하는 방법이다. KS D 0064에서는 글리세린 치환법에 의한 수소 포집 시간을 72시간으로 정하고 있다. 글리세린 치환법으로 측정한 용착금속 중의 수소량은 2 ml/100 g까지 가스 크로마토그래피를 사용한다.

② **글리세린 치환 시험 절차**

㈎ 시험편 준비 : 수소를 제거한 두께 12 mm, 폭 25 mm, 길이 130 mm의 판에 한 줄의 비드를 115 mm로 용착한다.

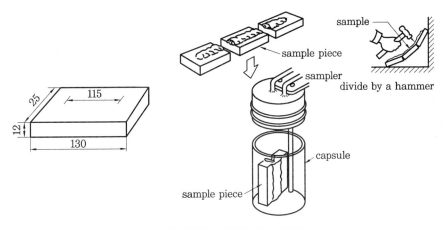

수소량 측정용 시험편 및 시험법

㈏ 용착 완료 후 30초 내에 20℃ 물에 급랭한다.

㈐ 글리세린 치환법에 의한 수소 포집기에 압입·용착 후 2분 이내에 완료해야 된다.

㈑ 시험편은 45℃ 글리세린 중에 48시간 담가 가스를 포집한다.

㈒ 용착금속 1g당의 수소량을 구하고(0℃의 용적 cc로 환산), 4개의 시험편에 대한 평균값을 취한다.

③ **판정** : 연강용 저수소계 용접봉에 대하여는 포집 수소량이 0.1 cc/g 이하로 KS D 7004에 규정하고 있다.

(2) 가스 크로마토그래피(gas chromatography) 측정법

① **개요** : AWS 4.3, ISO 3690, JIS Z3118에 명기되어있는 방법으로 시험편 준비는

수은 치환법과 동일하다. 가스 크로마토그래피는 수소 포집 용기에 30초 동안 아르곤가스(Ar)을 흘려보내 용기 내의 공기를 치환한다. 시험편을 삽입한 포집 용기를 표와 같이 일정 온도에서 유지하여 수소를 포집한다. 이 포집 용기를 가스 크로마토그래프 장치에 접속하여 방출된 수소량을 측정한다.

가스 크로마토그래피 측정법(유지 온도 및 시간)

유지 온도(℃)	유지 시간(hrs)
45±3	72(+5, −0)
80±3	18(+2, −0)
150±3	6(+1, −0)

② 특징 : 가스 크로마토그래피는 수은 치환법 대비 가열이 가능하기 때문에 빠른 측정을 할 수 있고, 수은법에 비해 인체 유해성이나 환경문제 없이 사용할 수 있으며, 정밀도가 높아 많이 사용한다. 하지만 장비 제조사가 많지 않고 가격이 비싸다는 단점이 있다. 실제 현업에서는 수은 치환법과 가스 크로마토그래피 방법이 자주 이용되고 있다.

(3) 수은 치환법(mercury displacement)

① 개요 : AWS A4.3, ISO 3690에 명기되어있는 방법으로 열처리를 통해 잔류 수소를 제거한 시편을 용접 후 급랭시킨다. 이 시편을 수은이 채워진 eudiometer(유디오미터)에 넣고, 45℃에서 최소 72시간을 침적 유지하면 시편에서 90 % 이상의 확산성 수소가 방출되게 된다.

② 특징 : 시편에서 확산성 수소가 방출되면 수은 기둥이 방출된 수소의 부피만큼 낮아지게 되는데 이때 낮아진 높이를 측정하게 된다. 수은 치환법은 수소를 고용하지 않은 수은을 사용함으로써 0.2 ml/100g까지 정밀한 측정이 가능하나 수은의 인체 위험성으로 온도를 높이 올리지 못해 수소 포집에 많은 시간이 걸리는 단점이 있다.

(4) 전기화학적 측정법(electrochemical measurement)

ASTM F1113에서 제시하는 측정법으로, 측정하고자 하는 금속 시험편의 한쪽을 전해질에 접촉시키고, 시험편에 anode를 걸어주면 원자 형태의 확산성 수소가 시험편과 전해질의 경계에서 H^+로 되고, 이 H^+는 전해질 내의 OH^-와 결합해서 H_2O가 생성된다. 이때 생성되는 전류를 측정해서 수소의 양을 확인하게 된다.

5-5 **기타 시험법**

(1) 표면 복제법(replication method)

① **개요** : 투과형 전자현미경용 시료 제작법의 일종이다. 초기에는 금속 표면에 산화막
을 만들어 이것을 박리하여 사용하였으나, 그 후, 콜로디온 등의 박막으로 요철면을
복제할 수 있는 방법이 가능하게 되었으며, 그 방법으로는 1단법과 2단법이 있다.
1단법은 한 번으로 박막을 만들지만, 2단법은 최초에 두꺼운 물질(플라스틱 등)로
형태를 만들고, 다음으로 이것에 증착시켜, 실리커, 카본 등의 박막을 부착하여 최
초의 형태를 녹여 시료를 얻는다. 일반적으로 전자현미경 사진을 촬영할 때 시료 작
성 방법의 하나로, 매우 추종성(追從性)이 좋은 유기 재료 피막을 시험부의 표면에
붙이고, 표면의 요철(凹凸)을 충실하게 피막 위에 재현하여, 이것을 그대로 관찰하
거나 카본 또는 크롬(Cr) 등의 금속을 진공 속에서 증착한 후에, 이 피막을 용제로
제거하고, 전자현미경으로 관찰하는 방법을 말한다. 또한 표면의 요철(凹凸)을 전사
한 이 피막을 래플리카(replica)라 한다.

② **원리** : 표면 복제법의 기본 원리는 관찰 대상의 표면을 연마 부식시켜 필름을 붙이면
표면의 요철대로 녹아 붙고, 필름이 굳어지면 떼어내어 광학현미경이나 주사현미경
으로 관찰하는 것이다. 복제 방법에는 1단계 복제법, 2단계 복제법, 추출 복제법 등
이 있다.

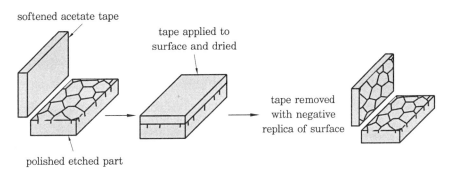

래플리카 시험법 개요

③ **사용 목적** : 석유화학 설비 및 발전설비에 사용되는 재질의 용접성을 높이기 위해 저
탄소 내열강을 주로 사용하는데, 이러한 재질은 물성치의 변화가 적기 때문에 대부
분의 경우 금속 조직의 변화를 관찰하여 손상의 정도를 평가할 수 있다. 그러나 고
온 고압을 받으며 사용되고 있는 설비에서 시료를 채취한다는 것은 매우 어려운 일
이며 이동식 연마기와 현미경을 이용한다 해도 설비의 구조가 복잡하고 현장 여건

이 여의치 않아 해상도가 떨어지는 경우가 많다. 이러한 이유 때문에 금속 조직을 현장에서 복제하여 실험실에서 관찰 및 분석할 수 있는 표면 복제법이 많이 사용되고 있다. 관찰 시 광학현미경이나 주사현미경을 사용하며 광학현미경은 50~500배, 주사현미경(SEM)은 100~10000배 정도까지 확대시켜 관찰할 수 있다.

④ 래플리카(replica) 채취 순서 : 조직의 관찰 및 복제를 위해서는 우선 표면이 깨끗해야 하며 미세 흠집이라도 판별에 영향을 끼칠 수 있으므로 이를 방지하기 위하여 시험 표면을 다음과 같은 순서로 연마한다.

㉮ 황삭(rough grinding) : 그라인더(grinder)로 약 15~20 mm의 범위를 0.3~2.0 mm 깊이로 연마하여 탈탄층, 가동층 등의 변질층이나 오염층을 완전히 제거한다.

㉯ 연삭(fine grinding) : #100, #220, #400, #600, #800, #1200 등의 연마지를 이용하여 연마한다. 각 mesh(#)마다 전 단계 연마 자국이 없어질 때까지 직각 방향으로 연마하며, 한 공정이 끝날 때마다 heavy 에칭(etching)을 한 후 알코올로 세척 후 다음 공정을 실시한다.

㉰ 폴리싱(polising) : 6 μ, 1 μ까지 alumina입자나 diamond입자를 사용하여 폴리싱(polising) 하며, 폴리싱 후 연마분을 충분히 제거한다. 폴리싱 속도가 너무 빠르면 피트(pit)를 유발시킬 수 있으므로 주의해야 한다. 최후의 폴리싱 방향은 배관(pipe)의 경우는 길이 방향의 직각이 되도록 한다.

㉱ 에칭(etching) : 에칭(etching)은 래플리카(replica) 채취 시 가장 중요한 작업으로 금속 표면 조직의 불안정한 입계(grain boundry)를 선택적으로 부식시킴으로써 결정립의 모양을 관찰할 수 있게 하는 과정이다.

연마된 표면을 표면 재질에 따라 규정된 에칭 시약으로 30초간 적신 후 준비된 에탄올로 닦아낸다. 과도한 에칭을 방지하기 위해 휴대용 현미경으로 표면을 관찰하면서 결정립의 모양이 드러날 때까지 ㉮항의 작업을 20초씩 반복한다. 이때 에칭 정도에 따라 cavity 관찰 여부가 결정되므로 세심한 주의가 요구된다.

㉲ 수명 평가 방법 : 에칭(etching)이 완료된 후 표면을 에탄올로 깨끗하게 세척하고 휴대용 현미경으로 조직을 확인하여 입계 및 creep void 등 조직의 판별이 가능한 경우 래플리카를 채취하며 그렇지 못할 경우 상기 폴리싱 및 에칭 과정을 반복한다.

(2) 설퍼 프린트 시험 방법(sulfur print test)

① 목적 : 보통 황(S) 함량이 0.1 % 미만의 강재 단면에 황산을 바른 사진 인화지를 밀착시켜 황(S) 편석부가 흑갈색으로 변화는 설퍼 프린트를 얻어, 강재의 황(철황화물, 망간황화물, 산화황화물 등) 분포 상태를 조사하는 것을 말한다. 용강은 용탕 내 용해된

가스가 응고 시 배출되고 잔존하는 정도에 따라 킬드(killed)강, 세미킬드(semi-killed)강 그리고 림드(rimmed)강으로 구분된다. 특히 산소와 FeO 및 각종 불순물은 층상의 편석으로 설퍼 밴드를 형성하게 되고, 이는 설퍼 프린트 기법에 의해 검출되어 황의 분포를 확인할 수 있다. 즉, 철강 내에 존재하는 황의 분포 상태(편석)를 검사하는 시험이 설퍼 프린트 시험이다. 설퍼 프린트 시험 방법은 거시적이고 정성적인 시험 방법으로 강이 함유한 정확한 황(S)의 함량을 평가할 수 없음에도 불구하고, 킬드(killed)강 및 림드(rimmed)강의 구분 시 유용하게 적용할 수 있다.

② 시험 순서

㈎ 먼저 검사시편을 #1500~#2000 정도로 연마 후 수세

㈏ 설퍼 프린트용 인화지를 검사부에 맞게 재단하여 황산(1~5 %) 수용액에 담가 충분히 황산 용액을 침투(약 5분 후 종이에 끼워놓거나 탈지면 등으로 수분을 제거)시킴

㈐ 검사면에 인화지를 밀착시키고 기포를 제거(약 1~3분간 밀착 시간을 유지)

㈑ 검사면에서 떼어낸 인화지는 수세 후, 사진용 티오황산나트륨(15~40 %) 수용액 상온에서 5~10분간 정착시킨 후 30분 이상 흐르는 물에 수세/건조

㈒ 건조된 인화지에서 황의 분포 상태 확인

③ 황의 분포 상태

㈎ 정편성(S_n) : 보통 일반강에서의 분포 상태이며, 중심부가 더 짙게 착색되어있다 (황의 함량 : 중심 > 외주 부분).

㈏ 역편성(S_i) : 외주부가 더 짙게 착색되어있다(황의 함량 : 중심 < 외주 부분).

㈐ 이 외에 중심편석(S_C), 점상편석(S_P), 선상편석(S_L) 등이 검출될 수 있다.

비파괴검사

1. 카이저 효과(Kaiser effect)와 펠리시티 효과(Felicity effect)를 비교하여 설명하고, 비파괴검사(NDE) 방법 중 TOFD(time of flight diffraction)가 일반적인 초음파탐상검사(UT)와 다른 점을 설명하시오.

2. 용접부의 비파괴검사 방법 중 복제 현미경 기술(replica microscopy technique)에 대하여 표면 처리, 검사 절차, 장점, 응용 분야, 평가 방법을 열거하고 설명하시오.

3. 초음파탐상검사에서 접촉 매질(couplant)의 사용 목적과 선정 시 고려 사항에 대하여 설명하시오.

4. 침투탐상검사에서 용접부의 결함 관찰을 위하여 형광침투 탐상검사(fluorescent penetration inspection)와 염색침투 탐상검사(dye penetration inspection)를 사용한다. 이들에 대한 검사와의 차이점을 설명하시오.

5. 탄소강(carbon steel)과 스테인리스강(stainless steel)에서 용접부의 금속 조직에 대한 차이점과 탄소강 용접부와 비교하여 스테인리스강 용접부에서 초음파탐상검사(UT) 시 어려운 이유를 설명하시오.

6. 두께 45 mm의 연강판 맞대기 용접부를 방사선 투과시험을 하고자 한다. 선형 투과도계를 선정하고 투과도계 식별도(%)에 대하여 설명하시오.

7. 초음파탐상시험에서 불감대(dead zone)에 대하여 설명하시오.

8. 용접 시공 시 용접 전 육안검사에서 검토해야 하고 확인해야 하는 사항에 대하여 설명하시오.

9. 용접 구조물에서 결함을 검출하기 위한 비파괴검사 방법 중 음향방출시험(acoustic emission test)의 장 · 단점을 설명하시오.

10. 침투탐상시험(liquid penetrant testing, PT)의 원리를 설명하고, 검사 절차를 단계별로 설명하시오.

11. 초음파탐상시험에 대하여 다음을 설명하시오.

    가. 표준시험편 STB-1의 용도

    나. 용접부 초음파탐상시험 시 기공과 균열을 구별하는 방법

12. 강구조물의 십자(+)형 용접 이음부에 발생한 라멜라 티어(lamellar tear)를 가장 잘 탐상할 수 있는 비파괴검사법을 설명하시오.

13. V홈(groove) 다층 용접 시 루트(root)부에서 불완전 용입이나 균열이 발생하였다면 초음파검사 시 사각 탐상법과 수직 탐상법을 도시하여 설명하시오.

14. 비파괴검사 중 와전류 탐상검사의 원리 및 특징에 대하여 설명하시오.

15. 방사선 투과시험(RT, radiography test)과 초음파탐상시험(UT, ultrasonic test) 시 용접부의 결함 형태에 따른 결함 검출 능력을 비교하여 설명하시오.

16. 용접부에 대한 방사선 투과시험 적용 시 사용되는 X(엑스)선과 γ(감마) 선의 공통점과 차이점에 대해 설명하시오.

17. 판 두께 27 mm 오스테나이트계 스테인리스강 용접부에 적용할 수 있는 비파괴검사법의 예를 들고 검사의 한계 및 장단점에 대하여 설명하시오.

18. 용접부 비파괴검사 방법 중 기공이나 슬랙 섞임 등의 내부 결함을 확인할 수 있는 비파괴검사 방법 4가지 이상을 나열하고 설명하시오.

19. 발전설비 및 석유화학설비에서 운전 중인 고온배관 용접부 열화 상태를 관찰하는 방법으로 금속 조직을 다른 물질에 복제시켜 조직의 상태를 관찰, 분석 등 수명평가 방법으로 표면복제법(replicaton method)이 많이 사용되고 있다.

    가. 시험의 원리,   나. 사용 목적,

    다. 시험 절차,   라. 수명평가 방법에 대하여 기술하시오.

20. 용접부 표면 결함 평가 방법인 자분탐상검사(MT)와 침투탐상검사(PT)의 시험 원리 및 장단점을 비교 설명하시오.

21. 용접부를 방사선 투과검사 시 방사선이 인체에 미칠 수 있는 영향과 방사선 피폭을 최소화하기 위한 3원칙에 대하여 설명하시오.

22. 용접부에 대한 방사선 투과검사 시 사용되는 증감지의 사용 목적을 설명하고, 각 특성에 대하여 설명하시오.

||| 6. 비파괴검사

6-1 비파괴검사의 개요

(1) 비파괴검사법별 특성

시험 종류	시험 방법	필요 장비	적용 범위	장 점	단 점
외관 검사	대상물 표면을 육안으로 관찰	육안 또는 저배율 현미경, 전용 게이지	용접부 표면 결함과 모든 재료에 적용 가능	경제적이고, 다른 방법에 비해 숙련도와 장비가 적게 요구됨	용접부 표면에 한정됨
방사선 검사 (감마선)	대상물에 감마선을 투과시켜 필름에 나타나는 상으로 결함을 판별	감마선원, 감마선 카메라 프로젝터, 필름 홀더, 필름, 리드 스크린, 필름 처리 장치, 노출 장비, 조사 모니터링 장비	용입 불량, 미용융, 슬래그, 기공, 두께 및 갭 측정 등이며, 통상적으로 두꺼운 금속재에 주로 사용됨. 적용 대상으로 주조물이나 대형 구조물을 들 수 있으며, 특히 X-선 검사법을 적용하기 곤란한 형상에 적용	기록을 반영구적으로 보존하여 오랜 기간 후에도 검토 가능, 감마선은 파이프 등과 같은 부위의 내부에도 적용 가능, 감마선 발생에 전원이 요구되지 않음	방사능의 노출에 대한 특별한 주의가 요구됨. 균열이 조사선에 평행해야 함. 선원은 제어가 곤란하고 시간에 따라 감소됨
방사선 검사 (X선)	감마선과 동일	X선원, 전원, 나머지는 감마선 검사와 동일	용입 불량, 미용융, 슬래그, 기공, 두께 및 갭 측정 등이며, 금속, 비금속, 복합재료에 적용 가능, 주조물, 전자 부품, 항공기용 부품, 자동차 부품 등에 적용	에너지 조절이 가능하고, 감마선에 비해 양질의 방사능을 가짐. 영구 기록 보존이 가능	장비가 고가이고 방사능 노출 시 위험도가 감마선보다 커서 소정의 자격을 갖춘 작업자에 의하여 검사를 실시하여야 함
초음파 탐상	20 kHz 이상의 주파수를 가지는 음파를 대상물의 표면에 적	탐촉자, 초음파 탐상기, 접촉 매질, 대비시험편, 표준시험편	용접 균열, 슬래그, 용입 불량, 미용융, 두께 측정	평면 형상의 결함 측정에 적당, 측정 결과가 바로 나옴, 장비 이	표면을 접촉 매질로 준비해야 한다. 용접부가 작거나 판이 얇

				동이 용이	은 경우 탐상이 어려움. 표준시편 및 대비시편이 준비되어야 하고, 다소의 숙련이 요구됨
자분 탐상	시험체에 적절한 자장과 자분을 가해 결함부에 생기는 자분의 모양으로 결함 존재를 확인	자화 장치, 자외선 조사 장치, 자분, 자속계, 전원	표면 혹은 표면 직하에 노출된 용접 기공, 균열 등	경제적이고, 검사 설비의 이동이 용이함	검사 대상품이 강자성체이어야 함, 표면이 깨끗하고 평탄해야 함, 균열 길이가 0.5 mm 이상이어야 검출 가능하며, 결함 깊이는 알 수 없음
침투 탐상	검사 대상의 표면에 침투액을 도포한 후 세정하고, 현상액을 도포하여 결함을 검출하는 방법	침투액, 세정제, 현상액, 자외선 램프	표면에 노출된 용접 기공, 균열 등	다공질 재료가 아닌 모든 재료에 적용 가능, 이동이 용이하고 상대적으로 비용이 싸다. 결과를 쉽게 판독할 수 있으며, 전원이 필요 없다.	코팅이나 산화막이 있으면 결함 검출이 곤란, 검사 전후 세정을 해주어야 함, 결함 깊이를 알 수 없음
와류 탐상	유도코일을 이용하여 시험체의 표면에 와전류를 형성시키고, 결함 존재시 변화하는 와전류를 관찰함	유도 전자 자기장 발생 장치, 와전류 측정 센서, 표준시편	용접부 표면 결함(균열, 기공, 미용융) 및 표면직하에 있는 결함 합금 성분, 열처리 정도, 판 두께 측정도 가능	상대적으로 편리하고 비용이 적게 듦. 자동화 용이하며 비접촉식	전기 도체이어야 검출이 가능하고, 표층 결함 탐상용. 탐상 가능 균열 깊이는 0.1~0.2 mm 이상
음향 방출	재료의 파단 시 발생하는 탄성파를 검출하여 결함 발생 여부 및 위치를 파악	검출 센서, 증폭기, 신호처리 장치, 신호, 평가 및 출력장치	용접 후 냉각 시의 용접 내부 균열 발생 및 전파속도 측정	금속, 비금속, 복합재료 등에 적용. 연속적인 결함 발생 과정을 모니터링할 수 있음, 내부 및 표현 결함 관찰용이	신호를 전달하는 매체를 시편에 연결해야 하고, 대상물이 사용 중이거나 응력을 받고 있어야 함, 신호 판독에 전문성이 요구됨

(2) 비파괴검사법과 적용 범위

측정 대상	검사 항목	방사선 투과법 (RT)	초음파 탐상 (UT)	자분 탐상 (MT)	침투 탐상 (PT)	와류 탐상 (ET)
측정 부위	• 표면 또는 표면에 가까운 결함 • 내부 결함 • 결함까지의 거리의 측정	양호 양호 가능	가능 양호 우수	양호 불가능 불가능	양호 불가능 불가능	양호 불가능 불가능
결함의 형상 크기	• 래미네이션(lamination)과 같은 hair crack • 블로홀(blowhole), 슬래그(slag)와 같은 결함 • 결함의 형상 관찰	불가능 양호 우수	양호 양호 가능	표면에 개구 되었을 경우 에만 가능		양호 양호 불가능
측정 재료	• 연강 등과 같은 강자성 재료 • 스테인리스강, 동, 동합금 등 비약자성 재료 • 경합금 재료 • 합성수지, 고무 등 유기물 재료 • 비금속	양호 양호 양호 양호 양호	양호 양호 양호 양호 양호	양호 불가능 불가능 불가능 불가능	양호 양호 양호 양호 양호	양호 양호 양호 불가능 불가능

(3) 비파괴검사법의 비교

① MT, PT, ECT 비교

구 분			자분탐상시험	침투탐상시험	전자유도시험
원 리			결함 누설 자장에 의한 자분의 부착	간극에 의한 액체의 침투현상	전자유도 현상과 와전류의 변화
대상 재질	금속	강자성체	○	○	○
		비자성	×	○	○
	비금속 재료		×	○	×
대상 결함	개구		◎	◎	◎
	비개구		◎	×	◎
	표면직하의 결함		○	×	○
결함에 관한 정보	길이		○	○	△
	선형 결함의 높이		△	△	○
	결함의 종류 판정		○	○	△
주요한 적용 예			철강 재료 : 주 단품, 각·환봉, 관, 판, 용 접부, 기계부 축 등	철강, 비철 재료 : 대 상은 자분탐상시험 과 같다.	철강, 비철 재료 : 관, 선, 가는 환봉, 기계 부품 등, 고온에서 탐 상(선재, 광관 등)
범례 ◎ : 검출 감도 좋음, ○ : 가능, △ : 현재로서는 곤란, × : 불가능					

② RT, UT 비교

시험 방법		방사선투과시험(직접촬영법)	초음파탐상시험(펄스반사법)
원리		건전부와 결함부에서 투과선량의 차이에 의한 필름상의 농도 차	결함에 의한 초음파의 반사
대상 결함	체적결함	◎	○
	면상결함	○(조사 방향) △(조사 방향의 경사)	◎(초음파빔에 수직) ○(초음파빔에 경사)
결함에 관한 정보	형상	◎	△(여러 방향에서 탐상)
	치수 길이	◎(체적결함) ○(면상결함)	○
	치수 높이	△(조사 방향을 변화시키는 방법) △(농도 차에 의한 방법)	○
	위치(깊이)	△(조사 방향을 변화시키는 방법)	◎

③ UT, AE 비교

구 분	초음파탐상시험	음향방출시험
원리	탐촉자에서 4~5 MHz의 초음파를 투사하여 결함 표면에서 반사하여 되돌아오는 반사파의 시간과 크기를 스크린으로 관찰하여 크기, 유무, 종류 등을 평가	피검체가 파괴될 때 방출하는 에너지(음파)를 표촉하여 균열의 발생 또는 진행을 알아내는 방법
판독 방법	불연속부에서 반사되는 성질을 이용하여 용접 결함 검출	음향방출의 누적 총수로 균열 면적을 산출하고 여러 개의 센서를 붙여 위치를 찾을 수 있다.
소음	없다.	있다.
하중	하중을 걸어줄 필요가 없다.	검사하는 물체에 하중을 항상 걸어주지 않으면 안 된다.
적용	연강, 스테인리스강, 동합금, 경합금, 비금속 등의 용접 결함 탐지	• 압력 용기 제작 시의 수압 Test • 원자력 기기의 가동 시나 교량 등의 온라인 감시 • 피로파괴, 응력부식 균열 • 소성변형이나 조직 변질 등의 해명

6-2 육안검사 및 누설검사

(1) 육안검사(visual test)

① 원리 : 육안검사는 가장 널리 쓰이는 비파괴검사 방법으로 간편, 신속, 정확하며, 가

시광선 또는 자외선을 사용하여 검사한다. 필요 시 렌즈, 현미경, 반사경 등을 써서 작은 결함을 확대하여 조사하며, 게이지를 사용하여 결함의 크기 및 상태를 측정하기도 한다.

② **적용 범위** : 표면 결함, 즉 crack, slag, 부식, 변형 검출, 제품의 사양 / 설계 / 사용 용도에 맞게 제작 및 가공되었는지를 검사하는 데 적합하다.

③ **장점**

㈎ 검사가 간단하며 사용 중에도 검사가 가능하다.

㈏ 검사 속도가 빠르고 비용이 저렴하다.

㈐ 결함을 눈으로 직접 확인할 수 있다.

㈑ 첨단 장비 사용 시 영구 기록 보존이 가능하다.

④ **단점**

㈎ 표면 검사만 가능하며, 일정 이상 밝아야 한다(일반 검사 최소 15촉광, 정밀 검사 50촉광 이상).

㈏ 분해능이 약하고, 가변적이다.

㈐ 눈이 쉽게 피로하며 산만해지기 쉽다.

㈑ 검사자의 다양한 지식과 숙련이 필요하다.

⑤ **육안검사 시기 및 검사 항목**

시 기	검사 항목
용접 전	• 용접 홈 혹은 단면의 형상(직선도, 거칠기 등) • 용접면 부근의 청결 상태 • 조립 부위 형상, 치수 • 가용접 상태(위치, 후공정에서의 제거 여부 등)
용접 중	• 용접 절차 및 조건 • 용가재 및 용재 • 예열 및 층간 온도 • 변형 제어 • 중간층의 그라인딩 및 가우징
용접 후	• 용접부 치수 정밀도 • 용접 비드 외관 • 청결 및 표면 거칠기 • 표면 형상(덧살, 용접폭 등) • 언더컷, 오버랩 • 아크 스트라이크 • 후열처리 시간 및 온도 • 표면 결함(슬래그 혼입, 균열, 표면 기공 등)

(2) 누설 검사(leak test)

① **개요** : 누설 검사는 탱크, 용기, pipe 등 용접부의 기밀 또는 수밀을 조사할 목적으로 실시하며, 가장 일반적인 것은 수압 및 공기압에 의한 방법이 사용되고, 이 밖에 헬륨 가스, 할로겐 가스, 화학 지시약 등이 사용되기도 한다.

② **절차** : 압력 용기 내압시험으로는 시험 유체로서 물을 가압하여 사용한다. 공기를 가압한 압력시험은 유사시 안전성에 큰 문제점이 초래되어왔으므로 특별히 지정된 경우 외에는 활용되지 않는다. 수압시험 절차는 일반적으로 다음과 같다.

㉮ 배기(venting) : 수압시험 전 용기 내에 공기를 완전히 배기하여 air pocket이 생기지 않게 한다.

㉯ 시험 온도 : 용기 재료의 취성파괴 가능성을 최소화할 수 있는 온도로 하되 용기재료와 물의 온도를 대략 동일하게 한다.

㉰ 시험압력 : 최소 시험압력은 압력 용기 설계 압력의 1.25배 이상이다. 최대 시험압력은 압력 용기 설계 사양(design specification)상에 지정된다(압력 게이지는 용기 상부와 물 주입 배관에 2개를 설치하여 압력 측정을 확실히 한다./교정 여부 확인).

※ ASME sec Ⅲ : 설계 압력의 1.25배 이상에서 시행하고 유지 시간은 최소 10분 이상
  ASME sec Ⅷ Div 1 : 최대 사용 압력의 1.5배에서 시행

㉱ 시험압력 유지시간 : 물을 최대로 가압하고, 누설 여부를 확인하기 위해 검사 전에 최소 10분 이상 유지하여야 한다.

㉲ 누설 여부 검사 : 시험압력 유지 시간 후 압력을 시험압력의 3/4으로 감압한 후 용접 부위, 두께가 변화하는 부위, manhole, sealing 부위의 누설 여부를 검사한다.

㉳ 판정 : 압력 용기의 sealing 부위, gasket 연결 부위에서의 누설량이 있을 경우 설계사양에서 허용된 누설량인지 확인하여야 한다. 기타 용접 부위 및 용기의 벽체에서도 누설은 허용되지 않는다.

③ **검사원의 점검 항목**

㉮ 압력 게이지의 검교정 일자와 눈금 범위
㉯ 사용하는 시험수(水) 또는 가스의 종류
㉰ 내압 시험 시의 온도
㉱ 압력의 승압 및 유지 시간
㉲ 누설 및 변형 유무 등

6-3 〈 액체침투 탐상시험(liquid penetrant test)

(1) 원 리

표면으로 열린 결함을 탐지하는 기법으로서 대상의 표면 개구부로 침투액이 모세관 현상(capillary action)에 의하여 침투하도록 하여 현상함으로써, 육안으로 식별하기 어려운 불연속을 가시화하는 기법이다. 침투 및 현상 재료에 따라 여러 가지 기법이 있으며 시공, 제작 현장에서는 주로 용제 제거성 액체침투 탐상기법이 적용된다. 액체침투 탐상시험은 침투액이 시험체의 표면을 어떻게 효과적으로 적시느냐 하는 능력에 크게 좌우된다.

(2) 적용 범위

표면 결함, 즉 crack, porosity, 부식, 침식, seams, laps, 누설 여부 등의 검사

(3) 탐상법의 종류

① 침투액의 종류에 따른 분류

㉮ 형광침투 탐상검사(F 또는 TYPE 1으로 분류) : 형광물질을 포함하고 있는 침투 제를 사용하는 방법으로, 어두운 곳에서 자외선등 아래에서 관찰하면 결함지시가 황록색 등의 형광이 발광되는 상을 관찰하는 방법으로, 감도는 염색침투탐상에 비해 100배 정도 정도 높다. 형광침투 탐상검사에서는 자외선등(black light) 조사 장치가 필요하며, 자외선 파장은 약 3650 Å(330~390 nm) 정도이다.

㉯ 염색침투 탐상검사(V 또는 TYPE 2로 분류) : 적색 염료를 포함하고 있는 침투 제를 사용하는 방법으로, 자연광 또는 백색광하에서 적색의 결함 지시 모양을 관찰하는 방법이다. 밝은 장소라면 실내, 실외 어디서든지 검사를 할 수 있으며, 장소, 전원, 탐상 장치 등의 제약은 형광침투탐상에 비해 적으나 감도는 형광침 투탐상에 비해 낮다.

② 세척 방법에 따른 분류 : 형광 및 염색침투 탐상검사 방법은 침투제의 세척 방법에 따라 다음과 같이 분류한다.

㉮ 수세성 침투탐상검사(A로 분류) : 수세성 침투제를 사용하는 검사 방법으로 물로 직접 침투제 세척이 가능하다.

예) 형광침투 수세법(FA 또는 1−A로 표시)

염색침투 수세법(VA 또는 2−A로 표시)

㉯ 후유화성 침투탐상검사(B로 분류) : 후유화성 침투제를 사용하는 검사 방법으로

침투제 자체가 수세성이 없으므로 침투 처리 후 물 세척이 가능하도록 유화 처리가 필요하다.

예) 형광침투 유화제법(FB 또는 1−B로 표시)

㈐ 용제 제거성 침투탐상 검사(C로 분류) 용제 제거성 침투제를 사용하는 검사 방법으로 침투제를 물로 세척할 수 없기 때문에 유기용제의 세척제를 사용해서 세척 처리를 한다.

예) 염색침투 용제법(VC 또는 2−C로 표시)

(4) 탐상 절차

① **전처리** : 시험체의 표면에 부착되어있는 먼지, 기름, 녹 등의 이물질을 제거하여 침투액이 불연속 내부로 침투하기 쉽게 하는 조작이다.

② **침투액 적용** : 전처리한 표면에 액체 또는 형광침투탐상용 물감을 도포한다(ASME Sec. Ⅴ에서는 침투 표준 온도를 15~50℃로 규정한다). 도포 방법은 분무법, 솔질법, 침적법, 퍼붓는 방법이 있으며, 물감이 결함 내부로 충분히 침투할 수 있도록 5~30분 동안 침투 시간(dwell time)을 준다. 피검체의 온도가 낮을수록 침투 시간이 지연된다.

※ 유화 처리 : 후유화성 형광침투탐상의 경우에 한하여 실시하며, 유화제 적용 후 유화제와 침투액이 섞이지 않도록 해야 한다.

③ **과잉 침투액 제거** : 일정 침투 시간이 경과 후 과잉 침투액을 제거하는데 결함의 틈에 스며들어간 침투액이 씻겨 나오지 않도록 주의를 요한다.

④ **현상** : 현상제는 건식과 습식의 2가지가 있으며, 과잉 침투액을 제거한 시험체의 표면을 건조한 다음 바로 현상제를 적용하는데, 일반적으로 시험체 표면의 색체가 현상제의 도포층을 통해 보이지 않을 정도로 두껍게 도포하지 않도록 주의한다. 도포층이 너무 두꺼우면 미세 결함의 검출이 어렵기 때문이다.

⑤ **건조** : 가스 전열 또는 증기로 건조하는 경우도 있지만 회전 열풍식으로 건조함이 가장 바람직하며, 온도는 107℃를 초과해서는 안 된다.

⑥ **관찰(판독)** : 현상면을 육안으로 관찰하여 지시의 발생 여부를 확인한다. 형광법을 사용하는 경우는 자외선 등을 사용하여 관찰한다.

⑦ **후세정** : 모든 불연속 부위의 지시를 판독 후 현상제를 제거한다.

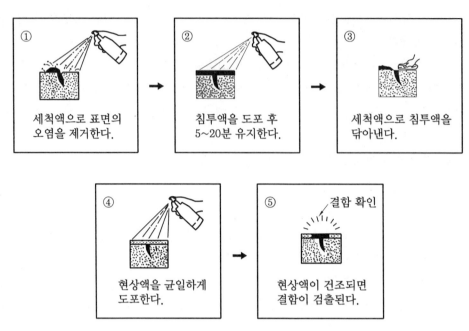

액체침투탐상 검사 방법

(5) PT의 장·단점

① 장점

㈎ 조사 방법이 간단하며, 경제적이다.

㈏ 검사 속도가 빠르며, 표면 결함 검출 감도가 좋다.

㈐ 결함을 현장에서 직접 육안으로 볼 수 있다.

㈑ 다양한 피사체에도 적용(모양, 크기)이 가능하다.

㈒ 대부분의 재료에 적용 가능하다(MT에 비해 비자성체에도 적용 가능하다).

㈓ 이종 금속 간의 용접 또는 납땜도 검사를 할 수 있다.

② 단점

㈎ 거친 표면, 다공성 피사체의 경우 검사가 곤란하다.

㈏ 자분탐상(MT)에 비해 검사 소요 시간이 길다(매 검사마다 30분~1시간 소요).

㈐ 고온, 페인트 칠해진 곳, 더러운 곳에 적용이 곤란하다.

㈑ 표면 외 결함은 검출이 불가하며, 인체에 유해하다.

㈒ 검사 기술을 요하며, 영구 기록 보존이 어렵다.

㈓ 검사 후 청소를 해야 한다(잔존하는 침투액 및 현상액은 부식의 원인).

6-4 자분탐상시험(magnetic particle test)

(1) 원 리

강자성체의 대상에 존재하는 표면 및 표면 직하의 불연속을 탐지하기 위한 기법이다. 검사 대상을 자화시키면 불연속부에 누설자속(magnetic leakage flux)이 형성되며, 이 부위의 존재가 실제보다 확대 관찰되는 현상을 이용한다. 자화 방법, 자분의 종류에 따라 여러 가지 기법이 있으나 플랜트에서는 yoke법과 prod법이 주로 적용된다.

(2) 적용 범위 : 표면 또는 표면 직하(1/4″) 결함

① 용접부, HAZ, 모재에 존재하는 모든 형태의 표면 crack 탐상
② 모재 개선 부위에 존재하는 lamination
③ 표면 가까이 있는 incomplete fusion
④ porosity, slag, undercut 등

(3) 자화 및 탐상 방법

MT는 불연속에 의한 누설 자장이 커야 불연속을 쉽게 발견할 수 있으며, 자장과 불연속의 방향이 직각이 될 때 가장 탐상감도가 좋다. 따라서, 예상되는 불연속의 방향과 직각에 가깝도록 자장을 형성시키는 것이 중요하나, 일반적으로는 자장과 불연속의 교차 각도가 30° 이상이면 탐상이 가능하다. DC가 AC보다 결함 검출 능력이 더 좋다. 시험체에 직접 통전시켜 발생되는 자장(직접 자화)을 이용하거나 유도자장(간접 자화)을 이용한다. 직접 자화 방법으로는 축 통전법, prod법 등이 있으며, 간접 자화 방법으로는 coil법, yoke법, 중심도체법 등이 있다. 자화 시기 및 자화 방향에 따라 분류하면 다음과 같다.

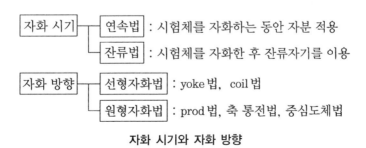

자화 시기와 자화 방향

(4) MT의 장·단점

① 장점

㉮ 조사 방법이 단순하고, 검사 속도가 빠르며, 경제적이다.

㈏ 1/4″ 이하 표면하 결함을 찾을 수 있다.

㈐ PT보다 미세한 결함을 찾을 수 있다.

㈑ 결함을 직접 육안으로 볼 수 있다.

㈒ 피사체의 형상, 크기에 제약을 받지 않는다(portable).

② 단점

㈎ 피사체가 강자성체라야 한다.

㈏ 표면이 깨끗해야 하고, 큰 전류를 요한다.

㈐ 허위 지시가 나타날 수 있고, 탈자해야 한다.

㈑ 내부(1/4″ 초과)의 결함 검출이 어렵다.

㈒ 검사 기술을 요한다(자장의 세기, 방향 등에 민감).

(5) 탈 자

① **탈자의 필요성** : 자분탐상검사 후에는 검사품에 잔류자장이 존재하게 되는데, 다음과 같은 경우에는 탈자를 하여야 한다.

㈎ 차후의 공정이나 사용상에 잔류자기가 영향을 미칠 때

㈏ 계측기류에 영향을 미칠 경우

㈐ 처음보다 낮은 전류로 자화가 필요할 때

㈑ 사양서에 의한 요구 시

그러나 다음과 같은 경우에는 탈자가 필요하지 않다.

㉮ 보자성이 낮은 연철 및 주철

㉯ currie point 이상에서 열처리될 때

㉰ 잔류자기가 별 문제 안 되는 대형 주조품

㉱ 보다 큰 자화전류로 자화가 수행될 때

② **탈자의 방법** : 탈자의 방법에는 검사품에 적용된 자장의 세기보다 큰 값으로 자장의 방향을 교대로 반전시키면서 자장의 강도를 서서히 영점(0)까지 감소시켜 탈자시켜 주는 방법과 자장의 세기를 일정하게 유지시키고, 검사품 또는 코일을 자장 중에서 서서히 멀리하여 탈자시키는 방법이 있다.

6-5 방사선투과시험(radiographic test)

(1) 원 리

X-선이나 γ-선과 같은 전자파는 투과력이 크고, 투과 정도는 시험체의 두께나 원소에 따라 변화한다. 또, 방사선의 성질로서 사진 필름을 감광시키거나 형광체를

발광시키기 때문에 이와 같은 성질을 이용하여 물체를 투과한 X-선, γ-선에 의해 가시상을 만들어 물체를 검사하는 것으로 대상의 내부에 존재하는 불연속을 탐지하는 데 적용한다. 모든 종류의 재료에 적용 가능하나 용접부의 위치, 모양 또는 두께에 따라 적용에 제한을 받는다.

① X-선과 γ-선

　㉮ X-선 : filament를 가열하여 발생하며, 최대 허용 에너지를 규정한다.

　㉯ γ-선 : 방사선 동위원소(Ir-192, Co-60, Ce-137) 붕괴 시 발생하며, 에너지 조절이 불가능하므로 ASME sec. V에서는 선원 및 피검체의 종류에 따라 최소 두께를 규정하고 있다.

X선과 γ선의 공통점 및 차이점

공통점	
• 무게나 질량이 없는 에너지의 파형이다. • 정상적인 감각으로는 측정할 수 없다. • 동일 종류의 전자기 방사선이다. • 매우 짧은 파장과 매우 높은 주파수를 갖는다.	
차이점	
X선	γ(감마)선
• 고전압 전자관에서 인공적으로 만들어지며 전자의 발생 선원이 있어야 하고 고속의 전자를 발생해야 한다. • 에너지는 진공관에 적용되는 전압에 의해 좌우되며 강도는 전류에 의해 결정된다. • 선원의 조절이 가능하다. • 모든 금속에 적용 가능하다. • 명암도 및 민감도가 우수하다. • 초기 비용이 비싸다. • 전원이 필요하다. • 이동이 용이하지 않다.	• 핵이 분열하거나 붕괴 시 발생하는 것이다. • 에너지는 동위원소의 종류에 의해 결정되고 강도는 큐리(curie)에 의해 결정된다. • 동일한 에너지일 경우 X-선 장비보다 가격이 저렴하다. • 이동성이 좋다. • 열려있는 적은 직경에서도 사용할 수 있다. • 외부 전원이 필요 없다. • 360° 또는 일정 방향으로 투사의 조절이 가능하다. • 장비의 취급 및 보수가 간단하다. • 투과 능력이 매우 크다. • 초점이 일반적으로 적어 짧은 초점-필림 거리가 필요한 경우 특히 적당하다.

② **RT 작업 순서** : 부재 확인 → 장비 조작 및 점검 → 촬영 배치 → 촬영 → 필름 현상(암실 작업 - 현상 - 정지 - 정착 - 수세 - 건조) → 판독 → 보고서 작성

③ **적용 범위** : 표면 또는 내부 결함(crack, porocity, slag, IP, LP 등)

(2) RT의 장·단점

① 장점

㈎ 표면 결함 및 내부 결함을 대부분 검출할 수 있다.

㈏ 모든 종류의 재료에 적용이 가능하다.

㈐ 휴대가 가능하여 어디서나 검사가 가능하다(portable).

㈑ 영구적인 기록 수단이 된다.

② 단점

㈎ 복잡한 형상의 피사체는 검사가 어렵다.

㈏ 양면 접근이 가능해야 한다.

㈐ 결함의 방향성에 비교적 민감하다.

㈑ 방사선 안전 문제가 따른다.

㈒ lamination 결함을 찾기 어렵다.

㈓ 결함 깊이에 대한 식별이 용이하지 않다.

㈔ 숙련된 검사자를 요하며, 가격과 시간이 많이 든다.

(3) RT에 사용되는 기자재

① **투과도계**(penetrameter, IQI−image quality indicator) : 투과도계는 촬영된 방사선 투과 사진의 감도를 알기 위해 시편 위에 놓고 함께 촬영한다. 투과도계는 투과 사진의 감도를 알기 위한 것이고, 불연속의 합부 판정이나 크기를 평가하는 데에는 사용하지 않는다. 투과도계의 재질은 시험편과 같거나 비슷한 재질이어야 한다.

㈎ 종류 : 투과도계의 종류는 크게 유공형과 선형으로 대별한다. 유공형 투과도계의 두께는 보통 시편 두께의 2 % 정도가 되는 것을 사용하며, 투과도계 두께(T)의 1배(1T), 2배(2T), 4배(4T) 크기의 구멍이 뚫려있다. 선형투과도계는 서로 다른 직경의 원형 와이어로 되어있으며, 투과도계 식별도에 의하거나 규격에 명시된 번호의 선이 필름상에 나타나야 한다.

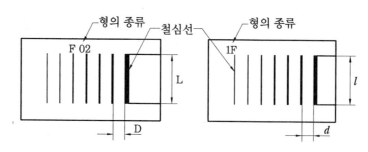

선형 투과도계

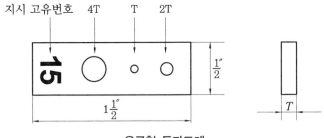

유공형 투과도계

(나) 사용 방법 : 유공형 투과도계는 용접 비드에 인접하게 위치시키고, 선형투과도계는 용접 비드 위에 90° 되게 올려놓는다. 투과도계는 시편의 선원 측에 항상 놓아야 하며, 부득이한 경우에 필름 측에 놓을 경우에는 반드시 "F" 표식을 투과도계 옆에 붙여서 같이 촬영해야 한다. 투과도계의 종류, 선정 방법, 최소 구경 크기나 식별도, 숫자, 위치 등은 각국의 규격에 따라 상이하므로 항상 검사절차서를 참조해야 한다.

(다) 사용 목적 : 방사선 투과 사진(RT film)상에 나타난 투과도계의 wire 및 hole의 최소 크기를 가지고 film의 품질을 판단할 수 있으며, film상에서 판독할 수 있는 최소 결함 크기를 규정할 수 있다.

② 계조계 : RT 투과 사진의 농도 차를 조사할 목적으로 사용될 뿐만 아니라, 촬영 조건 및 현상 조건이나 현상 시의 적정 조건을 판단하기 위해 사용한다. 계조계의 구조는 I형(두께가 1, 2, 3 mm)과 II형(두께가 3, 4, 5 mm)으로 구분된다. I형에는 II형과 구분하기 위해서 1 mm 두께 부위에 ψ1 mm의 구멍이 있다.

③ 증감지 : 방사선 투과 사진을 촬영할 때 필름의 감도를 높이거나 상의 질을 개선하기 위하여 사용하는 것으로 필름에 도달하는 방사선의 에너지를 보다 충분히 이용하기 위해 사용된다. 필름과의 접촉 상태가 사진의 질을 결정하는 요인이 된다.

납증감지	연박증감지(★) 전면 : 0.13mm 후면 : 0.3mm	• 방사선 사진 작용의 활성화 • 산란방사선 흡수 • 1차 방사선의 증가
	산화납증감지	산화납을 종이에 입힌 형으로, 함께 필름이 포장되어 있어 편리하나 흡수 효과는 떨어진다.
형광증감지	노출 시간을 단축시킬 수 있다. 칼슘텅스테이트, 베륨리드설페이트	
금속형광증감지 (납+형광물질)	납증감지보다는 산란방사선의 제거 효과가 떨어지고 형광증감지보다는 높다.	
기타 금속증감지 (구리, 금)	금 : 감도가 높다.	
	구리 : 연박증감지에 비해 흡수 및 증감 효과는 적으나 사진의 감도는 높다.	

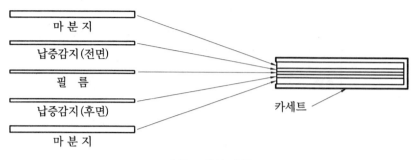

카세트 내의 배열

(4) 결함 판정

　현상된 방사선 필름은 필름 판독기 위에 놓고, 적당한 밝기의 조명하에 결함 유무를 검사한다. 결함 판정은 관련 code 및 승인된 절차에 따라 수행하지만, 일반적으로 기공(porosity, blow hole)이나 slag 혼입보다는 용융 부족(lack of fusion), 용입 불량(lack of penetration), 균열 등에 대해 엄격히 판정한다. 특히, 균열은 그 크기에 관계없이 불합격 처리하는 것이 원칙이다. 결함의 판정에 필름의 농도가 크게 좌우하므로 필름 농도 측정기가 필요하며, ASME code는 X-선 필름의 경우 1.8~4.0의 농도를, 감마선 필름의 경우 2.0~4.0의 필름 농도를 요구한다.

① RT 결과 등급별 결함

　(개) 1종 결함 : blow hole이나 slag 혼입과 같이 원형 또는 띠 형태로 된 결함으로서, 이러한 결함 때문에 이음부의 단면적이 감소되어 기계적 강도가 저하된다고 판단되는 결함

　(내) 2종 결함 : 용입 불량(LP), 용융 불량(LF), blow hole의 pipe, 과도한 길이의 슬래그 혼입 등으로 응력집중이 발생하여 기계적 강도가 저하된다고 판단되는 결함

　(대) 3종 결함 : 각종의 균열과 과도한 용입 부족(LP) 등으로 응력집중이 커서 기계적 강도가 현저하게 감소된다고 판단되는 결함

② 판정

　(개) 시험 시야

모재 두께	25 이하	25~100	100 초과
시험 시야 크기	10×10	10×20	10×30

　(내) 결함 점수 : 결함의 크기에 따라 결함 점수를 부여

결함의 긴 지름(mm)	1.0 이하	1.0~2.0	2.0~3.0	3.0~4.0	4.0~6.0	6.0~8.0	8.0 이상
점수	1	2	3	6	10	15	25

(다) 결함이 2개 이상이면 시험 시야 내에 결함 점수 총수로 표시

(라) 시험 시야와 모재 두께에 따라 결함 점수 총수로 등급 분류

등급	시험 시야	10×10		10×20		10×30
	모재 두께	10 이하	10~25	25~50	50~100	100 초과
1급		1	2	4	5	6
2급		3	6	12	15	18
3급		6	12	24	30	36
4급		결함 점수가 3급보다 많을 것				

(5) 방사선 안전

X-선이나 감마선은 입자도 아니고 질량도 없으므로 인간의 감각으로는 도저히 감지할 수가 없다. 그러므로 방사선 투과검사를 수행할 경우에는 반드시 안전관리지침서를 준수하여 방사선 안전사고가 발생하지 않도록 해야 하며, 사고 시 긴급조치하여 다른 사람의 인명에 영향을 주지 않도록 해야 한다.

① **방사선 방호 요령**: 방사선 방호 요령은 다음과 같이 구분된다.

(가) 시간: 방사선에 피폭되는 시간을 의미하며, 방사선 피폭량은 피폭 시간과 비례하게 된다. 그러므로 가능한 적은 시간 동안 선원이나 조사 장치 근처에 머무르는 것이 적은 양의 방사능에 피폭될 것이다.

(나) 거리: 선원으로부터의 거리가 증가할수록 역자승법칙으로 방사선의 강도는 감소된다. 그러므로 방사선원으로부터 가능한 멀리 있는 것이 바람직하다.

(다) 차폐: 방사선이 차폐물 내의 전자와 부딪힐 때 방사선 에너지가 흡수되므로, 재질의 밀도가 클수록 방사선에 대한 차폐 효과가 크다.

② **개인 방사선 방호용 측정 기기**: 개인별 방사선 측정 기기로는 포켓 도시미터, TLD, 필름 배지 및 alarm monitor가 있으며, 방사선 작업을 할 경우에는 반드시 지참하여 검사복에 부착하도록 해야 한다.

(가) 포켓 도시미터: 방사선 작업 동안 피폭된 양을 직접 알 수 있으며 수시로 관찰하여 피폭된 양을 관찰할 수 있으므로 과피폭으로부터 보호될 수 있다.

매일 방사선 작업 전에 눈금을 "0"의 위치에 맞추고 작업 후 그날그날 자신의 피폭량을 기록해야 한다.

(나) TLD(열 형광 선량계): 이온 결정에 방사선을 조사하면 자유전자가 발생하고, 그 일부가 포획 중심에 붙잡혀 장시간 보존된다. 결정의 온도를 높이면 포획된 자유전자가 중심을 이탈하여 전자가 재결합할 때 빛이 방출되며 이 빛의 양을 관측한다.

㈐ 필름 배지 : 누적된 피폭량을 관리할 수 있으며, 한 달에 한 번씩 반드시 교체하여 누적 피폭량을 측정해야 한다. 간혹, 필름 배지를 통하여 측정된 피폭량이 과다하다고 지적받아 필름 배지 착용을 안 하고 작업하는 경우가 있는데, 이는 그만큼 자기 자신의 건강을 보살피지 않는 일이 되므로 반드시 착용하여야 하고, 과피폭되었을 때에는 그 원인을 규명하여 작업 방법이나 안전 관리 방법을 개선하도록 해야 할 것이며, 과피폭되었을 때에는 방사선 투과검사를 중단해야 한다.

㈑ alarm monitor : 방사선이 외부에 누출되면 경보음이 울리는 장치로서, 실제 방사선 작업 시 사고 및 이상 유무를 가장 쉽게 알아볼 수 있는 기기이다.

③ **방사선 측정기**(surveymeter) : 방사선량율을 측정할 수 있는 기기로서 방사선량을 측정할 수 있다. 방사선은 인간의 오감으로 감지할 수 없으므로, 방사성 동위원소를 사용 시에는 항상 휴대하고 이상 유무를 항시 점검해야만 한다. 또한, 서베이미터로 선량률을 측정하여 작업 시 기준치 이하의 안전 장소로 대피하여야 한다. 방사선 사고가 발생하면 그 사고 원인 조사 시에 항상 느끼게 되는 것이 서베이미터를 휴대하지 않고 작업을 수행하였거나, 서베이미터가 있으면서도 안일하게 방사선량을 한 번도 측정하지 않고 작업하여 필름 현상 과정에서 필름 전부가 과누출된 것을 발견하고 그때서야 그 방사선 작업 종사자가 과피폭되었음을 알 수 있다는 것이다. 순간의 방심이 평생을 방사선병에 시달려야 하는 과오를 범하게 되는 것이다.

④ **방사선이 인체에 미치는 영향** : 방사선에 대해 민감한 순서를 체세포로 나열하면,

㈎ 백혈구 세포

㈏ 적혈구 세포

㈐ 위장 내면세포

㈑ 재생 기관세포

㈒ 표피세포

㈓ 혈관세포

㈔ 피부, 뼈, 근육과 신경세포

방사선에 의한 손상이 가장 먼저 나타나는 것은 혈액세포의 변화로서 방사선 작업 종사자는 정기적으로 혈액검사를 실시하여야 한다. 24시간 동안 전신이 피폭되었을 때 선량에 따른 일반적인 신체적 영향을 다음 표에서 볼 수 있다.

급성 영향의 증상과 피폭선량과의 관계

24시간 동안 전신 피폭량	영 향
0~25 Rem 25~50 Rem 100 Rem 200~250 Rem 500 Rem	증세 없음. 미세한 일시적인 혈액 변화 구토, 피로 최초의 사망 50 % 사망(반치사량)

예제 | 용접부를 방사선 투과검사 시 방사선이 인체에 미칠 수 있는 영향과 방사선 피폭을 최소화하기 위한 3원칙에 대하여 설명하시오.

해설 | 1. 개요
  ① 인체에 조사된 방사선의 총량 : 방사선량으로 측정되는 방사선의 량이 많을수록 영향을 받는다.
  ② 방사선이 조사된 몸의 부분 : 단시간의 경우라도 조사된 작업 종사자의 인체 부분에 따라 그 영향의 차이가 있다.
  ③ 방사선을 조사받은 기간 : 장시간 조사하였을 때보다는 단기간 조사할 때가 영향을 적게 받는다.
  ④ 방사선을 조사받은 개인별 연령 : 완전히 성숙하지 않은 사람에게 방사선의 장해가 더 쉽게 일어날 수 있기 때문에 작업 종사자의 최저 나이는 18세 이상으로 법령으로 정해져 있다.
2. 인체에 미치는 영향
  ① 개인의 신체에 대한 것
    ㉮ 피부 장해 – 탈모, 홍반, 수포
    ㉯ 조혈장기 장해 – 백혈구 및 적혈구의 감소
    ㉰ 생식선 장해 – 단기간 또는 장기간의 불임
    ㉱ 눈의 장해 – 각막의 방사선 감수성은 피부와 같은 정도이며 결막염이나 각막염을 일으킬 수 있다.
  ② 유전적 영향 : 유전자 자체가 변화하는 돌연변이와 염색체 이상
3. 방사선 피폭 최소화 방안
  ① 외부 피폭 예방의 3원칙
    ㉮ 거리 : 방사선의 강도는 거리 제곱에 반비례하고 감소하므로 선원과의 거리를 멀리할수록 피폭량을 감소시킨다.
    ㉯ 시간 : 방사선을 취급하는 작업 시간을 단축할수록 피폭량을 감소시킬 수 있다.
    ㉰ 차폐 : 거리와 시간에 제한을 받은 경우 작업 종사자와 선원 사이에 차폐물을 설치하여 피폭량을 감소시킨다.
  ② 내부 피폭 예방의 3원칙
    ㉮ 내부 피폭의 원천을 만들지 말 것 : 사람의 입이나 호흡기 등으로 내부 피폭을 일으킬 수 있는 원인을 만들지 말 것
    ㉯ 섭취 경로를 막을 것

    ㉺ 만일 섭취했을 시 빨리 제거할 것 : 섭취된 방사성 물질을 빨리 제거하도록 수분 등을 섭취, 소변이나 땀, 대변 등으로 빨리 제거할 것

6-6 ◀ 초음파탐상시험(ultrasonic test)

(1) 원 리

초음파는 18000 Hz 이상의 비가청 음파를 말하는데, 초음파검사에서는 1~10 MHz의 초음파를 피검사물의 내부에 침투시켜 반사되는 음파의 모양을 보고 결함 유무를 판정한다. 초음파는 탐촉자의 압전효과(piezo electric effect)에 의해 발생된다. 즉, 탐촉자에서 전기적 에너지를 기계적 에너지로 변환시켜 초음파를 피검사물에 침투시키고 반사되는 초음파를 다시 전기적 에너지로 변환시켜 음극관에 반사 음파의 형상을 나타나게 한다.

① **음파의 분류** : 음파는 주파수에 따라 가청음, 초음파 등으로 분류되며, 초음파는 대략 20 KHz~1 GHz의 주파수 범위를 가지며, 주파수에 따른 분류는 다음과 같다.

20 Hz	20 kHz	1 GHz	100 GHz
subsonic	audible sound	ultrasonic	hypersonic

② **초음파의 속도** : 초음파의 속도는 주로 재질의 밀도 및 탄성률에 따라 결정되며, 이는 주파수와 파장의 곱으로 나타난다.

$$V = f\lambda$$

여기서, V : 속도(m/s), f : 주파수(Hz : cycle/s), λ : 파장(m/cycle)

금속에서는 그 종류에 따라 음속이 거의 일정하며, 상온 부근에서 온도에 의한 차는 고려하지 않는다. 일반적으로 강(steel)에서의 종파의 속도는 대략 5,900 m/s이며, 강의 종류에 따른 음속의 변화는 1 % 이하이기 때문에 일정한 것으로 생각해도 무방하다. 그러나 주철에서는 종류에 따라 달라지며, 강에서보다 속도가 아주 늦다. 횡파의 음속은 종파 음속의 약 1/2 정도이다.

③ **초음파의 성질**

  ㉮ 지향성이 좋다.

  ㉯ 주어진 매질에서는 속도가 일정하며, 매질이 달라지면 속도가 달라진다.

  ㉰ 진행 거리가 비교적 길다.

  ㉱ 온도 변화에 대해 속도가 거의 일정하다.

  ㉲ 경계면이나 불연속면에서는 반사를 한다.

  ㉳ 조건에 따라서 파형 변이가 일어난다.

(2) UT 장·단점

① 장점

㈎ 표면 및 내부 결함의 탐상이 가능하며, 미소 균열 및 lamination 등 방사선 투과검사로 식별이 어려운 결함까지도 검출된다(진정한 volume 탐상 방법).

㈏ 검출 감도가 우수하며, 자동의 경우 검사 속도가 빠르다.

㈐ 두꺼운 재질도 검사가 가능하다(3~5 m).

㈑ 결함의 크기뿐만 아니라 위치까지 알 수 있다.

㈒ 펄스 반사법을 이용할 경우 한쪽 면에서 탐상이 가능하다.

㈓ 어디에서나 검사가 가능하다(portable).

㈔ RT에 비해 대형의 대상에 적용 가능하다.

② 단점

㈎ 거친 표면, 소형, 얇은 부품, 복잡한 형상의 피사체는 검사가 어렵다.

㈏ 결정이 조대한 재질은 탐상이 어렵다.

㈐ 복잡한 신호를 해석해야 되고, 결함의 방향성에 민감하다.

㈑ 접촉 매질이 필요하며 큰 전류를 요한다.

㈒ 검사자의 기술에 따라 결과 차가 심하므로 많은 경험과 기술이 필요하다.

㈓ 초음파의 주사를 면밀히 하지 않으면 탐상이 안 되는 부분이 생길 수 있다.

(3) 초음파 종류 및 거리 진폭 곡선

① 초음파 종류

㈎ 종파 : 입자의 진동 방향과 같은 방향으로 전달되는 파이며, 강의 경우 5.85×10^5 cm/s이다.

㈏ 횡파 : 입자의 진동 방향과 직각 방향으로 전달되는 파이며, 종파의 약 48 % 속도이다.

㈐ 표면파 : 물체의 내부로 침입하지 않고 표면에만 전파되는 파로서 레일리(rayleigh) 파라고도 한다.

② **탐촉자의 각도** : 0° 탐촉자는 일반적으로 강판의 lamination 측정과 두께 측정에 많이 사용되고 있으며, 45°, 60°, 70° 탐촉자는 용접 이음부 탐상에 이용된다.

③ **거리 진폭 곡선** : 초음파검사 준비에서는 국제용접학회(IIW)의 A1 표준시편을 이용하여 탐촉자의 입사점과 각도 교정을 비롯하여 음극관에서 반사 초음파의 거리 조정 등이 필요하며, 거리에 따른 감쇄 효과를 보완하기 위하여 거리 진폭 곡선을 작성하여야 한다. 즉, 동일 크기의 결함이 거리에 따라 초음파가 감쇄되므로 이를 연결한 곡선을 그려 결함 판정 기준으로 삼는다.

④ **초음파 검사 교정 시기**(AWS D 1.1)

㈎ 초음파 검사원 교체 시

㈏ 검사 시간 매 30분마다

㈐ 다음의 전기적 요인 발생 시

㉮ 탐촉자 교환

㉯ 배터리 교환

㉰ 전기 단자 교체

㉱ 동축 케이블의 교환

㉲ 전원의 단락(전원의 고장 발생)

(4) 탐촉자(probe)

① **압전효과**(piezoelectric effect) : 탐촉자는 한 형태의 에너지를 다른 형태의 에너지로 변환시키는 장치이다. 탐촉자 내에는 진동자(transducer)가 내장되어 진동자에 전압을 걸어주면 진동자가 팽창 및 수축되는 기계적 변형이 생겨 진동의 형태로 나타나 초음파가 발생하고, 반대로 초음파가 진동자에 닿으면 기계적인 진동에 의해 전압이 발생하게 되어 이 전압이 탐상기의 CRT의 스크린에 나타나게 된다. 즉, 이와 같이 전기적인 에너지를 기계적인 에너지로, 반대로 기계적인 에너지를 전기적인 에너지로 바꾸는 현상을 압전효과라 한다.

② **진동자 재질** : 압전 특성을 갖는 많은 재질 중에서 비파괴검사 목적으로 많이 사용되는 것은 수정(quartz), 압전 ceramic, 황산리듐($LiSO_4$) 등이 있다. 수정은 가장 오래된 압전 재질로서 투명하고 안정하며 고온에서도 사용이 용이하나, 단점은 불필요한 진동 양식을 발생하기 쉬우므로 파형 변이가 일어나기 쉽고 송신 효율이 가장 낮아 사용이 점차 줄어들고 있다는 점이다. 압전 ceramic은 송신 효율이 좋고, 황산리듐은 수신 효율이 가장 좋다.

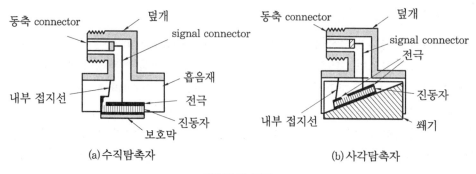

탐촉자의 구성

③ **탐촉자의 구조** : 탐촉자는 초음파를 발생시키는 진동자 및 탐촉자 내의 잡음을 흡수하는 흡음재 및 연결 회로 및 보호막, 케이스 등으로 구성되어있다.

④ **접촉 매질** : 접촉 매질은 초음파가 탐촉자에서 피검재로 효과적으로 전달되도록 물, 글리세린, 기름 등을 사용하여 탐촉자와 피검재 사이의 공기를 제거해주는 역할을 한다. 탐촉자와 피검재 사이에 공기가 있으면, 탐촉자나 피검체와 공기와의 음향 임피던스 차이가 너무 커서 초음파의 전달을 방해하게 한다. 접촉 매질로는 글리세린, 기계유, 물 등이 사용된다.

> **참고** **불감대**
>
> 송신 펄스의 폭이나 쐐기 내 에코(사각탐촉자의 경우)로 인해 탐상이 불가능하게 되는 영역을 의미한다. 따라서 불감대(dead zone)는 짧을수록 좋다.

(5) 표준시험편 및 대비시험편

표준시험편 및 대비시험편의 종류와 용도

명 칭	주 용도						비 고
	수직탐상			사각탐상			
	측정 범위 조정	탐상 감도 조정	성능 측정	측정 범위 조정	탐상 감도 조정	성능 측정	
STB-G		○	○				KS B 0831
STB-N	○		○				KS B 0831 원칙적으로 수침법 또는 갭법에서 사용되고 있다.
STB-A1	○		○	○	○	○	KS B 0831
STB-A2					○	○	KS B 0831
STB-A3				○	○	○	KS B 0831, 현장 체크용
STB-A21					○	○	KS B 0831
STB-A22						○	KS B 0831
RB-4		○	○		○	○	KS B 0896 용접부탐상에 한함
RB-5					○		KS B 0896
RB-6 RB-7 RB-8					○	○	KS B 0896, 곡률을 가지는 이음부 탐상용
ARB		○	○		○	○	일본건축학회
RB-D		○	○				2진동자 수직탐사용

① **시험편의 종류와 용도** : 시험편에는 크게 3가지 용도가 있다.

㈎ 반사원 위치의 측정에 필요한 시간축 고정(측정 범위의 조정)

㈏ 반사원으로부터 에코높이 측정에 필요한 세로축 조정(탐상 감도의 조정)

㈐ 탐상 장치의 특성 및 성능 측정(장치 점검) : 이들 용도에 사용되는 시험편에는 표준시험편(STB, standard test block), 대비시험편(RB, reference block) 등이 있다. 표준시험편은 일본공업규격(JIS)이나 IIW 등의 규격에 근거하여 제작되고 권위 있는 기관에서 검정된 시험편을 말한다. 동일 형식의 시험편을 사용하여 감도 조정을 한 탐상 결과는 상호 비교가 가능하다. 대비시험편은 미세 결함의 검출, 특수 재료의 탐상 외에 탐상 목적에 대응하는 표준시험편이 제정되어있지 않은 경우에 사용된다.

② **표준시험편의 취급** : 표준시험편 및 대비시험편 모두 초음파탐상시험에서 표준이 되는 신호를 얻기 위함이다. 따라서, 항상 재현성이 확보되도록 홈이 생긴다든가 녹이 발생하지 않도록 해야 한다.

③ **대비시험편 제작 시 유의할 점** : 대비시험편을 제작하는 경우 다음 사항에 주의할 필요가 있다.

㈎ 재료의 선택 : 시험체의 동등한 초음파 특성을 갖는 재료를 선택한다.

㈏ 인공결함의 형상과 치수 : 탐상 목적에 알맞도록 결정한다.

㈐ 가공 정도의 관리 : 반사원이 되는 부분에는 정밀가공이 요구된다.

(6) 결함 판정

초음파탐상검사에서는 기공 및 슬래그 혼입 등과 같은 결함은 초음파가 산란하여 반사되므로 그 크기를 정확히 검출해내기는 쉽지 않다. 그러나 방사선 투과검사에서 비교적 검출하기 어려운 lamination 및 균열 등은 높은 감도를 가지고 검출해낸다. 용융 부족, 용입 불량, 균열 등에 대해서는 엄격히 판정한다. 특히, 균열은 그 크기에 관계없이 불합격 처리하는 것이 원칙이다. 그러나 판정은 정해진 code 및 승인된 절차서(procedure)에 따라 수행되어야 한다.

① **결함 크기** : 대체로 결함이 클수록 echo의 높이가 높아진다.

② **결함 형상** : 평면상의 결함은 구형 결함보다 echo의 높이가 높아진다.

③ **결함 경사** : 초음파의 진행 방향과 수직인 경우는 반사가 용이하나, 초음파의 진행 방향과 평행한 경우는 반사가 거의 없다.

(7) 초음파검사 방법

수직탐상법은 탐상면에 수직한 방향으로 초음파를 전파시키는 방법이며, 사각탐상법은 탐상면에 경사 방향으로 초음파를 전파시키는 방법이다. 보통의 사각탐촉자는 쐐기각을 굴절 종파의 임계각 이상이 되도록 설정하여 횡파만이 시험체에 전달되도록 만들어져 있다. 표면파 탐상법은 탐상법을 따라 전달되는 표면파로부터 표면 결함을 검출하도록 하는 것으로 사각탐촉자의 쐐기각이 굴절 횡파의 임계각 부근이 되도록 설계되어있다.

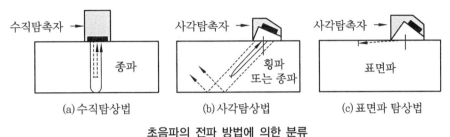

초음파의 전파 방법에 의한 분류

탐상 방법 비교

수직탐상법	경사탐상법
• 종파의 초음파 펄스(pulse)를 이용 • 재료의 두께 측정 • 래미네이션(lamination) 검출	• 횡파의 초음파 펄스를 이용 • 불연속부에서 반사되는 성질을 이용 • 용접 결함 검출에 이용

(8) 적용 범위

초음파탐상(UT)은 표면 결함과 내부 결함을 모두 검사할 수 있다. 특히, 평면형(planar type)의 결함이 초음파가 진행하는 방향과 수직으로 위치한 경우에 매우 예민하다. UT를 사용하면 crack, lamination, 용융 부족, 용입 부족 등은 매우 쉽게 검출되며, slag 혼입 및 기공 등도 검출될 뿐만 아니라 재료의 두께 측정에도 많이 사용된다. 결함의 검출에는 사각탐상법이 사용되고, 두께 측정에는 수직탐상법이 적용된다.

예제 용접부의 초음파검사의 원리와 이점을 설명하고, 에코높이의 신뢰성에 영향을 주는 요인을 설명하시오.

해설 1. 원리 : 초음파탐상시험은 고주파수 음파의 빔을 재질 내로 보내어 표면 및 내부 결함을 검출하는 비파괴검사법의 하나이다. 초음파의 진행 시간(송수신 시간 간격, 거리)과 초음파의 에너지량(반사 에너지량, 진폭)을 적절한 표준 자료와 비교, 분석하여 불연속의 존재 유무 및 위치, 크기를 알아낸다.

2. 이점
　① 시험체 내의 거의 모든 불연속 검출이 가능하다. 특히, lamination, crack 등과 같은 면상결함 검출 능력 우수
　② 미세한 결함에 대하여 감도가 높다. 고주파수를 사용하므로 감도가 높아 미세 검출

가능

③ 투과력이 높다. 두꺼운 시험체 검사 가능(단조강의 경우는 수m가 되어도 검사 가능)

④ 불연속(내부 결함)의 위치, 크기, 방향 등을 어느 정도 정확하게 측정 가능

⑤ 검사 결과가 CRT 화면에 즉시 나타나므로 자동 탐상 및 빠른 검사 가능

⑥ 시험체의 한쪽 면만으로도 검사 가능[펄스에코법, 공진법(투과법은 양면 필요)]

⑦ 검사원 및 주변인에 대하여 무해

⑧ 이동성 양호

3. 초음파탐상시험에서 반사 신호가 감쇠하는 경우 : 초음파 빔의 감쇠란 수신 탐촉자에 들어오는 초음파 빔의 강도가 초기 송신 초음파 강도에 비해 현저히 낮아지는 것으로 다음과 같은 4가지 원인이 있다.

① 초음파의 산란 : 초음파가 진행하는 매질이 완벽하게 균일하지 못하기 때문에 입자의 경계면에서 음향 임피던스의 차로 산란 발생(개재물, 기공, 입계불순물)

② 초음파의 흡수 : 초음파 에너지가 물질에 진행 중 열로 변환

③ 표면 거칠기에 의한 접촉 손실(전달 손실) : 접촉 매질과 피검체의 표면 거칠기로 인한 전달 손실이 그 원인이다.

④ 분산에 의한 손실 : 초음파 빔의 분산 등도 초음파 에너지가 손실되는 원인이다.

6-7 〈음향방출 및 와전류 탐상

(1) 음향방출시험(acoustic emission)

① **개요** : 고체가 변형되어 파괴 또는 소성변형할 때에 변형 상태로 축적되어있던 에너지를 탄성파의 형태로 방출되어 전달되는 에너지를 AE(acoustic emission)라 하며, 소리 에너지를 감지하여 전기신호로 바꾸는 AE sensor와 계측 장비로 구성된다.

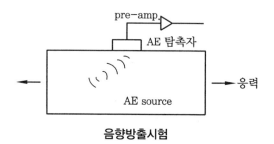

음향방출시험

② **음향방출의 분류** : 음향방출은 응력파라고도 하는데, ㉮ 전위의 이동이나 작은 소성변형으로 진폭이 작고 연속적으로 발생하는 연속형 음향방출이 있고, ㉯ 균열의 발생이나 성장과 같은 거시적 파괴의 발생으로 진폭이 크고, 주기가 짧은 펄스로 되어있는 돌발형 음향방출이 있다.

③ **적용 범위** : 표면 또는 표면하 결함에 사용. 균열 발생 및 성장, 누설, 상변화, 비등 또는 공동현상(cavitation) 검출, 기계 장비 등의 이상 상태 감시에 사용한다.

④ 특징

㉮ 균열의 동적 거동을 평가할 수 있으며, 성장 결함도 탐지가 가능하다.

㉯ 결함 위험도를 평가할 수 있으나, 정량적 평가에는 제한된다.

㉰ 실시간 연속 monitoring이 가능하나, 신호 판독에 전문성이 요구된다.

㉱ 금속 및 비금속에도 적용이 가능하다.

㉲ 시험을 하기 위해서는 대상물이 사용 중이거나, 응력을 받고 있어야 한다.

⑤ 장·단점

㉮ 장점

㉠ 원격 및 연속 감시가 가능하며, 이동이 용이하다.

㉡ 결함의 위치 및 정도를 알 수 있다.

㉢ 영구 기록 보존이 가능하다.

㉣ 전 system 또는 용기를 한꺼번에 검사가 가능하다.

㉯ 단점

㉠ 탐촉자를 시험 부위에 부착해야 한다.

㉡ 신호 해석이 복잡하다.

㉢ 시험 부품에 응력을 가하거나 작동 중이어야 한다.

㉣ 검사가 때로는 수동적이고, 비용이 많이 든다.

⑥ 산업 분야의 응용

㉮ 설비 보존에 이용 : 구조물(압력 용기, 교량, pipe line 등)에 하중이 걸린 경우에 균열 시작과 균열 성장 및 수명을 추정

㉯ 가동 중 검사의 응용 : 원자로, 압력 용기의 가동 중 검사를 실시하여 안정성을 예측

㉰ 용접에서의 응용 : 용접 공정 중의 이상 현상을 monitoring하거나, 파괴검사와 병행한 용접부 재질 평가에 이용

㉱ 기타 : 코팅층의 평가 및 접착 강도의 평가 등에 응용

> **참고** ● **카이저(kaiser) 효과**
>
> 재료의 특성을 평가하기 위하여 시편에 응력을 가하여 AE를 발생시킨 다음에 응력을 제거하고 다시 응력을 가하면 먼저 가해진 응력 범위까지는 AE를 발생하지 않으나, 그 응력값을 넘으면 다시 AE가 발생한다. 이러한 비가역적인 성질을 카이저 효과라고 한다. 금속재료와 같은 미세 구조를 가진 재료나 구조의 AE 발생 거동을 규명하며, AE 연구의 창시자인 Joseph Kaiser의 이름을 따서 이름 붙여졌다.

참고 ● felicity 효과

이미 설정된 감도에서 이전에 가해진 응력 이하의 응력에서도 검출이 가능한 AE가 존재하는 효과로, 복합재료와 같은 불균질 미세 구조를 가진 재료나 구조의 AE 발생 거동을 규명한다.

$$\text{felicity ratio, } FR = \frac{\text{첫 AE 발생 응력}}{\text{이전에 가한 최대응력}}$$

FR이 1보다 크면 안정, 1보다 작으면 손상된 상태이며, FR이 1이면 카이저 효과가 존재하는 상태이다.

(2) 와전류 탐상(ECT, eddy current test)

① 원리 : 코일에 교번전류를 통하면 코일 주위로 교번자장이 형성되며, 이 교번자장이 도체 표면에 와전류를 형성하는 특성을 이용하여 주로 재료의 표면에 존재하는 결함의 탐상에 적용된다. 고속의 탐상이 가능하기 때문에 플랜트에서는 주로 열교환기의 tube 및 pipe류의 대상에 적용한다. 원자력발전소에서는 증기 발생기의 세관에 대한 가동 중 검사에 이용되고 있으며, 부식으로 인한 벽 두께 감소를 측정하는 데 아주 효과적이다.

② 적용 범위 : 표면 또는 표면에 가까운 결함

검사체 표면에 있는 균열, seams 조성, 두께 측정, 편심 측정, 기공 및 혼입물 등의 검사에 사용된다. 얇은 금속의 두께 측정, 전기전도도, 자장의 도자율, 경도 및 금속의 열처리 여부 등을 측정하는 데 사용할 수 있다. 또한, 와전류의 검측을 통하여 이종 금속을 분류할 수 있으며, 전도체 표면에 도장된 비전도체의 두께를 측정할 수 있다.

③ ECT 장·단점

㈎ 장점

㉮ 검사 속도가 빠르며, 자동화할 수 있다. 특히, 검사 probe는 검사 대상물과 접촉하지 않고서도 검사를 수행할 수 있으며, 접촉 매질도 필요하지 않아 건설 현장보다는 제품의 생산 라인에 많이 사용된다.

㉯ 표면 결함 검출 능력이 우수하며 감도가 좋다.

㉰ 검사 대상물이 전기적 도체이면 검사를 할 수 있어서 자성체, 비자성체의 제약이 없다.

㉱ 고온, 고압의 악조건에서도 검사가 가능하다.

㉲ 영구 기록 보존이 가능하다.

㈏ 단점

㉮ 전기전도체만 검사가 가능하다.

㉯ 신호 해석이 어렵고, 복잡하며, 와전류 깊이가 얕다(1/4″ 이하).

㉰ 시험체 이외의 변수(인자)에 대단히 민감하다.

㉱ 강자성체에는 적용이 어렵고, 때로는 고가 장비의 필요로 비용이 많이 든다.

㉲ 결함의 종류 및 형상을 판단하기 어렵다.

기출문제

부록

용접기술사 기출문제(1)

● ● ○ ○ - - - - -

※ **다음 문제 중 10문제를 선택하여 설명하시오(각 10점).**

1. 용접부에 결함(Defect)이 존재할 수 있다. 결함과 불연속(Discontinuity) 지시의 차이를 설명하시오.

[해설] 554쪽 [불연속 지시와 용접 결함] 참조.

2. KS강재 규격에는 SS재(KS D 3503 ; 일반구조용 압연강재)와 SM재(KS D 3515 ; 용접 구조용 압연강재)가 있다. 강도상 중요한 용접 구조물에는 어떤 강재를 사용해야 하는지 쓰고, 그 이유를 설명하시오.

[해설] 259쪽 [철강 재료의 분류] 참조.

• SS재(KS D 3503)SMS 접합 볼트를 사용하는 구조에 적용하며 강재 내 화학 성분 중에서 P, S만 제한하지만, SM재(KS D 3515)는 용접성을 향상시키기 위해 철강의 5대 원소(P, S, C, Mn, Si)를 제한하여 관리함. SM 시리즈는 충격시험이 없는 A, 충격시험이 있는 B와 C형이 있음. 따라서 용접 구조물은 SM재를 사용해야 하며, 충격인성이 필요 시에는 B 또는 C형을 사용함.

구 분	두 께	Chemical Composition(%)					Strength (Min, MPa)		Impact Test
		C	Si	Mn	P	S	YS	TS	
일반구조용강 SS400	제한 없음	×		×	0.050 이하	0.050 이하	245	400~ 510	
용접구조용강 SM400A	50 mm 이하	0.23 이하	×	0.25×C 이상	0.035 이하	0.035 이하	245	400~ 510	×
	50 mm 초과 200 mm 이하	0.25 이하							

3. 판 두께 16 mm 강판을 맞대기(Butt-Joint)용접하는 경우, 3패스(3-Pass)로 용접하는 방법과 5패스(5-Pass)로 용접하는 방법 중 어느 쪽 용접부의 충격치가 높은지 쓰고, 그 이유를 설명하시오.

[해설] 461쪽 [다층 용접] 참조.

4. 철강 재료의 청열취성(Blue Shortness)을 설명하시오.

[해설] 295쪽 [청열취성] 참조.

5. 용접부의 희석률에 대해 그림을 그리고, 설명하시오.

[해설] 334쪽 [희석률] 참조.

6. SAW(Submerged Arc Welding)에서 용입부족(Incomplete Penetration)의 주요 원인을 2가지 쓰시오.

[해설] 559쪽 [용입 부족] 참조.

7. PAW(Plasma Arc Welding)의 아크 특성 2종류를 설명하시오.

[해설] 79쪽 [이행형과 비이행형 아크] 참조.

8. 용접기의 전압강하(Voltage Drop)에 대해 설명하시오.

[해설] 30쪽 [전기 아크의 이해] 참조.

9. PREN(Pitting Resistance Equivalent Number)에 대해 설명하시오.

[해설] 356쪽 [Pitting Corrosion] 참조.

- 공식지수(PREN 또는 PI-Pitting Index)는 실험을 통해 내식 효과를 Cr 함량으로 환산한 식이며, 공식 특성의 예측에 많이 활용됨. PI가 40 이상일 때 슈퍼 스테인리스강이라고 함.

  PI(%) = Cr+3.3(Mo+0.5W)+16N

  여기서, Cr, Mo, W, N은 강 중의 함유량(%)

10. 탄소강 용접부 균열의 보수용접(Repair Welding) 절차에 대해 설명하시오.

[해설] 518쪽 [용접부 균열의 보수 용접 절차] 예제를 참조.

11. 용접 이음부의 허용응력(Allowable Stress)을 결정하는 방법에 대해 설명하시오.

[해설] 441쪽 [허용응력] 참조.

- 허용응력을 결정하는 방법은 안전율을 고려하는 방법과 이음 효율을 이용하는 방법이 있음. 허용응력에 대한 설명뿐 아니라, 안전율과 이음 효율에 대한 적용 예들도 참조하기 바람.

12. 오스테나이트계 스테인리스강을 활용하여 기기 제작 또는 시공 시 요구되는 용체화 열처리(Solution Heat Treatment)에 대해 설명하시오.

[해설] 364쪽 [용체화 열처리] 참조.

- 오스테나이트 스테인리스강(ASS)은 입계 예민화에 의한 입계부식이 발생하기 쉬운데, 이를 방지하기 위한 방법 중 하나가 용체화 열처리임.(ASS 기준으로)

  1. 용체화 열처리가 필요한 이유

     ① 스테인리스강을 가공할 경우 발생하는 마텐자이트 상이 생성되기 때문

② 용접 관련하여 δ-ferrite 생성이나 σ상이 생성되기 때문

2. 고용화(용체화) 처리 방법은 1050℃ 이상으로 가열하여 강을 austenite화하여 크롬탄화물이나 σ상을 모상에 고용시킨 후, 급랭처리하여 상온에서 오스테나이트 조직을 나타나게 함.

3. 고용화 처리 효과
   ① 입계부식 현상 해소
   ② 제품 형상의 안정화
   ③ 내식성 회복
   ④ 응력부식균열(SCC) 방지 등

13. [그림 1]의 용접부 단면을 참조하여 [그림 2]의 용접 기호를 완성하시오.

해설 395쪽 [용접 기호와 표기법] 참조.

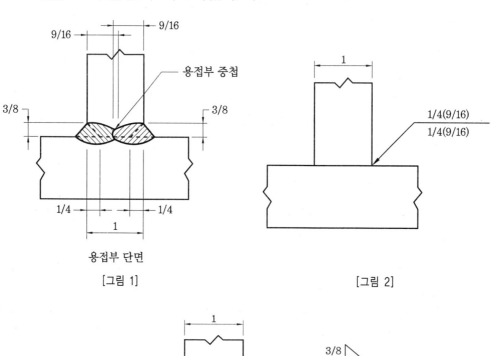

용접부 단면

[그림 1]   [그림 2]

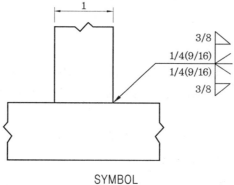

SYMBOL

※ 다음 문제 중 4문제를 선택하여 설명하시오 (각 25점).

1. 가스텅스텐 아크용접(Gas Tungsten Arc Welding, GTAW)에서 극성에 따른 용입 현상과 청정 작용에 대해 설명하시오.

해설 31쪽 [전극에 의한 전자방출 유형]에서 설명하는 열전자 방출과 전기장에 의한 전자방출 유형에 대하여 이해하면, 비소모 전극인 GTAW의 경우 열전자 방출에 따라 정극성(DCEN)일 경우 용입이 깊은 특성이 있음. 이와 연계하여 68쪽 [GTAW 전류 극성], 70쪽[청정 작용]을 참조하기 바람.

2. 강재 및 용접부의 노치인성을 평가하기 위해 샤르피 V노치 충격시험을 할 때, 이 시험에서 얻을 수 있는 특성치 4가지를 설명하고, COD(Crack Opening Displacement)의 의미와 충격흡수에너지와의 관계를 설명하시오.

해설 589쪽 [예제]에서 흡수 에너지, 취성파면율, 에너지 천이온도, 파면 천이온도 설명 내용 참조. 또한 271쪽 [균열 개구변위 시험법] 참조.

3. 폭발압접 원리와 정상적인 폭발압접일 경우 발생되는 접합계면의 금속 조직 형태를 설명하시오.

해설 173쪽 [폭발용접] 참조.

• 폭발용접부 경계면은 규칙적인 파동 형태를 띠는 것이 특징인데, 이는 용접재가 모재에 충돌할 때 발생된 압력이 금속의 동적 항복강도보다 매우 크기 때문임. 접합 계면은 유속과 폭발 에너지에 따라서 다음과 같은 특성이 있음.

1. 유속이 느릴 경우(폭약의 폭발 속도가 작을 때) 유체가 장애물 주위를 유연하게 흐르는 형태를 보이지만, 유속이 빠를 때는 장애물 주위에서 급격한 요동을 하는 모습과 유사함.

2. 폭발 에너지가 너무 적을 때는 미접합부가 생길 수 있으며, 너무 크면 용접재 및 모재의 일부가 국부적으로 용융 및 급랭되어 취약한 금속간화합물을 형성함.

4. 용접 잔류응력 발생 기구에 대해 판재의 피복아크 맞대기용접을 예로 들어 설명하시오.

해설 467쪽 [잔류응력 발생 기구] 참조.

5. 화공 또는 발전 플랜트 등에서 사용되는 배관 용접물의 모의용접후열처리(Simulated Post Weld Heat Treatment)에 대해 설명하시오.

해설 456쪽 [후열처리] 참조.

1. 모의용접후열처리란 용접후열처리를 장시간 고온에서 실시할 경우 재료의 성질이 변할 수 있으므로, 기기 제작 시 일정 시간과 온도하에서 열처리한 후 재료의 성질이

기준을 만족하는지를 확인하고 그 결과를 기록해 기기 납품 시 제출하도록 하는 것. 즉, 본 제품이 아닌 Test Coupon에 예상되는 온도 및 시간에서 열처리 후, 인장시험 및 충격시험을 실시하여 인장강도 및 충격치를 예상함.

2. 적용 대상은 모재, 용접 재료, 용접절차서, 성형 절차서 등이며 모의 PWHT의 필요성은 Production Weld의 PWHT에 의존함.

3. 열처리 시간은 예상되는 총 시간의 80 % 이상(ASME NX-2211), 기기 제작 완료 후 보수 시 예상되는 시간을 설계시방서에 명시.

4. P-No 1이며 호칭 두께 1″ 이하는 불필요함.

6. 용접 시 용접 금속에 흡수되는 질소와 수소가 용접부에 미치는 영향을 설명하시오.
해설 288쪽 [용접 금속의 가스 흡수 영향] 참조.

제3교시(시험 시간 : 100분)

※ 다음 문제 중 4문제를 선택하여 설명하시오 (각 25점).

1. 용접부의 비파괴검사 방법 중 초음파 탐상검사에 많이 활용되고 있는 TOFD(Time of Flight Diffraction)법의 원리와 특성에 대해 설명하시오.
해설 622쪽 [초음파탐상시험] 참조.
1. 원리 : 송신용 탐촉자 T와 수신용 탐촉자 R을 일정 거리 사이로 마주 보게 하고 용접선에 평행한 방향 또는 직각 방향으로 주사하여 표면을 전파해오는 초음파와 저면에 부딪혀 반사하여오는 초음파를 동시에 수신함. 만약 내부에 결함이 있으면 결함에서 입사파가 산란되고 그 일부가 수신되는데, 이들 초음파의 전파 시간 차이로부터 결함 크기를 구함.
2. 특징
① 탐상 결과의 스캔, 저장이 가능함
② RT나 다른 초음파 기술로 성취할 수 없는 정밀도
③ 후판 적용(200 mm 이상의 강판에도 적용) 가능
④ 빠른 검사 속도와 사용 중 검사가 가능함
⑤ 검사 대상물의 표면 근처와 반대쪽 벽면의 검사 사각 지역이 있음(PAUT로 보완 가능)
⑥ 입자가 조대한 오스테나이트 스테인리스강 등의 적용 강종이 제한됨

2. 가스메탈 아크용접(Gas Metal Arc Welding, GMAW)에서 용접봉의 용적이행(Metal Transfer) 형태 4가지를 설명하고, 다음 물음에 답하시오.
(1) 용적이행(Metal Transfer) 유형 중 가장 적은 양의 열을 용접부에 제공하므로

융합불량이 발생하기 쉬운 것은 무엇인지 쓰시오.

(2) 용적이행(Metal Transfer) 유형 중 용접 입열량이 가장 크고, 완전 용입의 아래보기 자세에 적합한 것은 무엇인지 쓰시오.

[해설] 88쪽 [용적 이행 형태] 참조.

- GMAW의 용적이행 형태는 입상용적 이행, 스프레이 이행, 단락 이행과 맥동아크 용적이행이 있음. 각각의 특성들을 바로 이해할 때, 목적하는 용접부를 얻을 수 있음.

3. 라멜라 티어링(Lamellar Tearing)의 발생 원인, 방지 방안 및 시험 방법에 대해 설명하시오.

[해설] 580쪽 [라멜라 티어]와 596쪽[라멜라 티어의 시험 방법] 예제 참조.

4. CO_2가스실딩(Shielding) 플럭스코어드 아크용접(Flux Cored Arc Welding, FCAW) 시 아르곤 가스 혼합에 따른 용접부의 기계적 성질 변화에 대하여 설명하시오.

[해설] 104쪽 [FCAW의 원리 및 특성]과 95쪽 [보호 가스] 참조.

- 실제 실험적인 내용을 보면, Ar 80 %+CO_2 20 % 혼합하고 낮은 속도로 용접한 경우가 용접 비드가 가장 미려하고, 스패터 발생이 적었으며, 인장/항복강도가 높게 나타남을 시험 결과 확인함.

5. WPS(Welding Procedure Specification)의 작성 단계를 설명하고, 가상의 WPS를 작성하시오.

[해설] 522쪽 [WPS 작성 및 인정 순서] 참조.

6. 오스테나이트계 스테인리스강 용접 시 델타페라이트(Delta Ferrite) 함량이 중요한 이유를 설명하시오.

[해설] 357쪽 [델타 페라이트] 참조.

- δ-ferrite가 용착금속 내에 약 5 % 정도 형성되는 것이 내부식성의 손실이 적고 σ상의 석출이나 475℃ 취화 등의 위험부담을 갖지 않고 고온 균열을 피할 수 있음.
- δ-ferrite의 스테인리스강에서의 역할, δ-ferrite의 측정 내용 등을 참조하여 정리하고, δ-ferrite의 과다 시 1150℃ 이상에서 조립화하여 상온에서 취화되는 문제가 있음을 설명하면 됨.

제4교시 (시험 시간 : 100분)

※ **다음 문제 중 4문제를 선택하여 설명하시오 (각 25점).**

1. 저항용접의 3대 요소에 대해 설명하시오.

[해설] 136쪽 [저항용접 공정변수] 참조.

- 저항용접의 3대 요소인 용접 전류, 통전 시간(용접 시간), 가압력에 대하여 특징들을 설명하고 그 밖에 통전 방식, 전극의 재질과 형상 등에 따른 영향이 있음.

2. 아크쏠림(Arc Blow) 발생 원인과 그 방지 대책을 설명하시오.

[해설] 35쪽 [자기불림(arc blow)] 참조.

3. C−Mn강 용접 시 예열 온도를 결정하는 주요 인자를 설명하시오.

[해설] 454쪽 [예열 온도] 참조.

- 예열의 목적은 균열 방지에 있으며, 균열정지 예열 온도에 영향을 주는 3가지 인자는 화학조성(Pcm), 구속도(t, 모재 두께), 확산성 수소(H)에 따라 결정됨.

4. 탄소강 용접부의 자분탐상검사(Magnetic Partical Test) 원리, 종류(Yoke, Prod), 장·단점, 활용도 및 의사지시에 대하여 설명하시오.

[해설] 613쪽 [자분탐상시험] 참조.

- 선형자화의 대표적인 요크법은 U자형 철심에 코일을 감아 선형자장을 유도시킨 것으로, 대형 또는 복잡한 부품의 국부검사에 용이. 요크법은 극간에 형성된 자장의 방향을 조정하기 쉬우므로 검사품의 한 부위에서 90°씩 교대로 바꾸어 최소 2회 이상 자화시켜 주므로 모든 방향의 결함을 검출하는 것이 가능함. 원형자화의 대표적인 프로드법은 프로드를 검사 표면에 직접 접촉하고, 전류를 통전시켜 프로드의 접지 부분을 중심으로 원형 자장을 유도시키는 방법으로 주로 대형 주강품이나 용접부에 이용함. 프로드법을 사용하면 2개의 프로드 간의 거리를 자유롭게 바꿀 수 있지만, 프로드 간의 간격을 가까이하게 되면 프로드 접지 부분에서 형성된 2개의 원형 자장이 서로 간의 상호작용으로 인해 다소 찌그러짐이 발생하므로 6~8인치의 프로드 간 간격을 유지하는 것이 좋음. 프로드 접지 부분에 전류로 인한 아크 발생 시 표면이 손상될 수 있으므로 주의를 요함. 의사 지시는 설계상, 구조상 취급 부주의로 나타나는 자분 모양으로 발생 원인을 파악하여 결함 지시 모양과 구별해야 하는데, 다음과 같음.

구 분	지시 특성
자기펜 자국	잔류법에서 시험체가 서로 접촉을 했을 때 또는 다른 자성체에 접촉했을 때에 생기는 누설자속에 의해 형성되는 자분 모양
단면 급변 지시	시험체의 모양에 따라 자기회로의 단면적이 급변하고 있는 부분에 생기는 누설자속에 의해 형성되는 흐려진 자분 모양
전류 지시	큰 전류가 흐르고 있는 자화케이블이 시험면에 접촉하면 그 부위가 국부적으로 자화되기 때문에 생기는 굵고 흐린 자분 모양
전극 지시	프로드 등의 경우 전극 부근이 전류밀도가 높기 때문에 생기는 누설자속에 의해 형성되는 자분 모양
자극 지시	극간법에서 자극의 접촉부 및 그 주변부에 국부적으로 생기는 고밀도의 누설자속에 의해 형성되는 자분 모양
표면 거칠기 지시	미세한 요철부에 생기는 누설자속에 의해 형성되는 자분 모양과 자분이 오목 부분에 채워져서 생기는 자분 모양
재질 경계 지시	투자율이 다른 재질 또는 금속 조직의 경계에 생기는 누설자속에 의해 형성되는 자분 모양

5. 수중용접 방법 중 습식용접(Wet Welding)의 특성과 적용에 대하여 설명하시오.

해설 204쪽 [수중 아크용접] 참조.

6. 고장력강 용접부에서 발생하는 수소유기균열(Hydrogen Induced Cracking)의 발생 원인과 방지 대책에 대하여 설명하시오.

해설 292쪽 [수소 기인 균열(hydrogen induced cracking)] 참조.

제1교시(시험 시간 : 100분)

※ **다음 문제 중 10문제를 선택하여 설명하시오(각 10점).**

1. 배관 용접 제작 공장에서 탄소강 작업장과 스테인리스강 작업장을 격리하는데 그 이유를 간략히 설명하시오.

　　[해설] 362쪽 [입계 부식] 및 354쪽 [갈바닉 부식] 참조.

　　• 탄소를 함유한 오스테나이트 스테인리스강은 예민화 온도(425~815℃)에서 탄소입자가 입계에 쉽게 확산하여 크롬탄화물을 형성하기 쉬워, 입계 주변의 Cr 함량이 부족하여 그 부위에서 부식이 일어나는 입계부식이 발생하기 쉬움. 입계부식 방지를 위해서 탄소량이 적은 모재와 용가재를 사용하는 노력까지 하는데, 탄소강과 스테인리스강을 동일 공간에서 가공한다면 입계부식의 환경을 더욱 활성화하는 것이 될 수 있기 때문에 격리하여 관리해야 함. 또한, 스테인리스강을 탄소강 및 다른 금속과 접촉시킨 채 방치하면 공기 중의 수분이 전해액 역할을 하여 전위차에 의한 갈바닉 부식이 발생할 수 있음.

2. 아래의 그림(화살표 지시 부분)과 방사선 투과검사 필름상에 나타난 용접 결함을 판독하고 결함의 발생원인과 방지 대책을 간략히 설명하시오.

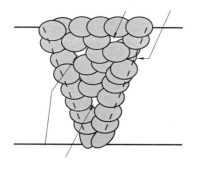 

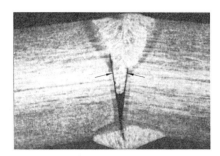

[해설] 559쪽 [융합 불량] 참조.

3. 서브머지드 아크용접(SAM : Submerged Arc Welding)에서 미국용접학회(AWS : American Welding Society) 규격에 따른 아래의 용접봉 분류체계를 설명하시오.

F6A2-EM12K

[해설] 59쪽 [용접봉 표기 방법] 참조.
- 타 용접 재료의 표기에 비해 SAW가 조금 더 복잡한데, 앞부분이 플럭스에 대한 내용이고 뒷부분이 용접와이어에 대한 표기임.

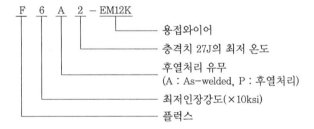

4. 아래의 용접 기호에 맞는 용접 이음부를 그리시오.

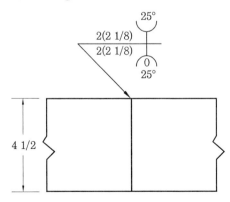

[해설] 413쪽 [용접 기호 예시] 참조.
- ANSI/AWS A 2.4를 참조하여 용접 기호를 읽기 바람.

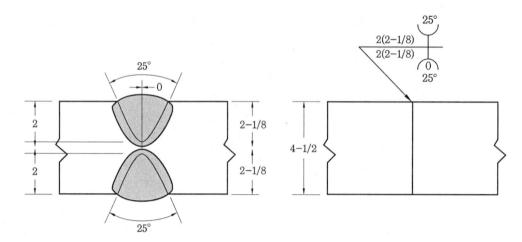

5. 직류 용접기를 사용하여 가스텅스텐 아크 수동용접을 하려고 한다. 소재의 특성 상 용접부 입열량을 관리하여야 하는 규제 조건으로 190 A, 11 V 조건으로 입열 량 1.39 kJ/mm 조건으로 용접하려고 할 때 용접 속도는 (cm/min) 얼마로 하여야 하는지 계산하시오.

[해설] 463쪽 [입열량] 참조.

입열량(J/cm) = {60×전류(A)×전압(V)}÷용접 속도(cm/min)

단위를 주의하여 계산하면,

용접 속도 = (60×190×11)÷13900 = 9.02 cm/min

6. 현재 선박 건조에 가장 많이 적용되는 용접법은 무엇이며 그 이유를 설명하시오.

[해설] 104쪽 [FCAW의 원리 및 특성] 참조.

- 선박 건조의 대부분 원가는 용접 작업과 관련되며, 시간이 지날수록 FCAW 활용(현재 70~80 %)이 증가하는 추세임. FCAW의 생산성과 현장 작업 편의성 등 장점이 많기 때문임.

7. 알루미늄 용접부의 경우 다른 금속재료에 비해 기공이 생기기 쉬운 이유를 설명하시오.

[해설] 373쪽 [Al합금의 용접 결함] 참조.

8. 쉐플러 다이어그램(Schaeffler Diagram)과 드롱 다이어그램(DeLong Diagram)에 서 크롬 당량값과 니켈 당량값을 계산함에 있어서, 크롬 당량과 니켈 당량값 계산 에 사용되는 각각의 원소들을 3개씩 각각 설명하시오.

[해설] 357쪽 [schaeffler diagram] 참조.

- 가로축, Cr 당량 = Cr+Mo+1.5 Si+0.5 Cb(%)
- 세로축, Ni 당량 = Ni+30 C+0.5 Mn(%)

9. 페라이트계 스테인리스강 박판 용접에 있어서 가능한 저입열, 고속 용접을 추구하는 이유를 설명하시오.

  해설 343쪽 [ferrite계 스테인리스강] 참조.

10. 용접부 열화 평가 방법인 연속압입시험 원리와 활용도에 대하여 설명하시오.

  해설 267쪽 [경도시험] 참조.

   • 경도시험법과 같이 작은 tip을 시험 대상에 눌러 경도가 아닌 인장물성, 잔류응력을 평가하는 것. 현장에서 대상의 파괴 없이 사용할 수 있는 장점과 작은 영역(지름 2 mm)에도 시험이 가능하여 용접부에 큰 효과를 얻을 수 있음.

11. 키홀 용접(Key-Hole Welding) 원리와 효과에 대하여 설명하시오. 주조 응고와 용접 응고의 차이점에 대하여 설명하시오.

  해설 82쪽 [키홀 용융 용접] 참조.

12. 용접에서 용접성(Weldability) 평가와 용접 기능(Weld Performance) 평가에 대하여 설명하시오.

  해설 279쪽 [용접부 응고 조직] 참조.

   • 주조는 어느 정도 시간을 가지고 응고되기 때문에 일반적인 Cell의 모습을 보이는 반면, 용접부는 급열 급랭에 의한 조직으로 조성적 과랭의 정도에 따라 수지상 또는 셀형 등 응고를 나타냄.

제 2 교시 (시험 시간 : 100분)

※ 다음 문제 중 4문제를 선택하여 설명하시오 (각 25점).

1. 산업 현장에서 발생하는 산업재해 중 부적절한 용접 작업으로 인한 재해로 보고되는 사례가 많다. 용접 작업으로 인해 발생될 수 있는 산업재해와 방지책을 설명하시오.

  해설 536쪽 [안전 및 환경 관리] 참조.
  전격에 의한 재해, 유해 광선에 의한 재해, 용접 매연과 가스에 의한 재해, 고열 및 불티에 의한 화재 및 폭발 등의 재해를 참조하여 설명

2. 산업플랜트 현장에서는 궤도용접(Orbital Welding)법이 개발 적용되고 있다. 여러 가지 용접법 중에서 가스텅스텐 아크용접법(GTAW)을 궤도용접에 어떻게 적용하는지와 적용 범위에 대하여 설명하시오.

  해설 110쪽 [Narrow Gap Welding] 참조.

- GTAW는 품질 측면에서 매우 양호한 용접법이지만, 생산성에 있어서 타 용접법에 뒤처짐. 따라서 배관의 Root부의 용접(양호한 Back bead를 형성)을 위하여 3 pass 정도 실시하거나 박판 또는 특수 금속의 용접에 주로 사용됨. 생산성을 개선하기 위하여 용착량을 줄임으로써 생산성 증대뿐 아니라 변형 감소를 동시에 성취할 수 있는 협개선 궤도용접을 적용함.

3. 피복금속 아크용접(SMAW)에서 용접봉에 피복된 피복재의 역할 3가지를 설명하고 그 역할을 수행하기 위해 사용되는 물질들을 하나씩 설명하시오.

   해설 51쪽 [피복제의 역할] 참조.

4. 용접 속도(Welding Speed)가 증가함에 따라
   (1) 용접 비드 폭의 크기와의 상관성에 대해서 설명하시오.
   (2) 용접 용융부(Weld Pool)에서의 응고 시 결정 성장 속도와의 상관성에 대해서 설명하시오.
   (3) 용접 용융부의 중심선(Center Line)에서의 편석 정도와의 상관성에 대해서 설명하시오.

   해설 37쪽 [용접 전류, 전압, 속도 관계] 및 279쪽 [용접부 응고 조직] 참조.

   - 용접 자체가 급열 급랭 조직을 이루지만, 용접 속도가 빠르면 급랭 정도가 보다 더 심하다는 사실을 상기할 것.

5. 오스테나이트계 스테인리스강의 용접 열영향부 조직의 특성과 용접후열처리(PWHT)를 일반적으로 실시하지 않는 이유에 대하여 설명하시오.

   해설 360쪽 [PWHT의 영향] 참조.

   - 오스테나이트 스테인리스강의 열영향부 조직은 조립역, 용체화역, 탄화물 석출역으로 구분되며, 조직별 다음과 같은 특성을 나타냄.
     1. 조립역 : 조직이 조대화된 영역으로 경화되기 쉬워 균열이 발생하기 쉽고, 안정화 열처리를 실시한 STS 321, 347 계열에서는 knife line attack이 발생하기 쉬움.
     2. 용체화역 : 약 1000℃ 이상으로 가열 후 급랭되어 용체화가 발생함. 즉, 연화되어 인성이 향상됨.
     3. 탄화물 석출역 : 약 500~800℃ 정도로 가열된 부분으로 탄화물 석출이 발생되어 입계 주변의 Cr량이 감소하여 내식성이 저하되고 선택적으로 weld decay 현상이 발생함.

6. 강재 용접부의 안전 진단 및 수명 평가에 적용하는 초음파탐상검사(UT)와 음향방출검사(AE)의 차이점을 비교 설명하시오.

   해설 604쪽 [비파괴검사법별 특성]의 시험 방법, 필요 장비, 적용 범위 및 장단점을 비교하여 설명하고, 보다 더 자세한 내용은 622쪽 [초음파탐상시험]과 628쪽 [음향방출시험]을 참조 바람.

※ 다음 문제 중 4문제를 선택하여 설명하시오(각 25점).

1. ASME Sec. IX에 의한 용접사 시험 관리에 대하여 설명하시오.

[해설] 523쪽 [용접사 자격 검정] 참조.

2. 알루미늄 합금의 용접 과정에서 발생하는 열에 의한 열영향부의 강도 저하에 대하여 설명하시오.

[해설] 372쪽 [Al합금의 열영향부 조직] 참조.

3. 니켈(Ni)강의 용접성(Weldability)에 대하여 설명하고, 니켈강을 피복금속 아크용접(SMAW)으로 시공할 때의 주의 사항을 설명하시오.

[해설] 382쪽 [특성] 및 384쪽 [용접 특성] 참조.

4. 발전소(ASME B31.1)에서 사용하는 저합금 내열강(P-No. 5B) 배관재의 두께가 100 mm이고, 외경이 600 mm이다. 이 배관을 현장에서 맞대기 용접으로 시공 시 아래 항목에 대하여 설명하시오.

(1) 용접 시공 절차 및 방법

(2) 예열 및 용접후열처리 조건

(3) 비파괴검사 적용 방법 및 시기

[해설] 515쪽 [용접 준비 및 시공 관리], 454쪽 [예열], 456쪽 [후열처리] 등 참조.

- 현장 시공 관리를 위한 종합적인 문제로, 저합금 내열강으로 P-No. 5B로 민감한 자재일 뿐 아니라 배관 두께도 100 mm로 매우 두꺼워 예열 및 후열처리에 매우 주의가 요구되며, 외경이 600 mm로 대구경 용접이므로 변형을 위한 양측에서 동시에 용접하는 등 전반적인 상황의 이해가 필요함. ASME B31.1에 따라 200℃ 이상의 예열 온도를 유지하며 용접 작업을 수행하고, 용접 완료 후 700~760℃로 2시간 30분 PWHT가 요구됨. 그러나 배관재 두께가 100 mm로 중간에 NDE를 실시하여 용접 결함을 점검하는 것을 추천하며, 이때 중간 RT 전에 Intermediate PWHT가 필요하고, 후속 작업 후 상온에서 RT 실시. 저합금강으로 RT는 용접 후 48시간 이후에 실시하여 지연 균열이 발생하는지 확인 바람.

5. 오스테나이트계 스테인리스강의 용접 시 고온 균열이 잘 발생되는 이유 3가지를 설명하고 또한 고온 균열을 예방할 수 있는 방안을 설명하시오.

[해설] 360쪽 [오스테나이트계 스테인리스강의 용접 결함] 참조.

6. 용접부에 존재할 수 있는 확산성 수소와 비확산성 수소에 대해서 설명하시오.

[해설] 290쪽 [수소 취화] 참조.

- 확산성 수소란, 용접 금속에 함유되어 있는 수소 중에서 용접 후 냉각이나 상온에서 확산되는 단원자 상태의 수소를 말함. 원자상의 수소는 원자반경이 대단히 작아 금속 결정격자 내에서 비교적 자유롭게 이동할 수 있지만, 전위 등에 고착되는 수소나 비금속 개재물 등에서 분자상으로 존재하는 수소는 확산하기 어렵기 때문에 비확산 수소라고 부름.

제 4 교시 (시험 시간 : 100분)

※ 다음 문제 중 4문제를 선택하여 설명하시오 (각 25점).

1. 운전 중인 화학플랜트의 정기 점검을 위하여 운전을 중지하고 검사를 진행하는 중에 배관의 소켓 용접부에서 균열이 발견되었다. 예상되는 많은 원인들을 아래의 측면에서 설명하시오.
   (1) 설계 구조적인 측면   (2) 재료 선정적인 측면
   (3) 사용 환경적인 측면   (4) 용접부 결함 측면

[해설] 497쪽 [피로 파괴] 참조.

- 소켓 용접은 맞대기 용접 형태가 아니기 때문에 용접 관리를 소홀히 하기 쉬운데, 형상이 열팽창 및 응력집중에 의한 피로 파괴가 발생하기 쉬운 구조임.
  (1) 설계 구조적 측면 : 소켓과 배관의 gap 유지, 용접 각장의 유지 (코드의 요구 치수 준수)
  (2) 재료 선정적 측면 : 피로 균열이 발생하기 쉬운 구조이기 때문에 탄소당량이 낮은 재료를 선정
  (3) 사용 환경적 측면 : 응력 집중 구조이므로 과도한 진동 및 충격이 발생하지 않도록 조치
  (4) 용접부 결함 측면 : 용접 전 표면 청결(그라인딩 후 용접) 및 필요 시 예열 실시

2. 용접 작업에 사용되는 포지셔너(Positioner)의 종류와 사용시의 장점에 대하여 설명하시오.

[해설] 209쪽 [포지셔너] 참조.

- 포지셔너의 사용 목적은 생산성 향상을 도모하기 위함으로 자동화 용접에 매우 중요하고, 로봇의 자유도를 추가로 증가시키는 효과를 얻기 때문이며, 이러한 포지셔너의 종류는 다음과 같음.

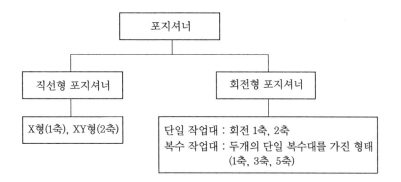

3. 피복금속 아크용접(SMAW)으로 인해 발생한 용접 변형을 교정하는 것을 변형 교정이라 한다. 이 변형 교정 방법에 대하여 설명하시오.

해설 475쪽 [용접 변형과 방지책] 참조.

• 변형 교정 방법은 그 제품의 종류, 변형의 모양과 양에 의하여 여러 가지 방법이 사용되나 주로 다음과 같은 것들을 열거할 수 있다.

　① 얇은 판에 대한 점 수축법(점 가열법)

　② 형재에 대한 직선 수축법(선상 가열법)

　③ 가열 후 해머질하는 법

　④ 후판에 대하여 가열 후 압력을 주어 수랭하는 법

　⑤ 롤러에 의한 법

　⑥ 피닝법

　⑦ 절단에 의한 정형과 재용접

위의 여러 가지 방법 중 ①～④는 가열에 의하여 소성변형을 일으키게 하고 이에 따라서 변형을 고정하는 방법이며, 가열할 때 생기는 열응력을 이용하여 소성변형을 일으키는 데 외력도 이용되고 있다. ⑤와 ⑥의 방법은 소성변형을 외력만에 의하여 발생시키고 있다. 실제에 있어서는 이들 여러 방법이 병용되는 수가 많다. 특히 ⑤는 판재 또는 직선재와 같이 형태가 간단한 것이 아니면 적용할 수가 없다.

4. 가스텅스텐 아크용접(GTAW) 펄스 용접법(Pulse Welding)의 원리 및 장단점을 설명하시오.

해설 68쪽 [GTAW의 용접 특성] 참조.

• 펄스 전류를 사용하면 평균값이 동일한 직류전류와 비교하여 용입이 증가하고, 피치 전류 구간에서 핀치력도 증가하므로 외란에 의한 영향을 감소시킬 수 있음. 또한 입열량이 감소하여 열변형과 잔류응력을 감소시킬 수 있기 때문에 박판 용접에 유용하며, 베이스 전류에서 용융부의 일부가 응고하기 때문에 수직용접이나 파이프 용접에서 용융부가 중력에 의하여 아래로 흐르는 현상을 방지할 수 있음. 단점으로는 용접기가 고가이고, 용접 변수로 피크 전류와 베이스 전류, 피크 지속 시간과 베이스 지속 시간의 용접 조건을 찾아야 하는 어려움이 있지만 상기 장점들로 인해 활용이 증가하는 추세.

5. 통상 용접 비드 표면부에 발생되는 응력이 안장잔류응력과 압축잔류응력 중 어느 것인지를 쓰고 그 이유를 설명하시오.

[해설] 468쪽 [용접 이음부 잔류응력 분포] 참조.

- 용접 비드 표면부에는 인장응력이 발생하는데, 이는 용접 후 냉각과정이 시작되면 용접선 주변에서 탄성적으로 수축이 일어나기 때문에 용접 비드 부위는 수축에 의한 인장응력이 나타나며, 용접 비드에서 떨어진 모재 부분은 압축응력이 발생.

6. 분배계수(Partition coefficient : K)값에 대하여 설명하시오.

(1) 정의

(2) 분배계수값의 크기에 따라 고-액 계면(Solid-liquid interface) 앞 용융부에 조성적 과랭의 형성 용이성을 설명하시오.

(3) 분배계수값이 매우 낮은 합금원소를 다량 함유하는 금속의 용접에 있어서 용융부에서 이들 원소의 편석을 가능한 줄이려고 한다면 용접 속도와 용융부의 냉각 속도는 어떻게 해야 하는지를 설명하시오.

[해설] 279쪽 [용접부 응고 조직] 참조.

- 평형 분배계수(k)란, 일정 온도 T에서 고상 CS와 액상 CL의 조성비를 뜻하며, 편석 계수(Segregation Coefficient)라고도 함. 계면에서의 온도 기울기가 작을수록, 응고 성장 속도가 클수록, 그리고 용질원자의 농도가 클수록 조성적 과랭이 증가함. 보다 상세한 이해를 원하면, Sindo Kou 교수의 「Welding Metallurgy」 서적의 6장을 참조 바람.

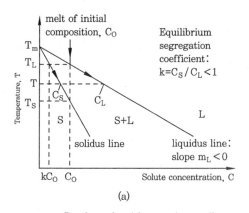
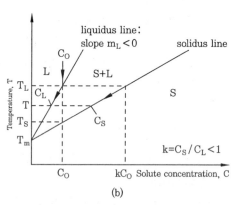

Portion of a binary phase diagram showing the equilibrium partition

용접기술사 기출문제 (3)

● ● ● ○ ┄┄┄┄┄

※ 다음 문제 중 10문제를 선택하여 설명하시오 (각 10점).

1. GTAW(Gas Tungsten Arc Welding)에서 아크(Arc) 발생 방법 3가지를 설명하시오.
[해설] 75쪽 [예제 2] 참조.

2. 용접기에 콘덴서를 설치했을 때 장점 4가지를 설명하시오.
[해설] 71쪽 [교류 용접과 정류작용] 참조.

3. 용접 균열 시험법 4가지를 설명하시오.
[해설] 592쪽 [용접 균열 시험법] 참조.

4. 용접봉에서 피복제의 역할을 설명하시오.
[해설] 51쪽 [피복제의 역할] 참조.

5. 용접부 균열의 종류 중 설퍼 크랙(Sulfur Crack)과 라멜라 균열(Lamellar Tear)에 대하여 설명하시오.
[해설] 575쪽 [설퍼 균열], 580쪽 [라멜라 티어] 참조.
- 두 가지 모두 재료에 황(S) 성분이 많을수록 잘 발생하지만, 설퍼 균열은 고온 균열이며 라멜라 티어는 저온 균열임.

6. 비파괴검사 방법 중 와전류 시험법에 대하여 설명하시오.
[해설] 630쪽 [와전류 탐상] 참조.

7. FCW(Flux Cored Wire)용접에서 와이어 돌출 길이에 대하여 설명하시오.
[해설] 108쪽 [wire 돌출 길이], 532쪽 [contact tube to work distance] 참조.

8. 보수 용접 분야에 응용되고 있는 분말 인서트 금속의 효과에 대하여 설명하시오.
[해설] 227쪽 [삽입 금속] 참조.

9. 용접기의 정전압 특성에 대하여 설명하시오.
[해설] 42쪽 [용접기 외부 특성곡선] 참조.

10. 점용접에서 기계적 성질에 영향을 주는 인자에 대하여 설명하시오.

[해설] 136쪽 [저항용접 공정변수] 참조.

11. 표면경화용접의 그리트 블라스팅법(Grit Blasting Method)을 설명하시오.

[해설] 이 방법은 기계적인 냉간가공으로 가공경화에 의한 경도 상승뿐 아니라 잔류응력을 부여하여 피로강도를 향상시킬 수 있는 표면경화법임.

12. 용접 후 수축 변형에 영향을 미치는 인자를 4가지 설명하시오.

[해설] 476쪽 [수축량에 미치는 용접 시공 조건의 영향] 참조.

13. 가스용접에서 사용되는 아세틸렌가스의 폭발성에 대하여 설명하시오.

[해설] 234쪽 [아세틸렌가스의 폭발성] 참조.

제2교시(시험 시간 : 100분)

※ 다음 문제 중 4문제를 선택하여 설명하시오 (각 25점).

1. 용접부의 고온 균열과 저온 균열에 대해 특성을 쓰고 방지 대책을 설명하시오.

[해설] 569쪽 [용접 균열] 참조.

2. 주철의 용접에서 저온으로 용접하는 냉간 용접(Cold Welding Method)에 대하여 설명하시오.

[해설] 314쪽 [주철의 용접 방법] 참조.

- 주철의 냉간 용접이란, 모재에 예열을 전혀 주지 않거나 국부적으로 저온 예열을 하고, 될수록 낮은 입열로 용접하는 방법. 이때는 용접부의 급열 급랭으로 인한 백선화를 방지하기 위해서 이런 경향이 적은 니켈이나 니켈계 합금 용가재를 주로 사용함. 될수록 가는 지름의 용가재를 사용하고, 낮은 전류로서 위빙을 하지 않고, 짧은 비드로 용접. 비석법이나 대칭법에 의해 열응력의 집중을 피하고, 비드마다 열간 피닝을 실시하여 용접부의 잔류응력을 경감시키는 것이 중요함.

3. 용접 입열량(Heat Input) 및 입열량 관리가 필요한 강재에 대하여 설명하시오.

[해설] 463쪽 [입열량] 참조.

4. 플라즈마 아크용접(Plasma Arc Welding)의 원리와 장단점에 대하여 설명하시오.

[해설] 78쪽 [플라즈마 아크용접의 원리 및 특징] 참조.

5. 아크용접 풀에서 대류 현상은 제시된 4가지로 분류되는데, 4가지 대류의 흐름을 그리고 설명하시오.

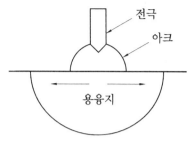

(1) 플라즈마 기류에 의한 대류

(2) 표면장력 대류

(3) 전자 대류

(4) 열대류

[해설] 88쪽 [용융풀에 작용하는 힘] 참조.

6. 용접 이음 설계 주의 사항과 용접 순서 결정 시 고려 사항에 대하여 설명하시오.
[해설] 419쪽 [용접 이음 설계 시 결정 원칙] 참조.

제 3 교시 (시험 시간 : 100분)

※ 다음 문제 중 4문제를 선택하여 설명하시오 (각 25점).

1. 용접 보수가 필요한 경우 결함 내용을 열거하고 보수 방법에 대하여 설명하시오.
[해설] 518쪽 [균열의 보수 용접] 예제 참조.

- 용접 제품에 방사선검사 등 검사법에 의해 결함이 발견된 경우에는 결함부를 완전히 제거한 후에 보수 용접을 실시해야 함. 보수 용접은 대부분의 경우 짧은 비드가 되기 쉬우며, 어느 정도 무리한 용접을 행해야 하므로 예열을 실시하고 균열 발생이 적은 저수소계 용접봉을 사용할 필요가 있음.

  1. 슬래그 혼입, 용입 불량 및 기공 등 내부 결함 : 결함부의 깊이 및 길이와 크기를 정확히 측정하고, 아크 에어 가우징 또는 그라인딩을 통하여 확실히 제거한 후 보수 용접을 실시함.

  2. 언더컷이나 오버랩 등 표면 결함 : 기준치를 넘는 부분을 선별하는 작업 후, 그대로 보수 용접을 하거나 정도가 심한 부위를 그라인딩으로 제거 후 용접을 진행.

  3. 균열 : 용접 결함 중 가장 심각한 것으로, 추가적으로 균열이 진행하지 않도록 균열부 양 끝에 드릴로 stop hole을 뚫고 가우징하여 보수 용접을 진행함.(520쪽 예제 참조)

2. 응고균열은 그림과 같이 4단계의 응고 과정으로 분류되는데, ①~④ 단계별로 균열발생 메커니즘(Mechanism)을 설명하시오.

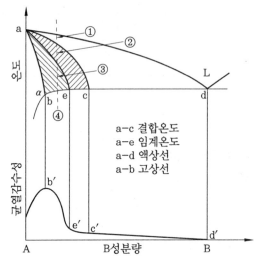

[해설] 572쪽 [발생 원리에 따른 분류] 참조.

- 1960년에 TWI의 Borland가 변형 이론을 일부 가미하여 수축−취성이론을 수정한 새로운 이론을 제시하였는데, 이것이 응고균열의 메커니즘을 설명하는 Borland 이론임. 그림과 같이 ①~④로 응고의 단계를 4단계로 나누어 설명하면,

① 1단계 : 초정이 아직 액상 중에 분산되어 있는 단계이며, 액상과 고상은 서로 용이하게 이동할 수 있으므로 이 단계에서는 균열이 발생하지 않음.

② 2단계 : 결정이 연계되기 시작한 온도 범위로, 액상이 고상의 사이를 용이하게 이동할 수 있으므로 이 단계에서 균열이 발생하여도 잔류 액상에 의해서 충전이 가능. 이 단계에서도 균열은 발생하지 않음.

③ 3단계 : 연계되기 시작한 고상이 더욱 발전한 단계로, 여기서는 잔류 액상이 자유롭지 못함. 고상과 액상의 상대적인 이동이 불가능한 단계이기에 발생한 균열은 액상에 의해 충전되기 어려워 이 단계를 임계응고역이라 하며, 균열은 이 온도 범위에서 형성됨.

④ 4단계 : 응고가 완료한 경우로, 이 부분은 강도와 연성이 충분히 양호하기 때문에 균열은 발생하지 않음.

3. 주철이나 스테인리스강의 가스절단이 어려운 이유와 절단 속도를 좌우하는 인자에 대하여 설명하시오.

[해설] 239쪽 [절단 조건] 참조.

4. 오스테나이트계 Cr−Ni 스테인리스강에서 용접열에 의해 용접 부식이 나타나는 상태와 예방에 대하여 설명하시오.

[해설] 362쪽 [입계 부식(inter−granular corrosion)] 등 참조.

5. 탄소강에 미치는 합금원소(C, Mn, Si, P, S)의 영향에 대하여 설명하시오.

   해설 285쪽 [강의 5대 합금원소] 참조.

6. 고강도 재료에서 수소의 영향으로 발생하는 균열의 특징 및 방지 대책에 대하여 설명하시오.

   해설 292쪽 [수소 기인 균열(hydrogen induced cracking)] 참조.

제4교시 (시험 시간 : 100분)

※ 다음 문제 중 4문제를 선택하여 설명하시오 (각 25점).

1. 현장 용접에서 불활성가스 텅스텐 아크용접(GTAW) 시공 시 이종 용접 재료의 선정에서 고려해야 할 사항을 설명하시오.

   해설 336쪽 [용가재의 선택] 참조.

2. 초음파탐상시험으로 검출한 용접 결함의 측정 방법인 결함에코높이 측정 방법, 결함위치 추정 방법, 결함치수 측정 방법에 대하여 설명하시오.

   해설 626쪽 [결함 판정] 참조.

   • 용접 구조물의 안전성 평가 및 더 나아가 수명 예측에 UT 적용이 확대되고 있는데, 안전성 및 수명 평가의 정확도를 향상시키기 위해서는 결함 크기 측정의 정확도를 향상시켜야 함. 결함의 평가에서는 그 위치, 종류, 에코 높이, 결함 지시 길이, 결함 높이 및 경사 등의 정보에 근거한 결함을 종합적으로 평가해야 함.

3. 전자 제품 제조에 많이 사용되는 납땜의 특징과 원리에 대하여 설명하시오.

   해설 215쪽 [brazing & soldering 원리] 참조.

4. TMCP(Thermo Mechanical Control Process) 강재의 용접 시 열영향부의 연화와 절단 시 강판의 변형에 대하여 설명하시오.

   해설 322쪽 [TMCP강의 특징] 참조.

5. 화학용 저장탱크의 용접 설계 시 재료 선정에 고려해야 할 사항을 설명하시오.

   해설 강도 측면을 고려하여 하중이 많이 받는 하단부는 고강도 강재를 사용하며 상부로 갈수록 강도를 낮추는 경제적인 설계가 필요하며, 저온 사용 조건일 경우 충격 인성에 대한 고려가 필요하고, 부식성이 강한 화학 성분을 취급할 경우에는 내부식성 재료의 선정 등 저장되는 내용물에 적합한 설계를 통하여 내구성 및 경제성을 추구해야 함.

6. 알루미늄합금의 용접 결함에서 가장 문제가 되고 있는 기공의 발생 원인과 방지 대책에 대하여 설명하시오.

   해설 373쪽 [Al합금의 용접 결함] 참조.

◈ 참고문헌

1. 국내서적

편찬위원회, 『용접접합 편람』, 대한용접접합학회
김교두, 『최신 용접 핸드북』, 대광서림
김창일 외, 『용접 구조설계와 시공』, 원창
이진희, 『재료와 용접』, 21세기사
이의호 외 번역, 『부식과 방식의 원리』, 동화기술
김정근 외 번역, 『강의 열처리』, 골드
이승평, 『간추린 금속재료』, 청호
은정철, 『스테인리스강의 실무』, 대신기술
김후진, 『특수용접』, 원형출판사
유택인, 신영식 『신 접합공학』, 동명사
박주용, 『용접생산공학』, GS인터비전
엄기원, 『최신 용접 공학』, 동명사
김종도, 김영식 『알기 쉬운 용접 접합 공학』, 다솜출판사
김대식, 『용접과 WPS/PQR』, 21세기사
염영하, 『금속재료학』, 동명사
박성두, 『용접야금공학』, 대광서림
이영호, 『강의 용접성』, 대광문화사
박반욱, 『원자력인을 위한 용접기술강좌』, KIMM
ASME, AWS, API 등 Code & STD
용접접합학회 등 관련 학회지

2. 외국서적

Welding Handbook, AWS
Sindo Kou, *Welding Metallugy*, Wiley Interscence
John C. Lippold, *Welding metallugy and Weldability*, Wiley
Welding Inspection Technology, AWS

찾아보기

용접기술사 총정리

2019년 1월 15일 1판1쇄
2021년 6월 15일 1판2쇄

저　　자 : 윤경근
펴낸이 : 이정일

펴낸곳 : 도서출판 **일진사**
www.iljinsa.com
(우) 04317 서울시 용산구 효창원로 64길 6
전화 : 704-1616 / 팩스 : 715-3536
등록 : 제1979-000009호 (1979.4.2)

값 58,000원

ISBN : 978-89-429-1559-0